高 等 学 校 教 材

新型建筑材料及其应用

黄新友　高春华　主编

化学工业出版社
·北京·

新型建筑材料是在传统建筑材料基础上，随着科学技术的日新月异而产生的适应时代潮流的新一代建筑材料。具备一定新型建筑材料知识是对材料学、土木工程、建筑设计及工程管理，尤其是对无机非金属材料专业学生知识结构的基本要求。

本教材主要介绍了新型建筑材料与生态环境，新型建筑材料及其发展趋势，建筑材料的基本性质，新型水泥基复合材料，高强、高性能混凝土材料，新型墙体材料，新型建筑隔热和吸声材料，新型建筑防水材料和密封材料，新型建筑防火材料，新型建筑装饰涂料，生态建筑材料的开发与应用，新型建筑装饰石材，新型建筑装饰陶瓷，新型建筑装饰玻璃，新型建筑装饰金属材料，新型建筑材料与纳米材料，建筑材料试验等内容。

本教材为高校无机非金属材料专业的教学用书，也可作为材料学、土木工程、建筑设计及工程管理等专业建筑材料方面课程的教学用书，同时也可作为相关专业技术人员的参考书。

图书在版编目（CIP）数据

新型建筑材料及其应用/黄新友，高春华主编.
北京：化学工业出版社，2012.2（2023.1重印）
高等学校教材
ISBN 978-7-122-13179-9

Ⅰ.新…　Ⅱ.①黄…②高…　Ⅲ.建筑材料
Ⅳ.TU5

中国版本图书馆 CIP 数据核字（2011）第 280536 号

责任编辑：杨　菁　　　文字编辑：汲永臻
责任校对：边　涛　　　装帧设计：杨　北

出版发行：化学工业出版社（北京市东城区青年湖南街 13 号　邮政编码 100011）
印　　装：三河市延风印装有限公司
787mm×1092mm　1/16　印张 25½　字数 672 千字　　2023 年 1 月北京第 1 版第 9 次印刷

购书咨询：010-64518888　　　售后服务：010-64518899
网　　址：http://www.cip.com.cn
凡购买本书，如有缺损质量问题，本社销售中心负责调换。

定　　价：65.00 元

前　言

建筑材料可定义为人居环境构筑物所用材料的总称，因而可以说建筑材料是人类赖以生存的物质基础、建筑领域科技进步的核心以及高新技术发展和社会现代化所必须具备的基本条件。进入21世纪以来，对于建筑行业人们更加关注建筑物的性能、功能和经济成本，更加注重人类生活空间的安全性、方便性和舒适性，因此建筑材料工业得到了迅猛的发展。在各种传统建筑材料的基础上，很多新型建筑材料大量涌现，并在各类工程建设中得到广泛的应用。

新型建筑材料是在传统建筑材料基础上，随着科学技术的日新月异而产生的适应时代潮流的新一代建筑材料。具备一定新型建筑材料知识是对材料学、土木工程、建筑设计及工程管理，尤其是对无机非金属材料专业学生知识结构的基本要求。目前很多高校的相关专业纷纷开设新型建筑材料的选修课，同时一些高校的土木工程、建筑学、城市规划、建筑环境装饰及其相关专业受专业基础课“建筑材料”、“土木工程材料”课时的限制，也均开设了新型建筑材料或建筑装饰材料的选修课来为学生介绍各种性能优异的新型建筑材料，以拓宽学生的视野并为学生提供日后进行工程应用实际方面的便利。正是在这样的背景下，我们编写了本教材。

建筑材料与人居环境的质量，与土木建筑活动以及人类生态环境和社会的可持续发展密切相关。使用新技术开发并应用性能优良、节省能耗的新型建筑材料，是当今世界的一大课题。因此近年来各种新型建筑材料不断涌现出来，并在各类工程建设中得到广泛的应用。为了反映目前新型建筑材料的发展水平和应用情况，并将其介绍给相关专业的学生，我们编写了本教材。

本教材内容涵盖近几年国内外涌现出来的各种新型建筑材料和建筑装饰材料。书中内容简略得当，重点突出，主要介绍了新型建筑材料与生态环境，新型建筑材料及其发展趋势，建筑材料的基本性质，新型水泥基复合材料，高强、高性能混凝土材料，新型墙体材料，新型建筑隔热和吸声材料，新型建筑防水材料和密封材料，新型建筑防火材料，新型建筑装饰涂料，生态建筑材料的开发与应用，新型建筑装饰石材，新型建筑装饰陶瓷，新型建筑装饰玻璃，新型建筑装饰金属材料，新型建筑材料与纳米材料，建筑材料试验等内容。

本教材内容充分体现了当今世界不断涌现的各种新型建筑材料和最新技术及其发展方向。它具有如下特点：全部按各种新型建筑材料及其技术来分章，内容集中，立意新颖，系统性强，条理清晰，结构严谨，兼顾理论与实用技术，涵盖面广。内容的选取反映了国内目前新型建筑材料的最新水平和成果以及今后的发展方向。同时也能为相关专业的学生认识和合理应用新型建筑材料、深入研究开发更多的新型建筑材料提供一个良好的知识平台。

本教材为高校无机非金属材料专业的教学用书，也可作为材料学、土木工程、建筑设计及工程管理等专业建筑材料方面课程的教学用书，同时也可作为相关专业技术人员的参考书。

本教材由黄新友和高春华两位教师共同编写。

由于水平所限，加之时间仓促，疏漏之处在所难免，敬请广大读者批评指正。

黄新友　高春华于江苏大学

2011年10月

目　录

第一章　新型建筑材料与生态环境

建筑材料的发展是随着人类社会生产力和国民经济不断发展而发展的，与建筑技术的进步有着不可分割的联系，它们相互推动又相互制约。国民经济建设的发展，直接促进了建筑材料的生产和技术进步，对建筑材料的品种、质量不断提出更高、更新的要求。建筑物的结构形式及施工方法受到建筑材料性能的制约，建筑工程中许多技术问题的解决，往往依赖于建筑材料问题的突破；新型建筑材料的出现又促进了结构设计和施工技术的革新。国民经济建设的发展要求建筑材料工业不断高速发展，而建筑材料工业又是耗费自然资源和能源的大户，它既可大量吸纳工农业废料也可产生大量废气、烟尘等，对环境造成有利或不利的影响，因此，建筑材料生产及科学技术的发展，对于现代化建设具有重要的作用。

改革开放以来，我国建筑材料工业有了巨大发展，基本改善了建筑材料生产不能满足建筑工程需要的被动局面。多年来，在实现现代化的建设过程中，建筑工程的规模不断扩大，对建筑材料的需要不仅数量大，更对其品种、规格及质量的要求越来越高，我国许多重要建筑材料的年产量已经位居世界前列，但传统的生产增长方式使我国在资源、能源和生态环境等方面付出了沉重代价。当前，资源相对短缺及环境保护问题，已经成为制约国民经济发展的关键。因此，突破资源及生态环境的制约，建立循环节约型可持续发展的生产方式，成为建筑工程及建筑材料行业刻不容缓的重要课题。为此必须研究和生产高性能、多功能的新型建筑材料，特别是新型复合材料，使建筑材料的品种、质量和配套水平显著提高，以适应现代建筑工程发展的要求。例如：研究和发展具有保温隔热及热存储性能的新型墙体材料，以满足建筑节能的需要；大力发展利用工农业废料及再生资源的建筑材料，以利于循环型经济的发展；研究开发节约能源、减少污染、保护环境的新材料和生产工艺，淘汰浪费土地的烧结黏土砖和高污染、高耗能的小水泥以及各种落后的建材生产工艺；利用现代科学技术手段和方法，开展建筑材料理论、试验技术及测试方法的研究，使建筑材料工业尽快达到现代化，并朝着按指定性能设计、生产新材料的方向前进，让建筑材料行业沿着全面贯彻科学发展观、构建人与自然和谐的可持续发展道路快速前进。

材料科学的发展标志着人类文明的进步。人类的历史也是按制造生产工具所用材料的种类划分的，由史前的石器时代，经过青铜器时代、铁器时代，发展到今天的人工合成材料时代，均标志着材料科学的进步。同样建筑材料的发展也标志着建设事业的进步。高层建筑、大跨度结构、预应力结构、海洋工程等，无一不与建筑材料的发展紧密相连。

从目前我国的建筑材料现状来说，普通水泥、普通混凝土、普通防水材料是最主要的组成部分。这是因为这一类材料有比较成熟的生产工艺和应用技术；使用性能尚能满足目前的建设需求。

虽然近年来建筑材料工业有了长足的进步和发展，但与发达国家相比，仍还存在着品种少、质量档次低、生产和使用能耗大及浪费等问题。因此，如何发展和应用新型建筑材料已成为现代化建设亟须解决的关键问题。

随着现代化建筑向高层、大跨度、安全、节能、美观、舒适的方向发展和人民生活水平、国民经济实力的提高，特别是基于新型建筑材料自重轻、抗震性能好、能耗低、大量利用工业废渣等优点，研究开发和应用新型建筑材料已经成为必然。遵循可持续发展战略，建筑材料的发展方向可以理解为以下几个方面。

（1）生产所用的原材料要求充分利用工业废料、能耗低、可循环利用、不破坏生态环境、有效保护天然资源。

（2）生产和使用过程不产生环境污染，即废水、废气、废渣、噪声等零排放。

（3）做到产品可再生循环和回收利用。

（4）产品性能要求轻质、高强、多功能，不仅对人畜无害，而且能净化空气、抗菌、防静电、防电磁波等。

（5）加强材料的耐久性研究和设计。

（6）主产品和配套产品同步发展，并解决好利益平衡关系。

第一节 新型建筑材料的分类与特点

新型建筑材料品种繁多，形成一套具有共识的分类原则对新型建筑材料的发展非常必要，这不仅仅是编制规范、计划所必需的，对统一市场语言、规范产品命名、方便使用、防止误导和误用也很重要。由于新型建筑材料本身是一直处于不断更新发展状态的材料，因此它的分类和命名还较混乱。

1. 按用途分类

中国新型建材（集团）公司和中国建材工业技术经济研究会新型建筑材料专业委员会编著的《新型建筑材料实用手册》（第二版）是采用“用途分类”的原则，把建筑材料分为十六类：墙体材料，屋面和楼板构件，混凝土外加剂，建筑防水材料，建筑密封材料，绝热、吸声材料，墙面装饰材料，顶棚装饰材料，地面装饰材料，卫生洁具，门窗、玻璃及配件，给水排水管道，工业管道及其配件，胶黏剂，灯饰和灯具，其他。

2. 按建筑各部位使用建筑材料的状况来分类

即除水泥、玻璃、钢材、木材这四大主要原材料及传统的砖、瓦、灰、砂石外，在12个建筑部位上所需要的品种花色日新月异的建筑材料，不论其原料属于哪个工业部门，其制品均可列为新型建筑材料。具体分为以下几种。

外墙材料：包括承重或非承重的单一外墙材料和复合外墙材料。

屋面材料：包括坡屋面材料和平屋面材料。

保温隔热材料：包括无机类保温材料、有机类保温材料和无机有机复合类材料。

防水密封材料：包括沥青防水卷材、高分子防水卷材、防水涂料、建筑密封材料和防水止漏材料。

外门窗：包括分户门、阳台门、外窗、坡屋面窗等。

外墙装饰材料：包括外墙涂料、装饰面材（如石材、陶瓷、玻璃、塑料、金属等装饰材料）。

内墙隔断与壁柜：如分户隔墙、固定隔断与壁柜等。

内门：包括卧室门、居室门、储藏室门、厨卫门等。

室内装饰材料：包括内墙涂料、壁纸、壁布、地面装饰材料、吊顶装饰材料、装饰线材等。

卫生设备：如卫生洁具、卫生间附件、水暖五金配件等。门锁及其他建筑五金。

其他：如管道、室外铺地材料等。

3. 按原材料来源分类

可将新型建筑材料按原材料来源分为四类：以基本建设的主要材料水泥、玻璃、钢材、木材为原料的新产品，如各种新型水泥制品、新型玻璃制品等。以传统的砖、瓦、灰、砂石为原料推出的新品种，如各种加气混凝土制品、各种砌块等，这些新的产品也是新型建筑材料。以无机非金属新材料为原料生产的各种制品，如各种玻璃钢制品、玻璃纤维制品等。采用各种新的原材料制作的各种建筑制品，如铝合金门窗、各种化学建材产品、各种保温隔声材料制品、各种防水材料制品等均属新型建筑材料。

也可根据材料的组成 、功能和用途分别加以分类，具体如下。

一、按建筑工程材料的使用性能分类

通常分为承重结构材料、非承重结构材料及功能材料三大类。

(1) 承重结构材料　主要是指梁、板、柱、基础、墙体和其他受力构件所用的材料。最常用的有钢材、混凝土、沥青混合料、砖、砌块、墙板、楼板、屋面板、石材和部分合成高分子材料等。

(2) 非承重结构材料　主要包括框架结构的填充墙、内隔墙和其他围护材料等。

(3) 功能材料　主要有防水材料、防火材料、装饰材料、保温隔热材料、吸声（隔声）材料、采光材料、防腐材料、部分合成高分子材料等。

二、按建筑工程材料的使用部位分类

按建筑工程材料的使用部位通常分为结构材料、墙体材料、屋面材料、楼地面材料、路面材料、路基材料、饰面材料和基础材料等。

三、按建筑工程材料的化学组成分类

根据建筑工程材料的化学组成通常可分为无机材料、有机材料和复合材料三大类。这三大类中又分别包含多种材料类别，见表 1-1。

表 1-1　建筑工程材料

<table>
<tr><td rowspan="10">建筑工程材料</td><td rowspan="2">无机材料</td><td>金属材料</td><td>黑色金属(钢、铁)
有色金属(铜、铝、铝合金)</td></tr>
<tr><td>非金属材料</td><td>胶凝材料(水泥、石灰、石膏、水玻璃)
天然石材
混凝土和砂浆
烧土制品(砖、瓦、玻璃、陶瓷等)
蒸压和蒸养硅酸盐制品</td></tr>
<tr><td rowspan="3">有机材料</td><td>植物材料</td><td>木材、竹材和秸秆</td></tr>
<tr><td>沥青材料</td><td>石油沥青、煤沥青等</td></tr>
<tr><td>高分子材料</td><td>塑料、橡胶、有机涂料和胶黏剂等</td></tr>
<tr><td rowspan="3">复合材料</td><td>有机-无机复合材料</td><td>玻璃钢、聚合物混凝土、沥青混合料、钙塑材料等</td></tr>
<tr><td>金属-无机非金属复合材料</td><td>钢筋混凝土、钢纤维混凝土等</td></tr>
<tr><td>金属-有机复合材料</td><td>彩钢泡沫塑料夹芯板</td></tr>
</table>

新型建筑材料及制品工业是建立在技术进步、保护环境和资源综合利用基础上的新兴产业。新型建筑材料产品在生产过程中，能源和物质投入、废物和污染物的排放与传统建筑材料相比都应该减少到最低程度，制造过程中副产物能重新利用，产品不污染环境，并可回收利用。可以说新型建筑材料是可持续发展的建筑材料产业，其发展对节能减排、保护耕地、减轻环境污染和缓解交通运输压力具有十分积极的作用。

随着我国墙体材料革新和建筑节能力度的逐步加大，建筑保温、防水、装饰装修标准的提高及居住条件的改善，对新型建筑材料的需求不仅仅是数量的增加，更重要的是质量的提高，即产品质量与档次的提高及产品的更新换代。随着人们生活水平、文化素质的提高以及自我保护意识的增强，人们对材料功能的要求日益提高，要求材料不但要有良好的使用功能，还要求材料无毒、对人体健康无害、对环境不会产生不良影响，即新型建筑材料应是所谓的“生态建材”或“绿色建材”。

因此，新型建筑材料的特点可归纳为：技术含量高，功能多样化；生产与使用节能、节地，综合利用废弃资源，有利于生态环境保护；适应先进施工技术，改善建筑功能，降低成本，具有巨大市场潜力和良好发展前景。

从新型建筑材料的特点可以看出，发展新型建材应遵循的原则是：以市场为导向，以提高经济效益为中心，以满足建筑业的发展需求为重点，努力将新型建材培育成建材行业新的经济增长点。坚持节能、节土、节水，充分利用各种废弃物，保护生态环境，贯彻可持续发展战略。依靠科技和技术创新，努力发展科技含量高、附加值高的新产品，推进企业技术装备水平的提高和产品结构的升级，实现良性滚动发展。坚持因地制宜的方针，引导和支持各地发展适合当地资源条件、建筑体系和建筑功能要求的新型建筑材料，做到生产和推广应用一体化。注重开发系列化、功能多样化的产品，提高新型建筑材料整体配套水平。

第二节　新型建筑材料与生态环境的关系

建筑材料给人类带来了物质文明并推动着人类文明的进步。然而，在传统建材的开发与生产过程中不仅消耗大量的资源和能源，而且给生态环境带来污染的负面影响，在一定程度上又妨碍了人类文明的进步。因此研究开发出对环境友好的新型建筑材料至关重要，从生态环境角度出发，研究材料的环境问题或材料的环境影响及其特性。所谓环境影响，主要包括资源摄取量、能源消耗量、污染物排放量及其危害、废弃物排放量及其回收、处置的难易程度等因素。

新型建筑材料也是一种从原料开采、制造、使用至废弃的整个过程中，对资源和能源消耗最少、生态环境影响最小、再生循环利用率最高，或可分解使用的具有优异使用性能的系列生态建材。它具有三大特性：①具有先进性，它既可以拓展人类的生活领域，又能为人类开拓更广阔的活动空间；②具有环境协调性，它既能减少对环境的污染危害，从社会持久发展及进步的观点出发，使人类的活动范畴和外部环境尽可能协调，又在其制造过程中最低限度地消耗物质与能源，使废弃物的产生和回收处理量小，产生的废弃物能被处理、回收和再生利用，并且这一过程不产生污染；③具有舒适性，既能创造与大自然和谐的健康生活环境，又能使人类在更加美好、舒适的环境中生活。

一、新型建筑材料的研究意义

传统的建筑材料主要追求的是材料的使用性能而忽视了环境协调性和舒适性。几十年来，我国建筑材料工业走过的是一条高投入、高能耗、高污染、高资源消耗的道路，它也是一个大气环境污染较严重、自然资源消耗较大的行业。而且传统建筑材料难以充分回收和再生利用，具有较差的生态环境协调性。所以新型建筑材料的研究与生态环境的改善已刻不容缓。

新型建筑材料追求的不仅是具有先进的使用性能，而且是从材料的制造、使用、废弃直到再生的整个生命周期中必须具备与生态环境的协调性及舒适性。因此，新型建筑材料实质上就是赋予传统建筑材料优异的环境协调性和舒适性的建筑材料，或者是指那些直接具有净化和修复环境的生态建材。

我们要积极开展对新型建筑材料的基础理论研究，促进材料工作者和全民的生态环境意识；同时在建筑设计和传统建筑材料的设计、生产、使用、废弃和再生中要重视生态环境问题，更多地考虑保护环境的措施，努力减轻传统建筑材料的环境负面影响，逐步改善传统建筑材料的环境协调性，研究各类新型建筑材料，使之既有优良的功能性又有环境协调性和舒适性。

二、树立可持续发展的生态理念

传统建筑材料环境协调性差是人们在经济增长理论指导下的发展观、价值观不当造成的。开发新型建筑材料是一项系统工程，不仅要求建筑材料的生产方式变革，而且要求建材工业的工艺设计、生产过程质量控制及科技开发体系发生重大改变，因此要从经济运行机制本身找出路，推行生态经济的良性循环机制。

传统建材生产—使用—废弃的过程，可以说是一种将大量资源提取出来，再将大量废弃物排回到环境中去的恶性循环过程。因此，提出生态建筑材料的概念，就要求研究开发新型建筑材料的材料科学工作者要在观念上发生根本性转变，牢固树立可持续发展的生态理念。

树立可持续发展的生态建筑材料观，首先就要求在建筑材料的设计、制造中从人类社会的长远利益出发，以满足人类社会的可持续发展为最终目标。在这个大前提下来考虑与建筑材料生产、使用、废弃密切相关的自然资源和生态环境问题，即如何从建筑材料的设计、制造阶段就考虑到材料的再生循环利用，如何定量地评价建筑材料生命周期中的环境负荷并进而将其减小，如何在建筑材料使用后尽可能完全地对材料和物质进行再利用和再生循环利用，以便使材料的生产、使用过程和地球生态圈达到尽可能协调的程度，从根本上解决资源日益短缺、大量废弃物造成生态环境日益恶化等问题，以保证人类社会的可持续发展。

树立可持续发展的生态建筑材料观，就为今后传统建筑材料的创新、新型建筑材料规划与设计、人居环境的改善与创新指明了目标、方向与途径。树立正确的、符合客观发展规律的生态环境建筑材料设计与规划指导思想非常重要。在发达国家的城市和住宅建设中，使用具有净化功能和抗菌功能的生态建筑材料和家具成为迫切需要，而在我国，建筑材料还只局限于架构和装饰作用，未能考虑环境作用方面的评价并忽视了室内生态环境、细菌环境的影响。随着我国经济的发展，人们的居住面积和生活条件有了较大的改善，建筑材料要改革和创新，为居民创造健康、舒适的生活环境，造福于民，使人民安居乐业，这已成为材料科学工作者不可回避的历史责任。

三、新型建筑材料与生态环境的关系

如何既能很好地使用新型建筑材料和能源，又不会给环境带来灾难，使人类社会实现可持续发展呢？这需要研究新型建筑材料与生态环境的关系，新型建筑材料应该是有利于环境保护的一系列生态建筑材料，也是世界上用得最多的材料，特别是墙体材料和水泥，我国每年的用量为 2×10^{9} t 以上，其原料来源于人类赖以生存的地球。在传统建筑材料的生产过程中不但造成土地的浪费，而且造成地球环境的不断恶化。因此开发新型建筑材料迫在眉睫。新型建筑材料既要求满足强度要求，又能最大限度地利用废弃物，此外还要有利于人类身体健康。近年来，国内外开发出一些符合生态要求的建筑材料产品，如无毒涂料、抗菌涂料、光致变色玻璃、调节湿度的建筑材料、生态建筑涂料、胶漆装饰材料、生态地板、石膏装饰材料、净化空气的预制板、抗菌陶瓷等。随着人们对环境保护意识的提高，也必然会加深对新型建筑材料的认识并促进其发展。

第三节　新型建筑材料与生态环境的可持续发展

现代社会用于人们生活、生产、出行以及娱乐等各种设施，包括住宅、厂房、学校、铁路、道路、桥梁、商店、影剧院、体育馆等，都是通过土木、建筑工程来实现的，而构成这

些设施的物质基础是建筑材料。生态环境与建筑材料的关系非常密切。

一、材料构筑了人类的物质文明

材料既是人类文明、文化进步的产物，又是社会生产力发展水平的标志。大自然中存在着的木、草、土、石等天然材料，为人类营造自己的居所提供了最基本的建筑材料。世界上最宏伟的宫殿群建筑——北京故宫，所用的材料主要是木材、汉白玉、琉璃瓦和青砖等。几千年来，人类使用这些天然的或人工的建筑材料，建造了许许多多宏伟的建筑物，为人类留下了宝贵的历史遗产，创造了灿烂辉煌的人类文明。

近代社会中，建筑材料有了飞跃性的发展，出现了钢铁、水泥和混凝土等人造结构材料，以及塑料、铝合金和不锈钢等新型建筑材料。利用这些新型建筑材料，人们建造了规模更大、样式更新、功能更强的建筑物。如埃菲尔铁塔，是早期钢铁材料结构物的代表作。20世纪初在美国开始建造的高层建筑，采用的材料主要是钢材和钢筋混凝土。20 世纪 70 年代建造的世界最高的加拿大多伦多 CN 电视塔（553m)，是由高强混凝土的塔身、特殊密实的混凝土结构的发射塔基座和钢结构的顶部发射塔构成的。20 世纪 80 年代在日本建成的穿越海底超过 200m 深的表函海底隧道；还有 20 世纪 90 年代开通的英吉利海峡海底隧道，钢筋混凝土是主要的结构材料。目前世界上最高的建筑物，像中国台湾的 101 大厦、迪拜塔等所使用的主体结构均是钢与混凝土。

这些平地而起的高楼、耸入云端的高塔、横跨海洋的大桥、穿越高山和海底的隧道，是人类现代物质文明的标志。这些基础设施使人类的生活和行动达到了空前的舒适和便利，使地球变得更加多姿多彩。而建造这些大型、现代化设施的物质基础是以钢材、水泥和混凝土为主的建筑材料。可以说材料构筑了人类的文化、历史和现代物质文明。

二、新型建筑材料改善了人类的生存环境

人类从自然界中取得原材料，进行加工制造得到建筑材料，同时消耗一部分自然界的资源和能源，并产生一定量的废气、废渣和粉尘等对自然环境有害的物质。人类按照自己的设想进行设计，并使用建筑材料进行施工，得到所需要的建筑物或结构物（称为基础设施），服务于人类的生活、生产或社会公共活动。在进行施工的同时，还将产生粉尘、噪声等污染环境。这些人工建造的建筑物、结构物，以及从材料制造到使用过程中所产生的有害物质与被人类干预和改造过的自然环境一起，构成了总体的生态环境。

现在工业化生产的建筑材料取得了长足的进步，19 世纪钢铁、水泥、混凝土和钢筋混凝土等建筑材料的大量生产与应用，是建筑材料发展史上的一大革命。建筑材料在质和量上的发展，使生活、生产、通信、国防等基础设施的建设步伐大大加快，极大地改善了人类的生存条件。例如防水材料的使用，使得房屋的漏雨、漏水现象大大减少；玻璃作为透明材料的使用，使得房间的采光效果大大改善；在墙体及顶棚中采用保温材料，既提高了房屋的热环境质量，改善了居住性，又节约了能源；各种装修材料的开发和使用，使建筑物具有美观性、健康性和舒适性；路面采用水泥混凝土、沥青混凝土材料，大大改善了交通条件，方便了人们的出行；通信设施的建设，使社会进入了信息化时代。

但是建筑材料的大量生产加快了资源、能源的消耗并污染环境。例如，炼铁要采掘大量的铁矿石，生产水泥要使用石灰石和黏土类原材料，占混凝土体积大约 80% 的砂石骨料要开山采矿，挖掘河床，严重破坏了自然景观和自然生态。木材取自于森林资源，而森林面积的减少，加剧了土地的沙漠化。烧制黏土砖要取土毁掉大片农田，这对于人均耕地面积本来就很少的我国来说是一个严峻的问题。

与此同时，材料的生产制造要消耗大量的能量，并产生废气、废渣，对环境构成污染。

建筑材料在运输和使用过程中，也要消耗能量，并对环境造成污染和破坏。在建筑施工过程中，由于混凝土的振捣及施工机械的运转产生噪声、粉尘、妨碍交通等现象，对周围环境造成各种不良影响。

三、建筑材料的性能影响了环境质量

建筑材料的性能影响环境质量。建筑材料的性能和质量，直接影响建筑物或结构物的安全性、耐久性、使用功能、舒适性、健康性和美观性。无论是生活、工作、还是出门旅行，现代人的生活离不开各种建筑物，人们每天都在接触建筑材料，所以材料的性能和质量，对人类生存环境的影响很大。

材料是人类与自然之间的媒介，是从事土木建筑活动的物质基础。材料的性能和质量决定了施工水平、结构形式和建筑物的性能，直接影响人类的居住环境、工作环境和城市景观。在人类掌握了相当高水平科学技术的现代社会，人类的生产活动和营造自身生存环境的土木建筑活动已经显示出对自然环境的巨大支配力。大量建造的社会基础设施对人类生存环境发挥着巨大的积极作用，同时也已经带来了不容忽视的消极作用，即大量地消耗地球的资源和能源，在相当程度上污染了自然环境和破坏了生态平衡。因此，建筑材料与生态环境的质量，与土木建筑活动的可持续发展密切相关。开发并使用性能优良、节省能耗的新型建筑材料，是人类合理地解决生存与发展、实现与自然和谐共生，实现可持续发展的一个重要方面。

四、建筑材料的进步与人类生态环境的变化

在历史的发展进程中，社会的发展往往伴随着材料的进步。一种新材料的出现对生产力水平的提高和产业形态的改变会产生划时代的影响与冲击。建筑物作为人类的文明、文化进步的标志，其结构形式、设计和施工水平在很大程度上受当时的建筑材料种类和性能的限制。因此，材料既决定建筑的水平也是促进时代发展的重要因素。

从原始社会开始至今，人类利用材料的方式大致有两种。第一种是以物质为基础的利用方式，即利用现有的材料为人类的生产和生活服务。例如人们利用自然界中存在着的木材、石材、土、草、竹等建造房屋、修筑堤坝、铺筑道路等。第二种是需求导向的利用方式，即根据实际生活的需求，希望具有某种性能的材料，为满足需求人类就要开动脑筋去寻找或开发研制材料。在人类漫长的历史进程中，建筑材料与社会的进步相辅相成。

各种新型建筑材料使建筑物形式更加丰富。如果说 19 世纪钢材和混凝土作为结构材料的出现使建筑物的规模产生了飞跃性的发展，那么 20 世纪出现的各种新型建筑材料（如高分子有机材料、金属材料和各种复合材料）使建筑物的功能和外观发生了根本性的变革。

以塑料和合成树脂为代表的高分子有机材料是 20 世纪具有代表性的新型材料，它的出现不仅使工业化生产的建筑材料由单一的无机材料发展为无机和有机两大类别，而且由此出现了大量无机和有机材料复合而成的材料，使得建筑材料的品种和功能更加多样化。品种繁多的有机建筑材料作为装饰、装修材料，防水材料，保温隔热材料，管线材料，绝缘材料，在建筑物中发挥着各种作用，使建筑物的使用功能和质量得到了很大提高。

铝合金、不锈钢等新型金属材料是现代建筑理想的门窗以及住宅设备材料，这些新型的金属材料在建筑物开口部以及厨房、卫浴设备上的应用，极大地改善了建筑物的密封性、美观性与清洁性，提高了居住质量。

20 世纪建筑材料的另一个明显的进步是各种复合材料的出现和使用，包括有机材料与无机材料的复合、金属材料与非金属材料的复合以及同类材料之间的复合。例如钢纤维、玻璃纤维、有机纤维等各种纤维增强混凝土，利用纤维材料抗拉强度高的特点以及它们与混凝

土的黏结性，提高了混凝土的抗拉强度和冲击韧性，改善了混凝土材料脆性大、容易开裂的缺点，使混凝土的使用范围得到了扩大；采用聚合物混凝土、树脂混凝土等复合材料制造的各种地面材料、台面材料、模仿天然石材的质地和花纹，同时具有比天然石材韧性好、颜色美观等优点；采用小木块、碎木屑、刨花等木质材料为基材，使用胶凝材料、胶黏剂或夹层材料加工而成的各种人造板材，模仿天然木材的纹理和走向，可达到以假乱真的程度。这些板材用作建筑物的地面、内隔墙板、护壁板、顶棚板、门面板以及各种家具等，大大改善了天然木材尺寸有限、材质不均匀、容易变形等缺陷，提高了木材的利用率和功能。这些可以说是人类在开发新型建筑材料方面的又一巨大进步。

除此之外，石膏板、矿棉吸声板等各种无机板材，可代替天然木材作内墙隔板、吊顶材料，使建筑物的保温性、隔声性能等功能更加完善。各种空心砖、加气混凝土砌块等墙体材料代替实心黏土砖，可节约土地资源。随着高效减水剂的开发成功，高性能混凝土应运而生，使混凝土材料又迈上一个新的台阶。各种涂料、防水卷材、嵌缝密封材料的开发利用，改善了建筑物的防水性和密闭性。各种壁纸用于建筑物的内墙装修，极大改善了建筑物的美观性、舒适性。各种陶瓷制品用于地面、墙面、卫生洁具，耐酸、碱、盐等化学物质的侵蚀，容易清洁，使人们生活更加方便、舒适，生活质量得到了极大提高。

综上所述，在人类历史发展进程中，建筑材料的进步伴随着生产国水平的提高，促进了建筑物尺寸规模的增大、结构形式的改变和使用功能的改善。各种新型建筑材料的出现和广泛应用，使人类的生活空间、生态环境变得越来越美好。

第四节　新型建筑材料的研究与开发

一、轻质高强型材料

随着城市化进程加快，城市人口密度日趋加大，城市功能日益集中和强化，需要建造高层建筑，以解决众多人口的居住问题以及行政、金融、商贸和文化等部门的办公空间。因此，要求结构材料向轻质高强方向发展。目前的主要目标仍然是开发高强度钢材和高强混凝土，同时探讨将碳纤维及其他纤维材料与混凝土、聚合物等复合制造的轻质高强度结构材料。

二、高耐久性材料

到目前为止，普通建筑物的寿命一般设定在50～100年。现代社会基础设施的建设日趋大型化、综合化。例如，超高层建筑、大型水利设施和海底隧道等大型工程，耗资巨大，建设周期长，维修困难，因此对其耐久性的要求越来越高。此外，随着人类对地下、海洋等苛刻环境的开发，也要求高耐久性的材料。

材料的耐久性直接影响结构物的安全性和经济性。耐久性是衡量材料在长期使用条件下的安全性。造成结构物破坏的原因是多方面的，仅仅由于荷载作用而破坏的事例并不多，而由于耐久性原因产生的破坏日益增多。尤其是处于特殊环境下的结构物，例如水工结构物、海洋工程结构物，耐久性比强度更重要。同时，材料的耐久性直接影响着结构物的使用寿命和维修费用，长期以来，我国比较注重建筑物在建造时的初始投资，而忽略在使用过程中的维修、运行费用，以及使用年限缩短所造成的损失。在考虑建筑物的成本时，也往往片面地考虑建造费用，想方设法减少材料使用量，或者采用性能档次低的产品，其计算成本时也往往以此作为计算的依据。但是建筑物、结构物是使用时间较长的产品，其成本计算应包括初始建设费用，使用过程中的光、热、水、清洁和换气等运行费用，保养、维修费用，以及最后解体处理等全部费用。如果材料的耐久性能好，不仅使用寿命长，而且维修量小，将大大减少建筑物的总成本，所以应注重开发高耐久性材料，同时在规划设计时，应考虑建筑物的总成本，不要片面地追求节省初始投资。

目前，主要的开发目标有高耐久性混凝土、防锈钢筋、陶瓷质外壁贴面材料、氟碳树脂涂料、防虫蛀材料、耐低温材料，以及在地下、海洋和高温等苛刻环境下能长久保持的材料。

三、新型墙体材料

两千多年以来，我国的房屋建筑墙体材料一直沿用传统的黏土砖。烧制这些黏土砖将破坏大面积的耕地。从建筑施工的角度来看，以黏土砖为墙体的房屋建筑运输重量大，施工速度慢。由于不设置保温层，北方地区外墙厚度为37cm，东北地区甚至达到49cm，降低了房屋的有效使用面积。同时，房屋的保温隔声效果、居住的热环境及舒适性差，用于建筑物取暖的能耗较大，能源利用效率只有30%左右。因此，墙体材料的改革已作为国家保护土地资源、节省建筑能耗的一个重要环节。国家已经制定了逐步在大中城市禁止使用实心黏土砖、大力发展新型墙体材料的政策。这样，全国新型墙体材料产量占墙体材料总量的比例将大幅提高，节约能源和土地，综合利用各种工业废渣，可以大大减少二氧化硫和二氧化碳等有害气体排放，为促进循环经济的发展作出巨大贡献。

四、装饰、装修材料

随着社会经济水平的提高，人们越来越追求舒适、美观、清洁的居住环境。在20世纪80年代以前，我国普通住宅基本不进行室内装修，地面大多为水泥净浆抹面，墙面和顶棚为白灰喷涂或抹面，木质门框、窗框涂抹油漆以防止腐蚀和虫蛀。20世纪80年代，随着我国经济对外开放和国内经济搞活，与国际交流日益增多，首先在公共建筑、宾馆、饭店和商业建筑开始了装饰与装修。而进入20世纪90年代以来，家居装修在建筑业中占有很大的比重。随着住房制度的改革，商品房、出租公寓的增多，人们开始注重装扮自己的居室，营造一个温馨的居住环境。一个普通城市的个人住宅，装修费用平均占房屋总价的1/3左右。而装修材料的费用大约占装修工程的1/2以上。各种综合的家居建筑材料商店、建筑材料城等应运而生，各类装修材料，尤其是中、高档次的材料使用量日益增大。

家庭生活在人们的全部生活内容中占1/2以上的时间，人们越来越重视家居空间的质量和舒适性、健康性，为了实现美好的居室环境，未来社会对房屋建筑的装饰、装修材料的需求仍将继续增大。

五、环保型建筑材料

所谓环保型建筑材料，即考虑了地球资源与环境的因素，在材料的生产与使用过程中，尽量节省资源和能源，对环境保护和生态平衡具有一定积极作用，并能为人类构造舒适环境的建筑材料。环保型建材应具有以下几个特性。

(1) 满足结构物的力学性能、使用功能以及耐久性的要求。

(2) 对自然环境具有友好性、符合可持续发展的原则。即节省资源和能源，不产生或不排放污染环境、破坏生态的有害物质，减轻对地球和生态系统的负荷，实现非再生性资源的可循环使用。

(3) 能够为人类构筑温馨、舒适、健康、便捷的生存环境。

现代社会经济发达、基础设施建设规模庞大，建筑材料的大量生产和使用一方面为人类构筑了丰富多彩、便捷的生活设施，同时也给地球环境和生态平衡造成了不良的影响，为了实现可持续发展的目标，将建筑材料对环境造成的负荷控制在最小限度之内，需要开发研究环保型建筑材料。例如利用工业废料（粉煤灰、矿渣、煤矸石等）生产水泥、砌块等材料；利用废弃的泡沫塑料生产保温墙体板材；利用废弃的玻璃生产贴面材料等。既可以减少固体废渣的堆存量，减轻环境污染，又可节省自然界中的原材料，对环保和地球资源的保护具有积极的作用。免烧水泥可以节省水泥生产所消耗的能量。高流态、自密实免振混凝土，在施工工程中不需振捣，既可节省施工能耗，又能减少施工噪声。

六、路面材料

现代社会交通事业空前发达，道路建设量十分庞大。1978 年，我国公路总里程为 89 万千米，到 2006 年公路总里程超过 195 万千米。1987 年，我国开始修建第一条高速公路，里程已经超过 4 万千米，居世界第二位。到 2010 年，中国公路网总里程达到 230 万千米，高速公路里程达到 6.5 万 km 以上。如此大规模的道路建设需要大量的路面材料。而路面材料的性能直接影响道路的畅通性、快捷性、安全性和舒适性，许多建成的道路由于路面材料性能不良，使用 2～3 年后就破损严重，路面开裂、塌陷，难以保证畅通、舒适的出行环境。目前，路面材料主要有水泥混凝土和沥青混凝土两大类，提高路面材料的抗冻性、抗裂性，开发耐久性高并具有可再利用性的路面材料是今后的发展方向。

随着城市道路、市政建设步伐的加快，人行路、停车场、广场、住宅庭院与小区内道路的建设量也在逐年增大，城市的地面逐步被建筑物和灰色的混凝土路面所覆盖，使城市地面缺乏透水性，雨水不能及时渗透到地下，严重影响城市植物的生长和生态平衡。同时，由于这种路面缺乏透气性，对城市空间的温度、湿度的调节能力降低，产生所谓的城市“热岛现象”。因此，应开发具有透水性、排水性和透气性的路面材料，将雨水导入地下，调节土壤湿度，以利于植物生长，同时雨天不积水，夜间不反光，提高行车、行走舒适性和安全性。多孔的路面材料能够吸收交通噪声，减轻交通噪声对环境的污染，是一种与环境协调的路面材料。此外，彩色路面、柔性路面等各种多彩多姿的路面材料，可增加道路环境的美观性，为人们提供一个赏心悦目的出行环境。

七、景观材料

景观材料是指能够美化环境、协调人工环境与自然之间的关系，增加环境情趣的材料。例如，绿化混凝土、自动变色涂料、楼顶草坪及各种园林造型材料。现代社会由于工业生产活跃，道路及住宅建设量大，城市的绿地面积越来越少。一座城市几乎成了钢筋混凝土的灰岛。而在郊外，由于修筑道路、水库大坝、公路和铁路等基础设施，破坏自然景观的情况也时有发生。为了保护自然环境，增加绿色植被面积，绿化混凝土、楼顶草坪、模拟自然石材或木材的混凝土材料以及各种园林造型材料将受到人们的青睐。

八、耐火防火材料

现代建筑物趋向高层化，居住形式趋于密集化，加之城市生活能源设施逐步电气化与燃气化，使得火灾发生的概率增大，并且火灾发生时避难的难度增大。因此，火灾已成为城市防灾的重要内容。对一些大型建筑物，要求使用不燃材料或难燃材料，小型的民用建筑也应采用耐火材料，所以要开发能防止火灾蔓延、燃烧时不产生毒气的建筑材料。

总之，为了提高生活质量，改善居住环境、工作环境和出行环境，人类一直在研发能够满足性能要求的建筑材料，使建筑材料的品种不断增多，功能不断完善，性能不断提高。随着社会的发展、科学技术的进步，人们对环境质量的要求将越来越高，对建筑材料的功能与性质也将提出更高的要求，这就要求人类不断地研发具有更高性能且与环境协调的建筑材料，在满足现代人日益增长的需求的同时，符合可持续发展的原则。

第五节 新型建筑材料对环境的影响评价

早期曾采用单因子方法来评价材料的环境影响，如测量材料的生产过程中的废气排放量，用以评价该材料对大气污染的影响；测量其废水排放量，评价材料对水污染的影响；测量其废渣的排放量，评价材料对固体废弃物污染的影响。后来发现，采用单因子评价不能反映材料对环境的综合影响，如全球温室效应、能耗、资源效率等，而且用如此多的单项指标比较起来不仅麻烦而且有些指标根本无法进行平行比较。

到 20 世纪 90 年代初，生命周期评价方法被提出并逐渐被科学工作者所接受，成为全世界通行的材料环境评价方法，LCA 方法作为一种管理工具，被列入 ISO 14000 的第 4 系列标准中，标准号为 14040～14049，成为 ISO 14000 中 6 大系列标准之一，并已在 ISO 国际环境认证标准中规范化。

一、材料生命周期评价方法

按国际标准化组织定义："生命周期评价是对一个产品系统的生命周期中输入、输出及其潜在环境影响的汇编和评价"。生命周期评价主要应用在通过确定和定量化研究能量和资源利用及由此造成的废弃物的环境排放来评估一种产品、工序和生产活动造成的环境负荷，评价能源、资源利用和废弃物排放的影响以及评价环境改善的方法。

材料生命周期评价法，即 MLCA（materials LCA）方法是通过确定和量化相关的资源、能源消耗、废弃排放等来评价某种材料的环境负荷，评价过程包括该材料的寿命全过程，即原材料的提取与加工、材料的制造、运输分发、使用、废弃、循环再利用等影响。

生命周期评价的过程是：首先辨识和量化整个生命周期阶段中能量和物质的消耗以及环境释放，然后评价这些消耗和释放对环境的影响，最后辨识和评价减少这些影响的机会。生命周期评价注重研究系统在生态健康、人类健康和资源消耗领域内的环境影响。

LCA 评价方法的技术框架一般包括 4 部分：目标与范围定义、编目分析、环境影响评估和评估结果解释，如图 1-1 所示。

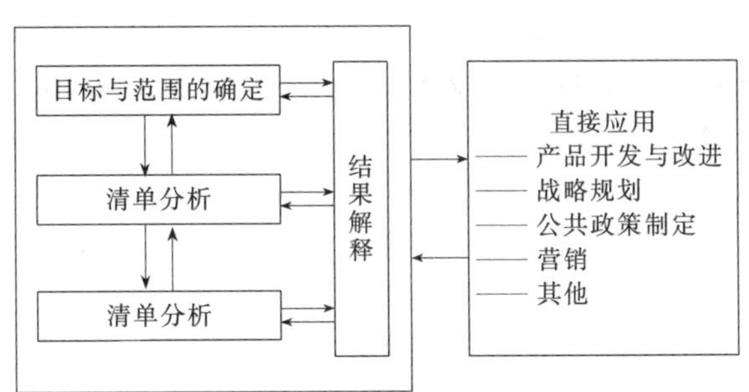

图 1-1 生命周期评价

1. 目标与范围定义

在开始进行 LCA 评价之前，必须明确地表述评估的目标和范围，以界定该材料对环境影响的大小，这是整个评估过程的出发点和立足点。

LCA 评价目标主要包括界定评价对象、实施 LCA 评价的原因、确定研究的范围和深度、研究方法、编目分析项目、确定数据类型以及评价结果的输出方式。

2. 编目分析

针对评价对象收集材料系统中定量或定性的输入和输出数据，并对这些数据进行分类整理和计算的过程称为编目分析，即对产品整个生命周期中消耗的原材料、能源以及固体废弃物、大气污染物、水体污染物等，根据物质平衡和能量平衡进行正确的调查并获取数据的过程。如图 1-2 所示，需要收集的输入数据包括资源和能源消耗状况，输出数据则主要考虑具体的系统或过程对环境造成的各种影响。编目分析在 LCA 评价中占有重要的地位，后面的环境影响评估部分就是建立在编目分析的数据结果基础上的。另外，LCA 用户也可以直接从编目分析中得到评价结论，并作出解释。

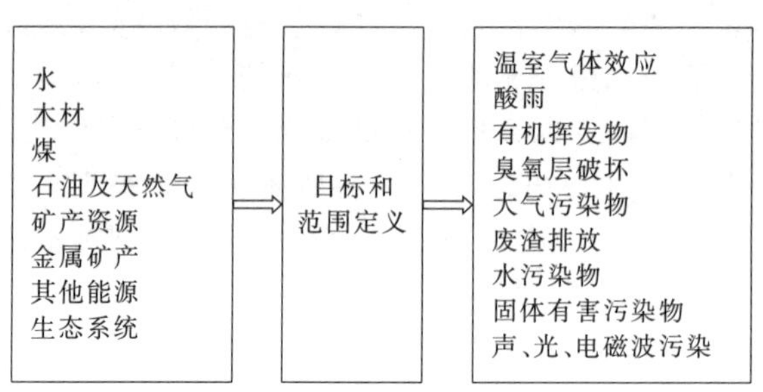

图 1-2　编目分析示意图

3. 环境影响评估

环境影响评估是 LCA 的核心部分，也是最大的一部分。环境影响评估建立在编目分析的基础上，其目的是为了更好地理解编目分析数据与环境的相关性，评价各种环境损害造成的总的环境影响的严重程度，即采用定量调查所得的环境负荷数据，定量分析对人体健康、生态环境、自然环境的影响及其相互关系，并根据这种分析结果再借助于其他评估方法对环境进行综合的评估。

目前，环境影响评估方法可分成两类，即定性法和定量法。

(1) 定性影响评估方法　定性法操作简单，主要依靠专家打分，评估结果有一定的随意性和不可比性。

(2) 定量影响评估方法　定量方法基本上包含 4 个步骤：分类、表征、归一化和评价。

4. 评估结果解释

在 LCA 方法刚提出时，LCA 第四部分称为环境改善评估，目的是寻找减少环境影响、改善环境状况的时机和途径，并对这个改善环境途径的技术合理性进行判断和评估，即对改换原材料以及变更工艺等之后所引起的环境影响以及改善效果进行解析的过程。

在新 LCA 标准中，第四部分由环境改善评价修改为解释过程。主要是将编目分析和环境影响评估的结果进行综合，对该过程、事件或产品的环境影响进行阐述和分析，最终给出评估的结论及建议。

以上几个阶段是相互独立的，也是相互联系的。可以完成所有阶段工作，也可以完成部分阶段的工作，几个阶段在事实中通过反馈对前一阶段进行修正。LCA 作为一种有效的环境管理工具，已广泛地应用于生产、生活、社会、经济等各个领域和活动中，评估这些活动对环境造成的影响，寻求改善环境的途径，在设计过程中为减小环境污染提供最佳判断。

在 LCA 评估过程中，常需要用到一定的数学模型和数学方法（LCA 评价模型）。

二、LCA 的特点和存在的问题

与众多的环境评估方法相比较，LCA 无疑是更为全面的评估方法，表现在评估的科学性、评估的深度和广度。①可以进行从定性到定量的评估。②考虑产品的整个生命周期对环境的影响，而不单纯是产品生产阶段对环境的影响。③不但考虑对一个地域的影响，更考虑对生物圈的影响，同时考虑对将来潜在的影响，可全面、完整地反映当前的生态环境问题。

LCA 在评价范围、评价方法上也有局限性，包括以下几点。①LCA 所做的假设与选择可能带有主观性，同时受假设的限制，可能不适用所有潜在的影响。②研究的准确性可能受到数据的质量和有效性的限制；③由于影响评估所用的清单数据缺少空间和时间尺度，使影响结果产生不确定性。

三、LCA 应用实例——建筑瓷砖的环境影响评价

我国是世界上最大的建筑材料生产国。从资源的消耗到环境的损害，建筑材料行业一直是污染较严重的产业。为考察建筑材料生产过程对环境的影响，用 LCA 方法评价了某建筑瓷砖生产线，其年产量为 30 万平方米，采用连续性流水线生产。所需原料有钢渣、黏土、硅藻土、石英粉、釉料、其他添加剂等，消耗一定的燃料、电力和水，排放出一定的废气、废水、废渣，其生产工艺如图 1-3 所示。

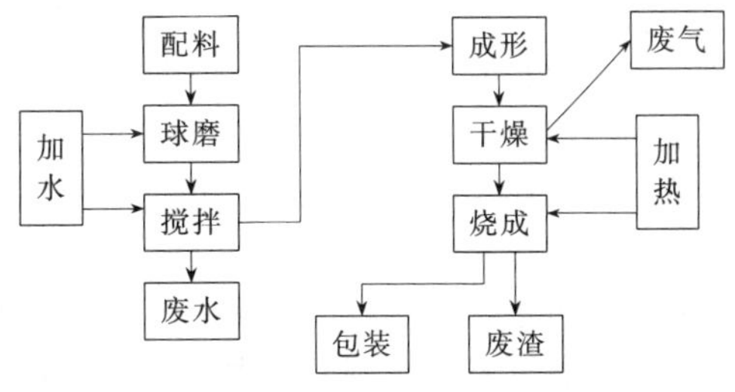

图 1-3　某瓷砖生产工艺示意图

在 LCA 实施过程中，首先是目标定义。对该瓷砖生产过程的环境影响评价的目标定义为只考察其生产过程对环境的影响；范围界定在直接原料消耗和直接废物排放，不考虑原料的生产加工过程以及废水、废渣的再处理过程。

对该瓷砖生产过程的环境影响 LCA 评价的编目分析，主要按资源和能源消耗、各种废弃物排放可引起的直接环境影响进行数据分类、编目。如能耗按加热、照明、取暖等过程进行编目；资源消耗则按原料配比进行数据分类；污染物排放按废气、废水、废渣等进行编目分析。由于该生产过程排放的有害废气量很小，主要是二氧化碳，故废气排放量可以忽略，而以温室效应指标进行数据编目。另外，在该瓷砖生产过程中其他环境影响指标（如人体健康、区域毒性、噪声等）也很小，因此在编目分析中忽略不计。

在环境影响评价过程中采用了输入输出法模型，其中输入参数有能源和原料，输出参数包括产品、废水、废渣，以及由二氧化碳排放引起的全球温室效应。

该瓷砖生产过程对环境的影响结果如图 1-4 所示。由图 1-4 可见，该瓷砖生产过程的能耗和水的消耗较大。由于采用钢渣为主要原料，这是炼钢过程排放的固态废弃物，因此在资源消耗方面属于再循环利用，这相对保护环境来说是有利的生产工艺。

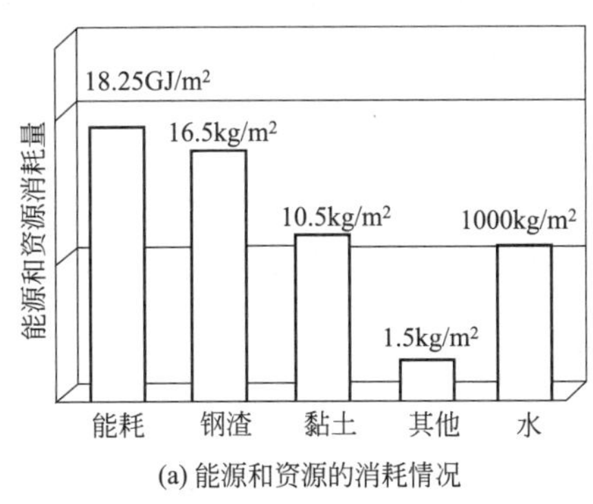

(a) 能源和资源的消耗情况

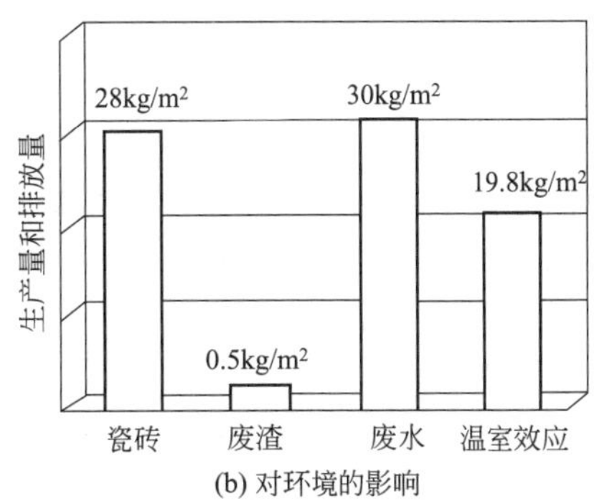

(b) 对环境的影响

图 1-4　某瓷砖生产过程的环境影响 LCA 评价结果

另外，该工艺过程的废渣排放量较小，仅为 0.5kg/m^2 废水的排放量 30kg/m^2，且可以循环再利用。相对而言，该工艺过程的温室气体效应较大，生产 1m^2 瓷砖要向大气排放

19.8kg 二氧化碳，因此，年产量为 30 万平方米的瓷砖向空气中排放的二氧化碳总量是相当可观的。

通过对该瓷砖生产过程的 LCA 评价，提出的改进工艺主要有降低能耗、降低废水排放量、减少温室效应影响等。

四、新型建筑材料评价体系的设想

新型建筑材料也必须是绿色建筑材料，因为它对环境和人类建康的影响非常重大。因此应该分析评价建筑材料整个生命周期中的使用性能和环境性能。目前国际通行的 ISO 9000 系列标准是评价材料产品质量的国际质量管理标准，是产品生产、贸易中最重要的质量管理标准之一，ISO 14000 系列标准是国际环境管理标准，其中 ISO 14049 是环境协调性评价，主要用于评价产品的环境表现。由此可见，新型建筑材料评价的指导思想也应与绿色建筑材料的评价指导思想一致，即应为 ISO 9000 和 ISO 14000 的基本思想。

根据绿色建筑材料的定义和特点，绿色建筑材料需要满足 4 个目标，即基本目标、环保目标、健康目标和安全目标。基本目标包括功能、质量、寿命和经济性；环保目标要求从环境角度考核建筑材料生产、运输、废弃等各环节对环境的影响；健康目标考虑到建筑材料作为一类特殊材料与人类生活密切相关，使用过程中必须对人类健康无毒、无害；安全目标包括耐燃性和燃烧释放气体的安全性。

由中国建筑材料科学研究院编写的《绿色建材与建材绿色化》一书给出了《绿色建材评价体系》，此评价体系由以下三部分组成。

1. 建筑材料体系

将所用建筑材料分为 9 大类：水泥、混凝土及水泥制品、建筑卫生陶瓷、建筑玻璃、建筑石材、墙体材料、木材、金属材料（包括钢材、铝材）、化学建筑材料。

2. 绿色建材评价体系

有以下 10 个指标对建筑材料进行评价。

（1）执行标准

① 目的。确保产品是国家产业政策允许生产的，且符合国家相关标准。

② 要求。检查产品执行的标准、施工标准、验收标准，并提供相应的检验检测报告(必备条件)。

（2）资源消耗

① 目的。降低产品生产过程中的天然和矿产资源消耗，鼓励使用环境友好型原材料。

② 要求。计算单位产品生产过程中的资源消耗量，低质原料、工业废渣及环境友好型原材料的使用比例等。以此评分。

（3）能源消耗

① 目的。降低产品生产过程中的能源消耗。

② 要求。计算单位产品生产过程中的能源消耗量，包括原料运输、电能、燃料等。以此评分。

（4）废弃物排放

① 目的。降低产品生产过程中废弃物的排放量。

② 要求。计算单位产品生产过程中废弃物的排放量，包括废气、废水、废料等。以此评分。

（5）工艺技术

① 目的。鼓励使用先进工艺、设备和洁净燃料；提高生产现场环境状况。

② 要求。说明产品生产所用的工艺、设备、燃料及现场环境状况等。以此评分。

(6) 本地化

① 目的。减少产品运输过程对环境的影响，促进当地经济发展。

② 要求。计算产品生产现场到使用现场的距离。以此评分。

(7) 产品特性

① 目的。鼓励生产和使用性能优异、使用寿命长、更换方便的新产品。

② 要求。提供产品优异性能、使用寿命、更换方便等相关证明材料。以此评分。

(8) 洁净施工

① 目的。鼓励洁净施工，改善施工环境。

② 要求。提供产品施工说明书，评价能否实现洁净施工。以此评分。

(9) 安全使用性

① 目的。鼓励生产和使用安全性能高、有益于人体健康的产品。

② 要求。评价产品在使用周期内的安全性及对空气质量的影响，例如放射性、有毒成分的释放量等。以此评分。

(10) 再生利用性

① 目的。鼓励生产和使用再生利用性能好的产品。

② 要求。评价产品达到使用寿命后的可再生利用性能。以此评分。

3. 绿色建筑材料评价体系使用手册

对评估体系的使用、条文解释、得分标准、得分结果处理及评估结果进行详细说明，以便正确使用。

思 考 题

1. 简述新型建筑材料的特点。
2. 如何认识新型建筑材料与生态环境之间的关系，以及可以从哪些方面做到它们之间的和谐统一?

第二章　新型建筑材料及其发展趋势

以纳米技术和纳米粒子为基础改性的新型建筑材料，不仅能较好地弥补原有建筑的某些功能或缺陷，而且能较好地突出原来建筑材料的功能特征，对于我国建筑材料功能及质量有重要意义。此外研究开发建筑智能化材料、新型装饰材料、节能材料以及适用于尖端建筑技术的新型材料将是未来建筑材料的发展方向。

第一节　纳米材料及技术在建筑材料中的应用

一、纳米的概念

纳米（nm）是长度单位，$1nm=10^{-9}m$，大约相当于一个中等原子直径的几十倍。纳米材料是指晶粒尺寸为纳米级的超细材料，粒径一般为1～100nm。纳米技术是以纳米级尺度对物质和生命进行研究和应用的科学技术，它以空前的分辨率为人类揭示了一个可见的原子、分子世界，研究纳米技术的最终目标是直接以原子和分子来构造具有特定功能的材料。

二、纳米材料的特性

纳米级材料的粒子是由几十个至几千个原子、分子组成的，其结构、性能与普通材料有很大差别。例如纳米级晶粒的晶界处原子间距大，密度低，原子排列具有随机性，结构较为开放，所以表现出不同于较大晶粒中的原子或分子的性质。纳米级微粒具有4个基本效应，即小尺寸效应、表面与界面效应、量子尺寸效应和宏观量子隧道效应。由于这些特殊的效应，使得纳米级材料的强度、韧性和超塑性等力学性能大为提高，并且对材料的电学、磁学、光学等性能产生重要的影响。

1. 高强度和高韧性

纳米材料的硬度和强度都明显高于普通材料。例如在100℃温度下，纳米TiO_2陶瓷的显微硬度为1.3×10^5MPa，而普通TiO_2陶瓷的显微硬度低于2000MPa。在陶瓷基体中引入纳米分散相进行复合，对材料的断裂强度、断裂韧性会有大幅度的提高，还能提高材料的硬度、弹性模量、抗震性以及耐高温性能。再比如将纳米SiC粒子弥散到Si_3N_4基体中形成的纳米复合材料，其断裂强度可达850～1400MPa，最高工作温度可达1200～1500℃。另据报道，用烧结技术制成的碳纤维增强SiC/Sialon纳米复合陶瓷材料与碳纤维增强Sialon微米复合材料相比，其强度和韧性均高出1倍以上。

2. 超塑性

大量研究表明，纳米材料具有超塑性。所谓超塑性是指材料在一定的应变速率下产生较大的拉伸应变。纳米TiO_2陶瓷在室温下就能发生塑性形变，在180℃温度下塑性形变可达100%。若试样中存在微裂纹，在180℃下进行弯曲时，也不会发生裂纹扩展。掺杂Y_2O_3的四方氧化锆多晶体纳米陶瓷材料（Y-TZP），当晶粒尺寸为150nm时，材料可在1250℃下呈现超塑性，压缩应变量达380%。而对晶粒尺寸为350nm的3Y-TZD陶瓷进行循环拉伸试验，发现在室温下就已出现形变现象。另外，纳米ZnO陶瓷也具有超塑性。纳米Si_3N_4陶瓷在1300℃下，即可产生200%以上的形变。

一般认为陶瓷具有超塑性应该具有两个条件：其一是具有较小的粒径；其二是具有快速

扩散途径。纳米材料具有较小的晶粒及快速扩散途径，所以有望在室温下具有超塑性。

3. 高扩散性及低温烧结性能

由于在纳米陶瓷材料中有大量的晶界面，这些晶界面为原子提供了短程扩散途径。因此，与单晶材料相比，纳米陶瓷材料具有较高的扩散率，对于蠕变、超塑性等力学性能有显著的影响，同时可以在较低温度下对材料进行有效的掺杂，也可以在较低温度下使不混溶金属形成新的合金相。扩散能力增强还可以使纳米陶瓷材料的烧结温度大大降低。以 TiO_2 为例，不需要添加任何助剂，12nm 的 TiO_2 粉末可以在低于常规烧结温度 400～600℃下烧结。大量试验表明，烧结温度的降低是纳米陶瓷材料的普遍现象。

4. 电、磁、光学性能

纳米材料由于晶粒尺寸小，对电学、磁学、光学性能等也产生一些影响，具有异常的导电率和磁化率以及极强的吸波性。

三、纳米材料在建筑领域的应用

纳米技术和纳米材料对建筑材料发展的巨大促进作用尚不可估量，但就目前来看，利用纳米材料开发、生产生态建筑材料是纳米材料在建筑材料领域的一个重要应用。这是因为建筑材料的应用量巨大，与人们的生活质量和环境关系十分密切，是纳米材料发挥作用的极好载体。

目前，国外和国内利用纳米材料研究开发和应用的建筑材料，主要是纳米 TiO_2 光催化生态建筑材料。研究表明，纳米 TiO_2 在紫外线光照射下，能产生氧化分解效应。利用纳米的氧化分解能力和超亲水作用可制成改善生活环境、提高人们生活质量的生态建筑材料，包括空气净化建筑材料、抗菌灭菌建筑材料、除臭和表面自洁建筑材料等。我国建筑材料研究人员从 1993 年开始研究保健抗菌材料，至今已研究出远红外陶瓷粉、无机抗菌剂、光催化功能玻璃和净化功能建筑材料等。1998 年研究并生产 MOD 纳米高性能无机抗菌系列产品，对常见的大肠杆菌、绿脓杆菌、金黄色葡萄球菌、黑曲霉菌、青霉菌等具有强大的灭菌功能，灭菌率可达 99%以上。纳米材料还可用于陶瓷、塑料、水泥、涂料、玻璃、木材、金属等材料及各种抗菌制品的生产。研究表明，将纳米 SiO_2 粉体均匀分散于涂料、防水卷材、胶黏剂等建筑材料产品中，可制得具有高性能的新产品。将纳米技术应用于防水材料中，已成功地研制出纳米 SiO_2 改性彩色防水卷材，该技术大幅度提高了防水卷材抗紫外线、热老化性、弹性、强度及韧性，克服了防水卷材耐候性差、易老化、不易着色等缺点。

利用气凝胶技术制得的结构可控的纳米多孔轻质材料，具有纳米结构（孔洞为 1～100nm），骨架颗粒为 1～20nm、大比表面积（最高可达 800～1000m^2/g）、高孔洞率（高达 80%～99.8%）等特点。这些优异的性能使纳米材料在能源、环保、建筑等很多领域具有极大的应用潜力。这种纳米结构材料具有极低的固态热传导性以及气态热传导性，是一种性能极好的绝热材料。纳米多孔轻质材料这些优异的保温隔声性能，有可能发展成为 21 世纪环保型高效保温隔声轻质新型建材。美国的 Monsanto 公司自 20 世纪 40 年代起就一直着手于纳米孔硅质绝热材料的研制。该种材料通过特殊的工艺使得 SiO_2 颗粒排列成的链结构围成了无数个不大于空气分子自由程的纳米空间，气体分子只能在其中与 SiO_2 链壁作碰撞，而不能向其他气体分子传递热量，因此，其热导率已低于静止空气。初期的纳米孔硅质绝热产品一直是以粉体材料提供的，直到后来才出现块状材料，应用于航天及核能等领域。

近年来，国内外开始了关于纳米级粒径无机填料填充各种聚合物的基础理论和应用研究，包括用蒙脱土、SiO_2、TiO_2、$CaCO_3$ 等纳米微粒填充聚丙烯的研究。随着填料粒子的表面处理技术，特别是填料粒子超微细化的开发和应用，聚合物填充改性已从最初简单的增量，上升到增强增韧的新高度；从单纯地注重力学性能的开发，上升到开发功能性复合材料。纳米粒子因其纳米尺度效应，比表面积大，表面活性原子多，优异的声、光、电磁性能，若将其作为新型填料，应用到聚合物的填充改性中，就有可能将无机、有机、纳米粒子三方面的特性完美地结合起来，对开发出高性能、有特殊功能的复合材料具有重要意义。

四、几种典型的纳米级建筑材料简介

1. 纳米级 TiO_2 光催化材料

TiO_2 光催化材料是一种表面结合有 TiO_2 的纳米材料，在光照条件下，具有抗菌、分解油污、分解环境有害气体及表面自洁功能的环保建筑材料。

TiO_2 是一种光催化半导体抗菌剂，当它吸收一定光能后，导致电子被激发而改变其失去或获得电子的能力。处于激发态的物质与处于基态的物质相比，具有良好的氧化和还原能力，当这些物质接触周围介质（如水和氧气）时，OH^- 与激发产生的空穴（H^+）反应生成基团 OH，O_2 和激发产生的电子（e^-）反应生成过氧离子 O_2^-。由于生成的自由基具有很强的氧化、分解能力，可破坏有机物中的 C—C 键、C—H 键、C—N 键、C—O 键、H—O 键、N—H 键，因而具有高效分解有机物的能力，可用于杀菌、除臭、防霉及消毒，比常用的氯气、次氯酸等更具效力。

利用纳米级 TiO_2 生产的环保型建筑材料主要有以下几个品种。

（1）抗菌陶瓷　采用高温溶胶法在陶瓷成品的釉面上覆盖纳米级 TiO_2，同时在 TiO_2 中掺杂银、铜等金属以提高杀菌功效。在光线照射下，通过 TiO_2 的光催化作用产生氧化能力极强的基团，可以杀死黏附在釉面上的细菌。而在 TiO_2 表面上附着的银或铜，即使在没有光照的情况下，也具有很强的抗菌作用。

光催化卫生陶瓷有抗滑、抗菌、防污、除臭的功能，日本市场上已有抗菌陶瓷出售，这种瓷砖是在上釉后喷涂含 TiO_2 粉末的液体（分散液），在 800℃以上焙烧形成厚 1μm 以下的 TiO_2 膜而制成的，它对杀灭大肠菌、金黄色葡萄球菌、绿脓杆菌等均具有良好的效果。将这种瓷砖应用于医院建筑的内墙贴面，可杀死附着于墙面上的细菌；用于浴室，可减少地面和墙面上积聚的肥皂因细菌作用而产生的黏稠状物质，起到防滑和防污的作用；用于卫生间，可明显降低其中的氨气浓度。各种家电和其他用品释放的有害气体在居室内长时间聚集，对人体健康的影响不容忽视，如果在居室内使用抗菌保洁陶瓷，不但可以杀灭有害细菌，还可在一定程度上除去有害气体，净化室内空气。

（2）自洁玻璃　利用溶胶-凝胶技术或其他涂覆技术，可在玻璃上形成含有锐钛矿型纳米 TiO_2 晶体的透明涂层。这种玻璃的特点是在紫外光的照射下发生光催化反应，产生的活性氧和活性 OH^- 基团可分解玻璃表面附着的油污等有机物，降低玻璃表面的憎水性，使玻璃具有自洁作用和超亲水作用。这种玻璃若用做建筑玻璃幕墙，可以长久保持清洁明亮；自洁玻璃用于道路照明灯罩玻璃，可显著提高照明效果。尤其是在公路隧道等环境中使用的照明灯具，很容易被汽车尾气中含有的油微粒、有机物所遮盖，采用自洁玻璃可极大地改善照明条件；自洁玻璃用于汽车玻璃和反射镜，不仅免于经常清洁，而且可使雨滴不影响驾驶员的视线，提高汽车驾驶的安全性能。自洁玻璃还可用于太阳能电池、太阳能热水器等，明显地提高光-电、光-热转化效率。

（3）光催化净化空气涂料　TiO_2 是涂料行业最为熟悉的着色力和遮盖力很强的颜料之一，将光催化活性强的 TiO_2 与成膜物质配合，可制成光催化净化空气涂料。由于 TiO_2 光催化剂的氧化作用是无选择性的，用于普通涂料的树脂成膜物质（胶黏剂）等会很快分解而失去作用，所以成膜物质要有很高的耐候性，并且成膜后能生成多孔性涂膜，现在光催化涂料用的成膜物质可以是无机材料或者是原子间结合力极强的硅氧基树脂、氟碳基树脂等高分子材料。将成膜物质中配入光催化剂 TiO_2、黏度调节剂、溶剂等（也有加入炭黑制成黑色的），在球磨机中分散制成涂料。含水催化活性 TiO_2 制成的净化涂料，不仅可用于环境空气净化，而且也扩展到室内的卫生保健，如杀菌，除臭，消毒，消除室内建筑材料、家具、电气所散发的有害气体，分解香烟污垢等。

利用 TiO_2 光催化氧化技术制成的环保涂料对空气中 NO_x 的净化效果良好，降解率很高，在太阳光下可达到 97%。由于自然风的作用，大气中的污染物与涂料表面接触充分，涂料光催化效率高。可涂敷在高速公路、桥梁、建筑物、广告牌的表面上，或者在需要的地方专门设置净化面板等，使用方便。在天然雨水或人工喷水的冲洗下，涂料可迅速再生而恢复催化活性。TiO_2 光催化净化空气涂料还可同时降解大气中的其他污染物，如卤代烃、硫化物、醛类、多环芳烃等。研究结果显示，TiO_2 光催化净化空气涂料在消除室内外大气、工厂中 NO_x 等污染方面有着潜在的应用前景。

（4）光催化混凝土　在透水性多孔混凝土表面 7～8mm 深度内掺入一定量的 TiO_2 微粉可制成光催化混凝土。利用光催化剂作用产生活性氧，并配合雨水的作用可将它们变成硝酸和硫酸而除掉。光催化混凝土具有很好的除去氮氧化物的功能，用于道路可除去汽车尾气中含有的氮氧化物，改善空气质量。例如，1998 年日本在大阪的一条临海道路两侧建设了光催化净化混凝土墙，起到了降低 NO_x 浓度的作用。美国洛杉矶和日本长崎在交通繁忙的道路两边，铺设光催化净化功能的混凝土地砖，起到净化 NO_x、保障人体健康的作用。

2. 纳米硅基氧化物（SiO_{2-x}）

众所周知，紫外线穿透能力强，能穿达至各种物质、材料的内部，破坏作用十分严重。如作用于高分子复合材料，能使高分子链发生降解，造成材料迅速老化。纳米硅基氧化物（SiO_{2-x}）由于其独特的光学反射特性，特别是具有极强的紫外反射特性，对消除紫外线的破坏作用，具有不可估量的意义。将纳米 SiO_{2-x} 添加到塑料、涂料、颜料及橡胶制品中，能大幅度提高材料的抗老化程度。

纳米 SiO_{2-x} 为无定型白色粉末（指其团聚体），是一种无毒、无味、无污染的无机非金属材料。由于其特有的结构和性能，如具有纳米尺寸效应，比表面积高，表面又含有许多介孔，使得纳米 SiO_{2-x} 颗粒具有很强的界面反射特性。当入射光照射到纳米 SiO_{2-x} 颗粒状结构材料时，入射光每行进几个纳米就要接触一个新界面，这些重复接触导致彻底的漫反射。另一方面，大多数 Si—O 键材料在可见光区域没有吸收，因此纳米 SiO_{2-x} 对紫外线和可见光反射率达 80%～85%。

利用纳米 SiO_{2-x} 独特的光学性能以及诸多奇异的物理、化学特性，可明显改善塑料、涂料、橡胶、玻璃钢、颜料等传统材料的抗老化性能。纳米 SiO_{2-x} 主要的应用领域有以下几方面。

（1）新型塑料 SiO_{2-x} 添加剂　将纳米 SiO_{2-x} 均匀分散到塑料中，可大幅度提高塑料制品的强度、韧性、抗老化性及密封性。如某铁道配件厂通过添加纳米 SiO_{2-x} 改性普通塑料聚丙烯，其主要性能指标（吸水率、绝缘电阻、压缩残余变形、挠曲强度等）均达到或超过工程塑料尼龙 6，产品耐候性提高 1 倍以上，实现了聚丙烯铁道配件替代尼龙 6 使用。山东某企业在聚氯乙烯塑料门窗制品中添加少量表面处理后的纳米 SiO_{2-x} 粉体，改性效果也十分显著，产品强度、韧性及抗老化性能明显提高。

（2）纳米 SiO_{2-x} 改性涂料　纳米 SiO_{2-x} 颗粒具有很强的表面活性与超强吸附能力，添加到涂料中，极易与树脂中的氧起键合作用，提高分子间的键力以及涂料的施工性能和涂料与基体之间的结合强度。纳米 SiO_{2-x} 独特的光学反射性能使其添加在涂料中可以达到屏蔽紫外线的目的，大幅度提高涂料的抗老化性能。纳米 SiO_{2-x} 颗粒具有的小尺寸效应使其产生淤渗作用，在涂层界面形成致密的"纳米涂膜"，大大改善涂料的耐洗刷性和涂膜表面自洁性。纳米 SiO_{2-x} 表面存在大量不饱和残键和不同键合状态的羟基，可与涂料体系产生良好的亲和性，从面改善涂料的悬浮稳定性。

由于纳米 SiO_{2-x} 对涂料的诸多改善作用，在传统涂料原配方的基础上添加质量分数为0.3%左右的纳米 SiO_{2-x}，经过充分的分散可获得改性涂料。其各项技术性能指标均有很大程度的提高；干燥时间由原来的2h缩短到1h以下；耐洗刷性能由1000次（外墙涂料）和100次（内墙涂料）提高到10000次以上；抗紫外线老化性能由原先的240h一级变色、二级粉化提高到450h无任何变化。此外改性涂料的其他技术性能指标，诸如涂层与基体之间的结合强度（附着力）、涂膜的表面硬度、涂膜的自洁能力等也有了显著提高。

（3）纳米 SiO_{2-x} 改性彩色橡胶制品　采用价格低廉的溶聚丁苯和氯化聚乙烯为主体材料，添加少量纳米 SiO_{2-x} 作为补强剂和抗老化剂，生产出彩色防水卷材，其韧性、强度、伸长率、抗折性能及抗老化性能均达到或超过三元乙丙橡胶。

（4）纳米 SiO_{2-x} 改性树脂　针对玻璃钢制品的硬度较低、耐磨性较差等不足，有关专家将纳米 SiO_{2-x} 添加到胶衣树脂中，使其表面耐磨耗性、硬度、抗拉强度、耐热性、抗冲击性等性能均有显著提高。

（5）纳米 SiO_{2-x} 改性颜料　有机颜料虽具有鲜艳的色彩和很强的着色力，但抗老化性能较差。通过添加纳米 SiO_{2-x} 对颜料进行表面改性处理，不但抗老化性能提高1倍以上，而且亮度、色调和饱和度等指标也均出现一定程度的提高。

（6）纳米 SiO_{2-x} 对水泥混凝土的改性　通常认为矿渣和粉煤灰具有一定的火山灰活性，磨细的矿渣和粉煤灰具有较高的火山灰活性，而硅粉的火山灰活性则更高，也是迄今价格最昂贵的混凝土掺和料。借鉴纳米技术在陶瓷和聚合物等领域的研究和应用成果，可使用纳米 SiO_2 掺入到水泥混凝土中改善水泥材料的微观结构，以显著地提高其物理力学性能和耐久性。国内已有研究通过XRD物相分析和强度试验针对纳米 SiO_2 与硅粉的火山灰活性进行了比较。研究表明，纳米 SiO_2 与硅粉均为无定型的物质，纳米 SiO_2 与氢氧化钙的反应速度、形成水化硅酸钙凝胶的速度以及强度远大于硅粉。前者1d龄期的抗压强度就相当于后者14d的强度。因此，纳米 SiO_2 的火山灰活性远大于硅粉的火山灰活性。应用少量的纳米 SiO_2 能有效地吸收高性能水泥混凝土界面早期形成的氢氧化钙。在水泥浆体中掺入纳米 SiO_2，氢氧化钙会更多地在纳米 SiO_2 表面形成键合，并生成CSH凝胶，起到降低氢氧化钙含量和细化氢氧化钙晶体的作用，同时CSH凝胶以纳米 SiO_2 为核心形成刺猬状结构，纳米 SiO_2 起到CSH凝胶网络结点的作用。

图2-1　理想的微粒构架模型

研究表明，在普通水泥混凝土中掺入2%～3%的纳米 SiO_2，对水泥浆体的稠度和凝结硬化速度影响不大。若在掺硅粉的高性能混凝土中，再掺入1%～3%的纳米 SiO_2，有望制成性能更好的混凝土。这是因为纳米 SiO_2 能填充在更细小的孔隙中，能比硅粉更快、更有效地吸收水泥水化早期放出的氢氧化钙，从而提高混凝土的物理力学性能和耐久性。

3. 纳米孔硅质绝热材料

纳米孔硅质绝热材料是通过控制纳米 SiO_2 颗粒在其凝胶状态下的排列结构，使材料中气体的传导及对流基本上得到控制，以达到绝热的效果。

纳米孔硅质绝热材料中 SiO_2 微粒的理想构架模型如图2-1所示。这种链结构围成了无数不大于空气分子自由程的纳米空间，使气体分子只能在其中与 SiO_2 的链壁作碰撞，有效地阻止高温侧较高速度的气体分子与低温侧较低速度的气体分子发生碰撞，从而抑制热量的传递。

经研究表明，纳米孔硅质绝热材料在控制气体分子的热传导、气体的对流传热、固体材料的热传导、红外辐射传热等4个方面均有本质改善，最终导致该材料在其使用温度范围内具有优异的绝热性能。

目前，纳米孔硅质绝热材料的主流生产工艺主要是以硅质气凝胶为主导原料，而硅质气凝胶可采取 Kistler 法获得。其做法是，首先将硅质原料（有机硅化合物、硅溶胶、水玻璃等）与溶剂性原料（醇类溶剂）充分混合，用无机酸作为凝胶催化剂调节凝胶时间。在完成凝胶化后，经过适当的陈化处理，再将该凝胶物质进行超临界干燥，即将硅凝胶加热到所含醇类物质的临界温度及压力，在无表面张力的超临界状态下进行干燥，以气相来代替原有的液相，最后获得具有开链结构及纳米孔径的硅质气凝胶。

纳米孔硅质绝热材料使用温度范围在－190～1050℃之间，0℃时热导率为0.020W/(m·K)；200℃时为0.024W/(m·K)；400℃为0.029W/(m·K)。与传统绝热材料的绝热效果相比，随着使用温度的提高，纳米孔硅质绝热材料的绝热优势更加明显。另外，纳米孔硅质绝热材料对各种波长的红外光具有很强的反射率，这也保证了它的绝热效果。纳米孔硅质绝热材料的湿含量低于3%，因此具有很好的绝缘性。由于纳米孔硅质绝热材料中含有一定量的SiO_3离子，能在一定程度上抵消绝热材料中氯离子造成的应力腐蚀破坏，因而这种绝热材料具有很好的安全性。

纳米孔硅质绝热产品可以用多种机械方法进行加工，也可以用激光切割来获得更为精密的尺寸形状。在应用中，如果遇到只能用两块以上绝热产品才能覆盖绝热面的情况，应尽量采用两层或两层以上的绝热结构，并保证相邻的层内接缝相互错开，尽量避免“热桥”产生。对于应用温度超过纳米孔硅质绝热产品规定温度的场合，可采用黏贴、喷涂等施工方法与陶瓷纤维等制品配合使用。

4. 纳米级$CaCO_3$粒子

纳米级$CaCO_3$粒子主要应用于聚丙烯聚合物的增强、增韧改性。根据无机刚性粒子增韧理论，无机刚性粒子增韧的一个必要条件是分散粒子与树脂界面结合良好。$CaCO_3$填料表面极性较强，而聚丙烯是非极性聚合物，两者相容性差。另一方面，由于纳米级$CaCO_3$表面能高，自身易团聚，在非极性聚合物熔体中更难均匀分散。因此，对于纳米$CaCO_3$填充聚丙烯体系，$CaCO_3$必须经适当的表面处理，才能起到增韧作用。

采用经表面预处理后的纳米级$CaCO_3$粒子，通过二步法熔融共混工艺能够制备出高性能的聚丙烯/纳米$CaCO_3$复合材料。二步法是将表面预处理后的$CaCO_3$同相溶剂和少量共聚聚丙烯在双螺杆挤出机上挤成高浓度母料，再将母料同聚丙烯共混。经表面处理剂处理后，$CaCO_3$粒子表面能降低，已接近聚丙烯基体表面能，有利于$CaCO_3$粒子在聚丙烯中的分散。研究结果表明，$CaCO_3$粒子与聚丙烯基体界面结合良好，纳米$CaCO_3$粒子在低于10%用量时即可使聚丙烯缺口冲击强度提高三四倍，同时基本保持其拉伸强度和刚度。另外，纳米粒子在复合材料受到冲击时诱导基体发生屈服变形，使复合材料的断裂机理由耗能少的孔洞化银纹方式向耗能多的剪切屈服方式转变，从而实现了聚丙烯的增韧。

除此之外，纳米级粉体产品还广泛应用于（汽车）涂料、塑料、橡胶、胶黏剂、造纸、油墨油漆、化妆品、医药等领域。

第二节　智能化材料

智能化材料（intelligent material）是一个较新的研究领域，其研究开发活动开始于20

世纪90年代初期。随着人类向电子化、自动化、信息化社会的进步，在许多工业生产领域已经实现了自动控制。在建筑领域，借助于电子化设备可以将建筑物装配成智能建筑物，然而，这种智能化并非来自于构成建筑物的材料本身。在实际使用中，建筑物受到荷载、温度、水分等大气因素、各类侵蚀性介质的作用，随着使用时间的延长，材料的性能将逐渐下降，甚至丧失承受能力而使建筑物遭受破坏，这种变化通常不能预先为人们所知，给居住者带来不安全的因素，同时也难以有针对性地、及时地对接近破坏的部位进行必要的维修和保养。智能化材料正是以建筑物的寿命预知和安全对策为目的开始研究的。

一、智能化材料的概念

所谓智能化材料，即材料本身具有自我诊断、预知破坏的功能，具有根据外界的作用情况进行自我调节的功能，在即将破坏时具有自我修复功能以及可重复利用性。

自我诊断功能和预知破坏的功能是指当材料的内部发生某种异常变化时，材料本身能够将信息传递给人类，例如位移、变形、破坏程度、剩余寿命等，以便人们及时采取措施。这是智能化材料最基本、最简单的功能。

智能化材料更加高级的功能有自我调节功能和自我修复功能。即材料能够根据外部荷载的大小、形状需求等，对自身的承载能力、变形性能等进行自我调整，符合外部作用的需要，这种性能称为自我调节功能。自我修复功能是指材料本身具有类似于自然生物的自我生长、新陈代谢的功能，对遭受破坏或伤害的部位能够进行自我修复。此外，智能化材料还应具有可重复利用性，实现资源的循环使用，减少建筑垃圾，有利于环境保护。

关于智能化材料的研究，目前还处于起步阶段，许多概念还只是一个设想，要实现这些构想仍需要很长的时间。

二、具有自我诊断、预告破坏功能的材料

生物体的功能之一就是向外界传达自身的异常状态。例如人体，当睡眠不足的时候，眼睛会充血；体内被病菌感染时，体温会上升等，这些都是对自身异常状态向外部传递的信号。具有自我诊断、预告破坏功能的材料就是在这种思想的启发下进行研究的。

材料在外部荷载作用下内部会发生一些变化，例如，在拉力或压力作用下会发生一定的变形，在交变荷载作用下会发生疲劳，长期受荷载作用会发生徐变等。目前建筑物所使用的承重材料主要有钢材、木材、石材、混凝土以及钢材和混凝土的组合材料，这些材料的弹性模量大，即刚度较大，在外力作用下的变形几乎用肉眼看不出来。多数材料在接近极限荷载时发生突然破坏，使得人们无法进行破坏前的预防。为了使材料具有预告破坏的功能，日本学者杉田稔根据材料的电特性对于材料截面的变化非常敏感这一性质，以纤维增强混凝土材料为对象进行了智能化研究。

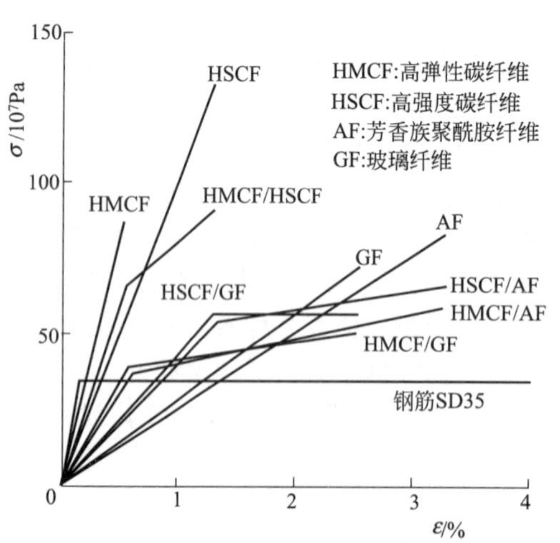

图2-2 各种纤维材料的拉伸应力-应变曲线

钢筋混凝土是为了提高混凝土结构物的抗拉性能、抗裂性能而开发的一种复合材料，是目前建筑行业使用量最大的结构材料。但是钢筋的最大缺点是容易生锈，当锈蚀比较严重时，钢筋表面的保护层胀裂，并失去与混凝土之间的黏结力，最终使结构物遭受破坏。为了提高混凝土结构物的耐久性，可采用碳纤维

(CF：carbon fiber)、芳香族聚酰胺纤维（AF：aramed fiber)、玻璃纤维（GF：glass fiber）等高强度纤维进行不同组合，制成各种复合的纤维增强塑料，其目的是用来取代混凝土中的钢筋。如图 2-2 所示为各种纤维材料的拉伸应力-应变曲线图。可见单一成分的纤维材料其拉伸曲线为直线，表现为弹性；将两种纤维组合起来制成的复合纤维材料，在受拉力作用时其应力－应变曲线有一个转折点，与普通钢筋的拉伸曲线相似。所以复合纤维在受拉力作用时，从延伸率较小的纤维开始顺次断裂，以延伸率最大的纤维断裂为最终强度。

这些复合纤维材料之所以具有智能化开发的可能性，是由于其中的碳纤维具有导电性，尽管碳纤维在外力作用下的变形量很小，但是纤维材料微小的截面变化将通过其导电性明显地反映出来。研究中通过对复合增强纤维和使用了这种纤维的混凝土试件进行抗弯加载试验，同时测定荷载、应变及试件的电阻值，考察复合纤维的电阻值随着荷载值的变化，如图 2-3 所示，在加载初始阶段，随着荷载增大，应变量增大，电阻值也逐渐增加，呈现连续变化。当荷载和应变达到某一值时，电阻值急剧上升。变换点 A 点为碳纤维的断裂点，B 点为最大荷重点。从断裂点 A 到最大承载点 B，纤维材料还可充分保持承载力，但是通过电阻值的突变向人们预告该材料已经接近破坏。电阻值的变化可以用万能表简单测得。借助于材料的电特性可以实现预告破坏的功能。

研究中还对材料曾经受过荷载的记忆功能进行了试验。如图 2-4 所示，对三种纤维增强材料进行加载试验同时记录其应变-残留电阻值曲线。当荷载卸掉以后，变形会在某种程度上得到恢复，但电阻值仍然残留。利用应变-残留电阻值曲线，测定该材料的残留电阻值，即能判断该材料曾经受过多大的应力，产生过多大的应力，此为材料对曾经受过的荷载或产生应变的记忆功能。

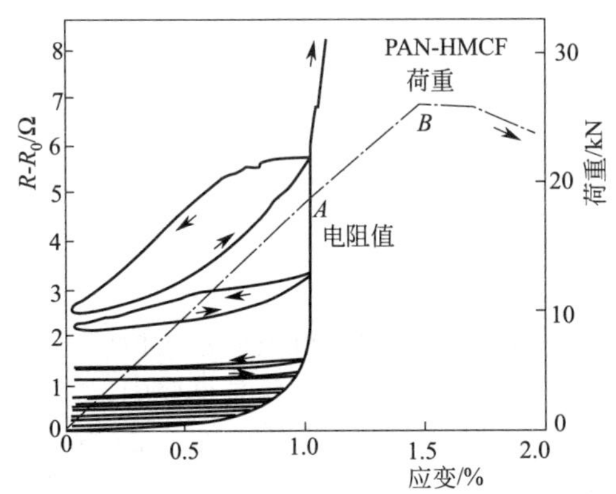

图 2-3　纤维增强混凝土的应变与电阻值增加的关系

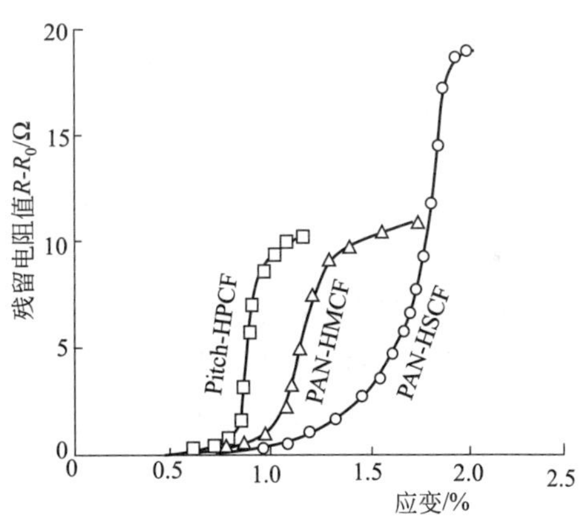

图 2-4　应变值与卸载后残留电阻值的关系曲线

三、具有自我调整功能的材料

1. 能够硬化的材料

人的手指如果经常握笔写字或弹琴等，在手指上会生出硬茧。这说明人体的某个部位在外部加压和摩擦等因素刺激下，会产生局部硬化，以适应这种外力的作用，这种功能称为适应性硬化。

目前，这种具有适应性硬化功能的建筑材料还没有研制出来。但是工业上已经将具有适应性硬化功能材料应用于机器人、机器手等部件。自动生产线上常用的机器手通常用柔软的橡胶材料制作，由于机器手经常用于重复性的握或磨等工作，容易在局部破损，以前是在经常受压、受磨的部位嵌入硬质材料，以解决局部破损问题，但是这种硬质材料的使用往往会影响机器手的灵敏程度。如果采用具有适应性硬化功能的材料，则机器手就像人手一样，随着外部作用的频繁程度逐步硬化，适应客观的需要。如图 2-5 所示是具有适应性硬化功能的人工手指材料的模型。

如图 2-5(a) 所示，这种人工手指的中心采用硬质的棒材，相当于指骨。在硬质棒材周围配置弹性材料，与到目前为止所采取的人工手指的制造方法相同。为了使指骨周围的弹性材料具有适应性硬化功能，该项研究中采用了两种微管状材料，几乎以同一比例均匀地分布于弹性材料体内。其中，在 A 微管内填充有不饱和聚酯树脂和硬化触媒混合物，在 B 微管内填充该类树脂的促硬剂。A、B 微管内的材料单独存在时都不能发生硬化反应，所以人工手指整体上是柔软的。但是如果该人工手指的某个部位经常受到挤压或摩擦，相当于握笔写字或抓握东西，则相当于在局部施加压力，如图 2-5(b) 所示，则该部位内的微管在外力作用下破裂，A、B 两种微管内的树脂液和促硬剂混合发生反应而硬化，即如图 2-5(c) 所示，仅在受压力作用的部位发生局部硬化，这就是人工茧。利用以上思路可以研制用于建筑的材料或构件，即所谓的具有自我调整功能的材料。

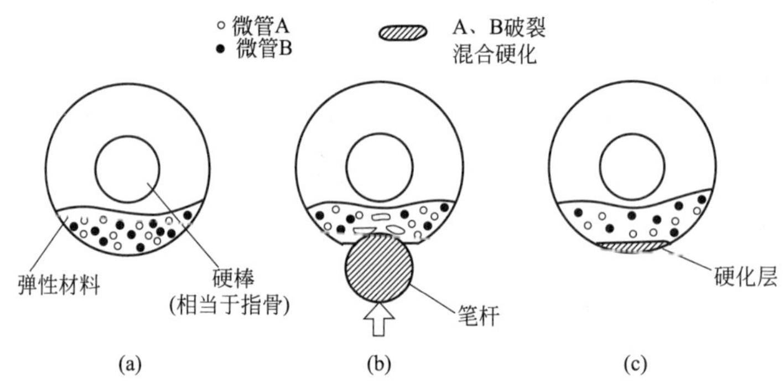

图 2-5　具有适应性硬化功能的人工手指材料模型

(a) 材料结构模型；(b) 受力示意图；(c) 硬化示意图

2. 软硬可变的材料

如果能够开发出软硬可变的材料，就可以制作出形状可变的弹性机械或建筑构件，既方便使用，又能够节省大量空间和资源。例如，大型卡车的车厢如果其形状是可变的，就可以解决前后轮内轮差过大的问题，弯曲的隧道、桥梁以及道路也就不需要开拓过多的剩余宽度，可减小建设量。土木、建筑工程中的临时设施、抢修材料及构件，例如脚手架、大坝临时增高材料、临时性桥梁等，如果采用软硬可变的材料制造，则在不用时可以用较小的空间保存，使用时恢复正常的刚度，方便使用。

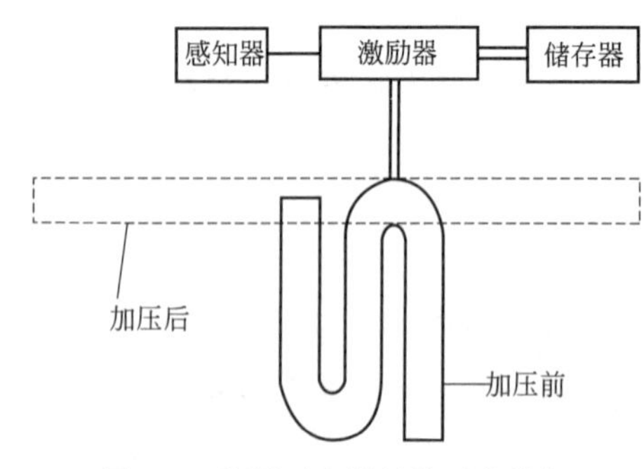

图 2-6　软硬可变材料的开发构想

这种软硬可变的材料还没有从材料本身得到解决，目前的研究成果有在材料体内增加机械或电子装置来实现这个构想的。如图 2-6 所示是一根圆形截面的棒材，它是将若干根很细的弹性管结成一束，外部用很强的薄膜包起来组成，一端封闭，另一端与加压源连接。加压源由液体储存器、激励器（泵）及感知器构成。

通常情况下，管内是空的，所以构件整体上刚性为零。当外部对它施加某种刺激时（需要硬化时)，首先被感知器感知，通过伺服阀激励器的运动，液体储存器中的液体被加压注入管中，构件硬化。但是这种装置的感知器、激励器和储存器等仍是一种设置在材料体外的设备，今后的研究方向是如何将这种构思在材料的微观组织内得以实现，制造出像海洋中海绵质体一样的材料，体内充满液体变硬，反之则变软，而这种变化的感知系统来自于体内，才能实现真正意义上的智能化，这方面还不待于进一步研究开发。

第三节　复合材料

复合材料是两种或两种以上材料通过复合而成的性能更加优异的材料。复合的概念，最初是试图在一种金属材料的内部分散不同金属元素的原子或粒子控制金属晶体的转化，或者将陶瓷材料做成须晶，使得存在缺陷的概率非常小而获得显著高的强度，再将其与具有塑性的金属材料相结合，开发出高强度新材料这样的设想而产生的。“复合”这一术语最初是以在一种材料中分散不同材料的形态，使不同种类的材料结合，从而获得单一材料所没有的优良力学性质的意图出现的。随着时代的发展，即使是同一种材料，也可以人为地改变其结合形式，或者不是为了改善力学性能，而是为了改善其他性能而采用上述方法，均可以用复合这一术语来表达。总之，复合的目的是人为地改变材料的结合形式，制造出性能更加优良的材料。

一、复合机理

在复合材料中，连续分布的、占主要部分的材料称为母相，分散在母相中的材料称为分散相。按照母相的材质不同，复合材料有木质系复合材料、水泥系复合材料、塑料系复合材料和金属系复合材料等种类。按照复合方式不同，复合材料有纤维增强、粒子分散强化、积层强化和骨架增强等种类。

1. 纤维增强

须晶及细纤维状的材料具有极高的强度，将纤维状材料分散在塑料、金属和水泥等母相中，制造出力学性质优异的材料的方法称为纤维增强，又称为纤维强化。

复合材料的强度公式，又称为复合法则。式(2-1) 是纤维增强复合法则中最基本的公式，是求解配置在一个方向上的连续纤维所增强的复合材料的拉伸强度公式，即

$$\sigma_c=\sigma_f V_f+\sigma_m(1-V_f) \tag{2-1}$$

式中　σ_c——纤维增强复合材料的拉伸强度；

σ_f——纤维的拉伸应力；

σ_m——母相的拉伸应力；

V_f——纤维体积率。

当纤维不连续、长度较短时，纤维的应力不是均一分布的，所以其平均值比纤维的拉伸强度小，纤维的拉伸应力值应乘上一个考虑了应力分布的系数。

2. 粒子分散强化

粒子分散强化，是将粒子分散在金属中，约束金属晶格的变形，以增大强度的方法。对金属来说，根据粒子的大小不同，将分散强化分为较大粒子的分散强化和分子、原子级的非常小粒子的分散强化。工程中常用的水泥混凝土和塑料，尽管其母体相属于非金属材料，在母体相中分散的粒子也非常大，但也可以称为粒子强化或粒子分散强化复合材料。

3. 积层强化

积层强化是将不同质的或同质的材料做成薄板，进行层状重叠黏结的技术。积层强化有的是按照层的位置，将具有合适特性的基材进行组合，从而得到强度、耐久性、隔热和吸声

等性能优良的材料；有的是将具有各向异性的材料按层进行交叉方向的重叠组合，以去掉异向性为目的。为了达到减轻重量的目的，常常将位于中间位置的层做成中空层（即空气）或蜂窝状，例如夹层玻璃、蜂窝夹层结构芯材等。

作为积层强化的一种形式，在金属材料进行组合时，将不同种类的金属薄板用金属键结合起来的材料称为镀层。在积层强化这一术语被使用以前，就已经将该复合方法用于双金属、金属硬币和枪弹壳等材料。在金属板表面镀上不同种类的金属进行防腐处理，称为保护层材料。

4. 骨架增强

骨架增强是将一种材料制成的构件组成一定的结构形式，与另一种材料复合，以改善复合材料的性能。钢筋混凝土结构是最常见的骨架增强复合材料。高抗拉强度的钢筋与高抗压强度的混凝土复合，大大改善了混凝土的韧性和抗弯性能，使大跨度钢筋混凝土结构成为可能。近年来，钢骨混凝土和钢管混凝土的出现，使混凝土结构形式更加多样化，性能进一步提高。

二、木质系复合材料

木质系复合材料以木质材料为主要素材，复合方式主要有积层强化或纤维增强，主要产品有胶合板、纤维板和层压板等。通过复合方法，既可充分利用天然木材资源，又可获得各向同性、品质均匀、没有瑕疵、尺寸稳定性好的大尺寸板材，并能提高强度。

例如，胶合板由多片木材薄板叠合组成，由于相邻层单板的纤维方向相互垂直，所以在胶合板平面内各个方向上的异向性小，使用时不用刻意选择方向；同时，可以除去素材中硬节、裂缝和瑕疵等缺陷，可以用小径原木制造出宽幅板材，其变形量比天然板材小得多，耐水性、抗裂性等性能也得到提高。

将木材与塑料复合可得到木材塑料系复合材料，这类复合板材有多种制作方法。有的是在胶合板、纤维板和层压纤维板等表面覆盖合成树脂，有的是将塑料板与上述木质板类进行层压制成。此外，用树脂浸渍纸黏结起来的饰面板也被广泛地使用，属于这类的复合材料有聚酯树脂饰面合板、三聚氰胺甲醛树脂饰面合板、氯化乙烯树脂饰面合板、树脂浸渍覆盖硬板、树脂浸渍覆盖层压板等。此外，还有以保温隔热为目的制作的以泡沫聚苯乙烯为芯材、两面粘贴合板的泡沫塑料夹心合板。

还有一种向木材内部的空隙里注入单体，或将木片与单体混合，利用热或放射性使单体聚合成塑料的方法，被称为 WPC（wood plastic composite），这种以木材为基体的复合材料强度极高，但在建筑领域应用不多。

三、水泥系复合材料

以水泥凝胶体为介质，其中分散颗粒状或纤维状材料所得到的材料称为水泥系复合材料。最具代表性的水泥系复合材料是砂浆和普通混凝土，由颗粒状的骨料和连续的水泥浆体组成，具有整体强度，并且由于骨料的骨架嵌锁和填充作用，混凝土的强度以及变形性、耐久性均优于纯水泥硬化体，价格低廉，是现代社会使用量最大的结构材料。纤维增强混凝土是近年来研究开发的新型水泥系复合材料，具有比普通混凝土更加优异的性能，但有些技术还不十分成熟，尚未达到广泛使用的程度。

1. 玻璃纤维增强水泥和玻璃纤维增强砂浆

玻璃纤维增强混凝土中的母体相通常不使用含粗骨料的混凝土，而是采用水泥浆体或水泥砂浆，因此通常称为玻璃纤维增强水泥或玻璃纤维增强砂浆。玻璃纤维非常细，直径为 $5\sim20\mu m$，与水泥颗粒的粒径为同一数量级。一般的玻璃纤维不耐碱，而水泥凝胶体呈强碱性，分散在其中的玻璃纤维容易被侵蚀而失去应有的性质。目前，已开发出耐碱性的玻璃纤维，同时使用低碱度水泥，如硫铝酸盐水泥。玻璃纤维增强水泥的搅拌与浇筑技术也趋于成熟，已经开发出将水泥浆或砂浆与玻璃纤维同时在高压下喷射的施工方法，能够防止玻璃纤维受损伤和产生结团现象。

随着玻璃纤维掺量的增加，玻璃纤维增强水泥或砂浆的抗冲击强度增加，可以达到普通砂浆抗冲击强度的20倍左右。当玻璃纤维掺量按质量百分数计算达到10%左右时，玻璃纤维增强砂浆的抗折强度最高，是普通砂浆的2.5倍。但是玻璃纤维掺量过大则抗折强度下降，这是因为纤维掺量过多，容易结团，玻璃纤维增强砂浆的内部将存在较多空隙，降低其抗折强度。玻璃纤维增强水泥或砂浆可用于制造建筑物外装修用板材、内装修用板材和特殊形状的装饰部件等。

2. 纤维水泥板

木毛水泥板是木纤维与水泥浆体复合而成的板材。先将木材削成长度为10～30mm、宽度为3.5mm、厚度为0.3～0.5mm的薄片状木毛，再将其用水泥和水搅拌，加压成型制成板材。其原材料的质量比例为水泥用量在55%以上，吸水状态的木毛量在45%以下。成型时，可根据需要添加混合材料及着色材料。木毛水泥板的厚度有15mm、25mm、30mm、40mm、50mm等各种规格。

木片水泥板是将木材削成小片，再与水泥、水拌和，加压成型制成的板材。为了提高木片与水泥凝胶体的黏结强度及耐久性，可将木片进行药剂处理。木片与水泥的质量比大约为3∶7。木片水泥板分为普通木片水泥板和硬质木片水泥板，还可以在普通木片水泥板中配上钢筋制成木片水泥钢筋增强板，其承载能力会进一步提高。

纤维水泥板材品种很多，除上述木毛水泥板、木片水泥板外，还有使用水泥、纸浆和无机混合材料砂浆制造的纸浆水泥板，以及在纸浆水泥板中加入了珍珠岩的纸浆水泥珍珠板等。这些板材可以代替天然木材用于建筑物的围护、隔断、屋顶和饰面等部位。

3. 聚合物水泥砂浆

以水泥和有机聚合物为胶凝材料，与细骨料一起凝结起来的材料称为聚合物水泥砂浆。聚合物水泥砂浆是有机材料与无机材料复合而成的。与水泥凝胶体相比，聚合物硬化体更加密实，韧性好，抗冲击能力、耐磨性能好，但是成本较高，容易老化，耐火性差。因此，将聚合物混入水泥砂浆中，可以改善水泥砂浆多孔、脆性和抗拉强度低等不足，同时，聚合物易于老化、耐热性差等缺点不至于表现出来，两者优势互补，可获得性能均优于两种单独材料的复合材料。聚合物水泥砂浆与普通的水泥砂浆相比具有以下特征。

(1) 抗拉强度、抗折强度高。

(2) 断裂变形量大。

(3) 与混凝土、瓷砖、钢材、木材和玻璃等材料的黏结强度高。

(4) 耐磨耗性好。

(5) 耐酸性强。

聚合物水泥砂浆通常用于地板材料、防水材料、黏结材料、防蛀蚀材料和表面覆盖材料等。

在搅拌砂浆时混入的聚合物不能妨碍水泥的水化，混合成型时不能产生大量的气泡，聚合物不得与水泥中含有的钙离子、铝离子发生反应。同时要求聚合物的耐水性、耐碱性和耐候性优良。

4. 聚合物浸渍混凝土

将硬化的混凝土或砂浆放入有机分子单体中浸渍，使单体充分进入、填充混凝土硬化体的孔隙，然后利用加热或放射线照射，使单体聚合成高分子量的聚合物，并与混凝土胶结起来，得到密实度高、性能优异的复合材料称为聚合物浸渍混凝土（或砂浆）。用于浸渍的有机分子单体主要是甲基丙烯酸甲酯和苯乙烯。

聚合物浸渍混凝土具有普通混凝土和高分子有机材料加和起来的性质，尤其是力学性能得到极大改善。经过浸渍加工的混凝土，其强度可以达到未浸渍前的几倍，同时脆性降低，弹性、韧性增强；抗渗性、耐腐蚀性和抗冻融循环性能得到改善。但是，由于聚合物的存在，与普通混凝土相比，聚合物浸渍使混凝土耐热性、耐火性降低，成本提高。

由于聚合物浸渍混凝土优良的耐腐蚀性，适合用于要求耐酸、耐腐蚀及防水、防渗性高的部位，例如化工厂地面以及排水沟、海洋结构物等。此外，聚合物浸渍混凝土美观性好，可用于制造大理石和建筑装饰品。

5. 高延性纤维增强水泥基复合材料

高延性纤维增强水泥基复合材料（engineered cementitious composite，ECC）是经系统设计，在拉伸和剪切荷载下呈现高延展性的一种纤维增强水泥基复合材料。采用基于微观力学的材料设计方法，纤维体积掺量仅为 2％的 ECC，其单轴拉伸荷载下最大应变大于 3％，使用掺量适中的短纤维能满足不同的施工要求，包括自密实 ECC 和喷射 ECC。目前，通过挤压成型已经生产出了 ECC 结构构件。在增强结构的安全性、耐久性及可持续性方面，ECC 有很大的优势。

如图 2-7 所示是聚乙烯醇（polyviny alcohol，PVA）纤维体积掺量为 2％的 ECC 在单轴拉伸荷载条件下的典型应力-应变为（5％）时，裂缝宽度仍保持在 60μm 左右；当应变小于 1％时，裂缝宽度更小。这种细密的微裂缝是由材料自身性质决定的，它与这种复合材料是否配筋以及配筋率大小无关。使用 ECC 的结构除了具有抗坍塌能力，还具有高损伤承受能力，遭受地震破坏后的残余裂缝宽度很小，这样能大大减少地震后的修补费用。配筋 ECC 还表现出了剪应力下的高延性行为、高能量吸收行为以及大侧向位移下的结构整体性。

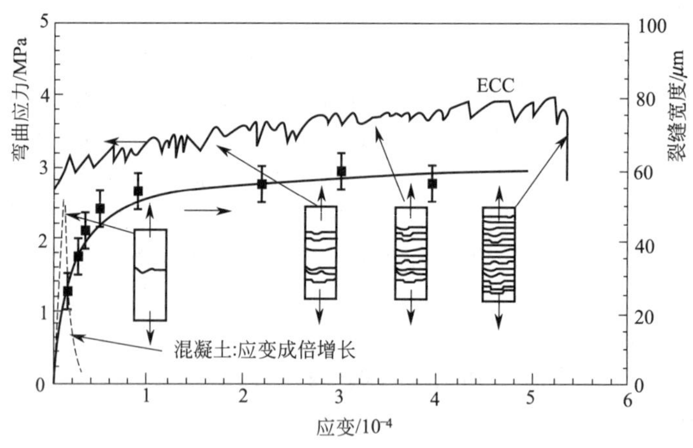

图 2-7 典型的 ECC 拉伸应力-应变曲线和裂缝宽度发展

当用 ECC 取代普通混凝土时，基础设施的缺陷包括有限制条件下收缩开裂、疲劳裂纹扩展、介质在混凝土保护层中的传输、侵蚀性介质通过混凝土保护层迅速渗透至钢筋表面以及钢筋锈蚀及保护层剥落等问题，均能够得到减缓甚至避免。ECC 因其优异的拉伸延性以及微裂缝宽度控制特性使基础设施具有更高的耐久性。

ECC 的大规模应用工作已经展开。工程应用实例包括：日本北海道斜拉索桥的钢-ECC 复合桥面板；2003 年日本 Mitaka 大坝的修复；2005 年美国密歇根州将 ECC 连接板用于桥面板以代替传统的伸缩缝。

四、塑料系复合材料

以塑料为母体相，其中分散纤维状、颗粒状材料或者空气泡等形成的复合材料称为塑料系复合材料。其主要品种有以下几种。

1. 玻璃纤维增强塑料

玻璃纤维增强塑料俗称玻璃钢，其将在后面相关章节中介绍。

2. 泡沫塑料

泡沫塑料是在塑料中分散了微细空气泡制成的制品。其制造方法通常是将发泡剂添加在合成树脂中成型。还有一种方法是将玻璃和塑料的中空微型小球（微气球）加入塑料中。泡沫塑料制品的主要品种是聚氨酯泡沫塑料和聚苯乙烯泡沫塑料，此外还有聚乙烯泡沫塑料、聚氯乙烯泡沫塑料和酚醛树脂系泡沫塑料等。

泡沫塑料密度小，导热性低，适用于保温、隔声部位。泡沫塑料强度较低，耐侵蚀性和耐热性与塑料基本相同。

3. 膜材料

建筑膜材料是一类新型塑料系复合材料。它由聚酯纤维或玻璃纤维编织成基材，在其两面涂覆树脂，见图 2-8。涂层材料为聚氯乙烯树脂（PVC）、聚四氟乙烯树脂（PTFE）、乙烯-四氟乙烯共聚物（ETFE）。建筑膜材料具有一定的强度，柔韧性好，可用于建造大型体育场馆、入口廊道、景观小品、公众休闲娱乐广场、展览会场和购物中心等建筑。

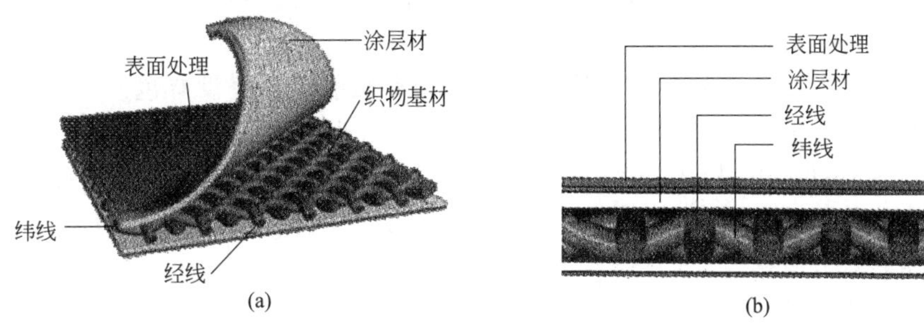

图 2-8　建筑膜材料的结构

（a）膜材料组成；（b）膜材料断面

加面层的 PVC 建筑膜材，是在涤纶织物基材表面涂覆 PVC 树脂涂层复合而成的。由于 PVC 膜材在太阳光下易表面老化，使表层性能不稳定致使表面易沾污。因此，需对其进行面层处理。目前面层主要有聚氟乙烯（PVF）、偏氟乙烯（PVDF）以及纳米二氧化钛等。加面层的 PVC 建筑膜材柔软易加工，并具有价格优势。

ETFE 膜是一种半透明的非织物类建筑膜材。ETFE 膜材抗剪切能力强，耐低温冲击性能高，化学性能稳定，透光性极强，防污自洁性好。ETFE 膜材的厚度一般为 50～250μm，主要用于充气膜结构。充气膜一般为 2～3 层，充气后高度为 2～10m 不等，内部压强一般恒定为 200～750Pa。充气膜一般通过铝边框固定于边界上，而边框由下面的钢结构支撑。内层膜则由双向的索网支撑。ETFE 膜具有大应变特性，延展性大于 400%。因此，可以在平面框架内安装零应力的膜，然后充气，通过自身的应变使其提升到一定的高度。

4. 树脂混凝土

以树脂为胶凝材料，加入粗、细骨料制成的混凝土称为树脂混凝土。骨料与普通水泥混凝土用骨料基本相同，通常使用碎石、卵石、砂子和人工轻骨料等。在合成树脂或沥青系树脂中，加入硬化剂和触媒调节使之在所希望的时间内硬化。与水泥混凝土相比，树脂混凝土密实度高，吸水率低，强度较高。由于母体相全是树脂，整体上具有高分子材料的特征，防水性、耐侵蚀性优良，但耐热性、耐燃性较差。树脂混凝土外观效果好，色彩丰富，可用做装饰材料。

五、金属系复合材料

金属系复合材料有纤维强化合金、粒子强化合金、分散强化合金、表面电镀材料、磁性复合材料和积层强化复合材料等种类。建筑中使用的金属系复合板材，多数是将基材按层状黏结或结合构成的积层强化复合材料，常用的产品有以下几种。

1. 搪瓷钢板

搪瓷钢板是在厚度为0.5～2.0mm的钢板表面，将玻璃质的搪瓷在高温下熔化使之粘着在钢板表面制成的板材。搪瓷钢板色彩丰富，具有优良的耐热性、耐蚀性、耐水性和耐磨耗性。

2. 铝塑复合板

铝塑复合板是由质量较轻且自身具有延展性的涂装铝板与韧性良好的塑料芯材用高分子黏结膜粘合，经过热压复合而成的一种新型金属塑料复合材料。铝塑复合板的复合性能采用剥离强度来衡量。一般要求外墙铝塑复合板的剥离强度大于7MPa。用在建筑外墙的铝塑复合板，表面涂有氟碳树脂涂层，其涂层厚度一般要求为0.025mm。这种树脂附着力强，耐老化，耐候性能好，可保用20年。而室内使用的铝塑复合板则可采用聚酯、聚氨酯和环氧树脂的涂层。铝塑复合板外观能够经得起长期风吹日晒不变色，不受自然磨损的影响。

铝塑复合板表面平整度好，颜色均匀，色泽光滑细腻，几乎没有色差，饰面色彩丰富，除可涂饰各种着色表面外，还能施以仿天然花岗石、大理石等的印花涂膜，并有镜面板、雕花板等系列品种，可供不同装饰设计选择。铝塑复合板可做整层高度的大幅面分割，还可做无分段接缝的整体式梁柱裹面。由于铝塑复合板具有外观高雅美观、轻质和施工方便等优点，颇受建筑装饰界青睐。

3. 表面贴层金属卷材

表面贴层金属卷材是在厚度为0.07～0.2mm的金属基材上，用胶黏剂贴上纸、透明胶带和塑料薄膜等，或采用静电喷涂的方式喷涂一层高分子化合物（如聚酯等）制成的材料。通常制成幅宽为500～1000mm、长为0.5～20m的卷材。

4. 彩色涂层钢板

彩色涂层钢板是指以热镀锌钢板、热镀铝锌合金钢板等为基板，经过脱脂、清洗和化学转化处理等表面预处理，在彩色涂层机组上连续辊涂有机涂料（正面至少为2层），然后进行烘烤固化制成的板材。面漆种类按耐久性从低到高的排序依次为聚氨酯、硅改性聚氨酯、高耐久性聚氨酯和聚偏氟乙烯。

彩色涂层钢板具有轻质高强，色彩鲜艳美观，优良的耐候性、耐腐蚀性和装饰性，加工成形方便，安装简单快捷，以及环保节能等优良性能，在建筑业、家电行业和交通运输业等领域都得到非常广泛的应用。其用途最广、用量最大的是压型钢板和夹芯板。

（1）压型钢板　建筑用压型钢板是采用厚度为0.4～1.6mm的彩色涂层钢板经成型机辊压冷弯加工而成的各种形状的轻型建筑金属板材。这种板材是集承重、防水、抗风和装饰为一体的多功能新型轻质板材。与传统的建筑板材相比，压型钢板具有以下特性。

① 自重轻、强度高、防水及抗震性能好、可回收利用，是环保节能材料。

② 产品质量好，施工安装简便快捷。

③ 颜色丰富多彩，装饰性强，组合灵活多变，可表现不同建筑风格。

采用压型钢板做屋面墙面围护结构，可减少承重结构的材料用量，减少构件运输和安装工作量，缩短工期，节省劳动力，综合经济效益好。因此，被广泛用于各种建筑物的屋面墙面围护结构及内外装饰用板。

（2）夹芯板　夹芯板是指以彩色涂层钢板为面板，以阻燃型聚苯乙烯泡沫塑料、聚氨酯泡沫塑料、岩棉矿渣棉等保温材料为芯材，经连续成型机将面板和芯材黏结复合而成的轻型建筑板材。这种复合板材是集承重、防水、抗风、保温隔热和装饰为一体的多功能新型建筑板材材。夹芯板除具有压型钢板的特点外，还有良好的保温隔热性能，岩棉夹芯板耐火性能也很好，所以夹芯板广泛用于建筑物的屋面、墙面及内外装饰，并用于建造各种用途的轻型组合房屋。

第四节　新型装饰材料、节能材料

为了提高居住环境的质量，并且尽量节省资源和能源，人类不断地在探索和研究具有良好装饰性、高效保温性、节能性、健康性的家居材料，以营造一个更加舒适、美观、富有生活情趣的居住空间。目前有以下一些研究成果，有些已经有实际应用。

建筑节能是执行国家环境保护和节约能源政策的主要内容，是贯彻国民经济可持续发展的重要组成部分。

一、透明隔热材料

为了采光、通风等目的，在建筑物的围护墙体上必须设置窗户，而窗户的保温隔热、隔声、防水等性能较普通的墙体差，是房屋建筑围护结构中的薄弱环节。为了节省能源，提高建筑物的保温性能，最简单的方法是减少建筑物窗体的面积，但是这样又影响了建筑物的采光和通风等效果。为了解决这种矛盾，人们开发了透明的玻璃与塑料进行组合从而抑制传热的透明隔热材料。这是一种将辐射抑制在最小限度内，能使光通过，但不使热量跑掉的材料，符合窗体既能采光、又能隔热的要求。德国弗赖堡市的弗恩霍夫太阳能研究所，就发明了这样一种透光隔热材料，其特点是能把阳光转变为热能，然后通过窗户或墙体导入室内，同时又能保护室内的温度不向外散发，犹如交通中的单行线。这种透光隔热材料可用于窗体，也可用于墙壁，冬季可节约取暖能耗80%。

二、新型涂料

法国最近研制出两种新型涂料。其一是可以随温度的变化而改变颜色的涂料，在0～20℃间呈黑色，随着温度从20℃上升到30℃，涂料便顺序出现彩虹的颜色，红、黄、绿、蓝、紫等，当温度大于30℃以上，涂料又变成黑色。这种涂料可用于建筑物的外墙或标志性建筑物，随着温度的变化改变颜色，增加建筑物的装饰效果。另一种新涂料的特点是白天呈白色，像晶体一样反光；夜间则将白天吸收的光线反射出来，可自动发光。这种涂料用于高速公路的隔声壁表面，有利于夜间行车照明。

三、调光玻璃

调光玻璃是一种具有自动调光功能的玻璃，当阳光照射在玻璃上时，玻璃内自动产生一种阴云效果，以阻挡太阳光热量的侵入，可节省夏季制冷空调的能耗。但是这种玻璃成本较高，没有得以推广使用。目前的研究进展是对这种玻璃的使用功能加以扩展，不仅能用于遮蔽太阳光的热量，也可以用于室内的间隔，还可根据需要，在内部通过微弱的电流，使玻璃形成雾状，以保持间隔空间的私密性。这种玻璃还可用于建筑物的室内装修，使其使用范围进一步扩大。

四、调节湿度材料

日本最近成功地开发了一种能自动调节室内湿度的新型墙体材料。这种材料的组成是在水泥系的主材材料中夹入2～3层由黏土系材料制成的板材，中间混入了能大量吸湿的氯化物作填充物，层与层之间的间隔为1～5nm，可见层间的间隔相当狭窄，由微细气孔吸收和放出湿气。这种板材用于居室和厨房、浴室、壁橱等，可使室内湿度保持在最佳湿度50%左右。采用了这种材料的墙体，当室内湿度低于50%以下时，基本不吸收水分；当室内湿度超过50%时开始吸湿，当湿度过低时，它还会放出保存在体内的湿气，以达到自动调节室内湿度的目的。

五、充气式房屋

瑞典生产出一种可以折叠式的小房子，用衬有保温层的铝板制成，利用一台不大的气压机往里面充气，就可以将房子鼓起来。房子质量为950kg，适合在需要临时住房的场合使用，例如发生自然灾害、举行交易会或体育运动会等活动时，很快就能搭建起临时房子，供人们使用。

随着时代的进步，人们对生活质量的要求也越来越高。近年来用于建筑装饰、装修材料和各种功能材料的研究和开发活动异常活跃，为人们营造出丰富多彩的生活空间。

六、建筑节能相变储能控温材料

相变材料（简称PCM）是指在一定温度范围内，物理状态或分子结构发生转变的一类材料。它们在物理状态或分子结构转变过程中，同时伴随着大量热量吸收或放出。利用相变材料的这种吸热放热现象，可以应用在储能和温度调控的领域中，如调温纺织品、空调、电力调温和建筑调温等。相变材料的相变储热密度大，储热装置简单、体积小，而且储热过程中储热材料近似恒温，可以较容易地实现室温的定温控制。相变储能技术可以解决太阳能等在时间和强度上与建筑物的能量需求不匹配的矛盾。因此，相变储热在建筑节能领域有着很好的发展前景。

PMC应用于建筑材料始于1981年，由美国能源部太阳能公司发起，1988年由美国能量储存分配办公室推动此项研究。随后，相变储热材料成为世界各国关注的热点，其在建筑中的应用研究方兴未艾。原因主要有以下3点：其一，建筑行业在世界各国都是举足轻重的行业，其技术进步将产生明显的经济效益和社会效益；其二，人们对环保和节能的日益重视以及昼夜电价分计制产生的经济驱动；其三，利用这种PCM建筑材料构筑建筑墙体围护结构，可以降低室内温度波动，提高舒适度，增大室内空间，减轻建筑物自重，节省制冷和采暖费用。

应用于建筑物的理想相变材料（PCM）应具有以下几个特点。

（1）相变温度正好是室内设计温度或供暖、空调系统要求控制的温度范围。

（2）具有足够大的相变潜热。

（3）相变时体积稳定性要好，膨胀或收缩性小。

（4）相变过程具有良好的可逆性。

（5）无毒性、无腐蚀性。

（6）原料成本低，制作方便等。

依据相变前后的物态，可以将相变材料分成固-液相变材料、固-固相变材料、定形复合相变材料等几种类型。

近年来，PCM在建筑节能中的应用主要体现在3个方面：相变蓄能围护结构、相变供暖储热系统和相变空调蓄冷系统。

第五节　适用于尖端建筑技术的新型材料

一、超高层建筑与新材料

随着地球上人口的增多及城市大型化，城市建筑越来越向高层发展。为适应超高层建筑的要求，必须开发新型、性能卓越的建筑材料。例如，为了减轻建筑物的自重和基础的负担，要求开发轻质而高强的材料；超高层建筑受地震、风荷载等水平方向荷载远远超过普通高度的建筑物，变形量大，要求材料具有良好的塑性和韧性；为了满足建筑物的防火、耐火要求，用于建筑物表面的材料要求不燃性和阻燃性；最重要的还要求材料具有优良的耐久性，超高层建筑投资巨大，施工工期长，其寿命不能按照常规的建筑物来要求，应该要求具有 500 年甚至上千年的寿命，或者通过维修、保养和局部更新达到永久性建筑的要求，这就要求材料在长期使用过程中能长久地保持优良的性能，才能保证建筑物的正常运转和安全。表 2-1 列出了为实现超高层建筑所需要开发的新材料和研究课题。

表 2-1　为实现超高层建筑材料领域所需研究的课题

类别	材料品种	使用部位或材料名称	研究课题与目标
金属材料	钢材	柱、大梁等 结构材料 板材 型钢	超高强度，达 1000MPa 以上；厚板制造技术，厚度大于 200mm，板材均质化；大板化，提高施工效率；焊接柱，提高焊接性能；提高刚性，实现刚度可调整性；开发低屈强化钢，提高韧性；提高冲击强度、疲劳强度
		小梁等构件	轻质化、标准化
		钢筋	高强化、连接技术，提高施工性
		螺栓	轻质化
	不锈钢	柱、大梁、小梁、装修材料	耐腐蚀，实现免维修
	钛合金	柱、梁、装修材料	轻质化、低弹模、降低成本、耐腐蚀、高耐久
	铝合金	装修材料、基材	轻质化、耐腐蚀，实现免维修
	耐火钢、耐候性钢	外装修材料	省去表面耐火装修，实现免维修
混凝土材料	商品混凝土	柱、大梁、墙体、基础等结构材料	轻质化，减轻自重；大体积化，降低发热量；早强化，提高施工效率；高强化，达到 120MPa；产量，提高施工速度
	混凝土制品	墙板、楼板	轻质化，减轻自重；高密度，隔声，提高居住性
	特殊混凝土	钢纤维混凝土 碳纤维混凝土	提高韧性，提高抗拉强度；轻质化，减轻自重；高密度，隔声，提高居住性
其他材料	耐火表面装修材料、耐久性装修材料		提高耐火性，实现免维修
	采光材料；玻璃、高分子树脂		提高安全性，实现免维修
	碳纤维材料		轻质化，高强化，提高耐冲击性
	制振材料、橡胶		控制振动，减小水平振幅，用于免振设计

二、大深度地下空间结构与新材料

大深度地下空间是到目前为止还没有被广泛开发利用的领域。随着地球表面土地面积的逐年减少，人类除了向高空发展之外，大深度地下也是一个很有潜力的发展空间。与超高层建筑相比，地下空间结构具有许多优点，例如具有保温、隔热、防风等特点，可以节省建筑能耗。为实现大深度地下空间的建设，需要开发能够适应地下环境要求的新型材料，如表 2-2 所示。

表 2-2 适用于大深度地下空间建设的新材料

材料种类	材料性能	材料名称
复合材料	纤维增强，韧性高	碳纤维增强塑料、碳纤维增强砂浆或混凝土
纤维材料	高强度、高韧性、耐腐蚀	碳纤维、人造纤维、无纺布、织物
高分子材料	塑性好、耐腐蚀、防水、防潮	涂料、塑料、表面覆盖材料
硅酸盐类材料	耐水性好、耐腐蚀、强度较高、性能稳定	烧土制品、多孔人造石、水泥、砂浆、混凝土、玻璃
功能性金属材料	形状记忆功能 、吸氢、超导、磁性	形状记忆合金、非磁性物体、非晶质金属
结构用金属材料	高强度、高韧性、高硬度、制振、吸收振动、超塑性、耐磨耗、耐腐蚀	热加工控制钢、耐盐性钢筋、不锈钢、钛合金、高强合金、耐腐蚀合金、制振合金
药剂材料	土壤改良、土壤硬化、废水、下水及污水处理、发泡性、着色性等	土壤改良剂、地基强化剂、水质净化剂
生物材料	抵抗微生物侵蚀，具有微生物组织增殖或保存的功能	生物材料

三、适用于海洋建筑的新材料

海洋建筑物可分为固定式和浮游式两大类，所用的结构材料仍离不开钢材和钢筋混凝土。海洋建筑与陆地建筑物的工作环境有很大差别，为了实现海洋空间的利用，建造海洋建筑物，必须开发适合于海洋条件的建筑材料。

海水中的盐分、氯离子、硫酸根等侵蚀性物质含量很高，将对建筑物产生强烈的化学侵蚀作用，使材料很容易被腐蚀而破坏；海水波浪不停地往复作用，对海洋建筑构成冲击、磨耗和疲劳荷载作用；海洋建筑物还要经常受到台风、海啸等严酷的气候条件的作用；建筑在海滩、近海等软弱地基上的建筑物，其沉降现象也很明显。在这些严酷苛刻的环境下工作的海洋建筑物所用的材料，要求具有很高的强度、耐冲击性、耐疲劳性、耐磨耗等力学性能，同时还要求具有优良的耐腐蚀性能。为实现这些性能，需要开发并使用以下新型材料。

1. 涂漠金属板材

用于海洋建筑物上部的非结构钢板，为提高其耐腐蚀性，可在表面涂刷一层有机高分子材料使之成膜，隔断海水和钢板之间的直接接触，达到延长钢板使用寿命的目的。目前涂膜材料大多采用氯乙烯类、氟类、聚酯类、丙烯硅类等材料，其中氟类、聚乙烯类和丙烯硅类涂膜材料对钢板的保护作用比较明显；如果使用镀锌钢板再在表面涂膜，则防腐蚀效果更好。

2. 耐腐蚀金属

例如新型不锈钢、钛合金、新型铝合金等金属材料，本身具有很强的耐腐蚀性，可直接用于接触海水的部位。尤其是钛合金，耐腐蚀性极强，只是成本较高。因此，开发高耐久性的材料，同时降低材料的成本是开发利用海洋空间、建造海洋建筑物的物质基础。

3. 水泥基复合增强材料

到目前为止，构筑大型建筑物的地基、基础等大体积结构体的材料仍然以水泥混凝土材料最为合适，无论从原材料资源，还是生产成本以及材料性能的稳定程度，水泥混凝土材料都具有其他材料无法比拟的优越性。但是，水泥混凝土属于脆性材料，对于静荷载有很高的承受能力，而海洋建筑物经常受到波浪、台风等动荷载的作用，为了提高其韧性和抗拉强度，应采用纤维与水泥混凝土复合而成的水泥基增强材料，以满足海洋建筑物的力学性能要求。目前正在开发研究的纤维材料有碳纤维、芳香族聚酰胺纤维、耐碱性玻璃纤维和钛酸钾纤维等新型纤维材料，但普遍成本较高是这些材料被大量、普遍使用的最大障碍。

4. 地基强化材料

海岸浅滩以及近海地带的地基多数是黏土和水分不易分离的淤泥。为了建造海洋建筑物，首先必须强化或固化地基。这种淤泥通常体积含水率达到 70%，而且难以用人工方法将水分离出来。人类在开发海洋建筑的实践中已经初步摸索出淤泥地基固化的经验，并且已经将其用于实际工程。例如对于淤泥层地基，可采用砂桩施工方法进行固化。针对含水量更大、质地更软的海底淤泥，瑞典开发了一种新的材料和排水方法，即纸桩排水方法，用一种专用的机器将片状的纸材插入淤泥中，纸材内部有许多管状纤维，将淤泥中的水吸出排走，同时再结合砂桩来共同处理地基。这种纸桩排水方法最初所采用的纸桩材料与普通纸壳相同，但由于纸壳遇水后软化，后来又开发了耐水的合成纤维织物，强度高，排水效果更加明显。

四、用于宇宙空间结构物的新材料

为了开辟新的生存空间，人类正在向宇宙进军。在距离地球表面 400～500km 的地球周围轨道上建设大型结构物，即所谓的宇宙空间站，建立太空旅馆、实现月球旅行等，是现代人的梦想，尽管这种想法距离现实还有些遥远，但已有一些国家，例如美国、加拿大、欧洲各国、日本等先进国家已经在这方面投入了力量开始进行研究开发。

宇宙环境与地球表面、海洋以及地下都有很大差别，宇宙工作站以一定的速度围绕地球转动，其离心力与重力取得平衡，处于无重力环境。利用这种特殊的环境有可能制造出在地球上无法实现的高纯度、高匀质、完全结晶等特殊功能的新型材料。同时，宇宙环境下温度变化非常剧烈，例如同一个宇宙工作站，被太阳光照射到的部位温度高达 150℃的低温状态。因此用于宇宙空间建筑的材料必须能适应如此剧烈的温度变化，高温时不软化，低温时不发生脆断。同时，材料在宇宙放射线的照射下不能发生严重的老化。所以用于宇宙空间建筑的材料必须具有高强度、高耐久性和温度适应性。目前有可能达到这种优良性能要求的材料有钛合金、铝合金以及碳纤维增强塑料（CFRP）等复合材料。

思　考　题

1. 简述建筑复合材料的几种类型。
2. 谈谈对新型建筑材料发展趋势的看法。

第三章 建筑材料的基本性质

所谓材料的性质是指在负荷与环境因素联合作用下材料所具有的属性。因此，工程中讨论的材料各种性质，都是在一定环境条件下测试的各种性能指标。

建筑材料在建筑物中承受各种不同的作用，要求具有相应的性质，例如：承重构件的材料要求一定的强度和刚度，防水材料要有不透水的性质，隔热保温材料应具有不易传热的性质等。根据构筑物中的不同使用部位和功能，建筑材料要求具有保温隔热、吸声、耐腐蚀等性能，而对于长期暴露于大气环境中的材料，还要求能经受风吹、雨淋、日晒、冰冻等引起的冲刷、化学侵蚀、生物作用、温度变化、干湿循环及冻循环等破坏作用，即具有良好的耐久性。可见，建筑材料在使用过程中所受的作用很复杂，而且它们之间又相互影响。因此，对建筑材料性质的要求应当是严格的和多方面的，充分发挥建筑材料的正常性能，满足建筑结构的正常使用寿命。建筑材料所具有的各项性质主要是由材料的组成、结构和构造等因素决定的。为了保证建筑物经久耐用，就需要掌握建筑材料的性质，并了解它们与材料的组成、结构、构造的关系，从而合理地选用材料。

第一节 建筑材料的组成和结构

材料的组成和结构决定着材料的各种性质。要了解材料的性质，首先必须了解材料的组成 、结构与材料性质间的关系。

一、材料的组成

材料的化学组成即化学成分。无机非金属材料的化学组成常以各氧化物的含量来表示。金属材料则常以各化学元素的含量来表示。有机材料常用各化合物的含量来表示。化学组成是决定材料化学性质、物理性质、力学性质的主要因素之一。

材料的矿物组成，是指组成材料的矿物种类和数量。所谓矿物，是指具有一定化学成分和一定结构及物理力学性质的物质或单质的总称。矿物是构成岩石及各类无机非金属材料的基本单元。相同的化学组成，可以有不同的矿物组成（即微观结构不同），且材料的性质也不同。例如，同是碳元素组成的石墨与金刚石；又如石灰（CaO）、石英（SiO_2）和水在常温下硬化而成的石灰砂浆与在高温高湿条件下硬化而成的灰砂砖（属于硅酸盐混凝土）。由于它们的矿物组成不同，两者的物理性质和力学性质截然不同。所以可见，材料的矿物组成直接影响无机非金属材料的性质。

利用材料的组成可以大致判断出材料的某些性质。如材料的组成易与周围介质（酸、碱、盐等）发生化学反应，则该材料的耐腐蚀性差或较差；如材料的组成易溶于水或微溶于水（或其他溶剂），则材料的耐水性（或耐溶剂性）很差或较差；有机材料的耐火性和耐热性较差，且多数可以燃烧；合金的强度高于非合金的强度等。

二、材料的结构

材料的结构是指材料的微观组织状况，可分为微观结构和显微结构两个层次。材料的结构决定着材料的许多性质。一般可从以下 3 个层次来研究材料结构与性质间的关系。

（一）微观结构

利用电子显微镜、X 射线衍射仪等手段来研究的原子级、分子级的结构。材料的微观结构可分为晶体和非晶体结构。

1. 晶体

晶体是由质点（原子、离子或分子）在三维空间作有规律的周期性重复排列（远程有序）而形成的固体。质点的这种规则排列构架称为晶格。构成晶格最基本的几何单元称为晶胞。晶体就是由大量形状、大小和位向完全相同的晶胞堆砌而成的，故晶体结构取决于晶胞的类型及尺寸。

晶体的物理力学性质，除与其质点的本性及其晶体结构形态有关外，还与质点间结合力有关，这种结合力称为结合键，可分为离子键、共价键、金属键和分子键 4 种。按组成材料的晶体质点及结合键的不同，晶体可分为如下几种。

（1）离子键和离子晶体　由正、负离子间的静电引力所形成的离子键构成的晶体称为离子晶体。离子的结合力比较大，故离子晶体具有较高的强度、硬度和熔点，但较脆，其固体状态是电热的不良导体，熔、溶状态时可导电。

（2）共价键和原子晶体　共价键的特点是两个原子共享价电子对。由原子以共价键构成的晶体为共价晶体（或称原子晶体），如石英、金刚石等。共价键的结合力很大，故原子晶体具有高强度、高硬度和高熔点，但塑性变形能力很差，只有将共价键破坏才能使材料产生永久变形，通常为电、热的不良导体。

（3）金属键和金属晶体　金属结合的特点是价电子的“公有化”。由金属阳离子组成晶格，自由电子运动其间，阳离子与自由电子形成金属键，金属键的结合力较强。金属晶体的晶格一般是排列密集的晶体结构，如铁的体心立方结构，故金属材料一般密度较大。金属晶体有较高的硬度和熔点，具有很好的塑性变形性能，并具有导电和传热性质。

（4）分子键和分子晶体　分子键也称为分子间范德瓦耳斯力，是存在于中性原子或分子之间的结合力，本质上是一种物理键。依分子键结合起来的晶体称为分子晶体，如合成高分子材料中长链分子之间由范德瓦耳斯力结合的晶体。分子结合力很弱。分子晶体具有较大的变形性能，熔点很低，为电、热的不良导体。

分子键是普遍存在的，但当有前述化学分子键存在时，它会被遮盖而被忽略。对由数个分子或由多个分子组成的微细颗粒或超微细颗粒（如纳米颗粒），其间范德瓦耳斯力的作用则是很重要的。此外，还有一种特殊的分子键——氢分子键，它是由氢原子与 O、F、N 等原子相结合时形成的一种附加键。氢键是一种物理键，但比范氏键强。水、冰中都有氢键，硼酸为氢键晶体。晶体的结构形式与主要特性见表 3-1。

表 3-1　晶体的结构形式与主要特性

微观结构			常见材料	主要特征
晶体	原子、离子或分子按一定规律排列	原子晶体(以共价键结合)	金刚石、石英、刚玉	强度、硬度、熔点均高,密度较小
		离子晶体(以离子键结合)	氯化钠、石膏、石灰岩	强度、硬度、熔点较高,但波动大,部分可溶,密度中等
		分子晶体(以分子键结合)	蜡及部分有机化合物	强度、硬度、熔点较低,大部分可溶,密度小
		金属晶体(以库仑引力结合)	铁、钢、铝、铜及其合金	强度、硬度变化大,密度大
非晶体	原子、离子或分子以共价键、离子键或分子键结合,但为无序排列(短程有序,长程无序)		玻璃、粒化高炉矿渣、火山灰、粉煤灰	无固定的熔点和几何形状;与同组成的晶体相比,强度、化学稳定性、导热性、导电性较差,且各向同性

在实际材料中，大多数晶体并不是由前述某一种类型键结合的，而是存在着混合键，如

方解石（$CaCO_3$）、长石及硅酸盐类材料。这类材料的性质相差较大。

硅酸盐材料在建筑材料中占有重要的地位。硅酸盐结构是由共价键组成的 SiO_4 单元与 Ca^{2+}、Mg^{2+} 等以离子键结合而成的。由碳元素组成的石墨晶体具有复杂的混合键，每个碳原子与周围三个碳原子以共价键方式结合，并处在同一平面上而使晶体呈层状，其第四个价电子较自由地在层内活动，使石墨具有金属性；在层与层之间以范德瓦耳斯力相结合，使石墨具有显著的塑性滑移性质。

2. 非晶体

非晶体，又称玻璃体，是熔融物在急速冷却时，质点来不及按特定规律排列所形成的内部质点无序排列（短程有序，长程无序）的固体或固态液体。非晶体没有固定的熔点和特定的几何外形，即质点未能到达能量最低位置，故大量的化学能未能释放，因而其化学稳定性较差，易和其他物质反应或自行缓慢向晶体转变。如在水泥、混凝土等材料中使用的粒化高炉矿渣、火山灰、粉煤灰等活性混合材料，正是利用了其活性高的特点。

（二）显观结构

显微结构是指用光学显微镜可以观察到的材料组成及结构，一般可分辨的范围是 0.001～1mm。该结构主要研究材料内部的晶粒、颗粒等的大小和形态、晶界或界面，孔隙与微裂纹的大小、形状及分布。

显微镜下的晶体材料是由大量的大小不等的晶粒组成的，而不是一个晶粒，因而属于多晶体。多晶体材料具有各向同性。如某些岩石、钢材等。

材料的显微结构对材料的强度、耐久性等有很大的影响。材料的显微结构相对较易改变。通常，材料内部的晶粒越细小、分布越均匀，则材料的受力状态越均匀、强度越高、脆性越小、耐久性越高；晶粒或不同材料组成之间的界面黏结（或接触）越好，则材料的强度和耐久性等越好。

材料在这一层次上的组成及其聚集状态，对其性质有重要影响。例如，水泥混凝土材料，可以分为水泥基体相、集料分散相、界面相及孔隙等。它们的状态、数量及性质将决定水泥混凝土的物理力学性质。又如木材，可以分为木纤维、导管及髓线等，它们的分布、排列状况不同，使木材在宏观上形成年轮、弦向与径向、顺纹与横纹等性能的差异。钢铁材料在显微镜下，可以观察到铁素体晶粒、不同状态的珠光体、渗碳体及石墨等，它们是决定钢铁性质的关键因素。

（三）微粉、超微颗粒及胶体

1. 微粉

微粉是指粒径在 0.0001～0.1mm 之间的各种矿物或金属粉末，通常属于散粒的显微层次。

将宏观物体破碎成微粉，其比表面积随粒径减小而增大，可加快颗粒溶解及表面化学反应速度；也可消除宏观物体裂纹、内部孔隙等构造缺陷，是进行材料密度测量时的重要手段。

2. 超微颗粒

超微颗粒是指粒径在 10^{-6}～10^{-4}mm 之间的各种微粒（金属或非金属、晶体或非晶体等）。它一般大于微观尺度的原子团，小于通常的微粉。其性质既不同于单个原子或分子，又不同于粗粒固体，称为纳米微粒，由它可构成各种纳米材料。

纳米微粒的内核为颗粒组元（保持原晶格和微观结构），微粒表层为界面组元。在不饱和键或悬键作用下，物质表面原子的晶格排列、尺寸等都发生变化，致使界面组元的物理力学性质与颗粒组元不同。当微粒的尺寸进入纳米量级时，它有很大的比表面积，表面原子数增多，界面组元所占体积分数显著增大，表面能和表面张力显著增加，其本身和由它构成的各种材料，具有传统材料所不具备的许多优越的物理力学性质。

由于用纳米微粒制成的固体材料，具有很大的界面，且界面原子排列混乱，在外力作用下，这些原子容易迁移。因此，由纳米氧化物经压实和烧结制得的纳米陶瓷材料表现出很好的韧性和一定的延展性。

对于金属材料，随晶粒减小，其硬度明显提高。例如，纳米尺寸的铁，晶粒尺寸由100nm减到6nm时，硬度增大了4～5倍。

在石膏中掺入纳米氧化锌及金属过氧化物粒子后，可制成色彩鲜艳、不易褪色的石膏制品，并有优异的抗菌性能，是优良的装饰材料。

在陶瓷中掺入纳米氧化锌，可使制品的烧结温度下降，能耗降低，所得制品光亮如镜，并有抗菌除臭和分解有机物的自洁功能。掺有纳米氧化锌的玻璃，可抗紫外线、耐磨、抗菌和除臭。

在金属材料表面镀以非晶态纳米镍-磷合金薄膜，由于该镀层不存在晶界和晶界缺陷（位错、空穴、成分偏析等），使易于发生点蚀、晶间腐蚀、应力腐蚀等的结构消失，从而使基体金属材料表面的性质得到改善。该镀层构成了具有极强防腐蚀性能的金属防护膜。

在塑料、橡胶和树脂中加入纳米矿物质第二相，可有效地改善其各种性能，如增加塑料的强度、表面硬度、改善阻燃性及热学性能等。

此外，纳米材料的热学、电学、光学及磁学等许多性能，都不同于一般材料，具有优异的特殊性质。

3. 胶体

胶体是指超微颗粒在介质中形成的分散体系。当胶体的物理力学性质取决于介质时，此种胶体称为溶胶。溶胶具有流动性。

由于微粒具有很大的表面积和表面能，当其数量较多（胶体浓度大）或在物理化学作用下，颗粒可相互吸附凝聚形成网状结构。此时，胶体反映出微粒的物理力学性质，称为凝胶。

凝胶体中颗粒之间由范德瓦耳斯力结合。在搅拌、振动等剪切力的作用下，结合键很容易断裂，使凝胶变为溶胶，黏度降低，重新具有流动性。但静置一定时间后，溶胶又会慢慢地恢复成凝胶，这一转变过程可以反复多次，凝胶-溶胶这种互变的性质称为触变性。

上述有关胶体的各种性质，随微粒尺寸的减小而更为突出，对于粒径不十分小的微粉颗粒也会在一定程度上表现出胶体的各种性质，如含水较多的水泥浆体具有溶胶性质，开始初凝的水泥浆具有凝胶性质及触变性。

常用建筑材料中的石油沥青是一种组分非常复杂的胶体材料，根据内部组分相对含量和温度条件的不同，它可以是溶胶，也可以转变为凝胶。由水泥和水拌和而成的水泥浆体是建筑材料中最典型的胶体体系，当水泥与水刚拌和时，水泥颗粒分散于水中，水泥颗粒之间距离较大，相互之间作用力较弱，水泥浆具有良好的流动性和可塑性，这时水泥浆体属于溶胶体系。利用溶胶体的流动性和变形特性，可将混凝土浇筑成任意形状的构件。随着水泥水化反应逐步进行，在水泥颗粒周围越来越多地生成水化硅酸钙等凝胶粒子，并相互联结形成网络，且作为分散相的水分越来越少，最终形成具有固定形状、较高强度，但内部有一些孔隙的坚硬固体，这就是现代社会用量最大的结构材料——混凝土。

（四）宏观结构

用肉眼或放大镜即可分辨的毫米级以上的组织称为宏观结构。该结构主要研究材料中的大孔隙、裂纹、不同材料的组合与复合方式、各组成材料的分布等。如岩石的层理与斑纹、混凝土中的砂石、纤维增强材料中纤维的多少与纤维的分布方向等。材料宏观结构的分类及其主要特性见表3-2。

表3-2 材料的宏观结构及其主要特性

材料的宏观结构		常用材料	主要特性
单一材料	致密结构	钢材、玻璃、沥青、部分塑料	高强、或不透水、耐腐蚀
	多孔结构	泡沫塑料、泡沫玻璃	轻质、保温
	纤维结构	木材、竹材、石棉、岩棉、玻璃纤维、钢纤维	高抗拉，且大多数具有轻质、保温、吸声性质
	聚集结构	陶瓷、砖、某些天然岩石	强度较高
复合材料	粒状聚集结构	各种混凝土、砂浆、钢筋混凝土	综合性能好、价格较低廉
	纤维聚集结构	岩棉板、岩棉管、石棉水泥制品、纤维板、纤维增强塑料	轻质、保温、吸声或高抗 拉(折)
	多孔结构	加气混凝土、泡沫混凝土	轻质、保温
	叠合结构	纸面石膏板、胶合板、各种夹芯板	综合性能好

两种或两种以上组成材料以适当方式结合中而构成的新材料，称为复合材料。复合材料取各组成材料之长，避免了单一材料的某些缺陷，使复合材料具有多种使用功能（如强度、防水、保温、装饰、耐久等）或者具有某些特殊功能。复合材料的综合性能好，某些性能往往超过组成材料中的单一材料，且经济性更为合理。如混凝土、纤维增强塑料，它们的综合性能优于单一组成材料。

材料的宏观结构是影响材料性质的重要因素。材料的宏观结构较易改变。

材料的宏观结构不同，即使组成与微观结构等相同，材料的性质与用途也不同，如玻璃与泡沫玻璃、密实的灰砂硅酸盐砖与灰砂加气混凝土，它们的许多性质及用途有很大的不同。材料的宏观结构相同或相似，则即使材料的组成或微观结构等不同，材料也具有某些相同或相似的性质与用途，如泡沫玻璃、泡沫塑料、加气混凝土等。

三、结构中的孔隙与材料性质的关系

大多数建筑材料在宏观层次上均含有一定大小和数量的孔隙，甚至是相当大的孔洞，这些孔隙几乎对材料的所有性质都有相当大的影响。

（一）孔隙的分类

按孔隙的大小不同，可将孔隙分为微细孔隙、细小孔隙（细孔）、较粗大孔隙、粗大孔隙等。对于无机非金属材料，孔径小于20nm的微细孔隙，水或有害气体难侵入，可视为无害孔隙。

按孔隙的形状不同，可将孔隙分为球形孔隙、片状孔隙（即裂纹）、管状孔隙、墨水瓶状孔隙、带尖角的孔隙等。片状孔隙、尖角孔隙、管状孔隙对材料性质的影响较大，往往使材料的大多数性质降低。

按常压下水能否进入到孔隙中，将常压下水可以进入的孔隙称为开口孔隙（或称连通孔隙），而将常压下水不能进入的孔隙称为闭口孔隙（或称封闭孔隙），这种划分是一种粗略的划分，实际上开口孔隙和闭口孔隙没有明显的界线，当水压力较高或很高时，水也可能进入到部分或全部闭口孔隙中。开口孔隙对材料性质的影响较闭口孔隙大，往往使材料的大多数性质降低（吸声性除外）。

（二）孔隙对材料性质的影响

通常，材料内部的孔隙含量（即孔隙率）越多，则材料的体积密度、堆积密度、强度越小，耐磨性、抗冻性、抗渗性、耐腐蚀性、耐水性及其他耐久性越差，而保温性、吸声性、吸水性与吸湿性等越强。孔隙的形状和孔隙的状态对材料性质的影响也有不同程度的影响，如开口孔隙、非球形孔隙（如扁平孔隙或片状孔隙，即裂纹）相对于闭口孔隙、球形孔隙而言，往往对材料的强度、抗渗性、抗冻性、耐腐蚀性、耐水性等更为不利，对保温性稍有不利，而对吸声性、吸水性与吸湿性等有利，并且孔隙尺寸越大，上述影响也越大。

（三）材料内部孔隙的来源与产生

天然植物材料由于植物生长的需要，在植物材料的内部形成一定数量的孔隙。天然岩石则由于地质上的造岩运动等，在岩石等材料的内部夹入部分气泡或形成部分孔隙。人造材料内部的孔隙是由于人造材料的生产工艺并非尽善尽美，生产时总是不可避免地会卷入部分气泡（或气体），对于无机非金属材料则在很大程度上与生产材料时所用的拌和用水量有关，或者是在生产材料时，有意识地在材料内部留下或造成部分孔隙以改善材料的某些性能。

建筑材料大多属于人造无机非金属材料。这些材料在生产过程中，由于组成上的要求（参与化学反应，以使材料产生强度，如水泥、石膏等的水化反应等）和生产工艺上的要求（各组成材料的混合体须具有适当的流动性或可塑性以便能制作成所需的形状和尺寸，并保证制品或构件的质量），在生产材料时必须加入一定数量的水。为达到生产工艺所要求的施工性质（流动性或可塑性等），实际用水量往往远远超过组成上的要求，即远远超过理论需水量（如水泥、石膏等的水化反应所需的水量）。这些多余的水在材料体积内也占有一定空间，蒸发后即在材料内部留下了大量毛细孔隙，绝大多数人造无机非金属建筑材料中的孔隙基本上是由水所造成的。当用水量较少，不能满足生产工艺所要求的流动性或可塑性时，则难以制成所要求的制品或构件，往往在材料或制品内部形成许多大的孔隙，甚至是大的孔洞。

通过上述分析，可以得出以下结论：影响人造建筑材料内部孔隙率、孔隙形状、孔隙状态的因素或影响生产材料时拌和用水量的因素均是影响材料性质的因素。适当控制上述因素，即可使它们成为改善材料性质的措施或途径。如在生产保温材料时，应采取适当措施来提高产品的孔隙率，而在生产结构用混凝土时，则应控制影响孔隙率的因素，尽量降低孔隙率。

第二节 建筑材料的物理性质

一、密度与孔隙特性

（一）密度、表观密度与堆积密度

1. 密度（ρ）

密度（ρ）是指材料在绝对密实状态下单位体积的质量，可用公式表示为

$$\rho=\frac{m}{V} \tag{3-1}$$

式中 ρ——材料的密度，g/cm^3；

m——材料在绝对干燥状态下的质量，g；

V——材料在绝对密实状态下的体积，cm^3。

2. 表观密度（ρ_0）

表观密度（ρ_0）是指材料在自然状态下单位体积的质量，可用公式表示为

$$\rho_0=\frac{m}{V_0} \tag{3-2}$$

式中 ρ_0——材料的表观密度，kg/m^3；

m——材料的质量，kg，需要注明含水状态，如果没有特殊注明，一般是指气干状态下的质量；

V_0——材料在自然状态下的体积，m^3，该体积包括材料内部封闭孔隙的体积。

3. 堆积密度（又称为体积密度，ρ_1）

堆积密度（又称为体积密度，ρ_1）指粒状材料在堆积状态下单位体积的质量。根据堆积的密集程度，堆积密度又可分为紧密体积密度和松散体积密度。材料的堆积密度可表示为

$$\rho_1=\frac{m}{V_1} \tag{3-3}$$

式中 ρ_1——材料的堆积密度，kg/m^3；

m——材料在自然状态下的质量，kg ；

V_1——材料在堆积状态下的体积，m^3，该体积既包括材料内部封闭孔隙的体积，也包括颗粒之间的空隙体积。

材料在绝对密实状态下体积（V）的测定方法取决于材料的形态和密实程度。对于内部结构密实的材料，例如钢材、塑料等，可直接测量外观尺寸计算体积V；对于水泥、粉煤灰和矿物细粉等粉体材料，需要将粉体材料放在与该材料不发生化学反应的液体中（例如煤油），利用粉体排开液体的体积来测得粉体颗粒的体积；对于内部含有孔隙的块体材料，例如烧结黏土砖、砌块等，需要将块体材料研磨成粒径小于 0.20mm 的粉末，利用粉末排开液体的体积测定其密实状态的体积。材料在自然状态下的体积（V_0）包括内部封闭孔隙的体积，对于规则形状的，可直接测量外观尺寸；对于砂子、石子等不规则形状的颗粒，可利用排水法测定颗粒的外观体积。粒状材料的堆积体积（V_1）需要借助于容器来测量。

材料的密度、表观密度是材料最基本的物理性质，它间接地反映材料的密实、坚硬程度。同时，在生产和施工过程中，可通过密度、表观密度或堆积密度等指标来获得材料的质量、体积等数据，以便安排储存场地、运输工具等。

（二）密实度与孔隙率

1. 密实度（D）

密实度（D）是指材料体积内被固体物质充实的程度，即材料的绝对密实体积占材料在自然状态下体积的百分率，可用公式表示为

$$D=\frac{V}{V_0}\times 100\% \tag{3-4}$$

如果已知材料在绝对干燥状态下的表观密度 ρ_0，则密实度也可以表示为

$$D=\frac{\rho_0}{\rho}\times 100\% \tag{3-5}$$

2. 孔隙率（P）

孔隙率（P）是指材料体积内孔隙体积所占的比例，即材料内部的孔隙体积占外观体积的百分率，可用公式表示为

$$P=\frac{V_0-V}{V_0}\times 100\%=\left(1-\frac{\rho_0}{\rho}\right)\times 100\% \tag{3-6}$$

根据上述密实度和孔隙率的定义，可得出密实度和孔隙率的关系为

$$D+P=1$$

孔隙率或密实度反映材料的结构致密程度，直接影响材料的力学性能、热学性能及耐久性等。但是孔隙率只能反映材料内部所有孔隙的总量，并不能反映孔径分布状况，也不能反映孔隙是开放的还是封闭的，是连通的还是独立的等特性。不同尺寸、不同特征的孔隙对材料性能的影响程度不同，例如，封闭孔隙有利于提高材料的保温隔热性，在一定范围内对材料的抗冻性也有利；而开放或连通的孔隙则降低材料的保温性和抗渗性。孔径较大的孔隙对材料的强度极为不利，但孔径在 20nm 以下的凝胶孔对强度几乎没有任何影响。因此，除孔隙率外，孔径大小、孔隙特征对材料的性能也具有重要的影响。

按照孔径大小不同，可将材料内部的孔隙分为气孔（或大孔）、毛细孔和凝胶孔3种。其中，气孔的平均孔径范围为50～200μm，最大甚至达到1mm以上；毛细孔的孔径范围为20nm～50μm，对材料的吸水性、干缩性和抗冻性影响较大；凝胶孔极其微细，孔径在20nm以下。按照孔隙是否封闭，又分为连通孔隙（开口孔隙）和封闭孔隙（闭口孔隙）。连通孔隙和封闭孔隙体积之和等于材料的总孔隙率。

（三）填充率与空隙率

填充率及空隙率适用于粒状材料。

1. 填充率（D_1）

填充率（D_1）是指粒状材料在堆积体积中，被颗粒填充的程度，可以用颗粒的外观体积占堆积体积的百分率来表示，即

$$D_1=\frac{V_0}{V_1}\times 100\% \tag{3-7}$$

如果采用相同含水状态下的表观密度和堆积密度，则填充率也可以表示为

$$D_1=\frac{\rho_1}{\rho_0}\times 100\% \tag{3-8}$$

2. 空隙率（P_1）

空隙率（P_1）是指粒状材料在堆积体积中，颗粒之间空隙体积占堆积体积的百分率，可用下式表示为

$$P_1=\frac{V_1-V_0}{V_1}\times 100\%=\left(1-\frac{\rho_1}{\rho_0}\right)\times 100\% \tag{3-9}$$

根据上述定义，可得出填充率的关系为

$$D_1+P_1=1$$

空隙率反映粒状材料堆积体积内颗粒之间的相互填充状态，是衡量砂、石子等粒状材料颗粒级配好坏，进行混凝土配合比设计的重要原材料数据。在进行混凝土配合比设计时，通常根据骨料的堆积密度、空隙率等指标来计算水泥浆用量及砂率等。

二、材料与水有关的性质

（一）亲水性与憎水性

将一滴水珠滴在不同的固体材料表面，水滴将出现不同状态，如图3-1(b)所示为水滴向固体表面扩展，这种现象称为固体能够被水润湿，该材料是亲水性的；如图3-1(c)所示为水滴呈球状，不容易扩散，这种现象称为固体不能被水润湿，该材料是憎水性的。

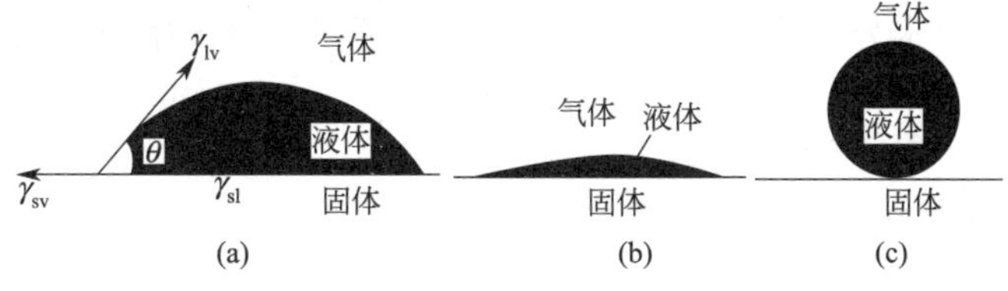

图3-1　水滴在不同固体材料表面的形状

图3-1中水滴、固体材料及气体形成固-液-气三相系统，在三相交界点处沿液-气界面作切线，与固-液界面所夹的角称为材料的润湿角（θ）。如图3-1(a)所示，当$\theta<90°$时，表明材料为亲水性或能被水润湿，当$\theta\geq 90°$时，表明材料为憎水性或不能被水润湿。θ角的大小，即固体材料是亲水性的还是憎水性的，取决于固-气之间的表面张力（γ_{sv}）、气-液之间的表面张力（γ_{lv}）以及固-液之间界面张力（γ_{sl}）三者之间的关系，具体见下式

$$\cos\theta=\frac{\gamma_{sv}-\gamma_{sl}}{\gamma_{lv}} \tag{3-10}$$

大多数建筑材料都是亲水性的，例如木材、混凝土和黏土砖等，同时这些材料内部又存在着孔隙，因此水很容易沿着材料表面的连通孔隙进入内部。憎水性材料，例如沥青、塑料等，水分不容易进入材料内部，这类材料适合做防水材料。

(二) 吸水性与吸湿性

1. 吸水性

吸水性是指将材料放入水中能吸收水分的性质。材料的吸水性用吸水率表示，包括质量吸水率与体积吸水率。质量吸水率为材料达到饱和吸水时所吸收水分的质量占材料干燥状态下质量的百分率，如式(3-11) 所示；体积吸水率为材料达到饱和吸水时所吸收水分的质量与材料外观体积之比，如式(3-12) 所示

$$W_m=\frac{m_w-m_d}{m_d}\times100\% \tag{3-11}$$

$$W_v=\frac{m_w-m_d}{V_0} \tag{3-12}$$

式中 W_m——材料的质量吸水率,%，常用建筑材料的质量吸水率见表 3-3；

W_v——材料的体积吸水率,%；

m_w——材料在吸水饱和时的质量，g；

m_d——材料在干燥状态下的质量，g。

表 3-3 常用建筑材料的质量吸水率 单位:%

材　　料	质量吸水率	材　　料	质量吸水率
花岗岩	0.5～0.7	烧结黏土砖	8～20
普通混凝土	2～3	木材	30～100 以上

材料所吸水分是通过连通孔隙吸入的，所以连通孔隙率越大，则材料的吸水量越多。材料吸水达到饱和时的体积吸水率即为材料的连通孔隙率。吸水率的大小反映了材料孔隙率的大小以及连通孔隙的多少，反映了材料的致密程度，影响材料的保温隔热性能。同时，吸水率的大小与材料内部的孔径大小和孔隙特征有关，细微的连通孔隙，容易吸水，而封闭的孔隙水分不能进入。连通的大孔虽然水分容易进入，但不容易存留。

2. 吸湿性

材料在空气中吸收（或放出）水分的性能称为吸湿性（或还湿性）用含水率（W_h）表示。含水率为材料吸收水分的质量占材料干燥状态下质量的百分率，可用下式表示

$$W_h=\frac{m_h-m_d}{m_d}\times100\% \tag{3-13}$$

式中 W_h——材料的含水率,%；

m_h——材料在环境中的质量，g；

m_d——材料在干燥状态下的质量 g。

吸湿性的大不不仅与材料本身的孔隙率有关，还与环境湿度有关。如果环境湿度大，材料的含水率将增大；反之如果环境干燥，含水率将降低。当材料吸收一定的水分与周围环境湿度达到相对平衡时的含水率称为平衡含水率。此时，材料将不再吸收水分，也不再放出水分，或者说材料吸收的水分等于放出的水分，达到相对的动态平衡。

材料吸水后会导致自重增加，体积与尺寸、形状变化，保温隔热性能降低，以及强度下

降等问题，影响使用功能。例如，木材制品由于内部含水量的变化会出现尺寸变化或变形，多孔材料吸收水分后保温隔热性降低，热导率增大；石膏制品、黏土砖和木材等材料吸水后强度和耐久性也将产生不同程度的降低。

（三）耐水性

材料在长期饱水环境中不破坏、其强度也不显著降低的性质称为耐水性。耐水性用材料在吸水饱和状态与干燥状态下的强度之比来衡量，称为软化系数，如下式所示

$$K_R=\frac{f_w}{f_d} \tag{3-14}$$

式中　K_R——材料的软化系数；

f_w——材料在吸水饱和状态下的强度，MPa；

f_d——材料在干燥状态下的强度，MPa。

软化系数在 0～1 之间变化，软化系数越高，表明材料的耐水性能越好。一些长期在水中或潮湿环境中工作的结构物，要选择软化系数大于 0.85 的耐水性材料。

三、材料的热工性质

材料的热工性质包括热量在材料中传导的速度，材料储存热量的能力等物理特性，主要由热导率、传热系数、质量热容和热容量等性能指标表示。

（一）导热性

当材料两侧存在温度差时，热量将从温度高的一侧向温度低的一侧传递，直到两侧温度相同。不同的材料其传导热量的速度不同，称为导热性，用热导率来表示

$$\lambda=\frac{Qd}{AT(t_1-t_2)} \tag{3-15}$$

式中　Q——传导的热量，W；

A——传热面积，m^2；

T——传热时间，h；

d——材料的厚度，m；

t_1-t_2——材料两侧的温度差，K；

λ——热导率，W/(m·K)。

可见热导率的物理意义是厚度为 1m 的材料，当材料两侧的温差为 1K 时，在 1h 内通过 $1m^2$ 面积的热量。热导率越小，表明材料的隔热性能越好。建筑上通常将热导率小于 0.23W/(m·K) 的材料称为绝热材料。为了提高建筑物的保温效果，节省温控能耗，房屋建筑的围护结构应尽量采用热导率小的材料。不同成分及结构的材料其热导率差别很大，常用材料的热导率如表 3-4 所示。

表 3-4　常用材料的热工性能指标

材料	热导率 λ/[W/(m·K)]	质量热容 C /[J/(g·K)]	材料	热导率 λ/[W/(m·K)]	质量热容 C /[J/(g·K)]
钢材	550	46	木材(松木)	0.15	1.63
花岗岩	2.9	0.80	空气	0.025	1.0
普通混凝土	1.8	0.88	水	0.6	4.19
黏土砖	0.55	0.84	冰	2.20	2.05
泡沫塑料	0.035	1.30			

材料的热导率不仅取决于材料的组成，还与材料内部的孔隙率、吸水多少有密切关系。由表 3-4 数据可见，空气的热导率很小，而水的热导率较大，如果材料内部含有大量封闭的

微小孔隙，同时保持干燥状态，孔隙内部充满空气，可有效地降低材料的热导率；但是如果多孔材料吸收大量水分，将使热导率增大，降低其保温效果。

（二）热容量与质量热容

温度升高时，材料将吸收热量；温度降低时，材料将放出热量。材料积蓄热量的能力为热容量。

当温度升高或降低 1K 时，单位质量的材料所吸收或放出的热量称为该材料的质量热容，可用下式表示为

$$c=\frac{Q}{m(t_1-t_2)} \tag{3-16}$$

式中　Q——材料的热容量，J；

m——材料的质量，g；

t_1-t_2——材料受热或冷却前后的温度差，K；

c——材料的质量热容，J/(g·K)。

热导率表示热量通过材料传递的速度，热容量或质量热容表示材料内部存储热量的能力。对于房屋建筑围护结构所用的材料，希望冬季保暖、夏季隔热，即在室内外存在温差的条件下，尽量减小热量通过墙体、屋顶等部位的传递，同时将热量存储在材料之中，以保证室内温度稳定。在选材时，要选用热导率小而热容量或质量热容大的材料。常用材料及物质的热工性能指标如表 3-4 所示。

第三节　建筑材料的力学性质

材料的力学性质是指材料在外力作用下的变形及抵抗破坏的性质。

一、材料的强度及强度等级

（一）强度

材料在外力作用下抵抗破坏的能力称为强度。当材料受外力作用时，其内部产生应力，外力增加，应力相应增大，直至材料内部质点间结合力不足以抵抗所作用的外力时，材料即发生破坏。材料破坏时，应力达到极限值，这个极限值就是材料的强度，也称为极限强度。

根据外力作用形式的不同，材料的强度有抗压强度、抗拉强度、抗弯（抗折）强度及抗剪强度等，如图 3-2 所示。

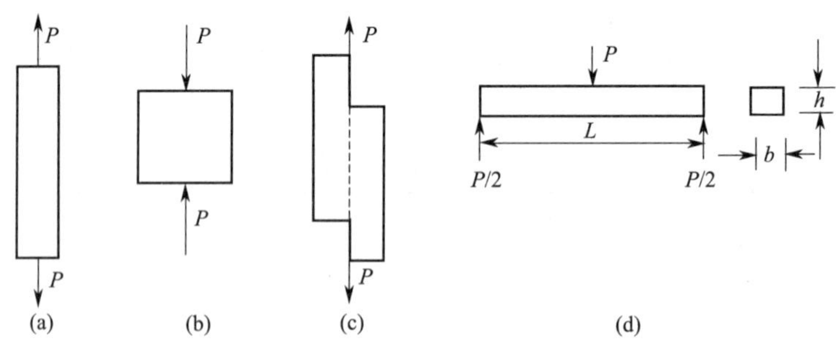

图 3-2　材料受外力作用示意图

（a）抗拉；（b）抗压；（c）抗剪；（d）抗弯

材料的这些强度是通过静力试验来测定的，故总称为静力强度。材料的静力强度是通过标准试件的破坏试验而测得的。材料的抗压、抗拉和抗剪强度的计算公式为

$$f=\frac{P}{A} \tag{3-17}$$

式中　f——材料的强度（抗压、抗拉和抗剪），N/mm^2；

P——试件破坏时的最大荷载，N；

A——试件受力面积，mm^2。

材料的抗弯强度与试件的几何外形及荷载施加形式有关，对于矩形截面和条形试件，当两支点中间作用一集中荷载时，其抗弯强度可按下式计算

$$f_{tm}=\frac{3PL}{2bh^2} \tag{3-18}$$

式中　f_{tm}——材料的抗弯强度；

P——试件破坏时的最大荷载；

L——试件两支点间的距离；

b、h——试件截面的宽度和高度。

（二）影响材料强度的主要因素

（1）材料的组成　材料的组成是材料性质的基础，不同化学成分或矿物成分的材料，具有不同的力学性质，它对材料的性质起着决定性作用。

（2）材料的结构　即使材料的组成相同，其结构不同，强度也不同。材料的孔隙特征及内部质点间结合方式等均影响材料的强度。晶体结构材料，其强度还与晶粒粗细有关，其中细晶粒的强度高。玻璃是脆性材料，抗拉强度很低，但当制成玻璃纤维后，具有较高的抗拉强度。一般材料的孔隙率越小，强度越高。对于同一品种的材料，其强度与孔隙率之间存在近似直线的反比关系。

（3）含水状态　大多数材料被水浸湿后或吸水饱和状态下的强度低于干燥状态下的强度。这是由于水分被组成材料的微粒表面吸附，形成水膜，增大材料内部质点间距离，材料体积膨胀，削弱微粒间的结合力。

（4）温度　温度升高，材料内部质点的振动加强，质点间距离增大，质点间的作用力减弱，材料的强度降低。

（5）试件的形状和尺寸　相同的材料及形状，小尺寸试件的强度高于大尺寸试件的强度；相同的材料及受压面积，立方体试件的强度要高于棱柱体试件的强度。

（6）加荷速度　加荷速度快时，由于变形速度落后于荷载增长速度，故测得的强度值偏高；反之，因材料有充裕的变形时间，测得的强度值偏低。

（7）受力面状态　试件受力表面不平整或表面润滑时，所测强度值偏低。

由此可知，材料的强度是在特定条件下测定的数值。为了使试验结果准确，且具有可比性，各个国家均制定了统一的材料试验标准。在测定材料强度时，必须严格按照规定的试验方法进行。材料强度是大多数材料划分等级的依据。

（三）强度等级

各种材料的强度差别甚大。建筑材料按其强度值的大小划分为若干强度等级。如烧结普通砖按抗压强度分为MU10～MU30共5个强度等级；硅酸盐水泥按28天的抗压强度和抗折强度分为42.5～62.5级共3个强度等级；钢筋混凝土用的混凝土按其抗压强度分为C15～C80共14个强度等级。建筑材料划分强度等级，对生产者和使用者均有重要意义，它可使生产者在控制质量时有据可依，从而保证产品质量；对使用者则有利于掌握材料的性能指标，以便于合理选用材料，正确地进行设计和便于控制工程施工质量。

强度指的是材料的实测极限应力值，是唯一的；而每一强度等级则包含一系列实测强

度。常用建筑材料的强度见表 3-5。

表 3-5　常用建筑材料的强度　　单位：MPa

材　　料	抗压强度	抗拉强度	抗弯强度
花岗岩	100～250	5～8	10～14
烧结普通砖	7.5～30	—	1.8～4.0
普通混凝土	7.5～60	1～4	2.0～8.0
松木(顺纹)	30～50	80～120	60～100
钢材	235～1800	235～1800	—

(四) 比强度

比强度反映材料单位体积质量的强度，其值等于材料强度与其表观密度之比。比强度是衡量材料轻质高强性能的重要指标。优质的结构材料，必须具有较高的比强度。几种主要材料的比强度见表 3-6。

表 3-6　几种主要材料的比强度

材　　料	表观密度 ρ_0/(kg/m^3)	强度 f_c/MPa	比强度(f_c/ρ_0)
低碳钢	7850	420	0.054
普通混凝土	2400	40	0.017
松木(顺纹抗拉)	500	100	0.200
松木(顺纹抗压)	500	36	0.072
玻璃钢	2000	450	0.225
烧结普通砖	1700	10	0.006

由表 3-6 可知，玻璃钢和木材是轻质高强的材料，它们的比强度大于低碳钢，而低碳钢的比强度大于普通混凝土。普通混凝土是表观密度大而比强度相对较低的材料，所以努力促进普通混凝土——这一当代最重要的结构，向轻质、高强发展是一项十分重要的工作。

二、材料的弹性与塑性

材料在外力作用下产生变形，当外力撤除后变形即可消失并能完全恢复到原始形状的性质称为弹性。这种可恢复的可逆变形称为弹性变形，具有这种性质的材料称为弹性材料。弹性材料的变形特征常用弹性模量 E 表示，其值等于应力（σ）与应变（ε）之比，即

$$E=\frac{\sigma}{\varepsilon} \tag{3-19}$$

弹性模量是衡量材料抵抗变形能力的一个重要指标。同一种材料在其弹性变形范围内，弹性模量为常数，弹性模量越大，材料越不易变形，即刚度越好。弹性模量是结构设计的重要参数。

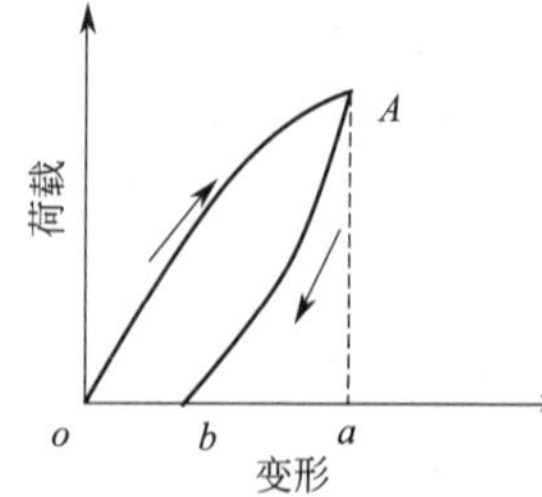

图 3-3　弹塑性材料的变形曲线

材料在外力作用下产生变形，当外力撤除后，不能恢复变形的性质称为塑性。这种不可恢复的不可逆变形称为塑性变形。具有这种性质的材料称为塑性材料。

实际上，纯弹性变形的材料是没有的，通常一些材料在受力不大时，表现为弹性变形，当外力超过一定值时，则呈现塑性变形，如低碳钢就是典型的这种材料。另外，许多材料在受力时，弹性变形和塑性变形同时产生，这种材料当外力取消后，弹性变形即可恢复，而塑性变形不能消失，混凝土就是这类材料的代表。弹塑性材料的变形曲线如图 3-3 所示，图中 ab 为可恢复的弹性变形，bo 为不可恢复的塑性变形。

三、材料的脆性与韧性

材料受外力作用，当外力达到一定值时，材料突然破坏，而无明显的塑性变形的性质称为脆性。具有这种性质的材料称为脆性材料。脆性材料的抗压强度远大于其抗拉强度，可高达数倍甚至数十倍。脆性材料抵抗冲击荷载或振动作用的能力很差，只适合用作承压构件。建筑材料中大部分无机非金属材料均属于脆性材料，如天然岩石、陶瓷、玻璃、普通混凝土等。

材料在冲击或振动荷载作用下，能吸收较多的能量，同时产生较大变形而不破坏的性质称为韧性。具有这种性质的材料称为韧性材料。材料的韧性用冲击韧性指标 a_K 表示。冲击韧性指标是用带缺口的试件做冲击破坏试验时，断口处单位面积所吸收的能量。其计算公式为

$$a_K=\frac{A_K}{A} \tag{3-20}$$

式中　a_K——材料的冲击韧性指标，J/mm^2；

A_K——试件破坏时所消耗的能量，J；

A——试件受力净截面积，mm^2。

在土木工程中，对于要求承受冲击荷载和有抗震要求的结构，如吊车梁、桥梁、路面等所用的材料，均应具有较高的韧性。

四、材料的硬度与耐磨性

(一) 硬度

硬度是指材料表在抵抗硬物压入或刻划的能力。测定材料硬度的方法有多种，常用的有刻划法和压入法两种，不同材料其硬度的测定方法不同。刻划法常用于测定天然矿物的硬度，按刻划法的矿物硬度分为 10 级（莫氏硬度），其硬度递增顺序为滑石 1 级、石膏 2 级、方解石 3 级、萤石 4 级、磷灰石 5 级、正长石 6 级、石英 7 级、黄玉 8 级、刚玉 9 级、金刚石 10 级。钢材、木材及混凝土等材料的硬度常用压入法测定，例如布氏硬度。布氏硬度值是以压痕单位面积上所受压力来表示。

一般材料的硬度愈大，则其耐磨性愈好。工程中有时也可用硬度来间接推算材料的强度。

(二) 耐磨性

耐磨性是材料表面抵抗磨损的能力。材料的耐磨性用磨损率表示，其计算公式为

$$N=\frac{m_1-m_2}{A} \tag{3-21}$$

式中　N——材料的磨损率，g/cm^2；

m_1、m_2——材料磨损前、磨损后的质量，g；

A——试件受磨面积，cm^2。

材料的耐磨性与材料的组成成分、结构、强度、硬度等因素有关。在土木工程中，对于用踏步、台阶、地面、路面等部位的材料，应具有较高的耐磨性。一般来说，强度较高且密实的材料，其硬度较大，耐磨性较好。

第四节　建筑材料的耐久性

材料的耐久性是指在环境的多种因素作用下，能经久不变质、不破坏、长久地保持其性能的性质。耐久性是材料的一项综合性质（诸如抗冻性、抗渗性、抗碳化性、抗风化性、大

气稳定性、耐腐蚀性等）均属耐久性的范围。此外，材料的强度、耐磨性、耐热性等也与材料的耐久性有着密切关系。

一、环境对材料的作用

在构筑物使用过程中，材料除内在原因使其组成、构造、性能发生变化以外，还长期受到周围环境及各种自然因素的作用而破坏。这些作用可概括为以下几方面。

（1）物理作用　包括环境温度、湿度的交替变化，即冷热、干湿、冻融等循环作用。材料在经受这些作用后，将发生膨胀、收缩，产生内应力。长期的反复作用，将使材料遭到破坏。

（2）化学作用　包括大气和环境水中的酸、碱、盐等溶液或其他有害物质对材料的侵蚀作用，以及日光等材料的作用，使材料产生本质的变化而破坏。

（3）机械作用　包括荷载的持续作用或交变作用引起材料的疲劳、冲击、磨损等破坏。

（4）生物作用　包括菌类、昆虫等的侵害作用，导致材料发生腐朽、蛀蚀等破坏。

各种材料耐久性的具体内容，因其组成和结构不同而异。例如钢材易氧化而锈蚀；无机非金属材料常因氧化、风化、碳化、溶蚀、冻融、热应力、干湿交替作用等而破坏；有机材料多因腐烂、虫蛀、老化而变质等。

二、材料耐久性的测定

对材料耐久性最可靠的判断，是对其在使用条件下进行长期的观察和测定，但这需要很长时间。为此，近年来采用快速检验法，这种方法是模拟实际使用条件，将材料在实验室进行有关的快速试验，根据试验结果对材料的耐久性作出判定。在实验室进行快速试验的项目主要有：干湿循环、冻融循环、人工碳化、加湿与紫外线十燥循环、盐溶液浸渍与干燥循环、化学介质浸渍等。

同时，材料的耐久性包括多方面内容，属于综合性质。对于不同用途的材料、不同的环境条件，所要求的耐久性指标不完全相同。例如，在地下、水中或潮湿环境下，有挡水要求的构件要重点考虑抗渗性和水的侵蚀；处于水位经常变化、温度变化部位的构件或材料要考虑对干湿循环作用和冻融循环的抵抗能力；海洋工程结构物或氯离子含量较高的环境要考虑盐溶液的侵蚀、钢筋锈蚀等因素：工厂、高温车间和城市道路附近的建筑物要考虑碳化、高温以及硫酸盐等侵蚀性介质的危害；沥青路面、塑料等高分子要考虑在氧气、紫外线等因素作用下的老化性能等。

总之，耐久性包括的内容很多，许多性能指标的试验方法还不成熟，对于试验结果与实际环境中材料耐久性之间的关系研究还不深入。例如，测定混凝土材料的抗渗性只能在限定的时间内对混凝土施加水压力，测定水是否渗透，试验加压时间最长不超过十几个小时至几天，如果试件没有透水即确定为合格，但是在实际结构物中混凝土需要常年处于压力水的作用之下，长达几十年，混凝土内部存在许多孔隙，透水的可能性是很大的。因此，如何正确并与工程实际更为接近地评价材料的耐久性还需要做大量研究工作。

三、耐久性与长期安全性

提到建筑物的安全性，人们首先想到的往往是结构物的承载能力，即强度，所以长期以来人们依据结构物将要承受的各种荷载，包括静荷载、动荷载进行结构设计。但是结构物是长时间使用的产品，耐久性是衡量材料以至结构在长期使用条件下的安全性能。尤其对于水工与海洋工程、桥梁、地下结构等在比较苛刻环境下使用的结构物，耐久比强度更为重要。许多工程实例表明，造成结构物破坏的原因是多方面的，仅仅由强度不足引起的破坏事例并不多见，而耐久性不良是引起结构物破坏最主要的原因。例如，20 世纪 70 年代末建造的北京西直门立交桥，建成后只有十几年，远没有达到设计的使用寿命，就出现了许多裂缝，影响正常使用。1970～1980 年，日本在日本海一侧修建了大量的高架道路，由于常年处于海风、海潮侵蚀的环境中，建造十几年后桥墩等部位就出现了大量的裂缝。由上可见，耐久性是影响结构长期安全性的重要性质。

四、耐久性与经济效益

材料的耐久性与结构物的使用年限直接相关，耐久性好，就可以延长结构物的使用寿命，减少维修费用，获得巨大的经济效益。

在以往的建设工程中，比较注重建造时的初始成本，而容易忽略结构物在整个寿命周期内，包括建造、运行、维修保养以及解体工程在内的总成本。最近半个世纪以来，世界各国建造了大量的土木、建筑等基础设施，目前大部分已经迎来了老龄时期。每年用于这些建筑物、结构物的维修费用是一笔巨大的开支。据不完全统计，美国从 1978 年起每年用于道路维修的费用高达 63 亿美元，平均每两天就发生一起桥梁事故。造成这些破坏事故的原因多数是由于混凝土被冻融破坏、钢筋被腐蚀，致使混凝土保护层脱落，以及一些其他综合因素。我国东北寒冷地区的路面有很严重的剥落现象。许多大型水电站（如丰满、云峰等）也受严重的冻融破坏，有些防波堤的混凝土块受海水侵蚀，不到几年时间就严重破坏。随着现代社会人类开发建设力度加大，结构物所处的环境条件越来越苛刻；同时，大型结构物投资巨大，建设周期长，要求其寿命越来越长，因此提高材料的耐久性对于结构物的安全性和经济性均具有重要意义。结构设计不仅要考虑荷载作用下的强度，还要重视耐久性，引入耐久性设计的概念，建立耐久性设计的理论体系和方法，这就需要研究、完善建筑材料的耐久性试验方法和评价指标，为结构物的耐久性设计提供数据。

五、提高材料耐久性的重要意义

从以上几点可见，在选用建筑材料时，必须考虑材料的耐久性问题。材料耐久性良好的建筑材料，对节约材料、充分发挥建筑材料的正常服役性能、保证建筑结构长期正常使用、延长建筑物使用寿命、减少维修费用等，均具有十分重要的意义。

第五节　建筑材料的装饰性质

建筑装饰材料是用于建筑物表面，起到装饰作用的材料。对装饰材料的基本要求有以下几个方面。

一、材料的颜色、光泽、透明性

颜色是材料对光的反射效果。不同的颜色给人以不同的感觉，如红色、橘红色给人一种温暖、热烈的感觉，绿色、蓝色给人一种宁静、清凉、寂静的感觉。

光泽是材料表面方向性反射光线的性质。材料表面越光滑，则光泽度越高。当为定向反射时，材料表面具有镜面特征，又称镜面反射。不同的光泽度，可改变材料表面的明暗程度，并可扩大视野或造成不同的虚实对比。

透明性是光线透过材料的性质。其有透明体（可透光、透视）、半透明体（透光、但不透视）、不透明体（不透光、不透视）几种。利用不同的透明度可隔断或调整光线的明暗，造成特殊的光学效果，也可使物象清晰或朦胧。

二、花纹图案、形状、尺寸

在生产或加工材料时，利用不同的工艺将材料的表面做成各种不同的表面组织，如粗糙、平整、光滑、镜面、凹凸、麻点等；或将材料的表面制作成各种花纹图案（或拼镶成各种图案）、如山水风景画、人物画、仿木花纹、陶瓷壁画、拼镶陶瓷锦砖等。

建筑装饰材料的形状和尺寸对装饰效果有很大的影响。改变装饰材料的形状和尺寸，并配合花纹、颜色、光泽等可拼镶出各种线型和图案，从而获得不同的装饰效果，以满足不同建筑型体和线型的需要，最大限度地发挥材料的装饰性。

三、质感

质感是材料的表面组织结构、花纹图案、颜色、光泽、透明性等给人的一种综合感觉。如钢材、陶瓷、木材、玻璃、呢绒等材料在人的感官中的软硬、轻重、粗犷、细腻、冷暖等感觉。组成相同的材料可以有不同的质感，如普通玻璃与压花玻璃、镜面花岗岩板材与剁斧石。相同的表面处理形式往往具有相同或类似的质感，但有时并不完全相同，如人造花岗岩、仿木纹制品，一般均没有天然的花岗岩和木材亲切、真实，而略显单调、呆板。

选择建筑装饰材料时应结合建筑物的造型、功能、用途、所处的环境（包括周围的建筑物）、材料的使用部位等，充分考虑建筑装饰材料的上述 3 项性质及建筑装饰材料的其他性质，最大限度地表现出建筑装饰材料的装饰效果，并做到经济、耐久。

思 考 题

1. 影响材料吸水率的因素有哪些?
2. 试分析材料的强度与强度等级的联系与区别。
3. 什么是材料的耐久性？为什么对材料要有耐久性要求?
4. 生产材料时，在组成一定的情况下，可采取哪些措施来提高材料的强度和耐久性?

第四章　新型水泥基复合材料

水泥混凝土作为建筑工程领域使用最广泛的一种材料，本身有很多优点，但也存在抗拉强度不足、收缩变形大、韧性差、抗裂性差等缺点，因此常常采用复合增强体的方式改善某些性能。

第一节　纤维改性水泥基复合材料

水泥基复合材料是水泥、砂、石共同组成的非均质体，具有抗拉强度小、韧性小、耐化学腐蚀性差等固有缺点，影响了水泥基材料性能的进一步提高。针对水泥基复合材料缺陷产生的原因，在水泥基复合材料中加入少量纤维，制成纤维增强水泥基复合材料（FRC），利用纤维具有的较大的拉伸强度和断裂韧性，在水泥基复合材料受力时，水泥基复合材料的纤维可吸收较大的能量，使水泥基体的裂纹扩展速度变小。纤维增强水泥基复合材料的优点为：能大大改善抗拉性能，提高抗折强度，其韧性呈数量级增加（可达1000倍）；能有效地减少与硬化、养护有关的收缩和收缩裂纹；减少结构截面的尺寸，使结构轻型化。

纤维在水泥基复合材料领域的应用最早可以追溯到古埃及时代，草筋黏土砖和纸筋灰是最早的纤维增强复合材料。目前，高强度、高韧性、高耐久性的纤维增强、增韧水泥基复合材料取得了长足发展，其性能比传统水泥基材料有了很大提高。

一、纤维的分类和作用

水泥基复合材料中常用的纤维按照弹性模量不同可分为两大类：高弹性模量纤维和低弹性模量纤维。低弹性模量纤维（如各种有机纤维、尼龙、聚丙烯、聚乙烯等）只能提高水泥基复合材料的韧性、抗冲击性能等与材料的塑性有关的物理性能；高弹性模量纤维（如钢纤维、玻璃纤维、碳纤维等）则能够改善水泥基复合材料的强度和刚性。

纤维按作用方式可分为以下几种。①短纤维。改善纤维在水泥基复合材料中的分散性，通过传递应力吸收高能量，有效抗击冲击力和控制裂缝。②短纤维铺网或网状纤维。增加纤维与基体的接触面积和接触力，有效降低水泥基复合材料固化过程中的塑性收缩，提高构件的耐冲击力，延长构件的使用寿命。③异型化纤维。如V形纤维、Y形纤维、带钩形纤维等，异型化能够增加纤维与基体的接触表面，加强两者之间的有效黏结，提高增强、增韧效果。④表面涂层改性纤维。利用有机或无机化合物处理或涂层，改善纤维在混合过程中的分散性，提高纤维与基体材料的黏结力。

在水泥基复合材料中掺入一定量的纤维，当水泥凝固后，纤维在试体中呈三维乱向分布，能有效提高水泥基复合材料构件的力学性能。在纤维增强的水泥基复合材料中，纤维能减少水泥基体收缩而引发的微裂纹，在受荷初期延缓和阻止基体中微裂纹的扩展并最终成为外荷载的主要承载者，在水泥硬化后可部分提高水泥基复合材料的强度、抗冻性、抗渗性、抗裂性、耐磨性和抗冲击性等性能。

影响纤维增强增韧效果的因素主要有以下几种。①纤维种类。②纤维的表面性能。纤维过长，长径比过高会影响水泥浆体的流变性，并且不易分散均匀；纤维过短，长径比过低，则水泥基复合材料的塑性和其他力学性能增效甚微。③纤维与基体界面的黏结强度。纤维增强水泥基复合材料的力学性能主要取决于基体的物理性能、纤维的物理性质以及两者之间的黏结强度。当基体与纤维确定后，将纤维异型化、对纤维进行表面改性处理均可以增强纤维与基体之间的黏结强度。④纤维的掺量，对于乱向短纤维增强水泥复合材料而言，为使基体开裂后的承载能力不致下降所需要的最小纤维体积率称为临界纤维体积率。

纤维改性水泥基复合材料是一种新型建筑材料，将纤维与传统的水泥基复合材料相结合，达到改善性能和实现水泥基复合材料工业可持续发展的目的。纤维自身虽然有着高强度、低弹性模量、耐酸碱腐蚀、使用安全等优点，但其存在价格高、分散性差、与基体的黏结强度低等缺点，在一定程度上制约了纤维在水泥基复合中材料方面的应用。因此，今后研究的方向应该放在如何降低纤维的生产成本以及改善纤维表面性能，使其能够更好地与基体配合，最大限度地发挥增强、增韧作用。

二、常见的纤维增强水泥基材料

（一）钢纤维增强水泥基复合材料（SFRC）

20世纪60年代由美国首先开发应用钢纤维增强水泥基复合材料（SFRC）。SFRC具有3大特点：一是抗裂性好，二是弯曲韧性优良，三是抗冲击性能强。因此迅速发展成为目前应用最为广泛的一种纤维增强水泥基复合材料。

在SFRC中剪切纤维和异型纤维使用较多，利用其纤维表面的粗糙程度可增加水泥浆体与纤维间的摩擦系数，以提高浆体对纤维的握裹力。SFRC中一般钢纤维的长径比为25～100，体积掺量为0.25%～0.75%，钢纤维在水泥基复合材料中大多以三维分布，由于所掺钢纤维性能及掺量不同的影响，SFRC的抗拉强度可有不同程度的提高，如SFRC断裂韧性可提高50倍，疲劳寿命和冲击阻力可提高100倍，抗收缩能力显著提高。

（二）玻璃纤维增强水泥基复合材料（GFRC）

20世纪40年代，欧洲开始研究玻璃纤维增强水泥基材料，最初开发时尚未意识到石棉纤维对人体健康的危害而以替代石棉纤维为主要目的，只是开辟一种新型纤维材料，弥补石棉纤维的不足。随着各国政府立法禁止使用石棉纤维，玻璃纤维增强水泥基材料便成为一种理想的石棉替代材料。当时作为配筋的玻璃纤维一般采用普通的中碱玻璃纤维，水泥采用普通硅酸盐水泥。由于普通硅酸盐水泥的碱度较高（pH值为12.5），水化时产生的$Ca(OH)_2$腐蚀玻璃纤维，使纤维丧失了原有强度，失去增强作用。因此GFRC的发展一度受阻。

随着20世纪90年代初专家们对GFRC耐久性问题取得了一致意见，即降低碱度及减少水泥水化产物中$Ca(OH)_2$是解决GFRC耐久性的主要途径，用低碱水泥与抗碱玻纤制得的GFRC耐久性达到并超过了一般水泥基复合材料构筑物的寿命（50年）。

随着GFRC技术的成熟，GFRC广泛用于非承重或半承重制品，如内墙板、外墙板、活动地板、波瓦、通风道、输水与排污管道、快速车道挡土墙、吸声壁等。与金属材料相比，其强度和刚度低的缺点可以用肋加强或者做成复合结构来增强。与钢筋混凝土相比，在运输和安装期间，重量轻是一大优点。GFRC特别适用于包裹钢结构来提高其防火性能。由于其有利的力学性能，开创了钢结构防火外覆技术的应用天地。GFRC可作为屏障物，防止渗透水、泥土的湿气、过滤水和压力水，且成本低廉。因为GFRC具有抑制开裂的特征，所以配置在GFRC中的高强钢筋，能够非常有效地避免受到锈蚀，可用于受动力作用的结构领域，如设备基础、海上构筑物和船的上部构筑物等。

（三）碳纤维增强水泥基复合材料（CFRC）

碳纤维作为水泥的增强物具有以下特点：抗碱性能好、重量轻、耐高温、耐磨损、导电和导热性能好、优良的生物稳定性。在水泥、水泥基复合材料中掺加碳纤维可起到阻裂增韧作用，制得高性能水泥基复合材料。它克服钢纤维易锈蚀、石棉纤维致癌、玻璃纤维在高碱度下强度受损等缺点。CFRC具有高抗拉强度和弯曲强度、较高的韧性和延性、高抗冲击性和抗裂性、好的耐磨性、尺寸稳定性和抗静电性等。选择适宜的碳纤维，当体积掺量为2%～3%（$4.5kg/m^3$）时，CFRC的抗折强度比普通水泥可提高4倍（16～21MPa），韧性提高20倍，经冻融试验和加速耐候试验，动态弹性模量和抗折强度都没有变化。

CFRC材料以其优越的性能，受到人们越来越多的关注。至今CFRC材料在高层建筑、大桥、码头、河坝、耐火、防震、静电屏、导电以及波吸收等方面得到了日益广泛的应用。

（四）聚丙烯纤维增强水泥基复合材料

英国西部海岸很早就将聚丙烯纤维剁碎掺入水泥基复合材料砌块，用于砌筑防波堤。但直到20世纪80年代初才逐渐兴起。这种产品的使用方法是将碎至12～51mm的聚丙烯纤维以$900g/m^3$以上的比例加入水泥中进行拌和作业，使它们充分散开，变成无数呈各方向均匀分布于水泥基复合材料拌和料中的单个纤维，综合看来形成了纤维网。其作用机理是当微裂缝形成并进一步发展时遇到了纤维，纤维的存在阻止了微裂缝发展成宏观裂缝的可能，同时还控制了硬化状态下出现的裂缝的宽度和长度。

研究和试验表明：大部分水泥基复合材料龟裂出现在浇筑后的24h之内，这时水泥基复合材料对振动、塑性收缩和沉陷开裂最为敏感，聚丙烯纤维的加入大大防止了这类裂缝的产生和发展。同时，还显著减少了水泥基复合材料的渗透性，当加入$593g/m^3$纤维时，渗透性减少了44%，而加入$1187g/m^3$纤维时，渗透性改善达79%。这样，钢筋水泥基复合材料中钢筋的锈蚀问题就可得到改善。聚丙烯纤维的加入可使水泥基复合材料的耐磨性提高1倍以上，冲击应力可提高10%，可用在易受车船、设备和集装箱冲撞摩擦的码头、港口等处，还特别适合应用在地震多发区等环境下。

聚丙烯纤维不影响水泥基复合材料的性质，没有表面泌水或离析现象，可满足各种抹光条件要求。这种纤维不仅可用于无筋水泥混凝土、钢筋水泥混凝土，还可用于加气水泥混凝土。聚丙烯纤维增强水泥基复合材料作为喷射水泥混凝土效果也很好，喷射的拌和物具有良好的强度发展特性和出色的抗冻性、良好的流变性，析水分层、纤维起团现象少，具有更大的内聚力，能喷射到位，施工时快速、省时、成本低，特别适于覆盖易于被大气、表面水侵入和冰冻剥蚀的道路、机场、矿山边坡以及通过化学与地质活动影响环境的矿山尾矿废石场，也可用于码头、桥墩、防波堤的维护和修复。

（五）天然纤维增强水泥基复合材料

纤维加入水泥基复合材料的主要功能是抑制和稳定微裂缝的发展。而纤维的彼此靠近，长宽比大，表面积大，黏结强度和抗拉强度大，对微裂缝的稳定有更大的影响，尤其是黏结强度和抗拉强度的平衡是关键。由于纤维最终是因拔出而不是折断失去作用的，所以高抗拔出性对水泥基复合材料的韧性和吸附能力有极大的影响。试验分析表明，纤维素纤维在这些方面比钢纤维和合成纤维的效果更好，特别能够提供各种关键性质所需的平衡，尤其在暴露于恶劣气候和生物影响环境下。纤维素纤维在水泥基复合材料中的几何分布特点也优于其他纤维，由于每克纤维数高于其他纤维几十倍，交叉密切，可将微裂缝限制在更小的范围内，控制其尖端位置的扩展，尤其是纤维素纤维直径细而表面亲水性强，这样就不会影响水泥颗粒的压实。因而微结构密度高，均匀性好。纤维素纤维可以普通的混合方式加入水泥基复合材料和砂浆混合料中。

天然纤维除了利用其核心成分——经加工后的纤维素纤维外，也可使用只经简单加工或未加工的原料，如稻草、牧草、芦苇、棕榈叶、竹子等。

（六）纤维增强塑料（FRP）

纤维增强塑料（FRP）是一种复合纤维材料，由合成或有机高强纤维构成，是水泥基复合材料结构中一种新型复合材料。FRP主要由高性能纤维、聚酯基、乙烯基或环氧树脂组成，典型的FRP大约有60%～65%的纤维，其余是基体。单丝经过浸润树脂、拉拔、缠绕、黏结而形成片材、板材、绳索、棒材、短纤维或格状材料。

它具有重量轻、便于施工、比钢筋水泥混凝土结构更耐用、耐腐蚀、高比强度（是钢筋的10～15倍）、耐疲劳（是钢筋的3倍）、电磁中性、低热导率等优点。但它也具有一些缺点，如施工费用高、弹性模量低、紫外线对其伤害大、长期强度低于短期静力强度、耐腐蚀、施加预应力时横向应力大等。

FRP可用于新建结构、补强加固旧建筑物、构筑物、预应力结构、路面结构、桥梁工程、海岸和近海工程中。尤其在一些腐蚀严重或难于修补的结构——工业厂房、桥梁的桥面板、桥墩等结构中更能发挥其强度高、易于施工、剪裁方便等优点。FRP用于工程中的主要有碳纤维（CFRP）、玻璃纤维（GFRP）和芳纶纤维（AFRP）3种纤维增强塑料。

CFRP在所有FRP中弹性模量最高，极限拉应变在1.2～2.0之间，线膨胀系数为0.2×10^{-6}，抗拉强度大约是3GPa，弹性模量为230GPa。CFRP多使用聚丙烯腈（PAN）或沥青为基材。AFRP具有最高的极限拉应变，其抗拉强度为2.65～3.4GPa。弹性模量为73～165GPa，AFRP的弹性模量与抗拉强度成反比：弹性模量越高，抗拉强度越低；弹性模量低，抗拉强度高。GFRP是花费最少的一种FRP，它有E型和S型两种，弹性模量和抗拉强度分别为2.3GPa和74GPa，3.9GPa和87GPa。GFRP的横向抗剪强度低，与水泥基复合材料的线膨胀系数相近，GFR可制成预应力筋用于预应力水泥基复合材料结构中，用于补强加固的有玻璃纤维片材和板材。

FRP作为结构受力部件材料，其应用形式各异，不仅有棒材形式、纤维布形式（包括编织材料及细纤维材料的短纤维丝），还有单独作为结构（或组合结构）构件的板、梁形式以及作为结构加固材料的纤维板等形式。

（七）智能水泥基复合材料

智能水泥基复合材料是在传统水泥基复合材料基础上复合智能型组分，如把传感器、驱动器和微处理器等置入水泥基复合材料中，使水泥基复合材料成为既能承受荷载又具有自感知和记忆、自适应、自修复等特定功能的多功能材料。目前，可用于水泥基复合材料中的驱动器材料主要有形状记忆合金（SMA）和电流变体（ER），这些材料可根据温度、电场的变化而改变其形状、尺寸、自然频率、阻尼以及其他一些力学特征，因而具有对环境的自适应功能。传感是水泥基复合材料中要求具备的另一关键功能，无论是驱动控制还是智能处理都要求传感网络提供系统状态的准确信息。用作水泥基复合材料中传感器材料的主要是光纤。

自20世纪90年代以来，国内外对水泥基复合材料在智能化方面作了一些有益的探讨，并取得了一些阶段性的成果。相继出现了损伤自诊断水泥基复合材料、温度自监控水泥基复合材料、具有反射电磁波功能的导航水泥基复合材料、调湿性水泥基复合材料以及仿生自愈合水泥基复合中材料等。

1. 损伤自诊断水泥基复合材料

损伤自诊断水泥基复合材料的出现与碳纤维的发展是紧密联系的。碳纤维是20世纪60年代发展起来的一种高强、高弹模、质轻、耐高温、耐腐蚀和导电、导热性能好的纤维材料，并开始应用于水泥基复合材料中。

碳纤维水泥基复合材料（CFRC）是在普通水泥基复合材料中分散均匀地加入碳纤维而构成的。由于掺入碳纤维对交流阻抗的敏感性，且通过交流阻抗谱又可计算出碳纤维水泥基复合材料的导电率，这就使得利用碳纤维的导电性去探测水泥基复合材料在受力时内部微结构的变化成为了一种可能。1989年，美国的D. D. L. Chung发现将一定形状、尺寸和掺量的短碳纤维掺入到水泥基复合材料中，可以使水泥基复合材料具有自感知内部应力、应变和损伤程度的功能。通过对材料的宏观行为和微观结构进行观测，发现材料的电阻变化与其内部结构变化是相对应的，如可逆电阻率的变化对应弹性变形，而不可逆电阻率的变化对应非弹性变形断裂。

随着压应力的变化，碳纤维水泥基复合材料的电阻率也会变化，这就是碳纤维水泥基复合材料的压敏性。碳纤维水泥基复合材料压应力与电阻率的关系曲线基本上可分为无损伤、有损伤和破坏 3 段。根据这一关系，通过测试碳纤维水泥基复合材料的变化可以判定其所在结构部分水泥基复合材料所处的工作状态，实现对结构工作状态的在线监测。在掺入碳纤维的损伤自诊断水泥基复合材料中，碳纤维水泥基复合材料本身就是传感器，可对水泥基复合材料内部在拉、压、弯静荷载和动荷载等外因作用下的弹性变形和塑性变形以及损伤开裂进行监测。将碳纤维水泥基复合材料用于路面的交通流量和车辆载荷进行监控。损伤自诊断水泥基复合材料有一个明显的特点就是灵敏度非常高，在对碳纤维作臭氧处理后，用碳纤维掺量为 0.5%（体积分数）的水泥净浆作为应变传感器，其灵敏度可达 700，远大于一般电阻应变计的灵敏度（约为 2）。

2. 温度自监控水泥基复合材料

纤维水泥基复合材料具有很好的温敏性。一方面，含有碳纤维的水泥基复合材料会产生热电效应。在最高温度为 70℃、最大温差为 15℃的范围内，温差电动势 E 与温差 ΔT 之间具有良好稳定的线性关系。当碳纤维掺量达到某一临界值时，其温差电动势率有极大值，如在普通硅酸盐水泥中加入碳纤维，其温差电动势率可达 18μV/℃。因此可以利用这一效应来实现对水泥基复合材料结构内部和建筑物周围环境的温度分布及变化进行监控。

另一方面，当对碳纤维水泥基复合材料施加电场时，在水泥基复合材料中会产生电热效应，引起所谓的热电效应。研究表明，热电效应和电热效应都是由于碳纤维水泥基复合材料中存在空穴导电所致。因此可以利用电热效应，把碳纤维水泥基复合材料应用于机场跑道、桥梁路面等工程中以实现自动融雪和除冰的功能。在实际工程应用中，已取得了很好的效果。

(1) 具有反射电磁波功能的导航水泥基复合材料　现代社会向智能化方向发展，可以预见未来的交通系统也会智能化，汽车行驶由计算机控制。通过对高速公路上车道两侧的标记进行识别，计算机系统可以确定汽车的行驶线路、速度等参数。如果在水泥基复合材料中掺入 0.5%（体积分数）的直径为 0.1μm 的碳纤维微丝，则这种水泥基复合材料对 1GHz 电磁波的反射强度要比普通水泥基复合材料高 10dB，且其反射强度比透射强度高 29dB，而普通水泥基复合材料反射强度比透射强度低 3～11dB。采用这种水泥基复合材料作为车道两侧导航标记，可实现自动化高速公路的导航。汽车上的电磁波发射器向车道两侧的导航标记发射电磁波，经过反射，由汽车上的电磁波接收器接收，再通过汽车上的计算机系统进行处理，即可判断并控制汽车的行驶线路。这种导航标记还具有成本低、可靠性好、准确度高的特点。

(2) 自调节水泥基复合材料　有些建筑物对室内的湿度控制要求较高。从材料的角度来说，就希望能研制出一种自动调节环境湿度的水泥基复合材料，使其对环境湿度进行监测和调控。研究发现，把沸石粉作为调湿组分加入水泥基复合材料当中就可制成满足上述要求的调湿性水泥基复合材料。其具有以下特点：优先吸附水分；水蒸气压力低的地方，其吸湿容量大；吸、放湿量与温度有关，温度上升时放湿，温度下降时吸湿。日本已将其应用于实际的工程当中，如日本月黑雅叙园美术馆、东京摄影美术馆以及成天山书法美术馆等。

混凝土本身并没有自调节功能，要达到自调节的目的，就要在水泥基复合材料中复合驱动器材料，如形状记忆合金（SMA）和电流变体（ER）。

形状记忆合金（SMA）具有形状记忆效应（SME）。若在室温下给以超过弹性范围的拉伸塑性变形，当加热至稍许超过相变温度，即可使原先出现的残余变形消失，并恢复到原来的尺寸。在水泥基复合材料中埋入形状记忆合金，利用形状记忆合金对温度的敏感性和其在不同温度下恢复相应形状的功能，当水泥基复合结构受到异常荷载干扰时，通过记忆合金形状的变化，使水泥基复合材料内部应力自动改变为另一种有利的应力分布，这样就可调整建筑结构的承载能力。

电流变体（ER）是一种可通过外界电场作用来控制其黏性、弹性等流变性能双向变化的悬胶液。在外界电场的作用下，电流变体可于 0.1ms 级时间内组合成链状或网状结构固凝胶，其黏度随电场增加而变稠直到完全固化，当外界电场拆除时，仍可恢复其流变状态。在水泥基复合材料中复合电流变体，利用电流变体的这种作用，当水泥基复合材料结构受到台风、地震袭击时调整其内部的流变特性，改变结构的自振频率、阻尼特性以达到减缓结构振动的目的。

(3) 自修复水泥基复合材料　自修复水泥基复合材料就是模仿生物组织对受创伤部位能自动分泌某种物质，从而使受创伤部位愈合的机理，在水泥基复合材料中掺入某些特殊的组分，如内含胶黏剂的空心胶囊、空心玻璃纤维或液芯光纤，使水泥基复合材料在受到损伤时部分空心胶囊、空心玻璃纤维或液芯光纤破裂，胶黏剂流到损伤处，使水泥基复合材料裂缝重新愈合。也可让掺入水泥基复合材料中的修复剂本身并不具有黏结基材的功能，但当与另外的物质（生长活性因子）相遇时可反应生成具有黏结功能的物质，实现损伤部位的自动修复。如仿生自愈合水泥基复合材料。采用磷酸钙水泥（含有单聚物）为基体材料，在其中加入多孔编织纤维网，在水泥水化和硬化过程中，多孔纤维释放出引发剂（当做是生长活性因子），引发剂与单聚物发生聚合反应生成高聚物。这样，在多孔纤维网的表面形成了大量有机及无机物质，它们互相穿插黏结，最终形成了与动物骨骼结构相类似的复合材料，具有优异的强度和延展性、柔韧性等性能。在水泥基复合材料使用过程中，如果发生损伤，多孔纤维就会形成高聚物，自动愈合损伤。

水泥基复合材料对土木建筑结构的应力、应变和温度等参数进行实时、在线监控，对损伤进行及时修复，并可减轻台风、地震对水泥基复合材料结构的冲击。这对确保水泥基复合材料结构的安全性和延长其使用寿命是非常重要的。智能水泥基复合材料作为对传统水泥基复合材料的一种突破，其发展必将使水泥基复合材料的应用具有更广阔的前景和产生巨大的社会经济效益。

第二节　活性粉末水泥基材料

随着 20 世纪 70 年代高效减水剂和硅粉日益广泛的应用，混凝土在低的水胶比和工作性良好的条件下拌和成型密实，因而硬化后可得 100MPa 或更高抗压强度的高强混凝土，将这种混凝土用于桥梁、路面和高层建筑的建设，能使构件断面减小，并使得路面的耐磨性能显著提高，使用寿命大大延长。但是随着高强混凝土日益广泛的使用，也暴露出一些问题，如高强混凝土比强度较低的混凝土更易开裂，硅粉掺量越多，水胶比越低的高强混凝土，其早期强度发展越迅速，开裂现象也越显著。

为避免上述问题的产生，一方面许多国家的规范将硅粉掺量控制在 10%以内，但因此也制约了水胶比降低的程度；另一方面，掺入钢纤维以控制其开裂，取得了一定的效果。但是，在粗骨料颗粒仍然较大的情况下，钢纤维的“架桥”作用受到限制，而且长纤维对拌和物的工作性影响显著。于是，法国人皮埃尔·里查德（P·Richard）仿效“高致密水泥基均匀体系”（DSP 材料），将粗骨料剔除，根据密实堆积原理，用最大粒径 400μm 的石英砂为骨料，制备出强度和其他性能优异的活性粉末水泥基材料。这种新材料申报了专利，并且在 1994 年旧金山的美国混凝土学会春季会议上首次公开。至今，活性粉末水泥基材料已在大量的工程中应用，显示出广阔的发展前景。

一、活性粉末水泥基材料的基本原理

活性粉末水泥基材料是一种高强度、高韧性、低孔隙率的超高性能材料。它的基本原理是：材料含有的微裂缝和孔隙等缺陷最少，可以获得由其组成材料所决定的最大承载能力，并具有特别好的耐久性。根据这个原理，其所采用的原材料平均颗粒尺寸在 0.1μm～1mm 之间，目的是尽量减小材料的孔间距，从而更加密实。活性粉末水泥基材料的制备采取了以下几项措施。

1. 提高匀质性

活性粉末水泥基材料通过以下的手段来减小非匀质性。①去除粗骨料，而用细砂代替。活性粉末水泥基材料的最大粒径仅为高强混凝土的 1/50～1/30。②水泥砂浆的力学性能提高。高强混凝土的骨料与水化水泥浆体的弹模之比为 3.0，活性粉末水泥基材料为 1.0～1.4。③消除了骨料与水泥浆体的界面过渡区。

2. 增大堆积密度

活性粉末水泥基材料由细石英砂、水泥、硅粉、硅灰或沉淀硅等颗粒混合物组成。通过以下方法来优化活性粉末水泥基材料的颗粒级配。①由不同粒级组成的混合物在每一粒级中有严格的粒级范围。②对于相邻的粒级选择高的平均粒径比。③研究水泥和高效减水剂的相容性，并通过流变学分析决定高效减水剂的最佳掺量。④优化搅拌条件。⑤通过流变学和优化相对密度来决定需水量。

提高密实度和抗压强度的一个有效的方法是在新拌混凝土的凝结前和凝结期间加压。这一措施有 3 方面的益处：其一，加压数秒就可以消除或有效地减少气孔；其二，在模板有一定渗透性时，加压数秒可将多余水分自模板间隙排出；其三，如果在混凝土凝结期间始终保持一定的压力，可以消除由于材料的化学收缩引起的部分孔隙。

3. 通过凝固后热养护改善结构

根据组分和制备条件不同，活性粉末水泥基材料分为 RPC200 和 RPC800 两级，其中 RPC200 的抗压强度达 170～230MPa，而 RPC800 更高达 500～800MPa。活性粉末水泥基材料 RPC200 的热养护是在混凝土凝固后加热进行，90℃的热养护可显著加速火山灰反应，同时改善水化物形成的微结构，但这时形成的水化物仍是无定形的；更高温度（250～400℃）的热养护用于获得活性粉末水泥基材料 RPC800，养护使水化生成物 C-S-H 凝胶体大量脱水，形成硬硅钙石结晶。

4. 掺钢纤维增加韧性

活性粉末水泥基材料 RPC200 中掺的钢纤维长度约为 13mm，直径为 0.15～0.20mm，体积掺量为 1.5%～3%。活性粉末水泥基材料 RPC800，其力学性能的改善是通过掺入更短的（≤3mm）且形状不规则的钢纤维来获得的。

二、活性粉末水泥基材料的制备、配合比及特性

（一）材料和制备工艺

1. 材料

（1）水泥　通常使用强度等级为 42.5 或以上级别的硅酸盐水泥及普通硅酸盐水泥即可

配制活性粉末水泥基材料，以 C_3S 含量高、C_3A 含量低的硅酸盐类水泥胶结效果最好。

（2）细石英砂　为达到最大密实，避免与水泥颗粒粒径冲突，细石英砂平均粒径为 250μm，粒径范围为 150～600μm，颗粒多呈球形，矿物成分 SiO_2 含量不低于 99%。

（3）硅灰　选择硅灰应考虑以下几个参数：颗粒聚集程度、颗粒粒径和硅灰纯度。通常要求硅灰化学成分中 SiO_2 含量≥90%，粒径<1μm，平均粒径为 0.1μm，呈球形。硅灰与水泥比以 0.25 较佳，这样硅灰能发挥最佳的填充作用，同时能最大限度地与水泥水化物 $Ca(OH)_2$ 进行二次水化反应。

（4）磨细石英粉发　对于活性粉末水泥基材料热处理过程而言，磨细石英粉是不可缺少的组成成分，其中以 5～25μm 粒径范围的石英粉可最大限度地发挥活性。因此，宜采用平均粒径 10μm 的磨细石英粉，这与水泥粒径接近。

（5）高效减水剂　多使用减水率超过 20%的高效减水剂。

（6）钢纤维　为提高活性粉末水泥基材料韧性和延性掺入 1.5%～3.0%混凝土体积掺量的短钢纤维，其长径比为 40～100。

2. 制备

（1）拌和　称量各材料后，将水泥、石英砂、石英粉、硅灰和钢纤维搅拌，以拌和物颜色均匀程度来判定直至拌匀；加入溶有高效减水剂的一半用水量搅拌约 3min，再加入另一半用水量搅拌约 10min。活性粉末水泥基材料的和易性不能以坍落度来表示，其拌和物外观不像混凝土而更像塑性的沥青。

（2）浇注　活性粉末水泥基材料试件在外部振动条件下的振动台上成型，对于现场梁、柱等浇注的则采用内部振动的插入式振捣器捣实。

（3）加压成型　活性粉末水泥基材料成型后 24h 内对其进行加压，在凝结前后加压过程中，被带入的空气和早期化学收缩将大部分消除，一部分拌和水也将被挤出，从而减少了活性粉末水泥基材料的水胶比，进一步增加了密实度。

（4）养护　养护条件根据活性粉末水泥基材料类型有所差异，主要有 3 种养护方法可供选择。标准养护：在（20±2)℃水中养护 28d；热水养护：在 90℃热水中养护 48h；高温养护：热水养护后在 200～400℃高温下养护 8h。

（二）活性粉末水泥基材料的配合比

表 4-1 列举了活性粉末水泥基材料 RPC200 和 RPC800 的典型配合比及主要力学性能。

表 4-1　活性粉末类型、配合比及特性

活性粉末混凝土类型	RPC200	RPC800
硅酸盐水泥/(kg/m^3)	955	1000
细砂(150～400μm)/(kg/m^3)	1051	500
硅粉($14m^2/g$)/(kg/m^3)	229	230
极细沉淀硅($35m^2/g$)/(kg/m^3)	10	—
磨细石英粉(平均 4μm)/(kg/m^3)	390	—
聚丙烯酸系超塑化剂/(kg/m^3)	13	18
钢纤维/(kg/m^3)	191	630
用水量/(kg/m^3)	153	180
圆柱体抗压强度/MPa	170～230	490～680
	钢质骨料	650～810
抗折强度/MPa	20～60	45～102
断裂能/(J/m^2)	15000～40000	1200～2000
弹性模量/GPa	54～60	65～75

（三）活性粉末水泥基材料的性能

活性粉末水泥基材料极高的材料密实度决定了它优异的力学性能。以活性粉末水泥基材料 RPC200 为例，其材料抗压强度达 170～230MPa，是高性能混凝土的 2.4 倍；其抗折强度为 30～60MPa，是高性能混凝土的 4～6 倍；掺入纤维后拉压比可达 1/4 左右，弹性模量为 40～60GPa，断裂韧性高达 20000～40000J/m^2，是普通混凝土的 250 多倍，可与金属相媲美。

活性粉末水泥基材料比高性能混凝土具有更好的材料匀质性和密实度及更小的孔隙率，从而导致其对于侵蚀离子的侵害具有更高的抵抗性，因此具有更好的耐久性，见表 4-2。

若活性粉末水泥基材料被灌入钢管，在压力作用下，材料的极限强度和延性都将得以提高，依据钢管厚度、钢纤维含量及混凝土凝固过程中加压的不同，活性粉末水泥基材料可获得 250～350MPa 的抗压强度。

表 4-2　RPC 和 HPC 耐久性能对比

耐久性能指标	总体孔隙率	微观孔隙率	渗透性	水分吸收性	氯离子扩散性
RPC 和 HPC 对比	低 4～6 倍	低 10～50 倍	低 50 倍	低 7 倍	低 25 倍

三、活性粉末水泥基材料的工程应用

1. 预制品产品结构

使用活性粉末水泥基材料可以有效减小结构自重，在具有相同抗弯能力的前提下，活性粉末水泥基材料结构的重量仅为钢筋混凝土结构的 1/3～1/2，几乎与钢结构相近。活性粉末水泥基材料有较高的抗拉强度，同时具有较高的抗剪强度，这就使得由活性粉末水泥基材料本身在结构中直接承受剪力，取消构件中的附加抗剪钢筋成为可能，从而在设计中能够采用更薄以及更加新颖合理的截面形式；加之活性粉末水泥基材料具有极好的延性，因此可以生产出各种成本降低且服务寿命提高的预制结构产品，用于市政工程中的立交桥、过街天桥、城市轻轨高架桥等方面。

2. 预应力结构

活性粉末水泥基材料预应力受弯构件拥有类似于钢材的比强度，结构极轻但却拥有很好的刚度，跨越能力进一步增加，可替代工业厂房的钢屋架和高层、超高层建筑的上部钢结构。在活性粉末水泥基材料预应力结构中，外荷载作用下产生的主拉应力由预应力抵消，而次拉应力、剪应力及所有的压应力都可由活性粉末水泥基材料本身承担。

活性粉末水泥基材料极高的抗压强度、弹性模量和开裂强度使预应力构件中高强预应力筋的强度得以充分利用，使预应力构件受压区无需配置为防止在预拉应力下发生开裂的预应力筋，使后张法构件的局压区混凝土在张拉钢筋时不易产生纵向裂缝，并使锚具下的承压面不致发生过大的压缩变形，可大大减少预应力损失。随着混凝土自身强度的提高，混凝土与钢筋的界面黏结强度也得以增加，故而在活性粉末水泥基材料先张法构件中，预应力的施加范围及施加效率都比普通混凝土先张法构件得到极大提高。

活性粉末水泥基材料的另一个显著特性是徐变和收缩现象极其微小，这便使其预应力构件中由于材料收缩徐变引起的预应力损失降至最小，而此项损失又是传统预应力构件各类预应力损失中最大的一项，为此极大地提高了张拉控制应力的工作效率。综上所述，活性粉末水泥基材料在预应力领域中有着很好的应用前景。

3. 抗震结构领域

活性粉末水泥基材料可以作为一种很有前途的抗震结构材料。这是由于更轻的结构系统降低了惯性荷载；结构构件横截面高度的减少允许构件在弹性范围内发生更大的变形；极高的断裂能及高韧性使结构构件可以吸收更多的地震能。同时可以提高节点的抗震承载力，解决节点区钢筋过密、箍筋绑扎困难和混凝土难以浇筑密实等问题。

4. 钢管混凝土领域

无纤维活性粉末水泥基材料制成的钢管混凝土，具有极高的抗压强度、弹性模量和抗冲击韧性，用它来做高层或超高层建筑的支柱，可大幅度减少截面尺寸，增加建筑物的使用面积与美观。利用钢管侧限无纤维活性粉末水泥基材料，使其在凝固前受到压缩，夹杂其中的空气及早期的化学收缩大都被排除，此外在压缩期间，部分拌和水也被挤出了拌和物，使活性粉末水泥基材料的水胶比得以降低，从而提高了密实度。此外，由于影响活性粉末水泥基材料成本的主要因素是钢纤维的价格，故无论是从力学观点还是从经济角度考虑，无纤维活性粉末水泥基材料钢管混凝土都具有很大的发展潜力。

5. 其他领域

活性粉末水泥基材料具有很高的耐磨性，可用于路面、桥面改造。有研究表明，用活性粉末水泥基材料修复已损坏的桥面，可提高桥梁的承载能力。利用活性粉末水泥基材料的超高抗渗透性及抗拉性，可替代钢材制造压力管道和腐蚀性介质的输送管道，用于远距离油气输送等，能够解决中等口径高强混凝土管输送压力不够高、大口径钢管价格昂贵等问题。利用活性粉末水泥基材料的高冲击韧性与超高抗渗透性，制造中低放射性核废料储藏容器，不仅可降低泄漏的危险，而且可大幅度延长使用寿命。活性粉末水泥基材料的早期强度发展快，后期强度极高，可以替代钢材和昂贵的有机聚合物用于补强和修补工程，既可保持混凝土体系的有机整体性，还可降低工程造价。

第三节 地聚合物水泥基材料

地聚合物水泥基材料的概念来源于法国教授 Davidovits，他在对古建筑物的研究过程中发现，耐久性的古建筑物中有网格状的硅铝氧化合物存在，这类化合物与一些构成地壳的物质结构相似，被称为土壤聚合物。20 世纪 70 年代末，Davidovits 教授开发了一类新型的碱激活胶凝材料——地聚合物水泥基材料（gepolymeric cement）。

地聚合物水泥基材料是一种集早强、环保、耐久等优点于一体的新型绿色胶凝材料。近年来，地聚合物水泥基材料引起了人们的广泛关注，其研究及应用都取得了较大的进步。

一、地聚合物水泥的生产工艺

地聚合物水泥基材料是高岭土等矿物经较低温度（500～900℃）煅烧，生成处于介稳状态的偏高岭土，在碱性激活剂及促硬剂等外掺料的共同作用下形成的。地聚合物水泥基材料原料矿物中的硅铝氧化合物经历了一个由解聚到再聚合的过程，形成类似地壳中一些天然矿物的结构，其典型的化学成分见表 4-3。

表 4-3 地聚合物水泥与两种天然矿物的主要化学成分 单位：%

材 料	SiO_2	Al_2O_3	CaO	MgO	K_2O+Na_2O
地聚合物水泥基材料	59.2	17.6	11.1	2.9	9.2
意大利火山灰	54.0	19.0	10.0	1.5	10.6
莱茵河火山灰	57.0	20.0	6.0	2.0	7.0

地聚合物水泥基材料在矿物组成上完全不同于硅酸盐水泥，其主要由以下几种无定形矿物组成：①高活性偏高岭土；②碱性激活剂（苛性钾、苛性钠、水玻璃、硅酸钾等）。③促硬剂（低钙硅比的硅酸钙以及硅灰等，处于无定形态）。④外加剂（主要有缓凝剂等）。

地聚合物水泥的生产工艺如下：

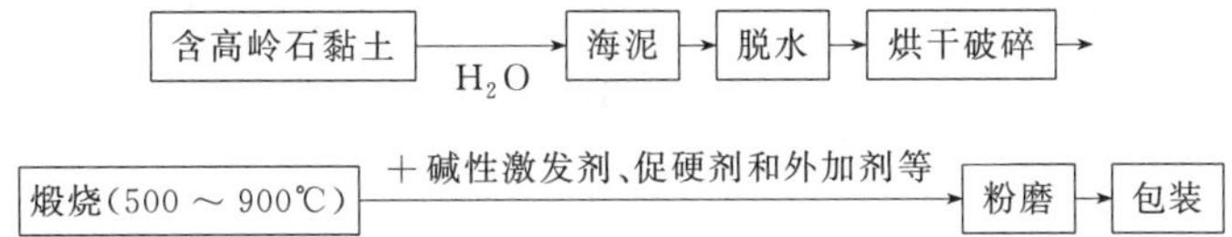

二、地聚合物水泥基材料的物理化学性能

地聚合物水泥基材料与普通硅酸盐水泥的不同之处在于：前者存在离子键、共价键和范德瓦耳斯力，以前两类为主；后者则以范德瓦耳斯力和氢键为主，这就是性能相差悬殊的原因。地聚合物水泥基材料兼有有机高聚物、陶瓷、水泥的特点，又不同于上述材料，它具有以下几方面的优点。

1. 力学性能好

主要力学性能指标优于玻璃和水泥，可与陶瓷、铝、钢等金属材料相媲美。地聚合物水泥与其他材料力学性能的对比见表 4-4。地聚合物水泥基材料具有早期强度高的特点，有研究表明，20℃下其凝结后 4h 的强度即可达 15～20MPa，为其最终强度的 70％。

表 4-4　地聚合物水泥基材料与其他材料力学性能对比

性　能	地聚合物水泥基材料	普硅水泥	玻璃	陶瓷	铝合金	钢	聚甲基丙烯酸甲酯
密度/(g/cm^2)	2.2～2.7	2.3	2.5	3.0	2.7	7.9	1.2
弹性模量/GPa	50	20	70	200	70	210	3
抗拉强度/MPa	30～190	1.6～3.3	60	100	30	300	49～77
抗弯强度/MPa	40～210	5～10	70	150～200	150～400	500～1000	91～120
断裂能/(J/m^2)	50～1500	20	10	300	10000	10000	1000

2. 具有较强的耐腐蚀性和良好的耐久性

地聚合物水泥基材料水化时不产生钙钒石等硫铝酸盐矿物，因而能耐硫酸盐侵蚀。另外，地聚合物水泥基材料在酸性溶液和各种有机溶剂中都表现了良好的稳定性。表 4-5 给出了地聚合物水泥基材料和其他类型水泥在浓度为 5％酸性条件下的质量损失率比较。工程界一般认为，硅酸盐水泥的使用寿命只有 50～150 年，而地聚合物水泥聚合反应后形成耐久型矿物，几乎不受侵蚀性环境的影响，其寿命可超过千年以上。

表 4-5　酸性条件下质量损失率比较

水泥类型	H_2SO_4	HCl	水泥类型	H_2SO_4	HCl
波特兰水泥	95	78	铝酸盐水泥	30	50
波特兰水泥、矿渣	96	15	地聚合物水泥	7	6

3. 耐高温隔热效果好

地聚合物水泥基材料在高温条件下稳定性好，显示出较好的高温力学强度，其耐火耐热性能优于传统硅酸盐水泥。其热导率为 0.24～0.38W/(m·K)，可与轻质耐火黏土砖［0.3～0.4W/(m·K)］相媲美，隔热效果也十分好。

4. 耐水热作用

在水热条件下，传统水泥易受到毁灭性破坏，而地聚合物水泥基材料则可保持较好的稳定性，能有效地固封核废料。

5. 有较高的界面结合强度

普通硅酸盐水泥与骨料结合的界面处，容易出现富含 $Ca(OH)_2$ 及钙矾石等粗大结晶的过渡区，造成界面结合力薄弱。而地聚合物水泥基材料和骨料界面结合紧密，不会出现类似的过渡区，适宜作混凝土结构修补材料。

6. 地聚合物水泥能有效固定几乎所有有毒离子

如表 4-6 所示为未经处理某矿物废渣和经地聚合物反应后废渣中浸出的离子浓度比较。地聚合物水泥基材料聚合后形成网络状的硅铝酸盐结构，这对于处置和利用各种工业废渣极为有利。

表 4-6 某矿物废渣中浸出离子浓度 单位：%

试　样	As	Fe	Zn	Cu	Ni	Ti
未处理的废渣	42	9726	1858	510	5	20
经地聚合反应后的废渣	2	123	1115	4	3	7

7. 水化热低

地聚合物水泥基材料在较低温度下煅烧而成，与普通硅酸盐水泥相比，地聚合物水泥基材料“过剩”的能量小，表现出较低的水化热，用于大体积混凝土工程时不会造成急剧温升，避免了破坏性的温度应力产生。

8. 体积稳定性好化学收缩小

与普通混凝土相比，地聚合物水泥基材料不仅具有早期强度高、渗透率低的特点，而且还具有较低的收缩值。如表 4-7 所示为地聚合物水泥与普通硅酸盐水泥收缩值比较。

表 4-7 地聚合物水泥与普通硅酸盐水泥收缩值比较 单位：%

水泥类别	7d	28d
硅酸盐水泥	1.0	3.3
矿渣硅酸盐水泥	1.5	4.6
地聚合物水泥基材料	0.2	0.5

9. 低 CO_2 排放

地聚合物水泥基材料生产过程中不使用石灰石原料，因此排放 CO_2 仅为硅酸盐水泥的 1/5，这对保护生态平衡、维护环境协调有重要意义。

综上所述，地聚合物水泥基材料某些力学性能与陶瓷相当，耐腐蚀、耐高温等性能更超过金属与有机高分子材料，但其生产能耗只及陶瓷的 1/20、钢的 1/70、塑料的 1/150，而且几乎无污染，因此地聚合物水泥基材料有可能在许多技术领域内代替昂贵材料。

三、地聚合物水泥基材料的应用

地聚合物水泥基材料因其一系列独特的物理化学性能而受到人们的广泛关注，目前有近 30 个国家或地区建立了专门研究地聚合物水泥基的实验室。以 Davidovits 教授为首的法国地聚合物研究所，在地聚合物水泥的研究及应用领域作出了重大的贡献。从 20 世纪 80 年代至今，该研究所获得了大量的专利权，并开发了系列聚合物水泥产品，在耐火材料、冶金、建筑、艺术、环保等诸多领域取得了广泛的应用。

1. 土木工程

地聚合物水泥基材料是目前胶凝材料中快硬早强性能最为突出的一类材料，用于土木工程能缩短脱模时间，加快模板周转，提高施工速度。地聚合物水泥基材料具备的优良耐久性也为土木建筑带来了巨大的社会及经济效益。

2. 交通及抢修工程

地聚合物水泥基材料快硬早强，20℃条件下 4h 强度能达到 15～20MPa，由地聚合物水泥抢修的公路或机场等，1h 即可步行，4h 即可通车，6h 即可供飞机起飞或降落。

3. 汽车及航空工业

地聚合物水泥因高温性能优良，且不会燃烧或在高温下释放有毒气体及烟雾，因此被应用于汽车发动机机罩和航空飞行器的驾驶或机舱等关键部位，提高了飞行器的安全系数。

4. 非铁铸造及冶金

地聚合物水泥基材料能经受1000～1200℃的高温而保持较好的结构性能，所以能广泛应用于非铁铸造及冶金行业，Davidovits教授成功地利用地聚合物水泥制件浇铸了铝制品。

5. 塑料工业

地聚合物水泥基材料可制作塑料成型的模具，由地聚合物水泥制作的模具耐酸碱及各种侵蚀性介质，且具有较高的精度和表面光滑度，能满足高精度加工的要求。

6. 有毒废料及核废料处理

地聚合物水泥基材料聚合后的最终产物具有牢笼型的结构，能有效地固定几乎所有重金属离子；地聚合物水泥因具备优良的耐水热性能，在核废料的水热作用下能长期保持优良的结构性能，因而能长期地固定核废料。

7. 艺术及装饰材料

地聚合物水泥基材料具备较好的加工性能，其制品具有天然石材的外观，便于成型及制作各种艺术及装饰材料。

8. 储藏设施

地聚合物水泥基材料可用于修建低维护、高性能的粮食储备系统，用地聚合物水泥修建的粮仓具有自调温、调湿的功能，所以能免除现有粮仓的调温及通风设备的投入和运行费用。地聚合物水泥修建的粮仓无返潮现象，且密封性好，能有效地抑制霉菌的生长。另外，地聚合物水泥基有足够高的强度，能有效地预防鼠类等啮齿类动物的入侵。

当然，有关地聚合物水泥的应用研究还在发展中，随着地聚合物水泥复合材料的开发，其理化性能必将大大丰富，应用领域将进一步扩展。

四、地聚合物水泥基材料的研究现状及发展

地聚合物水泥在二十几年的发展过程中，经历了一个从初级到高级的发展过程。最初的地聚合物水泥制品必须要在一定温度（60～180℃）下养护，甚至需要压蒸工艺，所用原材料也比较单一。随着研究的进展，地聚合物水泥在常温下也能实现快硬高强的优异性能，所用原材料也大为丰富，目前各种工业废渣在地聚合物水泥中广为应用，如矿渣、粉煤灰、硅灰等；各种天然黏土矿物以及火山灰材料在地聚合物水泥中也有广泛的应用。地聚合物水泥碱激活剂也由单一的碱金属、碱土金属氢氧化物扩展到氧化物、卤化物、有机组分等。地聚合物水泥的增韧、增强添加物以及制备工艺的手段日趋进步，材料性能大幅度提高。

1. 地聚合物水泥基复合材料的研究开发

纤维增强地聚合物水泥大大提高了地聚合物水泥的性能，金属纤维、碳纤维、碳化硅纤维、玻璃纤维、有机纤维、聚丙烯纤维网都可对地聚合物水泥进行增强，取得了较好的效果。

2. 地聚合物水泥基结构材料及修补材料的开发

由于地聚合物水泥基材料具有良好的综合性能，其不仅可以部分替代硅酸盐水泥进行基础设施建设，而且可以作为修补和增强材料在工程中广泛应用。

3. 地聚合物水泥固定有毒废料及放射性废料的研究

一个发展方向，目前还没有这方面的实质性研究。

4. 地聚合物水泥耐久性的研究

古罗马及古希腊建筑物能较完整地保留至今，堪称世界奇迹，地聚合物水泥被认为与这些耐久性建筑物有类似的化学成分与矿物结构，因此地聚合物水泥有可能和这些耐久性建筑一样，具有优良的耐久性。

5. 地聚合物水泥基材料环保效益的研究

生产 1t 水泥熟料就要放出约 1t 的 CO_2，生产地聚合物水泥能减少 50%～80% CO_2 的排放。

地聚合物水泥基材料是一种不同于硅酸盐水泥的新型胶凝材料，相对硅酸盐水泥而言，其生产能耗小，几乎无污染，是一种环保型绿色建筑材料。地聚合物水泥广阔的应用领域和各种优异的性能更是向人们展示了迷人的开发前景。因此应重视对这一类新型胶凝材料的研究，进一步开发其优异的工程性能和环保性能，将地聚合物水泥基材料发展成为 21 世纪的新型水泥基复合材料。

第四节 环境友好型水泥基复合材料

水泥混凝土作为最大宗人造材料，给人类带来了文明，也给环境造成了污染。长期以来，从事混凝土理论科学与实际工程的研究人员只注意到混凝土为人类所用，给人类带来了方便和财富的一面，却忽略了混凝土给人类和地球带来负影响的另一面。如为了达到高强度和耐久性的要求，传统的混凝土始终在追求其结构的密实性。目前城市表面 80%以上的面积被建筑物和混凝土路面覆盖，这种密实性混凝土缺乏透气性和透水性，调节空气温度、湿度的能力差，使市区的温度比郊区和乡村高 2～3℃，产生所谓的“热岛现象”。雨水长期不能渗入地下，使城市地下水位下降，影响地表植物的生长，结果造成城市生态系统失调。

近年来，由于对生态环境的日益重视，使研究者不得不重新考虑这种材料及其科学的发展，除了水泥清洁生产，提高性能减少用量外，另一个重要的方面是这种材料能为环境做些什么。其中，扩大水泥的使用范围，用水泥基材料来改造生态环境，如治沙漠、治水、治理城市环境等。因此，胶凝材料应该突破传统建筑材料的范围，发展环境友好型材料，走可持续发展之路。

环境友好型水泥基材料是指既能减少对地球环境的负荷，同时又能与自然生态系统协调共生，为人类构造舒适环境的混凝土材料。目前常见的环境友好型水泥基材料有生态种植水泥基材料、海洋生物适应型水泥基材料和光催化水泥基材料等。

一、生态种植水泥基材料

传统的混凝土色彩灰暗，给人以生硬、粗糙、灰冷的视觉效果。人们生活在被钢筋混凝土填充的城市中，感到远离自然，缺少生活情趣。所以开发能够植被的绿化混凝土，用于城市的道路两侧及中央隔离带、水边护坡、楼顶、停车场等部位，可以增加城市的绿色空间，调节人们的生活情绪，同时能够吸收噪声和粉尘，对城市气候的生态平衡也起到积极作用。

生态种植水泥基材料的基本构造可分为两层：一层为 3cm 厚的表层土，种子混入其中；另一层为 30cm 厚的连续空隙硬化体，即多孔混凝土。采用单一粒径骨料、河沙、石膏等，保水材料和肥料填充植被水泥基材料的空隙。泥煤做保水材，与肥料、水、增黏剂一起做成泥水状使其流入空隙；无机物为主要成分填充空隙，或在锯末、活性炭混合物里加水，结成一体。生态种植水泥基材料要求如下：①确保连续空隙，使根系在混凝土中生长繁茂，连续孔隙率为 18%～35%；②必要的水分、肥料，以确保植物生长；③pH 值维持在不影响植物生长的水平。

生态种植水泥基材料也可以做成高速公路及铁路两侧的岩石边坡生态护坡，单独用植物或者植物与土木工程和非生命的植物材料相结合，以减轻护坡面的不稳定性和侵蚀。绿化网是当前日本在软弱岩石边坡生态护坡中较常用的生态材料。绿化网的构造网采用抗拉强度高的尼龙等高分子材料编织而成，分上下两层，两层网中间每隔一定间距包有肥料、草种、水稳定剂、含有机质的腐殖土等混合物。

二、海洋生物适应型水泥基材料

普通的水泥基材料由于其组成材料之一是水泥，水泥在水化时将产生占水泥石体积20%～25%的 $Ca(OH)_2$，使得混凝土呈强碱性，pH 值高达 12～13。这种碱性对于钢筋混凝土结构来说是有利的，具有保护钢筋不被腐蚀的作用。但对于道路、港湾、护岸等，这种碱性不利于海洋生物的生长，所以开发低碱性、内部具有一定的空隙、能够提供水中生物的生长所必需的养分空间、适应海洋生物生长的混凝土是环境友好型水泥基复合材料的一个重要的研究方向。

1. 人工海底山脉

人工海底山脉或礁石是在海底或海岸人工制成的具有特定形状的水泥基材料堆积体。根据山脉和礁石外形、尺寸和表面形状的不同，它们可以产生不同的生态效果。如具有竖向构造的体积巨大的山脉可以将海底横向水流或潮汐转换成垂直上升水流，从而将处于海底深处的营养盐分提升至上层海水，满足浮游生物生长需要，进而保证水生物的食物需求，增加海产品的产量；表面经过适当处理的礁石可以给海生物（如藻类、贝类）提供栖息生长的良好环境，促进海洋生物的繁殖，使海洋生态环境进入良性循环的状态。另外，港口、码头的护岸和防浪堤等海中构筑物也可做成有利于海洋生物生长、繁殖和栖息的环境友好型结构。

2. 用于水质净化的水泥基材料

通过附着在多孔水泥基材料内、外表面上的各种微生物来间接地净化水质。需厌氧菌、氨氧化菌、硝酸氧化菌等菌类附着后，使有机物和氨分解并无机化。这些无机物与 CO_2 通过光合作用进行初级生产而生成有机物，然后从二级生产向多元生产发展，形成食物链。在位于海岸、水域里的构筑物和减浪砌块的表面以及河流施工中使用多孔水泥基材料，同时栽种芦苇或杂草，能够消除氮和磷，降低水域的富营养化，降低赤潮发生的可能性。

三、光催化水泥基材料

光催化水泥基材料可以对二氧化硫、氮氧化物等对人体有害的污染气体进行分解去除，起着净化空气的作用；同时，它又有杀菌去污等抗菌功能。

光催化水泥基材料采用的光催化剂为二氧化钛。因为二氧化钛的禁带宽度为 3.2eV，故当它吸收了波长小于或等于 387.5nm 的近紫外光波段后，价带中的电子就会被激发到导带，形成带负电的高活性电子，同时在价带上产生带正电的空穴。在电场的作用下，电子与空穴发生分离，迁移到离子表面的不同位置。热力学理论表明，分布在表面的正电空穴可以将吸附在二氧化钛表面的 OH^- 和 H_2O 分子氧化成羟基（·OOH 或·OH）自由基，而羟基自由基的氧化能力特别强，能氧化大多数的有机污染物及无机污染物，将其最终分解为 CO_2 和 H_2O 等无害物质。

光催化水泥基材料的制备有以下两种方法。

(1) 二氧化钛微粉掺入法　通过距离透水性砌块表面 7～8mm 深度范围内掺加二氧化钛微粉，使其掺入量控制在 50%以下，可制作成具有较好去除氮氧化物功能的光催化水泥基材料。此种砌块若运用于铺设公路，用以除去汽车尾气中排出的氮氧化合物，可以使空气质量得到显著改善。

(2) 光催化载体法　光催化载体法是对部分骨料被覆一层二氧化钛薄膜，这些骨料相当于光催化剂的载体，然后把这部分骨料放置于砌块表面，使被覆二氧化钛薄膜的骨料部分显露出来，从而制得具有光催化功能的材料。这种光催化水泥基材料也能够有效地去除氮氧化合物和其他有害气体。

四、其他环境友好型水泥基材料

（1）透水性水泥基材料　透水性水泥基材料与传统的水泥基材料相比，最大的特点是具有15%～30%的连通孔隙，具有透气性和透水性，将这种水泥基材料用于铺筑道路、广场、人行道路等，能够扩大城市的透水、透气面积，增加行人、行车的舒适性和安全性，对调节城市空气的温度和湿度，维持地下土壤的水位和生态平衡有重要作用。

（2）声屏障　公路建设是世界各国经济发展的重要标志之一，但交通噪声严重破坏了公路沿线的生态环境。声屏障的类型：按功能不同，可分为吸声类和反射类；按外观景象不同，可分为绿化生态型和观景型。吸声类：声屏障采用多孔吸声材料，吸声功能大，反射功能小，主要有轻骨料混凝土砌块或板材，刨花板背衬普通混凝土板，带穿孔面层的钢板，面层为玻璃纤维、矿渣棉、石棉等的塑钢板，面层为多孔混凝土的普通混凝土板等。反射类：声屏障采用密实型材料，反射功能大，吸声功能小，主要有普通混凝土砌块或板材、波瓦型彩钢板、玻璃板等。绿化生态型：在声屏障上或旁边种植花草或树藤爬墙类植物，既绿化声屏障，又增加吸声和减噪功能。景观型：平形或圆弧形的玻璃声屏障，在路内可看到路外景色。

五、存在的问题及对策

环境友好型水泥基复合材料是一种绿色水泥基材料，它以适应环境为特征。例如有固沙、固土的胶凝材料，可以种植树木、花草；固岸、固堤的胶凝材料，可以适合海洋生物生长、栖息和繁殖。环境友好型胶凝材料应具有适宜的酸碱度和孔隙率。像硅酸盐水泥等传统胶凝材料，碱度很高（pH≈12.5），孔隙率比较低，显然不适合用于环境治理和保护。但粉煤灰、煤矸石等工业废渣的组成和结构为低钙型铝硅酸盐矿物，具有潜在的火山灰反应活性，以它们为基本材料，适当加入少量激发剂，可配制出环境友好型胶凝材料。在我国，北方的一些地区存在沙漠侵蚀、水土流失等生态环境问题，需要大量的固沙、固土材料：南方的沿海地区存在海岸线不稳、塌陷等问题，也需要大量的固堤护岸材料；城市的混凝土化和高热环境，需要得到治理，开发可植被混凝土是最可行的解决措施。另一方面，我国每年生产大量的固体工业废渣，目前堆置待处理的粉煤灰、煤矸石等废渣亦分别达到数亿吨以上，它们大量侵占农田，污染城乡环境，因此研究开发废渣综合利用技术，变废为宝，治理环境，具有重大的经济价值和学术价值。

思　考　题

1. 新型水泥基复合材料有哪些类型，各自有什么特点？
2. 环境友好水泥基复合材料可以用于哪些方面？

第五章　高强、高性能混凝土材料

高强混凝土的概念随着时代的进步、混凝土技术水平的发展以及人们对混凝土强度期望值的提高而变化。20 世纪八十年代开始，世界各国纷纷开发和应用高强、高性能混凝土，因不同国别、不同地区开发的侧重点不同，对高强混凝土的强度标准也不尽相同。例如在北美地区，将 60MPa 以上强度的混凝土作为高强混凝土。1990 年，在美国混凝土协会（ACI）制定的《高强混凝土的搅拌、配比与浇筑指南》中把高强混凝土定义为强度为 $6000lb/in^2$（磅/平方英寸）（即 41MPa）以上的混凝土。中国土木工程学会高强与高性能混凝土委员会制定的《高强混凝土结构设计施工指南》（CECS98）中将强度等级大于 C50 的混凝土称为高强混凝土。

第一节　高强、高性能混凝土材料概述

在长期使用过程中，人们逐渐认识到，混凝土结构物的寿命以及安全性，不仅仅取决于其强度，还与其耐久性密切相关。而混凝土的强度和耐久性又在很大程度上受新拌混凝土工作性的影响。因此，人们更加注重开发工作性好、易于施工、体积稳定性好的混凝土。尤其是在 20 世纪 70 年代后半期，高效减水剂、超塑化剂的开发成功，为改善混凝土的工作性提供了必要条件。借助于高效减水剂，可以大幅度减少混凝土用水量，降低水灰比，从而提高混凝土的强度；掺入矿物掺合料，既能改善混凝土的工作性，又能减少孔隙率，使混凝土更加密实、均匀。这种混凝土不仅强度高，而且在许多方面具有优良的性能，例如抗渗性非常强，侵蚀性液体或气体不容易进入内部，所以抗腐蚀性强，具有优良的耐久性。由于使用了高效减水剂，混凝土拌和物具有较大的流动性，有些可以无需振捣，具有自密实能力。这种混凝土无论在强度方面，还是在施工效率方面都比传统的混凝土具有较大的进步，因此被命名为高性能混凝土（high performance concrete，HPC）。到 20 世纪 80 年代末期，世界各地高强、高性能混凝土的开发研究和应用已经蓬勃兴起。

1990 年，在美国国家标准与技术研究所（NIST）与美国混凝土协会（ACI）召开的一次讨论会上，各国研究者基本统一认识，将高性能混凝土定义为：具有较高的强度，易于浇筑、捣实而不离析，具有高超的、能长期保持的力学性能，体积稳定性好，在恶劣的使用条件下寿命长的混凝土。

高强、高性能混凝土主要应用于高层、大跨度、巨型和重载，以及在恶劣环境条件下工作的结构物。对高层建筑而言，混凝土强度越高，意味着可缩小构件截面，减轻自重。以柱子为例，C60 混凝土柱截面尺寸若为 700mm ×700mm，采用 C120 的混凝土截面尺寸只需 400mm ×400mm 就可以了，截面可减少 68%；混凝土抗压强度从 41MPa 增加到 83MPa 时，工程截面跨度可增加 30%等。可见采用高性能混凝土，对于节省材料、增加净空效果显著。

在桥梁结构中采用高强、高性能混凝土具有更大的潜力。高强混凝土能有效地降低桥梁构件的自重（大跨度桥梁中，自重可占总荷载的 60%）和提高结构刚度，有利于增大桥跨，减小桥墩，或者缩小结构的截面高度，增加桥下净空。更为重要的还在于增加桥梁的使用寿命，降低平时的维修费用及重建费用。对于许多基础工程而言，高性能混凝土的耐久性比它

的强度具有更重要的意义。在城市桥梁、道路等市政设施以及受侵蚀物质作用的车库、储罐、海港工程建筑物中，高强、高性能混凝土也有广阔的应用前景。

至今，混凝土已经使用一百七十多年了，许多发达国家几十年以前建造的混凝上结构物已经进入了老龄期，这些结构物由于耐久性不足而失效的例子屡见不鲜，需投入巨额资金进行修补或更新。当前国际上普遍认力，采用高性能混凝土更新旧混凝土具有显著的技术经济效益。世界上最高的加拿大多伦多电视塔、最高建筑物马来西亚吉隆坡的佩重纳斯大厦、世界上最大跨度的桥梁、日本明石海峡大桥的主塔底座，以及我国上海的东方明珠电视塔、金茂大厦等大型建筑物都采用了高性能混凝土。由于高性能混凝土的种种优越性，未来必将取代普通混凝土，成为新世纪的主要结构材料。

第二节 高性能混凝土与普通混凝土微观结构的比较

如图 5-1 所示是普通混凝土与高性能混凝土内部结构及界面状态对比示意图。普通混凝土为了保证足够的流动性，往往加入较多的水，水灰比通常在 0.5 以上，因此浆体中水泥颗粒之间的空隙较大，水泥水化生成的产物不足，以密实地填充这些孔隙，所形成的水泥凝胶体内部存在着较多的孔隙。高性能混凝土中加入高效减水剂后，可大大减少用水量，水泥浆中水泥颗粒所占的比例增大，空隙空间减少，所以水化产物填充较密实。同时，再加入超细的矿物掺合料，填充到凝胶体的毛细孔中，使水泥凝胶体更加密实。

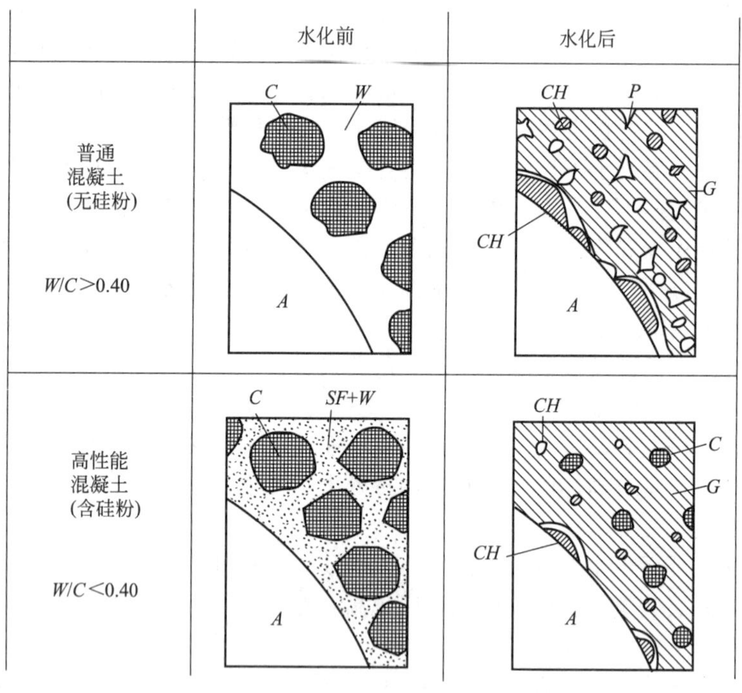

图 5-1 水泥石及其界面结构的比较

混凝土硬化以后，在水泥石与骨料之间有一个过渡区，其成分和结构与凝胶体部分不完全相同，水化硅酸钙凝胶体含量较少，钙矾石粗大结晶及板状的氢氧化钙结晶体含量较多，且多数在骨料的表面定向结晶，呈垂直状态，对界面强度极为不利。高性能混凝土采用优质骨料，并掺入超细矿物掺合料，利用“二次水化”作用增加凝胶体含量，减少氢氧化钙结晶量，降低了氢氧化钙在界面过渡区内的富集与定向排列，使界面上的氢氧化钙密集程度减弱，有利于提高界面强度。试验表明，掺硅粉10%的高性能混凝土，氢氧化钙含量降低为一半。同时掺入的超细粉填料使骨料与水泥凝胶体的接触厚度减小，孔隙率下降，骨料与水泥凝胶体之间密实结合，原生裂缝很少，因此界面强度得到提高。

第三节　实现高强度的技术途径

众所周知，普通混凝土之所以强度不高、耐久性差，其主要原因是凝胶体内部存在较多孔隙和缺陷，骨料和凝胶体的界面存在较多的微裂缝等。高强、高性能混凝土在微观结构方面有较大的改善，采用以下几方面技术措施使混凝土达到较高强度。

一、组成材料

(1) 水泥　选用强度等级较高、性能优良的水泥。

(2) 骨料　选用质地坚硬、弹性模量高、粒形规整、级配合理的优质骨料。粗骨料的最大粒径一般不超过25mm，尽量选用碎石或碎卵石，并严格控制针、片状颗粒含量和有害杂质含量。

(3) 高效减水剂　根据水泥品种、凝结时间要求合理选用品种，并确定合适的掺量，同时必须注意减水剂与水泥的相容性问题。

(4) 矿物掺合料　主要有粒化高炉矿渣、粉煤灰、沸石粉、硅灰等。为保证强度要求，尽量选用活性掺合料，并且注意合理的细度，必要时采用两种或两种以上矿物掺合料复掺，改善混凝土的工作性和硬化后混凝土的性能。

二、配比设计特点

(1) 水灰比　高强混凝土的强度与水灰比的关系仍然符合鲍罗米经验公式，高强混凝土的水灰比一般在0.38以下。由于在高强混凝土中通常掺入较多的矿物掺合料，水泥与矿物掺合料的总量作为胶凝材料，这里所说的水灰比实际上是混凝土中用水量与胶凝材料总量之比，即水胶比。高强混凝土的水胶比一般在0.2～0.38范围内。

(2) 胶凝材料用量　高强混凝土的胶凝材料用量比较大，通常总量在400～500kg/m^3之间。因此，混凝土属于富含浆体、骨料颗粒悬浮在水泥浆体中的体系，这样的拌和物有利于泵送施工，但混凝土的收缩量比较大。

(3) 砂率　由于高性能混凝土胶凝材料用量较大，因此砂率值也较大，一般在38%～45%的范围内。

三、施工和养护

高性能混凝土要求规范化施工，控制坍落度损失，并根据工程性质和拌和物特点，采用合适的浇筑、成型和密实方法。例如大流动性混凝土大多采用泵送施工；管状构件可采用离心成型，利用离心力的作用，将多余的水排出；道路施工可采用加压压实或加压振动密实等方法，将混凝土内部空气和水挤出，以提高混凝土的密实性。

由于高强混凝土水胶比较低，在凝结硬化过程中保证潮湿环境养护是影响体积稳定性，减少混凝土内部因收缩引起微裂缝的关键环节。

第四节　高性能混凝土的工作评价

传统的混凝土拌和物分塑性和干硬性两种，其流动性分别用坍落度和维勃稠度来衡量。高性能混凝土由于水胶比低、胶凝材料用量大、利用高效减水剂的分散作用获得较大的流动性。因此，高性能混凝土在流动特性上与传统的混凝土有较大差别，主要表现在坍落度值较大，黏性较大，所以变形速度较慢。因此，用传统的坍落度值已经不能全面地描述拌和物的工作性。近年来，以大流动性混凝土为对象，研究开发了多种工作性评价方法。主要成果如下。

一、坍落扩展度和扩展速度

如图 5-2 所示，仍采用传统的坍落度试验，同时测定试体的水平扩展度和扩展到某一直径（一般定为 50cm）时所用的时间，以此反映拌和物的横向扩展能力和变形速度。对于坍落度值为 18cm 的普通混凝土，如果坍落扩展度与坍落度值之比为 1.5～1.8，则工作性可满足；而大流动性混凝土的坍落扩展度/坍落度值在 55～65cm/24～26cm 范围内，即比值范围为 2.1～2.7。这种方法与传统的坍落度方法相近，设备简单，容易操作，可用于实验室及施工现场。

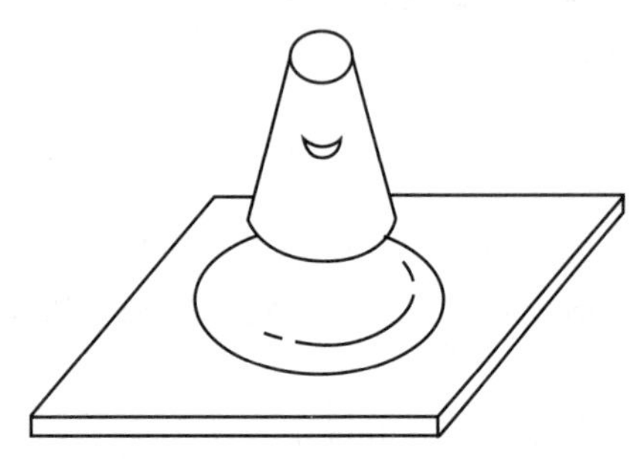

图 5-2 坍落扩展度及扩展速度试验

二、L 形流动试验

采用 L 形流动装置，如图 5-3 所示。垂直箱体部分与水平槽形部分之间用隔板分开，在垂直箱内装满混凝土拌和物，拉开中间隔板，使拌和物在自重作用下沿水平槽流动，测定静止后的流动扩展值（单位：cm）、垂直箱中拌和物的下沉距离（单位：cm）以及达到任意流动扩展度的时间，并可测定混凝土流经任意两点之间区段内的平均速度（单位：cm/s），用来评价混凝土拌和物的变形能力及变形速度。该方法适用于大流动性混凝土，从 20 世纪 90 年代开始，日本、中国的研究者均进行了这方面的研究与探索。由于试验装置体积较大，目前只限于实验室内进行研究使用。

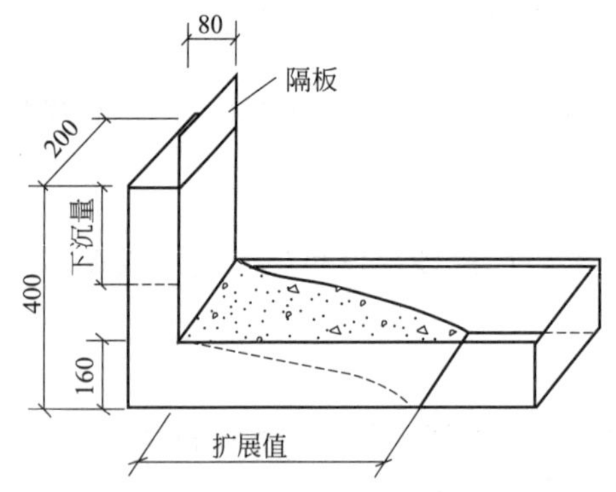

图 5-3 L 形流动装置（单位：mm）

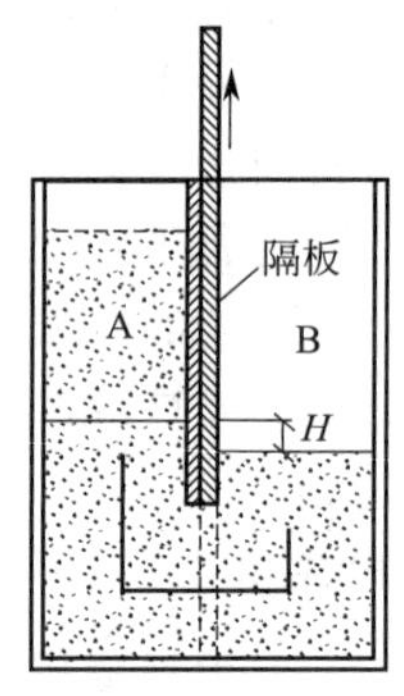

图 5-4 箱形流动试验

三、箱形流动试验

采用箱形容器，中间用分隔板将容器分为 A 室和 B 室两部分，如图 5-4 所示。首先在 A 室内装入混凝土拌和物，抽出中间隔板，测量混凝土向 B 室流动达到静止的时间和 A 室混凝土上表面的下沉量（或者测量 A 室与 B 室混凝土表面的高差）。根据混凝土流动达到静止的时间可以判断拌和物的黏性或抵抗组分分离性，根据静止后混凝土表面的高度差，可以相对地判断屈服值。所以能从多个角度评价混凝土的易填充性。该方法最早是由日本学者佐治泰次在 1956 年提出的，但很长时间没有得实际应用。1993 年，笠井芳夫教授采用 150mm×

150mm×400mm 的箱形装置，将 A 室内装满混凝土，然后将隔板提升 45mm，测定混凝土流动静止后箱体的 A 室与 B 室的混凝土表面的高度差 H，以此来评价高性能混凝土的流动性。有时也在 A 室与 B 室之间的连通部位配置钢筋，测定高性能混凝土的钢筋通过性。

四、U 形填充及间隙通过性试验

该试验的原理与箱形流动试验相同，只是对容器的形状和操作方法进行了改良。试验装置如图 5-5 所示，将混凝土装入 U 形容器的 A 室，与容器上口平齐并抹平表面后，静停 1min，拔起中间隔板，A 室中的混凝土拌和物将在自重作用下流入 B 室，待流动停止后测量填充高度（单位：mm）和从拉开隔板开始到流动停止的填充时间（单位：s)。根据需要还可以从 B 室的取料口处取出拌和物试样进行水洗筛分试验，求出流入 B 室的混凝土拌和物的粗骨料含量，并求出粗骨料比（水洗筛分试验求出的单位粗骨料量/原始配比中的单位粗骨料量)。为了评价混凝土拌和物在流动过程中受到阻碍的程度，可以在 A、B 室之间通道处设置一定间隔的钢筋，观测混凝土拌和物通过钢筋的难易程度。

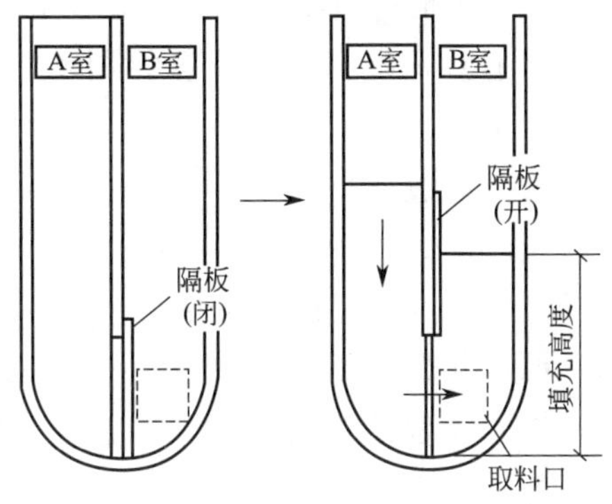

图 5-5 U 形填充及间隙通过性试验装置

五、漏斗试验

对于流动性很大的填充性砂浆很早以前就使用漏斗试验评价其流动性。但对于混凝土采用 O 形漏斗或 V 形漏斗测定其流动性则是针对高流动性混凝土的特点新提出的试验方法，因此该方法只适用于高流动性混凝土。

O 形漏斗和 V 形漏斗的形状如图 5-6 所示，容量均为 10L。将混凝土拌和物在不施加外力的条件下装入漏斗，与漏斗上口平齐并抹平表面，从下部打开开口，测定至混凝土全部流出所需的时间（单位：s)，求出平均流下速度（单位：m/s)。

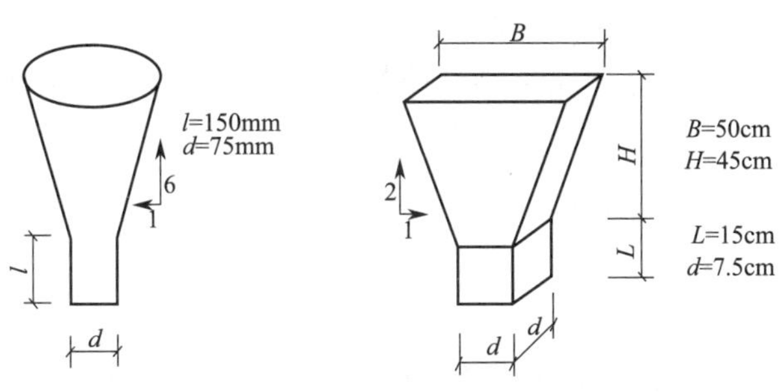

图 5-6 漏斗试验装置

以上试验方法中除了反映混凝土拌和物的变形能力之外，都反映了流动速度这一指标，适用于大流动性、高黏性的高性能混凝土拌和物，但这些方法仍处于探索和研究阶段，还未完全规范化。

第五节 高强、高性能混凝土配比设计原则

设计高强、高性能混凝土的配比时应控制耐久性、强度和工作性等主要指标。目前高强、高性能混凝土的配比设计还没有一套系统的计算方法，多数根据经验确定初步配合比，

然后再根据实验室试配结果最后确定。强度与水胶比的关系仍符合传统的鲍罗米经验公式，但由于采用高效减水剂，用水量不再根据坍落度指标要求选定。而是在计算出水胶比、根据经验确定胶凝材料总量后，再确定用水量。根据以往的工程经验，这里只给出配比设计时的参考数据。

一、混凝土配制强度 $f_{cu,t}$

混凝土配制强度按照 ACI 的规定：$f_{cu,t}=f_{cu,k}+1.34\sigma$。

标准差 σ 根据施工质量控制水平选取，例如日本 $\sigma=3.5$MPa；中国对于高强混凝土取$\sigma=6$MPa。

二、水胶比

水胶比仍可以按照鲍罗米公式计算。当混凝土的配制强度为 55～60MPa 时，取 $W/C=0.35\sim0.40$；当配制强度为 70～90MPa 时，取 $W/C<0.35$。同时要根据本工程所使用的材料，通过试验确定。

三、单位用水量

单位用水量见表 5-1。

表 5-1 高强混凝土用水量的选择

混凝土强度/MPa	用水量 W/(kg/ m^3)	混凝土强度/MPa	用水量 W/(kg/ m^3)
50～60	165～175	90	140
65	160	105	130
75	150	120	120

四、胶凝材料总量（水泥与矿物掺合料）

胶凝材料总量不超过 550kg，其中矿物掺合料掺量一般为 50～100 kg。掺硅粉时，可等量置换 5%～7%的水泥，流动性基本不变，强度可提高 10%左右；掺超细矿渣粉时，矿渣粉的比表面积为 400～800m^2/kg，可取代 10%的水泥，强度可提高 10%；掺粉煤灰时，建议超量取代（取代系数为 1.2～1.4），适宜掺量在 25%左右，能改善和易性，降低需水量。

五、骨料

粗骨料量每立方米混凝土大约为 400L，即 1000～1100kg，要求弹性模量大，硬度、强度高；砂率取 38%～50%。

六、高效减水剂

常用的高效减水剂有萘系和三聚氰胺两大类，掺量一般控制在胶凝材料总量的 0.8%～2.0%。

高性能混凝土具有广阔的应用前景。但是，对原材料性能要求高，水泥用量大，成本较高。要求施工管理严格，现行规范还有许多不适用的地方。从性能方面来看，随着强度增高，弹性模量增大，脆性也增大，这对高强混凝土结构物的抗冲击性和韧性不利。同时，由于水胶比低，水化难以进行完全，内部孔隙中往往不能处于饱和状态，在毛细孔负压作用下，高强混凝土的自收缩量较大。在硬化后的混凝土中，由于存在着未水化的水泥，在长期使用环境下，外部湿气扩散到里边，还会发生水化反应，带来膨胀作用，导致混凝土开裂。此外，高强混凝土水泥用量大，水化热大也是一个非常值得注意的问题。

第六节　其他品种混凝土的工程应用

一、轻混凝土

表观密度小于 2000kg/m^3 的混凝土称为轻混凝土。由于轻混凝土中含有较多的孔隙，热导率小，具有较好的保温、隔热、隔声及抗震性能，主要用于房屋建筑的保温墙体或保温兼结构墙体。轻混凝土按其组成不同，可分为轻集料混凝土、多孔混凝土（如加气混凝土、泡沫混凝土）和大孔混凝土（如无砂大孔混凝土、少砂大孔混凝土）3 种类型，其内部结构如图 5-7 所示。

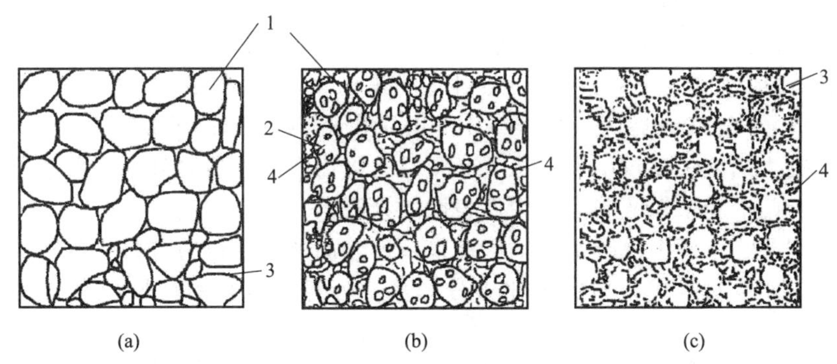

图 5-7　轻混凝土的 3 种基本类型

(a) 无砂大孔混凝土；(b) 轻集料混凝土；(c) 多孔混凝土

1—粗集料；2—细集料；3—气孔；4—水泥凝胶体

1. 轻集料混凝土

用轻集料、水泥和水配制的、干容重不大于 1950kg/m^3 的混凝土为轻集料混凝土。粗、细骨料均为轻集料者称为全轻混凝土；细骨料全部或部分采用普通砂者，称为砂轻混凝土。轻集料混凝土通常以所用集料品种命名，例如粉煤灰陶粒混凝土、黏土陶粒混凝土、页岩陶粒混凝土、浮石混凝土、膨胀珍珠岩混凝土等。

轻集料混凝土按照用途不同，可分为保温轻集料混凝土、结构保温轻集料混凝土和结构轻集料混凝土 3 类。保温轻集料混凝土主要用于保温的围护结构或热工构筑物，结构保温轻集料混凝土主要用于既承重又保温的围护结构，结构轻集料混凝土主要用于承重构件或构筑物。这 3 类轻集料混凝土的强度等级和重度依次提高。

2. 加气混凝土

加气混凝土是一种具有多孔结构的人造石材，常采用铝粉（或双氨水、漂白粉）等加气剂，加入混凝土料浆中与含钙材料的氢氧化钙发生化学反应放出氢气，其反应式如式(5-1)所示

$$2Al+Ca(OH)_2+6H_2O \longrightarrow 3CaO\cdot Al_2O_3\cdot 6H_2O+3H_2\uparrow \tag{5-1}$$

由于放出氢气，混凝土内部均匀地分布无数微小的气泡，使料浆体积膨胀，孔隙率可达 70%～80%，表观密度显著减轻。为使料浆稳定膨胀，应控制料浆温度。发气最佳温度为 40～60℃，周围介质温度不应低于 15℃。铝粉比表面积应在 400～500m^2/kg 之间，铝粉中活性铝含量应大于 89%，这样才能在料浆中生成分布均匀的气泡。这些微小的气泡又形成了静止的空气间层，使加气混凝土的热导率大大降低，并具有一定的吸声性能。由于多孔结构的材料密实度较差，所以加气混凝土的力学强度偏低。

加气混凝土制品是一种轻质、多功能的新型建筑材料，具有表观密度小、保温及耐火性能好、易于加工、抗震性能强、施工方便等优点。绝干状态下表观密度 500kg/m^3 的加气混凝土制品，其质量仅为烧结普通砖的 1/3，钢筋混凝土的 1/5，使建筑物自重减轻。热导率仅是普通混凝土的 1/10，用 250mm 厚的加气混凝土砌筑墙体，其保温效果优于 490mm 厚的烧结黏土砖墙。加气混凝土适用于工业与民用建筑的墙体砌块、配筋的板材，以及承重兼保温的屋面板与外墙板、隔墙板等。

二、干硬性混凝土

干硬性混凝土是指坍落度小于 10mm 的混凝土。与塑性混凝土相比，干硬性混凝土水泥用量少，水灰比较低，骨料用量相对较大，具有快硬、高强、稳定性好、密实度大等优良性能。适用于道路施工、预制构件等。需要解决的问题是如何在现场解决测定其工作度和较强力的施工手段。目前，大多数国家采用维勃稠度法（VB 法）测定干硬性混凝土拌和物的稠度。该方法适用于测定骨料最大粒径不超过 40mm、维勃稠度在 5～30s 之间的混凝土拌和物的稠度，其振动频率为（50±3）Hz，振幅为（0.5±0.1）mm，承压荷载（27.5±0.5）N。

干硬性混凝土的施工比较困难，除了必须具有强力振捣手段之外，还要求配料精确、强力搅拌和采用专门措施来保证制品或构件表面的光滑。

（1）配料工艺　干硬性混凝土应采用计量精度较高的装置进行称量，因为低流动性或干硬性混凝土的工作度对组成材料的配比十分敏感。各组分材料的计量器具的精确度应介于±1.0%。

（2）搅拌工艺　干硬性混凝土应采用强制式搅拌机，才能保证混凝土搅拌的均匀性，这是干硬性混凝土施工时的重要工艺措施之一。

（3）振动成型工艺　混凝土拌和物的捣实比搅拌更能影响混凝土的性能。振动作用之所以能使干硬性混凝土密实，首先是振动能使混凝土混合物液化，具有类似液体的流动性，从而能充满模板并排出气体；其次是振动的活化作用，能使混凝土密实。混凝土拌和物的振动密实质量取决于振动加速度、振动频率、振幅及振动时间等振动参数的选择。

三、碾压混凝土

碾压混凝土是利用强力振动和碾压的施工方法，对超干硬性混凝土进行压实而得到的一种混凝土。与普通混凝土相比，碾压混凝土具有水泥用量少、施工速度快、工程造价低、温度控制简单、施工设备通用性强等优点。它适用于道路、机场、地坪及筑坝工程。

1. 碾压混凝土的种类

根据胶凝材料和掺加粉煤灰的多少，可将其进行以下分类。

（1）水泥固集料混凝土　胶凝材料用量小于 100kg/m^3，其中粉煤灰掺量也极小，仅能黏结砂石集料，尚有较多孔隙。

（2）干贫型碾压混凝土　胶凝材料用量小于 110～130kg/m^3，其中粉煤灰占 25%～30%；90d 抗压强度为 12～15MPa。

（3）高粉煤灰掺量碾压混凝土　胶凝材料用量为 150～250kg/m^3，其中粉煤灰占 50%～80%，水胶比为 0.5 左右，90d 抗压强度达 15～25MPa。

2. 原材料选择

碾压混凝土对水泥无特殊要求，只要能用于水工混凝土的水泥都可用于碾压混凝土；掺合料主要是选用火电厂粉煤灰，也可采用矿渣或凝灰岩；对集料要求与水工混凝土相同，为减少离析，集料最大粒径不超过 80mm；外加剂主要采用减水剂和缓凝剂，特别是高温季节施工，为满足碾压混凝土连续浇筑，确保层间有良好的黏结强度，避免产生冷缝，选择适宜的缓凝剂尤为重要。对有耐久性要求的碾压混凝土，必须掺加引气剂。

3. 配合比设计

碾压混凝土的配合比设计必须符合以下原则。

（1）在满足施工和易性条件下，尽量增加集料用量，提高碾压混凝土的表观密度。

（2）浇筑层间应具有良好的黏结性能，使硬化后的混凝土在层缝处有足够的抗拉、抗剪强度和抗渗性能。

（3）拌和物具有适合于振动碾压的稠度，保证混凝土的密实性。对于目前较普遍使用的振动碾，取 VC 值为 10～30s 较为适宜。

（4）具有良好的抗离析性，保证拌和物在运输、摊铺过程中不发生分离。

四、大体积混凝土

在大型建筑物、水库大坝、港口工程、桥梁工程以及其他土木工程中常有一些截面尺寸较大的混凝土构件。由于截面尺寸大，同时混凝土又是热的不良导体，处于中心部位的混凝土由于水泥水化热产生的热量不易及时散发造成混凝土构件内外较大的温度差，从而引起混凝土较大的温度变形，并产生温度应力。由于混凝土抗拉强度较低，因此温度应力又常常导致混凝土开裂。

以前人们一般认为大体积混凝土只是那些大型建筑物的基础、大坝等尺寸达到几十米以上的工程。随着高强、高性能混凝土的应用，混凝土中胶凝材料用量增多，水化热对混凝土性能的影响显得越来越重要。因此，关于大体积混凝土的概念也有所变化。例如美国混凝土协会认为，大体积混凝土是指“现场浇筑的混凝土，尺寸大到需要采取措施降低水化热引起的体积变化的构件”，并且强调结构最小尺寸大于 0.6m 的构件即应考虑水化热引起的体积变化与开裂问题。国际预应力混凝土协会《海上混凝土设计与施工建议》中规定，“凡是混凝土一次浇筑最小尺寸大于 0.6m，特别是水泥用量大于 400kg/m^3 时，应考虑采用低水化热水泥或采取其他降温散热措施。”日本建筑学会标准（JASS5）中规定，“结构断面最小尺寸在 80cm 以上，由水化热引起的混凝土内部最高温度与外界气温之差超过 25℃的混凝土，称为大体积混凝土”。可见，大体积混凝土的范围已经扩大。

1. 大体积混凝土的开裂

大体积混凝土产生裂缝的主要原因是由于结构断面尺寸大，混凝土中水泥用量较大，水泥水化时释放的水化热造成构件内外较大的温差，并由此产生较大变形和温度应力，由此形成较为复杂的膨胀或收缩应力，导致混凝土产生裂缝。由温度应力所产生的裂缝主要有以下两类。

（1）表面裂缝　混凝土浇筑后，由于水泥水化产生大量水化热，当积聚在混凝土内部的热量不易散发时，混凝土内部温度将明显升高。而混凝土表面通常散热较快，形成内外较大的温差，使混凝土内部产生压应力，表面产生拉应力，当该拉应力超过混凝土的抗拉强度时，混凝土表面就会产生裂缝。此外，当混凝土流动性较大时，浇注后混凝土表面水分蒸发引起的体积收缩也会使混凝土表面产生裂缝。

（2）贯穿裂缝　大体积混凝土降温时将引起体积收缩，同时混凝土中多余水分的蒸发也会引起体积收缩变形。但受到地基和结构边界条件约束，混凝土内部就会产生巨大的拉应力，当该拉应力大于混凝土的抗拉强度时，混凝土整个截面会产生贯穿裂缝，或称为结构性裂缝，给工程带来巨大危害。

2. 原材料

配制大体积混凝土应尽量选用低热、凝结时间较长的水泥，例如矿渣水泥，或者掺入较多的矿物掺合料。尽可能选用较大粒径的石子，因为增大骨料粒径可以相应减少用水量及水泥用量，混凝土的收缩量也将随之减少。砂子要采用中砂或粗砂。同时要严格控制骨料的含泥量，以减少总的收缩量。

大体积混凝土的配合比既要保证混凝土强度、符合设计要求，又要尽量减少水泥用量和用水量。掺入缓凝型减水剂（木钙、糖钙等类减水剂）以适当延长水化热释放时间，降低水化热峰值。掺入一定数量的粉煤灰代替部分水泥，也有利于降低水泥水化热，使混凝土温升峰值得到相应的控制。

3. 施工和养护

为保证大体积混凝土在凝结硬化过程中尽量不产生裂缝，在施工时必须采取有效的措施，包括减少水化热、尽快释放内部水化热、合理养护等。

(1) 分层、分块浇筑法　为了使大体积混凝土内部的水化热尽快释放，最基本的方法是采取分层、分块浇注的方法。待浇注的混凝土水化热大部分释放之后，再浇注下一层。根据构件的尺寸、形状，有全面分层法、分段分层法和斜面分层法。混凝土浇捣顺序以保证新浇注混凝土不出现冷缝为原则，采用薄层浇注。施工层间的结合按施工缝处理，要控制好每一层浇注的间隔时间。

(2) 降低混凝土入模温度　采取对骨料进行冷却、喷水降温、搅拌时加冰水等方法，降低混凝土拌和物的出机温度或入模温度。这种方法在气温较高的夏季尤其适用，可防止混凝土在高温下过快水化，同时能减小浇注后混凝土的内外温度差。例如三峡大坝在浇注坝体时控制混凝土拌和物的出机温度为7℃。

(3) 混凝土表面处理　一般来说，混凝土在浇注后2～3h应进行表面处理，初步按标高用刮尺刮平，在初凝前用铁滚动碾压数遍，用木抹子搓平，待混凝土收水后再次用木抹子搓平，以闭合收水裂缝。有时还采取二次振捣技术，即在混凝土浇筑2h后，再次振捣混凝土表面，在表面收水后，用木抹子压实。这些做法能弥合、减少混凝土表面的裂缝。

(4) 养护　大体积混凝土的养护除了防止由于干燥收缩引起的裂缝外，还要防止表面降温太快造成内外温差过大，形成贯通裂缝。因此，表面覆盖措施要加强，一般要采用多层覆盖的方法，保证混凝土表面始终处于湿润状态。

(5) 混凝土内部温度监测　选取代表性、能全面反映大体积混凝土各部位温度的测温点，例如，表面和中心、平面方向的中心部位和边角区等。测温方法主要有埋设测温管法、热电偶信息法和智能温度巡查系统测温法等。

第七节　水下灌筑混凝土及水下压浆混凝土

在进行基础施工（如大开挖后灌筑混凝土或沉井、钻孔桩的封顶等）时，有时由于水位较高，地下水渗透量大，大量抽水又会影响地基质量，这时将采用在水下直接灌筑混凝土的施工方法。与普通混凝土的浇注施工相比，水下灌筑混凝土的施工条件很不利。例如，当所灌筑的混凝土穿过水层时，很容易产生离析现象，使水泥浆体和骨料分离，施工过程中及施工后又不能对填充程度进行直接观察。因此，水下灌筑混凝土的关键是如何防止混凝土拌和物中的水泥浆体被水带走的问题。在施工方法上所采取的最直接的措施就是在混凝土拌和物到达灌筑地点以前，避免与环境中的水接触，进入灌筑地点以后，也尽量减少与水接触；浇筑过程要连续进行，一次灌筑即达到所需高度或高出水面；已浇筑的混凝土不宜搅动，使其逐渐凝固和硬化。

目前水下灌筑混凝土的施工方法分为两大类：其一是在地面上拌制混凝土拌和物，再进行水下浇筑，例如采用导管法、泵压法、柔性管法、倾注法、开底容器法和装袋叠置法等；

其二是在地面上拌制水泥浆体，在水下预填骨料，然后进行压力灌浆，称为水下压浆混凝土，包括自流灌筑法和加压灌筑法。

一、原材料的选择

由于水下灌筑混凝土施工条件的特殊性，对灌筑混凝土的组成材料有以下一些特殊要求。

1. 水泥

宜选用细度较高、泌水性小和收缩率较小的水泥。硅酸盐水泥和普通硅酸盐水泥可用于一般的水下混凝土工程，但不宜用于海水环境；矿渣水泥泌水性较大，不适宜用于水下灌筑混凝土；火山灰水泥和粉煤灰水泥泌水性较小，抗侵蚀能力较强，可用于一般地下工程以及受海水、工业废水侵蚀的工程环境。水泥的强度等级不宜低于 32.5，但由于水下灌筑混凝土中水泥用量较大，水泥的强度等级不需要过高，一般可取水泥强度等级等于混凝土强度等级的 2.0～2.5 倍。

2. 骨料

水下灌筑混凝土中所用的细骨料应选用细度模数为 2.1～2.8 的中砂，泥土含量应尽量小，质地坚硬，颗粒浑圆。为满足流动性要求，混凝土砂率较大，一般为 40%～50%。而水下压浆混凝土用细骨料以细砂为宜，若砂子颗粒较粗，易引起离析，并且阻碍水泥砂浆在预填骨料空隙间的流动。

水下灌筑混凝土用粗骨料宜采用连续级配的卵石，以保证混凝土拌和物的流动性；为提高砂浆与粗骨料之间的黏结力，可掺入 20%～25%的碎石；如果水下结构中布置有钢筋笼、钢筋网等，粗骨料的最大粒径不能大于钢筋间净距的 1/4。对于水下压浆混凝土，如果是海水环境，不宜采用石灰岩、砂岩作预填骨料，宜采用火成岩、变质岩等岩石破碎的骨料，且骨料在饱水条件下的强度与饱和面干状态下的强度相比，降低范围应控制在 10%～30%以内。

二、技术性质

1. 施工和易性

水下灌筑混凝土不能用振捣器振捣，只能利用自身重力或外界压力的作用使之产生流动达到密实，因此要求拌和物具有良好的黏聚性、较高的流动性及其保持能力，但流动性过大也会给施工带来不利影响，例如采用导管法或泵压法施工时容易造成倾注过快而形成管口脱空和返水事故。根据水下灌筑混凝土的施工方法不同，对拌和物的流动性要求如表 5-2 所示，在配筋比较密集的部位，拌和物的坍落度相应增加 2～3cm；在泥浆中灌筑时，宜增加 1～2cm。

表 5-2　水下灌筑混凝土流动性要求

混凝土灌筑施工方法	要求坍落度/cm	混凝土灌筑施工方法	要求坍落度/cm
导管法、泵压法	15～20	开底容器法	10～16
倾注法	5～15	袋装混凝土法	7～15

除上述流动性要求外，还要求拌和物具有良好的黏聚性、保水性和流动性保持能力，坍落度值至少应保持 0.8～1h，泌水率为 1.2%～1.8%，2h 内析出的水分不应大于混凝土体积的 15%。

对于水下压浆混凝土中的水泥砂浆，要求进入灌浆管前的流动度为 15～20s，4h 内析出的水分不大于砂浆体积的 1.1%。

2. 湿堆密度

水下灌筑混凝土是利用混凝土的自重排开仓面的环境水或泥浆进行摊平和密实，因此要求其湿堆密度不小于 2100kg/m^3。

3. 强度

水下灌筑混凝土的强度受施工条件影响较大。在静止水中施工的混凝土强度，可达在空气中取样进行标准养护混凝土强度的 90%左右，在膨润土泥浆中灌筑的混凝土强度仅达 70%～80%。灌筑深度越大，强度越低，桩尖部分混凝土强度越低。在膨润土泥浆中进行钢筋混凝土施工时，膨润土黏附于钢筋周围，所以混凝土与钢筋黏结力显著下降。

三、施工方法

水下灌筑混凝土的施工方法有导管法、泵压法、柔性管法、倾注法、开底容器法、装袋叠置法等。其中，导管法和泵压法应用较为普遍，适用于规模较大的水下混凝土工程，能够保证结构的整体性和强度，可在深水中施工（泵压法宜在水深超过 15m 的情况下），要求模板密封条件较好；开底容器法适用于小量、零星的水下灌筑混凝土工程；倾注法类似于地面上斜面分层灌筑法，施工技术简单，但只能在水深不足 2m 的浅水区使用；装袋叠置法虽然施工较简单，但袋间有接缝，整体性差，一般只用于整体性要求较低的工程。

水下压浆混凝土施工一般采用灌筑管。可以在未抛填粗骨料或块石之前，按要求间距预先将灌筑管固定在仓内，称为预埋灌筑管。也可以在抛填骨料后，用回转式岩心钻机在预填料上钻孔，在套管内下插灌筑管，而后拔除套管，使灌筑管埋入堆石体，这种方法成本较高，不宜用于钢筋较密的仓面。

第八节 透水性混凝土

一、研究应用背景及意义

随着社会经济的发展和城市化建设的进程，现代城市的地表逐步被钢筋混凝土的房屋建筑和不透水的路面所覆盖。据资料显示，我国城市的道路覆盖率已达到 7%～15%，便捷的交通设施，尤其是混凝土铺装的道路给人们的出行及商品的流通带来了极大的方便，提高了生产效率和生活质量。但这些不透水的道路也给城市的生态环境带来了诸多负面的影响。与自然的土壤相比，混凝土路面缺乏呼吸性、吸收热量和渗透雨水的能力，随之带来以下一系列的环境问题。

(1) 能够渗入地表的雨水明显减少，而高度发达的工业生产和日益丰富的现代化生活使地下水的抽取量成倍增长，这必将造成城市地下水位急剧下降，土壤中水分不足、缺氧、地温升高等因素，严重影响了地表植物的正常生长，使城市的绿色植物减少。

(2) 不透气的路面很难与空气进行热量与湿度的交换，对城市地表空间的温度、湿度等气候条件的调节能力下降，产生所谓的“热岛现象”，使城市气候恶化。

(3) 当短时间内集中降雨时，由于大量雨水不能及时渗入地表，只能通过排水设施排入河流，大大加重了排水设施的负担，当降雨量超过排水设施的排泄能力时，容易造成洪水泛滥、道路被淹没、交通瘫痪等社会问题。

(4) 降雨时不透水的道路表面容易积水，对车辆、行人通行的舒适性和安全性带来不利的影响。

针对上述问题，在人类寻求与自然协调、维护生态平衡和可持续发展的思想指导下，进入 20 世纪 80 年代以来，美国、日本等发达国家开始研究透水性的路面铺装材料，并将其应用于公园、人行道、轻量级车道、停车场以及各种体育场地。如图 5-8 所示为美国佛罗里达铺设的透水性混凝土路面的断面图。与普通混凝土路面相比，透水性道路能够使雨水迅速地渗入地表，还原成地下水，使地下水资源得到及时补充，保持土壤湿度，改善城市地表植物和土壤微生物的生存条件；同时透水性路面具有较大的孔隙率，并与土壤相通，能蓄积较多的热量，有利于调节城市空间的温度和湿度，消除“热岛现象”；当集中降雨时，能够减轻排水设施的负担，防止路面积水和夜间反光，提高车辆、行人的通行舒适性与安全性；大量的孔隙能够吸收车辆行驶时产生的噪声，创造安静舒适的交通环境。在汽车工业、交通设施高度发达的20世纪末期，人类已经共同认识到保护地球环境、维护生态平衡、走可持续发展之路是人类的首要任务。在这个背景下，研究开发环保、生态型的透水性路面材料具有极为重要的社会意义和广阔的发展前景。

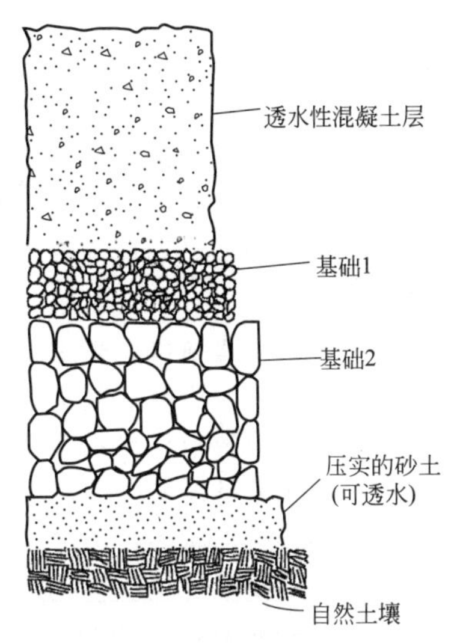

图 5-8　透水性混凝土道路断面图（美国佛罗里达）

二、透水性混凝土的种类及基本性能

到目前为止，用于道路铺装和地面的透水性混凝土主要有以下3种类型。

1. 水泥透水性混凝土

水泥透水性混凝土是指以硅酸盐类水泥为胶凝材料，采用单一粒级的粗骨料，不用或少用细骨料配制的多孔混凝土。该种混凝土一般采用较高强度等级的水泥，集灰比为3.0～4.0，水灰比为0.3～0.35。混凝土拌和物较干硬，采用压力成型，形成具有连通孔隙的混凝土。硬化后的混凝土内部通常含有15%～25%的连通孔隙，相应地表观密度低于普通混凝土，通常为1700～2200kg/m^3。抗压强度可达15～30MPa，抗折强度可达3～5MPa，透水系数为1～15mm/s。该种透水性混凝土成本低，制作简单，适用于用量较大的道路铺筑，耐久性好。但由于含有较多的连通孔隙，提高其强度及耐磨性、抗冻性是技术难点。

2. 高分子透水性混凝土

高分子透水性混凝土是指采用单一粒级的粗骨料，以沥青或高分子树脂为胶结材料配制的透水性混凝土。与水泥透水性混凝土相比，该种混凝土强度较高，但成本也高。同时由于有机胶凝材料耐候性差，在大气因素作用下容易老化，且性质随温度变化比较敏感，尤其是温度升高时，容易软化流淌，使透水性受到影响。

3. 烧结透水性制品

烧结透水性制品是指以废弃的瓷砖、长石、高岭土、黏土等矿物的粒状物和浆体拌和，压制成坯体，经高温煅烧而成具有多孔结构的块体材料。该类透水性材料强度高，耐磨性好，耐久性优良。但烧结过程需要消耗能量，成本较高。适用于用量较小的高档地面。

透水性混凝土作为一种新的环保型、生态型道路材料，已日益受到人们的关注。由于透水性混凝土强度较低，到目前为止主要应用在强度要求不太高，而要求具有较高透水效果的场合。例如公园内道路、人行道、轻量级道路、停车场、地下建筑工程以及各种新型体育场地等。

三、原料材料与配合比设计

1. 原材料

透水性混凝土的组成材料包括水泥、骨料和水，必要时还可掺入增强剂或减水剂等外加剂。

（1）水泥　由于透水性混凝土少用或不用细骨料，可将其看做是粗骨料颗粒与水泥石胶结而成的多孔堆聚结构。研究混凝土的结构破坏特征可以发现，水泥石与粗骨料界面的黏结强度，往往是混凝土中最薄弱的环节。由于骨料的强度远高于混凝土的强度，因而结构的破坏常常是发生在骨料界面间的水泥石层中。从而可以看出，水泥的活性、品种、数量是决定混凝土强度的关键因素。所以，透水性混凝土要采用强度较高、混合材料掺量较少的硅酸盐水泥或普通硅酸盐水泥，水泥强度等级最好在 32.5 以上。水泥浆的最佳用量以刚好能够完全包裹骨料的表面，形成一种均匀的水泥浆膜为适度，通常水泥用量在 250～400kg/m^3 的范围内。

(2) 骨料　骨料可以采用普通砂、碎石，也可以采用浮石、陶粒等轻骨料，甚至可用废弃建筑物的碎砖、废弃混凝土等。骨料粒径的大小，应视透水性混凝土结构的厚度和强度而定。通常粗骨料的粒径也不宜过大。大于 20mm 的骨料应控制在 5%以内，最大粒径不应超过 25mm，细骨料含量也不宜太多。试验资料表明，骨料粒径越小，骨料堆积的孔隙率越大且颗粒间的接触点越多，透水性混凝土的强度越高。

透水性混凝土的颗粒级配是决定其强度和透水性的主要因素之一。为了保证透水性混凝土的强度及透水功能，粗骨料通常采用粒径较小的单一粒级，如 10～20mm 或 5～10mm。对碎石型的粗骨料除应满足强度和压碎指标要求外，针片状颗粒含量要严格控制，且骨料的含泥量应不大于 1%。

(3) 外加剂　添加一定量的增强剂，有助于提高水泥浆与骨料的界面强度；添加减水剂，有助于改善混凝土成型时的和易性并提高强度。为改善美观性，还可以添加一定量的着色剂；添加一定量的消石灰可增加水泥浆的黏性，提高施工时面层的平整度。冬季施工时可酌情采用硫酸钠、氯化钙、木素磺酸钙等早强剂，以加速混凝土的硬化。

2. 配合比设计

透水性混凝土的配合比设计到目前为止还没有成熟的计算方法，根据透水性混凝土所要求的孔隙率和结构特征，可以认为 1m^3 混凝土的外观体积由骨料堆积而成。因此配合比设计的原则是将骨料颗粒表面用水泥浆包裹，并将骨料颗粒互相粘接起来，形成一个整体。而不需要将骨料之间的空隙填充密实。1m^3 透水性混凝土的重量应为骨料的紧密堆积密度和单方水泥用量及用水量之和，在 1600～2100kg 的范围之内。根据这个原则，可以初步确定透水性混凝土的配合比。

(1) 骨料用量　1m^3 混凝土所用的骨料总量取骨料的紧密堆积密度的数值，大致在 12～1400kg 之间。其中主要采用粗骨料，细骨料量控制在 20%以内。

(2) 水泥用量　试验资料表明，在保证最佳用水量的前提下，适当增强水泥用量，能够增加骨料周围水泥浆料膜层的稠度和厚度，可有效地提高透水性混凝土的强度。但水泥用量过大会使浆体增多，减少孔隙率，降低透水性。同时水泥用量受所用骨料的粒径影响，如果骨料的粒径较小，骨料的比表面积较大，则应适当增加水泥用量。通常透水性混凝土的水泥用量在 250～350kg/m^3 的范围内。

(3) 水灰比　水灰比既影响透水混凝土的强度，又影响其透水性。透水性混凝土的水灰比一般是随着水泥用量的增加而减小，但只是在一个较小的范围内波动。对特定的某一骨料和水泥用量，有一最佳水灰比，此时透水性混凝土才会具有最大的极限抗压强度。当水灰比小于这一最佳值时，水泥浆难以均匀地包裹所有的骨料颗粒，工作度变差，达不到适当的密度，不利于强度的提高。反之，如果水灰比过大，易产生离析，水泥浆会从骨料颗粒上淌下，形成不均匀的混凝土组织，既不利于透水，也对强度不利。一般透水性混凝土的水灰比介于 0.20～0.35 之间。

(4) 拌和水　采用一般洁净的饮用水，单方用水量控制在 80～1200kg/m^3 的范围内。

(5) 试配检验 透水性混凝土拌和物比较干硬，一般采用 VB 稠度指标来衡量，在10～20s之内比较合适。所以初步计算配合比后，试拌测定拌和物的工作度，可初步验证配合比设计是否合理。然后，在实验室内配制试块，按标准方法养护，测定28d强度，最后确定配合比。

四、透水性混凝土路面材料的施工

透水性混凝土路面材料的施工可大致分为搅拌、浇筑、振捣、辊压、养护等几个阶段。

1. 搅拌

透水性混凝土拌和物中水泥浆的稠度较大，且数量较少，为了使水泥浆均匀地包裹在骨料上，宜采用强制式搅拌机，搅拌时间为2～4min。透水性混凝土的搅拌工艺按投料顺序有多种方法，采用哪一种视具体情况而定。但无论采用哪种方法，都须使各原材料拌和均匀。通常有以下几种。

(1) 将所有原材料一次性倒入搅拌机，边加水边搅拌，搅拌2～4min后出料。

(2) 采用预拌水泥浆法。这种工艺是首先拌制比需要量大3～4倍的水泥浆，然后将骨料与水泥浆一起搅拌，保证每个颗粒骨料上都包裹较多的水泥浆，再使这些骨料通过一个以一定频率振动的筛子，筛去多余的水泥浆，这样留在骨料表面的水泥浆，恰好是所需要的。采用这种方法，可以保证搅拌的均匀性，水泥浆的利用率也最大。

试验表明，采用预拌水泥浆法时，水泥用量几乎是一个常数。这说明水泥浆在骨料的表面分布是非常均匀的。用此法搅拌，在水泥用量相同的情况下，强度可增加50%～100%。由于它能保证拌和物的均匀性，所以离散率也大大下降，这也从另一方面降低了水泥用量，是一种非常有前途的方法。

(3) 先将粗骨料、水泥和水拌和，使水泥浆均匀地包裹在粗骨料表面，然后边搅拌边洒入细骨料，使其混入水泥浆体中，共同包裹石子表面。这种搅拌方法适宜于细骨料比较细的情况。

2. 成型

(1) 浇筑 由于透水性混凝土拌和物比较干硬，用一般的铺路机铺平即可。在浇筑之前，路基必须先用水润湿，原因是透水性混凝土中的搅拌水量有限，如果路基材料再吸收其中部分拌和水，就会加速水泥的凝结，减少用于路面浇筑、振捣、压实和接缝的时间，并且快速失水会减弱骨料的黏结强度。

(2) 振捣 透水性混凝土在浇筑过程中不宜强烈振捣或夯实。一般用平板振动器轻振铺平后的透水性混凝土混合料，但必须注意不能使用高频振捣器，因为它会使混凝土过于密实而减少孔隙率，并影响透水效果。同时高频振捣器也会使水泥浆体从粗骨料表面离析出来，流入底部形成一个不透水层，使材料失去透水性。

(3) 辊压 振捣以后，应进一步采用实心钢管或轻型压路机压实、压平透水性混凝土拌和料，考虑到拌和料的稠度和周围温度条件，可能需要多次辊压，但应注意在辊压前必须清理辊子并涂油，以防黏结骨料。

3. 养护

透水性混凝土由于存在着大量的孔洞，易失水，干燥很快，所以保湿养护非常重要。尤其是早期养护，要注意避免混凝土中水分大量蒸发。通常透水性混凝土拆模时间比普通混凝土短，如此其侧面和边缘就会暴露于空气中，应用塑料薄膜及时覆盖路面和侧面，以保证其湿度和水泥充分水化。

透水性混凝土应在浇筑后1d开始洒水养护，若遇干热天气，可在浇筑后8h开始洒水养护，以免过早失水。洒水养护时，应在2～3m处用散射水养护，每天至少洒水4次。淋水时不宜用压力水直冲混凝土表面，但可直接从上往下浇水。透水性混凝土的湿养时间不少于3～7d。

第九节　绿化混凝土和海洋及水域生物适应型混凝土

一、绿化混凝土

1. 概述

绿化混凝土是指能够适应绿色植物生长、进行绿色植被的混凝土及其制品。绿化混凝土用于城市的道路两侧及中央隔离带、水边护坡、楼顶、停车场等部位，可以增加城市的绿色空间，调节人们的生活情绪，同时能够吸收噪声和粉尘，对城市气候的生态平衡也起到积极作用，是符合可持续发展原则、与自然协调、具有环保意义的混凝土材料。

20世纪90年代初期，日本开始研究绿化混凝土，并申请了专利，当时主要针对大型土木工程，为了修筑道路、大坝，开挖山体，破坏自然景观，以及修建人工岛，大面积人工平面或坡面的水边护坡等部位，需要进行绿化处理。随着人类对环境和生态平衡日益重视，混凝土结构物的美化、绿化、人造景观与自然景观的协调成为混凝土学科的又一个重要课题。在此背景下，日本混凝土协会成立了混凝土结构物绿化设计法研究委员会，从混凝土结构物的绿化施工方法、评价指标等多方面进行了系统研究和开发。因此，绿化混凝土在日本得到了广泛的应用，从城市建筑物的局部绿化、近水、护岸工程到道路、机场建设等大型土木，均采取了绿化措施。

由于近年来我国城市建设加快，城区被大量的建筑物和混凝土的道路所覆盖，绿色面积明显减少。所以最近几年也已经开始重视混凝土结构物的绿化问题。但目前为止还仅限于使用孔洞型绿化混凝土块体材料，用于城市绿化和停车场等。而对于郊外大型土木工程的施工，绿化问题则很少考虑，为了修筑道路或水坝等破坏了的自然景观难以得到修复。因此，积极地开发、研究并应用绿色混凝土是向环保型材料发展的一个重要方面。

2. 绿化混凝土的类型及其基本结构

绿化混凝土共开发了3种类型，其基本结构和制作原理如下。

(1) 孔洞型绿化混凝土块体材料　孔洞型绿化混凝土块体材料制品的实体部分与传统的混凝土材料相同，只是在块体材料的形状上设计了一定比例的孔洞，为绿色植被提供空间。

施工时将块体材料拼装铺筑，形成部分开放的地面。由这种绿化混凝土块铺筑的地面有一部分面积与土壤相连，在孔洞之间可以进行绿色植被，增加城市的绿色面积。这类绿化混凝土块适用于停车场、城市道路两侧的树木之间。但是这种地面的连续性较差，且只能预制成制品进行现场拼装，不适合大面积、大坡度、连续型地面的绿化。目前这种产品在我国已有应用。

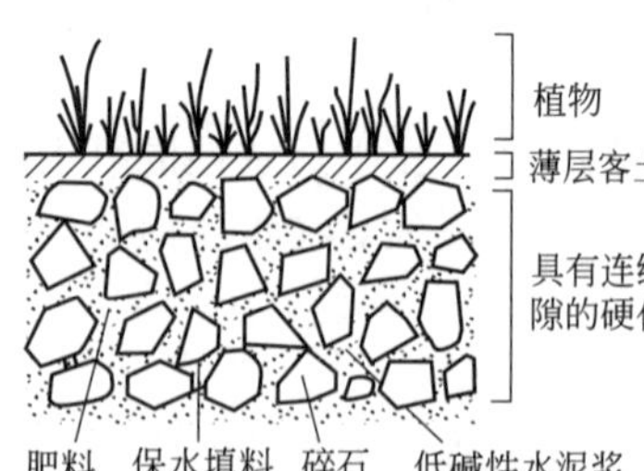

图5-9　绿化混凝土的结构

(2) 多孔连续型绿化混凝土　如图5-9所示，连续型绿化混凝土以多孔混凝土作为骨架结构，内部存在着一定量的连通孔隙，为混凝土表面的绿色植物提供根部生长、吸取养分的空间。这种混凝土由以下三个要素构成。

① 多孔混凝土骨架。由粗骨料和少量的水泥浆体或砂浆构成，是绿化混凝土的骨架部分。一般要求混凝土的孔隙率达到18%～30%，且要求孔隙尺寸大，孔隙连通，有利于为植物的根部提供足够的生长空间，以及肥料等填充在孔隙中，为植物的生长提供养分。由于

内比表面积较大，可在较短龄期内溶出混凝土内部的氢氧化钙，从而降低混凝土的碱性，有利于植物的生长。为了促进碱物质的快速溶出，可在使用前放置一段时间，利用自然碳化降低碱性，或掺入高炉矿渣等掺合料，利用火山灰与水泥水化产物的二次水化减少内部氢氧化钙的含量，也可以使用树脂类胶凝材料代替水泥浆。

② 保水性填充材料。在多孔混凝土的孔隙内填充保水性的材料和肥料，植物的根部生长深入到这些填充材料之内，吸取生长所必要的养分和水分。如果绿化混凝土的下部是自然的土壤，保水性填充材料能够把土壤中的水分和养分吸收进来，供植物生长所用。保水性填充材料由各种土壤的颗粒、无机人工土壤以及吸水性的高分子材料配制而成。

③ 表层客土。在绿化混凝土的表面铺设一薄层客土，为植物种子发芽提供空间，同时防止混凝土硬化体内的水分蒸发过快，并供给植物发芽后初期生长所需的养分。为了防止表层客土的流失，通常在土壤中拌入胶黏剂，采用喷射施工将土壤浆体黏附在混凝土的表面。

这种连续型多孔绿化混凝土适合于大面积，基体混凝土具有一定的强度和连续型，同时能够生长绿色植物的情况。采用绿化混凝土技术实现了人工与自然的和谐与统一。

(3) 孔洞型多层结构绿化混凝土块体材料　如图 5-10 所示为采用多孔混凝土并施加孔洞、多层板复合制成的绿化混凝土块体材料。上层为孔洞型多孔混凝土板，在多孔混凝土板上均匀地设置直径大约为 10mm 的孔洞，多孔混凝土板本身的孔隙率为 20%左右，强度大约为 10MPa；底层是不带孔洞的多孔混凝土板，孔径及孔隙率小于上层板，做成凹槽型。上层与底层复合，中间形成一定空间的培土层。上层的均布小孔洞为植物生长孔，中间的培土层填充土壤及肥料，蓄积水分，为植物提供生长所需的营养和水分，适用于城市楼房的阳台、院墙顶部等不与土壤直接相连的部位，可增加城市的绿色空间，美化环境。

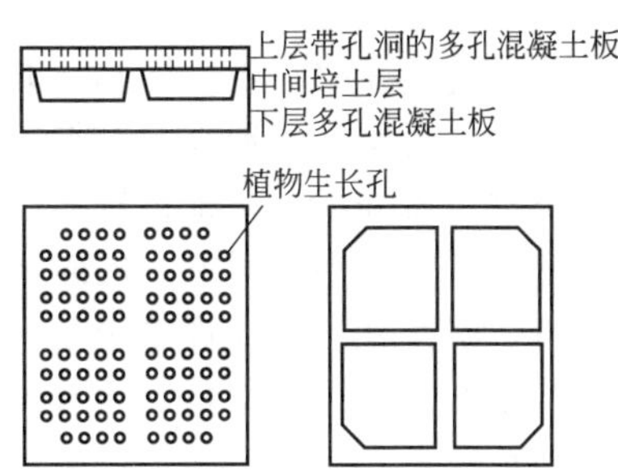

图 5-10　孔洞型多层结构绿化混凝土

3. 绿化混凝土的性能

(1) 植物生长功能　绿化混凝土最主要的功能是能够为植物的生长提供可能。而普通的混凝土质地坚硬，不透水、不透气，完全不符合植物生长的条件。为了实现植物生长功能，就必须使混凝土内部具有一定的空间，充填适合植物生长的材料。为此绿化混凝土应具有 20%～30%的孔隙率，且孔径越大，越有利于植物的生长。

(2) 强度　由于绿化混凝土具有较高的孔隙率，所以其抗压强度较低，一般基体混凝土的抗压强度在 10～20MPa 的范围内。

(3) 胶凝材料的种类　普通硅酸盐水泥水化之后呈碱性，对植物生长不利。所以应尽量选用掺矿物掺合料的水泥，或在植被之前自然放置一段时间，使之自然碳化，降低混凝土的碱度。

(4) 表层客土　为了使植物种子最初有栖息之地，表层客土必不可少。一般表层客土的厚度为 3～6cm。

(5) 耐久性　由于绿化混凝土具有较多、较大的孔隙，所以用于寒冷地区要进行抗冻性试验。目前国际上采用较多的抗冻试验方法为 ASTM C666 A 法（水中冻结水中融解法）和 B 法（气中冻结水中融解法）进行冻融循环试验。

二、海洋及水域生物适应型混凝土

随着沿岸及近海工程建设量日益加大，大量的、单一性质的钢筋混凝土结构物取代自然海岸，使海洋生物的生存空间日益减少，因此近海生态系统生物多样化逐渐减退，水质的自然净化能力逐渐下降，使沿岸及近海环境日益恶化。所以，开发海洋及水域生物适应型混凝土是一项重要的工作。

海洋生态系统是一个多层次的空间结构，从微生物生长的微观空间到鱼类生长的宏观空间，尺寸范围跨度很大。而混凝土材料也具有很大范围的空间特性，混凝土的内部含有各种尺度的孔隙，从纳米尺寸的凝胶孔、微米尺寸的毛细孔到眼睛能观察得到的气孔，同时用混凝土材料可以构造出庞大的空间，为水域生物提供可能的生存空间，尤其是多孔混凝土，内部具有较多的连通孔隙，与普通混凝土相比内表面积大，容易在内部形成生物膜。将这种多孔混凝土构件用于海水中，好气性和嫌气性微生物细菌类、藻类、微小动物等能够附着于孔隙表面，利用细菌类和微小动物类的代谢分解作用能够起到水质净化以及为其生物提供生长所需的食物或物质。由此可见，混凝土材料具有与海洋、水域生态系统协调共生的潜在可能性。

混凝土材料具有较高的强度和优良的耐久性，成本较低，被广泛应用于各种结构物。尤其是受海洋、气象及化学侵蚀作用等，环境苛刻的海岸工程、各种护岸结构物、港湾设施、人工礁石等多数采用混凝土材料或混凝土与钢材的组合材料。海洋、水域结构物的建造对自然生态系统将带来一系列影响，其主要影响因素有结构物的形式、形状、水质、遮光性、海水的流动状态等。所谓海洋生物适应型混凝土，即能够营造出适合于生物生息的空间或空隙，能够为海藻类生物提供合适的附着表面，并能在混凝土表面增殖，混凝土周围的水质对生物的生长没有不良影响。同时还需要考虑混凝土的组成、溶解性、颜色、pH 值、表面粗糙程度、附着性、透光性等因素。此外，混凝土结构物周边的水流、波浪、遮光性等环境条件对生物的生息以及聚集等均有影响。

目前开发并已经实际应用的海洋生物适应型混凝土有人工礁石，其能够为海藻类的繁殖和海洋小动物提供栖息的空间，这种多孔混凝土礁石放置在海洋之中，附着在表面的海藻类数量是普通混凝土块的 2～3 倍，且海藻生长茂盛。此外还有用于淡水域的河床、护岸等混凝土构件，构件的表面做成凹凸不平的形状，使之尽量接近自然状态的河床、河岸，为水中的藻类、植物提供根部附着的场所，为鱼类提供水中生息和避难的场所。值得注意的是，普通混凝土材料呈强碱性，这可能会不利于水中生物的生长。所以需要开发低碱性、内部具有一定连通孔隙，能够提供藻类、植物根部附着的空间，以及生物生长所必需的养分储蓄的空间。

在过去的一百多年中，混凝土作为用量最大的结构工程材料，为人类建造了大量的生产、生活、交通、娱乐等基础设施，可以说混凝土材料为营造人类的生存环境、建造现代社会的物质文明立下了汗马功劳。然而，混凝土的生长与使用也给地球环境带来了不可忽视的副作用。随着时代的进步，人类要寻求与自然和谐、可持续发展之路，对混凝土也不再仅仅要求其作为结构材料的功能，而是在尽量不给环境增加负担的基础上，进一步开发对保护环境、对人类与自然的协调能起到积极作用的环保型混凝土。这是时代的要求，也是混凝材料发展的必然趋势。

思 考 题

1. 采用哪些技术措施能使混凝土达到较高强度？
2. 如何考虑高强、高性能混凝土的配比设计？
3. 简述研究透水性混凝土以及绿化混凝土的意义。
4. 什么是海洋及水域生物适应型混凝土？

第六章　新型墙体材料

建筑墙体材料的形状和使用功能，新型墙体材料主要可分为砌墙砖、建筑砌块和建筑板材三大类。

长期以来，实心黏土砖一直是我国墙体材料中的主导材料。但实心黏土砖的生产消耗了大量的土地资源和煤炭资源，造成严重的环境破坏和污染，据资料介绍，每生产1亿块标准黏土实心砖要毁田100～150亩，消耗标准煤约1万吨，按2000年黏土砖产量8000亿块计算，一年要毁田100万亩，消耗煤8000万吨。而我国是一个人多地少、自然资源十分紧缺的国家，占全世界7%的土地，却要养活占世界22%的人口，受多种因素的破坏和影响，近年来，我国耕地面积以每年1%的速度递减。针对生产与使用黏土砖存在毁田取土、高能耗与严重环境污染等问题，我国对传统实心砖的限制和淘汰力度逐步加大，在国家有关文件中已明确提出相关城市限时禁止使用黏土实心砖的目标。大力开发与推广使用节土、节能、利废、多功能、有利于环保、符合可持续发展的新型墙体材料，特别是轻质、高效、保温、隔热、外观整齐、带有自装饰、施工方便快捷的新型墙体材料是各级政府和广大建筑科技人员的一项重要使命。

近年来，新型墙体材料的产量和品种得到快速的发展，新型墙体材料的产量逐年快速提高。有些中心城市限制生产使用黏土砖，推广使用新型墙体材料的步伐更快，如上海市新型墙体材料生产总量的比例从1991年的6.9%到1999年的80%，再到现在的100%。我国新型墙体材料的产量快速增加，产品质量和产品结构得到明显改善，技术装备水平也较快提高。

新型墙体材料的概念是相对于传统的墙体材料——实心黏土砖而言。但这类墙体材料中有不少在发达国家已有四五十年或更长的生产和使用经验，如纸面石膏板、混凝土空心砌块等，但结合我国墙体材料的现状，对我国绝大多数人来说仍是较为陌生的，为此称此类墙体材料为新型墙体材料。

新型墙体材料一般按产品的形状不同分为砖、砌块和板3类。

第一节　砌　墙　砖

砌墙砖是指建筑用的人造小型块材，外形多为直角六面体，也有各种异型的，其长度不超过365mm、宽度不超过240mm、高度不超过115mm。

砌墙砖可以从不同的角度加以分类。

(1) 按外观和孔洞率的大小不同，可分为实心砖、多孔砖和空心砖。无孔洞或孔洞率小于25%的砖称为实心砖，其中尺寸为240mm×115mm×55mm的实心砖称为普通砖或标准砖。孔洞率等于或大于25%，孔的尺寸小而数量多的砖称为多孔砖。孔洞率等于或大于40%，孔的尺寸大而数量少的砖称为空心砖。

(2) 按所用原料不同，可分为黏土砖、煤矸石砖、页岩砖、粉煤灰砖等。

(3) 按生产方式不同，可分为烧结砖和非烧结砖。烧结砖为经过焙烧而成的砖。非烧结砖包括蒸养砖、蒸压砖、非烧结普通黏土砖、自养砖等。

目前，我国大力推广、政策扶持的新型砌墙砖品种主要包括烧结多孔砖和烧结空心砖，非烧结的蒸压、蒸养（硅酸盐）砖，以及作为一种过渡性产品，不以黏土为制砖原料的非黏土烧结砖。

一、烧结普通砖

1. 烧结砖的主要品种

烧结砖是以黏土、页岩、煤矸石或粉煤灰为主要原料，经过焙烧而成的砖。按有无穿孔可分为烧结普通砖、烧结多孔砖、烧结空心砖。

烧结普通砖是指尺寸为 240mm×115mm×55mm 的烧结实心砖。烧结普通砖按原料不同，分为烧结黏土砖、烧结页岩砖、烧结粉煤灰砖等。

烧结普通砖的四块砖长、八块砖宽、十六块砖高加上每块砖之间 10mm 的灰缝，正好是 $1m^3$，$1m^3$ 砖砌体需要 512 块砖砌筑。

烧结多孔砖是以黏土、页岩、煤矸石、粉煤灰等为主要原料，经过成型、干燥和焙烧而成，主要用于承重部位，使用时孔洞垂直于承压面。

烧结空心砖是以黏土、页岩、煤矸石、粉煤灰等为主要原料，经过成型、干燥和焙烧而成，主要用于非承重部位。

烧结空心砖的外形为直角六面体，在与砂浆的结合面上应设有增加结合力的深度为 1mm 以上的凹槽。

2. 烧结砖的原料及生产简介

（1）黏土砖　黏土砖是以黏土为主要原料，经搅拌、制坯、干燥、焙烧而成的砖。

① 黏土原料。黏土是由天然岩石经长期风化而成，为多种矿物的混合体。黏土矿物为具有层状结晶结构的含水铝硅酸盐，常见的有高岭石、蒙脱石、水云母等。另外，黏土矿物还含有石英、长石、褐铁矿、黄铁矿以及一些碳酸盐、磷酸盐、硫酸盐类矿物等杂质。杂质直接影响制品的性质，如分散的褐铁和碳酸盐会降低黏土的耐火度；块状的碳酸钙焙烧后形成石灰杂质，遇水膨胀，制品胀裂而破坏。

黏土加适量水调和后，具有良好的塑性，能制成各种形状的坯体，而不产生裂纹。黏土的颗粒组成直接影响黏土的塑性，可塑性是黏土的重要特性，决定了制品的成型性能。黏土颗粒越细，其可塑性就越好。但是颗粒过细，成型时需水量就会增加，而砖坯中含水量越高，砖坯在干燥过程中干缩越大，同样砖坯在焙烧过程中收缩也就越大。因此，烧砖用的土质以砂质黏土或砂土最为适宜。

② 原料调制与制坯。把采来的黏土粉碎，剔除有害杂质，然后与5%～10%的其他原料（一般为煤渣、粉煤灰等可燃的工业废料）及 15%～25%的水拌和成均匀、适合成型的坯料。通过挤泥机挤出一定断面尺寸的泥条，切割后获得制品的形状。

③ 干燥与焙烧。成型后的生坯，含水量必须降至 8%～10%方能入窑焙烧，因而要进行干燥。干燥是生产工艺的重要阶段，制品裂缝多半就是在这个阶段形成的。干燥分自然干燥与人工干燥两种。前者是在露天下阴干，后者是利用焙烧窑余热在室内干燥。

黏土在焙烧过程中发生一系列的变化，具体过程因黏土种类不同而有很大差别。一般的物理化学变化大致如下：焙烧初期，黏土中自由水逐渐蒸发，当温度达 110℃时，自由水完全排出，黏土失去可塑性。但这时如加水，黏土仍可恢复可塑性。温度升至 500～700℃时，有机物烧尽，黏土矿物及其他矿物的结晶水排出。这时，即使再加水，黏土也不可能恢复可塑性。随后，黏土矿物发生分解。此时黏土的孔隙率最大，成为不溶于水的多孔性物质，但强度很低。继续加热至 900～1000℃时，已分解的黏土矿物将形成新的结晶硅酸盐矿物。黏土中易熔成分开始熔化，出现的玻璃体液相物流入不熔颗粒间的缝隙中，并将不熔颗粒粘结，坯体孔隙率随之下降，体积收缩，密实度相应增大，这一过程称为烧结。这时，若温度再升高，坯体将软化变形，直至熔融。因此，烧土制品焙烧时多控制在烧至部分熔融，亦即烧结。烧结黏土砖温度一般控制在950～1000℃。

黏土砖焙烧温度应适当，否则会出现欠火砖或过火砖。欠火砖是由于未达到烧结温度或保持烧结温度时间不够而造成的，特征是黄皮黑心、声哑、强度低、耐久性差。过火砖是由于超过烧结温度时间或保持烧结温度时间过长而造成的，特征是颜色较深、声音响亮、强度与耐久性均较高，而且产品多弯曲变形。

普通黏土砖是在隧道窑或轮窑中焙烧的，燃料燃烧完全，窑内为氧化气氛，黏土中铁的氧化物被氧化成高价铁 Fe_2O_3，致使砖呈淡红色。如在土窑焙烧，在焙烧最后阶段，将窑的排烟口关小，同时往窑顶浇水，以减少窑内空气的供给，使窑内燃烧气氛为还原，黏土中铁的化合物还原成低价铁 FeO，这样烧成的砖呈青灰色。青砖耐久性较高，但生产效率低，燃料耗量大。

近年来，我国普遍采用了内燃烧砖法，即在配料过程中加入煤渣、粉煤灰等可燃工业废料作为内燃料，当砖焙烧到一定温度时，内燃料在坯体内也进行燃烧，这样烧成的砖叫内燃砖。内燃砖比外燃砖节省大量外投煤，节约原料黏土5%～10%，强度提高20%左右，表观密度减少，热导率降低，还处理了大量工业废料。

（2）煤矸石砖　煤矸石是采煤或洗煤时剔除的燃烧值较低的废料。煤矸石的化学和矿物组成波动很大，热值也有较大的差别，适合烧砖的是热值相对较高的黏土质煤矸石。黄铁矿（FeS）是煤矸石的主要有害杂质，它会导致制品爆裂和起霜，所以硫的含量应限制在10%以下。

制砖时，煤矸石须粉碎成适当细度的粉料，再根据煤矸石的含碳量和可塑性进行配料，由于生产工艺与普通黏土砖基本相同，因此用煤矸石烧砖，可以处理大量工业废料和节约能源。

（3）粉煤灰砖　烧结粉煤灰砖是以火力发电厂排出的粉煤灰为主要原料，经配料、成型、干燥、焙烧而制成的。粉煤灰塑性较差，通常掺用适量黏土作粘结料，以增加塑性。一般两者体积比为1∶(1～1.25)，有的粉煤灰掺量已达到85%以上，生产工艺同黏土砖，颜色处于淡红与深红之间。

（4）页岩砖　岩砖是以页岩为主要原料烧制而成的。由于页岩粉磨细度不如黏土，因此配料调制时，所需水分较少，这有利于砖坯加速干燥，且制品体积收缩小。这种砖的生产工艺、颜色同黏土砖。

3. 产品等级和产品标记

强度和抗风化性能合格的砖，根据尺寸偏差、外观质量、泛霜和石灰爆裂不同，分为优等品（A）、一等品（B）和合格品（C）3个等级。

砖的产品标记按照产品名称、品种、强度等级和标准编号的顺序写出。例如，页岩砖、强度等级MU15、优等品，则其标记应写为：烧结普通砖 Y MU15 A GB/T5101。

4. 烧结普通砖的技术性质

（1）尺寸允许偏差　烧结普通砖的尺寸允许偏差应符合表6-1的规定。

表6-1　烧结普通砖的尺寸允许偏差　单位：mm

公称尺寸	优等品		一等品		合格品	
	样本平均偏差	样本极差	样本平均偏差	样本极差	样本平均偏差	样本极差
240	±2.0	≤8	±2.5	≤8	±3.0	≤8
115	±1.5	≤6	±2.0	≤6	±2.5	≤7
53	±1.5	≤4	±1.6	≤5	±2.0	≤6

(2) 外观质量　外观质量应符合表 6-2 的规定。

表 6-2　烧结普通砖的外观质量　　单位：mm

项　目		优等品	一等品	合格品
两条面高度差		≤2	≤3	≤5
弯曲		≤2	≤3	≤5
杂质凸出高度		≤2	≤3	≤5
缺棱掉角的 3 个破坏尺寸(不得同时大于)		15	20	30
裂纹长度	大面上宽度方向及延伸至条面的长度	≤70	≤70	≤110
	大面上和长度方向及延伸至顶面的长度或条顶面上水平裂纹的长度	≤100	≤100	≤150
完整面(不得少于)		一条面和一顶面	一条面和一顶面	—
颜色		基本一致	—	—

注：1. 为装饰而施加的色差、凹凸纹、拉毛、压花等不算做缺陷。

2. 凡有下列缺陷之一者，不得称为完整面：

(1) 缺损在条面或顶面上造成的破坏面尺寸同时大于 10mm×10mm。

(2) 条面或顶面上裂纹宽度大于 1mm，长度超过 30mm。

(3) 压陷、粘底、焦花在条面或顶面上的凹陷或凸出超过 2mm，区域尺寸同时大于 10mm×10mm。

(3) 强度等级　强度等级根据抗压强度不同分为 MU30、MU25、MU20、MU15、MU10 共 5 个等级，且符合表 6-3 的规定。

表 6-3　烧结普通砖的强度等级　　单位：MPa

强度等级	抗压强度平均值	变异系数 $\delta \leqslant 0.21$	$\delta > 0.21$
		强度标准值 f_k	单块最小抗压强度值 f_{min}
MU30	≥30.0	≥22.0	≥25.0
MU25	≥25.0	≥18.0	≥22.0
MU20	≥20.0	≥14.0	≥16.0
MU15	≥15.0	≥10.0	≥12.0
MU10	≥10.0	≥6.5	≥7.5

其中

$$\delta = \frac{s}{f}$$

$$s = \sqrt{\frac{1}{9}\sum_{i=1}^{10}(f_i - \bar{f})^2}$$

$$f_k = \bar{f} - 1.8s$$

式中　f_k——强度标准值，精确至 0.1MPa；

δ——砖抗压强度的变异系数，精确至 0.01；

s——10 块试样的抗压强度标准差，精确至 0.01MPa；

f——10 块试样的抗压强度平均值，精确至 0.1MPa；

f_i——单块试样抗压强度测定值，精确至 0.01MPa。

(4) 抗风化性　抗风化性是指抵抗干湿变化、冻融变化等气候作用的性能。风化区用风化指数进行划分，见表 6-4，抗风化性能见表 6-5。

表 6-4 烧结普通砖风化区的划分

严重风化区		非严重风化区	
1 黑龙江	11 河北	1 山东	11 福建
2 吉林	12 北京	2 河南	12 台湾
3 辽宁	13 天津	3 安徽	13 广东
4 内蒙古		4 江苏	14 广西
5 新疆		5 湖北	15 海南
6 宁夏		6 江西	16 云南
7 甘肃		7 浙江	17 西藏
8 青海		8 四川	18 上海
9 陕西		9 贵州	19 重庆
10 山西		10 湖南	20 香港

表 6-5 烧结普通砖的抗风化性

项 目	严重风化区				非严重风化区			
	5h 沸煮吸水率/% ≤		饱和系数 ≤		5h 沸煮吸水率/% ≤		饱和系数 ≤	
砖种类	平均值	单块最大值	平均值	单块最大值	平均值	单块最大值	平均值	单块最大值
黏土砖	21	23	0.85	0.87	23	25	0.88	0.90
粉煤灰砖	23	25	0.85	0.87	30	32	0.88	0.90
页岩砖	16	18	0.74	0.77	18	20	0.78	0.80
煤矸石砖	19	21	0.74	0.77	21	23	0.78	0.80

注：粉煤灰掺入量（体积比）小于 30%时，抗风化性指标按黏土砖规定。

5h 沸煮吸水率和饱和系数分别取 5 砖样试验，每块 5h 沸煮，吸水率 W_5 和饱和系数 K 分别为

$$W_5=\frac{G_5-G_0}{G_0}\times 100\%$$

$$K=\frac{G_{24}-G_0}{G_5-G_0}$$

式中 W_5——试样沸煮 5h 吸水率，%；

G_6——试样沸煮 5h 的湿质量，g；

G_0——试样干质量，g；

K——试样饱和系数；

G_{24}——常温水浸泡 24h 试样的湿质量，g。

另外还有泛霜、石灰爆裂和其他一些性质的技术规定，这里不再详述。

5. 烧结普通砖的应用

烧结普通砖可用作建筑承重及围护结构，可砌筑柱、拱、烟囱、窑身、沟道及基础等；可与轻骨料混凝土、加气混凝土、岩棉等隔热材料配套使用，砌成两面为砖、中间填以轻质材料的轻体墙；可在砌体中配置适当的钢筋或钢筋网成为配筋砌筑体，代替钢筋混凝土柱、过梁等。

二、烧结多孔砖

1. 定义与分类

烧结多孔砖是以黏土、页岩、煤矸石、粉煤灰等为主要原料，经成型、干燥和焙烧而成，主要用于承重部位，使用时孔洞垂直于承压面。

烧结多孔砖按主要原料不同，分为烧结黏土多孔砖（N)、烧结页岩多孔砖（Y)、烧结煤矸石多孔砖（M）和烧结粉煤灰多孔砖（F)。另外，还有用于墙体装饰的烧结装饰多孔砖。

2. 特点

烧结多孔砖与实心砖相比，除与普通黏土砖一样有较高的抗压强度、耐腐蚀性及耐久性外，在生产上还节土节能；在施工上，砖的重量轻，砖的高度是标准实心砖的 1.7 倍，所以

节省操作人工而且节省砌筑砂浆，同时因多孔砖墙体表面平整也节省了墙面粉刷砂浆；在居住使用上，隔热、保暖、隔声也优于实心黏土砖墙体，并具有低密度、保温性能好等特点，可取代黏土实心砖应用于砖混结构的承重及自承重墙体。

3. 生产工艺

烧结多孔砖的原料及生产工艺与烧结普通砖基本相同，均是以黏土等为主要原料，经坯料制备、挤出成型、焙烧而成的具有一定孔洞率的承重砌体材料。所不同的是，烧结多孔砖对原料的可塑性要求较高；生产时在挤泥机的出口处设有成孔心头，以使挤出的坯体中形成孔洞。

4. 规格尺寸、质量等级和产品标记

（1）孔洞尺寸　烧结多孔砖的孔洞尺寸应符合表 6-6 的规定。

表 6-6　烧结多孔砖的孔洞尺寸　　单位：mm

圆孔直径	非圆孔内切圆直径	手抓孔
≤22	≤15	(30～40)×(75～85)

（2）质量等级　强度和抗风化性合格的砖，根据尺寸偏差、外观质量、孔型及孔洞排列、泛霜、石灰爆裂不同，分为为优等品（A）、一等品（B）和合格品（C）3 个等级。

（3）产品标记　烧结多孔砖的产品标记按产品名称、品种、规格、质量等级和标准编号顺序编写。

标记示例：规格尺寸为 290mm×140mm×90mm、强度等级为 MU25、优等品的黏土砖，其标记为：烧结多孔砖 N 290 ×140 ×90 25A GB 13544。

5. 烧结多孔砖的技术性质与要求

（1）尺寸允许偏差　尺寸允许偏差应符合表 6-7 的规定。

表 6-7　烧结多孔砖的尺寸允许偏差　　单位：mm

尺寸	优等品		一等品		合格品	
	样本平均偏差	样本极差	样本平均偏差	样本极差	样本平均偏差	样本极差
290、240	±2.0	≤6	±2.5	≤7	±3.0	8
190、180、175、140、115	±1.5	≤6	±2.0	≤6	±2.5	7
90	±1.5	≤4	±4.7	≤5	±2.0	6

（2）外观质量　外观质量应符合表 6-8 的规定。

表 6-8　外观质量　　单位：mm

项　　目		优等品	一等品	合格品
颜色(一条面和一顶面)		一致	基本一致	—
完整面,不得少于		一条面和一顶面	一条面和一顶面	—
缺棱角的 3 个破坏尺寸,不得同时大于		15	20	30
裂纹长度,不大于	大面上深入孔壁 15mm 以上宽度及其延伸到条面的长度	60	80	100
	大面上深入孔壁 15mm 以上长度方向及其延伸到顶面的长度			
	条顶面上的水平裂纹	80	100	120
杂质在砖面上造成的凸出高度,不大于		3	4	5

注：1. 为装饰面施加的色差、凹凸纹、拉毛、压花等不算缺陷。

2. 凡有下列缺陷之一者，不能称为完整面：

（1）缺损在条面或顶面上造成的破坏面尺寸同时大于 20mm×30mm。

（2）条面或顶面上裂纹宽度大于 1mm，长度超过 70mm。

（3）压陷、焦花、粘底在条面或顶面上的凹陷或凸出超过 2mm，区域尺寸同时大于 20mm×30mm。

（3）强度等级　强度等级应符合表 6-9 的规定。

表 6-9　烧结多孔砖的强度等级　单位：MPa

强度等级	抗压强度平均值 f	变异系数	
		$\delta \leqslant 0.21$	$\delta > 0.21$
		强度标准值 f_k	单块最小抗压强度 f_{min}
MU30	≥30.0	≥22.0	≥25.0
MU25	≥25.0	≥18.0	≥22.0
MU20	≥20.0	≥14.0	≥16.0
MU15	≥15.0	≥10.0	≥12.0
MU10	≥10.0	≥6.5	≥7.5

（4）孔型、孔洞率及孔洞排列　应符合表 6-10 的规定。

表 6-10　烧结多孔砖的孔型、孔洞率及孔洞排列

产品等级	孔　型	孔洞率/%	孔洞排列
优等品	矩形条孔或矩形孔	≥25	交错排列，有序
一等品			—
合格品	矩形孔或其他孔形		

注：1. 所有孔宽应相等，孔长 $L \leqslant 50$mm。

2. 孔洞排列上下、左右应对称，分布均匀，手抓孔的长度方向尺寸必须平行于砖的条面。

3. 孔长 L、孔宽 b 满足 $L \geqslant 3b$ 时，为矩形条孔。

（5）抗风化性　抗风化性应符合表 6-11 的规定。

表 6-11　烧结多孔砖的抗风化性

砖类别 \ 性能	严重风化区				非严重风化区			
	5h 沸煮吸水率/%		饱和系数		5h 沸煮吸水率/%		饱和系数	
	平均值	单块最大值	平均值	单块最大值	平均值	单块最大值	平均值	单块最大值
黏土砖	≤21	≤23	0.85	0.87	≤23	≤25	0.88	0.90
粉煤灰砖	≤23	≤25			≤30	≤32		
页岩砖	≤16	≤18	0.74	0.77	≤18	≤20	0.78	0.80
煤矸石砖	≤19	≤21			≤21	≤23		

注：粉煤灰掺入量（体积比）小于 30%时，按黏土砖规定判定。

另外还有泛霜、石灰爆裂等技术规定，这里不再详述。

三、烧结空心砖和空心砌块

1. 定义与特点

烧结空心砖是以黏土、页岩、煤矸石、粉煤灰等为主要原料经焙烧而成，主要用于非承重部位的空心砖。

烧结空心砖和空心砌块具有孔率大、重量轻、隔声、隔热、保温性能好等特点，砌筑与粉刷很方便。烧结空心砖和空心砌块与普通砖相比，可节省黏土 20%～30%；节约燃料 10%～20%；墙体可减轻自重 1/3 左右；施工效率提高约 40%。

2. 产品等级

烧结空心砖和空心砌块的抗压强度分为 MU10.0、MU7.5、MU5.0、MU3.5、MU2.5。

烧结空心砖和空心砌块的体积密度分为 800 级、900 级、1000 级、1100 级。

烧结空心砖和空心砌块的强度、密度、抗风化性和放射性物质合格的砖和砌块，根据尺寸偏差、外观质量、孔洞排列及其结构、泛霜、石灰爆裂、吸水率不同，分为优等品（A）、一等品（B）和合格品（C）3 个质量等级。

3. 产品标记

砖和砌块的产品标记按产品名称、类别、规格、密度等级、强度等级、质量等级和标准

编号顺序编写。示例1：规格尺寸为290mm×190mm×90mm、密度等级为800、强度等级为MU7.5、优等品的页岩空心砖，其标记为：烧结空心砖Y（290×190×90）800 MU7.5 A GB 13545。示例2：规格尺寸为290mm×290mm×190mm、密度等级为1000、强度等级为MU3.5、一等品的黏土空心砖，其标记为：烧结空心砖块N（290×290×190）1000 MU3.5B GB 13545。

4. 技术性质要求

（1）尺寸偏差　尺寸偏差应符合表6-12的规定。

表6-12　烧结空心砖和空心砌块的尺寸允许偏差　单位：mm

尺寸	优等品		一等品		合格品	
	样本平均偏差	样本极差	样本平均偏差	样本极差	样本平均偏差	样本极差
>300	±2.5	≤6.0	±3.0	≤7.0	±3.5	≤8.0
>200～300	±2.0	≤5.0	±2.5	≤6.0	±3.0	≤7.0
<100	±1.5	≤3.0	±1.7	≤4.0	±2.0	≤5.0

（2）外观质量　外观质量应分别符合表6-13的规定。

表6-13　烧结空心砖和空心砌块的外观质量　单位：mm

项　　目		优等品	一等品	合格品
弯曲		≤3	≤4	≤5
缺棱掉角的3个破坏尺寸，不得同时大于		15	30	40
垂直度差		≤3	≤4	≤5
未贯穿裂纹长度	大面上宽度方向及其延伸到条面的长度	不允许	≤100	≤120
	大面上度方向或条面上水平面方向的长度	不允许	≤120	≤140
贯穿裂纹长度	大面上宽度方向及其延伸到条面的长度	不允许	40	60
	壁、肋沿长度方向、宽度方向及其水平方向的长度	不允许	40	60
肋、壁内残缺长度		不允许	≤40	≤60
完整面①，不少于		一条面和一大面	一条面或一大面	

① 凡有下列缺陷之一者，不能称为完整面：

a. 缺损在大面、条面上造成的破坏面尺寸同时大于20mm×30mm。

b. 大面、条面上裂纹宽度大于1mm，长度超过70mm。

c. 压陷、粘底、焦花在大面、条面上的凹陷或凸出超过2mm。区域尺寸同时大于20mm×30mm。

（3）强度等级　强度等级应符合相应的规定，见表6-14。

表6-14　烧结空心砖和空心砌块的强度等级

强度等级	抗压强度/MPa			密度等级范围/(kg/m³)
	抗压强度平均值	变异系数	变异系数	
		强度标准值	单块最小抗压强度值	
MU10.1	10.0	7.0	8.0	≤1100
MU7.5	7.5	5.0	5.8	
MU5.0	5.0	3.5	4.0	
MU3.5	3.5	2.5	2.8	
MU2.5	2.5	1.6	2.8	≤800

（4）密度等级　砖和砌块的密度等级应符合表6-15的规定。

表6-15　烧结空心砖和空心砌块的密度等级

密度等级	5块密度平均值/(kg/m³)	密度等级	5块密度平均值/(kg/m³)
800	≤800	1000	901～1000
900	801～900	1100	1001～1100

（5）孔洞排列及其结构　砖的孔洞率及孔洞排数应符合表 6-16 的规定。

表 6-16　烧结空心砖和空心砌块的孔洞率及孔洞排数

等级	孔洞排列	孔洞排数/排		孔洞率/%
		宽度方向	高度方向	
优等品	有序交错排列	b≥200mm，≥7 b<200mm，≥5	≥2	≥40
一等品	有序排列	b≥200mm，≥5 b<200mm，≥4	≥2	
合格品	有序排列	≥3	—	

注：b 为宽度。

（6）吸水率　每组砖和砌块的吸水率的平均值应符合表 6-17 的规定。

表 6-17　烧结空心砖和空心砌块的吸水率

等级	吸水率/%	
	黏土砖和砌块、页岩砖和砌块、煤矸石砖和砌块	粉煤灰砖和砌块①
优等品	≤16.0	≤20.0
一等品	≤18.0	≤22.0
合格品	≤20.0	≤24

① 粉煤灰掺入量（体积比）小于 30%时，按黏土砖和砌块规定判定。

（7）抗风化性　抗风化性见表 6-18。

表 6-18　烧结空心砖和空心砌块的抗风化性

分　类	饱和系数			
	严重风化区		非严重风化区	
	平均值	单块最大值	平均值	单块最大值
黏土砖和砌块 粉煤灰砖和砌块	≤0.85	≤0.87	≤0.88	≤0.90
页岩灰砖和砌块 煤矸石砖和砌块	≤0.74	≤0.77	≤0.78	≤0.80

另外每块砖和砌块还有泛霜方面的规定；每组砖和砌块应符合石灰爆裂的具体要求。

四、非烧结砖

（一）粉煤灰砖

1. 生产

实心粉煤灰砖是以粉煤灰、石灰或水泥为主要原料，掺加适量石膏、外加剂、颜料和集料等，经坯料制备、成型、高压或常压蒸汽养护而制成。

2. 分类

（1）类别　砖的颜色分为本色（N）和彩色（C_0）。

砖的外形为直角六面体。砖的公称尺寸为：长 240mm、宽 115mm、高 53mm。

（2）等级和产品标记　砖的强度等级分为 MU30、MU25、MU15、MU10。砖的质量等级根据尺寸偏差、外观质量、强度等级、干燥收缩不同，分为优等品（A）、一等品（B）和合格品（C）。

粉煤灰砖产品标记按产品名称（FB）、颜色、强度等级、质量等级、标准编号顺序编写。示例：强度等级为 20 级，优等品的彩色粉煤灰砖标记为：FB C_0 20 A JC 239—2001。

（3）用途　粉煤灰砖用于工业与民用建筑的墙体和基础，但用于基础或用于易受冻融和干湿交替作用的建筑部位必须使用 MU15 及以上强度等级的砖。粉煤灰砖不得用于长期受热（200℃以上）、受急冷急热和有酸性介质侵蚀的建筑部位。

3. 原材料

（1）粉煤灰应符合《硅酸盐建筑制品用粉煤灰》（JC/T 409—2001）的规定。

（2）石灰应符合《硅酸盐建筑制品用生石灰》（JC/T 621—1996）的规定。

（3）水泥应符合《通用硅酸盐水泥》（GB 175—2007）的规定。

（4）集料应符合相应标准规定，放射性物质符合《建筑材料产品及建材用工业废渣放射性物质控制要求》（GB 6763—2000）的规定。

（5）石膏、外加剂和颜料应符合相应标准规定，且不能对砖的性能产生不良影响。

4. 主要技术性质及要求

（1）尺寸偏差和外观　尺寸偏差和外观应符合表6-19的规定。

表6-19　非烧结砖的尺寸偏差和外观　　单位：mm

项目		指标		
		优等品(A)	一等品(B)	合格品(C)
尺寸允许偏差：长		±2	±3	±4
宽		±2	±3	±4
高		±1	±2	±3
对应高度差		≤1	≤2	≤3
缺棱掉角的最小破坏尺寸		≤1	≤15	≤20
完整面(不少于)		二条面和一顶面或二顶面和一条面	一条面和一顶面	一条面和顶面
裂纹长度	大面上宽度方向的裂纹(包括延伸到条面上的长度)	≤30	≤50	≤170
	其他裂纹	≤50	≤70	≤1100
层裂		不允许		

注：在条面或顶面上破坏面的两个尺寸同时大于10mm和20mm者为非完整面。

（2）色差　色差应不显著。

（3）强度等级　强度等级应符合表6-20的规定，优等品砖的强度等级应不低于MU15。

表6-20　粉煤灰砖的强度等级　　单位：MPa

强度等级	抗压强度		抗折强度	
	10块平均值	单块值	10块平均值	单块值
MU30	≥30.0	≥24.0	≥6.2	≥5.0
MU25	≥25.0	≥20.0	≥5.0	≥4.0
MU20	≥20.0	≥16.0	≥4.0	≥3.2
MU15	≥15.0	≥12.0	≥3.3	≥2.6
MU10	≥10.0	≥8.0	≥2.5	≥2.0

（4）抗冻性　抗冻性应符合表6-21的规定。

表6-21　粉煤灰砖的抗冻性

强度等级	抗压强度平均值/MPa	砖的干质量损失/%
MU30	≥24.0	≤2.0
MU25	≥20.0	
MU20	≥16.0	
MU15	≥12.0	
MU10	≥8.0	

（5）干燥收缩　干燥收缩值：优等品和一等品应不大于0.65mm/m；合格品应不大于0.75mm/m。

（6）碳化性能　碳化系数 $K_C \geqslant 0.8$。

（二）蒸压灰砂空心砖

1. 生产

以石灰、砂为主要原材料，经坯料制备、压制成型、蒸压养护而成的孔洞率大于15%的蒸压灰砂空心砖。

灰砂空心砖可用于防潮层以上的建筑部位，不得用于受热200℃以上、受急冷急热和有酸性介质侵蚀的建筑部位。

2. 分类

（1）产品规格　蒸压灰砂空心砖的产品规格及公称尺寸见表6-22。

表6-22　蒸压灰砂空心砖的产品规格及公称尺寸　单位：mm

规格代号	公称尺寸			规格代号	公称尺寸		
	长	宽	高		长	宽	高
NF	240	115	53	2NF	240	115	115
1.5NF	240	115	90	3NF	240	115	175

注：对于不符合表中尺寸的砖，不得用规格代号来表示，而用长×宽×高的尺寸来表示。

孔洞采用圆形或其他孔形。空洞应垂直于大面。

（2）产品等级　根据抗压强度级别不同，分为25、20、15、10、7.5共5个等级 。

根据强度级别、尺寸偏差和外观质量不同，将产品分为优等品（A）、一等品（B）和合格品（C）。

（3）产品标记　蒸压灰砂空心砖产品标记按产品（LBCB）品种、规格代号、强度级别、产品等级、标准编号的顺序组成。

品种规格为2NF、强度级别为15级、优等品的蒸压灰砂空心砖标记示例为：LBCB 2NF 15A JC/T637。

3. 技术要求

（1）尺寸允许偏差、外观质量和孔洞率　尺寸允许偏差、外观质量和孔洞率应符合表6-23的规定。

表6-23　蒸压灰砂空心砖尺寸允许偏差、外观质量和孔洞率

序号	项目		指标		
			优等品	一等品	合格品
1	尺寸允许偏差	长度/mm	≤±2	≤±2	≤±3
		宽度/mm	≤±1		
		高度/mm	≤±1		
2	对应高度差/mm		≤±1	≤±2	≤±3
3	孔洞率/%		≥15		
4	外壁厚度/mm		≥10		
5	肋厚度/mm		≥7		
6	尺寸缺棱掉角最小尺寸/mm		≤15	≤20	≤25
7	完整面　不少于		一条面和一顶面	一条面或一顶面	一条面或一顶面
8	裂纹长度/mm	条面上高度方向及其延伸到大面的长度	≤30	≤50	≤70
		条面上长度方向及其延伸到顶面上的水平裂纹长度	≤50	≤70	≤100

注：凡有以下缺陷者，均为非完整面：

（1）缺棱尺寸或掉角的最小尺寸大于8mm。

（2）灰球、黏土团、草根等杂物造成破坏面尺寸大于10mm×20mm。

（3）有气泡、麻面、龟裂等的凹陷与凸起分别超过2mm。

(2) 抗压强度　抗压强度应符合表 6-24 的规定，优等品的强度级别应不低于 15 级，一等品的强度级别应不低于 10 级。

表 6-24　蒸压灰砂空心砖的抗压强度　　单位：MPa

强度级别	抗压强度	
	5 块平均值	单块值
≥25	≥25.0	≥20.0
≥20	≥20.0	≥16.0
≥15	≥15.0	≥12.0
≥10	≥10.0	≥8.0
≥7.5	≥7.5	≥6.0

(3) 抗冻性　抗冻性应符合表 6-25 的规定。

表 6-25　蒸压灰砂空心砖的抗冻性

强度级别	冻后抗压强度平均值/MPa	单块砖的干质量损失/%
25	≥20.0	≤2.0
20	≥16.0	
15	≥12.0	
10	≥8.0	
7.5	≥6.0	

第二节　建筑砌块

建筑砌块是国内外广泛采用的一类新型砌筑材料，目前在我国使用的广泛程度略次于砌墙砖。在我国，混凝土小型空心砌块的广泛使用始于 20 世纪六七十年代。现在建筑砌块已成为黏土实心砖的理想替代产品。

从建筑结构的角度来看，混凝土小型砌块建筑属于砌筑结构范畴。亦即凡采用砌墙砖砌筑的建筑，均可以采用混凝土小型空心砌块组合砌筑。两者在建筑文化上的继承性，同时也因为混凝土小型砌块自身的诸多优势，如原材料来源广、生产工艺简单、生产效率高、无需烧结或蒸汽养护，生产能耗低，造价低廉，施工应用适应性强、自重较轻、组合灵活、施工较黏土砖简便、快速等特点，得以迅速发展而成为我国的主导建筑材料。

与普通混凝土小型砌块相比，以各种天然或人造轻骨料、粉煤灰、煤矸石、炉渣等工业废弃物为主要原材料制作的轻质小型混凝土砌块以及一些其他种类的轻质砌块，如加气混凝土砌块、石膏砌块等，由于自重更轻，保温绝热吸声效果及抗震性能更好，因此也更具有生命力。

普通混凝土砌块材料来源广泛，生产技术简便，产品规整，强度高，对砌块建筑的推广、发展所起的作用不容置疑。但与实心黏土砖一样，其同样存在自重大，抗震性能较差，绝热、吸声等使用功能相对较差等不足。因此，轻型砌块是我国建筑砌块的发展方向。

一、砌块分类及定义

1. 定义

砌块是建筑用人造块材，外形为直角六面体，也有各种异型的。砌块系列中主规格的长度、宽度或高度有一项或一项以上分别大于 365mm、240mm 或 115mm，但高度不大于长度或宽度的 6 倍，长度不超过高度的 2 倍。主规格的高度大于 115mm 而又小于 380mm 的砌块，称为小型砌块；主规格的高度为 380～980mm 的砌块，称为中小型砌块；主规格的高度大于 980mm 的砌块，称为大型砌块。

2. 砌块的分类与应用

砌块按尺寸规格不同，分为小型砌块、中型砌块和大型砌块；按孔洞设置不同，分为空心砌块（空心率不小于 25%）、实心砌块（空心率小于 25%）。

墙用砌块按形状和用途不同，可分为结构型砌块（通用砌块）、构造型砌块、装饰砌块和功能砌块等。结构型砌块有承重砌块与非承重砌块之分。砌块通常又可按其所用主要原料及生产工艺命名，如水泥混凝土砌块、粉煤灰硅酸盐混凝土砌块、多孔混凝土砌块、石膏砌块、烧结砌块等。

构造型砌块是指适应墙体某些特殊部位构造要求的专用砌块，如过梁砌块、圈梁砌块、门窗框砌块、控制缝砌块、柱用砌块及楼（屋）面砌块等。

装饰型砌块是现代砌块建筑中极为流行的一种砌块，可作房屋的外墙面、内墙饰面、门厅映壁、隔断等，以其多姿多彩的表面产生独特的艺术效果，使砌块建筑具有活跃、典雅、华丽的格调。装饰砌块可以采用劈裂、模制、琢毛、磨光、塑压及贴面等多种工艺制作，根据业主和建筑师的要求，可以通过变换混凝土的原材料、图案、颜色以及在砌筑时选用不同砌块拼花等手法，使砌块建筑呈现出千姿百态。

功能砌块是为改善砌块建筑的某些使用功能而特殊加工的，主要有绝热砌块、吸声砌块、抗震砌块等。

由于砌块规格较大，因而制作效率高，同时也能提高施工机械化程度；所采用的原材料可以是砂、石、水泥，也可以是炉渣、粉煤灰、煤矸石等工业废料，与传统黏土砖相比可保护耕地、减少生产能耗和环境污染，因此是建筑上常用的新型墙体材料，具有很好的发展前景。

二、普通混凝土小型空心砌块

混凝土砌块在 19 世纪末起源于美国，砌块的原材料来源方便，适应性强，性能发展很快。我国从 20 世纪 20 年代开始生产和使用混凝土砌块，60 年代发展较快，1974 年原国家建材局把混凝土砌块列为重点推广的新型墙体材料。目前，我国混凝土砌块的产量、种类、生产技术水平、设备均达到世界水平，已成为重要的新型墙体材料。

1. 生产工艺

（1）原材料　普通混凝土小型空心砌块是以水泥为胶凝材料，砂石为骨料，加水搅拌、振动加压或冲击成型，再经养护制成的一种具有一定空心率的墙体材料，空心率不小于 25%。

水泥作为生产混凝土砌块的胶凝材料，水泥品种一般选择普通硅酸盐水泥、矿渣水泥、火山灰水泥或复合水泥，宜采用散装水泥。水泥的强度一般选用 32.5MPa。可掺入部分粉煤灰或粒化矿渣粉等活性混合材料，以节约水泥。

细骨料主要采用砂、石屑，粗骨料可采用碎石、卵石或重矿渣等，骨料应有良好的级配，以提高砌块拌和物的和易性，便于成型。提高混凝土砌块的密实性，提高强度和砌块的抗渗性。

（2）成型方法　原材料经计量后，应采用强制式搅拌以保证搅拌质量，控制好用水量。

砌块的模具及成型机的性能是生产混凝土空心砌块的关键。砌块成型包括喂料、振动加压和脱模 3 个过程。喂料是在设备振动的情况下使混凝土拌和料充填模具至预定喂料高度并形成均匀水平面的过程，在此过程中拌和料需要克服与模具的黏附作用力而尽可能把狭窄的模具空间填实。振压是通过成型设备的强力振动加压使模具内的拌和料紧密成型至具有规格高度的坯体。脱模是使坯体顺利从模具中脱出，保持坯体完好的外形。成型周期由喂料时间、振实时间和脱模复位时间组成。

(3) 养护　混凝土空心砌块的养护可采用自然养护和蒸气养护。自然养护较经济，但养护时间长，堆场面积大。蒸气养护应控制好坯体的静停养护时间，升温速率、恒温的温度和恒温时间以及降温速率。

2. 技术性质

普通混凝土小型空心砌块的技术要求包括规格、外观质量、强度等级、相对含水率、抗渗性和抗冻性 6 方面。

(1) 规格与尺寸偏差　普通混凝土小型空心砌块的规格尺寸为 390mm×190mm×190mm，其最小外壁厚度应不小于 30mm，最小肋厚应不小于 25mm，空心率应不小于 25%，尺寸偏差须符合表 6-26 的要求。

表 6-26　普通混凝土小型空心砌块的尺寸允许偏差　　单位：mm

项目名称	优等品(A)	一等品(B)	合格品(C)
长度	±2	±3	±3
宽度	±2	±3	±3
高度	±2	±3	+3/−4

(2) 外观质量　外观质量应符合表 6-27 的要求。

表 6-27　普通混凝土小型空心砌块的外观质量

项目名称		优等品(A)	一等品(B)	合格品(C)
弯曲/mm		≤2	≤2	≤3
掉角缺棱	个数/个	0	≤2	≤2
	3 个方向投影尺寸的最小值/mm	0	≤20	≤30
裂纹延伸的投影尺寸累计/mm		0	≤20	≤230

(3) 强度等级　根据抗压强度的平均值与最小值评定，砌块的抗压强度是用砌块受压面的毛面积来计算其受压面积的。

普通混凝土小型空心砌块按抗压强度不同，分为 MU3.5、MU5.0、MU7.5、MU10.0、MU15.0 和 MU20.0 共 6 个等级，见表 6-28。

表 6-28　普通混凝土小型空心砌块的强度等级　　单位：MPa

强度等级	抗压强度		强度等级	抗压强度	
	平均值	单块最小值		平均值	单块最小值
MU3.5	≥3.5	≥2.8	MU10.0	≥10.0	≥8.0
MU5.0	≥5.0	≥4.0	MU15.0	≥15.0	≥12.0
MU7.5	≥7.5	≥6.0	MU20.0	≥20.0	≥16.0

(4) 相对含水率　砌块因失水而产生的收缩会导致墙体开裂，为了控制砌块建筑的墙体裂缝，相对含水率应符合《普通混凝土小型空心砌块》(GB 8239—1997) 的规定。砌块的相对含水率（见表 6-29）按下式计算，精确至 0.1%，即

$$W=\frac{W_1}{W_2}\times 100\%$$

式中　W——砌块的相对含水率，%；

W_1——砌块出厂时的含水率，%；

W_2——砌块的吸水率，%。

表 6-29　普通混凝土小型空心砌块的相对含水率

使用地区	潮湿	中等	干燥
相对含水率/%	≤45	≤40	≤35

注：潮湿是指年平均相对湿度大于 75%的地区；中等是指年平均相对湿度在 50%～75%之间的地区；干燥是指年平均相对湿度大于 50%的地区。

（5）抗渗性和抗冻性　普通混凝土小型空心砌块用于清水墙的砌块，其抗渗性必须满足一定要求，见表 6-30。

表 6-30　普通混凝土小型空心砌块的抗渗性　单位：mm

项　目	名　称	指　标
水面下降高度	3 块中任一块	≤10

（6）抗冻性　对于采暖地区的普通混凝土小型空心砌块，其抗冻性必须满足一定要求，见表 6-31。

表 6-31　普通混凝土小型空心砌块的抗冻性

使用环境条件	抗冻标号	指　标
非采暖地区	不规定	—
采暖地区	一般环境	D15
	干湿交替环境	强度损失不大于 25%，质量损失不大于 5%

注：非采暖地区是指最冷月份平均气温高于－5℃的地区；采暖地区是指最冷月份平均气温低于或等于－5℃的地区。

3. 普通混凝土小型空心砌块的标记

普通混凝土小型空心砌块按产品名称（代号 NJHB）、强度等级、外观质量等级和标准编号的顺序进行标记。例如：强度等级为 MU7.5、外观质量为优等品（A）的砌块，标记为：NHB MU 7.5A GB 8239。

4. 普通混凝土小型空心砌块的应用

普通混凝土小型空心砌块可用于一般工业与民用多层建筑的承重墙体及框架结构填充墙。使用砌块作墙体材料时，应严格遵照有关部门颁布的技术标准、设计规范与施工规程。

这种砌块在砌筑时一般不宜浇水，但气候特别干燥炎热时，可在砌筑前稍喷水湿润。砌筑时尽量采用主规格砌块，并应先清除砌块表面污物和心柱所用砌块孔洞的底部毛边。采用反砌（即砌块底面朝上）时，砌块之间应对孔错缝搭接，所埋设的搭结钢筋或网片，必须放在砂浆层中，不能用砌块和砖混合砌筑承重墙。

混凝土小型空心砌块的应用技术要点如下：①砌块强度必须达到设计强度等级；②龄期达 28d，并且干燥后方可砌筑；③砌筑砂浆需具有良好的和易性，砂浆稠度小于 50mm，分层控制在 20～30mm 之间；④砌筑的水平灰缝厚度和竖直灰缝密度控制在 8～12mm 之间，水平灰缝砂浆饱满度不得低于 90%，竖缝不得低于 80%；⑤当填充墙砌至顶面最后一层皮，与上部结构接触处宜用实心小砌块斜砌楔紧；⑥洞口、管道、沟槽和预埋件等，应在砌筑时预留或预埋，严禁在砌好的墙体打凿。除上所述外，其他应按照《混凝土小型空心砌块建筑技术规程》（JGJ/T 14—95）执行。

三、轻集料混凝土小型空心砌块

轻集料混凝土小型空心砌块是以水泥为胶凝材料、炉渣等工业废渣为轻骨料加水搅拌，振动成型，经养护而成的具有较大空心率的砌体材料。粉煤灰、各种外加剂等有利于充分利用工业废渣、减少水泥用量、提高早期强度、改善和易性及其他性能。

轻集料混凝土小型空心砌块中的骨料采用轻质骨料。若粗骨料和细骨料均采用轻质材料称全轻骨料，轻集料混凝土小砌块按其采用的轻质骨料品质不同，可分为陶粒混凝土小砌块、火山渣混凝土小砌块、煤渣混凝土小砌块和自然煤矿石混凝土小砌块等。轻集料混凝土小砌块的特点是：品种繁多、自重轻，强度高、施工方便、砌筑效率高，可以充分利用地方资源及大量工业废渣，保温隔热性能好，抗震性能强、防火、吸声、隔声性能优异，综合经济效益好等。用于框架结构的填充墙、各类建筑非承重墙及一般低层建筑墙体。

1. 生产

轻集料混凝土小型空心砌块的生产与普通混凝土小型实心砌块的生产类似，不同之处在于骨料采用轻质骨料。由于轻骨料的吸水率较大，强度较低，因此，轻骨料应预湿水，使轻骨料拌和物的和易性较为稳定，便于成型。另外，成型施加压力不能过大，否则易压碎面层和轻骨料，影响轻骨料混凝土的质量。成型后的砌块应加强保温养护防止开裂。在考虑轻集料小型空心砌块强度同时，应考核其表观密度和其他技术经济指标。综合考虑强度、表观密度、成本之间的平衡点和优化值。

轻集料混凝土小型空心砌块按砌块孔的排数不同分为5类：实心（0）、单排孔（1）、双排孔（2）、三排孔（3）、四排孔（4）。

2. 产品等级与标记

（1）按砌块密度等级不同分为8级：500、600、700、800、900、1000、1200、1400（注：实心砌块的密度等级不应大于800）。

（2）按砌块强度等级不同分为6级：1.5、2.5、3.5、5.0、7.5、10.0。

（3）按砌块尺寸允许偏差和外观质量不同，分为两个等级：一等品（B）、合格品（C）。

（4）产品标记：轻集料混凝土小型空心砌块（LHB）按产品名称、类别、密度等级、质量等级和标准编号的顺序进行标记。

（5）标记示例：密度等级为600级、强度等级为1.5级、质量等级为一等品的轻集料混凝土三排孔砌块，其标记为：LHB（3）600 1.5 B GB/T 16229。

3. 技术性质与要求

（1）规格尺寸　轻集料混凝土小型空心砌块的主规格尺寸为390mm×190mm×190mm，其他规格尺寸可由供需双方商定。尺寸允许偏差和外观质量应符合表6-32的规定要求。外观质量应符合表6-33的规定。

表6-32　轻集料混凝土小型空心砌块的规格尺寸偏差　　单位：mm

项目名称	一等品	合格品
长度	±2	±3
宽度	±2	±3
高度	±2	±3

注：1. 承重砌块最小外壁厚不应小于30 mm，肋厚不应小于25 mm。
2. 保温砌块最小外壁厚和肋厚不宜小于20 mm。

表6-33　轻集料混凝土小型空心砌块的外观质量　　单位：mm

项目名称		一等品	合格品
缺棱掉角	个数	0	≤2
	3个方向投影的最小尺寸	0	≤30
裂缝延伸投影的累计尺寸		0	≤30

（2）密度等级和强度等级　轻集料混凝土小型空心砌块的密度等级和强度等级应分别符

合表 6-34 和表 6-35 的要求。

表 6-34　轻集料混凝土小型空心砌块的密度等级

密度等级	砌块干燥表观密度的范围/(kg/m³)	密度等级	砌块干燥表观密度的范围/(kg/m³)
500	≤500	900	810～900
600	510～600	1000	910～1000
700	610～700	1200	1010～1200
800	710～800	1400	1210～1400

表 6-35　轻集料混凝土小型空心砌块的强度等级

强度等级	砌块抗压强度/MPa		密度等级范围/(kg/m³)
	平均值	最小值	
1.5	≥1.5	1.2	≤600
2.5	≥2.5	2.0	≤800
3.5	≥3.5	2.8	≤1200
5.0	≥5.0	4.0	
7.5	≥7.5	6.0	≤1400
10.0	≥10.0	8.0	

(3) 吸水率、相对含水率和干缩率　出厂时必须达到相对含水率要求，使砌块上墙砌筑前完成本身大部分收缩，防止砌筑后发生收缩裂缝。吸水率不应大于 20%。干缩率和相对含水率应符合表 6-36 的要求。

表 6-36　轻集料混凝土小型空心砌块的干缩率和相对含水率　　单位：%

干缩率	相对含水率		
	潮湿	中等	干燥
<0.03	45	40	35
0.03～0.045	40	35	30
>0.045～0.065	35	30	25

(4) 碳化系数和软化系数　加入粉煤灰等火山灰质掺和料的小砌块，碳化系数不应小于 0.8；软化系数不应小于 0.75。

(5) 抗冻性　砌块抗冻性应符合表 6-37 的要求。

表 6-37　轻集料混凝土小型空心砌块的抗冻性

使用条件		抗冻标号	质量损失/%	强度损失/%
非采暖地区		F15		
采暖地区	相对湿度不大于 60%	F25	≤5	≤25
	相对湿度大于 60%	F35		
水位变化、干湿循环或粉煤灰掺量不小于取代水泥量 50%时		≥F50		

(6) 放射性　掺工业废渣砌块的放射性应符合《建筑材料放射性核素限量》(GB 6566—2001) 的要求。

4. 轻集料混凝土小型空心砌块工程应用

目前，我国轻集料混凝土小砌块主要用于以下几个方面。

(1) 需要减轻结构自重，并要求具有较好的保温性能与抗震性能的高层建筑的框架填充墙。超轻陶粒混凝土小砌块在此领域用量最大。

(2) 北方地区及其他地区对保温性能要求较高的住宅建筑外墙。在该领域主要应用普通陶粒混凝土小砌块、煤渣混凝土小砌块、自然煤矸石混凝土多排孔小砌块等做自承重保温墙体。

（3）公用建筑或住宅的内隔墙。根据住房和城乡建设部小康住宅产品推荐专家组建议，用作内墙的轻集料小砌块密度等级宜小于800级，强度等级应不小于1.5，小砌块的厚度以90mm为宜。

（4）轻骨料资源丰富地区多层建筑的内承墙及保温外墙。

（5）屋面保温隔热工程、耐热工程、吸声隔声工程等。

5. 应用技术要点

由于目前我国轻骨料混凝土品种繁多，原材料来源复杂、生产工艺落后，因而小砌块的产品质量差异较大。因此，必须从生产到应用严把质量关。

（1）要严格控制轻骨料最大粒径不大于10mm，因空心小砌块壁厚只有30mm左右，骨料粒径过大不能保证外观质量，且增加抹灰量。以煤渣为骨料的小砌块，应控制煤渣烧失量不大于20%。

（2）严格控制轻骨料混凝土小砌块的质量。防止不合格产品上墙，造成工程隐患。特别是不允许使用强度不足及相对含水率超过标准要求的小砌块上墙，以免产生裂缝。为此要求轻骨料混凝土小砌块必须经28d养护方可出厂，且使用单位必须坚持产品验收，杜绝使用不合格产品。

（3）砌筑前，砌块不宜洒水淋湿，以防相对含水率超标。施工现场砌块堆放采取防雨措施。

（4）砌筑时应尽量采用主规格砌块，并应清除砌块与表面污物及底部毛边，并应尽量对孔错缝搭砌。砌体的灰缝应横平竖直，灰缝应饱满确保墙体质量。

（5）小砌块建筑的设计与施工应满足《混凝土小型空心砌块建筑技术规程》（JGJ/T 14—95）相关要求。

四、蒸压加气混凝土砌块

凡是以钙质材料或硅质材料为基本原料，以铝粉等为加气剂，经过混合搅拌、浇筑发泡、坯体静停与切割后蒸压养护等工艺制成的多孔、块状墙体材料称为蒸压加气混凝土砌块。

1. 蒸压加气混凝土砌块生产工艺

蒸压加气混凝土砌块是由钙质材料（水泥＋石灰或水泥＋矿渣）、硅质材料（石英砂或粉煤灰）、石膏、铝粉和水制成的轻质材料，其中钙质材料与硅质材料和水是主要原料，在蒸压养护过程中生成以托勃莫来石（tobermorite）为主的水热合成产物，其对制品的物理力学性能起关键作用；石膏作为掺合料可改善料浆的流动性与制品的物理性能；铝粉是发气剂，与$Ca(OH)_2$反应起发泡作用。

根据各地区的原材料来源情况不同，组成不同的原材料体系，从而产出不同的加气混凝土品种，如石灰-砂加气混凝土、水泥矿渣砂加气混凝土、水泥石灰粉煤灰加气混凝土、水泥粉煤灰混凝土等品种。

蒸压加气混凝土砌块的生产工艺流程如图6-1所示。

加气混凝土的生产工艺包括原材料制备、配料浇注、坯体切割、蒸压养护、胶模加工等工序。在原材料加工制备阶段，硅质材料应先磨细，一般采用湿磨，如果有条件还可在配料后将几种主要原料一起加入球磨机中混磨，有利于改善制品性能。经过加工的各种原料分别存放在贮料仓中或缸中，各种原材料、外加剂、废料浆和处理的铝粉悬浮液依照规定的顺序分别按配合比计量加入浇注车中。浇注车一边搅拌料浆，一边走到浇注地点，逐模浇注料浆。料浆在模具中发气膨胀形成多孔坯体。常用的模具规格有600mm×1500mm×600mm和600mm×900mm×3300mm等，一般浇注高度为600mm。刚浇注形成的坯体，必须经过一段时间静停，使坯体具有一定的强度，一般是0.05MPa，然后进行切割。切割好的坯体连同底模一起送入蒸压釜。坯体入釜后，关闭釜门。为使蒸汽易渗入坯体，通蒸汽前要先抽真空，真空度约达800×10^5Pa。然后缓缓送入蒸汽并升压，当蒸汽压力为$(8\sim10)\times10^5$Pa时，相应蒸气温度为175～203℃，为了使水热反应有足够时间进行，要维持一定时间的恒压养护。蒸气压力较高，恒压时间就可相对缩短。8×10^5Pa压强下需恒压12h，11×10^5Pa压强下需恒压10 h，15×10^5Pa压强下需恒压6h。恒压养护结束，逐渐降压，排出蒸汽恢复常压，打开釜门，拉出装有成品的模具。

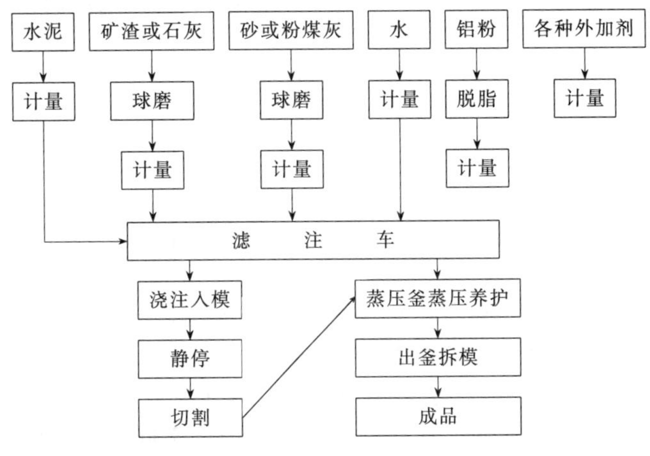

图6-1　蒸压加气混凝土砌块生产工艺流程

2. 特性

蒸压加气混凝土砌块的特性为多孔轻质、保温隔热性能好、防火、加工性能好、可锯、可刨加工等特点，可制成建筑内外墙体。但其干缩较大，如使用不当，墙体会产生裂缝。

（1）多孔轻质　一般蒸压加气混凝土砌块的孔隙达70%～80%，平均孔径约为1mm。蒸压加气混凝土砌块的表观密度小，一般为黏土砖的1/3。

（2）保温隔热性能好　蒸压加气混凝土砌块的热导率为0.14～0.28W/(m·K)，只有黏土砖的1/5，保温隔热性能好，用作墙体可降低建筑物采暖、制冷等使用能耗。

（3）有一定的吸声能力，但隔声性能较差　蒸压加气混凝土砌块的吸声系数为0.2～0.3，由于其孔结构大部分并非通孔，因此吸声效果受到一定的限制。轻质墙体的隔声性能都较差，蒸压加气混凝土砌块也不例外。这是由于墙体隔声受质量定律支配，即单位面积墙体质量越轻，隔声能力越差。

（4）干燥收缩较大　在建筑应用中，如果干燥收缩过大，在有约束阻止变形时，收缩形成的应力超过了制品的抗拉强度或黏结强度，制品或接缝处就会出现裂缝。为避免墙体出现裂缝，必须在结构和建筑上采取一定的措施。而严格控制制品上墙时的含水率也是极其重要的，最好控制上墙含水率在20%以下。

（5）吸水导湿缓慢　由于蒸压加气混凝土砌块的气孔大部分为“墨水瓶”结构的气孔，只有少部分是水分蒸发形成的毛细孔，因此孔肚大口小，毛细管作用较差，导致砌块吸水导湿缓慢。蒸压加气混凝土对砌筑和抹灰有很大影响。在抹灰前，如果采用与黏土砖同样的方式往墙上浇水，黏土砖容易吸足水量，而蒸压加气混凝土砌块表面看来浇水不少，实则吸水不多。抹灰后砖墙壁上的抹灰层可以保持湿润，而蒸压加气混凝土砌块墙抹灰层反被砌块吸去水分而容易产生干裂。还需说明的是，蒸压加气混凝土砌块应用于外墙时，应进行饰面处理或憎水处理。因为风化和冻融会影响蒸压加气混凝土砌块的寿命。长期暴露在大气中，日晒雨淋，干湿交替，蒸压加气混凝土砌块会风化而产生开裂破坏；在局部受潮时，冬季有时会产生局部冻融破坏。

3. 产品

（1）产品分类　砌块的产品规格尺寸见表 6-38。

表 6-38　蒸压加气混凝土砌块的规格尺寸　　单位：mm

<table>
<tr><th colspan="3">砌块公称尺寸</th><th colspan="3">砌块制作尺寸</th></tr>
<tr><th>长度 L</th><th>宽度 B</th><th>高度 H</th><th>长度 L_1</th><th>宽度 B_1</th><th>高度 H_1</th></tr>
<tr><td rowspan="9">600</td><td>100</td><td rowspan="6">200</td><td rowspan="9">$L-10$</td><td rowspan="9">B</td><td rowspan="9">$H-10$</td></tr>
<tr><td>125</td></tr>
<tr><td>150</td></tr>
<tr><td>200</td></tr>
<tr><td>250</td></tr>
<tr><td>300</td></tr>
<tr><td>120</td><td>250</td></tr>
<tr><td>180</td><td></td></tr>
<tr><td>240</td><td>300</td></tr>
</table>

砌块强度级别：A1.0、A2.0、A2.5、A3.5、A5.0、A7.5、A10 共 7 个级别。

体积密度级别：B03、B04、B05、B06、B07、B08 共 6 个级别。

根据砌块尺寸偏差与外观质量、体积密度和抗压强度不同，分为优等品（A）、一等品（B）和合格品（C）3 个等级。

（2）砌块产品标记　按产品名称（代号 ACB）强度级别、体积密度级别、规格尺寸、产品等级和标准编号的顺序进行标记。

标记示例：强度级别为 A3.5、体积密度级别为 B05、优等品、规格尺寸为 600mm×200mm×250mm 的蒸压加气混凝土砌块，其标记为：ACB A3.5 B05 600×200×250。

4. 技术要求

（1）砌块的尺寸允许偏差和外观应符合相应的要求，见表 6-39。

表 6-39　蒸压加气混凝土砌块的允许偏差和外观

<table>
<tr><th colspan="3" rowspan="2">项　　目</th><th colspan="3">指　　标</th></tr>
<tr><th>优等品(A)</th><th>等品(B)</th><th>等品(C)</th></tr>
<tr><td rowspan="3">尺寸允许偏差/mm</td><td>长度</td><td>L_1</td><td>±3</td><td>±4</td><td>±5</td></tr>
<tr><td>宽度</td><td>B_1</td><td>±2</td><td>±3</td><td>+3
−4</td></tr>
<tr><td>高度</td><td>H_1</td><td>±3</td><td>±3</td><td>+3
−4</td></tr>
<tr><td rowspan="3">缺棱掉角</td><td colspan="2">个数不多于/个</td><td>0</td><td>1</td><td>2</td></tr>
<tr><td colspan="2">最大尺寸不得大于/mm</td><td>0</td><td>70</td><td>70</td></tr>
<tr><td colspan="2">最小尺寸不得大于/mm</td><td>0</td><td>30</td><td>30</td></tr>
<tr><td colspan="3">平面弯曲不得大于/mm</td><td>0</td><td>3</td><td>5</td></tr>
<tr><td rowspan="3">裂纹</td><td colspan="2">条数不多于/条</td><td>0</td><td>1</td><td>2</td></tr>
<tr><td colspan="2">任一面上的裂纹长度不得大于裂纹</td><td>0</td><td>1/3</td><td>1/2</td></tr>
<tr><td colspan="2">贯穿一棱二面的裂纹长度不得大于裂纹所在面的裂纹方向尺寸总和的</td><td>0</td><td>1/3</td><td>1/3</td></tr>
<tr><td colspan="3">爆裂、粘模和损坏深度不得大于/mm</td><td>10</td><td>20</td><td>30</td></tr>
<tr><td colspan="3">表面疏松、层裂</td><td colspan="3">不允许</td></tr>
<tr><td colspan="3">表面油污</td><td colspan="3">不允许</td></tr>
</table>

（2）砌块的抗压强度应符合相应的规定，见表 6-40。

表 6-40　蒸压加气混凝土砌块的抗压强度　　单位：MPa

强度级别	立方体抗压强度	
	平均值不小于	单块最小值不小于
A1.0	1.0	0.8
A2.0	2.0	1.6
A2.5	2.5	2.0
A3.5	3.5	2.8
A5.0	5.0	4.0
A7.5	7.5	6.0
A10.0	10.0	8.0

（3）砌块强度级别应符合相应的规定，见表 6-41。

表 6-41　蒸压加气混凝土砌块的强度级别

体积密度级别		B03	B04	B05	B06	B07	B08
强度级别	优等品(A)	A1.0	A2.0	A3.5	A3.5	A3.5	A10.0
	一等品(B)			A3.5	A5.0	A7.5	A10.0
	合格品(C)				A3.5	A5.0	A7.5

（4）砌块的干体积密度应符合相应的规定，见表 6-42。

表 6-42　蒸压加气混凝土砌块的干体积密度　　单位：kg/m^3

体积密度级别		B03	B04	B05	B06	B07	B08
强度级别	优等品(A)	≤300	≤400	≤500	≤600	≤700	≤800
	一等品(B)	≤330	≤430	≤530	≤630	≤730	≤830
	合格品(C)	≤350	≤450	≤550	≤650	≤750	≤850

（5）砌块的干燥收缩值、抗冻性和热导率（干态）应符合表 6-43 的规定。

表 6-43　蒸压加气混凝土砌块的干燥收缩值、抗冻性和热导率

体积密度			B03	B04	B05	B06	B07	B08
干燥收缩值	标准法	mm/m	≤0.50					
	快速法		≤0.80					
抗冻性	质量损失/%		≤5.0					
	冻后强度/MPa		≥0.8	≥1.6	≥2.0	≥2.8	≥4.0	≥6.0
热导率(干态)/[W/(m·K)]			≤0.10	≤0.12	≤0.14	≤0.16	—	—

注：1. 规定采用标准法、快速法测定砌块干燥收缩值，若测定结果发生矛盾不能判定时，则以标准法测定的结果为准。

2. 用于墙体的砌块，允许不测热导率。

（6）掺用工业废渣为原料时，所含放射性物质的，应符合《掺工业废渣建筑材料产品放射性物质控制标准》（GB 9196—1988）的规定。

5. 应用领域及应用技术要点

蒸压加气混凝土砌块广泛用于一般建筑物墙体，可用于多层建筑物的承重墙和非承重墙及隔墙。体积密度级别低的砌块用于屋面保温。

使用蒸压加气混凝土砌块可以设计建造 3 层以上的全加气混凝土建筑，主要可用作框架结构、现浇混凝土结构的外墙填充、内墙隔断，也可用于抗震圈梁构造柱多层建筑外墙或保温隔热复合墙体。

（1）蒸压加气混凝土砌块不得用于建筑物标高±0.000 以下的部位或长期浸水或经常受

干湿交替的部位。

(2) 不得用于受酸碱化学物质侵蚀的部位和制品表面温度高于80℃的部位。

(3) 为减少施工中的现场切锯工作量，避免浪费，便于备料，蒸压加气混凝土砌块砌筑前均应进行砌块排列设计。

(4) 灰缝应横平竖直，砂浆饱满，水平灰缝厚度不得大于15mm，竖向灰缝宽度不得大于20mm。

(5) 砌到接近上层梁、底板时，宜用烧结普通砖斜砌挤紧，砖倾斜角度为60°左右，砂浆应饱满。

(6) 对现浇混凝土养护浇水时，不能长时间流淌，避免发生砌体浸泡现象。

(7) 砌块墙体宜采用黏结性能较好的专用砂浆砌筑，也可用混合砂浆，砂浆的最低强度不宜低于M2.5；有抗震及热工要求的地区，应根据设计选用相应的砂浆砌筑，在寒冷和严寒地区的外墙应采用保温砂浆，不得使用混合砂浆砌筑。砌筑砂浆必须拌和均匀，随拌随用，砂浆的稠度以7～10cm为宜。

蒸压加气混凝土砌块的设计、施工和验收应符合《蒸压加气混凝土应用技术规程》(JCJ 17—98)和北京市建筑设计研究所主编、中国建筑标准设计研究院出版的《蒸压加气混凝土砌块建筑物构造》(03J104)的要求。

五、粉煤灰小型空心砌块

1. 生产

粉煤灰小型空心砌块是指以粉煤灰、水泥、各种轻重集料和水为主要组分（也可加入外加剂等）拌和制成的小型空心砌块，其中粉煤灰用量不应低于原材料用量的20%，水泥用量不应低于原材料用量的10%。

2. 分类、等级与标记

粉煤灰小型空心砌块按孔的排数不同，分为单排孔(1)、双排孔(2)、三排孔(3)和四排孔(4)类。

粉煤灰小型空心砌块按强度等级不同，分为MU2.5、MU3.5、MU5.0、MU7.5、MU10.0、MU15.0共6个等级。

粉煤灰小型空心砌块按尺寸偏差、外观质量、碳化系数不同，分为优等品(A)、一等品(B)和合格品(C)3个等级。

粉煤灰小型空心砌块(FB)按产品名称、分类、强度等级、质量等级和标准编号的顺序进行标记。标记示例：强度等级为7.5级、质量等级为优等品的粉煤灰双排孔小型空心砌块标记为：FB 7.5 A JC 862—2000。

3. 技术要求

粉煤灰小型空心砌块的技术要求如下。

(1) 规格尺寸。主规格尺寸为390mm×190mm×190mm，其他规格尺寸可由供需双方商定。

(2) 尺寸允许偏差应符合表6-44的要求。

(3) 外观质量应符合表6-45的要求。

(4) 强度等级应符合表6-46的要求。

(5) 碳化系数：优等品应不小于0.80，一等品应不小于0.75，合格品应不小于0.70。

(6) 干燥收缩率应不大于0.060%。

(7) 抗冻性应符合表6-47的要求。

(8) 软化系数应不小于0.75。

(9) 放射性应符合《掺工业废料建筑材料产品放射性物质控制标准》(GB 9196—1988)的要求。

表 6-44 粉煤灰小型空心砌块的尺寸偏差 单位：mm

项目名称	优等品	一等品	合格品
长度	±2	±3	±3
宽度	±2	±3	±3
高度	±2	±3	+3/−4

注：最小外壁厚不应小于 25mm，肋厚不应小于 20mm。

表 6-45 粉煤灰小型空心砌块的外观质量

项目名称		优等品	一等品	合格品
缺棱掉角	个数/个	0	0	≤2
	3 个方向投影的最小值/mm	0	≤20	≤30
裂缝延伸投影的累计尺寸/mm		0	≤20	≤30
弯曲/mm		≤2	≤3	≤4

表 6-46 粉煤灰小型空心砌块的强度等级 单位：MPa

强度等级	抗压强度		强度等级	抗压强度	
	平均值	最小值		平均值	最小值
MU2.5	≥2.5	≥2.0	MU7.5	≥7.5	≥6.0
MU3.5	≥3.5	≥2.8	MU10.0	≥10.0	≥8.0
MU5.0	≥5.0	≥4.0	MU15.0	≥5.0	≥12.0

表 6-47 粉煤灰小型空心砌块的抗冻性

使用环境条件		抗冻结标号	指标
非采暖地		不规定	—
采暖地区	一般环境	D15	强度损失不大于 25%
	干湿交替环境	D25	质量损失不大于 5%

注：1. 非采暖地区是指最冷月份平均气温高于−5℃的地区。

2. 采暖地区是指最冷月份平均气温低于或等于−5℃的地区。

六、石膏砌块

1. 生产与特点

石膏砌块是以高强度石膏粉（天然石膏或化工石膏）为主要原料，加入适量功能性掺料及化学外加剂配料混合、浇注成型、机械抽心、干燥养护制成的轻质石膏墙体材料。

以石膏为原料的建筑材料具有以下优点。

(1) 质轻。石膏板的质量只有同体积水泥板质量的 1/4。这将有效降低建筑地基的施工费用。

(2) 美观实用。石膏建材洁白美观，可钉、可锯、防火、防冻、隔声、隔热。特别是代替纸面石膏板的纤维石膏板，强度高、防潮性能好，握钉力大。

(3) 环保。石膏建筑材料的主要成分是硫酸钙，化学性质稳定，不会产生有毒物质。

(4) 石膏与工业废渣混用可制成多种建筑材料，在环保和可持续利用战略上意义重大。

(5) 性能好、用途广。石膏板、石膏砌块可作隔墙材料；在低层建筑中可部分代替水泥；制作卫生盒子间、通风道砌块；纸面石膏板和纤维石膏可制作顶棚和隔墙；加气石膏作地面垫层有较好的保湿性能。

(6) 经济效益、社会效益明显。以石膏为主要原料的空心墙板，因原材料价格低而成本明显降低。

石膏砌块多用作内隔墙，宜用于高层框架轻板结构及各种危房改造、房屋加层、大开间分隔等内隔墙。

2. 产品规格与分类

(1) 按石膏砌块的结构不同分成两类。石膏空心砌块，带有水平或垂直方向的预制孔洞的砌块，代号为K；石膏实心砌块，无预制孔洞的砌块，代号为S。

(2) 按石膏来源不同分成两类。天然石膏砌块，用天然石膏作原料制成的砌块，代号为T；化学石膏砌块，用化学石膏作原料制成的砌块，代号为H。

(3) 按砌块的防潮性能不同分成两类。普通石膏砌块，在成型过程中未经防潮处理的砌块，代号为P；防潮石膏砌块，在成型过程中经防潮处理具有防潮性能的砌块，代号为F。

石膏砌块外形为长方体，纵横边缘分别设有榫头和榫槽，规格为：长度666mm，高度500mm，厚度60mm、80mm、90mm、100mm、110mm、120mm。另外，还可根据用户要求制作其他规格的石膏砌块。

产品的标记顺序为：产品名称、类别代号、规格尺寸和标准号。标记示例：用天然石膏作原料制成的长度为666mm、高度为500mm、厚度为80mm的普通石膏空心砌块，标记为：石膏砌块KTP666×500×80 JC/T 698—1998。

3. 技术要求

(1) 外观质量　砌块表面应平整、棱边平直，外观质量应符合表6-48的规定。

表6-48　石膏砌块的外观质量

项　目	指　标
缺角	同一砌块不得多于1处，缺角尺寸应小于30mm×30mm
板面裂纹	非贯穿裂纹不得多于1条，裂纹长度小于30mm，宽度小于1mm
油污	不允许
气孔	直径5～10mm时，不多于2处；直径大于10mm时，不允许

(2) 尺寸偏差　石膏砌块的尺寸偏差应符合表6-49的规定。

表6-49　石膏砌块的尺寸偏差　单位：mm

项　目	规　格	尺寸偏差
长度	666	±3
高度	500	±2
厚度	60、80、9、10、110、120	±1.5

(3) 表观密度　实心砌块的表观密度应不大于1000kg/m^3，空心砌块的表观密度应不大于700kg/m^3。

石膏砌块表面应平整，平整度应不大于1.0mm。

石膏砌块应有足够的物理力学强度，断裂荷载值应不小于1.5kN。

石膏砌块的软化系数应不低于0.6，该指标仅适用于防潮石膏砌块。

第三节　轻质墙板

轻质墙板是砌墙砖和建筑砌块之外的另一类重要的新型建筑墙体材料。与砖和砌块相比，其明显优势是自重轻，安装快，施工效率高，同时可使建筑物的抗震性能提高，增加建筑物的使用面积，节省生产和使用能耗等。随着框架结构建筑的日益增多，墙体革新和建筑节能工程的实施以及为此而制定的各项优惠政策，新型建筑板材将获得更迅猛的发展。

墙板的主要类型包括条板、大型墙板和薄板等。条板是指可竖向或横向装配在龙骨或框架上作为墙体的长条形板材；大型墙板是指尺寸相当于整个房屋开间（或进深）的宽度和整个楼层的高度，配有构造钢筋的墙板。

其他的墙板类型还包括挂板，它是指以悬挂方式支承于两侧柱或墙上或上层梁上的非承重墙板；空心墙板，是指沿板材长度方向有若干贯通孔洞的墙板；空心条板是指沿板材长度方向有若干贯通孔洞的条板；轻质墙板，是指采用轻质材料或轻型构造制成的非承重墙板；隔墙板，是指垂直分割建筑物内部空间的非承重墙板；复合墙板，是指由 2 种或 2 种以上不同功能材料组合而成的墙板；夹芯板，系指由承重或维护面层与绝热材料芯层复合而成的复合墙板，具有良好的保温和隔声性能；芯板，是指由阻燃型聚苯乙烯、聚氨酯等泡沫塑料或岩棉等绝缘材料制成的板材，用作复合墙板中的芯材；外墙内保温板，是指用于外墙内侧的保温板，以改善和提高外墙墙体的保温性能；外墙外保温板，是指用于外墙外侧的保温板，以改善和提高外墙墙体的保温性能。

我国目前生产和使用比较普遍的轻质墙板主要包括各种纤维水泥板、建筑石膏板、硅酸钙板、加气混凝土板、轻混凝土板、木质与植物纤维水泥板、钢丝网架水泥夹芯板、金属面夹芯板、钢筋混凝土绝热材料复合外墙板、植物纤维板、预应力混凝土墙板以及外墙外保温板等。

一、石膏类墙板

以石膏为主要原材料生产轻质墙板，除板材具有石膏胶凝材料的一切优点外，其最重要的优点是凝结硬化快，适于大规模连续化、机械化生产，可以比较容易地生产充气石膏保温芯板，而不会出现塌模现象。另外，石膏胶凝材料硬化体的热导率低于水泥制品，有利于制作保温类板材。石膏胶凝材料属于难燃材料，适于做室内墙面保温和装饰。因此，用石膏胶凝材料生产轻质墙体保温板材，较之用水泥制作轻质保温板材，具有较大优势。

用作墙体材料的石膏板材，按结构不同，可分为单板和复合墙板两大类。单板的主要品种包括纸面石膏板、纤维石膏板、石膏空心条板、石膏刨花板、纤维增强硬石膏压力板等，以石膏板材为基材制成的复合墙板或墙体主要包括预制石膏板复合墙板、玻璃纤维增强石膏外墙内保温板、现场拼装石膏板内保温复合外墙等。石膏板应用广泛，在我国轻质墙板的使用中占有很大比重。

1. 石膏板的生产与特点

普通纸面石膏板是以建筑石膏为主要原料，加入适量纤维类增强材料以及少量外加剂，经加水搅拌成料浆，浇注在行进中的纸面上，成型后再覆以上层面纸，再经固化、切割、烘干、切边而成。普通纸面石膏板所用的纤维类增强材料有玻璃纤维、纸浆等。外加剂一般起增粘、增稠及调凝作用，可选用聚乙烯醇、纤维素等，起发泡作用则可选用磺化醚等，所用的护面纸必须有一定强度，且与石膏芯板能粘接牢固。若在板心配料中加入防水、防潮外加剂，并用耐水护面纸，即可制成耐水纸面石膏板；若在配料中加入无机耐火纤维增强材料，构成耐火芯材，即可制成耐火纸面石膏板。

纸面石膏板具有质轻、表面平整、易加工装配、施工简便等优点。此外，还具有调湿、隔热、防火等多种功能。

普通纸面石膏板可用一般工程的内隔墙、墙体复面板、天花板和预制石膏板复合隔墙板。在厨房、厕所以及空气相对湿度经常大于 70%的潮湿环境中使用时，必须采取相应的防潮措施。

耐水纸面石膏板可用于相对湿度大于 75%的浴室、厕所、盥洗室等潮湿环境下的吊顶和隔墙。

耐火纸面石膏板主要用于对防火有较高要求的房屋建筑中。

纸面石膏板可与石膏龙骨或轻钢龙骨共同组成隔墙。这类墙体具有减少自重、增加使用面积、布局灵活、抗震性能好、施工周期短等优点。

石膏空心条板是以天然石膏或化学石膏为主要原料（也可掺加适量粉煤灰和水泥），加入少量增强纤维（也可掺加适量膨胀珍珠岩），经搅拌混合浇注成型的轻质板材，具有轻质、隔热、防火及施工方便等优点。

2. 纸面石膏板

(1) 产品分类　纸面石膏板按用途不同，可分为普通纸面石膏板、耐水纸面石膏板和耐火纸面石膏板 3 种。

普通纸面石膏板（代号 P）：以建筑石膏为主要原料，掺入适量轻集料、纤维增强材料和外加剂构成芯材，并与护面纸牢固地黏结在一起的建筑板材。

耐水纸面石膏板（代号 S）：以建筑石膏为主要原料，掺入适量纤维增强材料和耐水外加剂等构成耐水芯材，并与耐水护面纸牢固地黏结在一起的吸水率较低的建筑板材。

耐火纸面石膏板（代号 H）：以建筑石膏为主要原料，掺入适量轻集料、无机耐火纤维增强材料和外加剂构成耐火芯材，并与护面纸牢固地黏结在一起的改善高温下芯材结合力的建筑板材。

按纸面石膏板的边部形状不同，又可分为矩形、倒角形、楔形和圆形 4 种，也可根据用户要求生产其他边部形状的板。

(2) 规格尺寸　纸面石膏板的长度为 1800mm、2100mm、2400mm、2700mm、3000mm、3300mm 和 3600mm；纸面石膏板的宽度为 900mm 和 1200mm；厚度为 9.5mm、12.0mm、15.0mm、18.0mm、21.0mm 和 25.0mm，也可根据用户要求，生产其他规格尺寸的板材。

(3) 产品标记　产品标记的顺序为：产品名称、代号、长度、宽度、厚度及标准号。标记示例：长度为 3000mm、宽度为 1200mm、厚度为 12.0mm 带楔形棱边的普通纸面石膏板的标记为纸面石膏板 PC300×1200×12.0 GB/T 9775—1998。

(4) 技术要求

① 外观质量　纸面石膏板表面应平整，不得有影响使用的破损、波纹、沟槽、污痕、过烧、亏料、边部漏料和纸面脱开等缺陷。

② 尺寸偏差　纸面石膏板的尺寸偏差应不大于表 6-50 的规定。

表 6-50　纸面石膏板的尺寸偏差　　单位：mm

项目	长度	宽度	厚度	
			9.5	≥12.0
尺寸偏差	0 −6	0 −5	±0.5	±0.6

③ 对角线长度差。板材应切成矩形，两对角线长度差应不大于 5mm。

④ 楔形棱边尺寸 。楔形棱边宽度为 30～80mm，楔形棱边深度为 0.6～1.9mm。

⑤ 断裂荷载。板材的纵向断裂荷载值和横向断裂荷载值应符合表 6-51 的规定。

表 6-51　纸面石膏板的断裂荷载

板材厚度/mm	断裂荷载/N		板材厚度/mm	断裂荷载/N	
	纵向	横向		纵向	横向
9.5	360	140	18.0	800	270
12.0	500	180	21.0	950	320
15.0	650	220	25.0	1100	370

⑥ 单位面积质量。板材的单位面积质量应符合表 6-52 的规定。

表 6-52　纸面石膏板的单位面积质量

板材厚度/mm	单位面积质量/(kg/m²)	板材厚度/mm	单位面积质量/(kg/m²)
9.5	9.5	18.0	18.0
12.0	12.0	21.0	21.0
15.0	15.0	25.0	25.0

⑦ 护面纸与石膏芯的黏结　护面纸与石膏芯应黏结良好，按规定方法测定时，石膏芯应不应裸露。

⑧ 吸水率　板材的吸水率应不大于 10.0%（仅适用于耐水纸面石膏板）。

⑨ 表面吸水量　板材的表面吸水量应不大于 160kg/m²（仅适用于耐水纸面石膏板）。

⑩ 遇火稳定性　板材遇火稳定时间应不小于 20mm（仅适用于耐火纸面石膏板）。

3. 石膏空心条板

(1) 外形、规格、标记　石膏空心条板的外形和断面如图 6-2 和图 6-3 所示，空心条板应设榫头和榫槽。

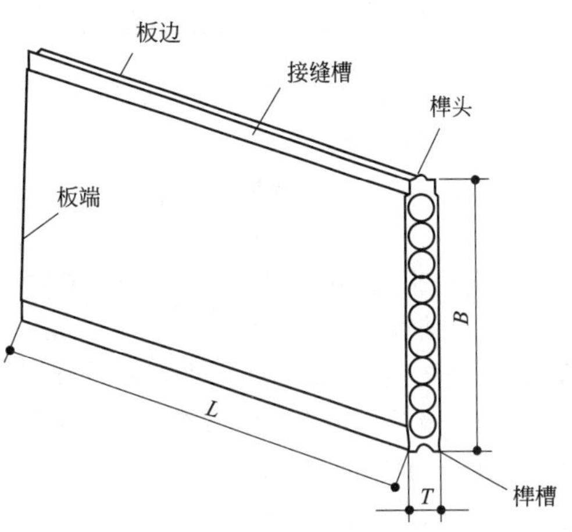

图 6-2　石膏空心条板外形

规格尺寸为：长度 2400～3000mm；宽度 600mm；厚度 60mm。

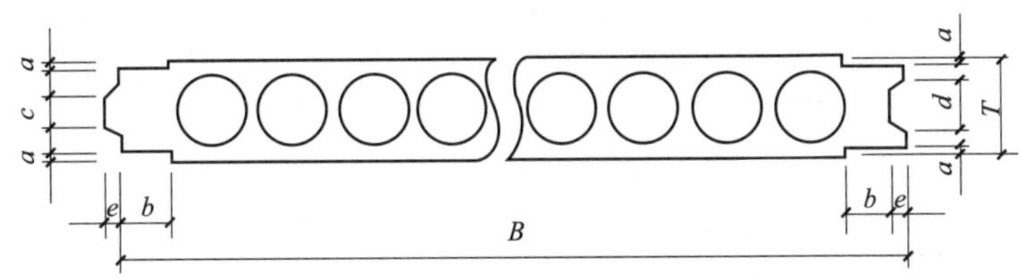

图 6-3　石膏空心条板断面示意图

产品标记顺序为：产品名称、代号、长度、标准号。标记示例：长度×宽度×厚度＝3000mm× 600mm ×60mm 的石膏空心条板标记为石膏空心条板 SGK 3000 JC/T 829—1998。

(2) 技术要求　石膏空心条板的外观质量应符合表 6-53 的规定；其尺寸偏差应符合表 6-54 的规定。

表 6-53　纸面石膏板的外观质量

项　　目	指　　标
缺棱掉角，深度×宽度×长度 5mm×10mm×25mm～10mm×20mm×30mm	不多于 2 处
板面裂纹，长 10～30mm，宽 0～1mm	
气孔，小于 10mm，大于 5mm	
外露纤维、贯通裂缝、飞边毛刺	不允许

此外，孔与孔之间和孔与板面之间的最小壁厚不得小于 10mm；面密度为 (40±5)kg/m²；抗弯破坏荷载不少于 800N；抗冲击性能为承受 30kg 砂袋落差 0.5m 的摆动冲击 3 次，不出现贯通裂纹；单点吊挂力为 800N 单点吊挂力作用 24h，不出现贯通裂纹。

表 6-54 纸面石膏板的尺寸偏差 单位：mm

序号	项目	允许偏差	序号	项目	允许偏差
1	长度 L	±5	7	接缝槽宽 a	+2 0
2	宽度 B	±2	8	接缝槽深 b	
3	厚度 T	±1	9	榫头宽 c	0 −2
4	每 2m 板面平整度	2	10	榫头高 e	
5	对角线差	10	11	榫槽宽 d	+2 0
6	侧向弯曲	$L/1000$	12	榫槽深 e	

二、玻璃纤维增强水泥轻质多孔隔墙条板

1. 玻璃纤维增强水泥复合外墙板

玻璃纤维增强水泥复合外墙板（简称 GRC 复合外墙板）是以低碱水泥或硫酸盐早强水泥为胶结料，耐碱（或抗碱）玻璃纤维作增强材料，填充保温芯材（如水泥珍珠岩、岩棉等），经成型、养护而成的一种轻质复合外墙板。

GRC 墙板主要要特点是：轻质、高强、韧性好，具有良好的保温、防水、耐久、抗裂等性能，且加工简易，造型丰富而且施工方便。

GRC 墙板可用于砖、混凝土、砌块的外墙，也可用于各种复合墙体，既可用于承重外墙，也可用于非承重外墙。

2. 产品分类与分级

GRC 轻质多孔隔墙条板的型号按板的厚度不同分为 60 型、90 型、120 型，按板型不同分为普通板、门框板、窗框板、过梁板，其代号分别为 PB、MB、CB 和 LB。

GRC 轻质多孔隔墙条板可采用不同企口和开孔形式，且均应符合表 6-55 的规定。

表 6-55 GRC 轻质多孔隔墙条板的产品型号及规格尺寸 单位：mm

型号	L	B	T	a	b
60	2500～2800	600	60	2～3	20～30
90	2500～3000	600	90	2～3	20～30
120	2500～3500	600	120	2～3	20～30

注：其他规格尺寸可由供需双方协商解决。

GRC 轻质多孔隔墙条板按物理力学性能、尺寸偏差及外观质量不同，分为一等品（B）、合格品（C）。

GRC 产品代号为产品主材料的简称 GRC 与板型类别代号组成。标记示例：板长为 2650mm、宽为 600mm、厚为 60mm 的一等品门框板标记为：GRC MB 2650×600×60 B JC 666。

3. 技术要求

（1）外观质量　产品外观质量应符合表 6-56 的规定。

表 6-56 GRC 轻质多孔隔墙板的外观质量 单位：mm

项目 \ 允许范围 \ 等级		一等品	合格品
缺棱	长度	≤20	≤50
	宽度	≤20	≤50
	数量	不多于 2 处	不多于 3 处

续表

项目＼允许范围＼等级			一等品	合格品
板面裂缝	贯穿裂缝与非贯穿性横向裂缝		不允许	不允许
	纵向	长度		≤50
		宽度		≤1
		数量		≤2
蜂窝气孔	长度		≤10	≤30
	宽度		≤4	≤5
	数量		不多于1处	不多于3处
飞边毛刺			不允许	

（2）尺寸偏差　尺寸偏差应符合表6-57的规定。

表6-57　GRC轻质多孔隔墙板的尺寸偏差允许值　单位：mm

允许值＼项目	长度	宽度	厚度	板面平整度	对角线差	接缝槽宽	接缝槽深
一等品	±3	±1	±1	≤2	≤10	±2	±0.5
合格品	±5	±2	±2	≤3	≤10	±	±0.5

（3）物理力学性能　物理力学性能应符合表6-58的规定。

表6-58　GRC轻质多孔隔墙板的物理力学性能

项　目		一等品	合格品
气干面密度/(kg/m²)	60型	≤10	
	90型	≤38	
	120型	≤48	
抗折破坏荷载/N	60型	≥1400	≥1200
	90型	≥2200	≥2000
	120型	≥3000	≥2800
干燥收缩值/(mm/m)		≤0.8	
抗冲击性/次		≥5	
吊挂力/N		≥800	
空气声计权隔声量/dB	60型	≥28	
	90型	≥35	
	120型	≥40	
耐火极限/h	60型	≥1.5	
	90型	≥2.5	
	120型	≥3.0	
燃烧性能		不燃	
抗折强度保留率(耐久性)/%		≥80	≥70

三、玻璃纤维增强水泥（GRC）外墙内保温板

1. 玻璃纤维增强水泥（GRC）外墙内保温板的分类

玻璃纤维增强水泥（GRC）外墙内保温板分为普通板、门口板和窗口板，其代号分别为PB、MB和CB。

玻璃纤维增强水泥外墙内保温板的普通板为条板形式，规格尺寸为长度 L：2500～3000mm，宽度 B：600mm，厚度 T：60mm、70mm、80mm、90mm。其他的规格可由供需双方商定。

产品标记方法：标记顺序为规格尺寸、类型代号和标准编号。示例：玻璃纤维增强水泥外墙保温板，长度 28mm、宽度 600mm、厚度 60mm，普通板，标记为：GRC 2800×600×60 PB JC/T 893—2001。

2. 技术要求

外墙内保温板的外观质量应符合表 6-59 的规定。

表 6-59 玻璃纤维增强水泥（GRC）外墙内保温板的外观质量

项目	允许缺陷
板面外露纤维，贯通裂纹	无
板面裂纹	长度不大于 30mm，不多于 2 处
蜂窝气孔	长径不大于 5mm，深度不大于 2mm，不多于 10 处
缺棱掉角	深度不大于 10mm，长度不大于 30mm，不多于 2 处

3. 尺寸允许偏差

外墙内保温板的尺寸允许偏差应符合表 6-60 的规定。

表 6-60 玻璃纤维增强水泥（GRC）外墙内保温板的尺寸允许偏差

项目	长度	宽度	厚度	板面平整度	对角线差
允许偏差	±5	±2	±1.5	≤2	≤10

4. 物理力学性能

物理力学性能应符合表 6-61 的规定。

表 6-61 玻璃纤维增强水泥（GRC）外墙内保温板的物理力学性能

检验项目		技术指标
气干面密度/(kg/m^2)		≤50
抗折荷载/N		≥1400
抗冲击性		冲击 3 次，无开裂等破坏现象
主断面热阻/[(m^2·K)/W]	T= 60mm	≥0.90
	T=70mm	≥1.10
	T=80mm	≥1.35
	T=90mm	≥0.08
面板干缩率/%		≤0.08
热桥面积率/%		≤8

四、SP 预应力空心墙板

预应力空心墙板是用高强度低松弛预应力钢绞线、52.5 级早强水泥和砂、石为原料，经过张拉、搅拌、挤压、养护、放张、切割而成的混凝土制品，板宽 600～1200mm，板长 1000～1900mm，板厚 200～480mm。基本工艺为：铺设并张拉钢绞索；叉车上料；挤压机铺料、夯实、挤压成型；自然养护、切割、吊运。

预应力空心墙板跨度大，承载力强；外观尺寸误差小，平整度好；防渗、隔声效果好；耐火等级高；施工安装快捷，缩短施工期；抗震性能强；产品用钢量低，自然养护。

预应力空心墙板可用于承重、非承重外墙板和内墙板，并可根据需要增加保温吸声层（如 20～50mm 厚的聚苯乙烯泡沫层）、防水层和多种饰面层（如釉面砖、喷砂、水刷石等），如图 6-4 所示。外墙板主要尺寸规格为：宽度 1.2m，厚度 22～23m，长度 3.0～8.5m。

五、钢丝网架水泥聚苯乙烯夹芯板

1. 构成及特点

钢丝网架水泥聚苯乙烯夹芯板（GSJ 板）由三维空间焊接钢丝网为骨架（由两面焊接钢丝网和 W 形钢丝焊成空间钢丝网骨架），中间填充阻燃型聚苯乙烯泡沫塑料作内芯，水泥砂浆抹面或喷涂作表层而成的复合墙板。两面未作水泥砂浆面层的称为钢丝网架水泥聚苯乙烯芯板（简称 GJ 板），其构造如图 6-5 所示。

钢丝网架水泥聚苯乙烯芯板具有重量轻（两面抹水泥砂浆后质量约为 $90kg/m^2$）、不碎裂、防水、隔热、保温、隔声（热阻为 $0.64m^2$，隔声为 45dB）、耐潮、防火、抗震性好、可任意切割、易于剪裁和拼装、便于运输与组装成墙、施工速度快等优点；适用于高层、框架结构的填充墙，多层及低层建筑的非承重内隔墙，建筑加层的墙体、屋面等，并可根据设计要求在外表面作各种墙面装饰。

钢网泡沫塑料墙板（如图 6-6 所示）按桁条间距分为两种：普通型间距为 50.8mm，轻型间距为 203mm。墙板的标准规格为 1220mm×2440mm，并抹砂浆厚度为 76mm，抹砂浆后厚度（不同砂浆厚度）为 100mm、110mm、130mm。

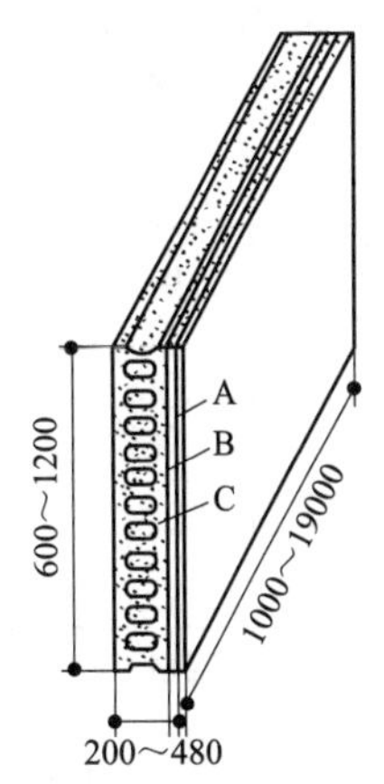

图 6-4 预应力空心墙板

A—外饰面；B—保温层；C—预应力混凝土空心板

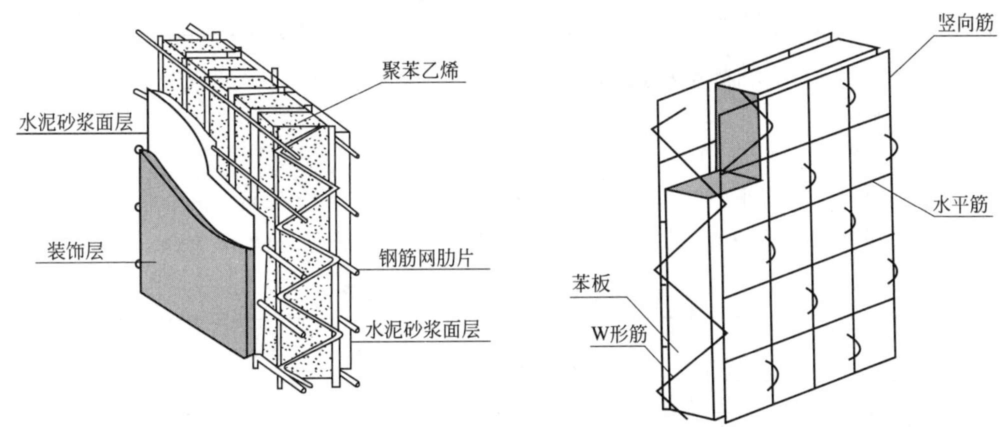

图 6-5 钢丝网架水泥聚苯乙烯夹芯板

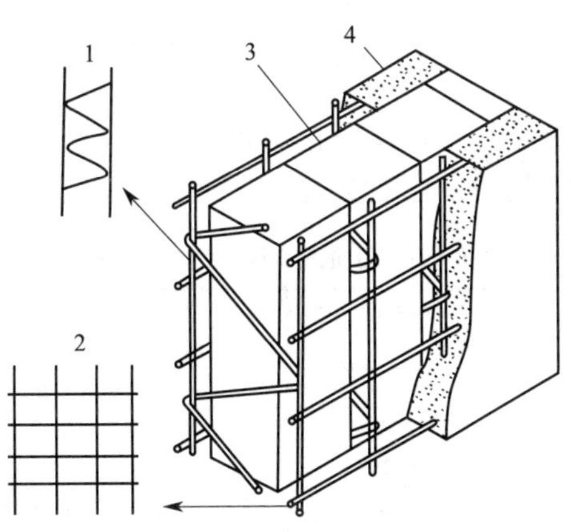

图 6-6 钢网泡沫塑料墙板

1—钢丝桁条；2—水平连接网；3—泡沫塑料条；4—水泥砂浆

2. 规格尺寸

(1) GJ 板的产品分类　见表 6-62。

表 6-62　GJ 板的分类

名　称	公称长度/m	实际尺寸/mm						聚苯乙烯泡沫塑料内芯厚度/mm
		长度		宽度		高度		
		T、TZ	S	T、TZ	S	T、TZ	S	
短板	2.2	2140	2150	1220	1200	76	70	50
标准板	2.5	2410	2450	1220	1200	76	70	50
长板	2.8	2750	2750	1220	1200	76	70	50
加长板	3.0	2950	2950	1220	1200	76	70	50

注：其他规格可根据用户要求协商确定。

(2) GJ 板的外形尺寸与规格　见表 6-63。

表 6-63　GJ 板的规格

板厚/mm	两表面喷抹层做法	芯板构造
100	两面各有 25mm 厚水泥砂浆	
110	两面各有 30mm 厚水泥砂浆	
130	两面各有 25mm 厚水泥砂浆加两面各有 15mm 厚石膏涂层或轻质砂浆	各类 GJ 板

(3) 产品标记示例　聚苯乙烯泡沫夹芯整板，腹丝采用斜插短钢丝，标记为：GSJ 110950 S JC 623。

3. 技术要求

(1) GJ 板　GJ 板每平方米面积的质量应不大于 4kg (钢板网架夹芯板除外)；GJ 板的表面和外观质量应符合表 6-64 的规定；GJ 板的规格尺寸允许偏差见表 6-65。

表 6-64　GJ 板的表面和外观质量

序号	项　目	质量要求
1	外观	表面清洁，不应有明显油污
2	钢丝锈点	焊点区以外不允许
3	焊点强度	抗拉力≥330N，无过烧现象
4	焊点质量	之字条、腹丝与网钢丝不允许漏焊、脱焊；网片漏焊、脱焊点不超过焊点数的 8%，且不应集中在一处，连续脱焊不应多于 2 点，板端 200mm 区段内的焊点不允许脱焊、虚焊
5	钢丝挑头	板边挑头允许长度≤6mm，插丝挑头 5mm；不得有 5 个以上漏剪、翘伸的钢丝挑头
6	横向钢丝排列	网片横向钢丝最大间距为 60mm，超过 60mm 处应加焊钢丝，纵横向钢丝应互相垂直
7	泡沫内芯板条 局部自由松动	不得多于 3 处 单条自由松动不得超过 1/2 板长
8	泡沫内芯板条对接	泡沫板条全长对接不得超过 3 根，短于 150mm 板条不得使用

表 6-65　GJ 板的规格尺寸允许偏差

序号	项　目	允许偏差/mm	序号	项　目	允许偏差/mm
1	长度	±10	8	泡沫内芯中心面位移	≤2
2	宽度	±5	9	泡沫板条对接缝隙	≤2
3	厚度	≤2	10	两之字条距离或纵丝间距	±2
4	两对角线差	≤10	11	钢丝之字条波隔、波长或腹丝间距	±2
5	侧向弯曲	≤L650	12	钢丝网片局部翘曲	≤5
6	泡沫板宽度	±0.5	13	两钢丝网片中心面距离	±2
7	泡沫板条(或整板)厚度	±2			

(2) GSJ 板　GSJ 板两面水泥砂浆厚均为 25～30mm，用 1∶3 水泥砂浆喷抹而成。GSJ

板每平方米面积的质量见表 6-66；其建筑物理性能指标见表 6-67；GSJ 板的建筑结构性能应符合以下规定：轴向荷载允许值见表 6-68，横向荷载允许值见表 6-69。

表 6-66　GSJ 板每平方米面积的质量

板厚/mm	构　　造	每平方米面积的质量/kg
100	两面各有 25mm 厚水泥砂浆	≤104
110	两面各有 30mm 厚水泥砂浆	≤124
130	两面各有 25mm 厚水泥砂浆 各有 15mm 厚的石膏涂层或轻质砂浆	≤140

表 6-67　GSJ 板建筑物理性能指标

序号	热　　阻	指标值	备　　注
1	热阻/[($m^2 \cdot K$)/W]	≥0.65	板厚为 100mm
2	隔声扩散工艺指数/dB	≥40 ≥45	板厚为 100、110mm 板厚为 130mm
3	抗冻性/次	25	试验后试体不得有剥落、开裂、起层等破坏现象

GSJ 板的抗冲击性能：标准板（2.5m）承受 10kg 砂袋自落高度 1.0m 的冲击大于 100 次不断裂。

表 6-68　GSJ 板的轴向荷载允许值

墙板高度/m(GJ 板的公称长度)	2.4	3.6
两面各有 25mm 厚的水泥砂浆层全截面负重时/(kN/m)	≥74.4	≥62.5
外墙外侧砂浆层伸出楼面 9.5mm 时/(kN/m)	≥46.1	≥10.2

注：水泥砂浆强度等级不低于 M10。

表 6-69　GSJ 板的横向荷载允许值

GSJ 板的实际长度/m (GJ 板的公称长度)	横向荷载允许值 /(kN/m)	GSJ 板的实际长度/m (GJ 板的公称长度)	横向荷载允许值 /(kN/m)
1.3	≥4.34	2.5	≥1.85
1.5	≥3.86	3.0	≥1.22
1.9	≥2.73	3.6	≥0.78
2.2	≥2.54		

注：两面各有 25mm 厚的水泥砂浆，强度等级不低于 M20。

GSJ 板的防火性能应符合以下规定。燃烧性能：按标准施工的 GSJ 板的耐火性能应高于难燃烧材料；耐火极限：不低于 1h，两面各有 25mm 厚或 30mm 厚的水泥砂浆层；不低于 2h，两面各有 25mm 厚或 30mm 厚的水泥砂浆层加两面各有 15mm 厚的石膏涂层或轻质砂浆层。

六、蒸压加气混凝土

1. 蒸压加气混凝土板产品分类

屋面板的规格见表 6-70。屋面板两侧应按设计要求设置槽、预埋件等。槽的尺寸应符合表 6-70 的规定。墙板的规格见表 6-71。

板按加气混凝土干体积密度不同分为 05 级、06 级、07 级、08 级。板按尺寸允许偏差和外观不同分为优等品（A）、一等品（B）和合格品（C）3 个等级。

产品标记示例：屋面板按代号、级别、标准荷载、公称尺寸（长度×厚度）和等级顺序进行标记。例如：级别为 06，标准荷载为 1500kN/m^2，公称尺寸长度为 4800mm、厚度为 175mm，优等品的屋面板，标记为：JWB 05 6000×120A GB 15762—1995。

表 6-70 蒸压加气混凝土板屋面板的规格 单位：mm

品种	代号	产品公称尺寸			产品制作尺寸				
		长度 L	宽度 B	厚度 D	长度 L_1	宽度 B_1	厚度 D	槽	
								高度 h	宽度 d
屋面板	JWB	1800～6000	500 600	150	L-20	B-2	D	40	15
				170					
				180					
				200					
				240					
				250					

表 6-71 蒸压加气混凝土墙板的规格 单位：mm

品种	代号	产品公称尺寸			产品制作尺寸				
		长度 L	宽度 B	厚度 D	长度 L_1	宽度 B_1	厚度 D	槽	
								高度 h	宽度 d
外墙板	JQB	1500～6000	500 600	150	竖向：L-20	B-2	D	30	30
				170					
				180					
				200					
				240					
				250					
隔墙板	JGB	按设计要求	500 600	75	按设计要求	B-2	D	—	—
				100					
				120					

2. 技术要求

(1) 钢筋涂层的防锈能力大于等于 8 级。

(2) 05 级、06 级板，板内钢筋黏着力大于等于 0.8MPa（单筋黏着力最小值不得小于 0.5MPa）；07 级、08 级板，板内钢筋黏着力大于等于 1.0MPa（单筋黏着力最小值不得小于 0.5MPa）。

(3) 板的尺寸允许偏差和外观应符合表 6-72 的规定。

表 6-72 蒸压加气混凝土墙板的尺寸允许偏差和外观 单位：mm

项目		基本尺寸	允许偏差		
			优等品(A)	一等品(B)	合格品(C)
尺寸	长度 L	按制作尺寸	±4	±5	±7
	宽度 B	按制作尺寸	+2 −4	+2 −5	+2 −6
	厚度 D	按制作尺寸	±2	±3	±4
	槽	按制作尺寸	0 −5	0 +5	0 +5
外观	侧向弯曲		$L_1/1000$	$L_1/1000$	$L_1/750$
	对角线差		$L_1/600$	$L_1/600$	$L_1/500$
	表面平整		5	5	5
	露筋、掉角、侧面损伤 大面损伤、端部掉头		不允许	不允许	不允许
钢筋保护层	主筋	20	+5 −10	+5 −10	+5 −10
	端部	0～15	—		—

(4) 优等品和一等品的板不得有裂缝；合格品屋面板不得有贯穿裂缝和其他影响结构性能的裂缝，不得有长度大于等于 600mm、宽度大于等于 0.2mm 的纵向裂缝，其他裂缝的数

量不得多于 2 条；合格品墙板上不得有贯穿裂缝，其他的裂缝长度、宽度不限定，数量不得多于 3 条。

(5) 板的钢筋保护层从钢筋外缘算起，应符合表 6-72 的规定。

(6) 在符合下列情况时，板允许修补。对于 05 级、06 级板，修补料抗压强度大于等于 5.0MPa；对于 07 级、08 级板，修补料抗压强度大于等于 8.0 MPa。修补完整后，板经检查合格，可作为合格品出厂。

① 掉角：板宽方向的尺寸 $a \leqslant 150$mm 处，板长方向的尺寸 $b \leqslant 300$mm 处。

② 侧面损伤：总长度 $b \leqslant 500$mm，深度 a 不超过主筋保护层。

③ 大面损伤：面积 $S \leqslant 200\text{cm}^2$，深度 $a \leqslant 10$mm，板长 $L \leqslant 3300$mm 的板有 1 处，$L>3300$mm 的板少于或等于 2 处。

④ 端冲掉头（包括疏皮）：宽度 $b \leqslant 25$mm，1 处。

⑤ 发气不够高的板宽度不大于 585mm，长度不大于 $2L/3$；宽度小于 585mm 时，符合侧面损伤的情况。

⑥ 板槽尺寸不符合规定。

(7) 屋面板的结构性能应满足以下要求。

①材料强度、构造要求应符合设计图纸规定。

②承载能力检验系数实测值为

$$\gamma_u^0 \geqslant \gamma_0 [\gamma_u] \frac{1}{\gamma_R}$$

式中　γ_u^0——屋面板承载力检验系数实测值，即试验达到表 6-73 所列破坏的检验标志之一时的荷载实测值与荷载设计值（均包括自身）的比值；

$[\gamma_u]$——屋面板承载力检验系数允许值，按表 6-73 选用；

γ_0——重要性系数，根据结构安全等级，按表 6-74 选用；

γ_R——屋面板抗力分项系数，采用 0.75。

注：荷载设计值是指相应于承载能力极限状态效应组合下的荷载值。

③ 短期挠度实测值为

$$a_s \leqslant \frac{M_s}{M_{s1}(\theta-1)+M_s}[a_f]$$

式中　a_s——在荷载的短期组合值作用下，屋面板的短期挠度实测值；

M_s——按荷载的短期组合值计算所得的弯矩值；

M_{s1}——按荷载的长期组合值计算所得的弯矩值；

θ——考虑荷载长期组合对挠度增大的影响系数，采用 2.0；

$[a_f]$——屋面板挠度允许值，采用 1/200 板的跨度（l_0）。

④ 在短期作用的标准荷载下，不应出现新裂缝。

⑤ 标准荷载由各地区设计单位提出，由有关主管部门确定。

表 6-73　蒸压加气混凝土屋面板承载力检验系数允许值

结构设计受力情况	破坏的检验标志	$[\gamma_u]$
受弯	在受拉主筋处的最大裂缝宽度达到 1.5mm，或挠度达到跨度的 1/50	1.2
	受压处加气混凝土破坏	1.25
	受拉主筋拉断	1.5
受弯构件的受剪	腹部斜裂缝达到 1.5mm，或斜裂缝末端受压，加气混凝土剪压破坏	1.35
	沿斜截面加气混凝土斜压破坏，或受拉主筋在端部滑脱，或其他锚固破坏	1.50

表 6-74 蒸压加气混凝土屋面板的结构安全等级

结构安全等级	一级	二级	三级
γ_0	1.1	1.0	0.9

七、建筑模网墙板

建筑模网是由两片钢丝网形成空间网架结构，内部填充混凝土制成的一种新型墙体材料。

建筑模网由法国杜朗夫妇发明，并获国际专利，国内由大连理工大学王立久教授进行了深入、系统的研究。

建筑模网由钢板网（蛇皮网）、加筋肋、折钩拉筋和苯板组成，如图 6-7 所示。

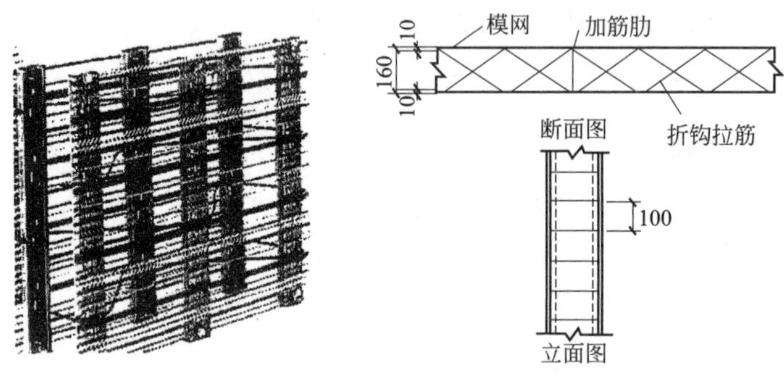

图 6-7 建筑模网构造图

建筑模网墙体施工为现代化施工方式，施工中不用模板，避免承建商对模板的高昂投资，重量轻，施工中混凝土不振捣，无噪声污染，施工速度快，现场整洁。

建筑模网墙体有良好的抗剪性和延性；能提供大尺度建筑空间；墙体总热阻约为 1.29 $(m^2 \cdot K)/W$；可充分利用粉煤灰、煤矸石、矿渣等工业废料，降低成本；可根据工程需要加工成各种形状与规格。

我国第一座建筑模网住宅——辽宁省大连市栾金旧区改造 43 号住宅工程，原设计采用砖混结构（6 层），后改用建筑模网现浇 C15 混凝土，其中大量使用工业废渣，掺量为 50%，使用效果良好。

八、其他金属复合类板材

1. 轻质隔热夹芯板

轻质隔热夹芯板外层采用高强度材料（如镀锌彩色钢板、铝板、不锈钢板或装饰板等），内层采用轻质绝热材料（如阻燃型发泡聚苯乙烯、矿棉等），通过自动成型，用高强度胶黏剂将两者粘合，再经加工、修边、开槽、落料而成的板材，一般板宽为 1200mm，厚度在 40～250mm 之间，长度按用户需要而定。

此种板的最大特点是质轻（每平方米质量约为 10～14kg）、隔热［热导率为 0.031W/(m·K)］，具有良好的防潮性能和较高的抗变、抗剪强度，并且安装灵活快捷，可多次拆装重复使用，故广泛用于厂房、仓库和净化车间、办公楼、商场等，还可用于加层、组合式活动房、室内隔断、天棚、冷库等。

2. 铝塑复合板

在铝板表面涂上一层氟碳树脂，形成色彩多样、光洁平整的复合材料。

特性：坚固耐用，隔声抗震，色彩均匀，易于保养，耐冲击，防腐蚀，耐盐雾，抗污染，施工安装方便等。

适用范围：广泛用于建筑物的内外墙装饰，也可用于天花板、仪表柜等高级装修。

3. EPS轻质隔热夹芯板

该板是以两层彩色薄钢板作表层，以阻燃聚苯乙烯塑料作内芯，由自动生成机将其粘合在一起的复合墙板。

特性：轻质高强、美观耐久、保温性能好、防火、防潮、施工简便，且无需饰面抹灰，拼装灵活等。

适用范围：可用于工业与民用建筑内隔墙、外墙和屋面，活动组合房屋，建筑加层及大跨度空间结构的屋面及墙板等。

外形尺寸：板长度不大于9m、宽度1200m、厚度50～250mm。

第四节　屋面材料

瓦是最常用的屋面材料，主要起防水和防渗等作用。目前经常使用的除黏土瓦和水泥瓦外，还有石棉水泥瓦、塑料瓦和沥青瓦等。

1. 黏土瓦

黏土瓦是以黏土、页岩为主原料，经成型、干燥、焙烧而成，生产黏土瓦的原料应杂质少、塑性好，成型方式可用模压成型或挤压成型，生产工艺和烧结普通砖相同。

黏土瓦有平瓦和脊瓦两种；颜色有青色和红色。平瓦用于屋面，脊瓦用于屋脊。

根据《黏土瓦》(JC 709—1988)，平瓦的规格尺寸主要在（400mm×240mm）～（360mm×220mm）之间，每平方米屋面需覆盖的片数分别是14～16.5块。平瓦分为优等品、一等品及合格品3个质量等级，单片瓦最小的抗折荷重不得小于1020N，经15次冻融循环后无分层、开裂和剥落等损伤，抗渗性要求不得出现水滴。

黏土瓦质量大、质脆、易破损，在储运和使用时应注意横立堆垛，垛高不得超过5层。

2. 混凝土瓦

混凝土瓦是以水泥、砂或无机的硬质细骨料为主要原料，经配料混合、加水搅拌、机械滚压或人工挤压成型、养护而成。

根据《混凝土瓦》(JC 746—1999)，其主要规格尺寸为420mm×330mm。按承载力和吸水率要求不同分为优等品（A）、一等品（B）及合格品（C）3个质量等级。此外，混凝土瓦尚需满足规范所要求的尺寸偏差、外观质量、质量偏差及抗渗性、抗冻性等。

混凝土平瓦可用来代替黏土瓦，其耐久性好、成本低，且质量优于黏土瓦。如在配料时加入颜料，可制成彩色混凝土平瓦。

彩色混凝土平瓦以细石混凝土为基层，面层覆盖各种颜料的水泥砂浆，经压制而成。具有良好的防水和装饰效果，且强度高、耐久性良好，近年来发展较快。彩色混凝土平瓦的规格与黏土瓦相似。

此外，建筑上常用的屋面材料还有沥青瓦、铝合金波纹瓦、陶瓷波形瓦、玻璃曲面瓦等。

3. 石棉水泥波瓦

石棉水泥波瓦是用水泥和温石棉为原料，经加水搅拌、压波成型、养护而成的波形瓦，分为大波瓦、中波瓦、小波瓦和脊瓦4种。

根据《石棉水泥波瓦及其脊瓦》(GB 9722—1996)，其规格尺寸如下：大波瓦为2800mm×994mm、中波瓦为2400mm×745mm和1800mm×720mm。按波瓦的抗折力、吸水率和外观质量不同分为优等品、一等品和合格品3个质量等级。

石棉水泥波瓦既可作屋面材料来覆盖屋面，也可作墙面材料来装敷墙壁。

石棉纤维对人体健康有害，现在逐步采用耐碱玻璃纤维和有机纤维生产水泥波瓦。

4. 钢丝网水泥大波瓦

钢丝网水泥大波瓦是用普通水泥和砂加水混合后浇模，中间放置一层冷拔低碳钢丝网，成型后经养护而成。其尺寸为1700mm×830mm×14mm，质量较大［(50±5)kg］，脊瓦要求瓦的初裂荷载每块不小于2200N。在100mm的静水压力下，24h后瓦背无严重渗水现象。适用于作工厂散热车间、仓库及临时性建筑的屋面或围护结构。

5. 塑料瓦

(1) 聚氯乙烯波纹瓦　聚氯乙烯波纹瓦又称塑料瓦楞板，是以聚氯乙烯树脂为主体，加入添加材料，经塑化、压延、压波而制成的波形瓦。其规格尺寸为2100mm×(1100～1300)mm×(1.5～2)mm。塑料瓦楞板具有重量轻、防水、耐磨、透光、有色泽等特点，常用作车棚、凉棚、果棚等简易建筑的屋面，也可用作遮阳板。抗拉强度为45MPa，静弯强度为80MPa，热变形特征为60℃时2h不变形。

(2) 玻璃钢波形瓦　玻璃钢波形瓦是用不饱和聚酯树脂和玻璃纤维为原料，经手工糊制而成。其尺寸为1800mm×740mm×(0.8～2.0)mm。这种瓦重量轻、强度高、耐冲击、耐高温、耐腐蚀、透光率高、色彩鲜艳和生产工艺简单，适用于屋面、遮阳、车站月台和凉棚等。但不能用于与明火接触的场合。当用于有防火要求的建筑物时，应采用难燃树脂。

(3) 金属波形瓦　金属波形瓦是以铝合金板、薄钢板或镀锌钢板等轧制而成（也称为金属瓦楞板），还有用薄钢板轧成瓦楞状，再涂以搪瓷釉，经高温烧制而得的搪瓷瓦楞板。金属波形瓦重量轻、强度高、耐腐蚀、光反射好、安装方便，适用于屋面及墙面等。

6. 油毡（沥青）瓦

彩色沥青瓦是以玻璃纤维毡为胎基，经浸涂石油沥青后，一面覆盖彩色矿物粒料，另一面撒以隔离材料所制成的瓦状屋面防水材料。主要用于各类民用住宅，特别是多层住宅、别墅的坡屋面防水工程。由于彩色沥青瓦具有色彩鲜艳丰富、形状灵活多样、施工简便无污染、产品质轻性柔、使用寿命长等特点，在坡屋面防水工程中得到了广泛的应用。

彩色沥青瓦在国外已有八十多年的历史。在一些工业发达国家，特别是美国，彩色沥青瓦的使用已占整个住宅屋面市场的80%以上。在国内，近几年来，随着坡屋面的重新崛起，作为坡屋面的主选瓦材之一，彩色沥青瓦的发展越来越快。

沥青瓦的胎体材料对强度、耐水性、抗裂性和耐久性起主导作用，胎体材料主要有聚酯毡和玻纤毡两种。玻纤毡具有优良的物理化学性能，抗拉强度大，裁切加工性能良好，与聚酯毡相比，玻纤毡在浸涂高温熔融沥青时表现出更好的尺寸稳定性。

石油沥青是生产沥青瓦的传统黏结材料，具有黏结性、不透水性、塑性、大气稳定性均较好以及来源广泛和体格相对低廉等优点。宜采用低含蜡的100号石油沥青和90号高等级道路沥青，并经氧化处理。此外，涂盖料、增黏剂、矿物粉料填充、覆面材料对沥青瓦的质量也有直接影响。

7. 琉璃瓦

琉璃瓦是素烧的瓦坯表面涂以琉璃釉料后再经烧制而成的制品。这种瓦表面光滑、质地紧密、色彩美丽、耐久性好，但成本较高，一般多用于古建筑修复、仿古建筑及园林建筑中的亭、台、楼、阁使用。

思　考　题

1. 砌墙砖分为哪几种，各有什么特点和优势？
2. 建筑砌块有哪几类？简述其定义和技术要求。
3. 试述墙用板材的分类及其应用。
4. 现行的屋面材料有哪几种？

第七章　新型建筑隔热和吸声材料

现代人对居住环境的要求越来越高，为了能常年保持适宜的温度（20～24℃），人们一方面在室内设置采暖设备和空调设备，这就需要消耗大量能源；另一方面要求提高房屋围护结构的隔热保温能力，以降低使用能耗。在建筑中合理地采用隔热材料，一方面能提高建筑物的保温隔热效能，更好地满足人们对建筑物的舒适性与健康性要求，保证正常的生产和生活；另一方面，在采暖建筑、空调建筑以及冷藏库、热工设备等处，采用必要的保温隔热材料能减少热损失，节约能源，从面降低使用成本。同时，在建筑物中采用保温隔热材料，可以减少外墙厚度，减轻屋面体系的自重，减少基本建筑材料用量，从而达到减轻建筑物自重、节约建筑材料、节能降耗、降低建筑造价及使用成本的目的。因此，使用建筑保温隔热材料对缓解能源危机以及提高人民的居住水平具有重要意义。在今后一个相当长的时间内，建筑保温隔热材料将呈现出蓬勃发展的局面。

建筑保温隔热材料主要用于建筑物的屋面、墙体、地面及热工设备、管道的隔热与保温。

新型建筑吸声材料是一种能在较大程度上吸收由空气传递的声波能量或阻隔声波传播的功能材料。随着环境声学问题在现代居住环境方面的逐渐被重视，建筑吸声材料在现代建筑中已经得到了广泛应用。在音乐厅、影剧院、歌舞厅、体育馆、大会堂、播音室、学校教室、图书馆等室内的墙面、顶棚、地面等部位，适当安装声学材料，能改善声波在室内传播的质量，控制和降低噪声干扰，可以起到改善厅堂音质、消除回声和颤动回声等目的，从而保持良好的音响效果，并且有利于人们的身心健康。

按照形态分类，新型建筑隔热吸声材料可以划分为无机纤维隔热吸声材料，无机多孔状隔热吸声材料，泡沫塑料，玻璃隔热吸声材料以及反射型保温隔热材料 5 类。

第一节　新型保温隔热材料的发展现状

如何有效地利用资源以及节能降耗是摆脱危机的有效途径之一。建筑保温及各类热工设备的保温隔热是节约能源、提高建筑物居住和使用功能的一个重要方面。目前建筑能耗在人类整个能源消耗中所占比例很高（尤其是欧美发达国家，一般在 30%～40%之间），故建筑节能意义重大。建筑保温隔热材料是建筑节能的物质基础，为了实现建筑节能的目标，就必须不断扩大和改进建筑保温隔热材料，并且在建筑上合理使用。

一、国内外建筑保温隔热材料的发展现状

绝大多数建筑材料的热导率介于 0.023～3.49W/(m·K) 之间，通常把 λ 值不大于 0.23W/(m·K) 的材料称为保温隔热材料，工程上习惯称为绝热材料。

一直以来，世界各国对保温隔热材料的研制和使用都十分重视。在发达国家，一百多年前就已着手对保温隔热材料的研究，其过程可分为 4 个阶段：第一阶段，18 世纪英国工业革命使保温隔热材料于 19 世纪末、20 世纪初问世；第二阶段，第二次世界大战后各国的重建使保温隔热材料蓬勃发展；第三个阶段，新科技、新成果为保温隔热材料的腾飞发展插上翅膀；第四阶段，经济膨胀带来的环境恶化迫使各国政府采取措施推动发展保温隔热材料。我国保温隔热材料的发展刚刚走过三十多年，目前正处于发达国家的第三和第四两个阶段的

接轨处。一方面由于大批科研成果转化为生产力，使许多保温隔热材料不断涌现；另一方面，政府为保护环境，大力支持开发节能利废的保温隔热材料。尽管如此，我国建筑能耗现状与发达国家的差距还是非常明显的，具体体现在建筑保温状况（如我国住宅建筑采暖能耗为发达国家的3倍左右）、建筑节能标准以及旧房改造等方面。

早期较多使用的保温隔热材料是石棉、硅藻土、泡沫混凝土，由于其密度大、保温效果差而逐步被膨胀蛭石、膨胀珍珠岩所取代，这两种材料的热导率较小［一般热导率的数量级为10^{-1}W/(m·K)］，施工条件也有所改善。在20世纪50年代，国内出现了利用炼铁废渣为主要原料生产出矿渣棉，该种材料的热导率较好［一般热导率的数量级为10^{-2}W/(m·K)］，但其产量极少，因此发展不快。进入20世纪80年代，我国引进的岩棉生产线开始投产，并为推广岩棉的应用做了大量的工作。所以在短短的几年里，大大小小的岩棉、矿渣棉厂如雨后春笋般地建立起来，岩棉、矿渣已经成为建筑、石油、化工、电力行业最主要的保温隔热材料，它们和玻璃棉被人们习惯称为保温隔热材料的“三棉”［三者的热导率的数量级均为10^{-2}W/(m·K)］。此外，近年来，国内还出现了用于建筑的泡沫石棉、微孔硅酸钙等新型保温隔热材料。

二、我国保温隔热材料的发展方向及对策

1. 保温隔热材料工业发展的总体思路

今后我国保温隔热材料工业发展的总体思路应该是：依靠技术进步，加强对现有企业的技术改造，不断开发新产品，完善生产工艺和技术装备，提高产品质量和品种；立足于已有能力的发挥，提高矿棉、玻璃棉等产品的产量，积极调整产品结构，提高工业化生产程度；根据需要，可适当建些新厂，同时淘汰一批工艺设备落后、布局不合理的小厂；以节能为中心，结合《民用住宅建筑节能设计标准》的实施，努力开拓建筑应用市场，提高保温隔热材料在建筑上的应用比例，保证保温隔热材料工业的健康发展。

2. 保温隔热材料工业发展的主要措施和配套政策

我国保温隔热材料工业与国外先进水平相比，无论在产品构成、生产工艺和产品质量上，还是在应用技术和应用领域等方面都还存在着很大的差距。为促使我国保温隔热材料工业健康、稳定地发展，更好地为经济发展服务，应采取有效措施，并不断完善有关的配套政策及法规。

（1）加强行业管理，提高企业素质　做好行业调查，分析行业现状，制定行业规划，有关部门要对保温隔热材料企业逐步实现宏观管理，解决生产、技术、设备条件、新产品开发、应用技术推广工作。制定技术经济政策，产品质量标准，提高企业素质。

（2）依靠技术进步，推动保温隔热材料工业的发展　首先，完善工艺技术，提高产品质量，尽快使引进的高档设备在行业中得到应用，做好消化翻版工作，组织科研单位、企业共同研制开发新工艺、新设备及系列配套产品。其次，加强生产科研和应用技术的研究，努力研制、开发深加工产品，开拓应用领域，使保温隔热材料的应用规范化。

（3）加强立法工作　加强对现有企业的整顿，限制工艺装备落后、能耗高、质量差的小型企业的生产，发挥大中型企业的效益。

建筑节能作为一项基本国策，其主要经济政策和主要措施应采取法律形式固定下来，对建筑节能法规的执法要严，奖惩要分明。结合墙体材料改革和《民用建筑设计标准》的实施，国家有关部门应有相应的行政措施给予保证。

（4）培育保温隔热材料市场　保温隔热材料不属于国家统配产品，生产企业大多以需定产，因此保温隔热材料的市场应遵循市场经济规律。一方面国家在产业政策上对保温隔热材料的发展给予支持和鼓励；另一方面行业中应大力发挥集团优势，在设计、施工、生产、应

用、价格、服务等方面形成一体化，规范保温隔热材料市场，反对经营中的不正当竞争，在有条件的地区建立保温隔热材料市场。

(5) 注重保温隔热材料的信息开发和利用　保温隔热材料和其他行业一样，信息非常重要。同时，大力推广优良保温隔热材料也是至关重要的。

(6) 做好技术服务和人才培训工作　为促进行业技术进步和提高企业经营管理水平，应经常举办各类经验交流推广活动，进行新产品应用技术的宣传推广工作，帮助企业和用户解决技术难题，组织科技攻关；举办各类培训班，为企业培训技术管理人才等。

三、保温隔热材料的选用及基本要求

保温隔热材料按化学成分不同，可分为有机和无机两大类；按材料的构造不同，可分为纤维状、松散粒状和多孔状 3 种。通常可制成板、片、卷材或管壳等多种形式的制品。一般来说，无机保温隔热材料的表观密度较大，但不易腐朽，不会燃烧，有的能耐高温。有机保温隔热材料则为轻质，绝热性能好，但耐热性较差。以下各节将介绍建筑工程常用的保温隔热材料。

选用保温隔热材料时，应满足的基本要求是：热导率不宜大于 0.23W/(m·K)，表观密度不宜大于 $600kg/m^3$，抗压强度则应大于 0.3MPa，由于保温隔热材料的强度一般都很低，因此，除了能单独承重的少数材料外，在围护结构中，经常把保温隔热材料层与承重结构材料层复合使用。如建筑外墙的保温层通常做在内侧，以免受大气的侵蚀，但应选用不易破碎的材料，如软木板、木丝板等；如果外墙为砖砌空斗墙或混凝土空心制品，则保温材料可填充在墙体的空隙内，此时可采用散粒材料，如矿渣、膨胀珍珠岩等。屋顶保温层则以放在屋面板上为宜，这样可以防止钢筋混凝土屋面板由于冬夏温差引起裂缝，但保温层上必须加做效果良好的防水层。总之，在选用保温隔热材料时，应结合建筑物的用途、围护结构的构造、施工难易程度、材料来源和经济核算等综合考虑。对于一些特殊建筑物，还必须考虑保温隔热材料的使用温度条件、不燃性、化学稳定性及耐久性。

第二节　纤维状保温隔热材料

无机纤维状保温隔热材料是指天然的或人造的以无机矿物为基本成分的一类纤维材料，目前主要是指岩棉、矿渣棉、玻璃棉以及硅酸铝棉等一类人造无机纤维材料。这类保温隔热材料通常也是良好的吸声材料。

该类材料在外观上具有相同的纤维状形态和结构，并且密度小，绝热效果好，不燃烧，耐腐蚀，化学稳定性强，吸声性能好，无毒、无污染，防蛀，价廉，故被广泛用作建筑物的填充绝热、吸声、隔声以及工业管理、窑炉和各种热工设备的保温、隔热、隔冷和吸声材料。三棉制品（岩棉、矿棉、玻璃棉）用作建筑绝热和吸声，目前在国内外已非常普遍。硅酸铝纤维耐高温，理化性能稳定，热导率低，热容量小，热稳定性好，主要用于工业窑炉的高温绝热封闭以及用作过滤、吸声材料，是目前国内外公认的新型轻质高效保温绝热材料。

一、岩矿棉及其制品

岩矿棉是岩棉和矿渣棉等一类人造无机纤维材料的总称，也将其统称为矿棉。矿渣棉的主要原材料是冶金矿渣等工业废渣和焦炭，生产岩棉的主要原材料是玄武岩、辉绿岩等一类天然岩石。

矿渣棉的最高使用温度为 600～650℃，一般产品纤维较粗、稍短；岩棉的最高使用温

度可达 900～1000℃，纤维长，化学耐久性能也较矿渣棉为好。总之，岩棉具有矿渣棉所具有的一切优点和特性，且性能更为可靠，但生产成本较矿渣棉稍高。

在岩矿棉纤维中加入一定量的胶黏剂，增强剂、防尘油等，经成型、固化、切割、贴面等工序即可加工成各种用途的岩棉制品。岩棉制品一般可分为板、管、毡、绳、粒状棉和块状制品 6 种类型。

岩矿棉材料保温节能效果显著，240mm 的外砖墙，采用岩棉内保温，空气层 20mm，岩棉层 30mm（表观密度 8080kg/m^3），再加 12mm 厚的纸面石膏板组成新型墙体，总厚度仅为 302mm，其保温隔热效果与 790mm 厚的外墙砖水平相当。

岩矿棉产品除了具良好的保温、节能效果外，还具有吸声、隔震、防火、自重轻、可增加建筑使用面积、使用温度高等优点，同时岩矿棉生产工艺技术相对简单，设备投资较小，生产能耗低，价格便宜，故是世界各国广泛利用的建筑保温材料。

根据胶黏剂的类型，岩矿棉制品可分为有机和无机两类。有机类岩矿棉制品所用胶黏剂主要为热固型水溶性酚醛树脂、聚乙烯醇和沥青等。由于多数有机胶黏剂耐温性能有限，故其用量必须严格控制，一般要小于 3%。无机类胶黏剂多为水玻璃、改性水玻璃或其他耐高温胶黏剂，制品使用温度可较有机类岩棉制品大大提高。

为提高制品的不燃性，确保使用安全，《绝热用岩棉、矿渣棉及其制品》（GB 11835—2007）中已明确规定，岩矿棉绝热制品必须采用热固性树脂，以杜绝继续使用聚乙烯醇。

按形状不同，岩棉制品可包括岩矿棉保温板、岩矿棉缝毡、岩矿棉保温带、岩矿棉管壳、岩矿棉吸声板等。以上制品根据使用要求还可在表面粘贴或缝上玻璃纤维薄毡、玻璃纤维网格布、玻璃布、牛皮纸、铝箔、铁丝网等贴面材料。

此外，还有另外一类重要的岩矿棉制品——粒状棉，其一般是在制成带有热固性树脂的岩矿棉之后，经造粒工艺制成的。粒状棉目前在我国还未大量发展，而在发达国家的建筑中已应用相当广泛。主要用作制造岩矿棉装饰吸声板的原材料，也可用作墙面、顶棚等处的喷涂材料，起到保温、吸声、防火及装饰作用。

岩矿棉制品的品种及性能指标如表 7-1 所示。

表 7-1 岩矿棉制品的品种及性能指标

制品名称	性能指标			制品名称	性能指标		
	密度/(kg/cm^3)	胶黏剂含量/%	使用温度/℃		密度/(kg/cm^3)	胶黏剂含量/%	使用温度/℃
软板	60～80	<1.5	<600	层合毡	40	1.5～2	<400
平硬板	100	2.5～3	<600	金属网缝毡	100	约 3	<600
硬板	130～150	约 3	<600	保温带	100	约 3	<600
刚性板	180～250	约 3	<600	增强棉绳	80～100	1～1.5	<600
压实硬板	300～500	约 3	<600	粒状棉	50～100	约 0.5	<600
半圆管	130～150	2.5～3	<600	沥青棉砖	500～600	2～3	<0
圆管	120～170	3	<600	黏土质棉砖	800～900	—	<900
湿法管	200～250	2～2,5	<400	硅酸钙棉砖	约 100	—	<1000

岩矿棉原棉分无树脂岩矿棉和树脂岩矿棉两类。前者用作填充材料或用作湿法成型制品的原料，后者用作干法成型制品的原料。由于所用胶黏剂树脂的不同，树脂岩矿棉在防火程度上有些差异，使用时应注意。

绝热用棉、矿渣棉及其制品的技术规范执行国家标准 GB 11835—2007。岩矿棉原棉的技术性能要求见表 7-2。

表 7-2 岩矿棉的物理性能

项目	指标	项目	指标
渣球含量(颗粒直径大于0.25mm)/%	≤12.0	热导率/[W/(m·K)][平均温度为(70±5)℃，试验表观密度为150kg/cm^3]	≤0.044
纤维平均直径/μm	≤7.0		
表观密度/(kg/cm^3)	≤150	热荷重收缩温度/℃	≥650

岩矿棉用于建筑保温大体可包括墙体保温、屋面保温、房门保温和地面保温等几个方面。其中墙体保温最为主要，可采用现场复合墙体和工厂预制复合墙体两种形式。前者中的一种是外墙内保温，即外层采用砖墙、钢筋混凝土墙、玻璃幕墙或金属板材，中间为空气层加岩矿棉层，内侧面采用纸面石膏板。另一种是外墙保温，即在建筑物外层粘贴岩矿棉层，再加外饰层，其优点是不影响建筑的使用面积。外保温层是全封闭的，基本消除了"冷热桥"现象，保温性能优于外墙内保温。工厂预制复合墙体即各种岩矿棉夹芯复合板。岩矿棉复合墙体的推广对我国的建筑节能具有重要意义。

此外，岩矿棉还可以制成建筑物中的隔声、吸声、隔震材料，如岩矿棉空间吸声体、岩矿棉消声器和隔声门窗等。岩矿棉吸声板还可用于吊顶装饰及吸声，也可用于基础隔震及楼面隔声等。目前在发达国家，相当数量的岩矿棉原棉用于制取粒状棉，除用作生产吸声板的原料外，采用吹敷填充法，被广泛用于房屋天棚、夹墙的保温；同时可作为喷涂材料，涂覆于墙壁、梁柱或窑炉表面，用作防火保温及装饰。

岩矿棉绝热制品，因胶黏剂不同，可得出不同的安全使用温度。一般来说，岩棉绝热制品的使用温度最高可达700℃；矿渣棉绝热制品的最高使用温度为600℃。

岩矿棉板广泛用于平面、曲率半径较大的罐体、锅炉、热交换器等设备和建筑的保温、隔热和吸声，一般使用温度为600℃；岩矿棉玻璃布缝毡主要用于形状复杂、工作温度较高等设备的保温、隔热和吸声，一般使用温度为400℃。如加大施工密度达100kg/cm^{3}以上，增加保温钉密度并采用金属外护，则使用温度可达600℃；岩矿棉铁丝网缝毡多用于罐体、管道、锅炉等高温设备的保温，使用温度为600℃；岩棉保温带广泛用于大口径管道、储罐等设备的保温、隔热和吸声，使用温度一般不高于400℃；岩棉管壳主要用于小口径管道的保温和隔热，干法管最高使用温度不超过600℃，湿法管最高使用温度不超过400℃。

岩矿棉吸声板不仅吸声性能优良，具有优异的保温和装饰效果，并且轻质、不燃、不霉、不蛀、吸水率低，故是一种多功能的新型装饰材料，被广泛应用于礼堂、剧院、地铁、商场、车站、宾馆等公共设施以及民用住宅的吊顶装饰和保温，并可改善建筑物使用的声学功能，是理想的吸声材料，同时也是高效的节能材料。

二、玻璃棉及其制品

玻璃棉是指以生产玻璃的天然矿石和化工原料，在熔融状态下经拉制或甩制而成的极细的纤维状材料。按化学成分中碱金属氧化物的含量不同，可分为无碱、中碱和高碱玻璃棉。玻璃棉是建筑业中目前常用的另一类无机纤维类绝热、吸声材料。

建筑上常用的玻璃棉分为普通玻璃棉和普通超细玻璃棉两种。普通玻璃棉纤维一般长50～150mm，直径为12μm。普通超细玻璃棉的纤维直径比普通玻璃棉细得多，一般在4μm以下。

在玻璃棉纤维中加入一定量的胶黏剂和其他添加剂，经固化、切割、贴面等工序即可制成各种用途的玻璃棉制品。玻璃棉制品的类型与岩矿棉基本相同，主要品种有玻璃棉毡、玻璃棉板、玻璃棉管套及一些异型制品等。可在这些制品的表面粘贴不同的贴面材料，以满足不同的需要。主要的贴面材料有塑料装饰纸、玻璃纤维布、玻璃纤维薄毡、铝箔、铝箔牛皮纸、牛皮纸等。由于玻璃纤维上有树脂（大多为酚醛），故制品外观上呈黄色。

绝热用玻璃棉及其制品执行国家标准 GB/T 13350—2008。以纤维平均直径将玻璃棉划分为 3 个种类：1 号玻璃棉，纤维平均直径≤5.0μm；2 号玻璃棉，纤维平均直径≤8.0μm；3 号玻璃棉，纤维平均直径≤13.0μm。

建筑绝热用玻璃棉制品的技术规范执行国家标准 GB/T 17795—2008。规定建筑绝热用玻璃棉制品应符合 GB/T 13350 中的相应规定，使用易于使棉成形的热固性树脂作胶黏剂；外覆层及胶黏剂应符合防霉要求，具有反射面的外覆层，发射率应不大于 0.03；产品外观要求表面平整，不得有妨碍使用的伤痕、污迹、破损，外覆层与基材的粘贴应平整、牢固。

产品的燃烧性能，对于无外覆层的玻璃棉制品，要求达到 GB 8624 中的 A 级；带外覆层的玻璃棉制品，燃烧性能视使用部位不同，由供需双方商定。外覆层透湿阻，具有反射面的外覆层，要求透湿阻应不小于 3.5×10^{10} (Pa・s・m^2)/kg；具有非反射面并抗水蒸气渗透的外覆层，其透湿阻应不小于 5.5×10^{10} (Pa・s・m^2)/kg。

玻璃棉具有轻质（表观密度仅为矿棉表观密度的一半左右）、热导率低［为 0.037～0.039W(/m・K) ］、吸声性能好、过滤效率高、不燃烧、耐腐蚀等性能，是一种优良的绝热、吸声、过滤材料，因此被广泛应用于各种管道、储罐、锅炉、热交换器、风机和车船等工业设备的保温绝热，以及在各种建筑物中用作保温、绝热、隔冷、吸声材料。

玻璃棉毡、卷毡主要用于建筑物的隔热、隔声，通风、空调设备的保温、隔声，播音室、消音室及噪声车间的吸声，计算机房和冷库的保温、隔热以及飞机、船舶、火车、汽车的保温、隔热、吸声；玻璃棉板用于大型录音棚、冷库、仓库、船舶、航空、隧道以及房屋建筑工程的保温、隔热、隔声；玻璃棉套主要用于通风、供热、供水、动力、设备等各种管道的保温。装饰天花板则主要作为吸声和装饰材料用于宾馆、影院、剧场、音乐厅、体育馆、会场等公共设施以及船舶和住宅建筑的吊顶装饰。

玻璃棉制品吸水性强，故不宜露天存放。室外工程不宜在雨天施工，否则应采取防雨措施。其他与岩矿棉及其制品要求相同。

三、硅酸铝纤维

硅酸铝纤维又称耐火纤维，是当前国内外公认的新型优质保温绝热材料。具有质轻、理化性能稳定、耐高温、热导率低、热容量小、耐酸碱、耐腐蚀、热稳定性好、力学性能和填充性能好等一系列优良性能，因此被广泛用于各种工业窑炉的高温绝热以及用作过滤、吸声材料。

硅酸铝纤维可分为低温型、普通型、高纯型、高铝型、含铬型、含锆型等几个大类。纤维使用温度因制品中 Al_2O_3 以及有害杂质（Fe_2O_3、Na_2O、K_2O 等）的含量而异。低温硅酸铝纤维最高使用温度为 1000℃，长期使用温度为 700～800℃，多用于工业窑炉的复合炉衬。Al_2O_3 含量一般为 30%～40%，对有害杂质含量无具体限制。生产成本低，仅略高于矿物棉，但耐热性能优于后者。普通硅酸铝纤维最高使用温度为 1260℃，长期使用温度为 1000℃，Al_2O_3 含量要求在 45%左右，有害杂质含量控制在 3%～4%之间。高纯硅酸铝纤维最高使用温度为 1260℃，长期使用温度为 1100℃，Al_2O_3 含量要求在 45%左右，有害杂质含量小于 1%。高铝纤维最高使用温度为 1400℃，长期使用温度为 1200℃，Al_2O_3 含量要求在 55%以上，有害杂质含量小于 1%。含铬硅酸铝纤维最高使用温度为 1400℃，长期使用温度为 1200℃，系在高纯硅酸铝纤维合成料中加入 1%～6%的 Cr_2O_3 制得。含锆硅酸铝纤维最高使用温度为 1400℃，长期使用温度为 1300℃，系在氧化铝粉及硅石粉合成原料中加入锆英砂制成，纤维中 ZrO_2 含量可达 12%～15%。

以硅酸铝纤维作保温隔热材料节能效果显著，在连续作业炉窑中可节能 5%～8%，在间歇式炉窑中可节能 15%～40%。

硅酸铝纤维制品主要包括毯、毡、板、管套、纸、绳等，均系在硅酸铝纤维中加入一定量的胶黏剂等辅助材料制成。此外，还有散状的浇灌料、喷涂混合料等。

硅酸铝耐火纤维的生产成本较高，故目前硅酸铝纤维及其制品的应用主要还集中在工业生产领域，建筑领域内的应用不多。主要用作各种工业窑炉的内衬及隔热保温材料，还可用作耐热补强材料和高温过滤材料。作为内衬材料，可用作原子能反应堆、工业窑炉、冶金炉、石油化工反应装置等的绝热保温内衬，以及金属材料热处理炉、陶瓷素烧窑等的绝热内衬。作为绝热材料，可用于工业炉壁的填充绝热，作炉壁耐火砖和耐火绝热砖间的填充绝热材料；作飞机喷气导管、喷气发动机及其他高温管道的绝热；在钢管制造加工过程中，用于缓冷大口径钢管焊接部位及大口径管的弯曲加工等。

在实际应用中，原棉纤维可直接用作工业窑炉膨胀缝充填、炉壁隔热、密封材料以及制作耐火涂料和浇注料等；耐火纤维毡属于半刚性的板状耐火纤维制品，具有良好的挠性、柔性，常温与高温强度可满足施工和长期使用的需要，主要用于工业窑炉壁衬；耐火纤维湿毡由于施工时具有柔软的成形性，因此能适用各种复杂的绝热部位。干燥后成为质轻、表面硬化且富有弹性的绝热体系，其允许抗风蚀性能达 30m/s，优于硅酸铝耐火纤维毡；耐火纤维针刺毯不含结合剂，力学性能优良，广泛应用于各类型工业窑炉及高温管道的保温绝热；耐火纤维板属刚性耐火纤维制品，由于采用无机结合剂，制品具有优良的力学性能和抗风蚀性能，一般用作构筑工业窑炉及高温管道壁衬的热面；定型制品耐火纤维预制组件主要用于砌筑炉衬，施工及筑炉方便、快速；异型制品中用量最大的为耐火纤维管壳，也可用于制作小型电炉炉膛、铸造的冒口衬套及其他领域；耐火纤维纸一般用作膨胀节、燃烧炉节点以及管道设备等处的连接垫片。耐火纤维绳则主要用作非承重的高温隔热材料和密封材料。

除作为高温绝热材料外，目前耐火纤维还可用作高级陶瓷、金属和塑料的增强材料以及催化剂载体。

第三节　散粒状隔热材料

散粒状隔热材料是指以具有绝热性能的低密度非金属颗粒状、粉末状或短纤维状材料为基料制成的定型或不定型保温绝热材料，它同时也是无机多孔绝热、吸声材料。

一、膨胀蛭石及其制品

蛭石是一种天然矿物，经 850～1000℃煅烧，体积急剧膨胀，单颗粒体积能膨胀约 20 倍。

膨胀蛭石是以蛭石为原料，经烘干、破碎、焙烧，在短时间内体积急剧膨胀而成的一种轻质粒状物料。

膨胀蛭石的主要特性是：表观密度为 80～200kg/m^3，热导率为 0.047～0.07W/(m·K)。熔点为 1370～1400℃，有足够的耐火性，可在 1000～1100℃高温下使用，不蛀、不腐，但吸水性较大。膨胀蛭石可以呈松散状铺设于墙壁、楼板、屋面等夹层中，作为绝热、隔声之用。使用时应注意防潮，以免吸水后影响绝热效果。

膨胀蛭石也可与水泥、水玻璃等胶凝材料配合，浇制成板，用于墙、楼板和屋面等构件的绝热。由膨胀蛭石和其他材料制成的耐火混凝土，使用温度可达 1450～1500℃。因而是一种良好的绝热、绝冷、吸声和防火材料，在建筑、冶金、化工、轻工、机械、电力、石油、环保及交通运输等行业得到广泛应用。

按所用胶黏剂的性质不同，膨胀蛭石制品可分为无机胶黏剂类、有机胶黏剂类和有机、无机复合胶黏剂 3 大类；按所用骨料种类不同，又可分为单一骨料膨胀蛭石制品和多种骨料或掺和骨料膨胀蛭石制品两类。各类膨胀蛭石制品的品种和用途见表 7-3。

表 7-3　膨胀蛭石制品的品种和用途

品种		主要用途	特点
无机胶黏剂	水泥膨胀蛭石制品	工业与民用建筑中围护结构及热工设备和各种工业管道的保温、隔热、吸声材料	体轻、热导率小、施工方便、经济耐用
	水玻璃膨胀蛭石制品	工业与民用建筑中围护结构及热工设备、冷藏设备及各种工业管道、高温窑炉的保温、隔热、吸声材料	表观密度轻、热导率小、无毒、无味、不燃、抗菌、施工方便
有机胶黏剂	沥青膨胀蛭石制品	冷库工程、冷冻设备、管道及屋面等处	轻质、保温、隔热、吸声、憎水、耐腐蚀
有机、无机胶黏剂	石棉蛭石制品	各种保温、隔热的场合	表观密度小、强度较高

水泥膨胀蛭石制品是膨胀蛭石制品中用途较为广泛的一种，一般包括砖、板、管壳及其他异型制品；水玻璃膨胀蛭石制品是以膨胀蛭石为主料、以水玻璃为胶黏剂、氟硅酸钠为促凝剂，按一定比例配合，经搅拌、浇注、成型、焙烧而成；沥青膨胀蛭石制品是以膨胀蛭石和热沥青经拌和浇注成型、压制加工而成。此外，目前我国生产的其他膨胀蛭石制品还有矿棉膨胀蛭石制品、膨胀珍珠岩制品、云母膨胀蛭石制品、耐火黏土水玻璃蛭石制品等。

膨胀蛭石及其制品被广泛应用于建筑、冶金、电力、石油和交通运输等各个领域。主要用于工业与民用建筑、热工设备以及各种管道的保温绝热、隔声、防火；也用于冷藏设施的保冷，以及礼堂、影剧院、广播室、电话室等建筑物的吸声。

与膨胀珍珠岩相同，其除制成各种制品外，其他也可以作为散料广泛用于防火涂料、用作保温绝热填充材料现浇水泥蛭石保温层、配制膨胀蛭石轻混凝土等。

膨胀蛭石表观密度轻，热导率低。耐火度高，安全使用温度一般为 900℃。吸湿率低，24h 吸湿率一般在 2%以下。干燥状态下具有很好的抗冻性，且化学性能稳定。但膨胀蛭石的吸水性很大，并由此导致强度下降、绝热性能降低等不良后果。实际应用中应注意。此外，膨胀蛭石的耐酸性差，故不宜用于有酸性侵蚀处，其介电性能也较差。

二、膨胀珍珠岩及其制品

膨胀珍珠岩是由天然珍珠岩矿石为原料，经破碎、分级、预热、高温煅烧时急剧加热膨胀而成的一种轻质、呈蜂窝泡沫状的白色或灰白色颗粒，是一种高效能的保温隔热材料。天然珍珠岩是一种酸性火山熔岩，岩石主要矿物组成为火山玻璃，同时含有一定量的水分。

膨胀珍珠岩表观密度小（堆积密度为 70～250kg/m^3）、热导率低［0.047～0.072W/(m·K)］、化学稳定性好（pH＝7）、使用温度范围广（－200～800℃）、吸湿能力小，且无毒、无味、防火、吸声，因此被广泛应用于建筑、石油、冶金、化工、电力、制氧、医药及国防等工业部门。主要用作保温、隔热、吸声、防火和吸附、助滤材料。

在建筑领域，膨胀珍珠岩的应用大致可分为无定型产品和定型产品两大类。无定型产品主要为膨胀珍珠岩散料和涂料；定型产品则包括膨胀珍珠岩胶结制品和烧结制品，主要是指以膨胀珍珠岩为骨料，配合适当的胶黏剂，经搅拌、成型、干燥、焙烧或养护而制成的具有一定形状的产品（如板、砖、管瓦等制品）。

根据所用胶黏剂及其他辅助材料的不同，膨胀珍珠岩制品可包括水泥膨胀珍珠岩制品、水玻璃膨胀珍珠岩制品、沥青膨胀珍珠岩制品、憎水珍珠岩制品、磷酸盐膨胀珍珠岩制品、石膏珍珠岩制品以及一些新型绝热制品如木质素珍珠岩板材、镁质珍珠岩板材、水泥珍珠岩泡沫聚苯乙烯复合绝热材料、珍珠岩矿棉纤维保温材料等品种。

膨胀珍珠岩具有超轻的堆积密度及优良的保温绝热性、吸声性、不燃性、化学稳定性，微孔、高比表面及吸附性且价格低廉等，故是一种优良的建筑保温、绝热、吸声材料。在建筑与绝热工程中使用的膨胀珍珠岩材料主要包括散料、胶结制品（板或砌块）以及烧结制品3类。

散料主要用作保温填充材料、轻集料以及各种保温、防水、装饰涂料的填料。胶结制品（如石膏珍珠岩制品、水泥珍珠岩制品、水玻璃珍珠岩制品、沥青珍珠岩制品、氯氧镁水泥制品、纤维增强聚合物珍珠岩制品、膨润土珍珠岩胶结制品以及屋面憎水珍珠岩板、纤维石膏珍珠岩吸声板等）主要用作内墙与外墙保温、装饰和防水。烧结制品（如膨润土、沸石、珍珠岩烧结制品等）主要用作内墙保温材料。

第四节　无机多孔性板块保温隔热材料

一、微孔硅酸钙

微孔硅酸钙是用粉状二氧化硅材料、石灰、纤维增强材料、助剂和水经搅拌、凝胶化、成型、蒸压养护、干燥等工序制成的新型保温材料。

保温用硅酸钙材料，主要有两种不同的水化硅酸钙结晶产物：一种是托贝莫来石型，耐热温度650℃，主要用于一般建筑、管道等保温；另一种是硬硅钙石型，耐热温度1000℃，主要用于高温窑炉等处。

微孔硅酸钙材料由于表观密度小（100～1000kg/m^3）、强度高（抗折强度0.2～15MPa）、热导率小［0.036～0.224W/(m·K)］、使用温度高（100～1000℃）以及质量稳定等特点，并具耐水性好、防火性强、无腐蚀、经久耐用、制品可锯可刨、安装方便等优点，故被广泛用作冶金、电力、化工等工业的热力管道、设备、窑炉的保温隔热材料，房屋建筑的内外墙、平顶的防火覆盖材料，各类舰船的舱室墙壁以及走道的防火隔热材料。

微孔硅酸钙制品包括纤维增强硅酸钙、超轻硅酸钙、高强度硅酸钙等类型。根据制品的形态不同，目前可分为平板、弧形板及管壳3类，其中以纤维增强硅酸钙板为主体。

纤维增强硅酸钙板是以有机和无机纤维作增强材料，经水热反应合成的纤维增强微孔硅酸钙保温隔热材料。与普通微孔硅酸钙材料的区别在于该类材料中增强纤维的用量在5%以上。因此除具备前者的各种优良性能外，其还具有明显的强度高、干缩湿胀及挠曲变形小等优点。可用作房屋建筑的隔声、隔热和防火材料，如轻型的隔墙板、吊顶天花板等。经烘干、磨平、贴面，可作为船舶用壁板和天花板。

超轻硅酸钙系指表观密度为130kg/m^{3}及以下的硅酸钙材料（我国目前的标准为170kg/m^3）。与一般的硅酸钙产品相比，其表观密度要轻一半（国外较通用的一般硅酸钙的表观密度为200kg/m^3）。热导率、抗折强度等性能均优于一般硅酸钙，使用温度由650℃提高到1000℃。

高强硅酸钙是以托贝莫来石为主要结晶产物的材料，其强度的提高主要通过选用适宜的胶黏剂和增强材料来实现。目前主要用作高强度支吊架隔热环，用于热力设备和管道的支吊。

微孔硅酸钙制品按矿物组成和使用温度不同可分为托贝莫来石型（低温型，不高于650℃）、硬硅钙石型（高温型，不高于1000℃）和混合型（托贝莫来石、硬硅钙石）；按抗折强度不同，也有人将其分为低强型（小于0.29MPa）、普通型（0.29～1.0MPa）、高强型（1.0～5.0MPa）和超高强型（不小于8.0MPa）；按表观密度不同，将其分为超轻型（70～130kg/m^3）、轻型（130～200kg/m^3）、普通型（200～250kg/m^3）、重型（250～400kg/m^3）

和超重型（400～1000kg/m^3）。

硅酸钙材料的物理性能可以在比较大的范围内变化，其表观密度在100～2000kg/m^3之间。轻质产品适宜用作保温或填充材料；中等表观密度（400～1000kg/m^3）的制品，主要用作墙壁材料和耐火覆盖材料；1000 kg/m^3以上的制品，主要用作墙壁材料、地面材料或绝缘材料。

与其他保温材料相比，硅酸钙保温材料的强度相对较高；但随强度增高，一般情况下，制品的表观密度和热导率都会变大，导致保温性能变差。

硅酸钙材料具有良好的耐热性能和稳定性能。硅酸钙材料属水硬性材料，耐水性能良好。长期在水中浸泡，甚至煮沸也不会被破坏。其软化系数一般为0.8左右，且强度只是暂时降低，干燥后又可恢复到原来的强度。硅酸钙材料具有良好的耐腐蚀性能，使用过程中不分解释放腐蚀性气体，其水溶出物显中性或弱碱性，对设备或管道可起到一定的保护作用。其耐火性好，属不燃材料，高温下不产生有毒气体或发烟。作建筑板材使用，材质稳定，质轻而有柔性。加工性能好，可锯、刨、钉、拧螺钉。施工方便省力，且隔声、隔热性能良好。

硅酸钙材料由于表观密度小、强度高、热导率小、使用温度高，故被广泛用作工业保温材料，高层建筑的防火覆盖材料和船用舱室墙壁材料。

在工业应用领域，微孔硅酸钙保温材料主要用于电力、石油、化工等部门的高温设备、工业窑炉、精密仪器、锅炉管道等保温工程。其制品有板状和管壳状两种，还有配套的斜块、弧形块等。

在建筑领域和船舶建造业，硅酸钙材料广泛用作钢结构、梁、柱及墙面的耐火覆盖材料。用抄取法生产的硅酸钙耐火板可用于一般住宅、宾馆、医院、工厂和有防火要求的地下建筑中作墙面、天花板、内外装饰材料或工业干燥设备的墙板材料等。也可以耐火板为表层，耐火材料作芯材，做成复合隔墙板或由几层耐火板叠合，构成“层积”式墙板，该类复合墙体轻质、不燃、绝热和吸声性能良好，并具有和木材同样的加工性能，故是理想的轻型绝热墙体和建筑防火板材。

由于硅酸钙板具有良好的耐火性、质轻、易加工、隔声性能好，所以被广泛应用于船舶的墙壁、舱室、通道等处。同时硅酸钙板材还适用于活动地面，用于计算机机房、机械存放室等处。

微孔硅酸钙保温材料的主要缺点是吸水性强，施工中采用传统的水泥砂浆抹面较为困难，表面容易开裂，抹面材料与基材不易粘合，须使用专门的抹面材料。

二、泡沫玻璃

泡沫玻璃是由玻璃粉和发泡剂等经配料、烧制而成。气孔率为80％～95％，气孔直径为0.1～5.0mm，且大量为封闭而孤立的小气泡。其表观密度为150～600kg/m^3，热导率为0.058～0.128W/(m·K)，抗压强度为0.8～15.0MPa。采用普通玻璃粉制成的泡沫玻璃最高使用温度为300～400℃，若用无碱玻璃粉生产时，则最高使用温度可达800～1000℃，耐久性好，易加工，可用于多种绝热需要。

三、泡沫混凝土

泡沫混凝土是由水泥、水、松香泡沫剂混合后，经搅拌、成型、养护而制成的一种多孔、轻质、保温、绝热、吸声的材料。也可用粉煤灰、石灰、石膏和泡沫剂制成粉煤灰泡沫混凝土。泡沫混凝土的表观密度为300～500kg/m^3，热导率为0.082～0.186W/(m·K)。

四、加气混凝土

加气混凝土是由水泥、石灰、粉煤灰和发泡剂（铝粉）配制而成的，是一种保温绝热性能良好的轻质材料。由于加气混凝土的表观密度小（300～800kg/m^3），热导率［0.15～0.22W/(m·K)］要比烧结普通砖小很多，因而24cm厚的加气混凝土墙体，其保温绝热效果优于37cm厚的砖墙。此外，加气混凝土的耐火性能良好。

五、硅藻土

硅藻土由水生硅藻类生物的残骸堆积而成。其孔隙率为50%～80%，热导率为0.060 W/(m·K)，具有很好的绝热性能。最高使用温度可达900℃，可用作填充料或制成制品。

第五节　泡沫石棉和泡沫塑料

一、泡沫石棉

泡沫石棉是一种新型的、超轻质保温、隔热、绝冷、吸声材料，它是以温石棉为主要原料，在阴离子表面活性剂作用下，使石棉纤维充分松解制浆、发泡、成型、干燥制成的具有网状结构的多孔毡状材料。

与其他保温材料比较，在同等保温、隔热效果下，其用料量只相当于膨胀珍珠岩的1/5，膨胀蛭石的1/10，比超细玻璃棉轻1/5，施工效率比上述几种保温吸声材料高7～8倍。因此它是一种理想的新型保温、隔热、绝冷和吸声材料。

泡沫石棉节能效果明显，在石油、化工、电力、轻纺、建材等行业对换热器、输油管线、储液罐、塔、烘干机、室外蒸气管道、烟道、引风机及除尘设备进行保温，均效果良好。同时由于环境温度降低，工人的劳动条件得到了改善。

此外，泡沫石棉还具有良好的抗震性能，有弹性，柔软，易用于各种异型外壳的包覆，使用温度范围较广，低温不脆硬，高温时不散发烟雾或毒气，吸声效果好，可用于建筑吸声。

泡沫石棉由于生产过程和产品本身均无粉尘危害，许多性能优于膨胀珍珠岩和膨胀蛭石等保温材料，并且主要是使用石棉短纤维，故其在国内外都是一类富有发展前景的高效轻质保温材料。

泡沫石棉制品可分为普通泡沫石棉、防水泡沫石棉、弹性泡沫石棉、弹性防水泡沫石棉、硬质泡沫石棉等类型。泡沫石棉系其初级产品，防水泡沫石棉则是将泡沫石棉加适量憎水剂等进行二次加工所成，除具泡沫石棉的所有特点以外，还具有遇水时即形成珠滴流走的防水效能，可在水中自由浸泡一个月不下沉。弹性泡沫石棉的技术指标除弹性恢复率为100%外，其他与泡沫石棉基本相同。

泡沫石棉还可与其他材料复合制成泡沫石棉复合制品。如与铝箔复合，可降低热辐射损耗，提高保温效果，同时也可隔绝油、水蒸气的扩散；也可与玻璃纤维布等材料复合，以提高制品的机械强度。目前，国内市场的泡沫石棉品种主要为普通型和弹性疏水型。

泡沫石棉保温材料的表观密度视填料的不同而异，最轻可为10～20kg/m^3或更低，多数在20～60kg/m^3之间。常温热导率一般为0.046W/(m·K)左右。有机物含量为1%～10%不等；压缩恢复率一般为60%～98%，一般情况下，软质产品压缩率高，而硬质、半硬质产品压缩率低。泡沫石棉的吸声，表现为中频区吸声性能较强，高频区有所下降，低频区吸声系数较低。随材料厚度的增加，吸声系数逐渐增加，呈现出柔性吸声材料的吸声特征。

由于泡沫石棉属于非结构性保温材料，故对泡沫石棉的强度要求不高，能基本满足保温工程需要即可。

泡沫石棉广泛用于冶金、电力、化工、化肥、石油、船舶、医药、交通等工业部门的热力管道、罐塔、热力和冷藏设备、各种运载工具、车辆、船舶以及房屋建筑的保温、隔热、绝冷、吸声、防震。

国外泡沫石棉的品种很多，用途也非常广泛，主要用作绝热保温材料、隔声吸声材料和某些工业用填料。由于其能在温度变化很大的条件下绝热绝缘，且质轻、完全不燃、隔声性能良好，因而特别适用于飞机、火箭、运载工具、车辆、船舶、水箱、房屋、家用电器及空调、消声器等的保温绝热和隔声吸声。有时也用作包装材料、防震减震材料、防结露材料以及膨胀收缩调整材料。

随着泡沫石棉疏水性、弹性、强度等性能的进一步改善，一些新型制品（如各种规格的层压板、保温板、隔声板、各种形式的保温器材）正在不断进入市场。也有的产品做成厚质涂料，直接喷涂或刮敷到被绝热部件上，干燥后即可成为很好的泡沫保温层。泡沫石棉保温材料的应用范围正日趋广泛。

我国对泡沫石棉的开发利用尚处于起步阶段，目前主要应用范围还仅限于保温、保冷及吸声等工程。

二、泡沫塑料

泡沫塑料是以各种树脂为基料，加入一定剂量的发泡剂、催化剂、稳定剂等辅助材料，经加热发泡而制成的一种具有轻质、保温、绝热、吸声、抗震性能的材料。

1. 聚氨酯泡沫塑料（PUR）

聚氨酯泡沫塑料是把含有羟基的聚醚或聚酯树脂与异氰酸酯反应构成聚氨酯主体，并由异氰酸酯与水反应生成的二氧化碳或用发泡剂发泡而得到的内部具有无数小气孔的材料，可分为软质、半硬质和硬质三类。其中，硬质聚氨酯泡沫塑料表观密度为 24～80kg/m^3。热导率为 0.017～0.027W/(m·K)，在建筑工程较为常用。

2. 聚苯乙烯泡沫塑料

聚苯乙烯泡沫塑料是以聚苯乙烯树脂为基料，加入发泡剂等辅助材料，经热发泡而形成的轻质材料，按成型工艺不同，可分为模塑型（EPS）和挤塑型（XPS）。

EPS 自重轻，表观密度在 15～60kg/m^3 之间。热导率为 0.041W/(m·K)，且价格适中，已成为目前使用最广泛的保温隔热材料。但是其体积吸水率大，受潮后热导率明显增加，且 EPS 的耐热性能较差，其长期使用温度应低于 75℃。经挤塑成型后，XPS 的孔隙呈微小封闭结构，因此具有强度较高、压缩性能好、热导率更小［常温下热导率一般小于 0.027W/(m·K)］、吸水率低、水蒸气渗透系数小的特点，长期在高湿度或浸水环境中使用，XPS 仍能保持优良的保温性能。

此外，还有聚乙烯泡沫塑料（PE）、酚醛泡沫塑料（PE）等。该类保温隔热材料可用于各种复合墙板及屋面板的夹芯层、冷藏及包装等绝热需要。由于这类材料造价高，且具有可燃性，因此目前应用上受到一定限制。今后随着这类材料性能的改善，将向着高效、多功能方向发展。

第六节　玻璃隔热、吸声材料

玻璃隔热、吸声材料，主要是指对声、光、热具有控制作用的一类制品，如热反射膜镀膜玻璃、低辐射膜镀膜玻璃、导电膜镀膜玻璃、中空玻璃、泡沫玻璃等。

一、镀膜玻璃

镀膜玻璃是在玻璃表面涂覆一层或多层金属、金属氧化物或其他物质，或者把金属离子迁移到玻璃表面层中的玻璃深加工产品。

按照使用功能不同，镀膜玻璃可分为阳光控制镀膜玻璃、低辐射玻璃、导电膜玻璃、洁净玻璃、减反射玻璃、镜面玻璃、虹彩玻璃等。作为隔热节能材料，在建筑中使用较多的主要为阳光控制镀膜玻璃和低辐射玻璃。

阳光控制镀膜玻璃是一种能把太阳的辐射热反射和吸收的玻璃，其可调节室内温度，减轻制冷和采暖装置的负荷，与此同时，由于它的镜面效果而赋予建筑以美感。通过向玻璃表面涂覆一层或多层铜、铬、钛、钴、镍、银、铂、铑等金属单质或金属化合物薄膜，或者把金属离子渗入玻璃的表面层，使之成为着色的反射玻璃。按照玻璃整个光通量的吸收系数 A 与反射系数 B 的大小，将阳光控制镀膜玻璃区分为热反射玻璃与吸热玻璃。两者的区分可用下式表示：$S=A/B$。当 $S>1$ 时，称为吸热玻璃；$S<1$ 时，称为热反射玻璃。

热反射玻璃具有较高的热反射性，同时又保持有良好的透光性，是镀膜建筑玻璃中用途最广泛的一个品种。其主要功能是反射室外的太阳辐射能，有效地隔断室外热能进入室内，使室内保持相对低的温度，从而降低空调能耗，实现建筑节能。热反射玻璃可见光透过率低，反射光颜色丰富多彩，故可集装饰美观、节能于一体。在中、低纬度地区，热反射玻璃多制成中空玻璃或夹层玻璃，大面积用于建筑物。

吸热玻璃是指能吸收大量红外线辐射而又保持良好可见光透过率的一类平板玻璃，该类玻璃对太阳能辐射的吸收率很高，对红外线的透射率很低。因此用作建筑门窗和幕墙，可有效减少阳光进入室内的热量，夏季有利于降低室内温度，达到节能的目的。

阳光控制镀膜玻璃是生产最早且产量最大的一类镀膜玻璃。在我国，其产量约占全部镀膜玻璃产量的 80%，主要用于建筑。

低辐射玻璃又称 Low-E 玻璃，是指在玻璃表面镀银或掺氟的氧化锡膜后利用上述膜层反射远红外线的性质，达到隔热、保温的目的。由于上述膜层与普通浮法玻璃相比具有很低的辐射系数（普通浮法玻璃辐射系数为 0.84，Low-E 玻璃一般为 0.1～0.2 甚至更低），因此将其称为低辐射玻璃。

低辐射玻璃对远红外光具有双向反射作用，既可以阻止室外热辐射进入室内，又可以将室内物体产生的热能反射回来，从而降低玻璃的传热系数。这种玻璃在波长为 2.5～40μm 的红外光区，可将 80%以上的热反射回去，而在建筑物中，来自室内和室外的热源都集中在该波段上，因此能使建筑物冬暖夏凉，提高建筑物的使用功能。

与普通玻璃相比，Low-E 玻璃在大幅度提高红外波段反射率的同时，也降低了在该波段的吸收率，并且还降低了对近红外波段的透射率，因此夏季能减少太阳辐射热进入室内的程度。但在可见光波段上，继续保持了高透射率，从而能为室内提供一个良好的采光环境，尽可能地减少照明消耗。其节能效果是既能像普通浮法玻璃一样让室外太阳能、可见光透过，又能像红外反射镜一样将物体辐射热反射回去的镀膜玻璃。

由于 Low-E 玻璃具有独特的使用功能，一些发达国家的建筑标准中已规定窗玻璃必须安装使用 Low-E 玻璃。

热反射玻璃按颜色不同有灰色、青铜色、茶色、金色、浅蓝色、棕色、古铜色、褐色等。热反射玻璃的外观性能包括色彩、平整度以及膜的均匀性等方面。主要通过目测检查，观察制品的色彩是否均匀，要求镀膜要完整，不能有对反射玻璃的影像及视觉效果生产较大影响的划痕以及针眼等外观缺陷。

镀膜的光学性能、耐化学腐蚀性能以及耐老化性能都应有合适的标准；否则都会影响反射玻璃的使用效果。

对热反射玻璃的物理性能要求为：热反射玻璃应具有较小的遮蔽系数、对太阳能较高的反射率以及对太阳辐射热和可见光较小的透过率。

吸热玻璃产品的颜色一般呈蓝色、天蓝色、茶色、灰色、蓝灰色、绿色、蓝绿色、黄绿色、金黄色、深黄色、古铜色、青铜色、粉红色以及棕色等。

镀膜玻璃在现代建筑中应用广泛。由于其具有节能和装饰双重功能，可达到美观、豪华、遮阳、节能的效果，故其应用越来越受到人们的重视。目前应用于建筑的镀膜玻璃主要是阳光控制镀膜玻璃和低辐射玻璃以及具有热反射功能的低辐射玻璃。阳光控制镀膜玻璃多用于幕墙，低辐射玻璃多用于玻璃窗。

在各种交通工具和电器设备中，镀膜玻璃还被广泛用作火车、汽车、轮船的挡风玻璃、门窗玻璃、电烤箱和微波炉门等处，起到隔热、防眩作用，并且随着技术的发展，其应用范围还在不断延伸。

有关统计表明，现代建筑中采用镀膜玻璃，至少可以杜绝其中近一半的能量损失，故是一种行之有效的节能手段。其次，镀膜玻璃的装饰效果好，成本相对较低，故镀膜玻璃是一类发展前景十分好的新型材料。

二、中空玻璃与真空玻璃

中空玻璃是在两片或多片玻璃中间，用注入干燥剂的铝框或胶条将玻璃隔开，四周用胶接法密封，使中间腔体始终保持干燥气体，具有节能、隔声功能的玻璃制品，如图 7-1 所示。

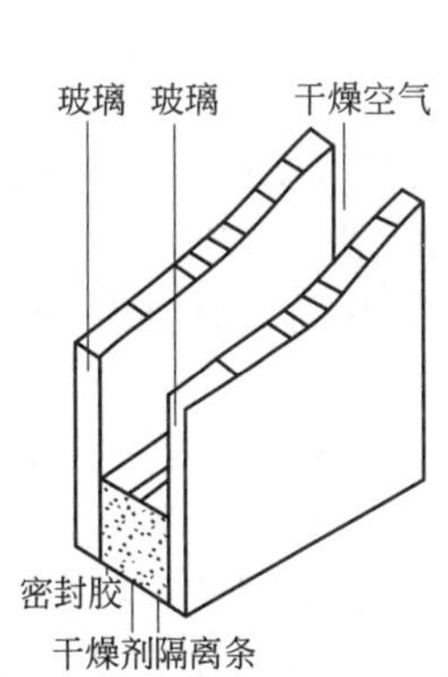

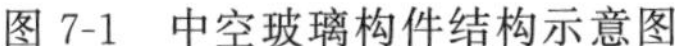

图 7-1　中空玻璃构件结构示意图

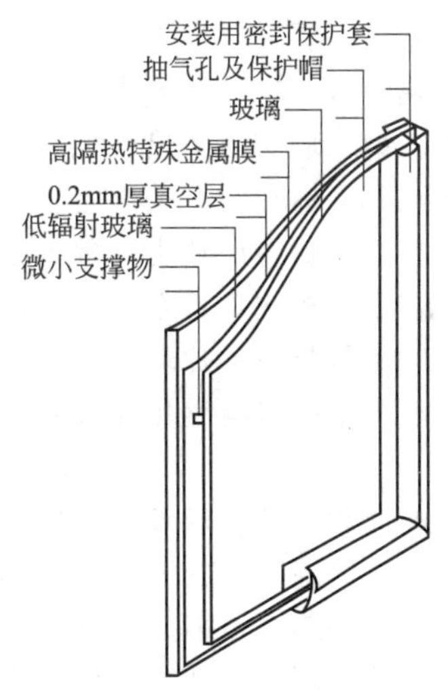

图 7-2　真空玻璃构件结构示意图

中空玻璃的节能是通过构成中空玻璃的空间结构实现的，其干燥不对流的空气层可阻断热传导的通道，从而有效降低其传热系数以达到节能目的。

真空玻璃是将两片平板玻璃四周密封起来，将其间隙抽成真空并密封排气口做成的平板玻璃深加工产品。其结构如图 7-2 所示。用低熔点玻璃将两片平板玻璃四边密封起来，一片玻璃上有一个排气管，排气管与该片玻璃也用低熔点玻璃密封。两片玻璃间间隙为 0.1～0.2mm。为使玻璃在真空状态下承受大气压的作用，两片玻璃板间放有微小支撑物，支撑物用金属或非金属材料制成，均匀分布。由于支撑物非常小，不会影响玻璃的透光性，其结构与中空玻璃截然不同。

中空玻璃按照用途不同，可分为普通中空玻璃和复合中空玻璃两大类。

普通中空玻璃的玻璃原片可选用浮法玻璃、普通平板玻璃；复合中空玻璃可采用钢化玻璃、夹层玻璃、防弹玻璃、防火玻璃、压花玻璃、夹丝玻璃、彩色玻璃、涂层玻璃、吸热玻璃、热反射玻璃和导电膜及浮法镜面玻璃、低辐射膜玻璃等制成。

中空玻璃的主要技术性能特点为隔热性能好，热导率一般小于 3.0W/(m·K)。中空玻璃还具有优良的隔声性能，使用中空玻璃，可将室内噪声降低 27～53dB。总厚度为 12.5mm，空气层厚为 6mm 的双层中空玻璃能使噪声降低到 29dB，总厚度为 25mm，空气层厚为 6mm 的 3 层中空玻璃可使噪声降低到 28.5dB；密封性好，湿气、灰尘不易进入，可有效地解决我国北方地区建筑门窗的结露问题。在－25℃的室外气温下，玻璃上也不结冰。因此，中空玻璃对建筑节能、降低室内噪声、改善室内环境，具有重要意义。

中空玻璃的技术性能指标执行国家标准《中空玻璃》(GB/T 11944—2002)。

对中空玻璃的质量要求主要有以下几项。

(1) 密封性能　要求在试验压力低于环境气压 (10±0.5) kPa 条件下，厚度增长必须大于等于 0.8mm。在该气压下保持 2.5h 后，厚度增长偏差小于 15%为不渗漏。要求全部试样不允许有渗漏现象。

(2) 露点　将露点仪温度降到低于－40℃以下，使露点仪与试样表面接触 3min，全部试样内表面无结霜或结露。

(3) 紫外线照射　用紫外线照射 168h，试样内表面上不得有结露或污染的痕迹。

(4) 气候循环及高温、高湿　取试样 12 块，气候试验经 320 次循环，高温、高湿试验经 224 次循环，要求至少 11 块无结露或结霜。

其外观质量要求为，内表面不得有妨碍透视的污迹及胶黏剂飞溅现象。采用平板玻璃、夹层玻璃、钢化玻璃、吸热玻璃、热反射玻璃、压花玻璃等制作的中空玻璃，上述玻璃应符合相应现行国家标准的有关规定。

中空玻璃密封胶层宽度：单道密封胶层为 (10±2) mm，双道密封胶层为 5～7mm。

与中空玻璃相比，真空玻璃较薄，最薄只有 6mm，因此利用现有住宅窗框即可安装。

真空玻璃可与另一片玻璃，或真空玻璃与真空玻璃组合制成中空玻璃。其热导率更为优越。真空玻璃也可以与钢化、夹层、夹丝、贴膜等技术组合，从而具有防火、隔声、安全等功能。

中空玻璃和真空玻璃被广泛应用于建筑业的门窗和幕墙，如住宅、新建或改建建筑、办公楼、宾馆、医院、学校等公共设施。此外，还可以应用于各种交通工具，如火车、轮船以及需要采光、隔热、节能、降噪等其他一些有特殊要求的领域。根据可持续发展的战略方针，为达到节能两个 50%的目标，我国已明文规定，办公与住宅建筑中必须使用中空玻璃。

三、泡沫玻璃

泡沫玻璃是一种内部充满无数微小气孔、具有均匀孔隙结构的多孔玻璃制品。其气孔占总体积的 80%～90%，孔径大小一般为 0.5～5mm，也有的小到几微米。泡沫玻璃是一种理想的绝热材料，具有轻质、高强、隔热、吸声、不燃、耐虫蛀和耐细菌侵蚀等特性，并能抗大多数的有机酸、无机酸及碱。作为隔热材料，其不仅具有良好的机械强度，而且加工方便，使用一般的木工工具，即可将其锯成所需规格。

根据用途不同，泡沫玻璃可分为绝热泡沫玻璃、吸声泡沫玻璃、装饰泡沫玻璃、轻质填充泡沫玻璃、轻质混凝土骨料泡沫玻璃等品种。根据所用原料不同，可分为普通泡沫玻璃、石英泡沫玻璃、熔岩泡沫玻璃、矿渣泡沫玻璃以及泡沫微晶玻璃等。

绝热泡沫玻璃的特点是闭口气孔多、表观密度小（140～250kg/m³）、热导率低［0.035～0.139W/(m·K)］。其可分为建筑用绝热泡沫玻璃和安装用绝热泡沫玻璃。前者主要应用于建筑物的墙体、屋面和其他建筑构件的绝热，以板材或砌块为主；后者适用于热工设备、管道、容器和制冷机的绝热，主要为板、块、筒瓦或拱块等。

吸声泡沫玻璃的特点是开口气孔多（开口气孔率为40%～60%）、表观密度小、吸声系数高（100～250Hz，0.30～0.34条件下）、吸水率大。吸声装饰泡沫玻璃多制成浅色，也可制得具有各种色彩的泡沫玻璃，如黑色、灰色、紫色、绿色和蓝色等。吸声装饰泡沫玻璃一般制成板状，最大尺寸为400mm×400mm，厚度为40～60mm。

装饰泡沫玻璃包括彩色泡沫玻璃和饰面泡沫玻璃。以发泡剂的种类不同，彩色泡沫玻璃颜色可以呈黑色、白色，或呈基础玻璃原有的颜色；也可在制作泡沫玻璃的粉料中加入无机颜料着色。饰面泡沫玻璃，制作时一般须先在其表面涂覆饰面。

轻质填充泡沫玻璃、轻质混凝土骨料泡沫玻璃均属粒状泡沫玻璃，是将泡沫玻璃制成颗粒状，作为绝热填充材料用于由各种轻质墙板组成的墙体空隙，或用于配制轻骨料混凝土。可制成3～7mm、7～15mm 、15～25mm等不同粒级，堆积密度一般为100～200kg/m³。通常颗粒直径越大，堆积密度越小。个别情况下，堆积密度可低于80kg/m³。

石英泡沫玻璃是以99%的石英或石英玻璃废料粉磨制得的以石英为基本材料的泡沫玻璃。其特点是化学稳定性强、耐高低温性能好，使用温度范围为－270～1280℃。

熔岩泡沫玻璃是以浮岩、珍珠岩、黑濯岩等天然熔岩或高炉矿渣、粉煤灰等为原料经发泡制得的泡沫玻璃。一般都掺入适量废玻璃粉或其他易熔组分，使其熔融和发泡温度降低。

泡沫微晶玻璃是以废玻璃、粉煤灰、非金属矿渣、金属矿渣为主要原料制成的多孔玻璃。其与普通泡沫玻璃和熔岩泡沫玻璃的不同在于其内部有较多的晶体生成。用不同的原料和发泡剂制成的泡沫微晶玻璃性能范围为：表观密度767～1076kg/m³、吸水率5%～20%、热导率0.29W/(m·K)、耐热温度740～800℃、抗压强度9～18MPa、抗折强度5.6～19MPa。其表观密度、热导率均高于普通泡沫玻璃，隔热保温性能较差，但抗压、抗折强度好，多作为墙体材料用于围护墙、内隔墙以及天花板等部位。

泡沫玻璃的热导率一般在0.035～0.139W/(m·K)之间，闭口气孔率高的泡沫玻璃，热导率很小，故用作保温、隔热材料。泡沫微晶玻璃的热导率为0.29W/(m·K)，比普通泡沫玻璃要高。

泡沫玻璃在高温下具有一定的稳定性，在300℃时，抗压强度最小可达0.3 MPa，用平板玻璃制造的泡沫玻璃，在无负荷下最高使用温度可达到500℃，用石英玻璃制成的泡沫玻璃最高使用温度可达1280℃。泡沫微晶玻璃的耐热温度为740～800℃，仅次于石英泡沫玻璃。

泡沫玻璃的低频（100～125Hz）吸声系数较低，高频吸声系数较高。

不同频率范围内泡沫玻璃平均吸声系数见表7-4。

表7-4　泡沫玻璃在不同频率范围内的平均吸声系数

测定方法	频率/Hz			
	100～125	100～1600	125～1600	125～5000
驻波管法	0.31	0.48		
混响室法			0.585	0.64

已有研究结果表明，泡沫玻璃开口气孔率越高，吸声系数也越高。当开口气孔率大于40%时，吸声性能较好。在频率100～ 1000Hz范围内，吸声系数与开口气孔率呈线性关系，而在100～ 125Hz的低频范围内，当开口气孔率小于40%时，吸声系数随开口气孔率的增加而提高，当开口气孔率超过40%时，吸声系数随开口气孔率的增加变化不大。

气孔结构固定，泡沫玻璃低频吸声系数随厚度增加，高频部分增加不多，而厚度大于150mm，厚度增加对吸声系数提高的影响不大。

厚度为50mm的泡沫玻璃，其隔声能力为28.8dB，与涂抹灰泥的101.6mm厚木材的隔声能力相当。

绝热用泡沫玻璃的技术性能执行国家建材行业标准《泡沫玻璃绝热制品》（JC/T 640—2005）的规定。泡沫玻璃制品按照密度的不同，可分为150号（密度小于等于150kg/m^3）和180号（密度151～180kg/m^3）两种。

由于泡沫玻璃自身独特的优异性能，泡沫玻璃被广泛应用于建筑、石油、化工、造船、国防等工业部门的隔热、保冷、吸声工程中，并不断开发新的应用领域。

在建筑业，其可用作建筑物的屋面、围护结构和地面的隔热材料，用于建筑物的墙体、屋面、地面以及其他建筑构件的绝热，建筑物墙壁、顶棚的吸声装饰。如用作屋面保温板、围护墙保温板、空隙墙填充或幕墙板；以泡沫玻璃作为釉面钢化玻璃的垫层，可制成大型玻璃预制板，质轻隔热隔声，可用作墙的骨架结构填充材料，也可用作吊顶和饰面材料；以泡沫玻璃板与饰面材料（如铝合金薄板）复合，可用于建筑外墙的装修，既牢固可靠，又质轻美观，宜用于高层建筑。

在工业应用领域内，泡沫玻璃被广泛用于石油、化工、食品、电力、交通等部门的热力管线、反应罐塔等设施设备的保温、绝热、吸声以及用作冷冻、冷藏等工程的保冷吸声材料。

在隔声吸声性能方面，吸声泡沫玻璃可用作各种类型管道的消声器，地下、地面工程、特殊建筑物的墙面吸声材料，以降低室内噪声。

白色和彩色泡沫玻璃可同时被用作吸声和装饰材料，可广泛用于地铁、文体厅馆、工业厂房和一些大型建筑物用作各种建筑物墙壁装饰材料。

石英泡沫玻璃主要用于化工、军工等行业，在耐高温、温度急剧变化等特殊场合用作保温、绝缘材料。熔岩泡沫玻璃、微晶泡沫玻璃可用作建筑及热工设备的保温隔热材料。

第七节　反射型保温绝热材料

建筑工程的保温隔热，若单纯采用多孔保温材料和在围护结构中设置普通空气层的保温构造，其效果都不是很理想。主要原因在于：无论采取外墙外保温还是外墙内保温技术，上述措施所能阻断的，只是热的对流和传导，而对热的辐射无能为力。因此在围护结构较薄的情况下，仅靠这种方法来解决建筑物的保温隔热是较困难的。已有的研究结果表明，大多数建筑材料外表面的放热常数e值约在0.9。在一般气象条件下，辐射传热损失约占总传热量的25%。一个光滑的铝箔表面，其吸收系数仅为0.05～0.1，此时辐射传热几乎可以忽略不计。在垂直的空气间层中，估计由于辐射所引起的热损失可占总热损失的60%。如果在空气间层中的一边设置一层铝箔，则这种热损失可减少到90%。因此反射型保温绝热材料为该问题的解决提供了一条有效途径。

反射型保温绝热材料，目前主要有铝箔波形纸保温隔热板、反射型保温绝热卷材和玻璃棉制品铝箔复合材料。

近年来，一种新型外护绝热复合材料AFC在工业保温绝热领域也已得到广泛的应用。AFC全称为铝-玻璃钢外护层复合材料，系由高分子薄膜、铝箔和玻璃钢复合而成的一种新型外护绝热材料。与传统外护材料相比，其具有与铝皮一样的平整外观和金属光泽；能有效地防水、防湿和防晒，抗老化性、化学稳定性好；与铝皮、镀锌铁皮等金属外护材料相比，其耐酸、碱腐蚀性能好，力学强度高，拉伸强度是一般塑料硬片的2～3倍；隔热及电绝缘性能、阻燃性能优良，且制造简单，成本较低，施工方便，是极具发展前景的绝热复合材料。

一、铝箔波形纸保温隔热板

铝箔波形纸保温隔热板简称铝箔保温隔热纸板。它是以波形纸板做基层、铝箔为面层（贴在复面纸上）经加工而成的。具有保温隔热性能、防潮性能、吸声效果好，并且质量轻、成本低等特点。

生产铝箔保温隔热纸板的原材料主要有铝箔、纸材和胶黏剂。胶黏剂可选用沥青胶、牛皮胶或塑料胶黏剂。也可采用大于 40°Bé 的中性水玻璃。

制作铝箔波形板与制作纸箱工艺基本相同，不同的仅是较后者增加了一道裱铝箔的工序。

铝箔保温隔热板分 3 层铝箔波形纸板及 5 层铝箔波形纸板两种。前者系由两张复面纸和一张波形纸组合而成（在复面纸表面上裱以铝箔）；后者系由三张复面纸和两张波形纸组合而成（在上下复面纸的表面上裱以铝箔），为了增强板的刚度，两层波形纸可以互相垂直放置。

铝箔保温隔热板可以固定于钢筋混凝土屋面板及木屋架下作保温隔热天棚使用，或设置在复合墙中（如在两层砖墙中设置一层或多层铝箔保温隔热板及空气层），作为冷藏室、恒温室及其他类似房间的保温隔热墙体使用。也可用于室内一般低温管道的保温，作外护绝热复合材料使用。其优点是重量轻，施工简便，价格便宜，但材料耐外力冲击能力差，易损坏破裂。

二、反射型保温隔热卷材

反射型保温隔热卷材又名反射型外护层保温卷材或镀铝薄膜玻璃纤维布复合材料，是指以玻璃纤维布为基材，表面经真空镀膜加工而成的一类镀铝膜纤维织物复合材料。与铝箔复合材料相比，其镀铝层厚度仅为 0.04～0.1μm，只相当于铝箔用铝量的 1/750～1/300。

该卷材表面具有与一般抛光铝板同样的银白色金属光泽，在某些情况下，可以代替铝皮、薄铝板使用，节省了大量有色金属。由于在真空镀膜与玻璃纤维布的复合过程中，经过特殊技术处理，故镀铝层不易氧化，可长时间保持光亮，因此反射性强，对辐射热及红外线有良好的屏蔽作用。对波长 2～30μm 的热辐射具有较高的反射率和较低的辐射率。另外根据铝膜厚度的不同，对波长为 0.33～0.78μm 的可见光，则有一定的透过率。使用该卷材，可以解决工矿企业长期存在的散热损失问题。与铝箔保温隔热纸板相比，由于其以玻璃纤维增强，因此机械强度高且使用方便，故广泛用于建筑工程及其他工业部门的保温隔热。在建筑工程中可用作墙体、屋面的保温材料。也可用作冷热设备及管网保温隔热的外层材料，单独或与其他保温材料复合，用于保温绝热工程。还可广泛用于太阳能工程、军事伪装、防盐雾、防潮外包装及照明工程以及锅炉墙外表层的反射材料及管道保温隔热外裹材料。据测算，以使用该卷材每 100m^2 计，每年可减少的热量损失折合标准煤 9～10t，而且还增加了保温材料的使用寿命，故经济效益非常显著。

反射型保温隔热卷材分阻燃型和非阻燃型两种。反射型保温隔热卷材的力学强度优于铝箔牛皮纸，但抗外力冲击性能仍较弱，作为外护绝热材料使用时，遇强外力冲击，易受损破坏。

三、玻璃棉制品铝箔复合材料

玻璃棉制品铝箔复合材料系以中级或超细玻璃棉制品为基材，外包覆铝箔牛皮纸、铝箔玻璃布，或是在铝箔和牛皮纸之间夹有玻璃纤维增强筋而制成的一类复合型保温材料。

玻璃棉制品铝箔复合材料除具有玻璃棉制品的轻质、热导率小、化学稳定性好、抗震、耐老化等特点外，还具有优良的防水、防水蒸气、防油汽渗透、电磁屏蔽及高效耐久等特点，且阻燃效果好、美观价廉、施工方便、经久耐用，因此广泛应用于各类高等级房屋建筑以及轮船的隔热、隔声材料，储罐、蒸馏塔、锅炉、热交换器、电烘箱、电冰箱等各种冷热设备的保温绝热。

玻璃棉制品铝箔复合材料的耐温性能优于铝箔牛皮纸和镀铝薄膜玻璃纤维布复合材料，是新一代建筑保温、隔热、吸声材料的理想外护复合材料。可用于温度较高的室内外管道，用作冷暖设备、管道等保温层的外护包扎材料；也可用作各种设备的防潮、防霉、防燃、防腐包装材料。

第八节 吸声材料

吸声材料是一种能在较大程度上吸收由空气传递的声波能量的建筑材料。它主要用于音乐厅、影剧院、大会堂、播音室等的内部墙面、地面、天棚等部位，能改善声波在室内传播的质量，获得良好的音响效果。

一、吸声材料的基本要求及影响吸声作用的因素

衡量材料吸声性能的重要指标是吸声系数，即被材料吸收的声能与传递给材料的全部入射声能之比，其值变动于0～1之间。吸声系数越大，材料的吸声效果越好。

材料的吸声性能除与声波方向有关外，还与声波的频率有密切关系。同一材料对高、中、低不同频率声波的吸声系数可能有很大差别，故不能按一个频率的吸声系数来评定材料的吸声性能，所以对125Hz、250Hz、500Hz、1000Hz、2000Hz及4000Hz共6个频率的平均吸声系数大于0.2的材料，称之为吸声材料。

材料的吸声性能，主要受下列因素的影响。

(1) 材料的表观密度　对同一种多孔材料（如超细玻璃纤维），当其表观密度增大时(即孔隙率减小时)，对低频声波的吸声效果有所提高，而对高频吸声效果则有所降低。

(2) 材料的厚度　增加多孔材料的厚度，可提高对低频声波的吸声效果，而对高频声波则没有多大影响。

(3) 材料的孔隙特征　孔隙越多、越细小，吸声效果越好。如果孔隙太大，则效果较差。如果材料中的孔隙大部分为单独的封闭气泡（如聚氯乙烯泡沫塑料），则因声波不能进入，从吸声机理上来讲，就不属于多孔性吸声材料。当多孔材料表面涂刷油漆或材料吸湿时，则因材料表面的孔隙被水分或涂料堵塞，其吸声效果大大降低。

二、常用吸声材料及吸声结构

1. 多孔吸声材料

常用的多孔吸声材料有木丝板、纤维板、玻璃棉、矿棉、珍珠岩砌块、泡沫混凝土、泡沫塑料等。具有弹性的泡沫塑料由于气孔密闭，其吸声效果不是通过孔隙中的空气振动，而是直接通过自身振动消耗声能来实现的。

2. 薄板振动吸声结构

这种结构常用的材料有胶合板、薄木板、硬质纤维板、石膏板、石棉水泥板、金属板等。将其周边固定在墙或顶棚的龙骨上，并在背后保留一定的空气层，即构成薄板振动吸声结构。此种结构在声波作用下，薄板和空气层的空气发生振动。在板内部和龙骨间出现摩擦损耗，将声能转化成热能，起吸声作用。其共振频率通常在80～300Hz范围，故对低频声

波的吸声效果较好。

3. 共振吸声结构

这种结构的形状为一封闭的较大空腔，有一较小的开口。受外力激荡时，空腔内的空气会按一定的共振频率振动，此时开口颈部的空气分子在声波作用下像活塞一样往复运动，因摩擦而消耗声能，起到吸声作用。在腔口蒙一层透气的细布或疏松的棉絮，可有助于加宽吸声频率范围和提高吸声量。

4. 穿孔板组合共振吸声结构

这种结构是用穿孔的胶合板、硬质纤维板、石膏板、石棉水泥板、铝合金板、薄钢板等，将周边固定在龙骨上，并在背后设置空气层而构成。它可看做是许多单独共振吸声器的并联，起扩宽吸声频带的作用，特别对中频声波的吸声效果较好。穿孔板厚度、穿孔率、孔径、背后空气层厚度以及是否填充多孔吸声材料等，都直接影响吸声结构的吸声性能。此种形式在建筑上使用得比较普遍。

5. 悬挂空间吸声体

将吸声材料制成平板形、球形、圆锥形、棱锥形等多种形式，悬挂在顶棚上，即构成悬挂空间吸声体。此种构造增加了有效的吸声面积，再加上声波的衍射作用，可以显著地提高实际的吸声效果。

6. 帘幕吸声体

将具有透气性能的纺织品，安装在离墙面或窗面一定距离处，背后设置空气层，即为帘幕吸声体。此种结构装卸方便，兼具装饰作用，对中、高频的声波有一定的吸声效果。

常用吸声材料及吸声结构见图 7-3。

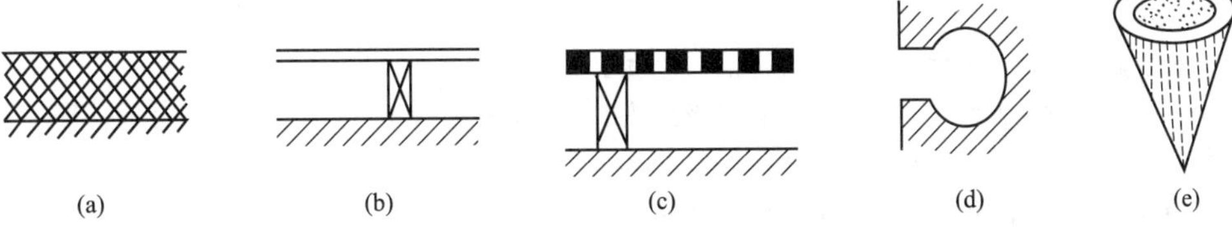

(a)　(b)　(c)　(d)　(e)

图 7-3　常用吸声材料及吸声结构示意图

(a) 多孔吸声材料；(b) 薄板振动吸声结构；(c) 穿孔板组合吸声结构；(d) 共振吸声结构；(e) 悬挂空间吸声体

三、吸声材料的选用及安装注意事项

在室内采用吸声材料可以抑制噪声，保持良好的音质（声音清晰且不失真），故在教室、礼堂和剧院等室内应当采用吸声材料。吸声材料的选用和安装必须注意以下几点。

(1) 要使吸声材料充分发挥作用，应将其安装在最容易接触声波和反射次数最多的表面上，而不应把它集中在天花板或某一面的墙壁上，并应比较均匀地分布在室内各表面上。

(2) 吸声材料强度一般较低，应设置在护壁线以上，以免碰撞破损。

(3) 多孔吸声材料往往易于吸湿，安装时应考虑到湿胀干缩的影响。

(4) 选用的吸声材料应不易虫蛀、腐朽，且不易燃烧。

(5) 应尽可能选用吸声系数较高的材料，以便节约材料用量，降低成本。

(6) 安装吸声材料时应注意勿使材料的表面细孔被漆膜堵塞而降低其吸声效果。

虽然有些吸声材料的名称与保温隔热材料相同，都属多孔性材料，但在材料的孔隙特征上有着完全不同的要求。保温隔热材料要求具有封闭的互不连通的气孔，这种气孔越多其绝热性能越好；而吸声材料则要求具有开放的互相连通的气孔，这种气孔越多其吸声性能越好。至于如何使名称相同的材料具有不同的孔隙特征，主要取决于原料组分中的某些差别和生产工艺中的热工制度、加压大小等。例如泡沫玻璃采用焦炭、磷化硅、石墨为发泡剂时，就能制得封闭的互不连通的气孔。又如泡沫塑料在生产过程中采取不同的加热、加压制度，可获得孔隙特征不同的制品。

除了采用多孔吸声材料吸声外，还可将材料制作成不同的吸声结构，达到更好的吸声效果。常用的吸声结构形式如前面所述。

四、关于隔声材料的概念

能减弱或隔断声波传递的材料称为隔声材料。必须指出的是，吸声性能好的材料，不能简单地把它们作为隔声材料来使用。

人们要隔绝的声音，按传播途径不同有空气声（通过空气传播的声音）和固体声（通过固体的撞击或振动传播的声音）两种，两者隔声的原理不同。

对空气声的隔绝，主要是依据声学中的“质量定律”，即材料的表观密度越大，越不易受声波作用而产生振动，其声波通过材料传递的速度迅速减弱，其隔声效果越好。所以，应选用表观密度大的材料（如钢筋混凝土、实心砖等）作为隔绝空气声的材料。

对固体声隔绝的最有效措施是隔断其声波的连续传递。即在产生和传递固体声的结构层（如梁、框架、楼板与隔墙以及它们的交接处等）中加入具有一定弹性的衬垫材料，如软木、橡胶、毛毡、地毯或设置空气隔离层等，以阻止或减弱固体声的继续传播。

由上述可知，材料的隔声原理与材料的吸声原理是不同的，因此吸声效果好的多孔材料其隔声效果不一定好。

思 考 题

1. 什么是隔热材料？影响隔热材料性能的因素有哪些？
2. 什么是吸声材料？影响多孔性吸声材料吸声效果的因素有哪些？
3. 目前，市场上有哪些隔热材料、吸声材料？
4. 玻璃绝热吸声材料的主要类型和用途是什么？
5. 反射型保温隔热材料的主要品种、技术性能及应用是什么？

第八章　新型建筑防水材料和密封材料

建筑防水是建筑物诸多使用功能中的一项最基本的要求。防水材料是能够防止建筑物遭受雨水、地下水以及环境水浸入或透过的各种材料，是建筑工程中不可缺少的主要建筑材料之一。防水材料的性能和质量以及施工质量的好坏对建筑物防水功能起着决定性的作用，直接影响建筑物的装饰效果、使用功能、使用寿命以及人们的居住环境、卫生条件等。

建筑物的渗漏是当前工程中普遍存在的质量问题之一。在房屋建设中，屋面、地下室及厕浴室等的防水工程质量，直接影响房屋的使用功能和寿命。在水利工程中，堤坝、电站厂房、渠涵等建筑物，直接或间接地承受着有压或无压水的渗透及浸泡，其防水止水结构是保证建筑物正常运行的重要条件。防水材料也广泛应用于道路、桥梁等工程。

防水材料的主要特征是自身致密、孔隙率很小，或具憎水性，或能够填塞、封闭建筑缝隙或隔断其他材料内部孔隙使其达到防渗水目的。建筑工程对防水材料的主要要求是具有较高抗渗性及耐水性，具有适宜的强度及耐久性，对柔性防水材料还要求有较好的塑性。

传统的石油沥青油毡作为建筑防水材料，除了要消耗大量的原纸、施工条件差（热施工）、使用寿命较短和污染环境外，还存在着低温脆裂、高温流淌、易起鼓、老化龟裂、腐烂变质等缺陷。为此，建筑物渗漏问题成为目前建筑工程防水中的质量通病。特别是屋面漏水，大约有 50%以上的建筑物在建成后 3 年即出现渗漏水现象，70%以上的建筑物存在不同程度的渗漏。因此，为提高防水工程的质量，延长其使用寿命，解决石油沥青基防水制品的供应不足，研究新型防水材料已成为目前建筑防水工程迫切需要解决的课题。此外，高层建筑和大位移工业建筑的增加，也对建筑防水材料提出了更高的要求。随着石油化工的发展，各类高分子材料的出现，为研制性能优良的新型防水材料提供了广阔的原料来源。

新型建筑防水材料按其制品特征不同，可划分为高分子防水卷材、改性沥青油毡和新型防水涂料 3 大类。根据它们的原材料构成不同，把高分子卷材分为合成橡胶系防水卷材、塑料系防水卷材以及复合防水卷材 3 类；把防水涂料分为合成高分子类、高聚物改性沥青类防水涂料两类。

从世界范围来看，各国的屋面防水主要采用改性沥青油毡和高分子防水卷材两大类。防水涂料由于强度较差，故使用数量有限。

高分子防水卷材，在我国目前较有影响的品种有三元乙丙橡胶防水卷材、氯化聚乙烯橡胶共混防水卷材、氯磺化聚乙烯橡胶防水卷材、聚氯乙烯卷材、氯化聚乙烯防水卷材、聚乙烯防水卷材以及再生橡胶防水卷材等。

目前我国的改性沥青油毡主要有弹性 SBS 改性沥青油毡、塑性 APP 改性油毡、其他改性沥青油毡［如改性沥青聚乙烯胎油毡、沥青复合胎柔性油毡、自粘橡胶沥青油毡、自粘聚合物改性沥青聚酯胎油毡、丁苯橡胶（SBR）改性沥青油毡、三元乙丙（EPDM）改性沥青油毡］、再生胶改性沥青油毡以及橡塑共混改性油毡等。按油毡使用的胎体品种不同，又可分为玻璃纤维胎、聚酯胎、黄麻布胎、复合玻璃纤维胎、聚乙烯膜胎改性沥青油毡等品种。

防水涂料除具有防水卷材的基本性能外，还具有施工方便、容易维修等特点，特别适用于结构复杂的屋面及管道较多的厕浴间等特殊部位的防水。防水涂料的耐久性取决于其自身的性能，如良好的柔韧性和延伸性、良好的耐老化性能以及其与基层之间良好的附着力。

目前我国应用较多的防水涂料主要是聚合物改性沥青类防水涂料和高分子类防水涂料。

使用较多的品种有再生胶沥青防水涂料、氯丁胶乳沥青涂料、丁苯胶乳沥青涂料、聚氨酯防水涂料和丙烯酸防水涂料等。

近年来，新型防水材料得到迅速发展。防水材料向橡胶和树脂基系列及改性沥青系列方向发展；防水层构造由多层向单层方向发展；施工方法由热熔法向冷粘贴法方向发展。

防水砂浆、防水混凝土等已在有关章节讨论过，本章主要介绍常用的有机防水材料。

防水材料根据变形性能不同，可分为刚性防水材料和柔性防水材料两类。刚性防水材料主要包括各类防水剂和防水堵漏材料（无机防水堵漏材料、堵漏剂、止水条和注浆材料）；柔性防水材料主要由沥青和合成高分材料制成，根据材料品种不同有防水卷材、防水涂料和密封材料 3 大类。

第一节 防 水 卷 材

防水卷材是一种可卷曲的片状防水材料，是建筑工程防水材料的重要品种之一，广泛用于屋面、地下和构筑物等的防水中，根据主要防水组成材料不同可分为沥青防水卷材、聚合物改性沥青防水卷材和合成高分子防水卷材 3 类。第一类是传统的防水卷材，但其胎体材料已有很大的发展，目前在我国仍被广泛应用；后两类防水卷材性能优异，代表了新型防水卷材的发展方向。

一、防水卷材的基本要求

防水卷材的品种很多，性能和特点各异，但作为防水卷材，应满足防水工程的要求，且均应具备以下几方面性能。

（1）防水性　防水性是指在水的作用下卷材的性能基本不变，在压力水作用下透水的性能，常用不透水性、抗渗透性等指标来表示。

（2）机械力学性能　机械力学性能是指在一定荷载、应力或一定变形的条件下卷材不断裂的性能，常用拉力、拉伸强度和断裂伸长率等指标来表示。

（3）温度稳定性　温度稳定性是指在高温下卷材不流淌、不滑动、不起泡，在低温下不脆裂的性能，即在一定的温度变化下保持防水性能的能力，常用耐热度、耐热性、脆性温度等指标来表示。

（4）大气稳定性　大气稳定性是指在阳光、热、水分和臭氧等长期综合作用下卷材抵抗老化的性能，常用耐老化性、老化后性能保持率等指标来表示。

（5）柔韧性　柔韧性是指在低温条件下卷材保持柔韧、易于施工的性能，对保证施工质量十分重要，常用柔度、低温弯折性、柔性等指标来表示。

二、沥青防水卷材

沥青具有较好的防水性能，而且资源丰富、成本较低，因此沥青防水卷材的应用在我国占主导地位。但是沥青材料的拉伸强度和延伸率低，低温柔性差，温度敏感性强，在大气作用下易老化，使用年限较短，属于低档的防水卷材。近年来，通过对油毡胎体材料加以改进和开发，已由最初的纸胎油毡发展成为玻璃布胎沥青油毡等一大类沥青防水卷材，材料的性能也不断得到了改善，广泛用于地下、水下、工业与民用建筑，尤其用于屋面防水工程。

沥青防水卷材品种较多，按浸涂的沥青品种不同可分为石油沥青油毡和煤沥青油毡；按所使用的基胎材料不同又有石油沥青纸胎油毡、石油沥青石棉纸油毡、石油沥青玻璃布（或玻纤）油毡、石油沥青麻布油毡和石油沥青铝箔油毡等。

石油沥青纸胎油毡是最具代表性的沥青防水卷材，是用低软化点石油沥青油毡浸渍原纸，然后用高软化点的石油沥青涂盖油纸两面，再涂撒隔离材料（如云母、滑石粉等）制成的一种纸胎防水卷材。油毡按原纸 $1m^2$ 的质量克数分为 200 号、300 号和 500 号 3 种标号，第一标号又分粉毡和片毡两种。纸胎油毡的防水性能与原纸的质量、浸渍材料和涂盖材料的质量有着密切关系。200 号油毡适用于简易防水、临时性建筑防水、建筑防潮及包装等；300 号和 500 号油毡适用于一般的屋面和地下防水。

纸胎油毡的抗拉能力低，易腐烂、耐久性差，为了改善沥青防水卷材的性能，通常改进胎体材料。因此，开发了玻璃布沥青油毡、玻纤沥青油毡、黄麻胎沥青油毡、铝箔胎沥青油毡等一系列沥青防水卷材。

三、聚合物改性沥青防水卷材

沥青防水卷材由于其温度稳定性差、延伸率小等，很难适应基层开裂及伸缩变形的要求。采用聚合物材料对传统的沥青方式卷材进行改性，则可以改善传统沥青防水卷材温度稳定性差、延伸率低的不足，从而使改性沥青防水卷材具有高温不流淌、低温不脆裂、拉伸强度高和延伸率较大等优异性能。

《防水沥青与防水卷材术语》（GB/T 18378—2001）将改性沥青定义为：在沥青中均匀混入橡胶、合成树脂等分子量大于沥青本身分子量的有机高分子聚合物而制得的混合物。有机高分子聚合物就是沥青改性剂。使用最为广泛和具有代表性的有弹性体改性剂 SBS 和塑性体改性剂 APP。

聚合物改性沥青防水卷材是以合成高分子聚合物改性沥青为涂盖层，纤维织物、纤维毡为胎体，粉状、粒状、片状或薄膜材料为防粘隔离层制成的可卷曲片状防水材料。聚合物改性沥青防水卷材能显著提高防水功能，延长使用寿命，在建筑工程中得到了广泛应用。

聚合物改性沥青防水卷材常用的胎体有玻纤胎和聚酯胎。与原纸胎相比，玻纤胎防潮性能好，但强度低，无延伸性；聚酯毡（长丝聚酯无纺布）力学性能很好（断裂强度、撕裂强度、断裂伸长、抗穿刺力均高），耐水性、耐腐蚀性也很好，有弹性、容易施工，是各种胎基中最高级的材料，缺点是尺寸稳定性较差。

聚合物改性沥青防水卷材一般单层铺设，也可复层铺设，根据不同卷材可采用热熔法、冷粘法、自粘法施工；可以采取单层外露构造，也可以采取双层外露构造。

1. SBS 改性沥青防水卷材

SBS 是由丁二烯和苯乙烯两种原料聚合而成的嵌段共聚物，是一种热塑性弹性体，为网状结构，外观呈白色爆米花状，质轻多孔，其重要特征是微观呈两相分离，即连续相聚丁二烯为橡胶段，而分散相苯乙烯为塑性段。SBS 在受热的条件下呈现树脂特性，即受热可熔融成黏稠液态，可以和沥青共混，兼有热塑性塑料和硫化橡胶的性能，因此 SBS 也称热缩性丁苯橡胶。

SBS 改性沥青防水卷材是用 SBS 改性沥青浸渍胎基，两面涂以弹性体沥青涂盖层，上表面撒以细砂、矿物粒（片）料或覆盖聚乙烯膜，下表面撒以细砂或覆盖聚乙烯膜所制成的一类防水卷材。

SBS 改性沥青防水卷材的幅宽规格为 1000mm，长度规格为 10m/卷，并以 $10m^2$ 卷材的标称质量（单位：kg）作为卷材的标号。玻纤毡胎基卷材分为 25 号、35 号和 45 号 3 种标号。聚酯毡胎基卷材分为 25 号、35 号、45 号和 55 号 4 种标号。每一标号卷材按物理性能不同，分为合格品、一等品、优等品 3 个等级。SBS 改性沥青防水卷材的各项性能指标应满足《弹性体改性沥青防水卷材》（GB 18242—2000）的要求。

SBS 改性沥青防水卷材的特点如下。

(1) 可熔物含量高，可制成厚度大的产品，具有塑料和橡胶的特性。

（2）聚酯胎基有很高的延伸率、拉力、耐穿刺能力和耐撕裂能力；玻纤毡成本低，尺寸稳定性好，但拉力和延伸率低。

（3）具有良好的耐高温和耐低温性能，能适应建筑物因变形等产生的应力，抵抗防水层断裂。

（4）优良的耐水性，由于改性沥青防水卷材采用的胎基以聚酯毡、玻纤毡为主，吸水性很弱，涂盖材料延伸率高、厚度大，可以承受较高水的压力，因而耐水性好，具有优良的耐老化性和耐久性，耐酸、耐碱及微生物腐蚀。

（5）施工方便，可以选用冷粘法、热粘法，可以叠层施工，厚度大于 4mm 的可以单独施工；厚度大于 3mm 的可以热熔施工。

（6）可选择性、配套性强，生产厚度范围在 1.5～5mm 之间，不同涂盖料、胎基和覆面料，具有不同的特点和功能，可根据需要合理选择与搭配。

（7）卷材表面可以撒布彩砂、板岩、反光铝膜等，既可增加抗紫外线的耐老化性，又可美化环境。

SBS 改性沥青防水卷材除用于一般工业与民用建筑防水外，尤其适应于高级和高层建筑物的屋面、地下室、卫生间等的防水和防潮，以及桥梁、停车场、屋顶花园、游泳池、蓄水池、隧道等建筑的防水。又由于该卷材具有良好的低温柔韧性和极高的弹性延伸性，更适合于北方寒冷地区和结构易变形的建筑物的防水。

2. APP 改性沥青防水卷材

APP 即无规聚丙烯，是等规聚丙烯（IPP）树脂生产过程中的副产品。APP 分子量较低，一般为 5 万～7 万，密度为 0.9～0.91g/cm^3，在室温下为黄白色固体，不溶于水，有良好的化学稳定性，无明显熔化点，在 165～176℃之间呈黏稠状态，随温度升高黏度下降，在 200℃左右流淌性最好。APP 加入到沥青中可使沥青软化点提高，针入度趋于平稳或稍有增大，使沥青在低温下的韧性得到改善，是改性沥青用树脂与沥青共混性最好的品种之一。

APP 改性沥青防水卷材属塑性体沥青防水卷材，采用 APP 塑性材料作为沥青的改性材料，改性沥青浸渍胎基（玻纤毡、聚酯毡），两面涂以塑性体沥青涂盖层，上表面撒以细砂、矿物粒（片）料或覆盖聚乙烯膜，下表面撒以细砂或覆盖聚乙烯膜。

APP 改性沥青防水卷材的各项性能指标应满足《塑性体改性沥青防水卷材》（GB 18243—2000）的要求。

APP 改性沥青防水卷材的特点如下。

（1）高性能　对于静态和动态撞击以及撕裂具有非凡的抵抗能力（如聚酯胎基），在弹性沥青配合下，聚酯胎基可使防水卷材承受支撑物的重复性运动而不产生永久变形。

（2）耐老化性　材料以塑性为主，对恶劣气候和老化作用具有强有效的抵抗力，确保在各种气候下工程质量的永久性。

APP 改性沥青卷材的性能接近 SBS 改性沥青卷材，广泛用于工业与民用建筑的屋面和地下防水工程，以及道路、桥梁建筑的防水工程。APP 改性沥青卷材最突出的特点是耐高温性能好，130℃高温下不流淌，尤其适用于高温或有强烈太阳辐照地区的建筑物的防水。

另外，APP 改性沥青卷材热熔性非常好，特别适合热熔法施工，也可用冷粘法施工。

3. 其他改性沥青卷材

（1）自粘性聚合物改性沥青防水卷材　自粘性聚合物改性沥青防水卷材是以聚酯胎、复合胎为胎基，由聚乙烯膜、铝膜或隔离防粘纸为覆面材料的增强自粘性防水卷材。它具有超强的黏结性、自愈性、耐高低温性能；具有优异的延伸性能；具有长久的使用寿命期；施工简便，维修方便。自粘改性沥青油毡一般是以橡胶进行改性，各厂家的品种不一。我国已研制出橡胶改性沥青自粘油毡，性能指标与国外产品相当，耐热度为80～90℃，低温柔度为－30～－40℃。自粘性聚合物改性沥青防水卷材可用于地下墙、隧道、停车场地面、阳台、厨房、浴室等。

（2）铝箔面油毡　铝箔面油毡系采用玻纤毡为胎基，浸涂氧化沥青，在其上表面用压纹铝箔贴面，底面撒以颗粒矿物材料或覆盖聚乙烯（PE）膜所制成的一种具有热反射和装饰功能的防水卷材。根据《铝箔面油毡》（JC 504—1992）的规定，铝箔面油毡按物理性能不同，可分为优等品（A）、一等品（B）和合格品（C）；按标称卷质量不同，可分为30号和40号两种。30号铝箔面油毡适用于多层防水工程的面层，40号铝箔面油毡适用于单层或多层防水工程的面层。油毡幅宽为1000mm，30号油毡的厚度不小于2.4mm，40号铝箔面油毡的厚度不小于3.2mm。该产品标记顺序为：产品名称、标号、质量等级、标准号。例如，优等品30号铝箔面油毡标记为：铝箔面油毡 30 A JC 504。

（3）彩砂面聚酯胎弹性体油毡　彩砂面聚酯胎弹性体油毡是以聚酯纤维无纺布为胎体，浸渍涂盖SBS改性石油沥青，顶面撒布彩色砂粒，底面复合塑料薄膜或撒布细颗粒材料的一种弹塑性防水油毡。它具有优异的弹塑性、抗水性、耐热性和耐低温性。彩砂面聚酯胎弹性体油毡适用于高层建筑、宾馆、博物馆等高级公共建筑的屋面和地下防水工程，更适用于高振动、高剪切力作用的特殊建筑的防水工程。

（4）再生橡胶防水卷材　再生橡胶防水卷材又称再生胶油毡，是由废橡胶粉掺入适量的石油沥青和化学助剂，进行高温、高压脱硫处理后，再掺入一定数量的填充材料，经混炼、压延而成的无胎防水材料。它具有质地均匀、延性好、弹性大等优点，同时具有抗腐性强，不透水性、不透气性、低温柔性及抗拉强度均较高的优异性能。这类防水卷材适用于屋面防水，尤其适用于保护层的屋面或基层沉降较大（包括不均匀沉降）的建筑物变形缝处的防水；地下结构的防水及用作浴室、洗衣室、冷库等处的蒸气隔离层。

（5）改性沥青聚乙烯胎防水卷材　改性沥青聚乙烯胎防水卷材是以改性沥青为基料，以高密度聚乙烯膜为胎体和覆面材料，经过滚压、水冷、成型制成的防水卷材，按基料不同分为氧化改性沥青防水卷材、丁苯橡胶改性氧化沥青防水卷材和高聚物改性沥青防水卷材3类，技术要求符合《改性沥青聚乙烯胎防水卷材》（GB 18967—2003）的规定。

（6）自粘橡胶沥青防水卷材　自粘橡胶沥青防水卷材是以SBS等弹性体改性沥青为基料，以聚乙烯膜、铝箔为表面材料、无胎基，采用防粘隔离层的自粘防水卷材。自粘橡胶沥青防水卷材低温柔性较好，延伸率较大，对基层伸缩或开裂变形的适应性较强，有一定的自愈功能，但拉力较低。以聚乙烯膜为表面材料的产品适用于非外露屋面或地下工程；以铝箔为表面材料的产品适用于外露屋面的防水层。

聚合物改性沥青防水卷材除上述品种外，还有PVC改性焦油沥青防水卷材、废橡胶粉改性沥青防水卷材、覆盖聚乙烯膜的卷材等，它们因聚合物和胎体的品种不同而性能各异，使用时应根据其性能特点合理选择。

四、合成高分子防水卷材

合成高分子防水卷材是以合成橡胶、合成树脂或两者的共混体为基础，加入适量的助剂和填充料等，经过混炼、塑炼、压延或挤出成型、硫化、定型等加工工艺制成的片状可卷曲的防水材料。

合成高分子防水卷材具有强度高、断裂伸长率大、抗撕裂强度高、耐热性能好、低温柔性好、耐腐蚀、耐老化及可以冷施工等一系列优异性能，而且彻底改变了沥青基防水卷材施工条件差、污染环境等缺点，是值得大力推广的新型高档防水卷材。目前多用于高级宾馆、大厦、游泳池、厂房等要求有良好防水性的屋面、地下等防水工程。

根据组成材料的不同，合成高分子防水卷材一般可分为橡胶型、树脂型和橡塑共混型防水材料3大类，各类又分别有若干品种。下面介绍一些常用的合成高分子防水卷材。

1. 三元乙丙橡胶防水卷材

三元乙丙橡胶防水卷材是以三元乙丙橡胶为主要原料，掺入适量的丁基橡胶、硫化剂、促进剂、补强剂、稳定剂、填充剂和软化剂等，经过密炼、塑炼、过滤、拉片、挤出（或压延）成型、硫化等工序制成的高强高弹性防水材料。

目前国内三元乙丙橡胶防水卷材的类型按工艺不同，可分为硫化型和非硫化型两种，其中硫化型占主导。

三元乙丙橡胶防水卷材厚度规格为1.0mm、1.2mm、1.5mm、2.0mm，宽度规格为1000mm和1200mm，长度规格为20m。三元乙丙橡胶防水卷材分为一等品和合格品两种，其物理性能指标应符合《屋顶橡胶防水材料三元乙丙片材》（HG 2402—1992）的规定。

三元乙丙橡胶防水卷材是目前耐老化性能最好的一种卷材，使用寿命可达30年以上。它具有防水性好、重量轻、耐候性好、耐臭氧性好、弹性和抗拉强度大、抗裂性强、耐酸碱腐蚀等特点，而且耐高低温性能好，并可以冷施工，目前在国内属高档防水材料。三元乙丙橡胶卷材最适用于工业与民用建筑屋面工程的外露防水层，并适用于受振动、易变形建筑工程的防水，也适用于刚性保护层或倒置式屋面以及地下室、水渠、储水池、隧道、地铁等建筑工程防水。

2. 聚氯乙烯防水卷材

聚氯乙烯（PVC）防水卷材是以聚氯乙烯树脂为主要原料，掺加填充料和适量的改性剂、增塑剂、抗氧剂、紫外线吸收剂、其他加工助剂等，经过混合、造粒、挤出或压延、定型、压花、冷却卷曲等工序加工而成的防水卷材。

聚氯乙烯防水卷材的特点是价格便宜，抗拉强度和断裂伸长率较高，对基层伸缩、开裂、变形的适应性强；低温度柔韧性好，可在较低的温度下施工和应用；卷材的搭接除了可用胶黏剂外，还可以用热空气焊接的方法使接缝处严密。

聚氯乙烯防水卷材根据基料的组成与特性不同分为S型和P型两种。其中，S型是以煤焦油与聚氯乙烯树脂混溶料为基料的防水卷材；P型是以增塑聚氯乙烯树脂为基料的防水卷材。在卷材的实际生产中，S型卷材的PVC树脂掺有较多的废旧塑料，性能远低于P型卷材。除柔性PVC卷材外，还有PVC复层卷材及自粘性PVC卷材等品种。自粘性防水卷材是在卷材的一面涂以压敏胶黏剂并贴上一层隔离纸，施工时只要将隔离纸撕去，即可将卷材直接粘贴在已清理干净的基面上，施工非常方便。

S型PVC卷材的厚度规格为1.80mm、2.00mm、2.50mm；P型防水卷材厚度规格为1.20mm、1.50mm、2.00mm；卷材的宽度规格为1000mm、1200mm、1500mm，卷材面积规格为10m^2/卷、15m^2/卷、20m^2/卷。PVC卷材物理性能应符合《聚氯乙烯防水卷材》（GB 12952—2003）的要求。

与三元乙丙橡胶防水卷材相比，除在一般工程中使用外，聚氯乙烯防水卷材更适应于刚性层下的防水层及旧建筑混凝土构件屋面的修缮工程，以及有一定耐腐蚀要求的室内地面工程的防水、防渗工程等。

3. 氯化聚乙烯防水卷材

氯化聚乙烯防水卷材的主要原料是以氯化聚乙烯防水树脂，掺入适量的化学助剂和填充料，采用塑料或橡胶的加工工艺，经过捏和、塑炼、压延、卷曲、分卷、包装等工序加工制成的弹塑性防水材料。

氯化聚乙烯防水卷材具有热塑性弹性体的优良性能，具有耐热、耐老化、耐腐蚀等性能，且原材料来源丰富，价格较低，生产工艺较简单，可冷施工操作，施工方便，故发展迅速，目前，在国内属于中高档防水卷材。

氯化聚乙烯防水卷材使用于各种工业和民用建筑屋面，各种地下室，其他地下工程以及浴室、卫生间和蓄水池、排水沟、堤坝等的防水工程。由于氯化聚乙烯呈塑料性能，耐磨性能很强，故还可以作为室内装饰底面的施工材料，兼有防水和装饰作用。

4. 氯化聚乙烯-橡胶共混防水卷材

氯化聚乙烯-橡胶共混防水卷材是以氯化聚乙烯树脂和合成橡胶为主体，掺入适量硫化剂等添加剂及填充料，经混炼、压延或挤出等工艺制成的高强性防水卷。

氯化聚乙烯-橡胶共混防水卷材兼有塑料和橡胶的特点。其具有高强度、高延伸率和耐臭氧性能、耐低温性能，良好的耐老化性能和耐水、耐腐蚀性能。尤其该卷材是一种硫化型橡胶防水卷材，不但强度高，延伸率大，且具有高弹性，受外力时可产生拉伸变形，且变形范围大。同时当外力消失后卷材可逐渐回弹到受力前状态，这样当卷材应用于建筑防水工程时，对基层变形有一定的适应能力。

氯化聚乙烯-橡胶共混防水卷材适用于屋面外露、非外露防水工程；地下室外防外贴法或外防内贴法施工的防水工程，以及水池、土木建筑等防水工程。

5. 其他合成高分子防水卷材

合成高分子防水卷材除以上 4 种典型品种外，还有再生胶、三元丁橡胶、氯磺化聚乙烯、三元乙丙橡胶-聚乙烯共混等防水卷材，这些卷材原则上都是塑料经过改性，或橡胶经过改性，或两者复合以及多种复合，制成的能满足建筑防水要求的制品。它们因所用的基材不同而性能差异较大，使用时应根据其性能的特点合理选择。

按照国家标准《屋面工程质量验收规范》(GB 50207—2002) 的规定，合成高分子防水卷材适用于防水等级为Ⅰ级、Ⅱ级和Ⅲ级的屋面防水工程。在Ⅰ级屋面防水工程中必须至少有一道厚度不小于 1.5mm 的合成高分子卷材；在Ⅱ级屋面防水工程中，可采用一道或两道厚度不小于 1.2mm 的合成高分子防水卷材；在Ⅲ级屋面防水工程中，可采用一道厚度不小于 1.2mm 的合成高分子防水卷材。常见合成高分子防水卷材的特点和使用范围见表 8-1。

表 8-1　常见合成高分子防水卷材的特点和使用范围

卷材名称	特　点	使用范围	施工工艺
再生胶防水卷材	有良好的延伸性、耐热性、耐寒性和耐腐蚀性，价格低廉	单层非外露部位及地下防水工程，或加盖保护层的外露防水工程	冷粘法施工
氯化聚乙烯防水卷材	具有良好的耐候、耐臭氧、耐热老化、耐油、耐化学腐蚀及抗撕裂的性能	单层或复合作用宜用于紫外线强的炎热地区	冷粘法或自粘法施工
聚氯乙烯防水卷材	具有较高的抗拉和撕裂强度，伸长率较大，耐老化性能好，原材料丰富，价格便宜，容易黏结	单层或复合使用于外露或有保护层的防水工程	冷粘法或热风焊接法施工
三元乙丙橡胶防水卷材	防水性能优异，耐候性好，耐臭氧性、耐化学腐蚀性、弹性和抗拉强度大，对基层变形开裂的适用性强，重量轻，使用温度范围宽，寿命长，但价格高，黏结材料尚需配套完善	防水要求较高，防水层耐用年限长的工业与民用建筑、单层或复合使用	冷粘法或自粘法施工
三元丁橡胶防水卷材	有较好的耐候性、耐油性、抗拉强度和伸长率，耐低温性能稍低于三元乙丙防水卷材	单层或复合使用要求较高的防水工程	冷粘法施工
氯化聚乙烯-橡胶共混防水卷材	不但具有氯化聚乙烯特有的高强度和优异的耐臭氧、耐老化性能，而且具有橡胶所特有的高弹性、高延伸性以及良好的低温柔性	单层或复合使用，尤宜用于寒冷地区或变形较大的防水工程	冷粘法施工

6. 油毡瓦

油毡瓦是从国外引进的新型环保建筑材料，以玻璃纤维毡为胎基，浸涂石油沥青后，一面覆盖彩色矿物粒料，另一面撒以隔离材料所制成的瓦状屋面防水片材。油毡瓦具有色彩丰富、形式多样、质轻耐用、施工简便等特点，适用于坡屋面的多层防水层和单层防水层的面层。

油毡瓦的规格为1000mm×333mm（长×宽），厚度不小于2.8mm。根据《油毡瓦》(JC 503—1992)，油毡瓦按规格尺寸允许偏差和物理性能不同，可分为优等品（A）和合格品（C）两种。油毡瓦的产品标记顺序为：产品名称、质量等级、标准号。例如，优等品油毡瓦标记为：油毡瓦 A JC 503—1992。

第二节 防水涂料

防水涂料是一种流态或半流态物质，可用刷、喷等工艺涂布在基体表面，经溶剂挥发或各组分间的化学反应，形成具有一定弹性和厚度的连续薄膜，使基层表面与水隔绝，并能抵抗一定的水压力，从而起到防水和防潮作用。

一、防水涂料的组成、分类和特点

防水涂料实质上是一种特殊涂料，它的特殊性在于当涂料涂布在防水结构表面后，能形成柔软、耐水、抗裂和富有弹性的防水涂膜，隔绝外部的水分子向基层渗透。因此，在原材料的选择上不同于普通建筑涂料，主要采用憎水性强、耐水性好的有机高分子材料，常用的主体材料采用聚氨酯、氯丁胶、再生胶、SBS橡胶和沥青以及它们的混合物，辅助材料主要包括固化剂、增韧剂、增黏剂、防霉剂、填充料、乳化剂、着色剂等，其生产工艺和成膜机理与普通建筑涂料基本相同。

防水涂料根据组分的不同，可分为单组分防水涂料和双组分防水涂料两类。根据成膜物质的不同，可分为沥青防水材料、高聚物改性沥青防水材料和合成高分子材料防水材料3类。如按涂料的分散介质不同，又可分为溶剂型和水乳型两类。不同介质的防水涂料的性能特点见表8-2。

表8-2 溶剂型和水乳型防水涂料的性能特点

项目	溶剂型防水涂料	水乳型防水涂料
成膜机理	通过溶剂的挥发、高分子材料的分子链接触、缠结等过程成膜	通过水分子的蒸发，乳胶颗粒靠近、接触、变形等过程成膜
干燥速度	干燥快、涂膜薄而致密	干燥较慢，一次成膜的致密性较低
储存稳定性	储存稳定性好，应密封储存	储存期一般不宜超过半年
安全性	易燃、易爆、有毒，生产、运输和使用过程中应注意安全使用，注意防火	无毒、不燃，生产使用比较安全
施工情况	施工时应通风良好，保证人身安全	施工较安全，操作简单，可在较为潮湿的找平层上施工，施工温度不宜低于5℃

一般来说，防水涂料具有以下6个特点。

(1) 防水涂料在常温下呈液态，特别适宜在立面、阴阳角、穿结构层管道、不规则屋面、节点等细部构造处进行防水施工，固化后能在这些表面处形成完整的防水膜。

(2) 涂膜防水层自重轻，特别适宜于轻型薄壳屋面的防水。

(3) 防水涂料施工属于冷施工，可刷涂，也可喷涂，操作简便，施工速度快，环境污染小，同时也降低了劳动强度。

(4) 温度适应性强，防水涂层在−30～80℃温度条件下均可使用。

（5）涂膜防水层可通过加增强材料来提高抗拉强度。

（6）容易修补，发生渗漏可在原防水涂层的基础上修补。

防水涂料的主要优点是易于维修和施工，特别适用于管道较多的卫生间、特殊结构的屋面以及旧结构的堵漏防渗工程。

二、常用的防水涂料

（一）沥青基防水涂料

沥青基防水涂料的成膜物质是石油沥青，一般分为溶剂型和水乳型两种。溶剂型沥青涂料是将石油直接溶解于汽油等有机溶剂后制得的溶液。沥青溶液施工后所形成的涂膜很薄，一般不单独作防水涂料使用，只用作沥青类油毡施工时的基层处理剂。水乳型沥青防水涂料是将石油沥青分散于水中所形成的稳定的水分散体。目前常用的沥青类防水涂料有水乳无机物厚质沥青涂料、水性石棉沥青防水涂料、石灰乳化沥青、水性铝粉屋面反光涂料、溶剂型屋面反光隔热涂料、膨润土-石棉乳化沥青防水涂料、阳离子乳化高蜡石油沥青防水涂料等。这类涂料属于中低档防水涂料，具有沥青类防水卷材的基本性质，价格低廉，施工简单。

（二）高聚物改性防水涂料

沥青防水涂料通过进行适当的高聚物改性可以显著提高其柔韧性、弹性、流动性、气密性、耐化学腐蚀性和耐疲劳等性能，高聚物改性沥青防水涂料一般是用再生橡胶、合成橡胶或 SBS 等对沥青进行改性而制成的水乳型或溶剂型防水涂料。

1. 氯丁橡胶沥青防水涂料

氯丁橡胶沥青防水涂料的基料是氯丁橡胶和石油沥青。按其溶剂是否为有机溶剂和水的不同可分为溶剂和水乳型两种氯丁橡胶沥青防水涂料。其中，水乳型氯丁橡胶沥青防水涂料的特点是涂膜强度大、延伸性好，能充分适应基层的变化，耐热性和低温柔韧性优良，耐臭氧老化，抗腐蚀，阻燃性好，不透水，是一种安全无毒的防水涂料，已经成为我国防水涂料的主要品种之一。适用于工业和民用建筑物的屋面防水、墙身防水和楼面防水、地下室和设备管道的防水、旧屋面的维修和补漏，还可用于沼气池、油库等密闭工程混凝土以提高其抗渗性和气密性。

2. 水乳型再生橡胶改性沥青防水涂料

水乳型再生橡胶改性沥青防水涂料是由阴离子型再生乳胶和阴离子型沥青乳胶混合均匀构成的，再生橡胶和石油沥青的微粒借助于阴离子表面活性剂的作用，稳定分散在水中而形成的乳状液。

该涂料以水为分散剂，具有无毒、无味、不燃的优点，可在常温下冷施工作业，并可在稍潮湿无积水的表面施工，涂膜有一定的柔韧性和耐久性，材料来源广，价格低。它属于薄型涂料，一次涂刷涂膜较薄，需多次涂刷才能达到规定厚度。该涂料一般要加衬玻璃纤维布或合成纤维加筋毡构成防水层，施工时再配以嵌缝密封膏，以达到较好的防水效果。该涂料适用于工业与民用建筑混凝土基层屋面防水；以沥青珍珠岩为保温层的保温屋面防水；地下混凝土建筑防潮以及旧油毡屋面翻修和刚性自防水屋面的维修等。

3. SBS 改性沥青防水涂料

SBS 改性沥青防水涂料是以沥青、橡胶、合成树脂、SBS 及表面活性剂等高分子材料组成的一种水乳型弹性沥青防水涂料。该涂料的优点是低温柔韧性好，抗裂性强，黏结性能优良，耐老化性能好，与玻纤布等增强胎体复合能用于任何复杂的基层，防水性能好，可冷施工作业，是较为理想的中档防水涂料。SBS 改性沥青防水涂料适用于复杂基层的防水、防潮施工，如厕浴间、地下室、厨房、水池等，特别适合于寒冷地区的防水施工。

（三）合成高分子防水涂料

合成高分子防水涂料是以合成橡胶或合成树脂为主要成膜物质，加入其他辅料配制而成的单组分或多组分防水涂料。合成高分子防水涂料的品种很多，常见的有硅酮、氯丁橡胶、聚氯乙烯、聚氨酯、丙烯酸酯、丁基橡胶、氯磺化聚乙烯、偏二氯乙烯等防水涂料。防水涂料向着高性能、多功能化的方向迅速发展，比如粉末态、反应型、纳米型、快干型等各种功能性涂料逐渐被开发并应用。这里主要介绍以下几种。

1. 聚氨酯防水涂料

聚氨酯防水涂料以异氰酸酯基与多元醇、多元胺及其他含活泼氢的化合物进行加成聚合，生成的产物含氨基甲酸酯，故称为聚氨酯。聚氨酯防水涂料是防水涂料中最重要的一类涂料，无论是双组分还是单组分都属于以聚氨酯为成膜物质的反应型防水涂料。

聚氨酯涂膜防水涂料涂膜固化时无体积收缩，具有较大的弹性和延伸率、较好的抗裂性、耐候性、耐酸碱性、耐老化性、适当的强度和硬度，几乎满足作为防水材料的全部特性。当涂膜厚度为1.5～2.0mm时，使用所限可在10年以上。而且对各种基材（如混凝土、石、砖、木材、金属等）均有良好的附着力，属于高档的合成高分子防水涂料。

双组分聚氨酯防水涂料广泛应用于屋面、地下工程、卫生间、游泳池等防水，也可用于室内隔水层及接缝密封，还可用作金属管道、防腐地坪、防腐池的防腐处理等。单组分聚氨酯防水涂料则多数用于建筑的砖石结构、金属结构部分及聚氨酯屋面防水层的修补。

2. 水性丙烯酸酯防水涂料

丙烯酸系防水涂料是以纯丙烯酸共聚物、改性丙烯酸或纯丙烯酸酯乳液为主要成分，加入适量填料和助剂配制而成的水性单组分防水涂料。这类防水涂料由于其介质为水，不含任何有机溶剂，因此属于良好的环保型涂料。

这类涂料的最大优点是具有优良的防水性、耐候性、耐热性和耐紫外线性。涂膜延伸性、弹性好，伸长率可达250%，能适应基层一定幅度的变形开裂；温度适应性强，在－30～80℃温度范围内性能无大的变化；可以调制成各种色彩，兼有装饰和隔热效果。这类涂料适用于各类建筑防水工程，如钢筋混凝土、轻质混凝土、沥青和油毡、金属表面、外墙、卫生间、地下室、冷库等，也可用作防水层的维修和作保护层等。

3. 硅橡胶防水涂料

硅橡胶防水涂料是以硅橡胶乳以及其他乳液的复合物为主要基料，掺入无机填料及各种助剂配制而成的乳液型防水涂料。通常由1号和2号组成。1号涂布于底层和面层，2号涂布于中间加强层。

该类涂料兼有涂膜防水和渗透防水材料两者的优良特性，具有良好的防水性、抗渗透性、成膜性、弹性、黏结性、延伸性和耐高低温性，适应基层变形的能力强。可渗入基底，与基底牢固黏结，成膜速度快，可在潮湿底基层上施工，可刷涂、喷涂或滚涂。特别是它可以做到无毒级产品，是其他高分子防水材料所不能比拟的，因此硅橡胶防水涂料适用于各类工程尤其是地下工程的防水、防渗和维修工程，对水质不造成污染。

4. 聚氯乙烯防水涂料

聚氯乙烯防水涂料是以聚氯乙烯和煤焦油为基料，加入适量的防老剂、增塑剂、稳定剂及乳化剂，以水为分散介质所制成的水乳型防水涂料。施工时，一般要铺设玻纤布、聚酯无纺布等胎体进行增强处理。

该类防水涂料弹塑性好，耐寒、耐化学腐蚀、耐老化和成品稳定性好，可在潮湿的基层上冷施工，防水层的总造价低。聚氯乙烯防水涂料可用于各种一般工程的防水、防渗及金属管道的防腐工程。

5. ECM 多功能弹性水泥防水材料

ECM 多功能弹性水泥防水材料，是近年来欧美等发达国家兴起的一种新型防水材料。它克服了传统水泥脆性大的缺点，具有即时复原的弹性和长期的柔韧性、防水、防潮、防渗漏、黏结力极强、不收缩、不脱落、耐高低温、耐腐蚀、抗冻融、施工简单、维修方便、可广泛用于各种防水工程。

ECM 多功能弹性水泥防水材料是由中国建筑材料科学研究院与新型建材研究所研制的，是以特种水泥为主，与外加剂、集料、颜料、改性剂、活性材料等经过独特的物理化学复合改性工艺制成的。这种材料既有水泥类无机材料的耐久性，又有橡胶类材料良好的弹性和变形性能。与传统的防水材料相比，ECM 多功能弹性水泥防水材料具有以下几方面突出的特点：整个防水层一气呵成，没有接缝，减少了渗漏隐患，提高了防水效果；自身具有良好的弹性和柔韧性，可以适应基层的扩展与收缩，可以自如地改变形状而不开裂；与各种基体黏结力极强，黏结强度为普通水泥砂浆的 2～10 倍，并且抗冻融性好，彻底消除了卷材的空鼓缺陷；可以在潮湿基面上施工，不影响防水层与基面的黏结，施工操作简便灵活；还可做成各种彩色防水层，抹面后既可作为防水层，又可作为装饰层；冷作业施工，不污染环境，对人体无害，属环保型产品。

ECM 多功能弹性水泥适用于屋面、地下室、厕浴间的整体防水；水库、水坝、游泳池、水池、渠道、隧道、地铁防水；地下室基础、人防工程、内外墙的抗渗防漏；曲线、异型结构、复杂部位的防水等。此外，ECM 多功能弹性水泥还可以用作界面处理剂，用于黏结大理石、瓷砖等贴面装饰材料，水泥管道的接头黏结料等，用作下水道、排污管道、工业废水管道的防腐层等，用于勾缝或密封工程。

（四）无机刚性防水涂料

目前，无机刚性防水涂料正成为一个研究的热点。它不仅价格低廉，且无任何公害，是 21 世纪环保型材料发展的重点之一。

1. 黏性防水粉

此类材料一般为水泥基粉状黏性的防水涂料，具有水硬性能，如“确保时（COP-ROX）”及中国建筑材料科学研究院研制的防水宝系列产品。

防水宝系列涂料主要以水泥为原材料，辅以成膜组分、憎水组分、催化剂等，以一定的配合比（0.3～0.4）与水混合后，即可形成胶凝性很强的浆体，直接涂刷于混凝土基体的表面。由于涂料本身与水泥、混凝土基体性能上的相似性，因此当在表面分 3 次涂刷至涂层厚度达到 1.5～3mm 时，即可很快在表面形成致密坚硬的防水涂层。

防水宝系列涂料的防水机理是以水泥为主要黏结材料，其中的成膜、憎水组分等在催化剂的作用下，与水泥一起，共同在基体表面形成结构致密的薄膜，封闭表面的裂缝、孔隙，从而堵塞水的通道；并且材料自身所具有的憎水特性，可以大大提高新生表面的表面张力，降低水的润湿能力，从而提高处理表面的防水性。

防水宝系列涂料为冷施工，对施工面要求不高，只要表面无油污、粘挂的粉尘、松散物即可，湿基面施工，表面须充分湿润，否则干后涂层将粉化或脱落。这种材料干固快，强度高，抗渗性好，黏结力强，无毒、无味，有一定的耐碱、耐老化性能，可广泛应用于一切新旧混凝土、房屋楼宇、地道隧道、水池、深度地下工程的设施，功能尤为独特。

2. 水泥基渗透结晶型防水涂料

水泥基渗透结晶型防水涂料是由硅酸盐水泥、石英砂、特殊活性物质及添加剂组成的无机粉末状防水涂料。与水作用后，硅酸盐活性离子通过载体向混凝土内部扩散渗透，与混凝土孔隙中的钙离子发生化学反应，生成不溶于水的硅酸盐结晶体填充混凝土毛细孔道，从而使混凝土结构致密，实现防水功能。

与高分子类有机防水涂料相比，这类防水材料具有以下几方面独特的性能：可以与混凝土组成完整、耐久的整体；可以在新鲜或初凝混凝土表面施工；固化快，48h后可以进行后续施工；可以抵抗海水和其他盐分的化学侵蚀，起到保护混凝土和钢筋作用；无毒，可用于饮用水工程。

第三节　建筑密封材料

建筑密封材料又称嵌缝材料，主要应用在板缝、接头、裂隙、屋面等部位。通常要求建筑密封材料具有良好的黏结性、抗下垂性、不渗水透气性，易于施工；还要求具有良好的弹塑性，能长期经受被粘构件的伸缩和振动，在接缝发生变化时不断裂、不剥落；并具有良好的耐老化性能，不受热和紫外线的影响，长期保持密封所需要的黏结性和内聚力等。

一、建筑密封材料的组成和分类

建筑密封材料的基材主要有油基、橡胶、树脂等有机化合物和无机类化合物，与防水涂料类似。其生产工艺也相对比较简单，主要包括溶解、混炼、密炼等过程。

建筑密封材料的防水效果主要取决于以下两个方面：一是油膏本身的密封性、憎水性和耐久性等；二是油膏和基材的黏附力。黏附力的大小与密封材料对基材的浸润性、基材的表面性状（粗糙度、清洁度、温度和物理化学性质等）以及施工工艺密切相关。

建筑密封材料按形态的不同，一般可分为不定型密封材料和定型密封材料两大类，见表8-3。不定型密封材料常温下呈膏体状态；定型密封材料是将密封材料按密封工程特殊部位的不同要求制成带、条、方、圆、垫片等形状。定型密封材料按密封机理的不同，可分为遇水膨胀型和非遇水膨胀型两类。

表8-3　建筑密封材料的分类及主要品种

分类	类型		主要品种
不定型密封材料	非弹性密封材料	油性密封材料	普通油膏
		沥青基密封材料	橡胶改性沥青油膏、桐油改性沥青油膏、石棉沥青腻子、沥青鱼油油膏、苯乙烯焦油油膏
		热塑性密封材料	聚氯乙烯胶泥、改性聚氯乙烯胶泥、塑料油膏、改性塑料油膏
	弹性密封材料	溶剂型弹性密封材料	丁基橡胶密封膏、氯丁橡胶橡胶密封膏、氯磺化聚乙烯橡胶密封膏、丁基氯丁再生胶密封膏、橡胶改性聚酯密封膏
		水乳型弹性密封材料	水乳丙烯酸密封膏、水乳氯丁橡胶密封膏、改性EVA密封膏、丁苯胶密封膏
		反应型弹性密封材料	聚氨酯密封膏、聚硫密封膏、硅酮密封膏
定型密封材料	密封条带		铝合金门窗橡胶密封条、丁腈胶-PVC门窗密封条、自黏性橡胶、水膨胀橡胶、PVC胶泥墙板防水带
	止水带		橡胶止水带、嵌缝止水密封胶、无机材料基止水带、塑料止水带

二、常用建筑密封材料

1. 橡胶沥青油膏

它具有良好的防水、防潮性能，黏结性好，延伸率高，耐高低温性能好，老化缓慢，适用于各种混凝土屋面、墙板及地下工程的接缝密封等，是一种较好的密封材料。

2. 聚氯乙烯胶泥

其主要特点是生产工艺简单，原材料来源广，施工方便，具有良好的耐热性、黏结性、弹塑性、防水性以及较好的耐寒性、耐腐蚀性能和耐老化性能。适用于各种工业厂房和民用建筑的屋面防水嵌缝，以及受酸碱腐蚀的屋面防水，也可用于地下管道的密封和卫生间等。

3. 有机硅建筑密封膏

有机硅建筑密封膏具有优良的耐热、耐寒、耐老化及耐紫外线等耐候性能，与各种基材（如混凝土、铝合金、不锈钢、塑料等）有良好的黏结力，并且具有良好的伸缩耐疲劳性能，防水、防潮、抗震、气密、水密性能好。适用于各类建筑物和地下结构的防水、防潮和接缝处理。

4. 聚硫橡胶密封材料

这类密封材料的特点是弹性特别高，能适应各种变形和振动，黏结强度好（0.63MPa）、抗拉强度高（1～2MPa）、延伸率大（500%以上）、直角撕裂强度大（8kN/m），并且还具有优异的耐候性，极佳的气密性和水密性，良好的耐油、耐溶剂、耐氧化、耐湿热和耐低温性能，使用温度范围广，对各种基材（如混凝土、陶瓷、木材、玻璃、金属等）均有良好的黏结性能。

聚硫橡胶密封材料适用于混凝土墙板、屋面板、楼板、地下室等部位的接缝密封以及金属幕墙，金属门窗框架四周，中空玻璃的防水、防尘密封等。

5. 聚氨酯弹性密封膏

聚氨酯弹性密封膏对金属、混凝土、玻璃、木材等均有良好的黏结性能，具有弹性大、延伸率大、黏结性好、耐低温、耐水、耐油、耐酸碱、抗疲劳及使用年限长等优点。与聚硫、有机硅等反应型建筑密封膏相比，价格较低。

聚氨酯弹性密封膏广泛应用于墙板、屋面、伸缩缝等勾缝部位的防水密封工程，以及给水排水管道、蓄水池、游泳池、道路桥梁、机场跑道等工程的接缝密封与渗漏修补，也可用于玻璃、金属材料的嵌缝。

6. 水乳型丙烯酸密封膏

该类密封材料具有良好的黏结性能、弹性和低温柔韧性能，无溶剂污染、无毒、不燃，可在潮湿的基层上施工，操作方便，特别是具有优异的耐候性和耐紫外线老化性能，属于中档建筑密封材料，其使用范围广、价格便宜、施工方便，综合性能明显优于非弹性密封膏和热塑性密封膏，但要比聚氨酯、聚硫、有机硅等密封膏差一些。该密封材料材料中含有约15%的水，故在温度低于0℃时不能使用，而且要考虑其中水分的散发所产生的体积收缩，对吸水性较大的材料（如混凝土、石料、石板、木材等多孔材料）构成的接缝的密封比较适宜。

水乳型丙烯酸密封膏主要用于外墙伸缩缝、屋面板缝、石膏板缝、给水排水管道与楼屋面接缝等处的密封。

7. 化学灌浆材料

化学灌浆材料又称防水浆材，属建筑防水材料范围。化学灌浆材料的特性有：它是真溶液，水不分层，无沉淀；黏度低；固化或胶凝时间可人为控制；可用泵灌入裂缝，具有原位修复止水结构或单独构建防渗帷幕之功能，特别适用于地下隐蔽工程；固化或胶凝时体积收缩很小；固化物或胶凝体本身不渗水；固化物或胶凝体耐久性良好。这些特点和功能是建筑防水材料所不具备且无法替代的。因此，化学灌浆材料在防水工程上具有特殊的重要性。

常用的化学灌浆材料按性能与用途不同，大致分为两大类：第一类是防渗止水型，包括水玻璃、丙烯酸盐、聚氨酯和木质素浆体4大系列品种。第二类是补强加固型，包括环氧树脂与甲基丙烯酸甲酯浆材两大系列品种。

化学灌浆材料和技术特别适用于工程建设中的堵漏止水、帷幕防渗、地基加固和裂缝修补，主要应用于水电、建筑、采矿和交通4个行业。

8. 止水带

止水带也称为封缝带，是处理建筑物或地下构筑物接缝（伸缩缝、施工缝、变形缝）而采用的一类定型防水密封材料。常用品种有橡胶止水带、嵌缝止水密封胶、无机材料基止水条（BW 复合止水带）及塑料止水带等。

（1）橡胶止水带　它具有良好的弹塑性、耐磨性和抗撕裂性能，适应变形能力强，防水性能好。但使用温度和使用环境对物理性能有较大的影响，当作用于止水带上的温度超过50℃，以及受强烈的氧化作用或受油类等有机溶剂的侵蚀时不宜采用。橡胶止水带一般用于地下工程、小型水坝、储水池、地下通道、河底隧道、游泳池等工程的变形缝部位的隔离防水以及水库、输水洞等处闸门的密封止水。

（2）嵌缝止水密封胶　它能和混凝土、塑料、玻璃、钢材等材料牢固粘合，具有优良的耐气候老化性能及密封止水性能，同时还具有一定的机械强度和较大的伸长率，可在较大的温度范围内适应基材的热胀冷缩变化，并且施工方便，质量可靠，可大大减少维修费用。它主要用于建筑和水利工程等混凝土建筑物的接缝、电缆接头、汽车挡风玻璃、建筑用中空玻璃及其他用途的止水密封。

（3）无机材料基止水带　它具有优良的黏结力和延伸率，可以利用自身的黏性直接粘在混凝土施工缝表面。它是静水膨胀材料，遇水可快速膨胀，封闭结构内部的细小裂缝和孔隙，止水效果好。其主体材料为无机类，又包于混凝土中间，故不存在老化问题。这种止水带适用于各种地下工程防水混凝土的水平缝和垂直缝，主要代替橡胶止水带和钢板止水带使用，以及地面各种存水设施、给水排水管道的接缝防水密封等。

此类止水带主要是指膨润土橡胶遇水膨胀止水带，它是以性能优良的膨润土为基础材料，通过物理和化学改性，使其具有吸水膨胀性能，在约束条件下使用能彻底止水防渗，效果极佳，且施工方便，价格低廉，其产品性能达到国际先进水平。

膨润土橡胶遇水膨胀止水带的性能特点是阻水能力强，抗渗效果好；具有自黏性，可依靠自身黏结力粘贴在使用部位，操作简便，省工省时；耐老化，抗腐蚀，具有可靠的耐久性和显著的自愈功能，当施工缝处因微量的墙体及地基的沉降而出现裂隙时，该止水带可继续吸水膨胀堵塞新的孔隙，自动强化防水效果；产品在水泥浆中（pH=14）吸水膨胀率很小，不会出现由于吸收现浇混凝土中的拌和水，产生预先膨胀而丧失其阻水抗渗能力的现象。

以膨润土为主要原料，添加橡胶及其他助剂加工而成的遇水膨胀止水带，适用于各种建筑物、构筑物、隧道、地下工程的缝隙止水防渗。

（4）塑料止水带　塑料止水带的优点是原料来源丰富，价格低廉，耐久性好，物理力学性能能满足使用要求。可用于地下室、隧道、涵洞、溢洪道、沟渠等的隔离防水。

9. 密封条带

根据弹性性能不同，密封条带可分为非回弹、半回弹型和回弹型 3 种。非回弹型以聚丁烯为基料，并用少量低分子量聚异丁烯或丁基橡胶增强，或以低分子量聚异丁烯为基料，可用于二次密封，装配玻璃、隔热玻璃等。半回弹型往往以丁基橡胶或较高分子量的聚异丁烯为基料。高回弹型密封带以固化丁基橡胶或氯丁橡胶为基料，两者可用于幕墙和预制构成，也可用于隔热玻璃等。

作为衬垫使用的定型密封材料，由于其必须在压缩作用下工作，故要由高恢复性的材料制成。预制密封垫常用的材料有氯丁橡胶、三元乙丙橡胶、海帕伦、丁基橡胶等。氯丁橡胶由于恢复率优良，故在建筑及公路上的应用处于领先地位。以三元乙丙为基料的产品性能更好，但价格更贵。

在我国，目前该类材料的品种和使用量还相对较少，主要品种有丁基密封腻子、铝合金门窗橡胶密封条、丁腈胶-PVC门窗密封条、彩色自黏性密封条、自黏性橡胶、遇水膨胀橡胶以及PVC胶泥墙板防水带等。

(1) 丁基密封腻子　它是以丁基橡胶为基料，添加增塑剂、增黏剂、防老化剂等辅助材料配成的一种非硫型建筑密封材料（不干性腻子）。它具有寿命长，价格较低，无毒、无味、安全等特点，具有良好的耐水黏结性和耐候性，带水堵漏效果好，使用温度范围大，能在－40℃～100℃范围内长期使用，且与混凝土、金属、熟料等多种材料具有良好的黏结力，可冷施工，使用方便。它适用于建筑防水密封，涵洞、隧道、水坝、地下工程的带水堵漏密封，环保工程管道密封等。在建筑密封方面，它可用于外墙板接缝、卫生间防水密封、大型屋面伸缩缝嵌缝、活动房屋嵌缝等。

(2) 丁腈胶-PVC门窗密封条　它具有较高的强度和弹性，适当的硬度和优良的耐老化性能。该产品广泛应用于建筑物门窗、商店橱窗、地柜和铝型材的密封配件，镶嵌在铝合金和玻璃之间，能起固定、密封和轻度避震作用，防止外界灰尘、水分等进入系统内部，广泛用于铝合金门窗的装配。

(3) 彩色自黏性密封条　它具有优良的耐久性、气密性、黏结力和伸长率。它适用于混凝土、塑料、金属构件、玻璃、陶瓷等各种接缝的密封，也广泛用于铝合金屋面接缝、金属门窗框的密封等。

(4) 自黏性橡胶　该类产品具有良好的柔顺性，在一定压力下能填充到各种裂缝及空洞中去，延伸性能良好，能适应较大范围的沉降错位，具有良好的耐化学性和极优良的耐老化性能，能与一般橡胶制成复合体。可单独作腻子用于接缝的嵌缝防水，或与橡胶复合制成嵌条用于接缝防水，也可用作橡胶密封条的辅助黏结嵌缝材料。该类产品广泛用于工农业给水排水工程、公路工程、铁路工程以及水利和地下工程。

(5) 遇水膨胀橡胶　它是一种既具有一般橡胶制品的性能，又能遇水膨胀的新型密封材料。该材料具有优良的弹性和延伸性，在较宽的温度范围内均可发挥优良的防水密封作用。遇水膨胀倍率可在100%～500%之间调节，耐水性、耐化学性和耐老化性良好，可根据需要加工成不同形状的密封嵌条、密封圈、止水带等，也能与其他橡胶复合制成复合防水材料。遇水膨胀橡胶主要用于各种基础工程和地下设施（如隧道、地铁、给水排水工程）中的变形缝、施工缝的防水、混凝土、陶瓷、塑料管、金属等各种管道的接缝防水等。

(6) PVC胶泥墙板防水带　其特点是胶泥条经加热后与混凝土、砂浆、钢材等有良好的黏结性能，防水性能好，弹性较大，高温不流淌，低温不脆裂，因而能适应大型墙板因荷载、温度变化等原因引起的构件变形。它主要用于混凝土墙板的垂直和水平接缝的防水。胶泥条一般采用热粘法操作。

第四节　防水材料在使用中应注意的问题

一、防水卷材应在干燥的基层上铺贴

卷材屋面产生鼓泡的原因，主要是铺贴卷材时，粘贴不实的部位窝有水分和气体。当这些部位受到阳光照射或人工热源影响后，水分和气体体积膨胀，就会形成鼓泡。卷材要求铺贴在干燥的基层（保温层和找平层）上，其目的是为了避免防水层产生鼓泡，这也是保证卷材屋面施工质量的一个首要前提。

关于基层的干燥程度，我国的有关施工及验收规范未作出明确规定。一般认为，对于水泥类（包括砂浆和混凝土）材料，其含水率不宜大于6%；对于隔热层中的材料，其含水率应相当于当地该种隔热材料在自然风干状态下的含水率。有关试验指出，泡沫混凝土的含水

率宜控制在15%～25%之间；炉渣混凝土的含水率宜控制在10%左右；其他隔热材料应经过试验确定。

二、在卷材防水层中要保证油毡有一定的搭接宽度

在卷材屋面中，油毡的长边搭接宽度不应小于70mm，短边搭接宽度不应小于100mm。当第一层油毡采用条铺和空铺时，其搭接宽度长边不应小于100mm，短边不应小于150mm。之所以要作这样的规定，是为了使油毡铺贴后有良好的防渗漏水能力，同时使相邻油毡之间具有足够的黏结力和整体性，当遇到大风暴雨时，不致因搭接宽度不够而使油毡接缝处掀起、渗漏。另一方面，若油毡搭接宽度不够，在温差影响下，容易因油毡收缩而引起接头的开裂。

三、乳化沥青不适用于冬季和雨季施工

乳化沥青是借助乳化剂，在机械的强力搅拌下，将熔化的沥青分散成很细的颗粒（一般直径在1～10μm之间）浮于水中所形成均匀稳定的乳状液体，化学上属于乳浊液（>0.1μm）的范畴。将乳化沥青涂于基层上，由于水分蒸发，沥青颗粒凝聚成膜，即形成沥青防水层。用它作为屋面防水材料时，常掺入滑石粉、颜料、石棉纤维等填充料，或结合玻璃丝毡片使用，以提高其耐热、抗老化及柔韧性。

采用乳化沥青，由于用水代替了有机溶剂，材料来源广，成本低；革新了热沥青的施工方法，改善了操作条件，并能在稍微潮湿的基层上施工，有一定的实用意义，但抗裂性较差、易老化等问题尚待进一步解决。

乳化沥青不适于冬季和雨季施工，是因为乳化沥青中的水在冬季负温度下会结冰，形成不了防水沥青膜。另外，由于乳化沥青的结膜时间较长，约需24h以上，雨季施工期间除有足够的措施防止雨淋外，将难以保证工程质量。

四、沥青起火时不能用水扑救

沥青是一种易燃物质，熬制时由固体转化为液体，如同汽油、柴油、苯、酒精、动植物油、润滑油等易燃物质一样，一旦着火，火势大，温度极高，而且很易蔓延。更因水油不相溶，泼入火中的水还会把燃烧中的液态沥青击溅四方，起到扩散火头的作用。所以沥青起火时用水扑救，达不到灭火效果。

扑救火灾的方法，一般有隔离法、窒息法和冷却法3种。沥青熔锅着火时，主要采用窒息法来扑灭。最简便的方法是迅速盖紧锅盖，隔绝空气，也可用泡沫灭火器。使用泡沫灭火器时，不要将泡沫直接喷射到沥青熔液上，而应将泡沫喷在沥青熔锅的内壁，让它流下覆盖液面。二氧化碳灭火剂具有吸热和窒息作用，也适合扑救沥青火灾。但露天使用时，二氧化碳气体容易被风吹散，起不到应有的效果。砂土用来扑救流散在地面上的着火沥青最为适合，但不适宜扑救沥青熔锅起火，还应迅速将附近没有被燃烧的油罐、油桶隔开，或用水冷却，防止由于辐射热引起的燃烧或爆炸。

五、地下工程防水处理目前主要采用的方法

地下工程防水处理目前主要采用以下4种方法。

（1）混凝土结构自防水法　就是采用防水混凝土来衬砌地下工程结构，在结构设计、材料选用、施工要求等方面采取一系列措施，使混凝土衬砌既能起到结构的承重作用，又能起到防水作用。

（2）外贴卷材防水法　就是在地下工程结构的外表面粘贴沥青卷材防水层。这种防水法需要热施工，条件恶劣，不易保证质量，而且造价高，费时、费工，容易引起沥青中毒、烫

伤。但由于外贴卷材能够保护地下工程结构免受地下水侵蚀、渗透和毛细作用的有害影响，因此目前仍得到广泛应用。卷材冷贴施工法的出现，为地下工程采用卷材防水层开辟了更广阔的前景。

(3) 抹面防水法　就是在地下工程结构的内表面或外表面做防水抹面。此法当前在地下工程防水中被广泛采用，特别是在结构自防水（防水混凝土）或外贴卷材防水失效后用于补救。抹面防水的做法很多，但通过大量试验和工程实践证明，效果比较好的还是傅振海防水抹面五层做法。

(4) 涂面防水法　就是在地下工程结构的内表面或外表面涂刷或喷涂防水涂料。目前我国生产的防水涂料，大多数与混凝土基面（特别是潮湿基面）黏结强度较低，不能抵抗较高的动水压力渗透，因此一般只用作防潮层，以保护结构免受地下水侵蚀性介质的有害影响，或用作隔潮、降湿，以减少地下工程结构的散湿量。有的涂料可用作储液构筑物的内衬防渗材料。

六、地下工程卷材防水宜采用外防水做法

将卷材防水层粘贴在地下工程迎水面通常称为外防水，贴于背水面称内防水。卷材外防水可以保护地下工程主体结构免受地下水有害作用的影响；防水层可以借助土压力压紧，并可和承重结构一起抵抗有压地下水的渗透。而内防水做法不能保护主体结构，且必须另设一套内衬结构压紧防水层，以抵抗有压地下水的渗透，有时甚至需设置锚栓将防水层及支承结构连成整体。因此，一般掘开施工的地下工程都不采用内防水做法，只是暗挖施工的地下工程必须采用卷材而又无法采用外防水做法时，才采用内防水做法。

七、变形缝防水处理必须采用柔性材料，并宜设置多道防线

变形缝是伸缩缝和沉降缝的总称。伸缩缝是为了适应温度变化引起混凝土伸缩而设置的缝。沉降缝是为了适应地下工程相邻部分因不同荷载、不同地基承载力可能引起不均匀沉陷而设置的缝。伸缩缝和沉降缝应尽可能合在一起设置，此时可总称为变形缝；变形缝的宽度一般为 20～30mm。由于柔性材料抗变形能力强，能更好地适应收缩、膨胀、沉降以及像地震一样的突加荷载引起的不均匀变形，变形缝的防水处理就必须采用柔性材料。

变形缝防水处理不好，将造成地下工程严重漏水，甚至涌水而被淹没。而一旦变形缝渗漏水，就很难处理。为此，变形缝的防水处理，都要求采用多道防线。通过二十多年的工程实践证明，埋设橡胶或塑料止水带是变形缝防水处理中较为成功的一种方法。但仅此一道防线，尚不够可靠。因为埋设止水带时，容易嵌固不严或造成卷边；止水带周围的混凝土也难免捣固不良，从而造成渗漏。因此，除施工时应注意将止水带准确就位，并使止水带周围的混凝土密实外，还应在迎水面加设止水带或加贴高质量的防水卷材，如沥青胶粉无胎油毡、氯丁胶片等。

思　考　题

1. 简述建筑防水材料的类别及特点。
2. 合成高分子防水卷材的特点及适用范围是什么？
3. 建筑密封材料有哪些品种，各有什么特点？

第九章　新型建筑防火材料

火灾是当今世界上常发性灾害中发生频率较高的一种灾害。随着城市人口的密集化、住宅建筑的高层化和新型建筑材料的广泛使用，引起火灾的可能性不断增加，火灾事故对人民生命财产的危害已成为城市灾害的主要威胁之一。火灾的发生，给人类造成巨大的财产损失和人员伤亡。

统计表明，在各类火灾中，建筑火灾占火灾总数的79%，死伤占82%，经济损失严重。因此，加速预防和控制建筑火灾的发生，减少火灾后造成的损失，对城市发展和经济建设以及国防建设都具有重要的意义。其中，开发研制难燃、不燃和防火的建筑材料，发展阻燃技术是提高火灾预防和控制能力的一项重要技术措施。

一、建筑材料的火灾特性

建筑材料的火灾特性包括建筑材料的燃烧性能、耐火极限、燃烧时的毒性和发烟性。

(1) 燃烧性能　燃烧性能是指材料燃烧或遇火时所发生的一切物理、化学变化。其中，着火的难易程度、火焰传播快慢以及燃烧时的发热量，均对火灾的发生和发展具有重要的意义。

(2) 耐火极限　耐火极限是指在标准耐火试验条件下，建筑构件、配件或结构从受到火的作用时起，到失去稳定性、完整性或隔热性时止的这段时间。建筑构件的耐火极限决定了建筑物在火灾中的稳定程度及火灾发展的快慢程度。

(3) 毒性　毒性包括建筑材料在火灾中受热发生热分解释放出的热分解产物和燃烧产物对人体的毒害作用。统计表明，火灾使人致死的原因主要不是烧死，而是中毒致死，或先中毒昏迷而后烧死，直接烧死的只占少数。

(4) 发烟性　发烟性是指建筑材料在燃烧或热解作用中，所产生的悬浮在大气中可见的固体和液体微粒。固体微粒就是炭粒子，液体微粒主要是指一些焦油状的液滴。材料燃烧时的发烟性大，着火后能见度小，从而使人从火场中逃生变得困难，同时也影响消防人员的扑救工作。

二、建筑材料燃烧性能的分级与评定

随着火灾科学和消防工程学科领域研究的不断深入和发展，对燃烧特性的内涵也从单纯的火焰传播和蔓延，扩展到燃烧热释放速率、燃烧热释放量、燃烧烟密度以及燃烧产物毒性等参数。

2002年，欧盟标准委员会（EN）制定并颁布了欧盟统一的材料燃烧性能分级标准，即《建筑制品和构件的火灾分级》（EN 13501—1：2002）（第一部分：用对火反应试验数据的分级），统一了建筑制品对火灾反应燃烧性能分级的程序。而EN 13501—1的分级体系正是积极地考虑了上述特性参数，因而更科学。同时，EN 13501—1规定的试验方法既考虑了实际的火灾场景，又考虑了材料的最终用途，因而更有实际代表性。基于上述原因，参照EN 13501—1对《建筑材料及制品燃烧性能分级》（GB 8624—1997）进行全面修订后的新标准《建筑材料及制品燃烧性能分级》（GB 8624—2006），对我国建筑材料及制品燃烧性能分级体系进行了根本性改变，即建筑材料燃烧性能分为A1、A2、B、C、D、E、F或$A1_{f1}$、$A2_{f1}$、B_{f1}、C_{f1}、D_{f1}、E_{f1}、F_{f1}或$A1_L$、$A2_L$、B_L、C_L、D_L、E_L、F_L7个级别。其中，下标f1和L分别表示铺地材料和管道隔热材料的燃烧性能等级，见表9-1和表9-2。

表 9-1　建筑材料及制品（铺地材料除外）的燃烧性能分级

等级	试验标准	分级依据	附加分数
A1	GB/T 5464① 且	$\Delta T\leqslant 30$℃ 且 $\Delta M\leqslant 50\%$ 且 $t_f=0$（无持续燃烧）	
	GB/T 14402	PCS≤2.0MJ/kg① 且 PCS≤2.0MJ/kg② 且 PCS≤1.4MJ/m③ 且 PCS≤2.0MJ/kg④	
A2	GB/T 5464① 或　且	$\Delta T\leqslant 50$℃ 且 $\Delta M\leqslant 50\%$ 且 $t_f=20$s	
	GB/T 14402	PCS≤3.0MJ/kg① 且 PCS≤4.0MJ/kg② 且 PCS≤4.0MJ/m²③ 且 PCS≤3.0MJ/kg④	
	GB/T 20284 且	FIGRA≤120W/s 且 LFS<试样边缘 且 $THR_{600s}\leqslant 7.5$MJ	产烟量⑤且燃烧滴落物/微粒⑥
	GB/T 20285		产烟毒性⑨
B	GB/T 20284 且	FIGRA≤120W/s 且 LFS<试样边缘 且 $THR_{600s}\leqslant 7.5$MJ	产烟量⑤且燃烧滴落物/微粒⑥
	GB/T 8626⑧ 点火时间为 30s 且	60s 内 $F_s\leqslant 150$mm	
	GB/T 20285		产烟毒性⑨
C	GB/T 20284 且	FIGRA≤250W/s 且 LFS<试样边缘 且 $THR_{600s}\leqslant 15$MJ	产烟量⑤且燃烧滴落物/微粒⑥
	GB/T 8626⑧ 点火时间为 30s 且	60s 内 $F_s\leqslant 150$mm	
	GB/T 20285		产烟毒性⑨
D	GB/T 20284	FIGRA≤750W/s	产烟量⑤且燃烧滴落物/微粒⑥
	GB/T 8626⑧ 点火时间为 30s	60s 内 $F_s\leqslant 150$mm	
E	GB/T 8626⑧ 点火时间为 30s	20s 内 $F_s\leqslant 150$mm	燃烧滴落物/微粒⑦
F	无性能要求		

① 匀质制品和非匀质制品的主要组分。

② 非匀质制品的外部次要组分；另一个可选择的判据是：对 PCS≤2.0MJ/m² 的外部次要组分，则要求满足 FIGRA≤20W/s、LFS<试样边缘、$THR_{600s}\leqslant 4.0$MJ、s_1 和 d_0。

③ 非匀质制品的任一内部次要组分。

④ 整体制品。

⑤ 在试验程序的最后阶段，需对烟气测量系统进行调整，烟气测量系统的影响需要进一步研究。由此导致评价产烟量的参数或极限值的调整。

s_1：SMOGRA≤30m²/s²，且 TSP≤50m²；s_2：SMOGRA≤180m²/s²，且 $TSP_{600s}\leqslant 200$m²；s_3：未达到 s_1 或 s_2。

⑥ d_0 按 GB/T 20284 的规定，600s 内燃烧滴落物/微粒。

d_1 按 GB/T 20284 的规定，600s 内燃烧滴落物/微粒持续时间不超过 10s。

d_2 未达到 d_0 或 d_1。

按照 GB/T 8626 的规定，过滤纸被引燃，则该制品为 d_2 级。

⑦ 通过：过滤纸未被引燃。

未通过：过滤纸被引燃（d_2 级）。

⑧ 火焰轰击制品的表面和（如果适合该制品的最终应用）边缘。

⑨ t_0 按 GB/T 20285 规定的试验方法，达到 ZA1 级。

t_1 按 GB/T 20285 规定的试验方法，达到 ZA3 级。

t_2 未达到 t_0 或 t_1。

表 9-2　铺地材料的燃烧性能分级

等级	试验标准	分级依据	附加分数
$A1_{fl}$	GB/T 5464① 且	$\Delta T \leqslant 30$℃ 且 $\Delta M \leqslant 50\%$ 且 $t_f=0$（无持续燃烧）	
	GB/T 14402	PCS≤2.0MJ/kg① 且 PCS≤2.0MJ/kg② 且 PCS≤1.4MJ/m③ 且 PCS≤2.0MJ/kg④	
$A2_{fl}$	GB/T 5464① 或 且	$\Delta T \leqslant 50$℃ 且 $\Delta M \leqslant 50\%$ 且 $t_f=20$s	
	GB/T 14402	PCS≤3.0MJ/kg① 且 PCS≤4.0MJ/kg② 且 PCS≤4.0MJ/m²③ 且 PCS≤3.0MJ/kg④	
	GB/T 11785⑤ 且	临界热辐射量 CHF⑥≥8.0kW/m²	产烟量⑦
	GB/T 20285		产烟毒性⑨
B_{fl}	GB/T 11785⑤ 且	临界热辐射量 CHF⑥≥8.0kW/m²	产烟量⑦
	GB/T 8626⑧ 点火时间为 15s 且	20s 内 $F_s \leqslant 150$mm	
	GB/T 20285		产烟毒性⑨
C_{fl}	GB/T 11785⑤ 且	临界热辐射量 CHF⑥≥4.5kW/m²	产烟量⑦
	GB/T 8626⑧ 点火时间为 15s 且	20s 内 $F_s \leqslant 150$mm	
	GB/T 20285		产烟毒性⑨
D_{fl}	GB/T 11785⑤ 且	临界热辐射量 CHF⑥≥3.0kW/m²	产烟量⑦
	GB/T 8626⑧ 点火时间为 15s 且	20s 内 $F_s \leqslant 150$mm	
E_{fl}	GB/T 8626⑧ 点火时间为 15s	20s 内 $F_s \leqslant 150$mm	
F_{fl}	无性能要求		

① 匀质制品和非匀质制品的主要成分。

② 非匀质制品的外部次要组分。

③ 非匀质制品的任一内部次要组分。

④ 整体制品。

⑤ 试验时间 30min。

⑥ 临界热辐射通量是指火焰熄灭时的热辐射通量或试验进行 30min 后的热辐射通量，取两者较低值（该热辐射通量对应于火焰传播的最远距离处）。

⑦ s_1：SMOGRA≤30m²/s²，且 TSP≤50m²。

⑧ 火焰轰击制品的表面和（如果适合该制品的最终应用）边缘。

⑨ t_0 按 CB/T 20285 规定的试验方法，达到 ZA1 级。

t_1 按 CB/T 20285 规定的试验方法，达到 ZA3 级。

t_2 未达到 t_0 或 t_1。

三、建筑防火要求

1. 民用建筑物及其构件耐火等级要求

根据《建筑设计防火规范》(GB 50016—2006)，民用建筑的耐火等级分为 4 级，构件的燃烧性能和耐火极限应符合表 9-3 的规定。

表 9-3　建筑物构件的燃烧性能和耐火极限

构件名称（燃烧性能和耐火极限／耐火等级）		一级	二级	三级	四级
墙	防火墙	不燃烧体 3.00	不燃烧体 3.00	不燃烧体 3.00	不燃烧体 3.00
	承重墙	不燃烧体 3.00	不燃烧体 2.50	不燃烧体 2.00	不燃烧体 0.50
	非承重墙	不燃烧体 1.00	不燃烧体 1.00	不燃烧体 0.50	燃烧体
	楼梯间的墙 电梯井的墙 住宅单元之间的墙 住宅分户墙	不燃烧体 2.00	不燃烧体 2.00	不燃烧体 1.50	难燃烧体 0.50
	疏散走道两侧的隔墙	不燃烧体 1.00	不燃烧体 1.00	不燃烧体 1.00	难燃烧体 0.50
	房间隔墙	不燃烧体 0.750	不燃烧体 0.500	不燃烧体 0.50	难燃烧体 0.25
柱		不燃烧体 3.00	不燃烧体 2.50	不燃烧体 2.00	难燃烧体 0.50
梁		不燃烧体 2.00	不燃烧体 1.50	不燃烧体 1.00	难燃烧体 0.50
楼板		不燃烧体 1.50	不燃烧体 1.00	不燃烧体 0.50	燃烧体
屋顶承重构件		不燃烧体 1.50	不燃烧体 100	燃烧体	燃烧体
疏散楼梯		不燃烧体 1.50	不燃烧体 1.00	不燃烧体 0.50	燃烧体
吊顶(包括吊顶搁栅)		不燃烧体 0.250	不燃烧体 0.25	不燃烧体 0.15	燃烧体

注：1. 除本规范另有规定者外，以木柱承重且以不燃烧材料作为墙体的建筑物，其耐火等级应按 4 级确定。

2. 二级耐火等级建筑的吊顶采用不燃烧体时，其耐火极限不限。

3. 在二级耐火等级的建筑中，面积不超过 100m^2 的房间隔墙，如执行本表的规定确有困难时，可采用耐火极限不低于 0.3h 的不燃烧体。

4. 一、二级耐火等级建筑疏散走道两侧的隔墙，按本表规定执行确有困难时，可采用 0.75h 不燃烧体。

2. 高层民用建筑防火要求

根据《高层民用建筑设计防火规范》(GB 50045—1995)，高层建筑的耐火等级分为一级和二级两级，建筑构件的燃烧性能和耐火极限应符合表 9-4 的规定。

表 9-4　高层建筑构件的燃烧性能和耐火极限

构件名称（燃烧性能和耐火极限）		耐火等级 一级	耐火等级 二级
墙	防火墙	不燃烧体 3.00	不燃烧体 3.00
	承重墙、楼梯间、电梯井和住宅单元之间的墙	不燃烧体 2.00	不燃烧体 2.00
	非承重墙、疏散走道两侧的隔墙	不燃烧体 1.00	不燃烧体 1.00
	房间隔墙	不燃烧体 0.75	不燃烧体 0.50
柱		不燃烧体 3.00	不燃烧体 2.50
梁		不燃烧体 2.00	不燃烧体 1.50
楼板、疏散楼梯、屋顶承重构件		不燃烧体 1.50	不燃烧体 100
吊顶		不燃烧体 0.25	难燃烧体 0.25

3. 装修材料防火要求

根据《建筑内部装修设计防火规范》(GB 50222—1995)，装修材料的燃烧性能分为 A、B1、B2、B3 共 4 个级别。表 9-5 为常用建筑内部装修材料燃烧等级划分。单层、多层、高层民用建筑内部各部位装修材料，地下民用建筑内部各部位装修材料以及厂房内部各部位装修材料的燃烧性能等级均有相应的规定。

表 9-5　常用建筑内部装修材料燃烧性能等级划分

材料类别	级别	材　料　举　例
各部位材料	A	花岗石、大理石、水磨石、水泥制品、混凝土制品、石膏板、石灰制品、黏土制品、玻璃、瓷砖、马赛克
顶棚材料	B_1	纸面石膏板、纤维石膏板、水泥刨花板、矿棉装饰吸声板、玻璃棉装饰吸声板、珍珠岩装饰吸声板、难燃胶合板、难燃中密度纤维板、岩棉装饰板 难燃木材、铝箔复合材料、难燃酚醛胶合板、铝箔玻璃钢复合材料等
墙面材料	B_1	纤维石膏板、水泥刨花板、矿棉板、玻璃棉板、珍珠岩板、难燃胶合板、难燃中密度纤维板、防火塑料装饰板、难燃双面刨花板、多彩涂料、难燃墙纸、难燃墙布、难燃仿花岗岩装饰板、氯氧镁水泥装配式墙板、难燃玻璃钢平板、PVC 塑料护墙板、轻质高强复合墙板、阻燃模压木质复合板材、彩色阻燃人造板、难燃玻璃钢板
	B_2	各类天然木材、木制人造板、竹材、纸制装饰板、装饰微薄木贴面板、印刷木纹人造板、塑料贴面装饰板、聚酯装饰板、复塑装饰板、塑纤板、胶合板、塑料壁纸、无纺贴墙布、墙布、复合壁纸、天然材料壁纸、人造革等
地面材料	B_1	硬 PVC 塑料地板、水泥刨花板、水泥木丝板、氯丁橡胶地板等
	B_2	半硬 PVC 塑料地板、PVC 卷材地板、木地板氯纶地毯
装饰材料	B_1	经阻燃处理的各类难燃织物等
	B_2	纯毛装饰布、纯麻装饰布、经阻燃处理的其他织物等
其他装饰材料	B_1	聚氯乙烯塑料、酚醛塑料、聚碳酸酯塑料、聚四氟乙烯塑料、三聚氰胺、脲醛塑料、硅树脂塑料装饰型材、经阻燃处理的各类织物等，另见顶棚材料和墙材料中有关材料
	B_2	经阻燃处理的聚乙烯、聚丙烯、聚氨酯、聚苯乙烯、玻璃钢、化纤织物、木制品等

第一节　建筑火灾危害与分析及阻燃技术的发展

一、建筑火灾的危害与分析

火灾是当今世界上常发性灾害中发生频率较高的一种灾害，又是时空跨度上最大的一种灾害，火灾不仅可以发生在有人类活动的广阔的生活、生产领域内，也可能发生在沉睡的矿井下，浩瀚的汪洋大海上（如石油钻井平台上、海轮舰艇上），一望无际的原始森林中，乃至太空的航天飞行器上。

严峻的火险与火灾形势，随着世界各国经济和城市建设的发展，越来越惊人地显示出来。统计表明，建筑火灾占火灾总数的 79%，死伤占 82%。

在建筑火灾中，高层建筑的火灾问题日益引起社会的关注。一是近年来我国城市中高层建筑的数量增长很快，高层建筑、摩天大楼往往被认为是城市现代化的标志之一；二是高层建筑的火灾危险大，一旦发生火灾，如果控制不及时，火势蔓延迅猛，扑救困难，造成损失严重，后果影响大。

在建筑火灾中，高层建筑火灾所造成的人员伤亡和经济损失又是引人注目的。

火灾的发生，既有自然因素，又有社会因素。从这样的观点出发，火灾既是自然现象，往往又是社会现象。例如，在 2009 年的元宵节，央视新址北配楼的大火已经让公众对高楼大火不再陌生，这场大火就是有人违规燃放烟花爆竹所致，所幸那是一栋未交付使用的大楼，没有造成太大的人员伤亡。但是 2010 年 15 日下午，上海静安区胶州路 728 号的一幢 28 层民宅发生的严重火灾却非常惨痛，这场特大火灾导致 58 人遇难，70 多人受伤接受治疗，其中 17 人伤势严重。

着火的大楼有 28 层，高度尚未有报道，但有消息称，“用 90m 的云梯车要居高临下压制火势也很吃力”。可见这幢楼房是高层建筑。比如，按照日本的标准，超过 60m 的建筑就属于超高型。目前，我国各地都在建造高层和超高层建筑，如何应对这些摩天大楼的火灾，理应成为确保城市安全的一个重要课题。

综上所述，人们在研究自然科学和社会科学的深化过程中，必然也要研究火灾发生、蔓延、传播、熄灭等自然现象和规律，更要研究火灾对人类赖以生存的社会环境的影响关系，研究抗御火灾的对策，以提高人类社会的综合抗灾能力，从而保持社会经济实力与社会抗灾保障实力的同步协调发展。

高层建筑着火，在世界各地都算得上是大事，大体上也都会得到同样的重视。高层建筑的“身份”，使得它的安全问题也成为人们经常议论的话题。谈到安全，人们首先想到的可能就是火灾。其实，超高建筑最早在美国出现，就与一场火灾有关。

1871 年 10 月 8 日，芝加哥燃起了一场熊熊大火，不到两天，整个城市便化为灰烬。火灾过后，人们在重建时为了节约市中心的用地，选择了高层建筑。也是从那时起，钢结构开始逐步取代木材，超高建筑物的防火性能因此大为提高。

在一般人看来，当高层建筑有了钢结构，就不大会发生火灾了。其实这还远远不够。钢结构要具有防火的性能，还需要更为可靠的保护层。

一般的钢结构如果不加保护层，会在温度超过 450℃后出现变形，而当温度超过 650℃，断裂的危险就会加大。在此温度下，钢结构的耐火时间只有十几分钟。因此，现代高层建筑的防火性能主要取决于钢结构的保护层。

“9·11 事件”后发表的事故调查报告说，世贸中心两座百层塔楼坍塌的主要原因是火焰燃烧的温度超过了 700℃，钢结构的保护层在大火燃烧后熔化，导致整个钢结构垮塌。事件发生后，美国建筑材料业已吸取了教训，对钢结构的保护层做出了改进。

一般来说，钢结构的摩天大楼应当说是相当安全的，绝大多数这样的高层建筑都不会因火灾而坍塌，这主要就是得益于钢结构防护层技术的发展。此外，钢结构的摩天大楼也往往具有较好的抗震性，在地震袭来时最多只会出现部分坍塌。

那么，是不是工作或生活在摩天大楼里，就是绝对安全了呢？当然不是。摩天大楼也有安全的“软肋”，它需要应对像火灾、断水、断电或地震等各种各样可能出现的突发事件，但最主要的还是如何在突发事件发生后，尽快疏散大楼里的人员。

高层建筑改善了人们的居住条件，改变了城市的风景线，给城市增添了现代化的亮丽光彩，但高层建筑的增多，也给城市居民的生存安全带来了新的挑战。其实，现代化的进程原本就是这样，在旧的问题解决的同时，新的问题也会出现。既然选择了高层建筑作为工作、生活之地，我们也会找到应对它的“软肋”的方式。

如果高楼林立的城市理念不能得到改变，那么个体的防火意识、自救能力，能够在各种公共教育体系中充足起来，高压水枪、云梯、灭火直升机等外部灭火设备以及有关方面对消防安全的重视程度，能够跟得上城市大楼“长高”的速度。唯有如此，居于高楼之上的我们，才能有欣赏美景的心情。

对于高层建筑的火灾危险性可以作出如下分析：高层建筑的高度高、层数多，有的甚至达到一百多层，三四百米高，人员又集中，因此火灾情况下不仅安全疏散难以实施，消防队展开灭火战斗、扑救火灾也很困难。

高层建筑的功能复杂，设施繁多，内装饰陈设量大，不仅建筑内某些部位有动力、燃料、电源，火险隐患多，而且可燃材料分布广，如无可靠的安全措施（例如没有采用自动报警、自动灭火装置和阻燃处理的材料），火灾时将加速火势蔓延，威胁人们生命财产的安全。

高层建筑内竖井林立，如电梯井、垃圾井、管道井、电缆井等，数量多、分布广，往往贯穿整个楼层。这类竖井类似“大烟囱”或“拔火筒”，使火焰和烟气迅速扩散。据测试，高层建筑发生火灾时，烟气水平方向流速为 0.3～0.8m/s，垂直方向流速为 2～4m/s。因此在无阻挡的情况下，一幢100m长的建筑物在2～5.5min内烟气可从建筑物的一端蔓及至另一端；一幢几十层的大楼在1min内烟气通过竖井即可抵达顶层，无需很长时间，整幢大楼即陷入火海、烟海之中，对上层人员的安全构成威胁。

高层建筑承受的风力大，一旦起火，风助火势，使火场范围加速扩展，扩大损失和伤亡。同时高层建筑遭雷击起火的概率相对要高。为此须设置可靠的避雷系统。

在建筑火灾中，关于公共娱乐场所的火灾问题也应引起足够注意，这类建筑由于内部装饰材料选用不当，过多采用可燃材料，电气线路的铺设设备使用违反防火规范而发生火灾的例子很多。由于人员聚集，火灾时不能及时逃离火场，被可燃材料，特别是各种高分子聚合材料产生的浓毒烟气所窒息，往往造成群死群伤的惨剧。

加速预防和控制火灾的工作，减少火灾发生后造成的损失，对城市发展和经济建设以及国防建设都具有重要的意义。开发研究阻燃材料、发展阻燃技术是消防技术措施中非常重要的内容。因为阻燃技术的推广应用，将直接有利于提高单元建筑工程和舰船、飞机、车辆等单体装备防御火灾的能力，直接减缓火灾的蔓延，直接为有效地扑灭初始火灾，减少损失和伤亡创造条件。因而它是提高火灾预防和控制能力的一项重要技术对策。

二、我国阻燃技术的发展情况

阻燃技术是为了适应社会安全生产和生活的需要、预防火灾发生、保护人类生命财产而发展起来的科学技术。它包括阻燃机理的研究，阻燃剂的制备工艺、阻燃体系的选择，阻燃材料及其制品的开发，阻燃处理技术以及阻燃效果的评价，同时为了适应社会推广应用阻燃材料的需要，还要研究制定相关的技术标准、规范和管理法规，并开展阻燃材料制品的应用研究。目前广泛应用（在工业、农业、军工、衣、食、住、行等方面）并且大量生产的高聚物材料多属易燃、可燃性材料，燃烧时热释放率高、热值大、火焰传播速度快，而且产生浓烟和毒气，对生命安全造成威胁。因此，高聚物材料的阻燃性问题已成为安全生产和生活中迫切需要解决的问题。

我国的阻燃科学技术起步较晚，阻燃剂和防火涂料开发研究都是20世纪中期才逐步发展起来的。在防火涂料方面起初只能生产酚醛防火涂料，过氯乙烯防火涂料等，阻燃效果较差，后来又研制成功膨胀型丙烯酸乳胶防水涂料、膨胀型改性氨基防火涂料和LG型钢结构防火隔热涂料；具有装饰性的薄层防火涂料，即膨胀型LB钢结构防火涂料，透明防火涂料，发泡型和非发泡型的防火涂料，膨胀型耐火包、阻燃包带、阻燃槽盒、阻火网等。阻燃纺织的品种近年来发展很快，已有阻燃纤维素纤维织物、阻燃羊毛织物、阻燃混纺织物、阻燃合成纤维织物，其中合成纤维包括阻燃涤纶、阻燃尼龙、阻燃腈纶、阻燃丙纶等。塑料阻燃技术的研究起步于20世纪60年代，对常用的塑料，如聚氯乙烯（PVC）、聚乙烯（PE）、聚丙烯（PP）、聚氨酯（PU）、聚苯乙烯、聚酯、ABS树脂、酚醛树脂等的阻燃都做过一些研究，尤其是用于“以塑代木”和“以塑代钢”的工程塑料和泡沫塑料的阻燃研究工作做得较多，并取得了一些成果。随着合成材料工业的飞速发展和对合成材料制品安全性要求的提高，也带动了阻燃剂的开发，目前国内投入生产的各类阻燃剂有七八十种，生产能力年产量达万吨。可以预测，随着国民经济和城市建设的发展，随着阻燃材料和制品应用领域的不断扩大，以及社会抗御火灾对策的贯彻实施，我国阻燃剂和阻燃材料的社会需求必将有大幅度的增长，从而将会进一步促进我国阻燃科学技术的新发展。

第二节　建筑防火涂料

在建筑设计中，常常会出现钢结构、混凝土楼板不能满足防火规范的要求，有些室内装修和家具材料的可燃性过高而被限制使用的问题。解决这些问题最简单且行之有效的方法之一就是使用防火涂料。

建筑防火涂料是用于建筑构件提高其耐火极限等级，或涂于可燃性材料表面使其满足阻燃性要求、扩大应用范围的一种特种涂料。对于不可燃基材，防火涂料能降低基材温度升高的速率，延长结构失稳的过程；对可燃基材，防火涂料能推迟或消除可燃基材的引燃。

一、建筑防火涂料的组成与分类

1. 建筑防火涂料的组成

防火涂料的主要作用是阻燃，在起火的情况下，防火涂料就能起防火作用。

防火涂料的组成除一般涂料所需的成膜物质、颜料、溶剂以及催干剂、增塑剂、固化剂、悬浮剂、稳定剂等助剂以外，还需添加一些特殊的阻燃、隔热材料。

(1) 催化剂 其主要作用是涂料遇热时促进涂层脱水、碳化，形成碳化层。常用的催化剂有磷酸二氢铵、磷酸氢二铵、多聚磷酸铵以及有机磷酸酯等。其中多聚磷酸铵 $(NH_4)_{n+2} \cdot P_nO_{3n+1}$，具有水溶性小、热稳定性高的特点。

(2) 碳化剂 涂料受热后形成多孔结构的碳化层。使用较多的有淀粉、糊精、季戊四醇等。

(3) 发泡剂 涂料受热时，释放出不燃性气体，如氨、二氧化碳、水蒸气、卤化氢等。常用的发泡剂有三聚氰胺、氯化石蜡、碳酸盐、磷酸铵盐等。

(4) 阻燃剂 用于防火涂料中的阻燃剂种类很多，常用含磷、卤素的有机阻燃剂，如磷酸酯、三（二溴丙基）磷酸酯、三（二氯丙基）磷酸酯等。常用的无机阻燃剂有氢氧化铝、硼砂、氢氧化镁等。

(5) 无机隔热材料 主要有膨胀蛭石、膨胀珍珠岩等，它们在钢结构、混凝土隔热防火涂料中使用较多。钢结构、混凝土本身是不燃性材料，涂覆防火涂料的目的不是起到阻燃作用，而是起到隔热作用。

2. 建筑防火涂料的分类

建筑防火涂料可以从以下角度来进行分类。

(1) 按所用基料的性质划分 防火涂料按所用基料的性质不同，可分为有机、无机和复合防火涂料 3 类。有机防火涂料以天然或合成高分子树脂、高分子乳液为基料；无机防火涂料以无机胶黏剂为基料；复合型防火涂料的基料则由高分子树脂和无机胶黏剂复合而成。

(2) 按所用分散介质性质划分 按所用分散介质不同，防火涂料可分为溶剂型和水性防火涂料两类。

溶剂型防火涂料的分散介质和稀释剂为有机溶剂，常用的有烃类化合物（环己烷、汽油等），芳香烃化合物（甲苯、二甲苯等），酯、酮、醚类化合物（醋酸丁酯、环己酮、乙二醇乙醚等）。该类涂料的缺点是易燃、易爆、污染环境，故其应用日益受到限制。

水性防火涂料以水为分散介质，其基料为水溶性高分子树脂和聚合物乳液等。生产和使用过程安全、无毒，不污染环境，因此是今后防火涂料的发展方向。但根据目前产品的技术水平，水性防火涂料的总体质量赶不上溶剂防火涂料，故目前在国内使用较多的仍是溶剂型防火涂料。

(3) 按涂层受热后的燃烧特性和状态变化划分 按涂层受热后的燃烧特性和状态变化不同，防火涂料可分为非膨胀型和膨胀型两类。

非膨胀型防火涂料又称隔热涂料。遇火时其涂层基本不发生体积变化，而是形成一层釉状保护层，起到隔绝氧气的作用，从而可避免、延缓或中止燃烧反应。这类涂料所生成的釉状保护层热导率往往较大，隔热效果较差。为了取得较好的防火效果，涂层厚度一般较大。

并且相对于膨胀型防火涂料，其防火隔热作用也很有限。

膨胀型防火涂料在遇火时，涂层能迅速膨胀发泡，形成泡沫层。泡沫层不仅隔绝了氧气，而且因为其质地疏松而具有良好的隔热性能，可有效延缓热量向被保护基材传递的速率。同时，涂层膨胀发泡过程中因为体积膨胀等各种物理变化和脱水、炭化等各种化学反应也会消耗大量热量，有利于降低体系的温度，因此防火隔热效果显著。

由于非膨胀型防火涂料的涂层一般比膨胀型防火涂料厚，故单位面积用量大，使用成本高，且防火隔热效果不及膨胀型防火涂料，装饰效果差，因此目前除石化、油田等特殊应用领域外，非膨胀型防火涂料已逐渐被膨胀型防火涂料所代替。

(4) 按使用目标划分　按使用目标不同，防火涂料可分为饰面性防火涂料、钢结构防火涂料、电缆防火涂料、预应力混凝土楼板防火涂料、隧道防火涂料、船用防火涂料等多种类型。其中，钢结构防火涂料根据其使用场合不同，可分为室内用（N）和室外用（W）两类。根据涂层厚度和耐火极限不同，又可分为厚质（H）型、薄（B）型和超薄（CB）型3类。

厚质型防火涂料一般为非膨胀型，厚度为5～25mm，耐火极限根据涂层厚度有较大差别；薄型和超薄型防火涂料通常为膨胀型，前者的厚度为2～5mm，后者的厚度应小于2mm。薄型和超薄型防火涂料的耐火极限一般与涂层厚度无关，而与膨胀后的发泡层厚度有关。

二、防火涂料的应用

防火涂料在有防火要求的工程中得到了广泛的应用，但由于防火涂料品种多、性能各异，在使用上如不全面了解很易造成错误而达不到预期的效果。下面是防火涂料选用时应注意的几个问题。

(1) 注意防火涂料适用的基材　如不能将用于木结构的防火涂料用于钢结构上。

(2) 区分水溶性涂料与溶剂性防火涂料的应用　如钢结构防火涂料有两种：溶剂型防火涂料和水性防火涂料。从附着力角度比较，溶剂型大于水性。因此，对用于室外的钢结构应采用溶剂型防火涂料，室内钢结构可使用溶剂型或水性防火涂料。

(3) 注意防火涂料的毒性　有些防火涂料在与火反应时会产生毒气，应谨慎选用。

(4) 有隔热要求时，应选用膨胀型的防火涂料。如钢管中穿电缆时，对钢管的耐火能力提高的同时不能忽略隔热的需求。

(5) 耐久性问题　国产防火涂料选用的成膜剂大多为丙烯酸乳液、过氧乙烯树脂、氨基树脂等，这些成膜剂与防火组分构成防火涂料后导致防火涂料防火性能耐久性差。

(6) 装饰性问题　现在的饰面型防火涂料涂层较薄，且具有一定装饰效果，但从室内装修的角度来看，装饰性与装饰要求有较大的距离。

三、钢结构防火涂料

1. 钢结构的火灾特性及防火保护的必要性

(1) 钢结构的火灾特性　钢材是常用的建筑材料，钢结构是主要的建筑结构之一。钢材虽是不燃烧体，极易导热、怕火烧。科学试验和火灾实例都表明，未加防火保护的钢结构在火灾温度的作用下，只需十多分钟，自身温度就可达到540℃以上；钢材的机械力学，诸如屈服点、抗压强度、弹性模量以及载荷能力等，都迅速下降；达到600℃，强度则几乎等于零。因此，在纵向压力和横向拉力作用下，钢结构不可避免地产生扭曲变形甚至垮塌毁坏。

钢结构火灾具有以下几个特点。

① 钢结构垮塌快、难扑救。钢结构建筑物发生火灾后，裸露的钢构件在烈火围困之

中，一般只需 10min 便失去支撑能力，随即变形塌落。由于钢结构垮塌快，对抢救构成威胁，妨碍灭火人员靠近建筑物，如天津体育馆火灾，钢屋架垮塌时消防水带都未来得及撤出。

② 火灾影响大，损失重。采用钢结构的建筑物往往是大跨度的厂房、仓库、礼堂、影剧院、体育馆及高层建筑物等，一旦发生火灾，将造成重大经济损失，社会影响极大。

③ 建筑物易毁坏，难修复。由于建筑物是以钢构件作为梁、柱或屋架，在火灾中往往因钢结构构件变形失去支撑能力，而导致建筑物部分或全部垮塌毁坏，钢结构变成了“麻花状”或“面条状”的废物。变形后的钢结构又无法修复使用。

(2) 钢结构防火保护的必要性　钢构件虽是非燃烧体，但未加保护的钢柱、钢梁、钢楼板和屋顶承重构件的耐火极限仅为 0.25h，要满足规范规定的 1～3h 的耐火极限要求，必须实施防火保护。钢结构的防火是建筑设计中必不可少的一个方面，如不加保护，应存在着对生命和财产的潜在危险性。钢结构防火保护的目的，就是在其表面提供一层绝热或吸热的材料，隔离火焰直接灼烧钢结构，阻止热量迅速传向钢基材，推迟钢结构温升和强度变弱的时间，使之达到规范规定的耐火极限要求，以有利于安全疏散和消防灭火，避免和减轻火灾损失。

2. 钢结构防火涂料

为了提高钢结构的耐火极限，其防护措施多种多样，过去曾采用浇铸混凝土外壳、用耐火砖等设阻火屏障、用石膏板等不燃材料包覆或采用空心管材内部充水冷却等方法，发展到现在，已经由单一的防火措施，进步到功能齐全、易于实施的现代防火技术，即喷涂钢结构防火涂料保护钢结构。

钢结构防火涂料主要是以改性无机高温胶黏剂与有机复合乳液胶黏剂为基料，加入膨胀蛭石、膨胀珍珠岩等吸热、隔热、增强的材料以及化学助剂制成的一种建筑防火特种涂料。

钢结构防火涂料是目前防火涂料中品种最多、系列最全的一类。按所用的分散介质不同，钢结构防火涂料可分为水性和溶剂型；按防火机理不同，可分为隔热和膨胀型；按应用范围不同，可分室外和室内型；按基料类型不同，可分为有机和无机两大类；按涂层厚度不同，又可分为 H（厚质型）、B（薄型）、CB（超薄型）3 类。

隔热型钢结构防火涂料又称无机轻体喷涂涂料或耐火喷涂涂料，通常为厚涂型钢结构防火涂料，是采用一定的胶凝材料，配以无机轻质材料、增强材料等，涂层厚度在 7～45mm 之间，耐火极限为 1.0～3h。多采用喷涂或批刮工艺进行施工。一般用于耐火极限要求在 2h 以上，如石油、化工等行业的钢结构建筑上。该类涂料在火灾中涂层基本不膨胀，主要依靠材料的不燃性、低导热性和涂层中材料的吸热等来延缓钢材的温升，从而达到保护钢构件的目的。涂层的外观装饰性能一般不理想。

隔热型钢结构防火涂料目前有蛭石水泥系、矿纤维水泥系、氢氧化镁水泥系和其他无机轻体系等。

按使用环境不同，隔热型钢结构防火涂料有室内和室外两种类型。根据《钢结构防火涂料标准》(GB 14907—2002)，应满足表 9-6 的技术要求。

室内隔热型钢结构防火涂料主要由无机胶黏剂、无机轻质材料、增强填料和助剂等配制而成。除了具有一般水性防火涂料的优点外，由于其原材料都是无机物，因此成本低廉，但装饰效果较差。一般用于耐火极限要求在 2h 以上的室内钢结构，如高层民用建筑的柱子、一般工业和民用建筑的支承多层柱子、室内隐蔽钢构件等。施工多采用喷涂工艺。

表 9-6 隔热型钢结构防火涂料的技术要求

检验项目		技术指标	
		室内型	室外型
在容器中状态		经搅拌后呈均匀稠厚流体状态，无结块	经搅拌后呈均匀稠厚流体状态，无结块
干燥时间(表干)/h		≤24	≤24
初期干燥抗裂性		允许出现1～3条裂纹，其宽度应不大于1mm	允许出现1～3条裂纹，其宽度应不大于1mm
黏结强度/MPa		≥0.04	≥0.04
抗压强度/MPa		≥0.03	≥0.5
干密度/(kg/m³)		≤500	≤650
耐水性		≥24h，涂层应无起层、发泡、脱落现象	—
耐冷热循环性		≥15次，涂层应无起层、发泡、脱落现象	不少于15次涂层应无开裂、剥落、起泡现象
耐曝热性		—	不小于720h，涂层应无起层、脱落、空鼓、开裂现象
耐湿热性		—	不小于540h，涂层应无起层、脱落现象
耐酸性		—	不小于360h，涂层应无起层、脱落、开裂现象
耐碱性		—	不小于360h，涂层应无起层、脱落、开裂现象
耐盐雾腐蚀性		—	不少于30次，涂层应无起泡、明显变质、软化现象
耐火性能	涂层厚度(不大于)/mm	25±2	25±2
	耐火极限(不低于)/h	2.0	2.0

室外隔热型钢结构防火涂料是指适合于室外环境使用的隔热型钢结构防火涂料，其性能要求高于室内隔热型钢结构防火涂料，因此价格通常也比室内隔热型钢结构防火涂料高一些。主要用于建筑物室外和石化企业的露天钢结构等。

室外隔热型钢结构防火涂料的基料一般是耐候性较好的合成树脂或高分子乳液与无机基料复合而成的，再配以阻燃剂、轻质材料、增强材料等。室外隔热型结构防火涂料生产中所用的轻质材料、颜填料和助剂与室内隔热型基本相同，不同的是对其耐水、耐候、耐化学腐蚀等性能要求更高。

薄涂型钢结构防火涂料是指涂层使用厚度在3～7mm之间的钢结构防火涂料，一般分为底涂（隔热层）和面涂（装饰发泡层）两层。底层实际上是一层隔热型防火涂料，受火不会膨胀，依靠自身的低热传导率特性起到隔热作用。面层具有较好的装饰作用，同时受火时发泡膨胀，以膨胀发泡所形成的耐火隔热层来延缓钢材的温升，保护钢构件。但发泡率一般不高。薄涂型钢结构防火涂料的装饰性比厚涂隔热型防火涂料好，施工多采用喷涂，耐火极限可达0.5～1.5h，一般使用在耐火极限要求不超过2h的建筑钢结构上。

按使用环境不同，薄涂型结构防火涂料有室内和室外两种类型。根据《钢结构防火涂料标准》(CB 14907—2002)，应满足表9-7的技术要求。

室内型和室外型两大类薄涂型钢结构防火涂料在材料组成上并无本质区别，但在性能要求方面，除防火性能要求外，室外型钢结构防火涂料对基料的耐酸碱、耐盐雾和耐曝热性能要求更为严格。

表 9-7　薄涂型钢结构防火涂料的技术要求

检验项目		技术指标	
		室内型	室外型
在容器中状态		经搅拌后呈均匀稠厚流体状态，无结块	经搅拌后呈均匀稠厚流体状态，无结块
干燥时间(表干)/h		≤12	≤12
外观与颜色		涂层干燥后，外观与颜色同样品相比应无明显差别	涂层干燥后，外观与颜色同样品相比应无明显差别
初期干燥抗裂性		允许出现1～3条裂纹，其宽度应不大于0.5mm	允许出现1～3条裂纹，其宽度应不大于0.5mm
黏结强度/MPa		≥0.15	≥0.15
耐水性		≥24h，涂层应无起层、发泡、脱落现象	—
耐冷热循环性		≥15次，涂层应无开裂、发泡、剥落现象	不少于15次，涂层应无开裂、剥落、起泡现象
耐曝热性		—	不小于720h，涂层应无起层、脱落、空鼓、开裂现象
耐湿热性		—	不小于540h，涂层应无起层、脱落现象
耐酸性		—	不小于360h，涂层应无起层、脱落、开裂现象
耐碱性		—	不小于360h，涂层应无起层、脱落、开裂现象
耐盐雾腐蚀性		—	不少于30次，涂层应无起泡、明显变质、软化现象
耐火性能	涂层厚度(不大于)/mm	5.0±0.5	5.0±0.5
	耐火极限(不低于)/h	1.0	1.0

超薄型钢结构防火涂料是指涂层使用厚度不超过3mm的钢结构防火涂料。该涂料具有较好的装饰效果，高温时膨胀形成耐火隔热层，耐火极限要求为0.5～1.5h。一般用于耐火极限要求在2h以内的建筑钢结构保护。其防火机理是在火焰高温作用下，涂层受热分解出大量惰性气体，降低了可燃气体和空气中氧气的浓度，使燃烧减缓或被抑制。同时，涂层膨胀发泡形成发泡炭层。该发泡层与钢铁基材有很强的黏结性，热导率很低，因此不仅隔绝了氧气，而且具有良好的隔热性，延滞了热量向被保护基材的传递，避免了火焰和高温直接接触钢构件，故防火隔热效果较薄涂型和厚质隔热型钢结构防火涂料显著。超薄膨胀钢结构防火涂料的涂刷厚度一般为1～3mm，耐火极限可达1～2h。目前该类钢结构防火涂料大多数为溶剂型，具有施工方便、室温自干、耐水耐候、附着力强等特点。

超薄膨胀型钢结构防火涂料按使用环境不同，有室内和室外两种类型。根据《钢结构防火涂料标准》(GB 14907—2002)，应满足表9-8的技术要求。

表 9-8　超薄膨胀型钢结构防火涂料的技术要求

检验项目	技术指标	
	室内型	室外型
在容器中状态	经搅拌后呈均匀稠厚流体状态，无结块	经搅拌后呈均匀稠厚流体状态，无结块
干燥时间(表干)/h	≤8	≤8
外观与颜色	涂层干燥后，外观与颜色同样品相比应无明显差别	涂层干燥后，外观与颜色同样品相比应无明显差别
初期干燥抗裂性	不应出现裂纹	允许出现1～3条裂纹，其宽度应不大于0.5mm
黏结强度/MPa	≥0.20	≥0.20

续表

检验项目		技术指标	
		室内型	室外型
耐水性		≥24h,涂层应无起层、发泡、脱落现象	—
耐冷热循环性		≥15次,涂层应无开裂、发泡、剥落现象	不少于15次,涂层应无开裂、剥落、起泡现象
耐曝热性		—	不小于720h,涂层应无起层、脱落、空鼓、开裂现象
耐湿热性		—	不小于540h,涂层应无起层、脱落现象
耐酸性		—	不小于360h,涂层应无起层、脱落、开裂现象
耐碱性		—	不小于360h,涂层应无起层、脱落、开裂现象
耐盐雾腐蚀性		—	不少于30次,涂层应无起泡、明显变质、软化现象
耐火性能	涂层厚度(不大于)/mm	2.0±0.2	2.0±0.2
	耐火极限(不低于)/h	1.0	1.0

四、饰面型防火涂料

饰面型防火涂料是一种集装饰和防火为一体的新型涂料，将它涂刷在建筑物的易燃基材（如木材、纤维板等）表面，起到防火保护和装饰的作用。

饰面型防火涂料包括以水玻璃为胶黏剂的无机防火涂料和有机膨胀型防火涂料。前者的特点是自身不燃烧，遇火时能形成空芯泡层，对可燃基材有一定的保护作用；缺点是隔热性和耐候性较差，涂层易泛白、龟裂和脱落。有机膨胀型防火涂料采用有机高分子材料为主要成膜物质，防火性能和理化性能均优于无机防火涂料，耐水性、耐候性较好，涂层遇火时能形成具有良好隔热性能的致密海绵状膨胀泡沫层，能更有效地保护可燃性基材，故发展迅速。

膨胀型防火涂料根据分散介质的不同，分为溶剂型和水性两类。溶剂型饰面防火涂料的理化性能以及耐候性能总体上优于水性饰面防火涂料。但考虑到节能和环保的需要，今后的发展趋势应为水性饰面防火涂料。

1. 溶剂型饰面防火涂料

溶剂型饰面防火涂料的成膜物质一般为合成有机高分子树脂。常用树脂主要有酚醛树脂、过氯乙烯树脂、氯化橡胶、聚丙烯酸树脂、改性氨基树脂等。一般以200号溶剂汽油、二甲苯、醋酸丁酯等为溶剂。溶剂型饰面防火涂料涂层的耐水和防潮性能一般比较优异，适合于较潮湿的地区和相应的部位使用。此外，溶剂型饰面防火涂料的涂层一般光泽较好，具有较好的装饰性。

由于溶剂型饰面防火涂料溶剂通常均为易燃物，生产、储存、运输和施工过程都必须注意防火安全。特别需要注意的是，在溶剂完全挥发以前，溶剂型防火涂料仍然是易燃物，故此阶段仍须注意防火。

2. 水性饰面防火涂料

水性饰面防火涂料以水为分散介质，成膜物质可以是合成有机高分子树脂，也可以是经高分子树脂改性的无机胶黏剂。常用树脂主要有聚丙烯酸酯乳液、氯乙烯-偏二氯乙烯乳液（氯偏乳液）、氯丁橡胶乳液、聚醋酸乙烯酯乳液、苯丙乳液、水溶性氨基树脂、水溶性酚醛树脂等，其中以乳液型饰面防火涂料居多。无机胶黏剂主要有水玻璃、硅溶胶等。

水性饰面防火涂料无毒、不燃烧、无“三废”公害，生产、储存、运输和施工过程中都十分安全和方便，属环保建材产品。此外该类涂料还具有易干、施工速度快的优点。但水性饰面防火涂料涂层的耐水和防潮性能不如溶剂型饰面防火涂料。故一般宜用于室内，并尽量避免在潮湿部位使用。除防火性能外，水性饰面防火涂料的其他性能同乳胶漆相似。

透明防火涂料也称为防火清漆，主要用于高级木质材料的装饰和防火保护，是近年来发展起来的一类饰面防火涂料。一般由合成有机高分子树脂为主体，树脂本身可能带有一定量的阻燃基团和能发泡的基团，再加入适量的发泡剂、成炭剂和成炭催化剂等组成防火体系。为了保证涂层的防火及其他使用性能，一般需要采用透明罩面涂料罩面。在实际使用中，透明防火涂料用量一般为350～500g/m^2，罩面涂料用量一般为50g/m^2。

膨胀饰面型防火涂料的防火原理与膨胀型钢结构防火涂料基本相似，依靠基料和防火助剂之间的协同作用膨胀发泡，形成具有蜂窝结构的泡沫层，从而具有良好的隔热作用。此外，发泡过程中的吸热作用也使材料周围的环境温度降低，有利于抑制材料的燃烧。

由于膨胀饰面型防火涂料多为溶剂型涂料，在完全干燥之前其自身仍可燃烧，故常需加入阻燃剂，以提高涂层自身的阻燃性。

透明防火涂料通常也是膨胀型涂料。成膜物质除常规的氨基树脂、脲醛树脂、醇酸树脂和聚丙烯酸酯树脂等外，还常采用磷酸盐等无机胶黏剂作基料。

根据国家标准《饰面型防火涂料通用技术标准》（GB 12441—1998）的规定，饰面型防火涂料的理化性能指标、防火性能和分级分别见表9-9和表9-10。

表9-9　饰面型防火涂料的理化性能指标

项　目		指　标
在容器中状态		无结块，搅拌后呈均匀液态
细度/μm		90
干燥时间/h	表干	5
	实干	24
附着力/级		3
柔韧性/mm		3
冲击强度/(N·cm)		196
耐水性/h		经24h试验，不起皱，不剥落，起泡在标准状态内基本恢复，允许轻微失光和变色
耐湿热性/h		经48h，涂膜无起泡，无脱落，允许轻微失光和变色

表9-10　饰面型防火涂料的防火性能和分级

项　目		指标和级别	
		一级	二级
耐燃时间/min		≥20	≥10
火焰传播比值		≤25	≤75
耐火性	质量损失/g	≤5.0	≤15.0
	炭化体积/cm^3	≤25	≤75

五、预应力混凝土楼板防火涂料

预应力混凝土楼板防火涂料是指用于涂覆在建筑物中预应力混凝土楼板下表面（配钢筋面），能形成隔热耐火保护层，以提高预应力混凝土楼板耐火极限的防火涂料。

预应力混凝土楼板防火涂料按其涂层燃烧后的状态变化和性能特点不同，分为膨胀型和非膨胀型两类。非膨胀型预应力混凝土楼板防火涂料又称为预应力混凝土楼板防火隔热涂料，主要由无机-有机复合胶黏剂、骨料、化学助剂和稀释剂组成。使用时涂层较厚，密度较小，热导率低。膨胀型预应力混凝土楼板防火涂料的涂层较薄，受火时涂层发泡膨胀，形成耐火隔热层。这类涂料还可根据需要制备成彩色涂料，具有一定的装饰效果。从应用现状来看，我国目前非膨胀型防火涂料的应用远比膨胀型普遍，实际效果也以前者为好。

对预应力混凝土楼板防火涂料的一般要求是：涂料中不宜使用苯类溶剂等对人体有害的物质；涂料可用喷涂、抹涂、辊涂、刮涂和刷涂等方法中任何一种或多种方法方便施工，并能在通常的自然环境条件下干燥固化；涂层实干后不应有刺激性气味。

预应力混凝土楼板防火涂料的技术规范执行国家公共安全行业标准《预应力混凝土楼板防火涂料通用技术条件》(GA 98—1995)。预应力混凝土楼板防火涂料的技术指标见表 9-11。

表 9-11 预应力混凝土楼板防火涂料的技术要求

检验项目		技术指标			
		膨胀型		非膨胀型	
在容器中状态		经搅拌后呈均匀液态或稠厚流体，无结块		经搅拌后呈均匀稠厚流体，无结块	
干燥时间(表干)/h		≤12		≤24	
黏结强度/MPa		≥0.15		≥0.05	
密度/(kg/m^3)		—		≤600	
热导率/[W/(m·K)]		—		≤0.116	
耐水性/h		经 24h 试验后，涂层不开裂、不起层、不脱落，允许轻微发胀和变色		经 24h 试验后，涂层不开裂、不起层、不脱落，允许轻微发胀和变色	
耐碱性/h		经 24h 试验后，涂层不开裂、不起层、不脱落，允许轻微发胀和变色		经 24h 试验后，涂层不开裂、不起层、不脱落，允许轻微发胀和变色	
耐冷热循环性/次		经 15 次试验后，涂层不开裂、不起层、不脱落、不变色		经 15 次试验后，涂层不开裂、不起层、不脱落、不变色	
耐火性能	涂层厚度/mm	4.0	7.0	7.0	10.0
	耐火时间(不低于)/h	1.0	1.5	1.0	1.5

六、隧道防火涂料

隧道防火涂料是用于涂覆在隧道拱顶和侧壁，能形成隔热耐火保护层，以提高隧道结构材料耐火极限的防火涂料。

隧道防火涂料可分为膨胀型和非膨胀型两类，与预应力混凝土楼板防火涂料基本相似。

非膨胀型隧道防火涂料又称为隧道防火隔热涂料、无机隧道防火涂料。主要由无机胶黏剂、轻质骨料、填料和化学助剂等组成。使用时涂层较厚（10mm 以上），密度较小，热导率低。因此当隧道内发生火灾、受到高温侵袭时具有耐火隔热作用，从而减缓隧道的损失程度。

非膨胀型隧道防火涂料由于密度小，热导率小，耐火性能好。防火性能随涂层厚度不同而变化。一般可满足 1～2h 甚至更长时间的耐火要求。但纯粹由无机物构成的防火涂料质地较脆，容易出现龟裂、脱落等不良现象。故一般采用水性有机-无机复合，使用效果较好。

膨胀型隧道防火涂料的涂层较薄，受火时涂层发泡膨胀，形成耐火隔热层，从而保护隧道中混凝土结构免受损失。其组成与钢结构防火涂料基本类似，许多产品既可用于钢结构防火或预应力混凝土楼板防火，也可用于隧道防火。这类涂料一般为厚浆涂料，主要成分为高分子基料，通过加入防火助剂和耐火填料，有时还加入高熔点的无机纤维，有阻燃、抑烟作用的阻燃剂等，使涂层在高温火焰下形成低膨胀率而高强度的碳化发泡层。还可根据需要制备成有各种颜色的彩色涂料，具有一定的装饰效果。

目前非膨胀型隧道防火涂料的应用较为普遍，但膨胀型隧道防水涂料的应用前景更好。

隧道防水涂料至今尚无国家标准。其耐火性能等技术指标主要依照我国公安部颁布的公共安全行业标准《预应力混凝土楼板防水涂料通用技术条件》(GA 98—1995)。

目前，国内非膨胀型隧道防火涂料技术指标要求见表 9-12。

表 9-12　隧道防火涂料的技术要求

<table>
<tr><th colspan="2">检验项目</th><th colspan="2">技术指标</th></tr>
<tr><td colspan="2">在容器中状态</td><td colspan="2">灰白色、颗粒状轻质粉末</td></tr>
<tr><td colspan="2">干燥时间(表干)/h</td><td colspan="2">≤24</td></tr>
<tr><td colspan="2">黏结强度(混凝土)/MPa</td><td colspan="2">≥0.1</td></tr>
<tr><td colspan="2">干密度/(kg/m³)</td><td colspan="2">≥3</td></tr>
<tr><td colspan="2">抗冻性/次</td><td colspan="2">≤680
15 次,涂层不开裂、不脱落</td></tr>
<tr><td colspan="2">耐水性/h</td><td colspan="2">经 24h 试验后,涂层不开裂、不起层、不脱落,允许轻微发胀和变色</td></tr>
<tr><td colspan="2">耐碱性/h</td><td colspan="2">经 24h 试验后,涂层不开裂、不起层、不脱落,允许轻微发胀和变色</td></tr>
<tr><td colspan="2">耐冷热循环性/次</td><td colspan="2">经 15 次试验后,涂层不开裂、不起层、不脱落、不变色</td></tr>
<tr><td rowspan="2">耐火性能</td><td>涂层厚度/mm</td><td>7</td><td>10.0</td></tr>
<tr><td>耐火极限/h</td><td>≥60</td><td>≥90</td></tr>
</table>

第三节　建筑防火板材

建筑板材有利于大规模工业化生产，现场施工简便、迅速，具有较好的综合性能，因此被广泛应用于建筑物的顶棚、墙面、地面等多种部位。近年来，为满足防火、吸声、隔声、保温以及装饰等功能的要求，新的产品不断涌现。本节着重介绍部分有代表性的防火板材。

一、纤维增强硅酸钙板

纤维增强硅酸钙板简称硅酸钙板，是由硅质材料（硅藻土、膨润土、石英粉等)、钙质材料（水泥、石灰等)、增强纤维（纸浆纤维、玻纤、石棉等)，经过制浆、成坯、蒸养、表面砂光等工序制成的轻质防火建筑板材。硅酸钙板是一种以性能稳定而著称于世的新型建筑板材，最早由美国发明，用作工业隔热耐火保温材料，20 世纪 70 年代起在发达国家推广使用和发展。日本和美国是使用这种材料最普遍的国家。硅酸钙板经三十多年的应用，已被证实是一种耐久可靠的建筑板材。硅酸钙板的生产方法有抄取法和流浆法等。

1. 硅酸钙板的特点

（1）硅酸钙板具有优异的防火性能。在任何一个国家，硅酸钙板都是不燃材料，部分国家将其列为法定消防板材。我国公安部将硅酸钙板列为消防材料管理，硅酸钙板几乎都能通过不燃 A 级测试。

（2）由于硅质、钙质材料在高温高压的条件下，反应生成托贝莫来石晶体，其性能极为稳定，因此以这种晶体为主要成分的硅酸钙板具有防火、防潮、隔热、防腐蚀、耐老化、变形率低等特点。

（3）硅酸钙板纤维分布均匀、排列有序、密实性好、强度高，而且重量轻，有利于减少建筑物的负重。

（4）硅酸钙板的正表面比较平整光洁，可任意涂刷各种油漆、涂料、印刷花纹，粘贴各种墙布、壁纸，并且再加工方便，可以和木板一样锯、刨、钉、钻，根据实际需要裁截成各种规格尺寸。

2. 产品用途

硅酸钙板的主要用途为一般工业与民用房屋建筑内部的墙板和吊顶板，也可用于家庭装修、家具的衬板、广告牌的衬板、船舶的隔仓板、仓库的棚板、网络地板以及隧道、地铁和其他地下工程的吊顶、隔墙、护壁等。

3. 分类、分级

根据《纤维增强硅酸钙板》（JC/T 564—2000），硅酸钙板按增强材料不同分为云母型（Y）、石棉型（S）和其他纤维材料型（Q）3类；按密度不同分为D0.8、D1.0和D1.3 3类；按抗折强度、外观质量和尺寸允许偏差不同分为优等品（A）、一等品（B）和合格品（C）3个等级。

4. 技术指标

根据《纤维增强硅酸钙板》（JC/T 564—2000），硅酸钙板主要技术指标见表9-13。

表 9-13 硅酸钙板的主要技术指标

项目		类别		
		D0.8	D1.0	D1.3
密度/(g/cm³)		$0.75<D\leqslant0.90$	$0.90<D\leqslant1.20$	$1.20<D\leqslant1.40$
抗折强度/MPa	e=5,6,8	8	9	12
	e=10,12,15	6	7	9
	$e\geqslant20$	5	6	8
螺钉拔出力/(N/mm)		60	70	80
热导率/[W/(m·K)]		0.25	0.29	0.30
含水率/%		10		
湿胀率/%		0.25		
不燃性		符合GB 8624中规定的A级		

5. 施工安装

硅酸钙板墙体的安装可采用木龙骨、轻钢龙骨或其他材料的龙骨组成墙体构架，然后装敷硅钙板，用相应螺钉或胶钉结合办法固定在龙骨上，找平，抹上腻子嵌缝后批平，最后贴上壁纸或刷涂料。吊顶的安装，也是先架吊顶龙骨，后装吊顶板。如采用T形轻钢或铝合金吊顶，则装板施工更加方便。一般采用自攻螺钉直接固定在轻钢龙骨上的方法，采用暗缝，板与板之间留2～3mm的缝（板边一般有倒角），然后按填缝要求填缝。

二、耐火纸面石膏板

耐火纸面石膏板是以建筑石膏为主要原料，掺入适量轻骨料无机耐火纤维增强材料和外加剂构成耐火芯材，并与护面纸牢固黏结在一起的改善高温下芯材结合力的建筑板材，主要用于耐火性能要求较高的室内隔墙和吊顶及其装饰装修部位。

1. 耐火石膏板的防火原理

石膏板受火时，先是板心中的游离水分蒸发出来，吸收少量的热量，降低板面四周的温度。当温度继续升高，两水石膏的结晶水开始脱离，分解成石膏和水分，这个过程需要吸收大量的热量，可以在比较长的时间内影响板面四周的温升。导致石膏板防火失效的主要原因是两水石膏脱去结晶水后体积收缩并失去整体性成为粉状，为了提高石膏板的耐火性，必须在石膏板芯中增加一些添加剂。耐火纸面石膏板中增加了遇火发生膨胀的耐火材料以及大量的耐火玻璃纤维，这样就可以在石膏收缩的同时保证整体体积不变，并将石膏芯材料拉结在一起不至于失去整体性。

2. 技术要求

耐火纸面石膏板执行标准《耐火纸面石膏板》（GB 11979—89），主要技术指标包括外观质量、尺寸偏差、含水率、单位面积质量、断裂荷载以及燃烧性能等。

三、纤维增强水泥平板（TK板）

TK板的全称是中碱玻璃纤维短石棉低碱度水泥平板，由上海市第二建筑材料工业公司研究所、上海石棉水泥制品厂协作，1980 年研制成功并通过技术鉴定。该产品投放市场后被广泛应用于电子、纺织、冶金工业及建筑设施中。

TK 板是以低碱水泥、中碱玻璃纤维和短石棉为原料，经圆网成型机抄制成型，再蒸养硬化而成的轻质薄型平板。这种板材具有良好的抗弯强度、抗冲击强度和不翘曲、不燃烧、耐潮湿等特性，表面平整光滑，有较好的可加工性。

1. 适用范围

TK 板与各种材料龙骨、填充料复合后可用作多层框架结构体系、高层建筑、旧建筑物加层改造中的隔墙、吊顶和墙裙板，适用于轻型工业厂房、操纵室、实验室，能满足轻质、防震、防火、隔热、隔声等多种要求，是目前国内一种新型建筑轻板。

2. 技术性能

TK 板的技术性能应符合《纤维增强低碱度水泥建筑平板》（JC/T 626—1996）的技术要求（见表 9-14）。

表 9-14 TK 板的技术性能

产品等级	抗折强度/MPa	抗冲击强度/(kJ/m²)	吸水率/%	密度/(g/cm³)
优等品	≥18	≥2.8	≤25	≤1.8
一等品	≥13	≥2.4	≤28	≤1.8
合格品	≥7	≥1.9	≤32	≤1.6

3. 运输及保管

TK 板在搬运时必须轻拿轻放，不得碰撞及抛掷；堆放场地必须平整，以防止板材断裂变形。TK 板的包装应以集装箱为主，如散装必须堆垛平装，板间不得夹有碎片和杂物，车底（或船底）必须平坦，并采用绳索捆扎或垫实，还应考虑起吊的方便性，不可直接着力于板体，以防断裂。

4. 施工方法

(1) TK 板具有较好的可加工性，能截锯、钻孔、刨削、敲钉，工具简单，操作方便。

① 截锯。可用手锯、电动圆盘锯等锯断，锯齿以细小为佳，所得断面光滑；亦可将板材放置在平台上，用木靠尺压紧，手握裁割刀沿靠尺在板上用力刻画 1～2mm 深痕，随后往下扳断，极为方便。

② 钻孔。可用电动手枪钻钻孔，如在板后填一木块，可得底面整齐光滑的孔眼。

③ 刨削。板材边缘可用手推刨或电刨刨削平直，也可用角向砂轮磨光。

④ 敲打。敲打前宜先在板材上钻孔，如需直接敲打，敲打处应距边缘稍远，以防开裂。

(2) TK 板用作复合墙板和吊板，必须与龙骨连接。根据龙骨材料的不同，结合方式也不同：TK 板与木龙骨复合，用圆钉或木螺栓固定；TK 板与轻钢龙骨复合，用自攻螺栓固定；TK 板与石棉龙骨等非金属材料基底复合，用膨胀螺栓固定；TK 板与龙骨之间应放置一层有棱槽橡胶垫条，用作表面找平并可提高阻声功能；TK 板拼装后应在接缝处用嵌缝腻子进行严格的嵌缝处理；TK 板复合墙可作多种材料装修，可刷油漆、上涂料或粘贴墙纸墙布。

四、滞燃型胶合板

胶合板是由木段旋切成单板或由木方刨切成薄木，再用胶黏剂胶合而成的 3 层或多层的板状材料。它是建筑、家具、造船、航空车厢、军工及其他部门常用的材料。滞燃型胶合板在火灾发生时能起到滞燃和自熄灭的效果。而其他物理力学性能和外观质量均符合国家Ⅱ类胶合板的国家标准，加工性能与普通胶合板无异，锯、刨、刮、砂均不受影响，表面经涂饰后，漆膜的附着力均达到98%以上。滞燃型胶合板与金属接触不会加速金属在大气中的腐蚀速度。由于采用的阻燃剂无毒、无臭、无污染，因此滞燃型胶合板对周围环境无任何不良影响。

滞燃型胶合板适用于有阻燃要求的公共与民用建筑内部吊顶和墙面装修，也可制成阻燃家具或其他物品，在阻燃性能方面分A、B两个等级，规格为2135mm×915mm×3.5mm、2135mm×915mm×6mm。

五、防火铝塑板

防火铝塑板是金属幕墙中常用的一种建筑材料，难燃烧，是防止火灾发生的材料，即防火型防火材料。

1. 防火铝塑板

防火铝塑板是由阻燃型塑料（聚乙烯）芯材两面复合表面施加装饰层或保护层的铝板构成的，主要采用热贴工艺生产，生产时采用高分子膜或其他胶结材料作黏结材料，通过加热共挤加工，将铝板和塑料复合在一起形成。该工艺能保持生产连续，自动化程度高，产品质量稳定性好，为目前国内绝大多数企业所采用。

2. 防火铝塑板的阻燃机理

普通的铝塑板目前绝大多数板材都是以聚乙烯塑料为芯材，在高压、放热、放电等条件下极易引发火灾，为了使铝塑复合板成为难燃或不燃装饰材料，必须对塑料芯材进行高效阻燃，才能制成防火安全性较高的防火铝塑板。提高铝塑板芯材阻燃的方法常用的有如下4种。

(1) 提高材料芯材本身的氧指数。建筑材料的氧指数一般随温度的升高而下降，氧指数OI<26的建筑材料为可燃性材料，氧指数OI>26的建筑材料为难燃性材料。普通聚乙烯氧指数仅为17.4，属可燃材料，提高氧指数可达到阻燃目的。

(2) 对聚乙烯芯材的阻燃，可以采用共聚法即在聚乙烯树脂的分子链接上通过共聚反应引入X、P、N等原子，在塑料燃烧分解时产生的HX、NH_3等能稀释断链产生的小分子烯烃、烷烃的密度，抑制燃烧反应的进行；接枝法即将阻燃性好的单体通过接枝反应与易燃塑料的分子链接上以提高其阻燃性；交联法即将呈线性分子链的聚乙烯（PE）塑料通过交联反应在分子链间形成网状结构来达到提高材料的OI的目的。

(3) 混入阻燃添加剂，使其燃烧产物能起到隔绝空气与可燃气体的作用，提高产品的整体阻燃性能。目前普遍应用的阻燃添加剂为卤系添加剂。

(4) 添加金属氢氧化物阻燃剂。该方法是目前铝塑复合板芯材的最有效的阻燃技术。将金属氢氧化物［如$Al(OH)_3$、$Mg(OH)_2$）］添加在树脂中，在200℃以上的温度下吸热脱水，可以带走产生的燃烧热，其脱水生成的氧化物在材料表面形成一道坚固致密的阻燃屏障，起到绝热防护作用，从而降低燃烧速度，防止火焰蔓延，达到抑制燃烧的目的。

3. 防火铝塑板的应用

防火铝塑板作为一种难燃的装饰材料，具有外表美观、颜色持久、质轻、吸声、保温、耐水、防蛀、易保养、清洁简便等特点；在建筑内外装饰中得到了广泛的应用，具体可应用于礼堂、影院、剧场院、宾馆饭店、人防工程市场、医院、空调车厢、重要机房、船艇室等的吊顶及墙面吸声板。

值得注意的是，防火铝塑板仅为装饰材料，可从一定程度上防止火灾的发生，一旦火灾发生，其耐火性能并不能满足较高消防的需要。因此，防火铝塑板不可作为具有耐火极限要求的建筑构件材料使用，如有耐火要求的防火隔断等。

六、防火吸声板

1. 矿棉装饰吸声板

矿棉装饰吸声板是以矿渣棉为主要原料，加入适量的胶黏剂、防潮剂、防腐剂、增加剂等湿法生产，经烘干加工而成，其表面一般有无规则孔，表面有滚花和浮雕等效果，图案也比较多，有满天星、十字花、中心花、核桃纹等，表面可涂刷各种色浆（出厂产品一般为白色）。

矿棉装饰吸声板具有质轻、吸声、防火、隔热、保温、美观大方、施工简便等特点，是一种高级防火型室内装饰吊顶材料。

矿棉装饰吸声板适用于公共与民用建筑内部吊顶、墙面装修及保温吸声，特别适用于宾馆、礼堂、影剧院、体育馆、候机候船室、车站、广播电台、电话间、教室、地下室等各类建筑的内部装饰，起到防火、消声、隔声、隔热和调节室内气温的作用。

矿棉装饰吸声板品种有贴纸和直接涂色两种。花色有钻孔、植绒、压花等。主规格为500mm×500mm×12mm。矿棉装饰吸声板技术性能执行标准《矿物棉装饰吸声板》（JC/T 670—2005）。矿棉装饰吸声板可与铝合金和轻钢T形龙骨配合使用，龙骨吊装找平后，将吸声板搁置其上即可。

矿棉装饰吸声板产品在运输、存放和使用过程中，严禁雨淋受潮；在搬动码放过程中，必须轻拿轻放，以防造成折断或边角缺损；存放地点必须干燥、通风、避雨、防潮、平坦，下面应垫木板，并与墙壁要有一定的距离。

2. 膨胀珍珠岩装饰吸声板

膨胀珍珠岩装饰吸声板是一种新型建筑内装饰吸声材料，具有轻质、高强、隔声、防火等优良性能，防火性能最佳，为不燃性建筑材料，可作为公共建筑和居住建筑的室内吊顶及吸声壁。

膨胀珍珠岩装饰吸声板按所用胶黏剂不同，可分为水玻璃珍珠岩吸声板、水泥珍珠岩吸声板、聚合物珍珠岩吸声板、复合吸声板等。

膨胀珍珠岩装饰吸声板包括建筑石膏、膨胀珍珠岩（起填料及改善板材声学性能的作用）、缓凝剂（可用硼砂、柠檬酸等）、防水剂（采用无机工业废料）和表面处理材料（表面涂层由不饱和聚酯树脂及适量固化剂、促进剂等调制而成）；此外，还有调色布纹用的颜料。

膨胀珍珠岩装饰吸声板规格有400mm×400mm×15mm、500mm×500mm×16mm、600mm×600mm×18mm。它的主要技术性能指标见表9-15。

表9-15　膨胀珍珠岩装饰吸声板的主要技术性能指标

项　目	密　度	断裂载荷	抗弯强度	吸声系数	热导率	燃烧性能
技术指标	≤500kg/m^3	150～250N	≤1.0MPa	0.30～0.60	0.65～0.09W/(m·K)	A级不燃材料

3. 防火岩棉吸声板

防火岩棉吸声板是以优质玄武岩和高炉矿渣为原料，配以焦炭，经高温烧制、离心成型的优质吸声板材，具有耐高湿、不燃、无毒、无味、不霉、不刺激皮肤等优点。

防火岩棉吸声板由于具有密度小、保温、吸声、防火、节能等优点，是较理想的建筑内装饰材料，可广泛用于建筑物的吊顶、贴壁、隔壁等内部装修；尤其用于播音室、录音录像室、影剧院等，舰艇、公共建筑走廊、商场、工厂车间、民用建筑及要求安静的场所，可以改善室内音质，降低室内噪声、调节室温、改善劳动条件和生活环境。

七、阻燃纸蜂窝轻质复合墙板

阻燃纸蜂窝轻质复合墙板是以阻燃纸蜂窝板或阻燃纸蜂窝为芯材，纸面石膏板、氧化镁板、硅钙板、镀锌钢板等为敷面材料，用阻燃胶黏剂复合而成的，可广泛用于各种建筑物的内隔墙体。因其密度仅相当于普通黏土砖墙体的 1/25 左右，因此更适用于高层建筑的内隔墙体。该产品具有良好的调节室内空气干湿度的功能，安装快捷方便，无裂纹、不开缝、不变形，占用空间小；不含有放射性、毒害性物质，保温、隔热、隔声，是安全可靠的新型绿色建筑材料。

八、防火板

防火板是采用硅质材料或钙质材料为主要原料，与一定比例的纤维材料、轻质骨料、胶黏剂和化学添加剂混合，经蒸压技术制成的装饰板材，是目前越来越多使用的一种新型材料。防火板的施工对于粘贴胶水的要求比较高，质量较好的防火板价格比装饰面板要高。防火板的厚度一般为 0.8mm、1mm、1.2mm。防火板粘贴在胶合板、纤维板、刨花板等经过防火测试的基材上使用。

1. 氧化镁板

氧化镁板主要是由氧化镁（MgO）、氯化镁（$MgCl_2$）、纤维质材料及其他无机物所制造而成一种新型防火建材，无毒、无烟且不含石棉。

（1）产品性能　防火性能好，仅 3mm 厚即可达到台湾标准 CNS 6532 耐燃一级的效果；6mm 双面单层分间墙可轻松通过防火时效 1h 测试。施工容易，所有传统三合板的施工方式皆适用，防火性远高于传统三合板；可上漆、贴合壁纸及以其他造型装潢用作二次加工；可加工为洞洞吸声板。能抗弯曲，板材结构经强化，板材柔韧富有弹性。尺寸稳定，防潮不变形，耐酸碱侵蚀，受潮膨胀系数小。隔热隔声效果佳，可增加冷房效果，节省能源，提高经济效益。安全性好，不含石棉，无辐射，不产生对人体有害的有机化合物。

（2）适用范围　适用于办公大楼、会议室、购物中心、集合式住宅、浴室、百货公司、学校、电影院、音乐室、工业厂房、实验室等公共场所的暗架天花板及隔间墙板工程。

2. 吉尔强化纤维板

吉尔强化纤维板是采用德国 SIEMPELKAMP 公司高科技生产线，利用建筑石膏和植物纤维为原料，采用半干法制成的新型轻质高强防火建筑板材，以其卓越的技术性能、简便的施工方式和完美的二次装修效果进一步拓展了建筑板材的应用领域。吉尔强化纤维板可取代常见的防火板以及其他同类板材，在欧美市场已成为同类建筑板材的升级替换产品。

（1）产品特点　它是绿色建筑材料，吉尔强化纤维板是由石膏和纸纤维制成的，不含石棉、辐射污染及其他有害物质。能防火抗热，不但符合台湾 CNS 6532 耐燃一级的检验标准，而且 10mm 厚的吉尔强化纤维板双面单层也通过符合 CNS 125141 防火 1h 测试。防水防潮会呼吸，具有石膏板呼吸调节的功能，又没有石膏板的缺点，吉尔强化纤维板可调节空气中的湿度，可用于浴室、厨房等潮湿环境的隔间墙及天花吊顶系统。吉尔强化纤维板强度高、耐冲击、可挂钉，螺钉钉于板面可承重 69kg，螺钉钉于板面及立柱处可承重 169kg。加工性高、装饰方便，可根据需要钉、锯、刨、切、开孔、粘贴等，也可进行喷涂漆料、贴面加工等表面装饰工程，提高了装修施工的方便性。

（2）适用范围　适用于住宅、大型会议厅、电影院、俱乐部、视听教室等场所四周隔间墙施工。由于吉尔强化纤维板具有较佳的隔间值，因此非常适合隔间、吸声性高的场所，可有效阻隔声量的传送。

九、其他复合防火板

钢丝网水泥类夹芯复合板也可作为防火板材，但是对于采用聚苯乙烯泡沫塑料作为芯材的复合板，温度超过 70℃时芯材会融化。在烈火作用下，如果砂浆层开裂，会冒出白色烟雾令人窒息。因此，这类板材的生产企业必须为施工单位提供板材的安装施工规程、标准，并参与指导。施工单位必须按规程施工，确保质量，特别是水泥砂浆层的厚度和完好性。

钢丝网岩棉夹芯复合板（GY 板）的防火性能也很好。由于 GY 板墙体的材料都是无机不燃材料，而墙体抹（喷）成一个整体，没有缝隙，在进行防火试验时，经过 2.5h 的试验，试件完整没有破坏，背火面温度没有超限，也没有明显裂纹，烧后仍成整体，因此 GY 板的耐火极限应大于 2.5h。

第四节　建筑阻燃材料

一、阻燃墙纸及阻燃织物

1. 纸制品及阻燃墙纸

纸是纤维素基质材料，十分易燃，由它引起的火灾会给人类造成巨大损失，因此纸的阻燃很早就引起了人们的重视。

早在 20 世纪以前阻燃纸已经问世，各种类型的阻燃纸有着广泛的应用。如电气绝缘中的阻燃牛皮纸；飞船的登月舱中阻燃纸制品；包装材料工业中采用的阻燃纸板箱及纸填充料；建筑工业中采用的阻燃纸与其他建筑构件；用于保存有价值的文史资料的阻燃档案袋等。

（1）纸及纸制品的阻燃处理方法　纸及纸制品的阻燃处理方法大致可分为以下几种。

① 采用不燃性或难燃性原料，应用特殊的造纸技术，制造不燃或难燃纸。例如用石棉纤维或玻璃纤维为原料造纸，可制得不燃或难燃纸。但此法受到极大的限制。

② 向纸浆中添加阻燃剂。向造纸机内的纸浆中添加阻燃剂，使制造的纸阻燃化。此法的优点是阻燃剂能均匀地分散到纸内，阻燃效果好，生产工艺简单，但要求阻燃剂最好不具有水溶性。若阻燃剂水溶性大，要同时添加滞留剂，以减少阻燃剂在造纸过程中的流失。

纸及纸制品阻燃处理所采用的阻燃剂，包括磷化物、卤化物、磷-卤化合物、氮化物、硼化物、水玻璃（硅酸钠）、氢氧化铝等。

③ 纸及纸制品的浸渍处理，这种处理方法与木材的浸渍处理方法大致相同。将已成型的纸及纸制品浸渍在一定浓度的阻燃剂溶液中，经一定时间后取出、干燥，即可获得阻燃制品。阻燃剂的载量应在 5%～15%之间。这种处理方法将对纸的白度、强度等性能有一定的影响。

④ 纸及纸制品的涂布处理，将不溶性或难溶性阻燃剂分散在一定溶剂中，借助于胶黏剂（树脂），采用涂布或喷涂的方法，将该阻燃体系涂布到纸及纸制品表面上，经加热干燥后得到阻燃制品。此法简单可行，节省阻燃剂。

我国目前大多采用后两种方法生产阻燃纸及纸制品。

例如，将牛皮纸浸渍在 180～189℃的 $(NH_4)_2SO_4$ 和 $Al_2(SO_4)_3 \cdot 24H_2O$ 混合物的熔融盐浴中，取出后干燥即得阻燃牛皮纸板。

（2）纸及纸制品阻燃性能测试方法　目前国际上尚没有统一的标准测试方法，各国采用氧指数法、垂直燃烧法、水平燃烧法等。一般通用方法来测定其阻燃性。

美国采用纸浆与造纸工业技术协会制定的 TAPPI T461 om-84 阻燃处理纸和纸板燃烧性能试验法。该法基本上是一个垂直燃烧试验法。试样尺寸为 21cm×7cm，试片垂直地固定在试验箱的夹子上，用火焰（长 4cm）点火 12s，测定余焰时间和碳化长度。当平均碳化长度小于 11.5cm 时为合格产品。

日本采用 JIS A1322 建筑用薄层材料的难燃性试验方法。该法与我国专业标准

ZBG51003 防火涂料防火试验方法（小室燃烧法）类同。试片尺寸为 20cm×30cm，用丙烷或液化石油气为燃料，以内径为 20mm 的喷灯点燃。根据碳化长度、残焰时间将其划分 3 级，见表 9-16。

表 9-16　JIS A1322 建筑用薄层材料的难燃性分级

类　别	碳化长度/cm	残焰/s	残余火星
阻燃 1 级	5 以下	无	15min 后消失
阻燃 2 级	10 以下	5 以下	15min 后消失
阻燃 3 级	15 以下	5 以下	15min 后消失

我国于 1993 年制定了国标《阻燃纸和纸板燃烧性能试验方法》(GB/T 14656—93)，作为阻燃纸制品类的通用标准。试样尺寸为 210mm×70mm，共 4 个，垂直地置于燃烧箱中，用（40±2）mm 火焰的煤气灯施加火焰 12s，移开后记录续焰时间和续灼烧时间，并测定碳化和长度。当试验结果满足下列条件时，可以认为是合格的产品。

平均碳化长度≤115mm。

平均续焰时间≤5s。

平均灼烧时间≤60s。

2. 阻燃织物

随着科技的不断发展、纺织工业的不断进步、纺织品种类的不断增加，其应用范围也越来越广。与此同时，由于纺织品不具备阻燃性而引起的潜在威胁也进一步增大。根据火因结果分析，因纺织品着火或因纺织物不阻燃而蔓延引起的火灾，占火灾事故的 20%以上，特别是建筑住宅火灾，纺织品着火蔓延所占的比例更大。许多典型、重大火灾案例已证明了这一点。

（1）阻燃纺织物分类　阻燃织物品种有纯棉、纯涤纶、纯毛、涤棉和各种混纺的耐久性阻燃织物，以及纯棉、黏胶、纯涤纶非耐久性阻燃织物。

阻燃纺织物品种是纺织阻燃技术的一个重要内容。到目前为止，已经开发并投入生产和使用的阻燃织物品种已扩展到许多种类，可按纤维品种、产品用途、整理工艺和阻燃产品耐久程度不同进行分类。

① 按纤维种类分类。阻燃织物按纤维种类不同，分为纤维素纤维织物、羊毛织物、合成纤维织物和混纺织物。合成纤维织物又分为涤纶织物、锦纶织物、腈纶织物及其他合成纤维织物。

② 按产品用途分类。阻燃产品按用途不同，分为用于衣着、装饰和工业 3 方面。衣着方面以消防服、劳保服、睡衣等为主。装饰方面包括收音机、火车、汽车和轮船座舱内部的纺织品以及宾馆、高层建筑和一些公共场所的装饰用布。家用装饰织物包括窗帘、门窗、台布、床垫、床单、沙发套、地毯和贴墙布等。工业用布方面包括帐篷布、导风筒、挂帘布等。

③ 按整理工艺分类。阻燃整理分两种方式：一种是添加型，即在纺丝原液中添加阻燃剂整理；另一种是后整理型，即在纤维和织物上进行阻燃整理。

阻燃工艺有轧烘焙法、涂布法、喷雾法、浸渍-烘燥法、有机溶剂法、氨熏法等几类。

④ 按产品耐久程度分类。织物阻燃整理可分 3 类：非耐久性整理或称暂时性整理，不耐水洗，但有一定的阻燃性能；半耐久性整理，能耐 1～15 次温和洗涤，但不耐高温皂洗；耐久性整理，一般能耐水洗 50 次以上，而且能耐皂洗。

（2）纺织材料阻燃处理工艺　阻燃织物整理工艺从科研阶段扩大到工厂试制，目前多数印染厂基本上采用常规染整工艺，即在染色或后整理过程中添加整理剂。方法是将整理剂均匀地浸轧在织物上，经干燥焙烘后牢固地吸附在纤维上或与纤维发生键合。工艺比较简单。该法适合小批量多品种的生产特点，是当前纺织阻燃整理的基本方法。

① 纯棉及混纺耐久性阻燃织物。纯棉耐久性阻燃织物整理工艺大体有下列两种：Pyrovatex Cp，十三聚氰胺树脂加催化剂，采用轧烘焙工艺；Proban，采用氨熏工艺。

混纺织物阻燃整理除低比例涤棉混纺织物有比较成熟的经验外，其他各种混纺织物尚缺乏成熟的阻燃整理工艺。对涤棉 50/50 产品的研究多于涤棉 63/35。其他类混纺阻燃织物有以阻燃耐高温纤维或阻燃纤维与易燃纤维混纺后再进行阻燃整理。

② 纯涤纶阻燃织物。目前适用于 100%涤纶非耐久性的阻燃剂有卤膦酸酯及磷酸-尿素缩合物等。耐久性阻燃剂有美国 Mobil 公司的 19T（Antiblaze 19T）和国产的 FRC-1 脂族环膦酸酯及六溴环十二烷（HBCD）。采用轧烘焙工艺。

③ 纯羊毛阻燃织物。目前羊毛阻燃织物普遍采用金属络合物的阻燃整理剂，主要有钛、锆、钨 3 种。羊毛织物的阻燃整理一般采用浸染工艺，根据各种染料的性能，先染色后阻燃或染色阻燃同浴处理，有些织物也可采用浸轧工艺。

(3) 阻燃织物发展现状　阻燃织物从现有的品种上来看，已经涉及绝大多数纺织品类型，但从应用数量上来看，其现状却不尽如人意。今后阻燃织物研究的趋势应该是：加强阻燃纤维的开发和研究，使阻燃纺织品多功能化，提高棉、涤和毛阻燃织物的质量，加强化纤和混纺织物阻燃整理的研究，进行各种纤维阻燃机理的研究，为开发新产品提供科学的理论基础，加速制定阻燃纺织品的防火法规、标准。

二、阻燃剂

在建筑、电气及日常生活中使用的木材、塑料和纺织品，大多数是可燃、易燃材料。为了预防火灾的发生，或者发生火灾以后阻止或延缓火灾的发展，往往用阻燃剂对易燃、可燃材料进行阻燃处理。所谓阻燃处理，就是提高材料抑制、减缓或终止火焰传播特性的工艺过程。易燃、可燃材料经过阻燃处理后，其燃烧等级得以提高，变成难燃、不燃材料。

阻燃剂从工艺上可分为反应型阻燃剂和添加型阻燃剂两大类；按化合物不同，可分为无机阻燃剂和有机阻燃剂两大类。无机阻燃剂具有热稳定性好、不产生腐蚀性气体、不挥发、效果持久、无毒等优点。无机阻燃剂虽有许多优点，但在一般情况下，它对材料的加工性、成型性、物理力学性能、电气性能都有所影响，须进行改性研究。有机阻燃剂品种很多，主要有磷系阻燃剂和卤系阻燃剂。

1. 常用阻燃剂

(1) 无机阻燃剂

① 氢氧化铝 $Al(OH)_3$。氢氧化铝热稳定性好、无毒、不挥发、不产生腐蚀性气体；它能减少燃烧时的产烟量，能捕捉有害气体；其为白色粉末，透明度、着色性好；氢氧化铝资源丰富，价格便宜。由于以上原因，氢氧化铝使用量在所有阻燃剂中占第一位。它广泛用于环氧树脂、不饱和聚酯树脂、聚氨酯、聚乙烯、ABS、硬质 PVC。

氢氧化铝之所以具有阻燃作用，主要是由于其热分解反应。热分解时需要吸收热量，使材料表面温度难以升高；热分解释放的水蒸气具有稀释作用；热分解释放出的 Al_2O_3，熔点为 2050℃，沸点为 3527℃，是一种很好的覆盖层；氢氧化铝本身是一种碱性物质，可以促进纤维素的碳化与脱水。由于以上原因使氢氧化铝具有很好的阻燃作用。

氢氧化铝阻燃效果与很多因素有关。氢氧化铝用量越大，阻燃效果越好；氢氧化铝越细，阻燃效果越好；对氢氧化铝进行表面处理可以大大提高氢氧化铝的阻燃性能。

② 三氧化二锑（Sb_2O_3）。三氧化二锑为白色结晶粉末。在材料阻燃处理中，主要作为卤素阻燃剂的协效剂使用。试验发现，加入三氧化二锑以后，卤素化合物的阻燃效果提高很

多。锑与卤素有一最佳比值，处于最佳比值时，阻燃效果最好。这个最佳比值随被阻燃处理的材料不同而不同，随卤化物的不同而不同。对于聚乙烯，用氯化物作阻燃剂，Sb∶X＝1∶3（摩尔比），用溴化物作阻燃剂，Sb∶X＝1∶11（X为卤素）。

三氧化锑与卤素阻燃剂作用，生成三卤化锑（SbX_3），SbX_3是气相燃烧区自由基的捕捉剂，三价锑可以促进卤素游离基的生成，从而降低燃烧区中OH、H自由基的浓度；密度较大的SbX_3覆盖在材料表面，可以隔断空气和热量；锑-卤阻燃体系也能增加某些聚合物的碳生成量，从而起到阻燃作用。

锑卤阻燃体系可应用于PVC、聚丙烯、聚乙烯、ABS、聚氨酯等塑料；也可用于纺织品、纤维、油漆、橡胶的阻燃处理。

③ 水合硼酸锌。硼系阻燃剂具有毒性低、热稳定性好、价格低廉的特点。硼系阻燃剂中使用最早的是硼砂和硼酸，并广泛应用于木材、纸张、棉布等纤维素。目前使用最广泛的是水合硼酸锌。水合硼酸锌根据结晶水含量不同而分为很多品种，最常用的是$2ZnO \cdot 2B_2O_3 \cdot 3.5H_2O$。水合硼酸锌在阻燃剂系列中主要用作氧化锑的试用品，因为氧化锑比较贵，发烟量大，有一定的毒性，而水合硼酸锌无毒、无污染。

硼酸锌一般与卤素阻燃剂混合后用于聚乙烯、聚丙烯、ABS、聚酯、天然橡胶、氯丁橡胶以及防火涂料中。

（2）有机阻燃剂

① 四溴双酚A。溴系阻燃剂品种很多，四溴双酚A是其中之一。四溴双酚A为白色结晶型粉末，分子式为$C_{16}H_{12}O_2Br_4$，属反应型阻燃剂，也可作添加型阻燃剂使用。常用于环氧树脂、聚碳酸酯、酚醛树脂、ABS、聚氨酯以及纸张、纤维素的阻燃处理。

② 氯化石蜡。氯化石蜡是使用最多、最普遍的氯系阻燃剂。氯化石蜡品种很多。氯化石蜡-42，分子式为$C_{25}H_{45}Cl_7$，为金黄色黏稠液体。氯化石蜡具有与聚氯乙烯类似的结构，阻燃性和电绝缘性好，能使制品具有一定的光泽度，价格低。它普遍用于PVC电缆、软管、板材、人造革、薄膜的阻燃处理；还可用于丁苯橡胶、丁腈橡胶、氯丁橡胶、聚氨酯橡胶的阻燃处理。

③ 甲基膦酸二甲酯（DMMP）。甲基膦酸二甲酯，分子式$C_3H_9O_3P$，为无色透明液体，磷含量25%，具有透明、高效、低毒、使用广泛、成本低廉等优点，属添加型阻燃剂，广泛应用于聚氨酯泡沫塑料、不饱和聚酯树脂、环氧树脂的阻燃处理。

2. 材料阻燃处理中的新技术

随着阻燃科学的发展，材料阻燃处理中出现了很多高新技术，这些高新技术极大提高了材料的阻燃性。

（1）纳米技术　采用物理、化学方法，将固体阻燃剂分散成1～100nm大小微粒的方法，称纳米技术。物理方法有蒸发冷凝法、机械破碎法；化学方法有气相反应法、液相法。例如使Sb_2O_3穿过等离子弧的尾气反应蒸发区蒸发，然后进入冷凝室进行急冷，能得到0.275μm的Sb_2O_3粒子。阻燃剂超细处理技术，不仅可以提高阻燃效率，降低阻燃剂用量，同时对于改善阻燃剂的发烟性、耐候性、着色性都会产生很大影响。

（2）微胶囊技术　即把阻燃剂微粒包裹起来。例如用硅烷、钛酸酯对$Al(OH)_3$、$Mg(OH)_2$进行表面处理；或者将阻燃剂吸附在无机物载体的空隙中，形成蜂窝状微胶囊阻燃剂。这样可以改善阻燃剂与高聚物的相溶性。硅烷分子、钛酸酯分子在$Al(OH)_3$、$Mg(OH)_2$颗粒表面形成“分子膜层”，在阻燃剂与高聚物之间搭起了“桥键”；若用的包裹物是硅酸盐、有机硅树脂，可以使易热分解的有机阻燃剂被很好地保护起来，从而改善阻燃剂的热稳定性。

（3）辐射交联技术　高聚物在高能射线（γ射线、β射线或X射线）作用下，引起电离，激发分子和自由基。这些活性粒子在分子内部或分子之间互相结合产生桥架或交联键，使聚合物具有三维网状结构，从而改善材料的耐热性、阻燃能力、力学性能和化学稳定性。

（4）复配技术　在对材料进行阻燃处理过程中，已经发现某些阻燃剂同时使用会取得很好的协同效应，获得“1＋1＞2”的阻燃效果。例如磷＋卤、锑＋卤、磷＋氮、磷＋结晶水化合物等。

3. 阻燃剂的发展趋势

阻燃剂的发展趋势主要有以下几个方面。

（1）溴代双苯类阻燃剂将面临其毒性问题的挑战。国际化学安全组织已建议在欧洲限制多溴代双苯类的生产和使用。美国环境保护组织也认为四溴二苯类及其衍生物是毒性物质，对动物体有潜在的毒害作用，应被划分为潜在的人体致癌物质，并计划在未来几年内大大降低四溴二苯的释放量。同时世界电器设备制造商都在寻找这些物质的代替品。因此，取代溴代二苯醚类似乎是未来的趋势。

（2）利用聚合物合金或混料的手段，开发新的阻燃体系。

（3）采用共聚或接枝聚合制备阻燃高分子。

（4）膨胀阻燃体系的开发和工业应用将得到发展。

（5）低产烟和腐蚀小的阻燃剂将受到重视。

三、防火封堵材料

发生火灾时，火势和烟毒气体往往通过电线电缆和塑料管道等穿越的孔洞向邻近房屋场所蔓延扩散，使火灾事故扩大，造成严重后果。目前国内外一般采用阻火封堵材料和密封填料堵塞孔洞缝隙，可以有效地阻止火灾蔓延和防止有毒气体扩散，将火灾控制在一定的范围之内，减少事故损失。防火封堵材料包括有机防火堵料和无机防火堵料。

1. 有机防火堵料

有机防火堵料又叫可塑性防火堵料，是以有机合成树脂为胶黏剂，并配以防火阻燃剂、填料而制成的。有机防火堵料具有良好的可塑性，优良的防火性能，耐火时间长，发烟量低，能有效地阻止火灾蔓延与烟气的传播。主要应用于高层建筑、工厂、船舶、电力通信部门等电线电缆和各类管道贯穿处孔洞缝隙的防火封堵工程。特别适用于成束电缆或电缆密集区域与电缆间、电缆与其他物体间缝隙的阻火封堵。

此类堵料长期不固化，可塑性好，能够重复使用，具有很好的防火、水密性能。非膨胀型的有机堵料，遇火后不能填补由电缆烧蚀形成的孔隙，因此封堵效果不太理想。膨胀型防火堵料，在高温和火焰作用下其体积先膨胀后硬化，形成一层坚硬致密的保护层。当电缆绝缘层烧蚀后，能迅速膨胀填补所形成的空隙，防止火焰和烟气向其他空间扩散。膨胀型有机防火堵料体积膨胀形成的过程是吸热反应，可消耗大量的热，有利于体系温度的降低；形成的保护层具有较好的隔热性，起到良好的阻火堵烟及隔热作用。目前，无卤膨胀型有机防火堵料已成为防火封堵材料中的主流。有机防火堵料的主要组分是合成树脂、防火助剂和填料。

膨胀型封堵材料的主要功能成分有发泡膨胀剂、催化剂、成炭剂。其作用的主要机理是：在高温燃烧的条件下，发生激烈的化学反应，在膨胀过程中形成多孔的、连续的、具有一定强度的炭层，炭层膨胀的体积可以封堵由于塑料管道燃烧滴落而留下的缝隙或孔洞等，阻断烟火等可以穿过的通道。

根据公共安全行业标准《防火封堵材料的性能要求和试验方法》（GA 161—1997）的规定，有机防火堵料的技术性能指标见表9-17。所有有机防火堵料必须满足上述性能指标要求。为防止防火堵料在火灾条件下释放有毒有害气体，目前多采用无卤膨胀型有机防火堵料。其理化性能见表 9-18。

表 9-17 有机防火堵料的技术性能指标

序号	检测项目	技术指标
1	耐火性能/min	一级不小于 180
		二级不小于 120
		三级不小于 60
2	外观	塑性固体,具有一定的柔韧性
3	密度/(kg/m^3)	≤2.0×10^3
4	耐水性/d	≥3,无溶胀
5	耐油性/d	≥3
6	腐蚀性/d	≥7

表 9-18 无卤膨胀型有机防火堵料的理化性能

序号	检测项目	检测结果
1	耐火性能/min	241
2	外观	塑性固体,具有一定的柔软性
3	密度/(kg/m^3)	1.6×10^3
4	耐水性/d	≥3,无溶胀
5	耐油性/d	≥3
6	腐蚀性/d	≥7
7	膨胀倍率	3
8	初始膨胀温度/℃	210
9	主体膨胀温度/℃	330
10	原料残留卤素含量(质量分数)/%	<0.5
11	烟密度/%	9

2. 无机防火堵料

无机防火堵料又叫速固型防火堵料，是以无机胶黏剂为基料，并配以无机耐火材料、阻燃剂等制成的。无机防火堵料属不燃材料，在高温和火焰作用下，基本不发生体积变化而形成一层坚硬致密的保护层，其热导率较低。另外，堵料中有些组分遇火时相互反应，产生不燃气体的过程中会吸热，也可降低体系的温度，具有显著的防火隔热效果。

无机防火堵料的组成主要包括无机胶凝材料、阻燃剂、填料和其他助剂。相对于有机材料，无机材料具有价格低、经久耐烧、安全无毒的特性。无机防火堵料的胶凝材料，常用的有碱金属硅酸盐类、磷酸盐类等。最常用的有硫铝盐快干水泥、硅酸钠水玻璃等。

按照公共安全行业标准《防火封堵材料的性能要求和试验方法》(GA 161—1997) 的规定，无机防火堵料的技术性能指标见表 9-19。无机防火堵料不仅能达到所需的耐火极限，而且具备相当高的机械强度，无毒、无味，使用时在现场加水调制，施工方便，固化速度快，具有很好的防火和水密、气密性能。主要应用于高层建筑、电力部门、工矿企业、地铁、供电隧道工程等各类管道和电线电缆贯穿孔洞，尤其应用于较大的孔洞、楼层间孔洞的封堵。该类堵料在固化前有较好的流动性、分散性，对于多根电缆束状敷设和层状敷设的场合，采用现场浇筑这类无机防火堵料的施工方法，可以有效地堵塞和密封电缆与电缆之间、电缆与壁板之间各种微小空隙，使各根电缆之间相互隔绝，阻止火焰和有毒气体及浓烟扩散，有很好的防火密封效果。某型号速固无机防火堵料产品的性能见表 9-20。

表 9-19　无机防火堵料的技术性能指标

序　　号	检测项目	技术指标
1	耐火性能/min	一级不小于 180
		二级不小于 120
		三级不小于 60
2	外观	均匀粉末固体，无结块
3	干密度/(kg/m^3)	≤2.5×10^3
4	耐水性/d	≥3，无溶胀
5	耐油性/d	≥3
6	腐蚀性/d	≥7
7	抗压强度 R/MPa	$0.8\leqslant R\leqslant 6.5$
8	初凝时间 t/min	$15\leqslant t\leqslant 45$

表 9-20　速固型无机防火堵料产品的技术性能指标

项　　目	技　术　指　标
耐火性能/min	240
表观密度/(kg/m^3)	≤2.0×103
初凝时间/h	≥0.5
终凝时间/h	≤6.0
黏结强度/MPa	≥0.3
收缩率/%	≤0.1
抗折强度/MPa	≥0.5
抗渗性能/MPa	0.1 保持 8h 不渗水
热震稳定性	850℃急冷到 12℃，重复 12 次整体完整
耐水性	浸入室温水中，336h 无裂缝、不粉化
耐油性	浸入室温 0 号柴油 336h，无裂缝、不粉化、不变形
腐蚀性	温度(40±2)℃、相对湿度 80%±5%的条件下，120h 对铜、钢、铝腐蚀深度不大于 0.1mm

四、阻火包

阻火包的外观犹如枕头，外层采用编织紧密的玻璃纤维制成袋状，内部填充特种耐火、隔热和膨胀材料，具有不燃性，耐火极限可达 3h 以上，在高温下膨胀和凝固形成一种隔热、隔烟的密封层。阻火包主要用于电力、冶金、石化等工矿企业，高层建筑以及地下工程等电缆贯穿孔洞作防火封堵。由于阻火包封堵孔洞后拆卸方便，特别适用于需经常更换、增加电缆的场合封堵或施工过程中用作短暂性的防火措施。

膨胀型阻火包的规格和尺寸见表 9-21。膨胀型阻火包的基本性能见表 9-22。

表 9-21　膨胀型阻火包的规格和尺寸

规格	长度/mm	宽度/mm	厚度/mm	质量/g
720	320	180	35	720
400	320	180	20	400

表 9-22　膨胀型阻火包的基本性能

项　　目	技术指标	缺陷类别
耐火性能/min	≥180	A
外观	包体完整无损	C
松散密度/(kg/m^3)	≤1.2×10^3	C
耐水性/d	3d 包内，材料无明显变化、包体完整、无破损	B
耐油性/d	3d 包内，材料无明显变化、包体完整、无破损	C
抗压强度/d	≥0.05	B
抗跌落性	5m 高处自由落下在混凝土水平地面上，包体无破损	B

五、建筑排水管阻火圈

建筑中 PVC—U 排水管往往容易成为火灾传播的通道，火焰和烟气易沿 PVC 管遇火烧毁后形成的孔洞沿管道蔓延扩散，使损失扩大。建筑排水管阻火圈则是因此而设。我国原建设部在《建筑排水硬聚氯乙烯管道工程技术规程》（CJJ/T 29—1998）和《建筑给水排水设计规范》（GBJ 15—2000）中都明确规定了设置阻火圈或防火套管的有关条文。

建筑硬聚氯乙烯排水管道阻火圈由金属外壳和膨胀阻火芯材两部分构成。在发生火灾时，芯材受热迅速膨胀，向内挤压软化或熔融的管材，短时间内封堵住管道贯穿的洞口，阻止火焰和烟气沿洞口的蔓延和扩散。

阻火圈根据其安装方式不同，可分为 A 型和 B 型两种基本形式。

A 型阻火圈为可开式。它由两个半圆环组成，中间用铰链连接。A 型阻火圈施工较方便，可在管道施工安装完毕后再安装阻火圈，或在原来工程没有安装阻火圈的情况下补装。

B 型阻火圈为不可开式。它由一个整环构成。安装时必须先穿在管道上，然后固定于楼板或墙体上，或者预先埋设在楼板或墙体上，然后再穿排水管。

从应用效果来看，两种形式的阻火圈并无差别，仅是为适合不同的安装需要而异。建筑排水管阻火圈的技术规范执行公安部公共安全行业标准《建筑硬聚氯乙烯排水管道阻火圈》（GA 304—2001）。阻火圈的技术指标见表 9-23。

表 9-23 建筑排水管阻火圈的技术指标

检测项目		技术指标
阻火圈	耐火时间/min	≥120
	封堵时间/min	≤15
阻火膨胀芯材	耐水泥浆性(20%水泥浆)/h	浸 72h,外观及膨胀性无明显变化
	耐水性/h	浸 72h,外观及膨胀性无明显变化
	起始膨胀温度(t)/℃	150≤t≤200
	膨胀体积/(cm^3/g)	≥25

第五节 防火门与防火卷帘

一、防火门

按照耐火性能不同，我国把防火门分为隔热防火门（A 类）、部分隔热防火门（B 类）和非隔热防火门（C 类）3 类。隔热防火门（A 类）是指在规定时间内，能同时满足耐火完整性和隔热性要求的防火门；部分隔热防火门（B 类）是指在规定大于等于 0.50h 内，满足耐火完整性和隔热性要求，在大于 0.50h 后所规定的时间内，能满足耐火完整性要求的防火门；非隔热防火门（C 类）是指在规定时间内，能满足耐火完整性要求的防火门。

按照开启关闭方式不同，防火门主要为平开式防火门。按照材质不同，防火门可分为木质防火门、钢质防火门、钢木质防火门和其他材质防火门。

平开式防火门是指由门框、门扇和防火铰链、防火锁等防火五金配件构成的，以铰链为轴垂直于地面，该轴可以沿顺时针或逆时针单一方向旋转以开启或关闭门扇的防火门。

木质防火门是指用难燃木材或难燃木材制品制作门框、门扇骨架和门扇面板，门扇内若填充材料，则填充对人体无毒、无害的防火隔热材料，并配以防火五金配件所组成的具有一定耐火性能的门。

钢质防火门是指用钢质材料制作门框、门扇骨架和门扇面板，门扇内若填充材料，则填充对人体无毒、无害的防火隔热材料，并配以防火五金配件所组成的具有一定耐火性能的门。

其他材质防火门则是指采用除钢质、难燃木材或难燃木材制品之外的无机不燃材料或部分采用钢质、难燃木材、难燃木材制品制作门框、门扇骨架和门扇面板，门扇内若填充材料，则填充对人体无毒、无害的防火隔热材料，并配以防火五金配件所组成的具有一定耐火性能的门。

相关技术执行国家标准《防火门》（GB 12955—2008）。本标准适用于平开式木质、钢质、钢木质防火门和其他材质防火门。其他开启方式的防火门可参照本标准执行。

防火门应启闭灵活、无卡阻现象。防火门门扇开启力不应大于80N（特殊场合使用的防火门除外）。可靠性要求在500次启闭试验后，防火门不应有松动、脱落、严重变形和启闭卡阻现象。防火门的耐火性能应符合9-24的规定。

表 9-24　防火门按耐火性能的分类及代号

<table>
<tr><th>名　称</th><th colspan="2">耐火性能</th><th>代　号</th></tr>
<tr><td rowspan="5">隔热防火门(A类)</td><td colspan="2">耐火隔热性不小于0.50h
耐火完整性不小于0.50h</td><td>A0.50(丙级)</td></tr>
<tr><td colspan="2">耐火隔热性不小于1.00h
耐火完整性不小于1.00h</td><td>A1.00(乙级)</td></tr>
<tr><td colspan="2">耐火隔热性不小于1.50h
耐火完整性不小于1.50h</td><td>A1.50(甲级)</td></tr>
<tr><td colspan="2">耐火隔热性不小于2.00h
耐火完整性不小于2.00h</td><td>A2.0</td></tr>
<tr><td colspan="2">耐火隔热性不小于3.0h
耐火完整性不小于3.0h</td><td>A3.0</td></tr>
<tr><td rowspan="4">部分隔热防火门(B类)</td><td rowspan="4">耐火隔热性不小于0.50h</td><td>耐火完整性不小于1.00h</td><td>B1.00</td></tr>
<tr><td>耐火完整性不小于1.50h</td><td>B1.50</td></tr>
<tr><td>耐火完整性不小于2.00h</td><td>B2.00</td></tr>
<tr><td>耐火完整性不小于3.00h</td><td>B3.00</td></tr>
<tr><td rowspan="4">非隔热防火门(C类)</td><td colspan="2">耐火完整性不小于1.00h</td><td>C1.00</td></tr>
<tr><td colspan="2">耐火完整性不小于1.50h</td><td>C1.50</td></tr>
<tr><td colspan="2">耐火完整性不小于2.00h</td><td>C2.00</td></tr>
<tr><td colspan="2">耐火完整性不小于3.00h</td><td>C3.00</td></tr>
</table>

防火门主要用于高层建筑的防火分区、楼梯间和电梯门，也可安装于油库、机房、宾馆、饭店、医院、图书馆、办公楼、影剧院及单元门、民用高层住房等。

二、防火卷帘

防火卷帘广泛应用于工业与民用建筑的防火分区，是现代建筑中不可缺少的消防设施。

防火卷帘按帘片的结构形式不同，可分为单片式和复合式两种。单片式为单层冷轧带钢轧制成形，依耐火极限需要，有时会在帘片受火面涂覆防火涂料或覆盖其他防火材料，以提高其耐火极限，一般用于耐火时间要求较低的部位。复合式为双层冷轧带钢轧制成形，内填不燃性材料，如硅酸纤维、岩棉或外皮包的硅酸铝纤维，多用于耐火时间要求较高的部位。

按主体材料不同，可分为钢质防火卷帘和无机防火卷帘。钢质防火卷帘帘片一般采用0.6～1.2mm的冷轧镀锌钢板制成。无机防火卷帘帘片为整片式或分块式，主体材料为阻燃布料、硅酸铝纤维等并配置其他柔性材料或增强材料。按帘板的厚度不同，可以分为轻型卷帘和重型卷帘。轻型卷帘帘板的厚度为0.5～0.6mm；重型卷帘帘板的厚度为1.5～

1.6mm。按安装形式不同，可分为垂直、水平、侧向卷帘，一般情况下以垂直卷帘为多。当垂直安装不能克服跨度过大而带来的较大变形时，宜采用侧向防火卷帘；当垂直空间较高且需作水平防火分隔时，宜选用水平防火卷帘。

GB 14102—1993 将钢质防火卷帘按耐火时间和防烟特性不同分为防火卷帘（F 型）和防火防烟卷帘（FY 型）。在防火卷帘基础上增设防烟渗漏量的要求不大于 0.2m^3（m^2·min)，同时对门楣的材料（不燃材料且能有效地阻止火焰和烟气的蔓延）、帘板形状（帘片卷曲扣合严密）也有防烟要求，即为防火、防烟卷帘，耐火时间共分 4 个等级，分别为 1.5h、2.0h、2.5h、3.0h。

1. 钢质防火卷帘

钢质防火卷帘名称符号为 GFJ。钢质防火卷帘依安装位置、形式和性能不同进行分类。

根据在建筑物中安装位置不同，分为外墙用钢质防火卷帘和室内钢质防火防烟卷帘。按耐风压强度不同，可分为 3 类，代号分别为 50（耐风压值为 490.3Pa)、80（耐风压值为 784.5Pa)、120（耐风压值为 1176.8Pa)。按耐火时间不同，可分为 4 类，分别为 F1（耐火时间为 1.5h)、F2（耐火时间为 2.0h)、F3（耐火时间为 2.5h）与 F4（耐火时间为 3.0h)。

普通型钢质防火卷帘一般满足 F1、F2 标准；复合型钢质防火卷帘一般满足 F3、F4 标准。4 类防火卷帘的防烟性能均满足在 20Pa 压差条件下，漏烟量必须小于等于 0.2m^3/（m^2·min)，其代号分别为 FY1、FY2、FY3、FY4。

单板式钢质防火卷帘帘面由 0.5～1.5mm 厚的薄钢板制成带状帘片串接而成，具有结构简单、强度高、抗风压、防盗、塑性好的优点，同时加工、安装、使用均比较方便。但耐火性能和隔热性能较差，在受到火灾作用时，帘面背火面温度急剧上升，当背火面温度升至一些可燃物的燃点时，防火卷帘的防火性能就会大大降低乃至丧失隔火作用。

复合型钢质防火卷帘目前在国内使用较多。与单板式钢质防火卷帘相比，复合型钢质防火卷帘帘面是由两层薄钢带中间夹一层无机纤维隔热材料组成的复合夹芯帘片串接而成的。结构的改进，除使之保留了单板式钢质防火卷帘的优点外，隔热性能也有明显提高。但由于受复合型钢质卷帘帘片结构的限制，我国目前市场上复合型钢质防火卷帘的无机纤维层一般不超过 20mm，且不是连续层，故隔热性仍不能保证防火卷帘耐火极限大于 3h，而背火面温升又不小于 140℃。

2. 无机纤维防火卷帘

无机纤维防火卷帘是用无机纤维布作帘面取代钢质防火卷帘的钢质帘板而制成的防火卷帘。无机纤维布的厚度比钢质帘板薄得多且密度很小，故相同面积的无纤维防火卷帘的体积是同样面积的钢质防火卷帘的 1/2，而质量只有同样面积钢质防火卷帘的几十分之一。

由于具有重量轻、美观且能节约空间等优点，因此与钢质防火卷帘相比，无机纤维防火卷帘具有更多优势。一些高级宾馆、银行、商场等高层建筑物的会议大厅、疏散通道等处，都开始使用无机纤维防火卷帘。

该类防火卷帘属双轨双帘结构，两层帘面间设有一定厚度的空气层。每幅帘面由 3 层材料复合组成：帘面采用硅酸铝纤维布外涂加强耐火能力的胶层为基材，外附抗热辐射布，内部以硅酸铝纤维毯加强隔热效果。受火面采用英特莱防火耐火布，背火面采用抗热辐射布或其他耐高温布，中间隔热层选用经特殊处理的增强型硅酸铝耐火纤维毯，帘面厚度为 10～20mm。帘面横向设置通长薄钢带 300～600mm；帘面纵向设 2mm 的不锈钢丝绳 1500mm；为抗负压，在导轨内的两端设帘面增强钢带，间隙地增加 T 形结构，防止火灾时产生的负压造成帘面从导轨中滑落的现象发生。

无机纤维防火卷帘的耐火隔热性能优良，耐火极限为 4.0h，且在耐火极限时间内其背火面平均温升低于 140℃。

无机纤维特级防火卷帘的结构形式、安装方式以及控制系统与普通钢质防火卷帘基本相同，但由于无机纤维防火卷帘重量轻，故可以制作比普通钢质防火卷帘跨度大得多的卷帘，且安装时占用空间小，帘面的表面贴有装饰性布，使无机纤维特级防火卷帘外观更美观，装饰布的颜色也可进行任意搭配，因此无机纤维防火卷帘特别适合在高层建筑物的室内安装。无机纤维特级防火卷帘的帘面是用无机纤维布制成的，质地较柔软，不像钢质帘板那么坚硬能承受较大风压，但无机纤维防火卷帘制作时要在帘面上布置多条风钩，当火灾发生产生负压时，因帘面上布置的风钩钩住两侧导轨的折边而不让帘面从导轨内脱出发生蹿火。

钢质防火卷帘的技术要求和检验方法执行国家标准《钢质防火卷帘通用技术条件》（GB 14102—93）的规定。防火卷帘的安装使用依照《高层民用建筑设计防火规范》（GB 50045—1995）、《建筑设计防火规范》（GB 50016—2006）以及相关的设计防火规范等规定执行。

第六节 建筑防火玻璃

建筑防火玻璃是日益发展的功能性玻璃大家族中新的一员，在防火时的作用是控制火势的蔓延或隔烟，能在 1000℃火焰中保持 60～180min 不炸裂，从而有效地阻止火焰和烟雾的蔓延，从而有足够的时间逃生和开展抢险救灾工作。它是一种措施型的防火材料，防火的效果以耐火性能来评价。防火玻璃除了可用作采光材料外，其防火性能优良，还是高层建筑及在一些重要建筑防火部位广泛使用的一类新型防火材料。

从结构上来分，防火玻璃可分为复合防火玻璃（FFB）和单片防火玻璃（DFB）。复合防火玻璃是由两层或两层以上玻璃复合而成或由一层玻璃和有机材料复合而成，并满足相应耐火等级要求的特种玻璃。单片防火玻璃是由单层玻璃构成，并满足相应耐火等级要求的特种玻璃。

防火玻璃按耐火性能不同分为 A、B、C 3 类。A 类防火玻璃是指同时满足耐火完整性、耐火隔热性要求的防火玻璃。B 类防火玻璃是指同时满足耐火完整性、热辐射强度要求的防火玻璃。C 类防火玻璃是指满足耐火完整性要求的防火玻璃。以上 3 类防火玻璃按耐火等级不同分为Ⅰ级、Ⅱ级、Ⅲ级及Ⅳ级。

耐火完整性是在标准耐火试验条件下，建筑分隔构件当其一面受火时，能在一定时间内防止火焰穿透后防止火焰在背火面出现的能力。耐火隔热性是在标准耐火试验条件下，建筑分隔构件当其一面受火时，能在一定时间内其背火面温度不超过规定的能力。热辐射强度是在标准耐火试验条件下，在玻璃背火面一定距离、一定时间内的热辐射照度值。

一、复合型防火玻璃

复合型防火玻璃是一种具有防火、隔热、隔声等功能的新型建筑用安全玻璃，包括多层黏合型和灌浆型两种产品形式。

多层黏合型防火玻璃是将多层普通平板玻璃用无机胶凝材料粘接复合在一起，在一定条件下烘干形成的。该类防火玻璃的优点是强度高，透明度好，遇火时无机胶凝材料发泡膨胀，起到阻火隔热的作用。缺点是生产工艺较复杂，生产效率较低。无机胶凝材料本身碱性较强，不耐水，对平板玻璃有较大的腐蚀作用。使用一定时间后会变色，起泡，透明度下降。

灌浆型防火玻璃是在两层或多层平板玻璃之间灌入有机或无机防火浆料，然后使其固化制得。其特点是生产工艺简单，生产效率较高。产品透明度高，防火、防水性能好，还有较好的隔声性能。产品耐紫外线，外观质量好。

国外还有在复合型防火玻璃中夹入金属丝的复合型夹丝防火玻璃，既不影响透光性，又提高了整体抗冲击强度。

二、单片防火玻璃

单片防火玻璃可以分为3类：单片夹丝（网）玻璃、特种组分单片防火玻璃以及单片高强度钢化玻璃。

夹丝玻璃是将金属丝或丝网轧制在平板玻璃中间或表层上，形成的透明夹丝玻璃。金属丝网的加入提高了防火玻璃的整体抗冲击强度，并能与电加热、安全报警系统等连接，起到多功能的作用。金属丝多为不锈钢丝。与未夹丝的普通钠钙玻璃一样，该类防火玻璃在遇火时同样会发生爆裂。但由于有金属丝连接，因此不会脱落。这类防火玻璃的最大缺点是隔热性能差，遇火十几分钟后背火面温度即可高达400～500℃。在无特殊措施的情况下，仅能承受30min的火焰袭击。通常遇火几分钟后即爆裂，30min后开始熔化。国内该类玻璃产品透明度较差，因此目前已基本淘汰。

特种组分防火玻璃主要是指以硼硅酸盐和铝硅酸盐为主要成分的耐热玻璃和微晶玻璃。

硼硅酸盐和铝硅酸盐玻璃的软化点较高而膨胀系数较小，因此有较好的耐热稳定性。硼硅酸盐耐热玻璃的软化点为850℃，0～300℃时的热膨胀系数为（3～40）$\times 10^{-7}$/℃；铝硅酸盐耐火玻璃的软化点为900～920℃，0～300℃时的热膨胀系数为（5～7）$\times 10^{-6}$/℃。它们的优点是软化点高，热膨胀系数小，直接放在火上加热一般都不会发生爆裂或变形。与其他类型防火玻璃相比，薄而轻，厚度一般仅为5～7mm，火焰烧烤后仍能保持透明。缺点是制造工艺复杂，价格昂贵，加上本身并不隔热，很多重要场所不能使用，故应用受到局限。

微晶玻璃也称作玻璃陶瓷，系在玻璃原材料中加入Li_2O、TiO_2、ZrO_2等晶核组分，玻璃熔化成形后再进行热处理，使微晶体析出并均匀生长，制得像陶瓷一样含有多晶体的玻璃，称之微晶玻璃。微晶玻璃具有良好的透明度、化学稳定性和物理力学性能，强度高，耐腐蚀性好，抗折和抗压强度大，软化温度高，热膨胀系数小，在高温时投入冷水中也不会破裂。透明微晶玻璃的软化温度为900℃以上，在1000℃下短时间不会变形。在20～400℃范围内的热膨胀系数为（4～5）$\times 10^{-7}$/℃，因此是一种较安全可靠的防火材料。

单片高强度钢化玻璃主要包括高强度单片铯钾防火玻璃和单片镀膜防火玻璃。

单片高强度防火玻璃是采用物理与化学方法对普通玻璃进行改性处理，提高玻璃表面的压应力，改善玻璃的抗热冲击性能，从而保证在火焰冲击或高温下不破裂，以达到阻止火焰穿透及传播火灾的目的。这种玻璃自重轻、透明度好、强度高、耐候性好，可加工成夹层玻璃、中空玻璃、镀膜玻璃、点式幕墙玻璃等，因此在越来越多的建筑中得到应用。但是，单片高强度防火玻璃不能阻挡火焰的热辐射，只能通过C类防火玻璃的检测。

目前国内生产的高强度单片铯钾防火玻璃是一种具有防火功能的建筑外墙用幕墙或门窗玻璃。产品在1000℃火焰冲击下能保持84～183min不炸裂，同时具有较高的强度和高耐候性。其强度是浮法玻璃的6～12倍，是钢化玻璃的1.5～3倍。因此在同样风压的情况下，它能采用较薄的厚度或较大的面积设计，由此增加了通透感，并降低了造价；在紫外线照射下，不发生任何变化。它同时还有很好的加工性，能加工成为夹层安全玻璃、中空玻璃、镀膜玻璃、点式幕墙玻璃。它还可以作为室内的防火隔断和逃生通道，在单片使用面积上有较大的突破，可以达到3m(高)×2m(宽)。

在单片高强度防火玻璃的表面贴上 PET（聚对苯二甲酸乙二酯）低辐射膜或喷涂金属膜、金属氧化膜［如 ITO（氧化铟锡）膜］，即形成高强度、能反射红外线的单片镀膜防火玻璃。如英国研制的一种单片镀膜防火玻璃是在玻璃表面镀有 3 层金属组成的能反射热辐射的金属涂层。这种玻璃根据英国标准制造，属于 A 级安全玻璃，厚度为 6mm，面积为 4.18m^2，防火能力为 30min，透光率高达 82%，相当于透明浮法玻璃。德国采用 6mm 厚的透明浮法玻璃原片，采用溶胶凝法及化学浸渍法，在表面镀制组分为 65% SiO_2、20% TiO_2、15% ZrO_2 的涂层，镀膜后的玻璃进行钢化增强处理，制成单片镀膜防火玻璃，抗火能力达 60min。

防火玻璃的技术规范执行国家标准《建筑用安全玻璃防火玻璃》(GB 15763.1—2001)。

防火玻璃按以下方法进行标记：如一块公称厚度为 15mm、耐火性能为 A 类、耐火等级为Ⅰ级的复合型防火玻璃的标记为 FFB-15-AⅠ；而一块公称厚度为 12mm、耐火性能为 C 类、耐火等级为Ⅱ级的单片防火玻璃的标记为 DFB-12-CⅡ。

防火玻璃的理化性能如下所述。

制造防火玻璃的原片可采用普通平板玻璃、浮法玻璃、钢化玻璃等。复合型防火玻璃也可选用单片防火玻璃作原片。原片玻璃应分别符合《普通平板玻璃》(GB 4781—1995)、《浮法玻璃》(GB 11614—1999)、《钢化玻璃》(GB/T 9963—1998) 和《建筑用安全玻璃防火玻璃》(GB 15763.1—2001) 等标准规定。

防火玻璃的理化性能主要考核厚度及尺寸、外观质量、弯曲度、透光度、耐热性、耐旱性、耐紫外线辐照性、抗冲击性和碎片状态等技术指标。

复合型防火玻璃的尺寸和厚度允许偏差应符合表 9-25 的规定。单片防火玻璃的尺寸和厚度允许偏差应符合表 9-26 的规定。

表 9-25　复合型防火玻璃的尺寸和厚度允许偏差　　单位：mm

玻璃的总厚度(d)	长度或宽度(L)允许偏差		厚度允许偏差
	$L \leqslant 1200$	$1200 < L \leqslant 2400$	
$5 \leqslant d < 11$	±2	±3	±1.0
$11 \leqslant d < 17$	±3	±34	±1.0
$17 \leqslant d < 24$	±4	±5	±1.3
$d \geqslant 24$	±5	±6	±1.5

注：当长度 L 大于 2400mm 时，尺寸允许偏差由供需双方商定。

表 9-26　单片防火玻璃的尺寸和厚度允许偏差　　单位：mm

<table>
<tr><th rowspan="2">玻璃厚度(d)</th><th colspan="3">长度或宽度(L)允许偏差</th><th rowspan="2">厚度允许偏差</th></tr>
<tr><th>L≤1000</th><th>1000<L≤2000</th><th>L>2000</th></tr>
<tr><td>5</td><td rowspan="2">+1
−2</td><td rowspan="5">±3</td><td rowspan="5">±4</td><td rowspan="2">±0.2</td></tr>
<tr><td>6</td></tr>
<tr><td>8</td><td rowspan="3">+2
−3</td><td rowspan="2">±0.3</td></tr>
<tr><td>10</td></tr>
<tr><td>12</td><td>±0.4</td></tr>
<tr><td>15</td><td>±4</td><td>±4</td><td>—</td><td>±0.6</td></tr>
<tr><td>19</td><td>±5</td><td>±6</td><td>±2</td><td>±1.0</td></tr>
</table>

复合型防火玻璃的外观质量应符合表 9-27 的规定。单片防火玻璃的外观质量应符合表 9-28 的规定。

复合型防火玻璃在进行耐热性能和耐寒性能试验后，试样的外观质量和透光度应不下降。当复合型防火玻璃在有建筑采光要求的场合使用时，应检测其耐紫外线辐照性能。

表 9-27 复合型防火玻璃的外观质量要求

	要求
气泡	直径 30mm 圆内允许长 0.5～1.0mm 的气泡 1 个
胶合层杂质	直径 50mm、长 2.0mm 以下的杂质 2 个
裂痕	不允许存在
爆边	每米边长允许长度不超过 20mm、自边部向玻璃表面延伸深度不超过厚度一半的爆边 4 个
叠差	由供需双方商定
磨边	
脱胶	

表 9-28 单片防火玻璃的外观质量要求

缺陷名称	要求
爆边	不允许存在
划伤	宽度不大于 0.1mm、长度不大于 50mm 的轻微划伤，每平方米面积内不超过 4 条
结石、裂纹、缺角	不允许存在
波筋、气泡	不低于 GB 11614 中建筑级的规定

防火玻璃的力学性能包括抗冲击性能和碎片的状态两项。复合型防火玻璃的抗冲击性能要求在进行冲击试验后，或者玻璃没有破坏，或者玻璃破坏，但钢球不得穿透试样。单片防火玻璃的抗冲击性能要求在进行冲击试验后，玻璃不得破碎。

单片防火玻璃的碎片状态试验按《钢化玻璃》（GB/T 9963—1998）进行，每块样品在 50mm×50mm 区域内的碎片数应超过 40 块。横跨区域边界的碎片以半块计。允许有少量长条形碎片存在，但其长度不得超过 75mm，且端部不是刀刃状；延伸至玻璃边缘的长条形碎片与玻璃边缘形成的夹角不得大于 45°。

A、B、C 3 类防火玻璃的耐火性能和等级划分按表 9-29～表 9-31 的规定执行。

表 9-29 A 类防火玻璃的耐火性能（耐火完整性、耐火隔热性）

耐火等级	Ⅰ级	Ⅱ级	Ⅲ级	Ⅳ级
耐火时间/min	≥90	≥60	≥45	≥30

表 9-30 B 类防火玻璃的耐火性能（耐火完整性、热辐射强度）

耐火等级	Ⅰ级	Ⅱ级	Ⅲ级	Ⅳ级
耐火时间/min	≥90	≥60	≥45	≥30

表 9-31 C 类防火玻璃的耐火性能（耐火完整性）

耐火等级	Ⅰ级	Ⅱ级	Ⅲ级	Ⅳ级
耐火时间/min	≥90	≥60	≥45	≥30

思考题

1. 防火材料有哪几种类型？建筑材料有何火灾特性？
2. 常见的建筑防火板材有几种类型？
3. 饰面型防火涂料和结构型防火涂料各有何特点？
4. 防火玻璃有哪些应用？

第十章　新型建筑装饰涂料

涂料是指涂敷于物体表面，能与物体表面很好地黏结在一起，并能形成连续性涂膜，从而对物体起到装饰、保护作用，或使物体具有某种特殊功能的材料。随着建筑工业水平的不断提高，人们对建筑涂料提出了更高的要求。随着各种新型合成树脂和助剂体系的出现和发展、研究开发手段的进步、施工技术的更新，建筑涂料的新品种不断涌现。目前，建筑涂料已经自成体系，形成一门独立的工业技术，并成为建筑工业领域的一种基本材料。

第一节　建筑涂料的功能和分类

与其他饰面材料相比，建筑涂料具有色彩鲜艳、质感丰富、性能全面、施工方便、价廉物美等特点，为此在建筑饰面材料中越来越受到人们的青睐。建筑涂料的主要功能是装饰功能。此外，还具有保护功能和其他特殊的功能，现简述如下。

一、建筑涂料的功能

1. 装饰功能

建筑涂料的主要功能之一是装饰建筑物，遮盖建筑物表面的各种缺陷，通过美化来提高建筑物的外观价值。这种功能的要素包括平面的色彩、色彩图案和光泽方面的构思设计和立体的花纹构思设计两个方面。室外涂装和室内涂装的装饰功能要素的内容基本相同，但要求的标准不同。一般来说，室外涂装要求富有立体感的花纹或高光泽；与此相反，室内涂装则要求柔和的色彩和比较平伏的花纹，避免高光泽。

涂装后的建筑物不但色彩丰富，还可具有不同的光泽和平滑度。再加上各种立体图案和标志，和周围环境协调配合，会使人在视觉上产生美观、舒畅之感。室内若采用内墙涂料及地面涂料装饰后，可使居住在室内的人们产生愉悦感。若在涂料中掺加粗、细骨料，或采用拉毛、喷涂和滚动等方法进行施工，可以获得各种纹理、图案及质感的涂层，使建筑物产生特殊的艺术效果，从而达到美化环境、装饰建筑的目的。

2. 保护功能

建筑涂料对建筑物进行施工后，能保护建筑物不受环境影响的功能称为保护功能。

建筑物暴露在大气中，受到阳光、雨水、冷热和各种介质的作用，表面会发生风化、腐蚀、剥落等破坏现象。建筑涂料通过刷涂、滚涂或喷涂等施工方法，涂敷在建筑物的表面上，形成连续的薄膜，产生抵抗气候影响、化学侵蚀以及污染等功能，阻止或延迟这些破坏现象的发生和发展，起到保护建筑物、延长其使用寿命的作用。

3. 特种功能

建筑涂料除了固有的装饰和一般性保护功能以外，近年来世界各国都十分重视研究特种功能的建筑涂料，这类涂料又称为功能性建筑涂料。例如，防水涂料、防火涂料、防霉涂料、杀虫涂料、吸声或隔声涂料、隔热保温涂料、防辐射涂料、防结露涂料、伪装涂料等。在工业建筑、道路设施等构筑物上，涂料还可起到标记作用、色彩调节作用、美化环境作用和调节人们心理状况的作用。

二、建筑涂料的分类

涂料的品种很多，其分类的方法各不相同。

1. 按建筑物的使用部位分类

建筑涂料按其在建筑物的使用部位不同，可分为外墙涂料、内墙涂料、地面涂料、顶棚涂料、屋面涂料、地下结构涂料等。

2. 按涂料的状态分类

建筑涂料按其状态不同，可分为溶剂型涂料（如溶剂型聚丙烯酸酯涂料）、水溶性涂料（如聚乙烯醇内墙涂料）、乳液型（如聚丙烯酸酯乳液涂料）和粉末涂料等。

3. 按特殊性能或使用功能分类

建筑涂料按其特殊性能或使用功能不同，可分为防火涂料、防水涂料、防霉涂料、杀虫涂料、隔热涂料、隔声涂料等。

4. 按主要成膜物质性质分类

建筑涂料按其主要成膜物质性质不同，可分为有机系涂料（如聚丙烯酸酯外墙涂料）、无机系涂料（如硅酸钾水玻璃外墙涂料）、有机-无机复合系涂料（如硅溶胶-苯丙复合外墙涂料）等。

5. 按涂膜状态分类

建筑涂料按涂膜状态不同，可分为薄质涂层涂料（如苯丙乳液涂料）、厚质涂层涂料（如乙丙厚质型外墙涂料）、砂壁状涂层涂料（如苯丙彩砂外墙涂料）、彩色复层凹凸花纹外墙涂料等。

三、建筑涂料的品种和用途

下面按涂料的使用部位分别介绍外墙涂料、内墙涂料、地面涂料和一些特种建筑涂料。

1. 外墙涂料

外墙涂料的主要功能是装饰和保护建筑物的外墙面，使建筑物外貌整洁、美观，从而达到美化城市环境的目的，同时还能够起到保护建筑物外墙，延长其使用寿命的作用。为了获得良好的装饰与保护效果，外墙涂料一般应具有以下几个特点。

(1) 装饰性好　要求外墙涂料色彩丰富多样，保色性好，能较长时间保持良好的装饰性能。

(2) 耐水性好　外墙面长期暴露在大气中，经常受到雨水的冲刷，因而作为外墙涂料应具有很好的耐水性能。

(3) 耐玷污性能好　大气中的灰尘及其他物质玷污涂层后，涂层会失去原有的装饰效能，因而要求外墙装饰层不易被玷污或玷污后容易通过雨水等清除。

(4) 耐候性　暴露在大气中的涂层，要经受日光、雨水、风沙、冷热变化以及大气中的各种化学物质等的作用。在这些因素的反复作用下，涂层会因成膜物质的老化而发生开裂、剥落、脱粉、变色等现象，使涂层失去原有的装饰和保护功能。因此，作为外墙装饰的涂层要求在规定的年限内不发生上述破坏现象。

此外，外墙涂料还应有施工及维修方便、价格合理等特点。

目前，常用的外墙涂料有苯丙乳液涂料、纯丙乳液涂料、溶剂型聚丙烯酸酯涂料、聚氨酯涂料等。近年来发展起来的砂壁状真石涂料、有机硅改性聚丙烯酸酯乳液型和溶剂型外墙涂料、氟碳树脂涂料、弹性乳液涂料等的装饰性能和耐老化性能较好，显示出较好的发展前景。

2. 内墙涂料

内墙涂料的主要功能是装饰及保护室内墙面，使其美观、整洁，让人们处于舒适的居住环境中。为了获得良好的装饰效果，内墙涂料应具有以下几个特点。

(1) 色彩丰富、细腻、柔和。

(2) 耐碱性、耐水性、耐粉化性良好，具有一定的透气性。

(3) 施工容易，价格低廉。

石灰浆、大白粉等是我国传统的内墙装饰材料，由于性能较差，现已基本淘汰，被内墙乳液涂料所取代。常用的内墙乳液涂料一般为平光涂料。早期主要产品为聚乙烯醇涂料、醋酸乙烯乳液涂料，近年来则以丙烯酸酯乳液涂料为主。

3. 地面涂料

地面涂料的主要功能是装饰与保护室内地面，使地面清洁、美观、牢固。为了获得良好的装饰效果，地面涂料应具有耐碱性好、黏结力强、耐水性好、耐磨性好、抗冲击力强、涂刷施工方便和价格合理等特点。

地面涂料的主要品种有环氧树脂自流平地面涂料、聚氨酯地面涂料、氯化橡胶地面涂料等。

4. 特种建筑涂料

除了用于建筑物装饰目的的建筑内墙涂料、外墙涂料、地面涂料等涂料之外，还有许多其他类型的建筑涂料。这些涂料对被涂建筑物不仅具有装饰功能，而且还具有某些特殊功能，如防水功能、防火功能、防霉功能、防腐蚀功能、杀虫功能、隔热功能、隔声功能等。因而将这一类涂料统称为特种建筑涂料。

特种建筑涂料又可称为功能性建筑涂料，这类涂料的涂刷对象仍然是建筑物，即主要仍是涂刷在建筑物内外墙面、地面或屋面上，因而首先要求这类涂料应具有建筑装饰涂料的一般性质，同时具备独特的某一功能。

常见的特种建筑涂料主要有防水涂料、防火涂料、防腐蚀涂料、防霉涂料、防结露涂料、杀虫涂料、防辐射线涂料、隔热涂料、耐油涂料等。

(1) 防水涂料　在建筑工程中，采用涂料进行防水是一种比较新的防水方法。所谓建筑防水涂料，是指形成的涂膜能防止雨水或地下水渗漏进入建筑物的一类涂料。主要包括屋面防水涂料及地下建筑防潮、防水涂料。我国目前已研究成功并应用的主要防水涂料品种有：水乳型再生胶沥青防水涂料、聚丙烯酸酯乳液型防水涂料、有机硅改性系列防水涂料等。

(2) 防火涂料　在建筑工程中，大量的建筑材料都是易燃或不耐燃的。各种因素引起的着火都可能因建筑物结构材料的进一步燃烧而酿成灾难，火灾事故对人民生命财产的危害已成为城市灾害的主要威胁之一。防火涂料作为一种有效延缓火势的发展、为火灾现场人员的及时撤离和消防人员组织抢救赢得时间的防护性材料，近年来越来越受到人们的重视。

防火涂料的特点是：它既具有一般涂料的装饰性能，又具有出色的防火性能。防火涂料在常温下对于被涂物体具有一定的装饰和保护作用，而在发生火灾时具有不燃性和难燃性，不会被点燃或自熄，并具有阻止燃烧发生和扩展的能力，可以在一定时间内阻燃或延滞燃烧时间，从而为人们赢得灭火时间。防火涂料在前面有关章节已有详细介绍。

(3) 防霉涂料　通常霉菌最适宜的繁殖生长条件为：温度 23～38℃，相对湿度 85%～100%，因此在潮湿地区的建筑物内外墙面以及地下工程等场合均适合霉菌的生长。普通的装饰涂料不具备防霉变的功能，在受到霉菌的侵蚀后，会使涂层变色、褪色、污染，严重时还会起壳脱落。

防霉涂料即为能够有效抑制霉菌生长的功能涂料，通常是通过在涂料中添加某种抑菌剂来实现防霉作用。建筑用防霉涂料的主要特点是在不影响涂料装饰性能的同时具有优良的防霉性能。按成膜物质及分散介质不同，可以分成溶剂型与水乳型两大类；也可以按用途不同，分成外用、内用及特种用途的防霉涂料。

用于建筑防霉涂料的防霉剂应具备以下特点：不会与涂料中的各组分发生化学反应而失

去抑制霉菌生长的能力；不会使涂料染色或使涂料中的颜色变色；能均匀分散在涂料中；能较长时间抑制霉菌在涂层表面的生长；涂料成膜后对人体无害。

常用的防霉剂有五氯酚钠、醋酸苯汞、多菌灵、白菌清及各种专用防霉剂等，其中五氯酚钠、醋酸苯汞的毒性较大，现已逐步淘汰。常用的防霉涂料有聚丙烯酸乳胶防霉涂料、亚麻油型防霉涂料、醇酸树脂防霉涂料、聚醋酸乙烯酯防霉涂料、氯偏乳液防霉涂料等。

(4) 防腐蚀涂料　建筑物在使用过程中会不同程度地受到来自现代工业带来的腐蚀性介质，如酸、碱、盐及各种有机物质的影响。通过涂料来对建筑物进行有效的保护是一项较为简单的措施。这一类能够保护建筑物免受酸、碱、盐及各种有机物质侵蚀的涂料，常称为建筑防腐蚀涂料。

目前，用于建筑物防腐蚀的涂料主要有环氧树脂防腐蚀涂料、聚氨酯防腐蚀涂料、乙烯基树脂类防腐蚀涂料、橡胶树脂防腐蚀涂料、呋喃树脂类防腐蚀涂料等。

第二节　建筑涂料的基本组成

与普通涂料类似，建筑涂料也是由多种不同物质经混合、溶解、分散而组成的。按这些物质在涂料中所起的作用不同，可将它们分为主要成膜物质、次要成膜物质和辅助成膜物质3大类。

一、主要成膜物质——基料

建筑涂料中的主要成膜物质又称为基料。它的作用是将涂料中的其他组分黏结并附着在被涂基材的表面，形成均匀连续而坚韧的保护膜。基料的性质对所形成的涂膜的硬度、柔性、耐磨性、耐冲击性、耐水性、耐热性、耐候性及其他物理化学性能起着决定性的作用。

此外，涂料的状态及涂膜固化方式也由基料性质决定。基料一般为高分子化合物或成膜后能形成高分子化合物的有机物质。

用作建筑涂料的基料应有以下几个特点。

(1) 有较好的耐碱性。因建筑涂料的应用对象往往是碱性很大的水泥混凝土或水泥砂浆，涂层不应受到碱性的影响而破坏。

(2) 能常温成膜。由于建筑物表面积大，层高较高，建筑涂料涂刷在建筑物表面难以进行加热固化，故建筑涂料一般应能在室温（5～35℃）下干燥成膜。

(3) 具有较好的耐水性。建筑涂料在使用过程中经常会遇到雨水或其他用水的冲刷，耐水性不好的基料容易被破坏。

(4) 具有较好的耐候性。建筑物外露部位的表面涂层长年受到日光、雨水及有害大气侵蚀，因此对此应有一定的抵抗能力。

(5) 来源广泛，资源丰富，价格便宜。

不同国家、地区在不同时期，所采用的建筑涂料的主要成膜物质种类会随着当时的自然资源利用状况和工业水平有所变化。当前，我国建筑涂料的主要基料以合成树脂为主，如聚乙烯醇、聚醋酸乙烯及其共聚物、丙烯酸酯及其共聚物、环氧树脂、氯化橡胶、聚氨酯树脂等。此外，还有水玻璃、硅溶胶等无机胶结材料。其中，以丙烯酸酯及其共聚物的乳液使用最为广泛。

二、次要成膜物质

在涂料工业中，颜料和填料也是构成涂膜的重要组成部分，但它们本身不会单独成膜，必须通过主要成膜物质的作用，与主要成膜物质一起构成涂层，因此称为次要成膜物质。

颜料是一类不溶于溶剂和基料的粉末状有色物质，分散于涂料中能赋予涂料一定的色彩，使涂料具有遮盖力。通常颜料还具有防止紫外线穿透的能力，从而提高涂料的耐老化性和耐候性。同时，颜料对提高涂层的机械强度也有一定的作用。

填料又称体质颜料。它们通常不具备着色力和遮盖力，但用于涂料中可提高涂料的力学性能，降低涂料的生产成本，因此也是涂料的重要组成部分。

1. 颜料

根据建筑涂料的特点，应从以下几方面选择建筑涂料用颜料：颜色、遮盖力、着色力、分散性、耐碱性、耐候性、耐水性以及安全无毒。

2. 颜料的类型

颜料的品种很多，按化学组成不同可分为有机颜料和无机颜料；按来源不同可分为天然颜料和合成颜料。在建筑涂料中常用的颜料有以下几类。

(1) 无机颜料　这一类颜料的耐候性及耐磨性较好，资源丰富，价格低廉，因而在建筑涂料中应用最多，主要品种如下。

黄色颜料：氧化铁黄、中铬黄、柠檬黄等。

红色颜料：氧化铁红。

蓝色颜料：群青、铁蓝等。

绿色颜料：氧化铁绿、氧化铬绿等。

白色颜料：钛白、锌钡白、氧化锌等。

黑色颜料：炭黑、氧化铁黑等。

棕色颜料：氧化铁棕。

(2) 有机颜料　有机颜料色彩鲜艳，但耐老化性能往往较无机颜料差。常用的有机颜料有酞菁绿、酞菁蓝、甲苯胺紫红、大红粉、耐光黄等。

(3) 金属颜料　金属颜料主要品种有铝粉及铜粉等。

3. 填料

填料又称为体质颜料。它们通常是一些不具有遮盖力和着色力的白色固体粉末物质，不溶于涂料基料。大部分为天然矿物和工业副产物。填到基料中之后，可改变涂料的某些性能，例如可增加涂膜厚度、提高涂膜耐磨性和耐久性等，同时也可降低涂料成本。常见品种根据其化学成分可分为 5 大类：钡化合物（重晶石粉、沉淀硫酸钡等）、钙化合物（轻质碳酸钙、重质碳酸钙等）、铝化合物（高岭土、云母粉等）、镁化合物（滑石粉、沉淀碳酸镁等）、硅化合物（硅藻土、石英粉、白炭黑等）。

4. 粒料

粒料又称骨质填料（骨料）。这是一类粒径在 2mm 以下大小不等的填料，本身带有不同的颜色，用天然石材加工或人工烧结而成，因此也称为彩砂。在建筑涂料中用作粗骨料，可以起到增加色感及质感的作用，是砂壁状建筑涂料的主要原材料之一。

此外，膨胀珍珠岩和膨胀蛭石等人工轻骨料可以作为耐燃、吸声、保温、防结露等特种建筑涂料的主要填料。

三、辅助成膜物质

1. 溶剂和水

溶剂和水是建筑涂料的重要成分。涂料涂刷到基材上后，溶剂和水逐步挥发，涂料逐渐干燥硬化，最终形成均匀、连续的涂膜。溶剂和水最终并不存留在涂膜中，但它们对涂料的成膜过程起着极其重要的作用，因此称为辅助成膜物质。

在配制溶剂型涂料时，应首先考虑有机溶剂对基料树脂的溶解能力。此外，还应考虑有机溶剂本身的挥发、易燃性和毒性。溶剂是挥发性的液体，涂膜的干燥是靠溶剂的挥发来完成的，因此溶剂挥发的速率与涂膜干燥速度、涂膜的外观及质量有极大的关系。如果溶剂挥发率太小，则涂膜干燥太慢，会影响涂膜质量和施工进度。若所用溶剂挥发率太大，则涂膜会很快干燥，会影响涂膜的流平性和光泽等指标，形成橘皮、皱纹、发白等现象。因此，应按涂料施工方法不同，选择挥发速度与之相适应的溶剂或混合溶剂。

建筑涂料中经常使用的溶剂主要有醇类（乙醇、丁醇等）、醚类（乙醚、乙二醇甲醚、乙二醇乙醚、乙二醇丁醚等）、酯类（醋酸乙酯、醋酸丁酯）、乙二醇甲醚乙酸酯、酮类（丙酮、甲乙酮、环已酮等）、苯类（苯、甲苯、二甲苯等）。

水是建筑涂料中应用最广泛的溶剂或分散介质之一。它具有无毒、无味、不燃、来源广泛、价格低廉等特点，因此是一种优良的涂料辅助材料。水溶性涂料、水乳性涂料中大量使用水。对水性建筑涂料，尤其对乳液涂料，水的质量将直接影响涂料的质量，因此对生产用水的 pH 值、电导率、重金属离子含量等指标应严格控制。

2. 助剂

建筑涂料制备中使用到多种助剂，常用的有以下几种类型。

（1）固化剂　固化剂又称交联剂、硬化剂，其作用是与涂料中的聚合物发生交联反应而使之干燥成膜，主要用于环氧树脂涂料、聚氨酯涂料、酚醛树脂涂料和氨基树脂涂料等。

环氧树脂常用的固化剂有有机胺（如已二胺、乙二胺、二乙烯三胺、三乙烯四胺等）、胺加成物（如已二胺环氧加成物）、有机酸酐（如邻苯二甲酸酐、顺丁烯二酸酐等）、合成树脂（如酚醛树脂、聚酰胺树脂、聚氨酯树脂等）。

聚氨酯涂料的常用固化剂有胺类（如六次甲基四胺）、低相对分子质量聚酯、含羟基的聚丙烯酸酯树脂等。

固化剂常常和涂料主体分开包装，使用时按比例加入。一般应在适用期内用完，否则将引起胶凝。

（2）增塑剂　增塑剂是用于增加涂膜柔韧性的一种助剂。对于某些脆性较高的涂料基料来说，要获得具有较好的柔韧性和其他力学性能的涂膜，增塑剂必不可少。增塑剂通常是非挥发性的有机化合物。某些聚合物树脂也可作增塑剂（称为增塑树脂）。

（3）润湿剂和分散剂　润湿剂能够降低液体和固体表面的界面张力，使固体表面易为液体所润湿。而分散剂能够润湿固体表面，同时能促进固体粒子在液体中悬浮分散。润湿剂和分散剂的作用是使颜料和填料能很好地分散在涂料中，防止颜料絮凝而引起涂料的沉淀或变稠，同时可以提高涂料的遮盖力、流平性和涂膜表面平滑性等。

（4）增稠剂　在涂料中加入增稠剂可以增加涂料的黏度，防止颜料和填料沉淀，涂刷时可以防止涂料流挂。

（5）成膜剂　成膜剂主要用于提高乳液的成膜性能。通过加入成膜剂可使乳液中的聚合物颗粒表面软化，从而更好地凝结在一起成膜，达到降低成膜温度的目的。待涂膜形成后，其中的成膜助剂就逐渐挥发，涂膜的硬度被恢复。因此，成膜剂并不留在涂膜中。成膜剂通常是一些能与聚合物良好相容的低相对分子质量、易挥发的有机化合物。

（6）防冻剂　防冻剂的主要作用是改善水性涂料的防冻性能（或称冻融稳定性）。

（7）流平剂　流平剂能促使涂料在干燥成膜过程中形成一个平整、光滑、均匀的涂膜。流平剂种类很多，不同的涂料所用流平剂种类也不尽相同。

（8）消泡剂　在水性涂料生产过程中，由于加入了较多的表面活性剂，因此会产生大量泡沫。在刷涂施工过程中，也会因泡沫而使涂膜形成麻坑。加入消泡剂可减轻上述问题。

（9）防霉剂　水性涂料在储存过程中易生长霉菌，使涂料发霉变质，故需加入防霉剂。

（10）防锈剂　为了防止水性涂料包装铁罐的生锈腐蚀以及防止涂料使用中的生锈，常在水性涂料中加入防锈剂。

第三节　外墙涂料

一、对外墙涂料的要求

外墙涂料的主要功能是装饰和保护建筑物的外墙面，使建筑物外貌整洁、美观；同时，能够起到保护建筑物外墙的作用，延长其使用的时间。为了获得良好的装饰与保护效果，外墙涂料一般应具有以下几个特点。

（1）装饰性良好。要求外墙涂料色彩丰富多样，保色性良好，能较长时间保持良好的装饰性能。

（2）耐水性良好。外墙面暴露在大气中，要经常受到雨水的冲刷，因而作为外墙涂层应有很好的耐水性能。某些防水型外墙涂料，其抗水性能更佳，当基层墙面发生小裂缝时，涂层仍有防水的功能。

（3）耐玷污性好。大气中的灰尘及其他物质玷污涂层以后，涂层会失去其装饰效能，因而要求外墙装饰涂层不易被这些物质玷污或玷污后容易清除掉。

（4）耐候性良好。暴露在大气中的涂层，要经受日光、雨水、风沙、冷热变化等作用，在这类自然力的反复作用下，通常的涂层会发生开裂、剥落、脱粉、变色等现象，这样涂层会失去原来的装饰与保护功能。因此，作为外墙装饰的涂层要求在规定的年限内，不发生上述破坏现象。

（5）施工及维修容易。建筑物外墙面积很大，要求外墙涂料施工操作简便。同时，为了始终保持涂层良好的装饰效果，要经常进行清理、重涂等维修施工，要求重涂施工容易。

（6）价格合理。

二、溶剂型涂料

溶剂型涂料是指以合成树脂为基料，以有机溶剂为分散介质制成的建筑涂料。这类涂料的特点是流平性好，涂膜装饰效果好，物理力学性能优异（如涂膜致密），对水、气等物质的阻隔性好，光泽度高。这类涂料主要应用于建筑物外墙面的涂装，也用于建筑物的门、窗及其他建筑结构构件的涂装。一般采用喷涂和刷涂的方法涂装。

溶剂型建筑涂料是种类较多的一类建筑涂料，主要种类有丙烯酸类、聚氨酯类、氯化橡胶类、有机氟树脂类、有机硅类以及一些复合型的涂料。在溶剂型建筑涂料中集中了目前各种高性能的涂料。这些涂料大多数具有优异的涂膜性能，且施工温度范围宽，但溶剂造成的环境污染至今仍是很难有效解决的问题。

（一）丙烯酸酯外墙涂料

丙烯酸酯外墙涂料是以热塑性丙烯酸酯合成树脂为主要成膜物质，加入溶剂、颜料、填料、助剂等，经研磨后制成的一种溶剂挥发型涂料。它是建筑物外墙装饰用的优良品种，装饰效果良好，使用寿命可达10年以上，是目前国内外建筑涂料工业主要外墙涂料品种之一，与丙烯酸酯乳液涂料同样应用广泛，效果甚佳。它是常用于外墙复合涂层的罩面涂料。

以低毒脂肪烃为主要溶剂的新型丙烯酸酯外墙涂料是一种很有前景的产品。西欧广泛将之用于外墙装饰。

1. 涂料的特点

（1）涂料耐候性良好，在长期光照、日晒雨淋的条件下，不易变色、粉化或脱落。

（2）对墙面有较好的渗透作用，结合牢固度好。

（3）使用时不受温度限制，即使在零度以下的严寒季节施工，也可很好地干燥成膜。

（4）施工方便，可采用刷涂、滚涂、喷涂等施工工艺，可以按用户要求配制成各种颜色。

2. 涂料组成

其主要成膜物质为丙烯酸树脂溶液。它是由苯乙烯、丙烯酸丁酯、丙烯酸等单体，同时加入引发剂、溶剂等，通过溶液聚合反应而制得的高分子聚合物溶液。其中，丙烯酸酯及甲基丙烯酸酯共聚树脂（纯丙树脂）耐光、耐老化性能优于苯乙烯-丙烯酸酯共聚树脂（苯丙树脂）和醋酸乙烯-丙烯酸酯共聚树脂（乙丙树脂）。从耐老化性能和耐玷污性能的要求选择树脂的玻璃化温度，既要防止低温开裂，又要尽量减少玷污、积尘。颜料、填料一般以白色及浅色为主。金红石型钛白粉为主要白色颜料。加入耐水、耐候性能较好的填料可以制成平光漆。

（二）聚氨酯系外墙涂料

聚氨酯系外墙涂料，是以聚氨酯树脂或聚氨酯与其他树脂复合物为主要成膜物质，并添加颜料、填料、助剂等组成的优质外墙涂料。主要品种有聚氨酯-丙烯酸酯外墙涂料和聚氨酯高弹性外墙防水涂料。

主涂层材料是双组分聚氨酯厚质涂料，通常可采用喷涂施工，形成的涂层具有优良的弹性和防水性；面涂层材料为双组分的非黄变性丙烯酸改性聚氨酯树脂涂料。

涂料特性如下。

（1）聚氨酯系外墙涂料，表现为近似橡胶弹性的性质。

（2）聚氨酯厚质涂层材料对于基层裂缝有很大的随动性。混凝土一般产生发丝裂纹的宽度为0.2～0.3mm，结构裂缝为0.3mm以上，其宽度由于夏冬、昼夜变化等原因经常变化，为适应这种位移，要求主体厚质涂层材料有伸缩的特性，同时要具有一定的幅度。按JISA5403标准试验，聚氨酯厚质涂层可耐5000次以上伸缩疲劳试验，而丙烯酸橡胶是厚质材料时，500次就发生断裂。

（3）聚氨酯外墙厚质涂料经过1000h加速耐候试验（相当于室外暴露一年），其伸长率、硬度、抗拉强度等性能几乎没有降低。

（4）具有极好的耐水、耐碱、耐酸等性能。在常温下浸于10%盐酸或10%硫酸液中48h后，基本无变化。

（5）聚氨酯-丙烯酸酯外墙面涂料，表面光洁度极好，呈瓷状质感，耐候性、耐玷污性好。

聚氨酯系外墙涂料一般为双组分或多组分涂料，施工时需按规定比例进行现场调配，因而施工比较麻烦，施工要求严格。

（三）有机硅-丙烯酸建筑涂料

有机硅树脂的耐热性好，涂膜硬度高，耐玷污性好，但有机硅树脂在基层的铺展性和对基层的附着力均较差，在建筑涂料中很少单独使用，而是采用有机硅改性树脂或有机硅复合树脂来配制建筑涂料，而应用最多、最好的是有机硅-丙烯酸涂料。

（四）氟树脂涂料

选用能够在室温下自干的有机氟树脂，主要使用聚偏二氟乙烯树脂（PVDF）和氟乙烯烷基乙烯基醚共聚物（FEVE）两种，可拼用其他树脂（如丙烯酸酯树脂），按热塑性面漆的规律配制。丙烯酸酯树脂是辅助基料。辅助基料的使用能够增加涂料的成膜性、颜料的润湿性和涂料涂装时在基材上的铺展能力。

(五) 溶剂型外墙涂料的技术性能指标

溶剂型外墙涂料的技术性能应满足国家标准《溶剂型外墙涂料》(GB/T 9757—2001)的技术要求，见表10-1。

表10-1　溶剂型外墙涂料的技术性能指标

技术指标	指标		
	优等品		优等品
容器中状态	无硬块，搅拌后呈均匀状态	无硬块，搅拌后呈均匀状态	无硬块，搅拌后呈均匀状态
施工性	刷涂两道无障碍	刷涂两道无障碍	刷涂两道无障碍
干燥时间(表干)/h　≤	2	2	2
涂膜外观	正常	正常	正常
对比率(白色和浅色①)　≥	0.93	0.90	0.87
耐水性	168h	168h	168h
耐碱性	48h	48h	48h
耐洗刷性/次	5000	3000	2000
耐人工气候老化性(白色和浅色①)	1000h不起泡不剥落、无裂纹	500h不起泡不剥落、无裂纹	300h不起泡不剥落、无裂纹
粉化/级　≤	1	1	1
变色/级　≤	2	2	2
其他色	商定	商定	商定
耐玷污性(白色和浅色①)　≤	10	10	15
涂层耐温变性(5次循环)	无异常	无异常	无异常

① 浅色是指以白色为主要成分，添加适量色浆后配制成的浅色涂料形成的涂膜所呈现的颜色。按GB/T 1560.8—1995中4.3.2规定，明度值为6～9(三刺激值中的Y_{D65}≥31.26)。

(六) 无机类外墙涂料

无机类建筑涂料是以无机硅酸盐为主要成膜物质或者以无机硅溶胶为主要成膜物质制成的涂料。以无机硅溶胶为主要成膜物质时尚需用合成树脂乳液复合以增强涂膜的柔韧性。无机硅酸盐主要是硅酸钾和硅酸钠。前者一般为双组分涂料，后者常常使用酸改性技术，也需要复合一定的合成树脂乳液。但是，酸改性的钠水玻璃涂料虽然涂膜性能较好，但因施工性、储存性如掌握得不好常会存在一定的问题，因而应用量不大。无机类建筑涂料的特征是耐老化性好，主要用于外墙面的涂装。

无机类建筑涂料施工技术简单、施工方便、速度快，一般采用辊涂和刷涂相结合的涂装方法施工，也可以采用喷涂方法施工。

无机类建筑涂料的技术性能指标应符合国家标准《外墙无机建筑涂料》(GB 1022—1998)规定的技术要求，见表10-2。

表10-2　无机类建筑涂料的技术性能指标

技术性能	指标要求
涂料储存稳定性	
稳定性(23±2)℃	6个月，可搅拌，无凝聚、生霉现象
热稳定性(50±2)℃	30d，无结块、凝聚、生霉现象
低温稳定性(−5±1)℃	3次，无结块、凝聚、生霉现象
涂料黏度(ISO杯)/s	40～70
涂料遮盖力/(g/m²)	A类≤350；B类≤320
涂料干燥时间/h	A类≤2；B类≤1
涂层耐洗刷性	1000次不露底

续表

技 术 性 能	指 标 要 求
涂层耐水性	500h，无起泡、软化、剥落现象，无明显变色
涂层耐碱性	300h，无起泡、软化、剥落现象，无明显变色
涂层耐　冻融循环性	10 次，无起泡、剥落、裂纹、粉化现象
黏结强度/MPa	≥0.49
涂层耐玷污性	A 类≤35；B 类≤25
涂层耐老化性	A 类，800h，无起泡、剥落现象；裂纹 0 级；粉化、变色 1 级 B 类，500h，无起泡、剥落现象；裂纹 0 级；粉化、变色 1 级

注：A 类，碱金属硅酸盐——以硅酸钾、硅酸钠、硅酸锂或其混合物为基料，加入相应的固化剂或有机合成树脂乳液；B 类，硅溶胶——硅溶胶加入有机合成树脂及辅助成膜材料。

三、乳液型涂料

以高分子合成树脂乳液为主要成膜物质的外墙涂料，称为乳液型涂料。按乳液制造方法不同可以分为两类：其一是由单体通过乳液聚合方法生产工艺直接合成的乳液；其二是由高分子合成树脂通过乳化方法制成的乳液。按涂料质感不同，又可分为乳胶漆（薄型乳液涂料）、厚质涂料及彩色砂壁状涂料等。

目前，极大部分的乳液型外墙涂料是由乳液聚合方法生产的乳液作为主要成膜物质的。乳液型外墙涂料的主要特点如下。

（1）以水为分散介质，涂料中无易燃的有机溶剂。因而不会污染周围环境，不易发生火灾，对人体毒性小。

（2）施工方便，可以刷涂，也可以滚涂、喷涂，施工工具可以用水清洗。

（3）涂料透气性好，涂料中又含有大量水分，因而可以在稍湿的基层上施工，非常适宜于建筑工地应用。

（4）外用乳胶型涂料耐候性良好，尤其是高质量的丙烯酸酯外墙乳液涂料，其光亮度、耐候性、耐水性、耐久性等各种性能可以与溶剂型丙烯酸酯类外墙涂料媲美。

（5）目前，乳液型外墙涂料存在的主要问题是其在太低的温度下不能形成优质的涂膜，通常必须在 10℃以上施工才能保证质量，因而冬季一般不宜应用。

由一种或几种单体、乳化剂、引发剂，通过乳液聚合反应制得的共聚乳液，将这种乳液作为主要成膜物质，掺入颜料、填料、成膜助剂、防霉剂等，经分散、混合配制成的乳液型涂料，通常称为乳胶漆。

近年来，由于我国丙烯酸酯工业发展很快，丙烯酸酯与苯乙烯单体共聚乳液和纯丙烯酸酯乳液产量增加很快，并得到了广泛应用。作为外墙涂料应用，普遍采用苯—丙乳胶漆和纯丙烯酸酯乳胶漆。

（一）苯-丙乳胶漆

由苯乙烯和丙烯酸酯类单体、乳化剂、引发剂等，通过乳液聚合反应得到苯-丙共聚乳液，以该乳液为主要成膜物质，加入颜料、填料、助剂等组成的涂料称为苯-丙乳胶漆。它是目前应用较普遍的外墙乳液涂料之一。

1. 涂料特点

（1）苯-丙乳胶漆具有丙烯酸酯类的高耐光性、耐候性、不泛黄性等特点。

（2）具有优良的耐碱、耐水、耐湿擦洗等性能。

（3）外观细腻，色彩艳丽，质感好。

（4）与水泥材料附着力好，适宜用于外墙面装饰。

2. 涂料组成

苯乙烯-丙烯酸酯共聚乳液为本涂料的主要成膜物质。乳液性能是决定涂料性能的主要因素，一般采用固体质量分数大于46%、最低成膜温度为16～22℃、钙离子稳定性、机械稳定性、储存稳定性合格的乳液。在外墙涂料中，乳液用量为20%～60%，在有光乳胶漆中乳液用量为50%以上。苯-丙外墙乳胶漆应采用金红石型钛白粉。

（二）丙烯酸酯乳胶漆

丙烯酸酯乳胶漆或称纯丙烯酸聚合物乳胶漆，是由甲基丙烯酸甲酯、丙烯酸丁酯、丙烯酸乙酯等丙烯酸系单体加入乳化剂、引发剂等，经过乳液聚合反应而制得纯丙烯酸酯乳液，然后以该乳液为主要成膜物质，加入颜料、填料及其他助剂，经分散、混合、过滤而成的乳液型涂料，它是优质外墙乳液涂料之一。其涂膜耐久性可达10年以上。

（1）涂料的特点　纯丙烯酸酯系乳胶漆在性能上较其他共聚乳胶漆好，其最突出的优点是涂膜光泽柔和，耐候性与保光性、保色性都很优异。但其价格比其他共聚乳液涂料贵。

（2）涂料的组成　以甲基丙烯酸甲酯、丙烯酸丁酯、丙烯酸乙酯、甲基丙烯酸、丙烯酸等丙烯酸系单体加入乳化剂、引发剂、水等经乳液聚合方法而制成的纯丙烯酸系共聚乳液为涂料的主要成膜物质。在外墙涂料中乳液用量为20%～60%，在配制高光泽的丙烯酸酯乳胶漆时乳液用量为50%以上。

（三）有机硅-丙烯酸酯乳液（硅丙乳液）类外墙建筑涂料

其系指以有机硅-丙烯酸酯乳液为基料制成的建筑涂料。这类涂料具有良好的耐水性、耐碱性、耐盐雾性、耐紫外光的降解性和良好的保色保光能力以及优异的耐玷污性。但是，这类涂料的成本较高。一般适用于高层建筑物的外墙涂装。

（四）乳液型外墙涂料的技术性能指标

溶剂型建筑涂料的技术性能应满足国家标准《合成树脂乳液外墙涂料》（GB/T 9755—2001）的技术要求，见表10-3。

表10-3　合成树脂乳液外墙涂料的技术性能指标

技术指标	指标		
	优等品	一等品	优等品
容器中状态	无硬块，搅拌后呈均匀状态	无硬块，搅拌后呈均匀状态	无硬块，搅拌后呈均匀状态
施工性	刷涂两道无障碍	刷涂两道无障碍	刷涂两道无障碍
低温稳定性	不变质	不变质	不变质
干燥时间(表干)/h　≤	2	2	2
涂膜外观	正常	正常	正常
对比率(白色和浅色①)　≥	0.93	0.90	0.87
耐水性	96h	96h	96h
耐碱性	48h	48h	48h
耐洗刷性/次	2000	1000	500
耐人工气候老化性(白色和浅色①)	600h不起泡、不剥落、无裂纹	400h不起泡、不剥落、无裂纹	250h不起泡、不剥落、无裂纹
粉化/级　≤	1	1	1
变色/级　≤	2	2	2
其他色	商定	商定	商定
耐玷污性(白色和浅色①)　≤	15	15	20
涂层耐温变性(5次循环)	无异常	无异常	无异常

① 浅色是指以白色为主要成分，添加适量色浆后配制成的浅色涂料形成的涂膜所呈现的颜色。按GB/T 1560.8—1995中4.3.2规定，明度值为6～9（三刺激值中的$Y_{D65} \geqslant 31.26$）。

四、厚质建筑涂料

厚质建筑涂料是指涂膜涂装得较厚的一类涂料（但对厚度的确切要求还没有明确规定），

主要是针对薄质建筑涂料而言的。属于这类涂料的有砂壁状建筑涂料、复层建筑涂料、绝热涂料和防结露涂料等。但是，由于后两种涂料具有明显的功能效应，因而一般将其列入功能性外墙涂料范围内。此外，涂膜施工得比较厚的涂料还有弹性外墙涂料。但是，由于弹性外墙涂料也可以施工成薄质涂膜，且其功能是以涂膜能够在基层变形时产生伸缩以适应其变形，并在一定程度上遮蔽基层的裂纹为主。因而，弹性外墙涂料以发挥弹性功能为主，而不是产生其他厚质涂料的装饰功能效应，所以该类涂料也划入功能性涂料中。这里的厚质涂料是为产生一定的装饰效果而厚涂的几种涂料，如砂壁状建筑涂料、复层建筑涂料和拉毛涂料等。

（一）砂壁状建筑涂料

这类涂料系指其涂膜外观具有像堆叠一层砂粒一样的涂膜饰面效果，由基料和粒径为颜色相同或不同的彩砂颗粒制成。又由于涂膜酷似天然岩石，因而也称为石头漆、真石漆，主要用于建筑物外墙的涂装，不过近来用于内墙面的涂装也趋于增多。其主要特征是涂膜质朴粗犷、质感丰满、装饰效果极具个性，但因外观粗糙，耐污染性差。为了克服此性能之不足，目前已有专用于该类涂料的耐玷污型合成树脂乳液（例如有机硅—丙烯酸乳液）。根据建工行业标准《合成树脂乳液砂壁状建筑涂料》（JG/T 24—2000）的规定，合成树脂乳液砂壁状建筑涂料按用途不同分为 N 型和 W 型两类。N 型为内用合成树脂乳液砂壁状建筑涂料；W 型为外用合成树脂乳液砂壁状建筑涂料。

砂壁状建筑涂料的技术性能指标应能够满足行业标准《合成树脂乳液砂壁状建筑涂料》（JG/T 24—2000）的规定，见表 10-4。

表 10-4 合成树脂乳液砂壁状建筑涂料的技术性能指标

技术性能	指标要求	
	N 型(内用)	W 型(外用)
容器中状态	无硬块，搅拌后呈均匀状态	无硬块，搅拌后呈均匀状态
施工性	喷涂无困难	喷涂无困难
涂料低温储存稳定性	3 次试验后，无结块、凝聚及组成物的变化	3 次试验后，无结块、凝聚及组成物的变化
涂料热储存稳定性	1 个月试验后，无结块、霉变及组成物的变化	1 个月试验后，无结块、霉变及组成物的变化
干燥时间(表干)/h ≤	4	4
初期干燥抗裂性	无裂纹	无裂纹
耐水性	—	96h 涂层无起皱、开裂、剥落，与未浸泡部分相比，允许颜色轻微变化
耐碱性	48h 涂层无起皱、开裂、剥落，与未浸泡部分相比，允许颜色轻微变化	96h 涂层无起皱、开裂、剥落，与未浸泡部分相比，允许颜色轻微变化
耐冲击性	涂层无裂纹、剥落及明显变形	涂层无裂纹、剥落及明显变形
涂层耐温变性	—	10 次涂层无粉化、开裂、剥落、起鼓现象，与标准相比，允许颜色轻微变化
耐人工老化性	—	500h 涂层无粉化、开裂、剥落，粉化 0 级；变色≤1 级
耐玷污性	—	5 次循环试验后≤45
黏结强度/MPa		
标准状态 ≥	0.70	0.70
浸水后 ≥	—	0.50

（二）复层建筑涂料

复层建筑涂又称喷塑涂料、浮雕涂料、凹凸涂层涂料等。其涂层由封底层、主涂层、罩面层和罩光层等组成，适用于内、外墙面涂装，装饰效果极具个性，通常采用喷涂施工。

根据主涂料组成材料的不同，复层涂料分为 4 类：聚合物水泥类（CG 类），由聚合物（例如聚乙烯醇或羧甲基纤维素胶液）和普通硅酸盐水泥、重质碳酸钙、石英砂等组成，现场调配，在规定时间内用完；硅酸盐类（Si 类），是以无机硅酸盐（如硅溶胶）为基料配制而成；合成树脂乳（E 类），是以合成树脂乳液为基料配制而成；反应固化型合成树脂乳液类（RE 类），是以双组分环氧树脂乳液为基料配制而成。这 4 类复层涂料中应用较多的是合成树脂乳液类，其对墙面的黏结强度高，装饰质感好，耐水、耐碱，不需要现场拌和等，并适宜于内、外墙面的涂装。其次是硅酸盐类，一般以合成树脂乳液涂料罩面。这类涂料只能采用喷涂法施工。

复层建筑涂料的技术性能指标应满足国家标准《复层建筑涂料》（GB 9779—88）的技术要求，见表 10-5。

表 10-5　复层建筑涂料的技术性能指标

技术性能	指标要求			
黏结强度/MPa	CE	Si 类	E 类	RE 类
标准状态＞	0.49	0.49	0.49	0.49
浸水后＞	0.49	0.49	0.68	0.68
透水性/mL	溶剂型＜0.5；水乳型＜2.0			
低温稳定性	不结块，无组成物分离、凝聚			
初期干燥抗裂性	不出现裂纹			
耐冷热循环	不剥落、不起泡、无裂纹、无明显变色			
耐碱性	不剥落、不起泡、无粉化、无裂纹			
耐冲击性	不剥落、不起泡、无明显变色			
耐候性	不起泡、无裂纹、粉化＜1 级；变色＜2 级			
耐污染性/%	＜30			

（三）拉毛涂料

拉毛涂料属于厚质涂料，主要应用于外墙，一般是将涂料用普通辊筒滚涂成一定厚度的平面涂料，在其已初步干燥但并没有表面干燥前，用海绵状拉毛花样辊，滚拉出凹凸不平、近程无序而远程有序（即小范围无规律，大范围有规律）的拉毛饰面涂膜。

拉毛涂料的特点类以于复层涂料，但涂膜不是靠喷涂而得到的斑点，而是靠海绵辊筒拉起的呈波纹状尖头的毛疙瘩。这种毛疙瘩在干燥前能借助于湿涂料的表面张力和涂料的轻微流动性而形成不同的角度，进而产生悦目的外观。但是，两者之间也存在着一定的差别。例如，复层涂料的斑点表面平坦，拉毛涂料的毛疙瘩则是呈尖头，且毛疙瘩的大小和形状较之复层涂料的斑点更富于变化。拉毛涂料的特征在于丰满和细腻兼而有之，流动和稳重并存。这些特征是其从过去的拉毛水泥饰面演变至目前的拉毛状饰面涂料、在几十年跨度期间未遭淘汰且有了新发展的主要原因。

拉毛涂料实际上是厚质外墙乳胶漆，其技术性能应当满足现行国家标准《合成树脂乳液外墙涂料》（GB/T 9755—2001）的技术要求；因其质感和使用场合也很像复层涂料，因而其技术性能也可以按国家标准《复层建筑涂料》（GB/T 9779—88）的规定执行。

第四节　内 墙 涂 料

一、对内墙涂料的要求

内墙涂料的主要功能是装饰及保护室内墙面，使其美观、整洁，让人们处于优越的居住环境之中。为了获得良好的装饰效果，内墙涂料应具有以下几个特点。

1. 色彩丰富、细腻、调和

内墙的效果主要由质感、线条和色彩 3 个因素构成。采用涂料装饰则色彩为主要因素。内墙涂料的颜色一般应浅淡、明亮。由于众多的居住者对颜色的喜爱不同，因此建筑内墙涂料的色彩要求品种丰富。内墙涂层与人们的距离比外墙涂层近，因而要求内墙装饰涂层质地平滑、细洁、色彩调和。

2. 耐碱性、耐水性、耐粉化性良好

由于墙面基层常带有碱性，因而涂料的耐碱性良好。室内湿度一般比室外高，同时为清洁内墙，涂层常要与水接触，因此要求涂料具有一定的耐水性及耐刷洗性。

脱粉型的内墙涂料是不可取的，它会给居住者带来极大的不适感。

3. 透气性良好

室内常有水气，透气性不好的墙面材料易结露、挂水，使人们居住有不舒服感，因而透气性良好的材料配制内墙涂料是可取的。

4. 涂刷方便，重涂容易

人们为了保护优雅的居住环境，内墙面翻修的次数较多，因此要求内墙涂料涂刷施工方便，维修、重涂容易。

溶剂型内墙涂料与溶剂型外墙涂料基本相同。由于其透气性较差，容易结露，施工时有大量溶剂逸出，因而室内施工更应重视通风与防火。溶剂型内墙涂料涂层光洁度好，易于冲洗，耐久性也好，目前主要用于大型厅堂、室内走廊、门厅等工程，一般民用住宅内墙装饰很少应用。可用作内墙装饰的溶剂型建筑涂料主要品种有丙烯酸酯墙面涂料、丙烯酸酯-有机硅墙面涂料、聚氨酯丙烯酸酯墙面涂料、聚氨酯聚酯仿瓷墙面涂料。

聚氨酯-丙烯酸酯、聚氨酯-聚酯溶剂型内墙涂料涂层光洁度非常好，类似于瓷砖状，因而适宜用于工业厂房车间及民用住宅卫生间及厨房的内墙与顶棚装饰。

二、聚乙烯醇类水溶性内墙涂料

聚乙烯醇类水溶性内墙涂料是以聚乙烯醇树脂及其衍生物为主要成膜物质，混合一定量的颜料、填料、助剂及水经研磨混合均匀后而成的一种水溶性内墙涂料。对这类内墙涂料，国内原材料资源丰富，生产工艺简单，涂层具有一定的装饰效果。其价格便宜，因而曾经应用于国内内墙装饰涂料，其生产数量占绝对的优势。国内几乎每个城市都有这类涂料的生产。该涂料的特点如下。

(1) 原材料资源丰富，价格低廉。

(2) 配制工艺简单，设备条件要求不高，生产速度快。

(3) 涂料属水溶性类型，耐燃，施工方便。

(4) 涂膜表面光洁平滑，能配制成多种色彩，与墙面基层有一定的黏结力，具有一 定的装饰效果。

(5) 涂层耐水洗刷性较差，涂膜表面不能用湿布擦洗。

(6) 涂膜表面容易产生脱粉现象。

(7) 用聚乙烯醇制成的涂料涂膜不耐水洗，只能制成普通内墙涂料。这类涂料曾经是我国内墙涂料应用的主要品种，但是随着建筑涂料的技术进步、新品种涂料的出现，聚乙烯醇类涂料已逐步淡出应用领域，我国建设部于 2001 年已将其列为淘汰产品，禁止使用。

水溶性建筑涂料施工技术简单，施工方便，施工速度快，一般采用辊涂和刷涂相结合的涂装方法施工。聚乙烯醇类建筑涂料的技术性能指标应满足建筑行业标准《水溶性内墙涂料》(JC/T 423—1991) 的规定要求，见表 10-6。

表 10-6　聚乙烯醇类建筑涂料的技术性能指标

性能项目名称		技术指标	
		Ⅰ类[2]	Ⅱ类
容器中状态		无结块、沉淀和絮凝	无结块、沉淀和絮凝
黏度		30～75	30～75
细度/μm	≤	100	100
遮盖/(g/m²)	≤	300	300
白度[1]	≥	80	80
涂膜外观		平整、色泽均匀	平整、色泽均匀
附着力/%		100	100
耐水性		无脱落、起泡和皱皮	无脱落、起泡和皱皮
耐干擦性/级	≤	—	1
耐洗刷性/次	≥	300	300

① 白度规定只适用白色涂料。

② Ⅰ类，用于涂刷浴室、厨房内墙；Ⅱ类，用于涂刷建筑物内的一般墙面。

三、内墙乳胶漆

由合成树脂乳液加入颜料、填料以及保护胶体、增塑剂、润湿剂、防冻剂、消泡剂、防霉剂、水等辅助材料，经过研磨或分散处理后，制成的涂料称为乳胶漆，也称为乳液涂料。合成树脂乳胶漆具有下列几个特点。

(1) 胶漆以水作为分散介质随着水分的蒸发而干燥成膜，施工时无溶剂逸出，因而安全无毒，可避免施工时发生火灾危险。

(2) 涂膜透气性好，因而可以避免因涂膜内外湿度差而鼓泡，可以在新建的建筑物水泥砂浆及灰泥墙面上涂刷。用于内墙装饰，无结露现象。

乳胶漆的种类很多，通常以合成树脂乳液来命名，如丁苯乳胶漆、醋酸乙烯乳胶漆、丙烯酸酯乳胶漆、苯-丙乳胶漆、乙-丙乳胶漆、聚氨酯乳胶漆等。常用的建筑内墙乳胶漆以平光漆为主，其主要产品有醋酸乙烯乳胶漆、醋酸乙烯-丙烯酸酯内墙乳胶漆、苯-丙乳胶漆等。

(一) 醋酸乙烯乳胶漆

醋酸乙烯乳胶漆是由醋酸乙烯均聚乳液加入颜料、填料及各种助剂，经过研磨或分散处理而制成的一种乳液涂料。该涂料的特点如下。

(1) 醋酸乙烯乳胶漆以水作分散介质，无毒，不易燃烧。

(2) 涂料细腻，涂膜细洁、平滑、平光，色彩鲜艳，装饰效果良好。

(3) 涂膜透气性良好，不易产生气泡。

(4) 施工方法简便，施工工具容易清洗。

(5) 价格适中，低于其他共聚乳液组成的乳胶漆。

(6) 耐水、耐碱、耐候性较其他共聚乳液差，适宜涂刷内墙，不宜作外墙涂料应用。

(二) 醋-丙乳胶漆

醋-丙乳胶漆是以醋-丙共聚乳液为主要成膜物质，掺入适当的颜料、填料及助剂经过研磨或分散后配制成半光或有光内墙涂料。用于建筑物内墙面装饰，其耐碱性、耐水性、耐久性优于醋酸乙烯乳胶漆，是一种中高档内墙装饰涂料。该涂料的特点如下。

(1) 在共聚乳液中引入了丙烯酸丁酯、甲基丙烯酸甲酯、丙烯酸、甲基丙烯酸等单体，从而提高了乳液的光稳定性，使配成的涂料耐候性优于醋酸乙烯均聚乳胶漆。

(2) 在共聚物中引进丙烯酸丁酯，能起到内增塑作用，提高了涂膜的柔韧性。

(3) 主要原料为醋酸乙烯，国内资源丰富，涂料价格适中。

（三）苯-丙内墙乳胶漆

近年来，国内苯-丙乳液生产量增加很快，因而苯-丙乳胶漆开始大量用于建筑内墙面装饰。苯-丙内墙乳胶漆的特点、组成、配制方法同苯-丙外墙乳胶漆。

为了降低涂料生产成本，在苯-丙内墙乳胶漆中常采用锐钛型钛白粉作为白色颜料。

（四）丙烯酸酯内墙乳胶漆

纯丙烯酸酯乳液具有优良的耐候性和光泽，因而可用来配制高级半光及有光内墙乳胶漆。丙烯酸酯内墙乳胶漆的特点、组成、配制方法、涂料性能和施工要点同丙烯酸酯外墙乳胶漆。高级丙烯酸酯内墙乳胶漆光泽大于70％。

（五）乳液型内墙涂料的技术性能指标

合成树脂乳液内墙涂料的技术性能应满足国家标准《合成树脂乳液内墙涂料》（GB/T 9756—2001）的技术要求，见表10-7。

表10-7 合成树脂乳液内墙涂料的技术性能指标

技术指标		指标		
		优等品	一等品	优等品
容器中状态		无硬块，搅拌后呈均匀状态	无硬块，搅拌后呈均匀状态	无硬块，搅拌后呈均匀状态
施工性		刷涂两道无障碍	刷涂两道无障碍	刷涂两道无障碍
低温稳定性		不变质	不变质	不变质
干燥时间(表干)/h	≤	2	2	2
涂膜外观		正常	正常	正常
对比率(白色和浅色①)	≥	0.95	0.93	0.90
耐水性		24h无异常	24h无异常	24h无异常
耐洗刷性/次	≤	1000	5000	200

① 浅色是指以白色为主要成分，添加适量色浆后配制成的浅色涂料形成的涂膜所呈现的颜色。按（GB/T 1560.8—1995）中4.3.2规定的明度值为6～9（三刺激值中的$Y_{D65}\geqslant 31.26$）。

第五节 功能性建筑涂料

功能性建筑涂料是很重要的一类建筑涂料，是既具有涂料的装饰功能，又能起到某种功能作用的建筑涂料。功能性建筑涂料包括防火涂料、防水涂料、防霉涂料、防结露涂料、防蚊蝇涂料、绝热涂料、超耐候性涂料和弹性涂料等。这些涂料分别能够起到防火、防水、防霉、杀灭害虫、保温隔热和遮蔽墙体裂缝等功能。除了这些涂料以外，过去工业涂料领域使用的一些功能性涂料经过性能上的改进，能满足建筑涂装的某些功能要求，近年来也在建筑涂料领域得到了开发应用，成为新的功能性建筑涂料。例如，防腐涂料、防锈涂料、防滑地面涂料、耐磨地面涂料、弹性地面涂料和可逆变色涂料等。功能性建筑涂料因其既具有装饰效果，又能够发挥某种特定的功能作用因而拓宽了建筑涂料的应用范围，增大了建筑涂料的实用性，提高了建筑涂料在建筑装饰装修材料中的地位。

一、防火涂料

防火涂料在新型建筑防火材料一章中已有叙述，在此不再介绍。

二、建筑防水涂料

刚性防水涂料一般为硅酸盐水泥类，并以适当的有机聚合物乳液进行改性。固化后，有机聚合物填充在水泥石的空隙中使防水涂膜致密，增大涂膜的抗渗性和对于基层的黏结力；有机防水涂料的成膜物质（如丙烯酸酯、聚氨酯、氯化橡胶等）其固有性能具有很高的抗渗透性和低温柔性，从而使防水涂膜具有良好的防水性能。

三、防霉涂料

自然界中无处不存在着微生物，在条件（温度、湿度）合适时，微生物包括霉菌就会以很快的速度生长。另一方面，水性涂料中有一些物质是霉菌很好的营养成分，例如有机增稠剂，这些物质留在涂膜中，除了影响涂膜的性能以外，也给霉菌的生长提供了物质条件。因而，只要温度、湿度等条件合适，涂膜就会长霉。涂膜受到霉菌侵蚀后会褪色、玷污以至脱落。在潮湿的建筑物内、外墙面，在恒温、恒湿的车间墙面、地面、顶棚等结构场合，当霉菌的生长会给生产产品带来重要的影响时，必须采取一定的防霉措施，例如食品、烟草车间、储藏仓库、酿造厂等。使用能够抑制涂膜中霉菌生长的防霉涂料防霉，则是最具有防霉效果的防霉措施。

防霉涂料的组成材料中加有足够量的能够杀灭各种霉菌和微生物的防霉剂，除了能够杀灭涂料中的霉菌和微生物而防止涂料霉变外，在涂料成膜后，防霉剂均匀地分布于涂膜中，能够抑制涂膜中霉菌生长，并杀灭外部侵蚀涂膜的各种微生物和霉菌，从而使涂膜和涂覆涂料的基层具有防止霉菌和微生物繁殖的功能，防止涂膜长霉。

四、防结露涂料

涂料的干密度较低，涂膜中含有大量的吸湿性很强的轻质填料，分布着大量密集的连通空隙，能够吸收凝集于涂膜表面的水分而防止结露。吸附的结露水在空气条件发生变化时会从涂膜中蒸发。涂膜的防结露能力与吸湿性能和涂料的涂覆厚度有关。

五、绝热涂料

涂料的干密度低，涂膜中分布着密集的封闭空隙，涂膜的吸湿性很小，热导率很低，因而涂料涂覆于墙面上，在一定的厚度下能够阻隔建筑物内外热流的传递，增大涂膜的热阻，提高被涂覆部位的保温隔热性能。与其他绝热材料相比，绝热涂料所得到的涂层整体性好，没有热桥。

六、弹性地面涂料

该类涂料的基料是由聚氨酯弹性预聚体和含羟基组分构成的。预聚体组分和含羟基组分在涂装前应均匀混合，涂料的两组分因反应而固化成膜，涂膜具有很高的弹性和抗划伤性、耐腐蚀性、耐油性和耐磨性等，用于会议室、体育运动场、跑道和工业厂房等有弹性要求的耐磨、耐腐蚀地面。

七、超耐候性涂料

该类涂料往往采用具有超耐候性的氟树脂作为基料并同时采用纳米粉料技术或涂料自动分层技术等现代涂料制造技术，使涂膜具有超耐候性和高耐玷污性等。用于有高档装饰要求的外墙面和建筑物的特殊构件及部位等。

八、道路标线涂料

道路标线涂料由耐候性树脂和耐磨性填料等所组成，分常温施工和热熔施工两类。每类又有普通型和反光型两种，一次涂装可以得到较厚的涂膜。其性能都具有快干、耐磨、耐候和标记等功能，主要用于各种标志和标识应用场所。

九、杀虫涂料

杀虫涂料也称防蚊蝇涂料，涂料中加有足够量的卫生杀虫剂（如二氯苯醚菊酯），涂装后能够缓慢地从涂膜中释放至涂膜表面，通过触杀机理（即杀虫药剂经害虫表皮后进入体内而使其中毒死亡）而杀灭与涂膜接触的害虫，如蟑螂、蚊子、苍蝇等，并防止害虫在涂膜表面孳生。主要应用于医院、宾馆、办公室、公共厕所、仓库、车船、饭店等公共场所以及民用住宅的内墙面。

十、弹性外墙涂料

涂料基料（丙烯酸乳液或苯丙乳液）具有很低的玻璃化温度，树脂的大分子在结构上能够高度卷曲，而分子间的结合力很弱，在外力的作用下容易变形，且这种变形在外力除去后能够消失。使涂膜具有很高的弹性，因而在基层变形时，涂膜可在一定程度上适应基层 的变形而不破坏，从而起到遮蔽基层裂缝，并进一步起到防水、防渗和保持装饰效果的功能。

第六节　地 面 涂 料

一、对地面涂料的要求

地面涂料的主要功能是装饰与保护室内地面，使地面清洁、美观，与室内墙面及其他装饰相对应，使居住者处于良好的室内环境之中。为了获得良好的效果，地面涂料应具有以下几方面特点。

（1）耐碱性良好。因为地面涂料主要涂刷在水泥砂浆基层上，而基层往往带有碱性，因而要求所用的涂料具有优良的耐碱性能。

（2）与水泥砂浆有好的黏结性能。凡用作水泥地面装饰的涂料，必须具备与水泥基类较好的黏结性能，要求在使用过程中不脱落，容易脱皮的涂料不宜用作地面涂料。

（3）耐水性良好。为了保持地面的清洁，经常需要用水擦洗，因此要求涂层有良好的耐水洗刷性能。

（4）耐磨性良好。耐磨性是地面涂料的主要性能之一，人们的行走、重物的拖移使地面涂层经常受到摩擦，因此用作地面保护与装饰的涂料层应具有非常好的耐磨性。

（5）良好的抗冲击性。地面容易受到重物的撞击，要求地面涂层受到重物冲击以后不易开裂或脱落，允许有少量凹痕。

（6）涂刷施工方便，重涂容易。为了保持室内地面的装饰效果，待地面涂层磨损或受机械力局部被破坏以后，需要进行重涂，因此要求地面涂料施工方法简便，易于重涂施工。

（7）价格合理。

二、聚氨酯地面涂料

聚氨酯地面涂料分为以下两种。

（1）聚氨酯厚质弹性地面涂料　聚氨酯厚质弹性地面涂料是以聚氨酯为基料的双组分溶剂型涂料，具有整体性好、装饰性好，并具有良好的耐油、耐水、耐酸碱性和优良的耐磨性，此外还具有一定的弹性，脚感舒适。聚氨酯厚质弹性地面涂料的缺点是价格高且原材料有毒。聚氨酯厚质弹性地面涂料主要适用于水泥砂浆或水泥混凝土的表面，如用于高级住宅、会议室、手术室等的地面装饰，也可用于地下室、卫生间等的防水装饰或工业厂房车间的耐磨、耐油、耐腐蚀等地面。

（2）聚氨酯地面涂料　与聚氨酯厚质弹性地面涂料相比，其涂膜较薄，涂膜的硬度较大、脚感硬，其他性能与聚氨酯厚质弹性地面涂料基本相同。

聚氨酯地面涂料（薄质）的技术性质应满足《水泥地板用漆》（HG/T 2004—1991）的规定，见表 10-8。

表 10-8　水泥地板涂料的技术性能指标

技术指标		指标要求[①]	
		Ⅰ型	Ⅱ型
容器中状态		搅拌后无硬块	搅拌后无硬块
刷涂性		刷涂后无刷痕，对底材无影响	刷涂后无刷痕，对底材无影响
漆膜颜色及外观		漆膜平整、光滑	漆膜平整、光滑
黏度(6 号杯)/s		30～70	30～70
细度/μm	≤	30	40
干燥时间/h		—	—
表干	≤	1	4
实干	≤	4	24
硬度(铅笔)	≥	B	2B
附着力/级		0	0
遮盖力/(g/m^2)	≤	170	170
耐水性[②]		不起痕、不脱落	不起痕、不脱落
耐磨性	≤	0.030	0.040
耐洗刷性/次	≥	1000	1000

① Ⅰ型为聚氨酯涂料，Ⅱ型为酚醛类环氧树脂涂料。

② Ⅰ型为 48h，Ⅱ型为 24h。

聚氨酯地面涂料（薄质）主要用于水泥砂浆、水泥混凝土地面，也可用于木质地板。

三、环氧树脂地面涂料

环氧树脂地面涂料主要有以下两种。

(1) 环氧树脂厚质地面涂料　环氧树脂厚质地面涂料是以环氧树脂为基料的双组分溶剂型涂料。环氧树脂厚质地面涂料具有良好的耐化学腐蚀性、耐油性、耐水性和耐久性，涂膜与水泥混凝土等基层材料的黏结力强、坚硬、耐磨，且具有一定的韧性，色彩多样，装饰性好。环氧树脂厚质地面涂料的缺点是价格高。环氧树脂厚质地面涂料主要用于高级住宅、手术室、实验室、公用建筑、工业厂房车间等的地面装饰、防腐、防水等。

(2) 环氧树脂地面涂料　环氧树脂地面涂料与环氧树脂厚质地面涂料相比，涂膜较薄、韧性较差，其他性能则基本相同。环氧树脂地面涂料的技术性能应满足《水泥地板用漆的技术要求》(HG/T 2004—91) 的规定。环氧树脂地面涂料主要用于水泥砂浆、水泥混凝土地面，也可用于木质地板。

第七节　新型建筑涂料的发展

建筑涂料直接关系到人类的健康和生存环境，代表着人们的生活水平。随着现代生活文化和社会经济的发展，人类对建筑涂料的发展有更高的要求，未来建筑涂料的发展必然与这种要求相一致。

一、新型建筑涂料发展的方向

1. 向水性化、生态化方向发展

当今世界人类赖以生存的环境越来越多地受到人们的关注。随着人们环保意识的提高和对健康的重视，建筑涂料与环境存在的矛盾日益突显，其污染问题日益引起社会的重视。随着装饰装修市场的繁荣和快速发展，装饰装修给室内环境带来的空气污染已成为全社会关注的焦点。据国际有关组织调查统计资料表明，世界上 30%的新建和重建建筑物中，都发现了有害健康的室内空气污染，它已列入对公众健康危害最大的 5 种环境因素之一。国际上一些室内环境专家提醒人们，在经历了工业革命带来的煤烟型污染和光化学烟雾型污染之后，我们已经进入以室内空气污染为标志的第三污染期。空气污染主要体现在3方面，即化学性污染、生物性污染（即微生物、真菌的污染）和放射性污染。在近期国家卫生、建设、环保等部门联合对室内装饰市场进行的一次调查中发现，存在有毒气体污染的室内装饰材料占68%，这些材料中含挥发性有机化合物高达300多种。而在这些有机化合物中，对人体产生明显感觉的有毒、有害有机化合物当数甲醛、苯、氨等。

因而，新型建筑涂料向功能型、环保型、绿色化方向发展已刻不容缓。涂料的品种结构应向减少VOC含量、环保化产品发展。由于室内装饰装修中建筑装饰装修材料给室内带来的污染已经引起了各界的关注，自2001年开始，有关部门就着手制定相关标准。国家对室内装饰装修材料的10项标准已经于2003年元月1日起强制性执行，其中有两项是关于涂料的。

2. 向功能化发展

科研工作者除了研究开发各类功能性涂料，包括防火涂料、防水涂料、防腐涂料、防霉涂料、碳化涂料、隔热涂料、保温涂料等，还应加紧研究和开发建筑装饰中其他难题，以满足各类建筑对不同功能涂料的需求。

3. 向高性能、高档次发展

应该重点研究有机硅改性丙烯酸树脂涂料、水性聚氨酯涂料以及氟碳树脂水性化涂料，以适应和满足我国高层和公共建筑外装饰涂料的需求。

4. 提高涂料配制技术

主要包括优质颜填料的生产和选用、各类助剂的配套应用和色浆的配制、纳米材料及超细粉料配制中的应用技术，以此满足提高涂料功能的要求。

二、建筑涂料生态化的途径

传统建筑涂料由于对环境及人体的健康有影响，所以必须对其进行生态化研究，开发生态涂料。所谓生态涂料，是指具有节能、低污染的水性涂料、粉末涂料、高固体含量涂料（或称无溶剂涂料）和辐射固化涂料。20世纪50年代以前，几乎所有的传统建筑涂料都是溶剂型的。20世纪50年代以后，乳胶涂料开始在建筑涂料中引入了水作为溶剂。20世纪70年代以来，由于溶剂的价格昂贵和降低VOV排放量的要求日益强烈，越来越多的有机溶剂含量低和不含有机溶剂的涂料得到了很大发展。下面简要介绍一些传统建筑涂料的生态化途径。

1. 普通溶剂型建筑涂料的生态化

为了适应日益严格的环境保护要求，通过对普通溶剂型建筑涂料的生态环境化，发展了高固含量溶剂型生态涂料。其主要特点是，在可利用原有的生产方法、涂料工艺的前提下，降低有机溶剂用量，从而提高固体组分。这类涂料是20世纪80年代初以来以美国为中心开发的。通常的低固含量溶剂型涂料固含量为30%～50%，而高固含量溶剂（HSSC）要求固含量达到65%～85%，从而满足日益严格的VOC限制要求。在配方过程中，利用一些不在VOC之列的溶剂作为稀释剂是一种对严格的VOC限制的变通，如丙酮等。很少量的丙酮即能显著地降低黏度，但由于丙酮挥发太快，会造成潜在的火灾和爆炸的危险，需加以控制。

2. 有机溶剂型建筑涂料的生态化

水有别于绝大多数有机溶剂的特点在于其无毒、无臭和不燃，将水引进到涂料中，不仅可以降低涂料的成本，而且避免了在施工中由于有机溶剂存在而导致的火灾，也大大降低了VOC含量。因此水基涂料从其开始出现起至今已得到了长足的进步和发展。中国环境标志认证委员会颁布的《水性涂料环境标志产品技术要求》规定，产品中的挥发性有机物含量应小于 250g/L；产品生产过程中，不得人为添加含有重金属的化合物，总含量应小于 500mg/kg（以铅计）；产品生产过程中人为添加甲醛及其类甲醛的聚合物，含量应小于 500mg/kg。

目前实际上水基型建筑涂料使用量已占所有涂料的一半左右，主要有水溶性、水分散性和乳胶性 3 种类型。由于水溶性建筑涂料应用面较窄，故水分散和乳胶性建筑涂料已成为有机溶剂型建筑涂料生态化的主要途径。

(1) 水分散型建筑涂料　水分散型建筑涂料实际应用面相对大一些，是通过将高分子树脂溶解在有机溶剂-水混合溶剂中而形成。制备的第一步是用胺中和树脂中的酸，第二步是加水稀释。实际应用时黏度一般在 0.1Pa・s，水分散型涂料的固含量为 20%～30%。尽管固含量不是很高，但由于引入水而降低 VOC 含量和提高固含量，同时保证了其性能。所以水分散型涂料是有机溶剂型建筑涂料的生态化发展方向之一。

(2) 乳胶型建筑涂料　高分子乳胶广泛应用于建筑涂料，其优点首先是 VOC 含量很低，这符合日益严格的 VOC 排放限制；其次，一般来说，乳胶型涂料无害、无毒，没有溶剂的刺激性气味，没有火灾的危险。该种涂料在使用过程中，高分子通过离子间的凝结成膜可高于成膜温度。但这样做的一个副作用是引进了少量的 VOC 挥发物。近些年来进行了有关生态化的研究，一方面是在室温下成膜的同时，高分子粒子包含的反应性官能团相互接触，继而反应形成交联，通过交联使 T_g 得到得高，同时可免除凝结剂的使用，尽可能降低 VOC；另一方面是使用纳米级的高分子粒子，纳米级粒子有助于成膜的进行。通过改进的微乳液聚合方法成功地制备了固含量高达 30%～35%、乳化剂含量为 1%～1.5%、粒径小于 20nm 的含反应性官能团的丙烯酸酯类微乳胶。初步测试表明其 VOC 为零。

(3) 水溶性高分子建筑涂料　通常使用的水溶性高分子涂料主要有离子型的聚乙烯醇、聚乙二醇、水溶性纤维素衍生物等。但与水溶型涂料的性质比较，这类水溶性高分子涂料耐水性差，仅有酚醛树脂等少数几种，可作为交联树脂使用。

3. 粉末型建筑涂料

粉末型建筑涂料在理论上是绝对的 VOC 为零的生态化涂料，具有其独特的优点，但其在应用上的限制需更为广泛而深入的研究。有关粉末型建筑涂料的研究和发展，国内已有详尽的报道。例如其制造工艺相对复杂一些，涂料制造成本高，粉末涂料的烘烤温度较一般涂料高很多，难以得到较薄的涂层。涂料配色性差，不规则物体的均匀涂布性差等。这些都需要进一步完善。

4. 液体无溶剂型建筑涂料

液体无溶剂型涂料是不含有机溶剂的液体涂料，无溶剂涂料有双液型、能量束固化型等。液体无溶剂型涂料的生态化发展动向是开发单液型，且可用普通刷漆、喷漆工艺施工的液体无溶剂型涂料。

(1) 双液型建筑涂料　双液型建筑涂料理念上不含低分子有机溶剂，可以把 VOC 降到几乎为零。这类涂料以涂装前低黏度树脂和硬化剂混合、涂装后固化的类型为代表，其中低黏度树脂可为含羟基的聚酯树脂、丙烯酸酯树脂等，固化剂通常为异氰酸酯。储存时低黏度树脂和固化剂分开包装，使用前混合，涂装时固化。

(2) 能量束固化型建筑涂料　这类涂料一般情况下不使用有机溶剂，而代之以能溶解树脂的反应型稀释剂，固化时参与交联反应，从而可确保 VOC 释放量几乎为零。其中多数有不饱和基团或其他反应性基团，在紫外线、电子束的辐射下，可在很短的时间内固化成膜。当然，这类涂料也具有一些缺点：一是需要的设备相对昂贵；二是处理反应型稀释剂较复杂，且其中大多数有毒，并可引起皮肤过敏。

(3) 单液型无溶剂建筑涂料　把相对分子质量小于700、在25℃时黏度小于800Pa·s的低聚树脂与具有相似黏度的交联剂结合使用，即可得到单液型无溶剂建筑涂料的原型配方。三聚氰胺树脂和聚异氰酸酯都是合适的交联剂。若以异氰酸酯树脂作为交联剂，VOC可降低至8g/L；但使用前需为双液型，而且聚异氰酸酯在处理时危害较大。用三聚氰胺树脂作为交联剂则可得到单组分型液体无溶剂涂料，但膜的最终性能包括黏结等不能令人满意，且由于固化过程中产生被视为VOC的醇类化合物，因而并未能做到绝对的无溶剂。固化剂的加入可改善上述不足：一方面能显著提高膜的性能；另一方面可减少三聚氰胺树脂的使用量，进而使VOC真正达到很低。

(4) 水稀释型无溶剂型建筑涂料　为了在配方中使用更多的固化剂，一个巧妙的方法是加入少量的水。前述体系中的水达20%。通常加入5%～15%的水即可降低黏度40%～60%。因此这种新的配方称为水稀释型无溶剂型涂料。它和前面提到的一般水分散型涂料不同，因为后者含有VOC和挥发胺。

综上所述，建筑涂料生态化研究和发展方向越来越明确，这就是寻求VOC不断降低、直至为零的建筑涂料，而且其使用范围要尽可能宽、使用性能优越、设备投资适当等。因而水基型建筑涂料、粉末型建筑涂料、无溶剂型建筑涂料等将成为生态涂料发展的主要方向。

5. 外墙用弹性建筑涂料

建筑物的外墙大多为混凝土、水泥预制板、水泥砂浆抹面等，其表面经风吹、雨淋、日晒及热冻后，往往会出现蜘蛛网状裂纹，这种裂纹宽度多为1～3mm。由于普通的外墙涂料大多属于刚性材料，不能遏止墙体表面的微小裂纹，即使基层仅出现1～2cm的裂纹，涂料也会随之断裂，雨水经过渗透腐蚀墙面，同时涂膜也会卷皮、剥落，严重影响了外墙的装饰效果和保护功能，也造成了很大浪费。为了弥补这一不足，外墙用弹性建筑涂料应运而生，并越来越受到人们的关注。

所谓弹性建筑涂料，即形成的涂膜不仅具有普通涂膜的耐水、耐候性，而且能在较大的温度范围内，保持一定的弹性、韧性及优良的伸长率，从而可以适应建筑物表面产生的裂纹而使涂膜保持完好，弹性涂料的关键是弹性乳液。

弹性乳液大多是通过乳液聚合方法采用自由基引发共聚而成的，其聚合物属于线型无定形聚合物。如果利用聚合物的高弹性，那么使用温度不能低于其玻璃化温度（T_g），因为低于其玻璃化温度，聚合物会进入玻璃态，发硬、发脆而失去弹性。为了使聚合物处于高弹性状态，作为成膜物质的弹性乳液其T_g值要低于使用温度。高分子材料所特有的高弹性，来源于大分子的长链结构（内含大量的链段）和链上各自键的自由旋转性。当拉伸聚合物时，分子链通过C—C键的自由旋转，改变分子链的构象而表现出伸长，由于链节的热运动，链又恢复卷曲而表现为回弹，分子链越柔顺，弹性越好。通常在要求弹性高而又要达到高耐污染的场所，可以将T_g值低的乳液做成中涂，而面涂采用T_g值低的乳液和T_g高的乳液复合使用。或采用可以表面自交联的弹性乳液。

作为面涂的弹性涂料面层必须选择纯丙烯酸酯弹性乳液，因为该聚合物具有透过紫外线的功能，特别适合户外使用，耐候性、耐光性好，同时所选的乳液中应有一定的光敏交联体，使涂膜经太阳光照射后，能在表面形成自交联薄层以改善涂膜的抗回黏性、耐污性和抗积尘性。

弹性涂料的中层是防止涂膜被拉裂的主要涂层，该层使用的乳液应该是除具有良好的“即时复原”弹性外，还必须具有足够的厚度，这是因为涂膜抗基层龟裂宽度与涂膜厚度成正比，见表10-9。为此，要求该乳液黏度低，固含量高，以便能配制高固体成分的厚质涂料。

表 10-9　弹性涂料厚度与抗基层龟裂性能的关系

涂层干膜厚度/μm	100	200	500	1000
抵抗细微裂缝能力/mm	0.16	0.32	0.75	1.6

用作底涂的弹性涂料的涂膜要求具有很高的黏结强度，可以牢牢地附着在基材上，又能封闭基材碱性及毛细孔，与中涂又可以很好地相黏连，起到架桥过渡的作用。底涂的弹性乳液应该粒径分布窄，平均粒径小，以利乳液向基层渗透、扩散，或与一些带有极性基团附着较好的乳液合用。制成的底涂料黏度应较低些，涂膜要薄些，以增加其吸着力。

6. 杀虫内墙装饰乳胶漆

杀虫内墙装饰乳胶漆是一种新开发的新型生态墙漆。它具有以下 3 个特征。

(1) 它是一种符合环保要求的内墙装饰乳胶漆，以水作为溶剂，不含有任何挥发性的有害成分，施涂后装饰效果可与国外进口涂料相媲美。

(2) 可保证建筑物内至少 3 年杜绝各种害虫（如苍蝇、蚊子、蟑螂、白蚁、蜘蛛、臭虫和飞蛾等）的侵扰，进入室内的各种害虫在接触该漆后的 20min 左右全部死亡。

(3) 对人畜无害。该漆作为一种含有生物毒性药物的功能性建筑乳胶漆，其杀虫机理是接触杀虫，而不是气味熏杀，即该漆干燥涂膜表面能不断析出或者渗出无数肉眼见不到的高科技特效微粒，当害虫爬行其上，这些特殊微粒通过对害虫脂肪质足端的溶解，刺杀害虫的神经系统，使它瘫痪而无法生存。与杀虫药物飘浮于空气中杀虫的方法相比，其杀虫机理为人畜更为安全，对害虫更为有效。该种漆不仅可以用于民用住宅、办公室、饭店、学校、工厂、仓库，也可用于医院、医药卫生、食品加工等内墙的装饰装修工程。

思　考　题

1. 建筑涂料有哪几类？
2. 外墙涂料、内墙涂料各有什么特点？
3. 功能性涂料的种类和应用是什么？
4. 试述新型建筑涂料的发展方向。

第十一章 生态建筑材料的开发与应用

当前，我国建筑材料企业的主要目标是：以节能、节土、利废、环保为目标，开发和应用先进实用技术和高新技术，对水泥、玻璃、墙体材料、建筑卫生陶瓷、非金属矿深加工和玻璃纤维等主要产品生产工艺进行改造和升级。使建筑材料工业的生产能耗降低，使各种建筑材料的整体生产技术水平接近国际先进水平；建筑材料生产的主要污染物粉尘、SO_2 排放总量减少，工业废弃物综合利用量提高，年天然资源开采使用量量减少；重点开发“生态水泥”等生态建筑材料产品生产工艺及装备，改造提升现有生产能力。

推广应用信息技术改造提升传统产业的重点是水泥、浮法玻璃、建筑卫生陶瓷和墙体材料产品的热工窑炉自动监测与燃烧系统优化控制技术，包括热工、原料成分检测技术、专家控制系统软件包、信息技术、仿真技术等；原料配料技术、产品生产与销售全过程信息化控制管理系统。其中，以工业废弃物、城市生活垃圾和建筑垃圾为原料的生态建筑材料生产工艺技术与再生资源综合利用技术是重点开发技术。

本章重点介绍生态建筑材料的开发及其应用。

第一节 资源枯竭与新材料的开发

地球上的资源是有限的，许多资源是不可再生的。尽管人类已经把目光投向宇宙，试图在地球以外的空间寻找到新的资源与能源。但是短时间内这没有太大的希望。建筑材料生产和使用量大，消耗资源多，因此土木建筑工程是人类与自然界进行物质交换量最大的活动。例如全世界每年混凝土用量大约为 90 亿吨，为此要开采大量的矿山用于混凝土的生产。我国黏土砖产量每年大约为 5300 亿块，为此要挖掘 10 万～15 万亩耕地以获取黏土砖的原材料，其中还不包括砖窑、成品堆场等占用的土地。因此，人类必须开发节省资源的建筑材料，同时要提高材料的耐久性，延长使用寿命，并且要实现资源的可循环利用性。

一、混凝土的骨料资源

一百五十多年前，以硅酸盐水泥为胶结材料的混凝土刚刚问世，就以其原材料资源丰富、价格低廉为主要优点，很快受到世人的青睐，而成为近现代土木建筑工程的主要材料。但是近年来由于用量越来越大，大量开山、采石已经严重破坏了自然山体的景观和绿色植被，挖河床取砂改变了河床搁置及形状，造成水土流失或河流改道等严重后果，许多国家和地区已经没有可取的碎石和砂子，混凝土的骨料资源出现了严重危机。针对这一现状，人们开始寻求新的骨料资源，有些已经取得了一些效果。

1. 海砂利用的可能性

因为海砂的资源很丰富，用海砂取代山砂和河砂，用作混凝土的细骨料，是解决混凝土细骨料资源问题的有效途径。但是海砂中含有盐分、氯离子，容易使钢筋锈蚀，硫酸根离子对混凝土也有很强的侵蚀作用。此外，海砂颗粒较细，且粒度分布均一，很难形成级配；有些海砂往往混入较多的贝壳类轻物质。目前已开发出一些对海砂中盐分的处理方法，例如散水自然清洗法，$1m^3$ 海砂大约用 0.2t 的淡水进行清洗，清洗设备比较简单，但要消耗一定的淡水资源；如果采用机械清洗法，则 $1m^3$ 海砂大约需要 1.5t 以上的淡水，并且需要机械分级、离心机等机械和给水排水设备，相对于散水自然清洗法质量要好，但是成本较高，消耗的淡水资源量大；自然放置法是较为经济、节省资源的处理方法，自然堆放，使海砂含有的海水充分排干，但需要较大面积的场地和排水设备，根据季节至少需要两个月时间，难以满足施工速度的需求。对于海砂的级配问题，主要采取掺入粗粒碎砂的办法进行调整，使之满足级配要求。海砂中由于混入扁平状的贝壳类，细小的贝壳难以去除，影响了混凝土的强度，所以高强度混凝土不适宜采用海砂。

日本在海砂的利用方面已经达到了工业化生产水平，1995 年海砂年产量达到 5000 万吨以上，这与日本河砂资源严重缺乏、岛国的自然地理位置有很大关系。

2. 废弃混凝土再生骨料

废弃混凝土的再利用最早开始于欧洲，他们成立了混凝土解体与再利用委员会，开始研究废弃混凝土的消化与再生利用，并且将废弃混凝土再生骨料用于高速道路等实际工程。

废弃混凝土的再利用最初主要用于填埋基础、路基等，用作混凝土骨料的研究刚刚开始，还有许多问题没有得到圆满的解决。例如，建筑物解体时钢筋与混凝土的分离技术，破碎后的混凝土中原有的骨料和硬化砂浆块的分离技术。如果原混凝土的强度较高，则其中的骨料和水泥砂浆块可以同时破碎作为再生骨料，但是如果原混凝土的强度较低，则其中的硬化水泥浆体或砂浆很难形成微粉或微粒，难以利用。同时，再生骨料混凝土的性能研究结果表明，与普通混凝土相比，使用再生骨料的混凝土需水量增大，强度、弹性模量降低，收缩增大，抗冻性等性能也有所降低。再生骨料替代率控制在 30%以下，则混凝土的性能没有明显降低。如何提高再生骨料混凝土的性能，还有待于进一步研究。

由于利用废弃混凝土作再生骨料，需要一系列的加工和分离处理，在现阶段成本可能更高，在我国这种现象更加明显。这些都将妨碍废弃混凝土利用的过程，但是废弃混凝土的利用从保护环境、节省资源的角度来看有着重要的社会效益，需要国家从政策上给予支持。

3. 人造骨料

人造骨料一般以天然的膨胀页岩或工业废渣、城市垃圾、下水道污泥为原材料，对环境保护有积极的作用。用于人造骨料原材料的工业废渣有高炉水淬矿渣、电炉氧化矿渣、铜渣、粉煤灰、下水道污泥等为原材料，经高温煅烧而成。日本以水淬矿渣为原料制造的骨料，命名为矿渣碎石。通常熔融状态的矿渣经急剧冷却形成玻璃体结构，质地脆硬。在水淬矿渣中添加化学外加剂，再进行熔融，然后缓慢冷却使其形成结晶体，则得到坚硬的结晶体，可用作混凝土骨料。日本东京以下水道污泥为原材料生产的轻骨料，这种技术是先将下水道污泥进行脱水处理，再经高温焚烧处理，去掉其中的有机物质，得到污泥燃烧灰，以这种燃烧灰为主要原料，加入适当的胶结材料，制造粒状物，放入 1050℃左右的高温下将粒状物软化，表面呈半熔融状态。同时粒状物内部高温挥发成分变成气体挥发，使软化的粒状物膨胀发泡，然后将粒状物在空气中冷却得到轻质的骨料。采用这种下水道污泥为原料制作的轻质细骨料拌制砂浆，其强度可达到普通河砂砂浆的 90%～91%，可见其很有利用的前途。

除此之外，还有粉煤灰陶粒、黏土页岩陶粒等人造轻骨料。使用轻骨料可制造轻质砌块和墙板，在节省资源的同时，减轻结构物的自重，提高建筑物的保温隔热性能，减少建筑能耗。

二、木材与森林资源

木材是人类最喜欢的房屋建筑材料，但是近年来由于人类消耗木材资源过大，热带雨林急剧减少，森林资源严重不足，天然木材已经不能大量用于建筑物的门窗、内装修和家具。为了满足建筑用板材的需求，和人们对木材的情有独钟，从 20 世纪 60 年代开始，人们开始研究、开发各种材质的人造板材来取代天然木材。这些板材有的是以木质材料为基本素材，加入其他添加剂制造而成，有些完全没有木质材料的加入，但却能在某些方面具有天然木材的性质，在节省木材资源的同时又满足了人类的需求。

1. 木质复合板材

木质复合板材以木质材料为基本素材制造而成，所采用的木质素材通常是等外材、劣质材、小径材、枝丫材及木材加工的边角余料等，也可采用非木质纤维材料，例如棉秆、亚麻秆、蔗渣等，将这些原材料加工成小块、细屑、锯末、刨花、薄片或纤维等形状，掺入胶黏剂压制或拼接而成。主要有型压板、层压板、夹芯板3种基本形式。型压板是由一种基本材料，如纤维、刨花、锯末等松散材料用胶黏剂粘接成型的板材，如纤维板、木丝板、刨花板等；层压板是用相同或不同的薄板材料，分层用胶黏剂粘接压合而成，主要有胶合板等；夹芯板是以碎木块拼接作为芯材，两面用其材料作面层，如大芯板、各种细木工板等。

(1) 胶合板　属于层压板加工方法，将天然木材原木旋切成薄片，再用胶黏剂将3层以上奇数层数木材薄片按纤维互相垂直的方向，热压粘接而成。薄片最多可达15层。按所用薄片层数称为三合板、五合板等，建筑工程中常用三合板和五合板，用作建筑物室内隔墙板、护壁板、顶棚板、门面板以及各种家具等。制作胶合板的原木树种主要使用水曲柳、椴木、桦木、马尾松等。胶合板材质均匀、吸湿变形小、幅面大、不翘曲、板面花纹美丽、装饰性强。如果墙体或顶棚有吸声要求，还可根据图样加工成不同孔径、不同孔距、不同图案的穿孔胶合板。

胶合板大大提高了木材的利用率，且具有材质均匀、强度高、幅面大、使用方便等优点，板面具有美丽的木纹，装饰性好。

(2) 纤维板　将木材加工剩下的板皮、刨花、树枝等废料，经破碎浸泡、研磨成木浆，再加入一定量的胶结料，经热压成型、干燥处理而成的人造板材，按容重不同分为硬质纤维板、半硬质纤维板和软质纤维板3种。硬质纤维板吸声、防水性能良好，坚固耐用，施工方便，有着色硬质板、单板贴面板、打孔板、印花板、模压板等品种。软质纤维板经表面处理，可作顶棚天花的罩面板。生产纤维板可使木材的使用率达到90%以上。纤维板的特点是材质均匀，各向强度一致，抗弯强度高，可达到55MPa，耐磨，绝热性好，不易胀缩和翘曲，不腐朽，无木节、虫眼等缺陷。在建筑工程中可代替木板，主要用作建筑装修材料和建筑构件，例如室内隔墙或墙壁的装饰板、天花板、门板、窗框、阳台栏杆、楼梯扶手和建筑模板等；还用于制作家具，各种台面板、桌椅、茶几、课桌及组合家具的箱、柜等。由于抗污染性、耐水性强，更适合于作厨房的炊用家具。模压时利用模板花纹可直接在板面上形成各种花纹，不需要进行再加工，表面喷涂各种涂料，装饰效果更佳。如果在板表面施以仿木纹油漆处理，可达到以假乱真的效果。

(3) 木丝板、木屑板、刨花板　属于型压板的一种，将天然木材加工剩下的木丝板、木屑板、刨花板等，经干燥、加胶黏剂拌和后压制而成，分为低密度板、中密度板、高密度板。具有抗弯、抗冲击强度高，表面细密均匀，防水性能好等优点，可用作室内隔板、天花板等，中密度以上板材可用作橱柜基材，防水性好，不易变形，表面贴防火板具有防火性能。

(4) 大芯板、细木工板　属于夹芯板类型，其芯材采用价格低廉的软杂木，例如杨木、杉木、松木等木块，或者木材加工的剩余料拼接铺成板状，两面用胶合板夹住所形成的。细木工板主要用于家具制作，其芯材比大芯板密实、材质较好；大芯板主要用于家居装修和家具制作，例如作为护壁板、门板、柜橱、顶棚等部位的基层，表面再粘贴木质优良的榉木、曲柳贴面。

(5) 印刷木纹板　印刷木纹板又称装饰人造板，它是在胶合板、纤维板、刨花板等人造板面上用凹版花纹胶辊印上花纹图案而成。其优点是不需要再做任何饰面。

(6) 微薄木贴面板　用水曲柳、榉木、桦木等花纹美丽的原木旋切成 0.1～0.5mm 厚的薄片，以胶合板为基材胶合而成，装饰性好。用于室内装修或家具制作时粘贴于大芯板、细木工板等基体板材表面，以增加装饰效果。

由于木质复合板材的基本材料是木材，所以其性能与天然木材的整体板材性能比较接近，同时能加工成较大型的尺寸，可弥补天然板材各向异性的缺点。木质复合板材最高效率地利用了天然木材中不能成为整体木材制品的部分，在房屋建筑、家居装修和家具制作等方面代替天然木材，发挥了巨大的作用。

2. 非木质板材

除了上述以木质材料为基本素材的木质板材之外，人们还开发了许多木质材料以外的素材为基材的板材，例如硅酸盐类、石膏类、塑料类、金属类等各种素材的板材及制品，代替天然木材大量用于建筑物的内外装修和构件。

(1) 轻质加气混凝土板　以含硅材料（砂、粉煤灰、尾矿粉等）和钙质材料（水泥、石灰等）加水并加入适量的发气剂和其他外加剂，经混合搅拌、浇注发泡、坯体静停、蒸压或蒸汽养护制成，可根据需要切割成砌块或板材。加气混凝土板内部多孔，重量轻，表观密度在 $400\sim1000kg/m^3$ 的范围内，耐火性能、保温性能和声学性能好，可以和木材一样进行切割、锯、刨、钉等加工，利用模板可在表面形成各种花纹，具有极佳的艺术效果。

加气混凝土板由于其重量轻、保温性、隔声性能好，生产能耗低，广泛应用于建筑物内外墙板、屋面板以及保温、结构兼保温墙体材料，尤其适合于高层建筑。还可代替木材作为无需拆除的混凝土浇注模板。

(2) 石膏板　以建筑石膏（$CaSO_4 \cdot 1/2H_2O$）为主要原材料，加入纤维、胶黏剂、改性剂，经混炼压制、干燥而成。具有防火、隔声、隔热、轻质、高强、收缩率小等特点，且稳定性好、不老化、防虫蛀，可用钉、锯、刨、粘等方法进行加工。广泛用于房屋建筑的吊顶、隔墙、内墙、贴面板等室内装修材料。

石膏板分为普通纸面石膏板、纤维石膏板、石膏装饰板 3 种。其中，纸面石膏板是在石膏料浆的底面铺上底层纸面，浇注石膏料浆，然后在顶面覆盖上层面纸压制而成，石膏料浆凝固成芯材，并将护面纸牢固地结合在一起。

生产建筑的原材料是两水石膏，其天然储存量较大，同时还有许多化工生产的副产品是两水石膏，可作为建筑石膏生产的原材料。例如氟石膏是合成洗衣粉厂、磷肥厂等制造磷酸时磷酸盐矿与硫酸反应的副产品。磷石膏是氟化物与磷酸反应制造 HF 时的副产品。盐石膏是我国沿海盐场制盐时的副产品，由海水制造 NaCl 时钙化合物与硫酸盐反应而成。还有乳石膏、黄石膏等均为化工生产的副产品，利用这些工业副产品不仅可以节省天然资源，还具有环保效益。而石膏板材又具有许多适合于建筑装饰、装修、保温隔热、吸声隔声等优点，因此在全世界范围内得到了广泛的应用。美国有 70%以上的民用住宅内墙隔墙采用石膏板，石膏板的年产量大约为 20 亿平方米，日本普通民用住宅传统上采用木结构，内墙板和顶棚板也曾经以天然木材为主，但是从 20 世纪 60 年代开始，为了节省木材资源，房屋结构基本采用混凝土或轻钢结构，而内墙板、隔墙板、顶棚等大量使用石膏板。为了满足居住者喜欢天然木材的心理，纸面石膏板的面纸采用木纹纸，给人以木材的视觉效果，可以达到以假乱真的效果。同时，石膏板在防火、防虫蛀等方面具有天然木材不能比拟的优点。目前日本纸面石膏板的年产量已经超过 5 亿平方米。我国纸面石膏板的产量还很小，大约 1000 多万平方米，仅为美国产量的 1/200，日本的 1/50，德国的 1/7，还需要大力发展。

(3) 塑料板材与门窗制品　高分子建筑塑料是 20 世纪后半期发展起来的一种新型建筑

材料，其中可以代替木材的主要产品有板材和门窗制品。例如，聚氯乙烯塑料装饰板，表面光滑，色彩鲜艳，具有防水、耐蚀等优点，可用于卫生间吊顶。还有采用聚乙烯树脂加入无机填料制成钙塑装饰板，又称钙塑泡沫装饰吸声板。其分为一般板和难燃板两种。表面有各种凹凸图案和穿孔图案，具有重量轻、保湿、吸声、隔热、耐虫、耐水、变形小等特点，外表美观，施工方便，但耐久性及耐老化性稍差。聚乙烯泡沫装饰吸声板具有隔热、隔声、防火、轻质等优点。塑料板材可用于室内地板材料、顶棚材料及隔墙板等部位，具有良好的装饰性能。

塑料窗制品也是近年来发展起来的可取代木窗的新型材料，具有保温隔热性能好、防腐蚀、不变形和良好的装饰效果。目前，塑料门窗在欧美国家已经占到40%以上的比例，是取代木窗的最佳材料。

(4) 无机纤维板　无机纤维板主要以水泥为胶凝材料，加入有机或无机的纤维材料进行增强，复合而成的重量较轻、保温、吸声隔声性能较好的板材。主要有水泥纤维板、矿棉装饰吸声板、玻璃棉装饰吸声板、水泥石棉吸声板等产品。

水泥纤维板是以水泥为胶凝材料，加入木质或非木质的植物纤维材料为增强填充材料，再加入适量的矿化剂，采用半干法生产工艺制成的一种复合材料，属于轻质混凝土、木质水泥制品类产品。按照其中的木质纤维的形状不同可分为水泥木丝板、水泥纤维板、水泥木屑板和水泥刨花板等。其密度在900～1300kg/m^{3}的范围内，相对于纯水泥制品而言，水泥纤维板具有轻质、隔热、隔声、防火、防水等优点。可用于房屋建筑不承重的内外隔墙、卫生间隔墙、地板、防火门、建筑模板等，价格低廉，是替代木板的经济型材料。还有以矿棉为基体材料的矿棉吸声板，其表观密度只有250～450kg/m^3，可代替天然木材作吊顶材料，具有良好的吸声效果。

最近日本研制成功了一种新型墙无机纤维类人造板材，以含水钙硅酸盐为主要原料，混合高分子有机化合物与玻璃纤维后，在250kPa下，利用特殊过滤器将水分榨出而成型的复合材料。这种人造板可耐1000℃高温，且吸水、吸湿后形状、尺寸及质量不变，不裂、不会被虫蛀，隔热性强，可利用木工机械进行裁切、刨削和钻孔等加工，可钉入钉子及拧进螺钉。其表观密度只有普通木材的一半，目前这种板材取代传统的木板，大量用作房屋建筑的外墙板。

(5) 蜂窝夹芯板　蜂窝夹芯板由两层薄而强的面板材料中间夹一层极轻的蜂窝芯组成。面板夹层是结构的主要受力部分，要求薄并且具有较高的强度，可采用玻璃布、胶合板、纤维板或铝板等材料，厚度一般为0.1～0.2mm。蜂窝芯材料有纸、玻璃布、棉布和铝合金等。按照平面投影形状不同而呈正六角形、菱形、矩形、正弦曲线形或有加强带的六角形等形状。蜂窝格子的边长为8～14mm，高度为10～30mm，在夹层结构中起连接和支撑面板的作用。蜂窝芯以及芯和面板之间的复合采用聚醋酸乙烯酯、聚乙烯醇缩甲醛、酚醛树脂、脲醛树脂和不饱和聚酯等作胶黏剂。

蜂窝夹芯板重量轻，比强度高，具有良好的保温隔热性能和隔声性能，热导率小于0.1W/(m·K)，抗压强度大于1.3MPa，抗弯强度大于1.0MPa。同时利用面层材料的性质，具有防潮、阻燃等优点，是一种理想的新型墙体材料，也可作为吊顶材料。

三、黏土砖与土地资源

黏土砖是几千年来欧洲和我国传统的墙体材料。黏土砖性能稳定，耐久性好，兼承重、装饰和保温于一体，并且已经形成了成熟的结构体系和施工方法。但是由于地球表面耕地面积日益减少，黏土砖的生产和使用开始受到限制。欧洲各国近年来已经逐步用空心砖取代了实心砖达90%以上，从1997年开始我国部分地区已经明确规定不允许再使用实心黏土砖。

因此，开发可取代黏土砖的新型墙体材料势在必行。目前已有的研究成果和正在开发的新型墙体材料主要有以下几种。

1. 新型块体材料

（1）黏土空心砖　黏土空心砖的原材料仍然采用黏土，但是做成中空形状，能减少黏土使用量，节省烧成所用燃料，同时减轻墙体自重，改善墙体保温性和隔音性能。空心黏土砖分为竖孔空心砖和水平孔空心砖两种。竖孔空心砖空洞率在15%以上，通常用来砌筑承重墙。水平孔空心砖的空洞率一般在30%以上，自重轻，强度较低，通常用于非承重墙。

与实心黏土砖相比，空心黏土砖可节省黏土20%～30%，节约燃料10%～20%，用空心黏土砖砌筑的墙体，比实心黏土砖墙体自重减轻1/3左右，工效提高40%，造价降低近20%，并且能改善墙体的热工性能。因此，发达国家非常重视空心黏土砖的发展，欧美等国家空心黏土砖已经占砖总产量的70%～80%。黏土空心砖是节省土地资源、保护耕地的重要途径。

（2）其他黏土质砖　除空心黏土砖之外，人们还开发了以其他黏土质材料取代部分黏土的烧结砖。例如，以火力发电厂排出的粉煤灰为主要原料，掺入适量黏土烧制的粉煤灰砖，以煤矸石为原料，根据其含碳量和可塑性进行适当配料烧制的煤矸石砖，不仅可以取代大部分黏土，焙烧时基本不需要用煤，或节省能耗。以粉煤灰、煤矸石等工业废料为原料生产砖，既节省了土地资源，同时又减少了工业废渣的污染和堆放，还可节省大量燃料煤，一举三得。此外，还有以页岩为主要原料烧制而成的页岩砖。

（3）硅酸盐类砌块　黏土砖或其他黏土质砖均需要在1000℃以上的高温下焙烧，使坯体内部部分熔融，将未熔融的固体颗粒胶结在一起而产生强度，所以称为烧结砖。烧结砖不仅要以黏土或黏土质材料为原料，而且烧成过程中需要耗费大量能量。而硅酸盐类砌块以石灰、硅质材料和水拌和，成型后经高温蒸养或蒸压养护，在湿热条件下使石灰与硅质材料产生水化反应，生成具有胶凝能力的硅酸盐类物质，从而产生强度。所以蒸养砖或蒸压砖可以完全不用黏土，不需要高温焙烧，而且多数采用粉煤灰、炉渣等工业废料，是节省资源、有利于环保的砌体材料。近年来研制的蒸养砖或蒸压砖品种主要有灰砂砖、粉煤灰砖和炉渣砖等。可代替黏土砖用于一般建筑物的墙体或基础，但是其收缩性较大，容易开裂，应进一步研究更适用于这类砖的墙体结构和砌筑方法。

加气混凝土也属于硅酸盐类材料，将轻质加气混凝土切割成块体材料，可用作非承重墙体，不仅节省了黏土资源，同时墙体的保温隔热性能将得到很大提高。

（4）垃圾砖　为节约黏土资源，同时减少垃圾污染，瑞士研制成功了一种以垃圾为原材料的墙体材料——垃圾砖。这种垃圾砖的原材料是将城市固体垃圾捣碎，加水与石灰、水泥等胶凝材料搅拌后，干燥并硬化后形成颗粒状，再以此为骨料制成隔热、隔声、防潮的砖块。用这种方法处理垃圾比直接焚烧的成本还要低，又可减少垃圾焚烧造成的环境污染，同时又节省了制砖的黏土资源，可谓一举多得。

（5）泡沫砖　美国开发了一种泡沫砖，其重量为普通黏土砖的40%，隔热性能是普通水泥混凝土的3倍。这种泡沫砖采用可膨胀的聚苯乙烯为原料，将聚苯乙烯按比例加入膨胀剂中，通入蒸汽，并充分搅拌，使聚苯乙烯颗粒内部的烷气体迅速膨胀、放出，形成一种聚苯乙烯泡沫珠，这种泡沫珠的密度仅为原来的1/10左右。以这种轻质的聚苯乙烯泡沫珠为主要材料，加入适量的水泥、矿粉、细骨料和少量的水，并加入化学胶黏剂，将聚苯乙烯泡沫珠粘结成团，然后在模具中成型为块体材料，放入砖窑中干燥24h即成为块状的泡沫砖。泡沫砖的砌筑方法与普通黏土砖相同，砌筑好后需要在墙体的两面涂上一层丙烯酸水泥砂浆，这种墙体的抗压强度优于普通黏土砖墙，而且与丙烯酸水泥砂浆形成密实的防渗层，抗裂性能极强。

2. 新型墙体结构的开发

传统的墙体以砌筑结构为主，以黏土砖、各种砌块为基本单元材料，并且砌筑时需要用砂浆等胶结材料将块体材料粘结，形成砌筑整体。这种墙体结构自重大，消耗大量自然资源、能源，施工速度慢，而且墙体内部没有设置保温层，保温隔热性能较差，所以砌筑的墙体无论从哪个角度都不具备可持续发展性，必须开发新的墙体结构。目前，在欧美和日本等发达国家，建筑物的主体骨架大多采取框架结构，墙体采用由外墙板、保温层和内墙板复合而成的板材，从根本上取代黏土砖墙体。

第二节　环境恶化与新材料

引起环境恶化的因素是多面的，但是现代社会人类大规模地从事各种基础设施的建设活动，以及在建筑活动中所使用的材料，其生产、运输、施工、解体等过程中对环境产生的负面影响也是造成环境恶化的一个重要方面。例如建设施工过程中产生噪声和振动，严重影响人们的生活，已经成为城市的主要公害之一；生产水泥要排放出大量的粉尘、二氧化碳等有害物质，是造成空气污染、引起地球温室效应的重要原因之一；房屋建筑的门窗、内外装修、浇注混凝土所用的模板等消耗了大量木材资源，致使热带雨林减少；建筑物解体产生大量的固体垃圾，占用大片土地，并污染水质和土壤等。

另一方面，环境的恶化，对建筑材料的性能和建筑物的寿命也造成了不良的影响。例如酸雨使石造建筑物表面严重破损和污染，空气中二氧化碳气体浓度的增加导致混凝土的中性化速度加快，钢筋混凝土构件的破坏等。因此，在改善环境、减少污染的同时，还必须开发在恶劣环境下具有良好耐久性的新型建筑材料，以保证建筑物的使用功能和使用寿命。

目前，环境恶化对建筑物所带来的不良影响主要包括以下几个方面。

一、环境恶化对建筑物对其材料的影响

1. 大气中 CO_2 浓度增大

自然状态下大气中 CO_2 的含量为 0.03%，进入 20 世纪后半期，由于工业生产的活跃，化石类燃料的大量燃烧，以及汽车尾气排放量的增大，使大气中 CO_2 的含量呈逐年上升的趋势。

大气中 CO_2 含量的增大，以及由此而引起的地球表面温度的上升，即所谓的温室效应的共同作用，将加速混凝土材料的中性化速度。其结果引起钢筋混凝土中钢筋腐蚀生锈、混凝土保护层开裂，最后导致钢筋混凝土整体结构的破坏。

混凝土材料依靠其中的水泥与水所产生的水化反应，生成具有一定强度和黏结力的凝胶体而产生强度，完全硬化的水泥凝胶体内部含有 25%～30%的 $Ca(OH)_2$ 晶体，因此正常情况下混凝土呈强碱性，pH 值在 12～13 之间。这种碱性环境对其中的钢筋起到保护作用，即在钢筋周围形成一层钝化膜，使钢筋不易生锈，钢筋混凝土正是利用了混凝土对钢筋的保护作用，以及两者之间的黏结力而制成的复合材料。然而，混凝土是一种非均质、多孔的材料，环境中的空气和水分将通过这些孔隙逐步向混凝土内部渗透或扩散。空气中的 CO_2、水分与水泥凝胶体中的 $Ca(OH)_2$ 将发生如下反应

$$Ca(OH)_2+CO_2 \xrightarrow{H_2O} CaCO_3+H_2O$$

该反应将混凝土中的碱性物质变成碳酸盐，称为混凝土的碳化反应。碳化反应使混凝土的碱性降低，pH 值由原来的 12～13 下降为 8.5～10，所以碳化反应的结果使混凝土中性

化。造成混凝土中性化的原因还有酸雨、酸性土壤的作用等，但碳化是混凝土中性化的一个主要原因。

混凝土的中性化对钢筋混凝土构件所带来的最大不利影响是使钢筋保护层遭受破坏而容易生锈，从而导致钢筋混凝土结构的破坏。钢筋在混凝土中的锈蚀是氧和水存在条件下的一种特定的电化学腐蚀。混凝土在正常条件下，孔隙水为水泥水化时析出的 $Ca(OH)_2$ 和少数钾、钠氢氧化物所饱和，呈强碱性（pH 值约为 12.5），钢筋在这种介质中，表面会形成钝化保护膜，使钢筋表面阳极区显著钝化，这时不论氧气向钢筋表面的扩散速度如何，都可有效地抑制钢筋锈蚀，但当混凝土中钢筋表面的钝化膜被破坏后，钢筋就会被腐蚀生锈，变为黑锈 Fe_3O_4（缺氧时）或红锈 Fe_2O_3（富氧时），其体积比原来的钢材相比增大到 2～4 倍，当锈蚀产物在混凝土孔隙中沉积到一定程度时就会造成过大的内应力，致使混凝土保护层顺钢筋走向开裂。而一旦混凝土开裂后，空气沿裂缝渗入更快，氧气和水分也就容易向钢筋表面扩散，于是严重影响结构受力，使建筑物的安全受到威胁。

国内外的一些调查表明，钢筋混凝土虽然是一种耐久性较好的材料，但由于其内部钢筋可能产生锈蚀，故与纯混凝土比较，其使用寿命要低得多。密实度和强度足够高的混凝土，经 20～30 年后，碳化深度一般不超过 10mm，钢筋没有锈蚀迹象。密实度和强度低的混凝土，经 5～6 年时间，混凝土碳化深度就可能达到 30mm，20～30 年后碳化深度可达 50～70mm。而对于同一密实度混凝土而言，碳化反应速度就取决于环境中 CO_2 的浓度：CO_2 的浓度越高，碳化速度越快，对钢筋混凝土结构的耐久性越不利。

为了保证钢筋处于混凝土的保护之中，在钢筋混凝土构件中钢筋表面有一层保护层，其厚度一般为 3～5cm。一旦碳化深度穿透保护层，到达钢筋表面，则钢筋很快被腐蚀破坏，随着大气中 CO_2 浓度日趋增大，碳化对于钢筋混凝土的耐久性的威胁也就越来越严重。为了提高混凝土的抗碳化性能，人们采取各种对策，例如提高混凝土本身的密实度，使得空气向混凝土中的扩散速度减慢，近年来开发的密实度较高的高性能混凝土，在相同条件下其碳化速度得到了有效抑制。其次，在混凝土表面涂刷高分子涂料，形成密实的膜层，以阻挡空气与混凝土的直接接触，或者在钢筋表面涂刷环氧树脂类的高耐久性涂料，直接起到保护钢筋的作用。还有采用高耐蚀性的新型长纤维材料代替钢筋，例如碳纤维增强塑料等。

另一方面，从新材料开发的角度来看，要减少材料生产过程中向大气排放 CO_2 的量。例如混凝土中的胶凝材料水泥大约占混凝土重量的 1/5，水泥原材料中的石灰石（$CaCO_3$）是大约 35 亿年前的远古时期，将大气中的 CO_2 作为岩石固定的一种矿物质，在制造水泥时石灰石分解生成石灰（CaO），同时排出具有温室效应的 CO_2 气体。每生产 1t 水泥熟料，从理论上计算要排放出大约 800kg CO_2。同时水泥的烧成反应所需能量是通过燃烧煤炭获得的，由此还将产生 CO_2 和 SO_x 等有害气体。目前全世界每年 CO_2 的排放量大约为 100 亿吨，其中由于生产水泥而产生的 CO_2 气体约占 1/10，是产生温室效应气体的“大户”。因此，减少硅酸盐熟料的产量、降低水泥生产过程中煤炭的消耗量、开发新品种的胶凝材料等也是环境对策之一。

2. 酸雨对建筑物的影响

从 20 世纪 70 年代开始，欧洲等地开始出现 pH<4 的酸性雨，进入 20 世纪 80 年代以后，我国东南沿海和日本等也相继出现大面积的酸雨区。

酸雨对植物的生长极为不利，它能使土壤中植物生长所必需的营养成分之一的钾溶出，同时还使铝等金属物质溶出，对生物产生危害。因此，酸雨会使森林、农作物受到伤害。

酸雨也会对建筑物产生不利的影响，尤其使大理石类的石造建筑物和雕刻品受到严重腐蚀。大理石的主要成分是碳酸钙，酸雨中含有大量的硫酸根，两者发生化学反应生成石膏类物质，表层粉化并产生污染。北欧地区有大量的石材建筑物，在酸雨的侵蚀下，保存了几百年甚至上千年的石材建筑物很快失去了原有的光彩。现代大城市中由于汽车尾气排放量大，空气中 SO_2 的含量较大，因此，外装修材料也不宜采用大理石材料，酸雨中的 SO_4^{2-} 对混凝土中的石灰石类骨料和水泥凝胶体均会产生严重的腐蚀作用。此外，酸雨对用于建筑物外墙、屋顶等部位的金属板材也会产生腐蚀作用。在酸雨严重地区，必须考虑这些因素，合理选用建筑物的材料。

3. 臭氧层的破坏与有害紫外线的增强

由于现代社会制冷设备、机械的大量使用，汽车数量的增加，向大气中排放的氟利昂有害的物质量逐年增加，使地球上空的臭氧层遭受严重破坏。臭氧层位于地球表面上空大约50km处，厚度只有3mm左右，但它是保护地球不受太阳光线中对生物有害的、波长在300nm以下的紫外线照射的一道天然屏障。然而20世纪70年代对南极上空臭氧层观测的结果表明，臭氧层的浓度已经急剧减少，甚至已出现了臭氧层空洞。进入20世纪80年代，几乎每年春天都能在南极的上空观察到臭氧层空洞。随着地球上空臭氧层浓度降低，地球上受到太阳光中紫外线照射的量增大，对于建筑物带来的破坏作用主要体现在有机建筑材料的老化速度加快。现代社会有机建筑材料的用量逐年增大，各种人造大理石、塑料、有机玻璃、有机涂料、密封材料等功能性材料在建筑物中发挥着重要的作用，但是有机材料的最大弱点就是在大气因素作用下容易老化，而紫外线作用的增强，无疑更加速了这些材料的老化速度。

4. 工业生产对周围环境的污染

现代社会人们不断追求较高的生产效率和舒适的生活享受，因此，大量生产、大量消费、产品的淘汰周期缩短成为当今人类的生活特征，其结果促进了经济的发展，提高了生活的舒适度，但也产生了大量的废弃物、固体垃圾。同时，开采煤炭、冶炼钢铁、火力发电等工业生产也产生大量的尾矿和废渣，建筑物的解体产生大量的废弃混凝土等固体垃圾。据统计，目前我国每年产生1.8亿吨固体垃圾。另外，火力发电厂排放的粉煤灰、锰铁合金厂排放的锰渣等长年堆积使周围的建筑物外观很快失去原有的面貌，同时产生的大量废渣堆积成山，占用大片土地，对环境造成严重污染。如果能利用这些固体垃圾作为建筑材料的原材料，一方面能够减少固体垃圾对环境的污染，同时为建筑材料的生产提供原材料资源。因此，在冶金、采矿等工业生产基地的附近，应配套建设建筑材料生产厂，利用工业废渣作为主要原材料，形成资源有效利用的“链生产系统”。

目前，已经比较成熟的将工业废渣用于建筑材料的技术有以下几个方面。

（1）粒化高炉矿渣　炼铁高炉的熔融物经水淬急剧冷却处理形成的玻璃体，粒径为0.5～5mm，又称为水淬高炉矿渣。粒化高炉矿渣中玻璃体的含量大于80%，储有大量的化学潜能。其主要化学成分为活性 SiO_2、Al_2O_3 和 CaO。

水淬矿渣可以作为水泥的混合材料，与水泥熟料一起粉磨制作矿渣硅酸盐水泥，矿渣的掺量最多可达70%，可以消耗大量的矿渣，同时对水泥的水化热、耐腐蚀性等性能具有改善作用。但由于水淬矿渣坚硬耐磨，与水泥熟料一起粉磨，细度不可能达到很细，因而影响其活性的发挥，所以矿渣水泥的早期强度一般比较低；最近几年开发的高性能混凝土技术，将矿渣单独磨细，细度达到 $400m^2/kg$ 以上，作为矿物细掺料直接用于混凝土中，能很好地发挥其活性，同时对混凝土的微观结构具有微填充作用，收到了良好的效果。现在高炉矿渣对于建筑材料行业来说，已不再是废料，而是宝贵的矿物掺合料的原材料资源。细度达到 $600m^2/kg$ 以上的磨细矿渣，已经不再是掺合料的概念，作为高性能混凝土中的主要组分，或者作为第二胶凝材料已经是不可缺少的组分，其价格已经超过了普通的硅酸盐水泥。

（2）粉煤灰　粉煤灰是火力发电厂燃煤排放出来的燃煤废料。燃烧前将煤破碎成煤粉，在高温燃烧过程中形成玻璃微珠，其主要化学成分是活性 SiO_2、Al_2O_3 和少量的 CaO。粉煤灰颗粒呈球形，大部分粒径为 45μm 以下，比水泥颗粒还细。因此，将其掺入水泥或混凝土中可以发挥活性效应、形态效应和微粒填充作用。改善混凝土的工作性，使混凝土的微观结构更加密实。

粉煤灰作为矿物掺合料在水泥与混凝土中的应用已有几十年的历史，其使用方法和配比计算已有比较成熟的经验。目前我国的粉煤灰绝大部分已得到有效利用。

（3）城市垃圾及废弃混凝土　城市垃圾主要有下水道污泥、塑料、玻璃以及金属易拉罐等。发达国家早已实现垃圾分类回收，对于废弃的塑料、玻璃、易拉罐、废纸等可以分门别类进行再生利用。例如，在美国，美元货币纸币就是用废弃的纸张、棉织品等再生制造的。用于建筑材料的主要研究成果有利用下水道污泥作为生产水泥的原材料或烧制混凝土的骨料，这些研究成果已经在日本达到了实用化生产的程度。

第三节　利用固体废弃物生产新型建筑材料

一、采用传统工艺利用固体废弃物研制生态建筑材料

利用废渣（如粉煤灰、煤矸石、矿渣、炉渣、页岩等）废弃物为基料，研制的空心砖、实心砖、砌块等产品取代黏土砖，已在工程中大量应用，可节省能耗 20%，强度已达 75～100 号，其成本稍高于黏土砖，但自重比黏土砖减少 20%～30%，利用 60%的城市垃圾焚烧灰渣、下水道污泥、制铝工业废渣赤泥等为原料，使用 40%的石灰石、黏土、铁粉等进行成分调整，经过一定的生产工艺可制成无公害与环境协调性生态水泥。根据日本某公司的研究及 50t/d 试验生产线的有关情况表明，经 1000～1300℃ 回转窑内煅烧的生态水泥熟料化学成分和矿物组成与普通水泥熟料比较如表 11-1 所示。

表 11-1　生态水泥熟料化学成分和矿物组成与普通水泥熟料的比较

种类	熟料矿物组成/%									熟料化学成分/%				
	SiO_2	Al_2O_3	Fe_2O_3	CaO	MgO	SO_2	R_2O	Cl	合计	$3CaO \cdot 2CaO \cdot 3CaO \cdot 11CaO \cdot 7Al_2O_3 \cdot 4CaO \cdot Al_2O_3 \cdot SiO_2$	SiO_2	Al_2O_3	CaCl	Fe_2O_3
生态水泥	15.2	10.2	1.9	60.3	1.4	8.8	0.7	0.5	99.0	68.1	4.5	—	26.1	3.3
普通水泥	22.2	5.1	3.2	65.1	1.4	1.6	0.7	—	99.3	52.7	23.5	8.2	—	9.7

从表 11-1 可见，两种水泥熟料的 SiO_2、Al_2O_3、SO_3 和 Cl 的含量差别较大，在生态水泥熟料中 $C_{11}A_7CaCl$(氯钙铝酸盐）代替了 $3CaO \cdot Al_2O_3$，并且含量较高。因而，该生态水泥的凝结时间较短，7d 水化热比普通水泥高但比早强水泥低；在未添加缓凝剂时，早期强度较高，但 28d 强度比普通水泥相比约低 7%；该生态水泥混凝土 28d 强度较高，干缩率小。由于该生态水泥氯离子含量较高，对钢筋等增强材料造成侵蚀，故应用于预应力钢筋混凝土、PC 钢丝或纤维增强混凝土以外的领域，如建筑灰浆等，并有望作为土壤固化材料。

华南理工大学材料学院与 L 水泥厂合作，成功地利用冶炼锌铅湿废渣代替 20%的黏土及 50%的铁粉原料，生产出优质普通硅酸盐水泥。还与广州市某环境卫生研究所、某轻质陶粒制品厂合作，成功地利用污水处理厂生物污泥代替 20%的黏土，生产出优质超轻质陶粒。S 水泥厂与宝钢合作成功地应用宝钢炼钢洗石湿废渣代替 30%石灰石原料，生产出符合国家标准的普通水泥。上海某大学研制了用磨细钢渣代替 50%熟料生产 525 水泥。可见生产生态水泥是保护环境并使废弃物再资源化的有效途径。还可以采用刨花板（或中密度）生

产技术生产保温板系列产品和复合夹芯板材产品，以代替木材。如某研究所开发生产的HB彩乐板即属这一类。利用稻草或农作物的秸秆为填料，加水泥蒸压，生产水泥草板。

二、采用新工艺利用固体废弃物开发生态建筑材料

近年来，相关技术人员利用城市污水处理厂生物污泥，在现有引进丹麦某公司的技术和设备的陶粒生产线上，进行了各种配方试烧试验，结果表明利用生物污泥烧制陶粒是可行的，在该陶粒生产线上通过了工业生产试验，生产出来的陶粒符合国家标准要求。当前，各城市大部分的生物污泥都是运往郊区填埋，对生态环境造成严重的二次污染。各城市每天都产生大量的生物污泥，例如广州市每年城市污水处理率约达60%，每日产生含水率为75%～80%的生物污泥900～1000t。因此，如何完全处理各城市污水处理厂产生的生物污泥是市政建设中迫切需要解决的重大热点问题之一。

各类轻质陶粒制品厂利用现有陶粒生产线处理生物污泥，其意义不仅表现在经济方面，更重要的是表现在社会和生态环境方面，这为解决城市污水处理厂生物污泥的处置难题开辟出一条减量化、无害化和再资源化利用的有效途径。如某厂年产轻质陶粒$1.8\times10^5m^3$和轻质陶粒砌块$1.2\times10^5m^3$，是我国超轻质陶粒及其制品生产技术先进、规模较大的企业之一。

可以采用化学石膏（如磷石膏、脱硫石膏、氟石膏）代替天然石膏，研制石膏板和砌块，而减少天然石膏矿藏的大量开采。美国等发达国家已利用化学石膏生产出系列石膏制品，我国上海已建成年产$3.0\times10^7m^3$的脱硫石膏板生产线。采用烟气脱硫石膏生产技术，是解决我国若干地区酸雨问题的重要措施之一。

我国政府的科技决策部门也充分认识到开展生态材料研究的必要性与紧迫性，如“863”计划中关于新材料研究项目指南中专门列入新型能源及生态材料这一专题。在21世纪初中国高技术研究发展计划新材料及其制备领域中，也将生态材料列为主题项目之一。目前在以下领域我国材料科学工作者取得了相当多的成果：材料的环境负荷评价方法及其实践、生物降解塑料、固沙植被塑料、新型能源材料、汽车废气的排放控制与处理技术、工业废水处理技术、工业废弃物的再生利用、氟里昂替代材料、生态建筑材料、新型分子筛材料等。在未来，材料学家和环境科学家所面临的任务将更加繁重。

需要注意的是，生态建筑材料的概念或定义是一种定性的概念，判定生态建筑材料的标准是随着科学技术的进步而变化的。在生态建筑材料的定义中规定，生态建筑材料的环境负荷相对较低，它是一个相对观点，是判定生态建筑材料的标准时动态变化的根源所在。某一种建筑材料是否属于生态建筑材料，判定的主要依据是该建筑材料环境负荷值的大小。当设定一个环境负荷值时，如果某建筑材料的环境负荷值小于该设定值，则该建筑材料就可以称为生态建筑材料。这个设定值就是判定标准。而该标准主要参照国家或国际的生产技术水平，即制定的环境污染标准和等级。由于随着科学技术的进步和人类环境意识的增强，环境污染标准和等级将不断被修改和提高，故制定的标准越来越严，越来越高，因而判定生态建筑材料的标准是动态和变化的。生态建筑材料的研究从某种意义上来说将是在材料的环境负荷、目前经济与材料的性能之间寻找合理的平衡点。有些材料虽然目前还不能称得上是生态建筑材料，但国家急需、或是代表着未来生态建筑材料发展方向的材料，如纳米材料、某些复合材料等有着独特的意义，此时就不能过高地强调其环境协调性。

第四节　采用高新技术开发研制新材料

净化功能建筑材料包括净化大气功能的净化材料，净化室内功能的除臭材料和净化细菌环境的抗菌材料。抑制细菌增强和发育的性能称为抗菌，杀死细菌或接近无菌状态的性能称为杀菌，而具有抗菌或杀菌功能的材料通称为抗菌材料，其外加剂则称为抗菌剂。抗菌材料及制品大多数为薄膜或制品表面上的涂料，以块体、粉体的形式存在。已经问世的产品有抗菌卫生陶瓷及抗菌面砖，如日本东陶机器（TOTO）利用光催化功能的半永久使用的材料——光催化银系抗菌面砖，荧水灯下 1h 的抗菌率为 97%，其价格为 6000 日元/m^2，卫生洁具平均为 70000 日元/个；日本伊奈（INAX）在釉中外加含银抗菌陶瓷粉的方法烧制而成的抗菌卫生陶瓷，有效使用期为 15 年，3h 抗菌率为 99%。目前，TOTO 和 INAX 公司已停止生产普通陶瓷产品，转而生产抗菌卫生陶瓷制品。

国内某建筑材料科学研究院研制了活化水抗菌花瓶、水杯及光催化抗菌面砖等新产品。这种花瓶及水杯，经中国科学院植物研究所用紫条六出花切花进行试验，证明可将鲜花瓶插时间延长 40%；经中国药品生物制品检定所检验，证明其 4h 内对细菌繁殖体的杀菌率为 75%，对霉菌 12h 杀菌率为 95%以上。最近他们又研制出用于陶瓷釉和搪瓷釉上的耐高温抗菌剂。

目前的生态建筑材料有：防霉、防远红外、可调湿的无墙涂料，无毒高效胶黏剂，不散发有机挥发物的水性涂料，其中有的产品已面市，有的产品已进入试制阶段。以水性涂料为例，年产 2.5×10^5t 水性涂料可比传统的溶剂性涂料节约标准煤 4×10^3t、燃料油 3×10^4t、冷却水 $1.5\times10^7$$m^3$、动力电 1.5×10^7kW，同时还可减少 1.2×10^5t 有毒溶剂的挥发。这不仅节约宝贵的资源，而且避免严重的环境污染和人员伤害，有利于经济增长方式从资源粗放型向科技密集型与资源集约型转化。

第五节 陶瓷耐热涂层的开发与应用

随着人类消费的能量日益增加，大量消费有限的地球资源带来了地球温室效应等现实的环境问题。为了解决这个问题，人们尝试通过开发耐热材料等途径实现机器的长寿命高性能，以节省能源与资源。同时，能源产业、宇航产业等领域日趋高温化发展，对开发新型耐热材料从耐热性、耐高温腐蚀性、耐高温摩擦性等方面提出了更高的要求。

由于单一材料不能满足力学性能和耐热性能两方面的要求，所以灵活运用金属材料和陶瓷材料特性的复合材料得到了人们的重视。作为提高材料耐热性、耐蚀性和耐磨性等性能的方法，人们尝试开发在力学性能优良的金属材料表面涂覆一层耐热性能优异的陶瓷耐热涂层材料的复合技术。如图 11-1 所示是陶瓷耐热涂层的断面构成和内部各种性能变化的示意图。

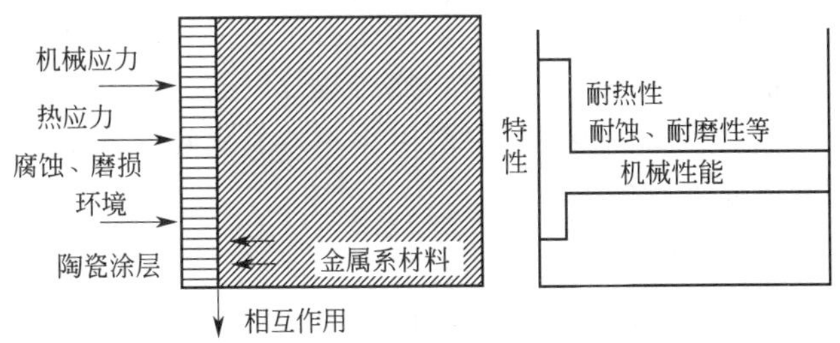

图 11-1 陶瓷耐热涂层的断面构成和内部各种性能变化

对于陶瓷耐热涂层的实用化开发研究及其实例，下面主要叙述燃煤锅炉和加压沸腾层锅炉的传热管陶瓷耐热涂层以及喷气式发动机的隔热涂层。

一、燃煤锅炉传热管陶瓷耐热涂层的开发与应用

燃煤锅炉传热管一般要受到燃烧气氛造成的冲蚀等损伤。对于专烧煤粉的锅炉，为了除

去附着在炉壁上的灰烬，要安装向炉壁表面喷吹蒸气的设备（SB：soot blower）。SB附近的环壁传热管，由于受到含有燃烧灰烬（由碳、氧化铝、氧化硅等构成）的蒸气的强烈磨损，因此，在环壁传热管的表面喷镀了一层陶瓷耐热涂层，以便提高其耐磨性。

实验室的鼓风冲蚀磨损试验结果表明，在喷射压力为5kg/cm^2、喷射角为90°和喷射距离为100mm试验条件下，向经过不同喷镀的平板试片表面上喷射Al_2O_3粉末（平均粒径100μm）30min，经此冲蚀磨损后各种陶瓷耐热涂层试片的失重情况比较，由高速气流火焰喷射的Cr_3C_2/NiCr喷镀膜的磨蚀性能最好。在考虑磨损性能的同时，也还要考虑工艺性、高温组织稳定性、抗剥离性等。作为对策，用碳化铝为喷射原料的高速气焰喷针最实用。对运行约两年的喷镀部件的调查表明，没有发现剥落和破裂现象，显示出良好的磨损特性。因为用陶瓷涂层降低了冲蚀磨损，所以在提高环壁管使用寿命的同时，也减少了定期检查补修的工作量。

二、加压沸腾层锅炉传热管陶瓷耐热涂层的开发与应用

加压沸腾层锅炉被用于烧煤的加压沸腾层发电系统中，其发电效率可达42%～43%，比以前烧煤的火力发电系统提高约8%～10%。由于把石灰石作为脱硫剂投入炉内，所以在燃烧时由于层内脱硫而提高了脱硫率，同时降低了NO_x的生成，CO_2排放量也随着设备效率的提高，比以往的燃烧方式减少约10%。这是一种效率高、环境负荷低的新型发电系统。

由于底料中的SiO_2、Al_2O_3等硬而细的粒子群的碰撞以及高温燃气的作用，造成沸腾层内的蒸发管、过热管等的冲蚀和高温腐蚀现象，从而产生复杂的高温腐蚀磨损。

为了进行冲蚀磨损评价，现在国内外一般都是进行实验室性质的冲蚀试验，或者在中间试验设备上进行现场试验。陶瓷耐磨涂层材料400℃的疲劳特性试验表明，在冷却试验中，C-Steel钢在约500℃以上，磨损速度较大，这主要是冲蚀磨损的作用；9Cr1Mo钢在500℃以上，由于其表面形成氧化物保护膜，对冲蚀产生保护效应，故磨损速度较小。

通过实际应用和试验结果，可以认为在500℃以上使用的过热管等通过氧化物膜效应可以防止冲蚀损伤。蒸发管的金属温度在300～500℃时，不可能期望形成氧化物膜而带来保护效应。因而实际使用的蒸发管，多数情况下磨损失重较大。假定蒸发管的最大磨耗速度为0.5mm/1000h，从设备的长寿命化角度出发，无论如何也必须进行耐高温磨损对策的研究。

由于金属与陶瓷间的变形性质不同，因此，陶瓷涂层开始和停止工作时会由于热应变和机械应变而引起陶瓷涂层开裂，以此为诱因导致材料的强度降低。

试验发现，经过喷涂陶瓷的试片其疲劳寿命比未喷涂的缩短了许多，而且随着总应变范围的提高，陶瓷层产生裂纹的时间也变短了。这是由于疲劳初期，首先在陶瓷涂层内产生裂纹，并逐渐从陶瓷层传播到基体材料；接着，疲劳裂纹以此为裂纹源进一步向基体材料中传插，从而使疲劳寿命降低。因此，当使用材料时，不能只从腐蚀磨损一个方面考虑对陶瓷涂层的影响，还要从强度方面进行确认。

三、陶瓷涂层在飞机发动机中的应用

陶瓷涂层在飞机发动机中的应用，从其功能方面来讲大致可分为以下几种：陶瓷耐磨涂层、陶瓷绝热涂层和间隙控制密封涂层。飞机发动机在长时间使用后，其部件性能会降低。从表面改性技术的角度出发，在部件表面喷涂陶瓷涂层能提高其性能，并可防止其退化。下面介绍三种陶瓷涂层在飞机发动机中的应用情况。

1. 陶瓷耐磨涂层

在用钛合金制作的压缩机叶片中，一般装有防止共振的中间索与相邻的机翼相连接，在飞行时因为其正面受到交变的冲击负荷，因此要求耐磨损及韧性好的保护膜。为此，作为耐磨损涂层，现在喷涂的是金属陶瓷系的 WC-Co 系材料，6WC-Co 涂层是在黏结材料 Co 中弥散分布 WC 硬质粒子的薄膜，在 400℃以下较低的温度区域，其耐磨损性能非常好。

磨损一般是较为柔软的 CO 基体发生选择性损伤而产生凹陷，由此造成突起的 WC 硬质粒子分离脱落而产生剥离的过程。因此，涂层微观组织形态的控制是十分重要的。

WC 在喷涂时产生热分解，由于喷涂过程形成 WC、W_2C、WC_{1-x} 等亚层，这种组织变化对耐磨性有很大的影响。在普通的等离子喷涂中，不能得到十分满意的涂层，为了控制 WC 热分解相变，采取低温热源下的高速喷涂较为合适。现在已利用的有 GATOR-GARD 高速等离子喷涂或超音速燃烧的高速气焰喷涂 JET-KOTE、DIAMONDJET、CDS 等方法。

2. 陶瓷绝热涂层

Ni 合金（Hastelloy 高镍耐蚀合金）和 Co 合金 HS-188 等用于制造燃烧器，为了在提高燃烧温度的同时，相应地提高其耐久性，在其套内壁喷涂一层绝热层（TBC）。TBC 要求的特性如下：①热导率小；②黏结系数高，即对热应力造成的剥离与冲蚀具有足够的黏结力；③基体材料与陶瓷涂层的热膨胀性质接近；④喷涂底层中的金属成分具有高的抗氧化、耐腐蚀能力。

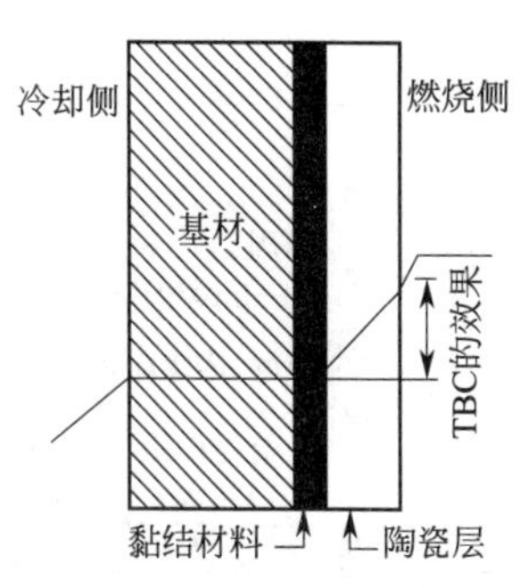

图 11-2　TBC 系统与隔热效果分析

当喷涂了陶瓷那样具有低热导率的材料后，就可以像如图 11-2 所示那样由于绝热效应而使表面温度沿剖面方向迅速降低，期望以 0.2～0.3mm 厚度达到使该表面温度降低 100～150℃的效果。

作为对燃烧器的 TBC 涂层有如图 11-3 所示的 3 种方式。

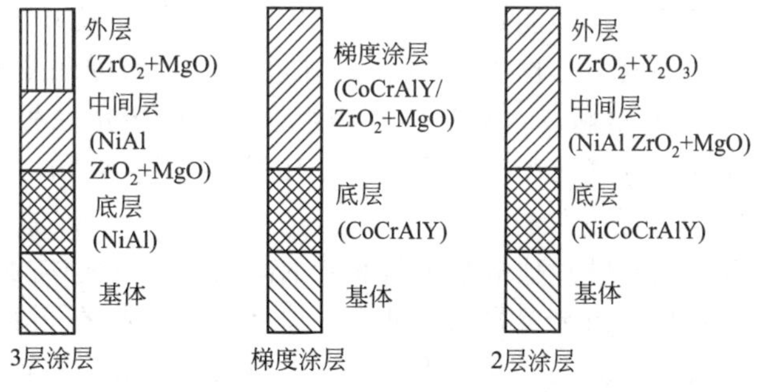

图 11-3　各种 TBC 系统的断面结构

最初采用的是 3 层涂层，底层喷涂的是 NiCr 或 NiAl 系合金，外层喷涂的是 $MgO+ZrO_2$ 陶瓷，而中间过渡层用的是外层与底层的混合材料。然而，这种方式存在由于中间过渡层的氧化而引起剥落的问题。

后来，采用了梯度涂层。人们为了解决上述 3 层涂层的问题，使涂层材料的组成逐渐（阶段式）地从底层的 CoCrAlY 向外表层的 $MgO+ZrO_2$ 变化。这种涂层的耐热性比上述 3 层涂层有所改善，但在 1100℃以上，CoCrAlY 在耐蚀、抗氧化性方面尚有一些问题，且由于在涂层内形成氧化物而使层内产生应变，因而出现母材变形的新问题。

近来，将两层涂层的底层材料由原来的 CoCrAlY 改为耐蚀、抗氧化性更好的 NiCoCrAlY，外层材料也由 $MgO+ZrO_2$ 改为耐热疲劳性能更好的 $ZrO_2+Y_2O_3$。这样，在使用过程中，在底层 NiCoCrAlY 与 $ZrO_2+Y_2O_3$ 的界面处形成了耐蚀及耐氧化性好的 Al_2O_3 氧化膜，像梯度涂层那样由氧化物产生应力及母材变形的问题可以得到改善。如图 11-4 所示为各种

TBC 涂层系统的燃烧热疲劳试验结果。在两层涂层中，外层喷涂 $ZrO_2+Y_2O_3$ 陶瓷涂层材料可使热疲劳性能得到大幅度改善。

从作为生态环境材料的开发来看，由于应用 TBC 系统，即采用陶瓷这种热导率低的材料作涂层，可以有效地利用燃烧能。再者，当发动机使用时间达到 5000h 就要进行大修，若燃烧器检查时发现已有部分剥离的情况，那么可以将涂层全部剥下来，再行喷涂，这样可以节省基体材料。

除了飞机发动机的燃烧器之外，高压涡轮叶片（定子叶片）上也开始应用上述的 NiCoCrAlY 和 $ZrO_2+Y_2O_3$ 双层 TBC 涂层。但应用于涡轮叶片，由于产生剥离时会造成空气动力学性能下降，可能产生后掠机翼损伤的危险，因此要求其具有比燃烧器更高的可靠性。

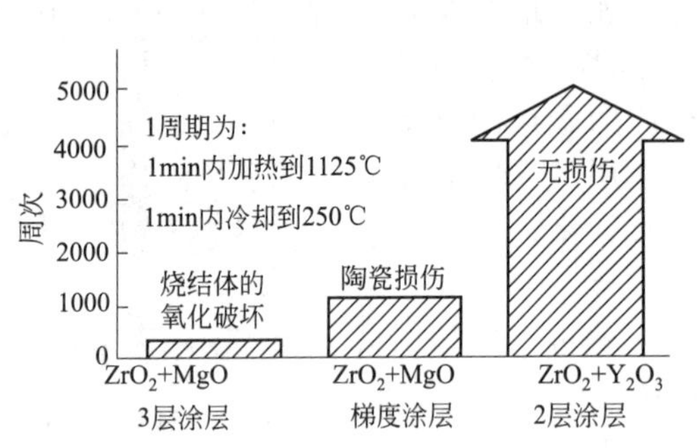

图 11-4 各种 TBC 涂层系统的燃烧热疲劳试验结果

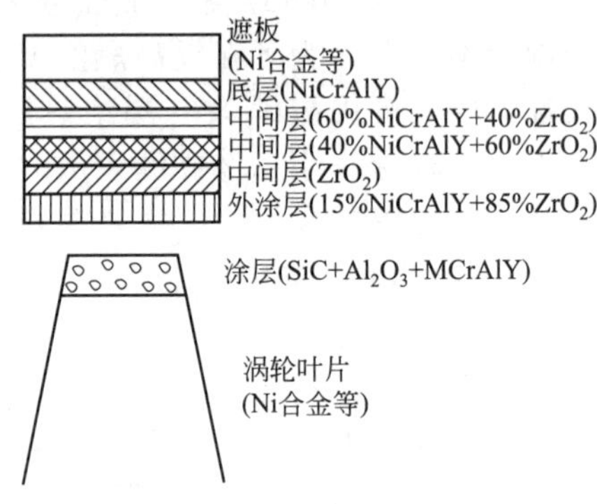

图 11-5 涡轮叶片剖面

3. 控制间隙的陶瓷密封涂层

在叶片的顶端部位喷涂耐磨性能好的材料，并与陶瓷密封装置组合使用，这一技术已被开发成功。在加工密封涂层时，如图 11-5 所示，在叶片顶端部位粘接 SiC 粒子，再在其上用减压等离子喷涂 NiCrAlY 材料。在喷涂前，用组合电弧的余热除去表面氧化膜，降低残余应力。为了压焊，涂层中的气孔和微空洞进行 HIP 之后，再将 NiCrAlY 用刻蚀法刻除一定厚度，SiC 粒子即可凸出来。

对于涡轮密封装置，涡轮叶片顶端与密封装置的间隙越小，气体的泄漏越少，从而可提高发动机的效率。关于陶瓷密封装置，为了减小基体材料与陶瓷之间膨胀性能的差异，已开发出在基体上钎焊弹性模量较低的金属纤维，再在上面喷涂金属、陶瓷的密封装置。这种装置，使用温度可提高到 1400℃。为了将喷涂底层充分浸透到纤维内部不使纤维过热氧化并能牢固地粘接起来，可采用高速等离子喷涂 NiCrAlY 的工艺。

四、陶瓷涂层材料的生态环境化研究

根据生态环境材料的概念，从构件和装置长寿命化及减轻环境影响的观点出发，在前面介绍了陶瓷涂层材料应用于高温构件和装置的一些实际例子。

然而，根据材料选择和设计工艺所必需的基本原则，为了发挥所需要的材料特性和功能，还必须从努力控制物质的使用和能源消耗这一观点出发，进行深入的研究开发工作。例如，陶瓷涂层材料生态环境化的设计研究；陶瓷涂层材料的原料、工艺、使用直到废弃全过程的生命周期分析，即生命周期评价或定量化分析工作等。

实际上符合上述要求的陶瓷涂层材料还有待于进行深入研究。一种理想的陶瓷涂层材料，人们希望它尽可能价廉物美，给环境带来的影响小，并且不采用稀有元素，因此必须首先以这样的观点重新审视和评价所有的材料。其次，在考虑材料的再生循环特性时，对于陶瓷涂层材料人们希望在使用时要有足够的界面强度；使用结束后，可将陶瓷涂层剥落、废弃，而母材还可以继续用来喷涂新的陶瓷涂层以备再使用。在这种情况下，怎样才能既不损伤母材又可简单易行地将陶瓷涂层剥离下来、如何提高涂层界面剥离性能的问题就是一个有待深入研究的课题。再者，因为剥离层性能与陶瓷涂层的制造工艺及陶瓷材料的种类的不同而有所不同，所以如何进一步改进剥离层工艺的问题也是一个要深入研究的课题。

第六节　生态玻璃的开发与应用

一、玻璃的化学成分

普通玻璃的主要原料来自天然的石英砂及相关矿产品，玻璃主要由非晶态硅酸钠构成，它的化学式为 $Na_2Si_6O_{14}$。玻璃的化学成分常用各氧化物的质量分数来表示。其主要成分为二氧化硅（SiO_2）、氧化钠（Na_2O）、氧化钙（CaO）、氧化镁（MgO）、氧化铝（Al_2O_3）、氧化铁（Fe_2O_3）等，各种化学成分所占的质量分数见表 11-2。

表 11-2　几种常用玻璃的化学组成　　单位：%

玻璃种类＼成分	SiO_2	Al_2O_3	CaO	MgO	B_2O_3	PbO	Na_2O+K_2O
平板玻璃	71～73	0.5～2.5	6～10.0	1.5～4.5			14～16
瓶罐玻璃	70～75	1～5.0	5.5～9.0	0.2～2.5			13.5～17.0
灯泡壳玻璃	73.1	0.3	4.0	2.7	0.8	2.1	14.5～15.5
无碱玻璃纤维	54.0	15.5	16.0	4.0	8.5		<0.5
高硅氧玻璃	96.3	0.4			2.0		<0.2

二、玻璃马赛克的开发与应用

玻璃马赛克在国外大规模生产和应用只有 20～30 年的历史，而我国玻璃马赛克的生产和应用只是近十几年的事。

马赛克一词由外语音译而得，它源于拉丁文，英语为 Mosaic。历史上，马赛克泛指带有艺术性的镶嵌作品，后来马赛克专指一种不同色彩的小板块镶嵌而成的平面装饰，玻璃马赛克又称玻璃锦砖或玻璃纸皮石，它是一种小规格的彩色锦石玻璃，一般为 20mm×20mm、30mm×30mm、40mm×40 mm，厚度为 4～6mm 的各种颜色的小块玻璃镶嵌材料。通常是用压延法或压槽法压铸而成的，有透明的、半透明的和不透明的；还有带金色、绿色、银色斑点或条纹的；它一面光滑，另一面带有槽纹，以利于砂浆黏结。

玻璃马赛克一般采用熔融法和烧结法制造。熔融法目前在我国占主导地位，它是以石英砂、石灰石、白云石、长石、纯碱、着色剂和乳化剂等为主要原料，经高温熔化后，用对辊压延法或链板压延法成型、退火而成。烧结法工艺类似瓷砖的生产工艺，是以废玻璃为主，加上工业废料或矿物废料、胶结剂和水等，经压块、干燥（表面染色）、烧结和退火等工艺而制成的。烧结法是 20 世纪 70 年代末，国际上开发的玻璃马赛克新工艺，技术上还不够成熟，但由于其工艺简单，投资少，能耗小等优点，具有很大的发展潜力。

玻璃马赛克不仅具有色调柔和、朴实、典雅、不变色、物理化学性能良好、不积灰、坚硬耐久、表面光滑、因雨水自洁而历久常新等诸多优点，而且它与水泥黏结性能好，施工方便，同其他常用材料相比较，价格也比较低。因此，它被广泛地用于宾馆、医院、礼堂和住宅等建筑物的内外墙装饰，也可用于卫生间、厨房的地面装饰。

三、泡沫玻璃的开发与应用

泡沫玻璃又称多孔玻璃，它是由玻璃原料、发泡剂和外掺剂经高温焙烧制成的玻璃材料。其内部充满无数微小开口或闭口的气孔，气孔占总体积的 80%～90%，孔径大小为 0.5～5mm，也有小到几微米的。按其用途可分为防火隔热泡沫玻璃和防火吸声泡沫玻璃等。根据其采用的基础原料，可分为普通泡沫玻璃、石英泡沫玻璃、熔岩（火山灰、珍珠岩等）泡沫玻璃、泡沫微晶玻璃及泡沫矿渣微晶玻璃等。防火泡沫玻璃通常采用粉末焙烧法制造工艺生产，其焙烧过程是将玻璃粉或其他粉状基础原料与发泡剂按一定比例混合，置入模具中，送入发泡窑，加热到发泡温度，此时，发泡剂产生大量的气体，使软化了的玻璃发泡，然后脱模退火即成。

泡沫玻璃按物化性能不同，又可分为隔热、吸声、增强、装饰、抗辐射，以及用作粒状填充料等泡沫玻璃。隔热泡沫玻璃具有密闭气孔，以便降低热导率和吸水率；吸声和装饰泡沫玻璃则为开孔和连通孔，以便于增强吸声性能或易于表面涂防护装饰层；增强泡沫玻璃内夹金属丝网，以提高机械强度；泡沫玻璃制造中加工下来的碎块、粉粒经回收可用作粒状填充料，用于轻质混凝土、屋面板等材料的生产。

泡沫玻璃有白色、各种不同程度的黄色、棕色和纯黑色。

1. 产品特点及技术性能指标

泡沫玻璃是一种典型的无机材料，具有轻质、隔热、吸声、不燃、不吸水、不蚀损、不腐烂、机械强度高、耐冷热冲击、热导率小、耐昆虫及细菌的腐蚀、抗风化性及稳定性等优异特性，并能耐大多数的有机酸、无机酸、氢氧化物等腐蚀。在冰点或 500℃都不变形。可锯、可钉、可黏结加工成各种所需形状而不发生劣化现象。

泡沫玻璃的主要技术性能指标有：①密度（120～500kg/m^3）；②热导率［0.035～0.140W/(m·K)］；③吸声系数［0.30～0.34(声频 100～250Hz)］；④抗压强度（0.7～8.0MPa)；⑤使用温度（240～420℃）。

2. 应用

泡沫玻璃是一种很有发展前途的隔热隔声材料，已广泛用于轻工、石油、化工、建筑等各部门的保温、隔热、隔声工程。

泡沫玻璃在工业和建筑方面的应用十分广泛。它可用作液化天然气储罐、船舶、核电站、冷库、管道、建筑物、化工装置等设施中的隔热或保冷材料；在工业和民用建筑上可起到防湿、隔声、内装饰的作用，如用于建筑物的屋面、建筑围护结构和地面的隔热、吸声材料。泡沫玻璃粉料还可以作为许多结构材料的轻质隔热填充材料。

四、工业废渣微晶玻璃的开发与应用

微晶玻璃是 20 世纪 50 年代末开发的新型玻璃，是具有微晶体和玻璃体均匀分布的材料，故又称为玻璃陶瓷或结晶化玻璃。

微晶玻璃的结构、性能与陶瓷、玻璃均不同，其性质由结晶体的矿物组成和玻璃相的化学组成以及它们的数量来确定，因而，它集中了后者的特点，发展成为一类特殊的材料。

微晶玻璃具有如下宝贵的性能：膨胀系数可以调节（例如可制成零膨胀系数玻璃）、机械强度高、电绝缘性能优良、介电损耗小、介电常数稳定、耐磨、耐腐蚀、热稳定性好及使用温度高等。作为结构材料、技术材料、光学材料、光电材料和建筑装饰材料等，微晶玻璃广泛应用于国防、工业、建筑及生活等各个领域。

一般来说，除了增加热处理工序外，微晶玻璃的生产工艺过程与普通玻璃的制造工艺过程相同；所用的原料，与普通玻璃相比，也不特殊，而产品却有着优异的性能。因此，微晶玻璃的开发及其应用的一系列研究成果，使玻璃科学技术获得了重大的发展。

工业废渣微晶玻璃就是采用工业废渣或尾砂等作为原料制造的矿渣微晶玻璃和灰渣微晶玻璃，它不仅因为性能优异、使用广泛、价格便宜而引起人们的重视，而且更为重要的是对于综合利用固体废弃物、合理使用天然资源及综合治理环境污染等方面具有重大的意义。因而，研制、开发工业废渣微晶玻璃是发展生态建材的重要方面之一。

工业废渣微晶玻璃生产工艺包括两个基本过程：一是制备工业废渣玻璃及其制品；二是制品经热处理玻璃晶化转变为微晶玻璃。可根据各种不同化学成分的高炉渣、有色金属冶炼渣、转炉渣、磷渣、煤渣和粉煤灰等，拟定工业废渣微晶玻璃的组成。研究结果表明，主要成分决定了玻璃的本性、软化温度范围、成型性、黏度、化学稳定性、相组成、结晶性质及其形貌；次要成分或痕量元素几乎不影响其性质，但氧化锰、碳及铬则例外，它们影响玻璃的结晶。

矿渣微晶玻璃由60％～70％结晶相构成，在结晶相之间，存在着残留的玻璃薄层，把数量巨大的、粒度细微的晶体结合起来，晶粒的大小为1μm左右。由于晶粒细小，晶体与玻璃相的膨胀系数、密度相差不大，两者之间结合很牢，因此，保证了矿渣微晶玻璃的高强度和耐腐蚀性能，而其矿物组成决定了它的高介电性质。

五、复合防火玻璃的开发与应用

复合防火玻璃是由两层以上的平板玻璃间含有透明阻燃胶黏层而制成的一种夹层玻璃。其与普通玻璃一样是透明的，在火灾发生初期，透明度不变，人们可通过玻璃看到火焰，判断起火部位和火灾危险程度。随着火势的蔓延扩大，室内温度增高，夹层受热膨胀发泡，逐渐由透明物质转变为不透明的多孔物质，形成很厚的防火隔热层，起到防火隔热保护作用。该产品具有优良的防火隔热性能，有一定的抗冲击强度，存放稳定性好，适用环境、温度范围广，可按用户提出的规格和要求加工。

复合防火玻璃是一种新型的透明建筑防火装饰材料，应用于高级宾馆、饭店、影剧院、机场、体育馆、展览馆、图书馆、医院、博物馆等公共建筑和高层建筑，以及其他有防火要求的工业和民用建筑，主要用于制造室内防火门、窗和防火隔墙材料。

第七节　生态水泥的开发与应用

一、生态水泥的概念与发展目标

生态水泥的概念包含3个因素：一是依靠科技进步，充分合理利用资源，大力节省能源；二是在生产和使用过程中尽量减少或避免废气、废渣、废水和有害有毒物质排放对环境的影响，维护生态环境平衡；三是大量消纳本行业或其他工业难以处理的废弃物及城市垃圾，大力发展以满足经济和社会发展对生态水泥的需求，并保持满足后代需求的潜力，从而支持经济和社会的可持续发展。

可持续发展的生态水泥工业包括如下4个方面基本内容。

(1) 节约资源　提高能源、资源利用率，少用或不用天然资源，鼓励使用再生资源，提高低质量原料、燃料、材料在生态水泥工业的可利用性，同时国家采取免税收等政策，鼓励企业应用大量工业、农业废渣、废料及生活废弃物等作为原料生产建材产品，这个政策的实施在很大程度上减少了资源过度使用，优化了资源的合理利用率。

(2) 节土　实施少用或不用毁地取土作原料的行业可持续发展政策，以保护土地资源。

(3) 节能　大量利用工业废料，生活废弃物作燃料，节约生产能耗，降低建筑物的使用能耗。

(4) 节水　既节约生产用水，又能将废水回收处理再利用。

根据生态水泥可持续发展的情况及所涉及的生产要素，可建立生态水泥工业可持续发展的循环系统模型，如图 11-6 所示。从图中可得出，可持续发展的生态水泥就要建立在良性循环系统上，生态水泥的循环系统主要包括水泥的生产、建筑设计建造、使用/再使用、维护、报废、再循环、废料处理等几个环节，而在每个环节中，都需要使用能源、原料，都需要排出废水、废料、废气等。要想实现传统水泥向生态水泥发展的转换，就应该尽可能地减少对原料、能源的使用，尽可能地减少废水、废料的排放。换句话说，尽可能大地提高可利用废物的比例，尽可能在生产、使用过程不依赖于原料、能源，同时考虑再循环和回收利用的水泥及混凝土产品，尽量实现水泥系统的内循环。因此，水泥工业的可持续发展应该集中考虑建材系统的输入、输出部分，如果可以实现或基本实现真正含义上的水泥系统内循环，也就实现了水泥工业的可持续发展。

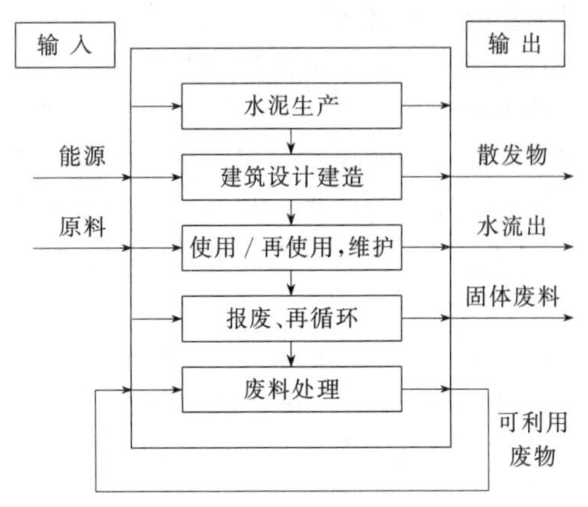

图 11-6　传统水泥向生态化发展的循环系统模型

二、我国生态水泥可持续发展的对策

1. 按照“等量淘汰”或“超量淘汰”的原则，大力发展新型干法水泥

新型干法水泥是以悬浮预热和预分解技术为核心，把现代科学技术和工业生产最新成就广泛应用于水泥生产全过程，使水泥生产具有高效、优质、低耗、利废、环保和设备大型化、生产控制高度自动化、智能化等现代化特征的新型工艺，同时它也具有生态环境工艺的六大特征：即科学合理利用天然矿物资源、减少资源消耗；采用当代先进的熟料煅烧装备和高新技术，燃烧和换热效率高、能源消耗低；具有优质的熟料矿物组成及煅烧制度，产品质量高；采用辊压机、立磨、辊筒磨等料层挤压粉磨技术与装备，效率高、能源消耗少；发挥优越的环保功能，实现“清洁生产”，能大量利用降解生活垃圾及其工业废渣、废料；生产设备大型化，并具有较强的企业自我发展能力和竞争能力。因此，坚持以发展促进调整的方针，大力发展新型干法水泥，加速淘汰落后工艺，将会极大地促进我国水泥工业的可持续发展。

2. 大力发展散装水泥，尽量降低水泥粉尘和废气排放污染

为了保护国家珍贵的森林资源，2000 年中国散装水泥产量达到了 1.1×10^8t，全国平均水泥散装率达到了 20%。其中，上海、北京、天津水泥散装率分别达到了 90%、50.6%、68%。以 2000 年散装水泥 1.1×10^8t 计算，当年节省 1.1×10^5t 包装纸，折合木材 3.63×10^6t，挽救了大约 3025 万棵成材红松的生命。散装水泥的可持续发展为保护国家的森林资源、提高森林覆盖率做出了贡献。

我国 2000 年生产 4.86×10^8t 袋装水泥若全部用纸袋包装，则生产这些纸袋需耗用淡水资源为 7.29m^3（不包括造纸污水排放对水资源的侵害），按人年均用水 50m^3 计算，大大超过全北京市 1300 万人一年的用水量。2000 年我国以 1.1×10^8t 的散装水泥，换得节约淡水 $1.67\times10^8m^3$，节水效益十分明显。

发展散装水泥有效降低了粉尘排放。袋装水泥从出厂到使用，水泥袋破损的排尘量在

5%以上，以2000年的散装水泥产量折算，一年可少向大气排放5.5×10^6t水泥粉尘，相当于3.6条日产4000t水泥生产线全年的产量。

3. 利用水泥产业的自身特点，发挥环保功能，减轻环境负担

水泥企业要把治理污染、保护环境作为生存和发展的必要条件，在抓好清洁生产的同时，大力开发利废与资源二次综合利用技术，把矿渣、粉煤灰、硅粉、铁渣、河泥、石膏副产品作为生产水泥的原料，把其他如煤灰、燃烧剩余物、废轮胎、煤矸石、废橡胶、废塑料和废木材等可燃废料作为水泥原料和燃料的替代物。进一步开发完善劣质能源、工业废弃物在水泥生产中应用的新技术、新工艺，在保证水泥产品质量的前提下，使水泥生产逐步向节能、利废、环保方向发展，成为可持续发展的“绿色工业”。

4. 开发新产品、新技术、促进水泥行业的技术进步、资源利用率和环境相容性

提高材料的性能和扩大使用功能，在满足需求的条件下减少原材料消耗量，提高资源利用效率；提高材料使用寿命，长寿命的材料要和环境相容（无污染）；使用后的废料能全部回收利用，尤其短寿命的材料更要求可修复性和可回收利用性；大力支持和鼓励利废水泥的发展，大力开展利用废石、废弃混凝土为骨料的研究与应用，减轻环境负荷，保护生态环境；加强对水泥熟料替代物的研究，1999年德国、瑞士利用废物已取代了全国熟料煅烧用燃料的18%～20%，北欧诸国为10%～14%，英国为8%，美国为5%，瑞典、美国的个别企业，烧废料的比例高达80%，瑞典已制定了具体措施，计划到2020年基本实现100%。

5. 建立完整的标准管理体系

严格按照《水泥大气污染排放标准》及《工业炉窑大气污染物排放标准》对现有水泥企业进行管理和规范，并尽快制定更为严格的水泥环境标准，对于不达标的企业坚决予以取缔。大力推广ISO 9001质量管理体系认证和ISO 14000环境体系认证，争取早日将其作为水泥企业必须具备的生产条件。

第八节 木材陶瓷

1990年日本某工业试验场开发了木材陶瓷，它是一种采用木材（或其他木质材料）在热固性树脂中浸渍后，真空碳化而成的新型多孔碳素材料，其中的木质材料在烧结后生成软质无定形碳，树脂生成硬质玻璃碳。木材陶瓷并不是真正意义上的陶瓷产品，但它的许多特性与多孔功能陶瓷相似，所以得此名。

木材加热时存在水分蒸发、热分解和缩聚等反应，将导致开裂和翘曲。因此，必须加强细胞壁的强度。考虑到树脂碳化时结构变化少、残留高，它们采用热固性树脂（如酚醛树脂、呋喃树脂以及某些醇脂）渗入细胞壁并碳化成高强度的玻璃碳。

一、木材陶瓷的特性

木材陶瓷最初的应用设想是基于其具有的碳素导电和多孔结构的电磁屏蔽特性，然而，进一步的研究表明，它具有多种功能，有着更广阔的应用前景。现简述如下。

(1) 质量轻、比强度高，可作构造用材；硬质；耐磨，可作摩擦材料；结构多孔，可作各种滤过、吸收材料以及其他材料的基体；耐热、耐氧化、耐腐蚀，可应用于高温、腐蚀环境中；导热，有良好的远红外发射功能，是大有前途的房暖材料。

(2) 理想的环境友好材料。因为木材在合理开发使用下是可循环利用的资源，是目前许多枯竭性资源极具前景的代用品。木材陶瓷的副产品为木醋酸，它是农业土壤改良剂和防虫防菌剂。木材陶瓷使用后仍可作吸附剂，废弃时也可破碎作土壤改良剂，没有环

境负担。同样重要的是，它使碳得以大量固定（约为 172kg/m^3），从而有利于抑制温室效应。

（3）经济性好，能大批量生产。

二、木材陶瓷的制备

木材陶瓷自问世以来，就以广泛的适应性和良好的环境友好性，引起材料学术界的普遍关注，近年来进行了大量的开发研究。

木材陶瓷的制备，是将木材经树脂浸渍后，放入炉中进行高温真空烧结处理，使表面形成碳化木纤维及碳化酚醛的各种结构。木材陶瓷表面活性较高，吸附能力较强，如表面吸附碳的能力可达 172kg/m^3。作为结构材料，木材陶瓷的力学性能平均高于木材，且各向异性。特别是耐磨性能优异，可用作汽车摩擦垫及其他耐磨部件。

木材陶瓷最初由天然木材制造，但由于原木及制品存在轴向、径向、切向上的不均匀性和各向导性，烧结尺寸精度低等问题，后多采用中质纤维板（MDF，一般气干密度为 0.7g/cm^3 左右，含水量为 8%左右），这样原料基本上只有板面与板厚方向的性质区别。甲醛树脂在木质制品中广泛应用，木材陶瓷制备中常选用其中的酚醛树脂，这多由于其价格低廉，合成方便，而且游离甲醛较少，燃烧后只生成 CO_2 和 H_2O，具有环境友好性。

木材陶瓷浸渍时常采用低压超声波技术，以提高浸渍率及均匀性。碳化过程中伴随有复杂的脱水、油蒸发、纤维素碳链切断、脱氢、交联和（碳）晶型转变等反应变化。一般来说，木材在 400℃左右形成芳香族多环，而后缓慢分解为软质无定形碳；树脂中 500℃以上分解为石墨多环，而后形成硬质玻璃碳。玻璃碳以其硬质贝壳状断口而命名，其基本结构为层状碳围绕纳米级间隙混杂排列的三维微构造。它既具有碳素材料的耐热、耐腐蚀、高热导率、导电性，也具有玻璃的高强度、高硬度、高杨氏模量、均质性和对气体的阻透性。2000℃以上试样基本全部碳化。

木材陶瓷的激光加工因有高精度的突出优点而受到重视。其中，脉冲式 CO_2 激光器对木材陶瓷继续加热，热应力较小，能避免加工裂纹的出现，是具有前景的木材陶瓷加工工具。

三、木材陶瓷的性能及应用

木材陶瓷的残碳率、硬度、强度、杨氏模量和断裂性一般都随含浸率或烧结温度的提高而增加。现有木材陶瓷的断裂韧性很低，在 0.15～0.3MPa 的范围内，与冰相似。但其断裂应变随含浸率及烧结温度的降低而升高，为 1%～10%，远高于冰、水泥、SiC 等脆性结构，甚至也高于铝材。木材陶瓷的摩擦因数几乎不受磨材的种类、粗糙度、润滑剂和滑动速度的影响，一般稳定在 0.1～0.15 之间，但随荷重的增加而有所下降。这可理解为，木材陶瓷结构多孔、润滑油难以形成明显油膜，而主要起冷却作用。同时，由于石墨的剪切强度不随表面、内部而变化，因此磨材的粗糙度也不影响摩擦因数。但由于荷重增加将导致木材陶瓷表面间隙的减少，从而多少体现出油膜的效果。其磨损率可控制在 7～10mm^3/nm 的量级，现已有木材陶瓷在制动装置和磨床上的应用开发研究。

木材陶瓷随着烧结温度升高、碳化程度提高，从绝缘体过渡到导体，而导电率则随着电频增加而减少。较高的导电性被认为是来自 C—C 结合的非极性 n 电子的自由电子状态。根据其电阻值随环境温度升高、湿度的上升而大致呈线性下降的关系，可开发出新型温敏、湿敏元件，如测温、测湿计等。在复电导率中，代表能量损失的虚部较代表极化大小的实部为大，因此木材陶瓷可作电磁屏蔽材料。同时，由于木材陶瓷具有多孔结构，可散射、吸收电磁波而减弱反射波。

木材陶瓷的远红外放射率和放射辉度与黑体相似，前者恒为 80%，与波长无关，远高于一般金属，也与别的陶瓷材料有显著区别。由于人体多靠远红外线获取热量，因此，木材陶瓷具有发展保暖材料的巨大潜力。

思考题

1. 如何开发和利用新材料来阻止环境的进一步恶化？
2. 试述生态建筑材料的发展趋势。
3. 陶瓷耐热涂层具有什么特点？
4. 可持续发展的生态水泥工业包括哪几个方面？

第十二章　新型建筑装饰石材

天然石材作为建筑材料已有几千年的历史，世界著名的古埃及金字塔、意大利比萨斜塔、我国泉州东西塔和洛阳桥都是用天然石材建造的。石材具有美观的天然色彩和纹理、优异的物理力学性能、超长的耐久性，是其他材料所难以替代的。在传统的块材、石板、石雕基础上又出现了石材工艺线条、影雕、火烧板、石材工艺品、石材生活用品。石材广泛应用于建筑及其他工业领域，现已成为重要的高级建筑装饰材料之一。

天然石材作为结构材料来说，具有较高的强度、硬度、耐磨和耐久等优良性能；而且天然石材经表面处理可以获得优良的装饰性，对建筑物起保护和装饰作用。天然石材资源分布较广，便于就地取材，故在建筑上被广泛应用。不仅作为基石用材、墙体材料被广泛应用，更由于其自身有鲜艳的色泽和漂亮的纹理，在室内装饰中也被广泛应用。以结构与装饰两方面相比，天然石材作为装饰材料的发展前景更好。

近年来发展起来的人造石材无论在材料加工生产、装饰效果和产品价格等方面都显示出优越性，成为一种有发展前途的建筑装饰材料。人造石材一般是指人造大理石和人造花岗岩。其中以人造大理石的应用较为广泛。由于天然石材的加工成本高，现代建筑装饰业常采用人造石材。它具有重量轻、强度高、装饰性强、耐腐蚀、耐污染、生产工艺简单及施工方便等优点，因而得到了广泛应用。人造大理石在国外已有几十年的历史，意大利于 1948 年即已生产水泥基人造大理石花砖，德国、日本、前苏联等国在人造大理石的研究、生产和应用方面也取得了较大成绩。由于人造大理石生产工艺与设备简单，很多发展中国家也已开始生产人造大理石。

第一节　天然石材的特点及选用

一、天然石材的特点

石材来自岩石，岩石按形成条件不同可分为火成岩、沉积岩和变质岩 3 大类。它们具有不同的组成和结构，这使得它们的使用范围也各有不同。

1. 火成岩（岩浆岩）

火成岩（岩浆岩）是地壳内部岩浆冷却凝固而成的岩石，是组成地壳的主要岩石。按地壳质量计量，火成岩占 89%。由于岩浆冷却条件不同，所形成的岩石具有不同的结构性质。根据岩浆冷却条件不同，火成岩分为 3 类：深成岩、喷出岩和火山岩。

（1）深成岩　深成岩是岩浆在地壳深处凝成的岩石。由于冷却过程缓慢且较均匀，同时覆盖层的压力又相当大，因此有利于组成岩石矿物的结晶，形成较明显的晶粒，晶粒粗大，不通过其他胶结物质而结成紧密的大块。深成岩的抗压强度高，吸水率小，表观密度及导热性大；由于孔隙率小，因此可以磨光，但坚硬难以加工。建筑上常用的深成岩有花岗岩、正长岩和橄榄岩等。

（2）喷出岩　喷出岩是岩浆在喷出地表时，在压力急剧降低和快速冷却的条件下形成的。在这种条件的影响下，岩浆来不及完全形成结晶体，而且也不可能完全形成粗大的结晶体，常呈隐晶质（细小的结晶）或玻璃质（非晶质）结构，以及当岩浆上升时即已形成的粗大晶体嵌入在上述两种结构中的斑状结构。这种结构的岩石易于风化。当喷出岩形成较厚时，则其结构与性质接近深成岩；当形成较薄的岩层时，由于冷却快，多数都形成玻璃质结构及多孔结构。工程中常用的喷出岩有辉绿岩、玄武岩及安山岩等。

(3) 火山岩　火山爆发时岩浆喷入空气中，由于冷却极快，压力急剧降低，岩浆落下时形成的具有松散多孔、表观密度小的玻璃质物质称为散粒火山岩。当这些散粒火山岩堆积在一起，受到覆盖层压力作用及岩石中的天然胶结物质的胶结，即形成胶结的火山岩，如浮石。

2. 沉积岩

沉积岩是露出地表的各种岩石（火成岩、变质岩及早期形成的沉积岩），在外力的作用下，经自然风化、风力搬运、流水冲刷沉积及成岩4个阶段，在地表及地下不太深的地方形成的岩石。其主要特征是呈层状构造，外观多层理并含有动植物化石，表观密度小，空隙率、吸水率大、强度较低，耐久性较差。沉积岩中的所含矿产极为丰富，有煤、石油、锰、铁、铝、磷、石灰石和盐岩等。沉积岩仅占地壳质量的5%，但其分布极广，约占地壳表面积的75%，因此它是一种重要的岩石。根据沉积岩的生成条件和物质组成不同，可以分为机械沉积岩石、化学沉积岩和有机沉积岩。建筑中常用的沉积岩有石灰岩、砂岩和碎屑石等。

3. 变质岩

变质岩是地壳中原有的岩石（包括火成岩、沉积岩和以前生成的变质岩），由于岩浆活动和构造运动的影响（主要是温度和压力），原岩变质（在固态下发生再结晶作用，使它们的矿物成分、结构构造以至化学成分部分或全部发生改变）而形成的新岩石。一般来说，由火成岩变质成的称为正变质岩，由沉积岩变质成的称为副变质岩。按地壳质量计，变质岩占65%。建筑中常用的变质岩有大理岩、石英岩和片麻岩等。其中大理石在我国资源丰富，是一种高级的建筑饰面材料。石英岩十分耐久，常用于重要的建筑饰面、地面等，同时也是陶瓷、玻璃等工业的原料。片麻岩因为本身易风化，故只能用于不重要的工程。

二、天然石材的技术性质

天然石材的技术性质，可分为物理物理性质、力学性质和工艺性质。

1. 物理性质

(1) 表观密度　天然石材根据表观密度大小不同，可分为以下几类。

轻质石材，表观密度≤1800kg/m^3。

重质石材，表观密度>1800kg/m^3。

表观密度的大小常间接地反映了石材的致密程度与孔隙的多少。在通常情况下，同种石材的表观密度越大，则抗压强度越高，吸水率越小，耐久性好，导热性好。

(2) 吸水性　吸水率小于1.5%的岩石称为低吸水性岩石；介于1.5%～3.0%的称为中吸水性岩石；吸水率大于3.0%的称为高吸水性岩石。

岩浆深成岩以及许多变质岩，它们的孔隙率都较小，故而吸水率也较小，例如，花岗岩的吸水率通常小于0.5%。沉积岩由于形成条件、密实程度与胶结情况有所不同，因而孔隙率与孔隙特征的变动也很大，这导致石材吸水率的波动也很大，例如，致密的石灰岩的吸水率可小于1%，而多孔的山贝壳石灰岩吸水率可高达15%。

石材的吸水性对其强度和耐水性有很大影响。石材吸水后，会降低颗粒之间的黏结力，从而使强度降低。有些岩石还容易被水溶蚀，因此吸水性强与易溶的岩石，其耐水性都较差。

(3) 耐水性　石材的耐水性用软化系数表示。岩石中含有较多的黏土或易溶物质时，软化系数较小，则耐水性较差。根据软化系数大小不同，可将石材分为高、中和低 3 个等级。软化系数大于 0.90 的石材为高耐水性石材；软化系数在 0.75～0.90 之间的为中耐水性石材；软化系数在 0.60～0.75 之间的为低耐水性石材；软化系数小于 0.60 者，不允许用于重要建筑物中。

(4) 抗冻性　石材的抗冻性，是指其抵抗冻融破坏的能力。其值是根据石材在水饱和状态下按规范要求所能经受的冻融循环次数表示。能经受的冻融循环次数越多，则抗冻性越好。石材抗冻性与吸水性有密切的关系，吸水率大的石材其抗冻性也差。根据经验，吸水率小于 0.5%的石材，则认为是抗冻的。

(5) 耐热性　石材的耐热性与其化学成分及矿物组成有关。石材经高温后，由于热胀冷缩、体积变化而产生内应力或因组成矿物发生分解和变异等导致结构破坏。如含有石膏的石材，在 100℃以上时就开始破坏；含有碳酸镁的石材，温度高于 725℃则会发生破坏；含有碳酸钙的石材，温度达到 827℃时开始破坏。由石英与其他矿物所组成的结晶石材，如花岗岩等，当温度达到 700℃以上时，由于石英受热发生膨胀，强度迅速下降。

2. 力学性质

天然石材的力学性质主要包括抗压强度、冲击韧性、硬度及耐磨性等。

(1) 抗压强度　石材的抗压强度，是以 3 个边长为 70mm 的立方体试块的抗压破坏强度的平均值表示。根据抗压强度值的大小，石材共分 9 个强度等级：MU100、MU80、MU60、MU50、MU40、MU30、MU20、MU15 和 MU10。

(2) 冲击韧性　石材的冲击韧性决定于岩石的矿物组成与构造。石英岩、硅质砂岩脆性较大。含暗色矿物较多的辉长岩和辉绿岩等具有较高的韧性。通常，晶体结构的岩石较非晶体结构的岩石具有较高的韧性。

(3) 硬度　石材的硬度取决于石材矿物组成的硬度与构造。凡由致密、坚硬矿物组成的石材，其硬度就高。岩石的硬度以莫氏硬度表示。

(4) 耐磨性　耐磨性是指石材在使用条件下抵抗摩擦、边缘剪切及冲击等复杂作用的能力。石材的耐磨性包括耐磨损与耐磨耗两方面。凡是用于可能遭受磨损作用的场所，例如，台阶、人行道、地面、楼梯踏步等和可能遭受磨耗作用的场所，例如，道路路面的碎石等，应采用具有高耐磨性的石材。

3. 工艺性质

石材的工艺性质，主要是指其开采和加工过程的难易程度及可能性，包括加工性、磨光性与抗钻性等。

(1) 加工性　石材的加工性，主要是指对岩石开采、锯解、切割、凿琢、磨光和抛光等加工工艺的难易程度。凡强度、硬度和韧性较高的石材，不易加工；质脆而粗糙，有颗粒交错结构，含有层状或片状构造，以及业已风化的岩石，都难以满足加工要求。

(2) 磨光性　石材的磨光性是指石材能否磨成平整光滑表面的性质。致密、均匀、细粒的岩石，一般都有良好的磨光性，可以磨成光滑亮洁的表面。疏松多孔、有鳞片状构造的岩石，磨光性不好。

(3) 抗钻性　石材的抗钻性是指石材钻孔时，其难易程度的性质。影响抗钻性的因素很复杂，一般石材的强度越高，硬度越大，越不易钻孔。

由于用途和使用条件的不同，对石材的性质及其所要求的指标均有所不同。工程中用于基础、桥梁、隧道以及石砌工程的石材，一般规定其抗压强度、抗冻性与耐水性必须达到一定的指标。

三、加工类型

由采石场采出的天然石材荒料，或大型工厂生产出的大块人造石基料，需要按用户要求加工成各类板材或特殊形状的产品。石材的加工一般有锯切和表面加工。

1. 锯切

锯切是将天然石材荒料或大块人造石基料用锯石机锯成板材的作业。

锯切设备主要有框架锯（排锯）、盘式锯及钢丝绳锯等。锯切花岗石等坚硬石材或较大规格石料时，常用框架锯；锯切中等硬度以下的小规格石料时，则可以采用盘式锯。

框架锯的锯石原理是把加水的铁砂或硅砂浇入锯条下部，受一定压力的锯条（带形扁钢条）带着铁砂在石块上往复运动，产生摩擦而锯制石块。

圆盘锯由框架、锯片固定架及起落装置和锯片等组成。大型锯片直径为 1.25～2.50m，可加工 1.0～1.2m 高的石料。锯片为硬质合金或金刚石刃，后者使用较广泛。锯片的切石机制是，锯齿对岩石冲击摩擦，将结晶矿物破碎成小碎块而实现切割。

2. 表面加工

锯切的板材表面质量不高，需进行表面加工。表面加工要求有粗磨、细磨、抛光、火焰烧毛和凿毛等形式。

研磨工序一般分为粗磨、细磨、半细磨、精磨及抛光 5 道工序。研磨设备有摇臂式手扶研磨机和桥式自动研磨机。前者通常用于小件加工，后者用于加工 $1m^2$ 以上的板材。磨料多用碳化硅加结合剂（树脂和高铝水泥等），或者用 60～1000 网的金刚砂。

抛光是石材研磨加工的最后一道工序。进行这道工序后，将使石材表面具有最大的反射光线的能力及良好的光滑度，并使石材固有的花纹色泽最大限度地显示出来。

国内石材加工采用的抛光方法有如下几类。

(1) 毛毡-草酸抛光法　适于抛光汉白玉、雪花、螺丝转、芝麻白、艾叶青、桃红等石材。

(2) 毛毡-氧化铝抛光法　适于抛光晚霞、墨玉、紫豆瓣、杭灰、东北红等石材。这些石材硬度较第一类高。

(3) 白刚玉磨石抛光法　适于抛光金玉、丹东绿、济南青、白虎涧等石材。这些石材用前两类抛光法不易抛光。

烧毛加工是将锯切后的花岗板材，利用火焰喷射器进行表面烧毛，使其恢复天然表面。烧毛后的石板先用钢丝刷刷掉岩石碎片，再用玻璃碴和水的混合液高压喷吹，或者用尼龙纤维团的手动研磨机研磨，以使表面色彩和触感都满足要求。

琢面加工是用琢石机加工由排锯锯切的石材表面的方法。

经过表面加工的大理石、花岗石板材一般采用细粒金刚石小圆盘锯切割成一定规格的成品。

四、选用原则

在建筑设计和施工中，应根据适用性和经济性等原则选用石材。

(1) 适用性　主要考虑石材的技术性能是否能满足使用要求。可根据石材在建筑物中的用途和部位及所处环境，选定其主要技术性质能满足要求的岩石。

(2) 经济性　天然石材的密度大，运输不便、运费高，应综合考虑地方资源，尽可能做到就地取材。难于开采和加工的石料，将使材料成本提高，选材时应加以注意。

(3) 安全性　由于天然石材是构成地壳的基本物质，因此可能存在含有放射性的物质。石材中的放射性物质主要是指镭、钍等放射性元素，在衰变中会产生对人体有害的物质。

第二节　天然装饰石材

天然装饰石材主要为大理石、花岗石和板石。

一、大理石

大理石是指以碳酸盐矿物为主要组成的一类建筑装饰石材的统称。国家标准《天然饰面石材术语》（GB/T 13890—92）对大理石的定义是：商业上是指以大理岩为代表的一类装饰石材，包括碳酸盐岩和与其关的变质岩，主要成分为碳酸盐矿物，一般质地较软。

需要指出的是，大理石和大理岩是两个不同的概念。大理石是一个商品名称，其指的是岩石矿物组成主要为碳酸盐矿物，同时经加工以后具有一定装饰效果的所有碳酸盐类装饰石材的总称。而大理岩是一个有严格定义的岩石学名称，是指沉积的碳酸盐类岩石经历温度、压力条件的改变发生变质重结晶作用形成的变质岩。也就是说，大理岩加工成板材，具有一定的装饰效果，即可称为大理石；但加工成大理石饰面的石材却不一定是大理岩。事实上，市面上现在流行的一些大理石饰面石材，都属于原始沉积成因的生物碎屑灰岩或藻灰岩，而非变质成因。

大理石主要以碳酸盐类矿物（大多数情况下为方解石）为主，这就决定了其质地较软，加工相对容易，因此其作为建筑装饰石材的历史远较花岗石早。这主要是因为方解石的莫氏硬度为 3，而钢的硬度为 4，故其切割加工相对容易。同样的原因，由于大理石属碳酸盐岩类岩石，所以其抵御酸、碱侵蚀的能力差，不耐酸碱腐蚀。

大理石装饰石材的技术规范执行国家标准《天然大理石建筑板材》（GB/T 19766—2005）。

天然大理石板材根据形状不同，可以分为普型板（PX）和圆弧板（HM）两类。圆弧板是指装饰面轮廓线的曲率半径处处相同的饰面板材。

普型板按规格尺寸偏差、平面度公差、角度公差及外观质量不同，分为优等品（A）、一等品（B）和合格品（C）3 个等级。圆弧板按规格尺寸偏差、直线度公差、线轮廓度公差及外观质量不同，分为优等品（A）、一等品（B）和合格品（C）3 个等级。

1. 天然大理石的组成与化学成分

天然装饰石材中应用最多的是大理石，它因云南大理盛产而得名。大理石是由石灰岩和白云岩在高温、高压下矿物重新结晶变质而成。它的结晶主要由方解石或白云石组成，具有致密的隐晶结构。纯大理石为白色，称汉白玉，如在变质过程中混进其他杂质，就会出现不同的颜色与花纹、斑点。如含碳呈黑色；含氧化铁呈玫瑰色、橘红色；含氧化亚铁、铜、镍呈绿色；含锰呈紫色等。

大理石的主要成分为氧化钙。空气和雨水中所含酸性物质及盐类对其有腐蚀作用。除个别品种（如汉白玉、艾叶青等）外，它一般只用于室内。

采石场开采的大理石块称为荒料，经锯切、磨光后，制成大理石装饰板材。大理石天然生成的致密结构和色彩、斑纹、斑块可以形成光洁细腻的天然纹理。

2. 天然大理石的品种

天然大理石石质细腻、光泽柔润且具有很高的装饰性。目前，应用较多的有以下几个品种。

（1）单色大理石　如纯白的汉白玉、雪花白；纯黑的墨玉、中国黑等，是高级墙面装饰和浮雕装饰的重要材料，也用作各种台面。

（2）云灰大理石　云灰大理石底色为灰色，灰色底面上常有天然云彩纹理，带有水波纹的称为水花石。云灰大理石纹理美观大方、加工性能好，是饰面板材中使用最多的品种。

(3) 彩花大理石 彩花大理石是薄层状结构，经过抛光后，呈现出各种色彩斑斓的天然图画。经过精心挑选和研磨，可以制成由天然纹理构成的山水、禽兽虫鱼等大理石画屏，是大理石中的极品。

3. 天然大理石结构特征与规格

大理石的产地很多，世界上以意大利生产的大理石最为名贵。国内几乎每个省、市及自治区都出产大理石。大理石板材对强度、容重、吸水率和耐磨性等不做要求，以外观质量、光泽度和颜色花纹作为评价指标。天然大理石板材根据花色、特征及原料产地来命名。

4. 天然大理石的性能与应用

各种大理石自然条件差别较大，其物理力学性能也有较大差异。

天然大理石质地致密但硬度不大，容易加工、雕琢和磨平及抛光等。大理石抛光后光洁细腻，纹理自然流畅，有很高的装饰性。大理石吸水率小，耐久性高，可以使用40～100年。天然大理石板材及异型材制品是室内及家具制作的重要材料。用于大型公共建筑（如宾馆、展厅、商场、机场、车站等）的室内墙面、地面、楼梯踏板、栏板、台面、窗台及踏脚板等，也用于家具台面和室内外家具。

二、花岗石

花岗石是指以硅酸盐矿物为主要组成的一类建筑装饰石材的统称。国家标准《天然饰面石材术语》(GB/T 13890—92) 对花岗石的定义是：商业上是指以花岗岩为代表的一类装饰石材，包括各类岩浆岩和花岗质的变质岩，一般质地较硬。

需要指出的是，花岗石和花岗岩是两个不同的概念。花岗石是商品名称，其指的是岩石矿物组成主要为硅酸盐矿物，同时具有一定的装饰效果的所有建筑装饰石材的总称。而花岗岩是一个岩石学名称，在岩石学分类中，对其各造岩矿物的组成和含量（尤其石英与长石）都有严格的限制。而花岗石则不然，只要石材以硅酸盐矿物为主，加工成板材后具有一定的装饰效果，即可称为花岗石，而加工饰面的石材却不一定是花岗岩。更有甚者，一些沉积成因的海绿石砂岩，其成因可能根本与岩浆作用无关，但加工成板材之后，以石英为主体的灰色基面上点缀着星星点点的绿色海绿石斑点，装饰效果很好，习惯上也把该类装饰石材称为花岗石。

由于花岗石的矿物组成主要为长石、石英以及黑云母、角闪石、辉石等硅酸盐矿物，石英的莫氏硬度为7，因此与大理石相比，花岗石的质地要比大理石硬得多，板材的切割加工相对比较困难。同样由于矿物的主要化学成分为SiO_2，板材的耐磨和耐腐蚀性能优良。

花岗石装饰石材的技术规范执行国家标准《天然花岗石建筑板材》(GB/T 18601—2001)。

天然花岗石板材根据形状不同，可以分为普型板（PX）、圆弧板（HM）和异型板（YX）3类。圆弧板是指装饰面轮廓线的曲率半径处处不同的饰面板材。异型板则指普型板和圆弧板以外的其他形状的板材。按表面加工程度不同，可分为亚光板（YG）、镜面板（JM）和粗面板（CM）。亚光板系指饰面平整细腻，能使光线产生漫反射现象的板材；粗面板则是指饰面粗糙规则有序、端面锯切整齐的板材。

普型板按规格尺寸偏差、平面度公差、角度公差及外观质量不同，分为优等品（A）、一等品（B）和合格品（C）3个等级。圆弧板按规格尺寸偏差、直线度公差、线轮廓度公差及外观质量不同分为优等品（A）、一等品（B）和合格品（C）3个等级。

1. 花岗石的组成与化学成分

花岗石以石英、长石和云母为主要成分。其中，长石含量为40%～60%，石英含量为

20％～40％，其颜色决定于所含成分的种类和数量。花岗石为全结晶结构的岩石，优质花岗石晶粒细而均匀、构造 紧密、石英含量多、长石光泽明亮。花岗石的二氧化硅含量较高，属于酸性岩石。某些花岗石含有微量放射性元素，这类花岗石应避免用于室内。花岗石结构致密，质地坚硬，耐酸碱、耐气候性好，可以在室外长期使用。

2. 花岗石制品的种类

天然花岗石制品根据加工方式不同进行如下分类。

（1）剁斧板材　石材表面经手工剁斧加工，表面粗糙，具有规则的条状斧纹。表面质感较粗。

（2）机刨板材　石材表面机械刨平，表面平整，有相互平行的刨切纹，用于与剁斧板材类似用途，但表面质感比较细腻。

（3）粗磨板材　石材表面经过粗磨，平滑无光泽，主要用于需要柔光效果的墙面、柱面、台阶、基座等。

（4）磨光板材　石材表面经过精磨和抛光加工，表面平整光亮，花岗岩晶体结构纹理清晰，颜色绚丽多彩，用于需要高光泽平滑表面效果的墙面、地面和柱面。

3. 天然花岗石的品名与规格

花岗石板材以花色、特征和原料产地来命名。

4. 花岗石的性能与应用

花岗石结构致密，抗压强度高，吸水率低，表面硬度大，化学稳定性好，耐久性强，但耐火性差。

花岗石是一种优良的建筑石材，它常用于基础、桥墩、台阶及路面，也可用于砌筑房屋、围墙，尤其适用于修建有纪念性的建筑物，天安门前的人民英雄纪念碑就是由一整块100t 的花岗石雕磨而成的。在我国各大城市的大型建筑中，曾广泛采用花岗石作为建筑物立面的主要材料。也可用于室内地面和立柱装饰、耐磨性要求高的台面和台阶踏步等。由于其修琢和铺贴费工，因此是一种价格较高的装饰材料。

三、板石

板石是指以黏土矿物为主要组成的一类建筑装饰石材的统称。板石系由黏土质沉积岩轻微变质和变形作用所成的板岩、页岩类泥质岩石加工所成，其矿物组成主要是颗粒很细的长石、石英、云母和其他黏土矿物。板岩具有片状结构，易于分解成薄片，获得板材。板石质地坚密，耐水性良好，在水中不易软化，使用寿命可达数十年至上百年。板石有黑、蓝黑、灰、蓝灰、紫、红及杂色斑点等不同色调，是一种优良的极富装饰性的饰面石材。由于以黏土矿物为主，故加工较容易。其缺点是自重较大，韧性差，受震时易碎裂，且不易磨光。

板岩饰面板在欧美大多用于覆盖斜屋面以代替其他屋面材料。近些年也常用作非磨光的外墙饰面，常做成面砖形式，厚度为 5～8mm，长度为 300～600mm，宽度为 150～250mm。以水泥砂浆或专用胶黏剂直接粘贴于墙面，是国外很流行的一种饰面材料，国内目前常被用作外墙饰面，也常用于室内局部墙面装饰，通过其特有的色调和质感，营造一种欧美的乡村情调。

板石的技术性能执行国家标准《天然板石》（GB/T 18600—2001）。本标准适应于建筑装饰用的天然板石，包括饰面板石和瓦板。其他用途的天然板石也可参照使用。饰面板（代号 CS）是指建筑装饰用的板材；瓦板（代号 RS）是指用作屋顶盖瓦的板材。

天然板石按用途不同，可分为饰面板和瓦板。按形状不同，可分为普型板和异型板。板材按尺寸偏差、平整度公差、角度公差和外观质量不同分为一等品（Ⅰ）和合格品（Ⅱ）两个等级。

四、饰面用石材的养护

由于不合理的堆放、包装、运输，以及外界污染源（如水汽、雨水、油污等）与其接触，石材极易产生污染。经常遇到的污染问题有：泛碱、锈斑、吐黄、污斑、油斑、草绳黄及风化、老化、褪色、光泽磨损等。另外，还有施工人员在施工中经常碰到的水斑不干的问题——石材湿贴施工后出现的水印现象。

石材养护主要分为清洗和防护两种。防护的主要原理是防护剂中有效物质随溶剂渗入石材内部，待溶剂自然挥发后，有效物质和石材晶体结合，在石材表面下形成一道有效的防护屏障，以阻止外来及内部污染的渗入，从而达到保护石材、延长石材寿命的目的。因为经防护后的石材，其吸水率大幅度降低；只要水分不渗进石材，污染也就无从产生。经防护后的石材具有以下特点：防水、防污、抗紫外线（延缓石材褪色时间）、抗冻、抗溶解性、保持石材透气性，并能降低日常保养难度。

防护施工方式主要分两种：一种是石材施工前做防护，一种是石材施工后做防护。石材养护处理办法一般非常简单，不需要特殊的工具。

第三节　人造装饰石材

由于天然石材加工比较困难，花色和品种也较少，因此，人造石材得以较快地发展。在建筑装饰石材中，除了天然石材的选用外，人造石材也已广泛应用于各种装饰设计。人造石材不仅有天然石材的装饰效果，而且花色品种也相对较多，另外具有重量轻、强度高、耐腐蚀、耐污染且施工方便等特点。

人造装饰石材是以无机或有机胶凝材料为胶黏剂，以天然砂、石粉或工业填充料等为粗、细骨料，经成型、固化和表面处理而成的一种人造石材。它具有重量轻、强度大、厚度薄、色泽鲜艳、花色繁多、装饰性好、耐腐蚀、耐污染、生产工艺简单、便于施工、价格便宜等一系列优点，故在建筑装饰工程中应用得越来越广泛。但人造石材也存在一些缺点，如有的品种表面耐刻划能力较差，有些板材使用中会发生翘曲变形，抗老化性能还不及天然石材等。

人造石材一般是指人造大理石和人造花岗岩，以人造大理石的应用较为广泛。由于天然石材的加工成本高，现代建筑装饰业常采用人造石材。

20 世纪 70 年代末，我国才开始由国外引进人造大理石技术与设备，但发展极其迅速，质量、产量与花色品种发展很快。

人造石材按照使用的原材料分为 4 类：水泥型人造石材、树脂型人造石材、复合型人造石材及烧结型人造石材。

一、人造石材的特点

人造石材的特点有如下几个。

(1) 容量较天然石材小，一般为天然大理石和花岗石的 80%。因此，其厚度一般仅为天然石材的 40%，从而可大幅度降低建筑物重量，方便了运输与施工。

(2) 耐酸。天然大理石一般不耐酸，而人造大理石可广泛用于酸性介质场所。

(3) 制造容易。人造石材生产工艺与设备不复杂，原料易得，色调与花纹按需要设计，也可比较容易地制成形状复杂的制品。

二、主要的人造石材类型

1. 水泥型人造石材

它是以水泥为胶黏剂，砂为细骨料，碎大理石、花岗岩及工业废渣等为粗骨料，经配料、搅拌、成型、加压蒸养、磨光及抛光等工序而制成。通常所用的水泥为硅酸盐水泥，现在也用铝酸盐水泥作胶黏剂，用它制成的人造大理石表面光泽度高、花纹耐久、抗风化，耐火性及防潮性都优于一般的人造大理石。这是因为铝酸盐水泥的主要矿物成分——铝酸一钙水化生成了氢氧化铝胶体，在凝结过程中，与光滑的模板表面接触，形成氢氧化铝凝胶层；与此同时，氢氧化铝胶体在凝结过程中，与光滑的模板表面接触，形成致密结构。所以，制品表面光滑，具有光泽且呈半透明状。

2. 树脂型人造石材

这种人造石材多是以不饱和聚酯为胶黏剂，与石英砂、大理石及方解石粉等搅拌混合，浇铸成型，经固化、脱模、烘干及抛光等工序而制成。目前，国内外人造大理石以聚酯型为多。这种树脂的黏度低，易成型，常温固化。其产品光泽性好，颜色鲜亮，可以调节。

3. 复合型人造石材

这种石材的胶黏剂中既有无机材料，又有有机高分子材料。先将无机填料用无机胶黏剂胶结成型。养护后，再将坯体浸渍于有机单体中，使其在一定条件下聚合。板材制品的底材要采用无机材料，其性能稳定且价格较低；面层可采用聚酯和大理石粉制作，以获得最佳的装饰效果。无机胶结材料可用快硬水泥、白水泥、铝酸盐水泥以及半水石膏等。有机单体可以采用苯乙烯、甲基丙烯酸甲酯、醋酸乙烯、丙烯腈、二氯乙烯及丁二烯等，这些树脂可单独使用或组合起来使用，也可以与聚合物混合使用。

4. 烧结型人造石材

这种类型的人造石材的生产工艺与陶瓷的生产工艺相似，是将斜长石、石英、辉石、石粉及赤铁矿粉和高岭土等混合，一般用40%的黏土和60%的矿粉制成泥浆后，采用注浆法制成坯料，再用半干压法成型，经1000℃左右的高温焙烧而成。

目前，烧结型人造石材的制作方法主要有两种：利用玻璃陶瓷混合技术和陶瓷面砖生产工艺。前者就是微晶玻璃装饰板，后者实际上是陶瓷面砖，主要是仿天然大理石、花岗石板材。

被科学家称为21世纪型装饰材料的微晶玻璃，是20世纪70年代发展起来的人造受控晶化新型材料，它兼有玻璃和陶瓷的优点而又克服了玻璃陶瓷的缺点，具有常规材料难以达到的物理性能。微晶玻璃采用一种不同于陶瓷和玻璃的制造工艺。微晶玻璃中充满微小晶体后（每立方米约10亿晶粒），玻璃固有的性质发生变化，即由非晶型变为具有金属内部结构的玻璃结晶材料。是一种新的半透明或不透明的无机材料，即所谓的结晶玻璃、玻璃陶瓷或高温陶瓷。

（1）微晶玻璃装饰板生产　生产微晶玻璃原材料主要是含硅铝的矿物原料，通常采用普通玻璃原料或废玻璃或金矿尾砂等，加入芒硝作澄清剂，硒作脱色剂。目前，微晶玻璃的生产方法通常有两种：压延法和烧结法。压延法是将原材料熔融成玻璃液，然后将玻璃液压延，经热处理再切割成板材。其优点是能连续流水生产、能耗低，但品种单一。烧结法是先将生料熔融成玻璃液，然后投入到水中冷淬，它会碎成粒径为3～10mm的玻璃颗粒。将消泡剂和着色剂按比例混入干燥好的玻璃料中，使其均匀包裹于玻璃颗粒表面，然后将玻璃料均匀地铺摊在涂有防粘涂料的耐火板上。耐火板组装在窑板上，一般拼装5～8层。送入隧道窑加热使之晶化。再将烧结结晶化好的板材毛坯进行研磨抛光，使板材界面析出针状晶体构成的花纹结合透明玻璃体所表现的质感会显现出来，其装饰效果非常独特。烧结法花纹色彩较好，品种多样，但工艺较复杂，对模具要求较高，能耗大。

（2）微晶玻璃装饰板特性　结构均匀细密，吸水率低，表观密度约为2.7g/cm^3；力学性能高，抗折、抗压和抗冲击强度高于天然花岗石和大理石，硬度与花岗石相当；耐酸碱，抗腐蚀能力强；具有较高的破碎安全性。由于其内部微晶玻璃结构类似于花岗石颗粒状，因此，受到强力冲击破碎后，只形成三岔裂纹，裂口迟钝不伤手；装饰性强，晶体界面的花纹色彩能过透明玻璃体表现出的质感非常强烈，其装饰效果高雅庄重。

第四节　工程砌筑石材及其应用

建筑工程中砌筑用石材应采用质地坚实、无风化剥落和裂纹的天然石材，用于清水墙、柱表面等有外观要求的石材，尚应颜色均匀，使用前应将其表面的污垢、水污等杂质清除干净。砌筑石材按石材加工后的外形规则程度不同，可分为料石和毛石。

一、料石

1. 细料石

经过加工后的细料石通常外表规则，叠砌面凹入深度不大于10mm，截面的宽度、高度不小于200mm，且不宜小于长度的1/4。

2. 半细料石

半细料石的规格尺寸同细料石，但叠砌面凹入深度可放宽至不大于15mm。

3. 粗料石

粗料石的规格尺寸与细料石相近，但叠砌面凹入深度可放宽至不大于20mm。

4. 毛料石

外形大致方正，一般不加工或仅稍加修整，高度不应小于200mm，叠砌面凹入深度不应大于25mm。

用于道路工程的料石又可分为片石、块石、方块石和镶面石等。

二、毛石

毛石为形状不规则的石块，中部厚度不应小于200mm。石砌体可用于一般民用建筑的承重墙、柱和基础，用砂浆砌筑；料石砌体可用于道路、桥梁、水坝、涵洞等工程；毛石混凝土常用于基础及挡土墙工程等。

思　考　题

1. 天然石材的来源有哪些？
2. 天然石材的特点和加工类型有哪些？
3. 人造石材的特点有哪些？

第十三章　新型建筑装饰陶瓷

建筑装饰陶瓷是指用于建筑装饰工程的陶瓷制品，包括各类内墙釉面砖、墙地砖、琉璃制品和陶瓷壁画等。其中应用最为广泛的是釉面砖和墙地砖。

建筑陶瓷制品主要用于内墙建筑或装饰以及地面及卫生设备。由于其具有坚固耐久、色彩亮丽、防水、防火、耐磨、耐蚀且易清洗等优点，而成为现代建筑装饰工程主要材料之一。

第一节　釉　面　砖

釉面砖又称内墙面砖，是用于内墙装饰的薄片精陶建筑装饰制品，它不能用于室外，经日晒、雨淋、风吹、冰冻后，会导致破裂损坏。釉面砖不仅品种多，而且有多种色彩，可拼接成各种图案、字画，装饰性较强，一般多用于厨房、卫生间、浴室及内墙裙等装饰及大型公共场所的墙面装饰。

釉面砖也称瓷砖、瓷片，是在陶质坯体的基础上，经烘干、素烧、施釉、釉烧等程序制成的陶质釉面砖，由于主要用于建筑物的内墙装饰，故通常又称为内墙砖。

釉面砖是用精陶质材料制成的，制品较薄，坯体气孔率较高，正表面上釉，以白釉砖和单色砖为主要品种，并在此基础上应用色料制成各种花色品种。

生产工艺通常为高温慢烧，坯件多用长石黏土系和叶蜡石-黏土系精陶，掺入少量石灰石、滑石，以降低湿膨胀，防止后期龟裂。坯料组成范围：高岭土或叶蜡石为40%～65%；黏土为40%～65%；石英为20%～30%；熔剂（长石、石灰石、滑石、白云石等中的一种或几种）为5%～17%。白色坯体上使用铅硼熔块透明釉，有色坯体上使用硼碱锆（锡、钛、铈）熔块乳浊釉。素烧温度为1230～1280℃，釉烧温度为1100～1160℃。可在已釉烧过的白釉、浅色釉面上采用贴花、丝网印刷、喷涂等工艺，饰以花纹图案，然后在低温下彩烧，也可在素烧坯或生釉层上施彩，釉烧和彩烧一次完成。

目前采用的低温快烧新工艺，其制坯主要原料为硅灰石、滑石、透辉石、磷渣、叶蜡石和黏土，用辊道窑、网带窑等快烧窑烧成。烧成温度：素烧为1000～1100℃；釉烧为960～1040℃，烧成周期为40～60min。其特点是烧成燃料消耗少，便于生产过程自动化，生产灵活性大和成本低。

釉面砖规格主要为正方形或长方形。釉面砖的花色品种近年来发展很快，其主要品种及特点见表13-1。为配合建筑物内部阴阳转角处以及工作台面的铺贴需要，还有各种配砖，如阴角、阳角、压顶条、腰线砖等。为增加瓷砖与基面粘贴的牢固度，生产厂家一般都在瓷砖背面设计有商标、图案等类似劈离砖的凹凸纹，以增加瓷砖与砂浆的接触面积，使饰面与基层黏结牢度。

釉面砖面层光亮、防潮、易清洗、耐腐蚀、耐急冷急热。色彩和图案丰富，具有极好的装饰效果，故大量用于公共或个人住宅的内部装饰装修。但由于其吸水率高，故只适用于室内，不适用于室外。

陶质釉面砖的技术性能执行国家标准《陶瓷砖》(GB/T 4100.5—2006)。砖的长度、宽度和厚度允许偏差应符合表13-2的规定。

表 13-1　釉面砖的主要种类及特点

种　类		代　号	特　点
白色釉面砖		FJ	色纯白,釉面光亮,清洁大方
彩色釉面砖	有光彩色釉面砖	YC	釉面光亮晶莹,色彩丰富雅致
	无光彩色釉面砖	SHG	釉面半无光,不晃眼,色泽一致,柔和
装饰釉面砖	花釉砖	HY	在同一砖上施以多种彩釉,经高温烧成,色釉互相渗透,花纹千姿百态,有良好的装饰效果
	结晶釉砖	JJ	晶花辉映,纹理多姿
	斑纹釉砖	BW	斑纹釉面,丰富多彩
	大理石釉砖	LSH	具有天然大理石花纹,颜色丰富,美观大方
图案砖	白色图案砖	BT	在白色釉面砖上装饰各种图案,经高温烧成。纹样清晰,色彩明朗,清洁优美
	有色图案砖	YGT DYGT SHGT	在有光(YG)或无光(SHG)彩色釉面砖上,装饰各种图案,经高温烧成。产生浮雕、锻光、绒毛、彩漆等效果
字面釉面砖	瓷砖画	—	以各种釉面砖拼成各种瓷砖画,或根据已有画稿烧制成釉面砖,拼装成各种瓷砖画,清新优美,永不褪色
	色釉陶瓷字	—	以各种色釉、瓷土烧制而成,色彩丰富,光亮美观,永不褪色

表 13-2　釉面砖的长度、宽度和厚度允许偏差

允 许 偏 差		无间隔凸缘	有间隔凸缘
长度和宽度	每块砖(2 条或 4 条边)的平均尺寸相对于工作尺寸的允许偏差	$L\leq 12$cm,±0.75 $L>12$cm,±0.50	+0.60 −0.30
	平均尺寸相对于 10 块试样(20 条边或 40 条边)平均尺寸的最大允许偏差	$L\leq 12$cm,±0.75 $L>12$cm,±0.50	±0.25
厚度	每块砖厚度的平均值相对于工作尺寸厚度	±10.0	±10.0

注：砖可以有 1 条或几条上釉边。

根据砖的表面质量不同，釉面砖分为优等品和合格品两个等级。要求优等品应至少有 95%的砖距 0.8m 远处垂直观察表面无缺陷；合格品应至少有 95%的砖距 1m 远处垂直观察表面无缺陷。

釉面砖的物理性能要求主要有以下几项。

(1) 吸水率　釉面砖的吸水率不大于 21%。

(2) 耐急冷急热　耐急冷急热性能是指釉面砖承受温度急剧变化而不出现裂纹的性质。试验采用的冷热温度差为 (130±2)℃。

(3) 弯曲强度　要求平均值不小于 16MPa，当砖的厚度大于或等于 7.5mm 时，弯曲强度平均值不小于 13MPa。

(4) 釉面耐化学腐蚀性　釉面耐化学腐蚀性，需要时由供需双方商定。釉面耐化学腐蚀性是指釉面在酸碱溶液的作用下抵御化学腐蚀的能力。釉面的耐腐蚀等级分为 AA 级、A 级、B 级、C 级和 D 级 5 个等级，其中 AA 级的耐腐蚀能力最强，其次依次为 A 级、B 级、C 级，D 级的耐腐蚀能力最差。

釉面砖的抗冻性不作要求，其他性能与瓷质砖相同。

釉面砖的常用规格（单位：mm）有 100×100、150×150、150×200、200×200、200×300、250×400 等，厚度在 5～8mm 之间，随着釉面砖生产技术和产品质量不断提高，也由于居室建筑面积的逐步扩大，釉面砖的规格也逐渐趋于大型化。流行规格已从 250mm×400mm 向更大发展。另外，在彩釉图案方面，色彩、图案组合更加丰富多彩，已不仅能满足简单的使用功能，而且更注重装饰美化效果。

釉面砖常用于医院、实验室、宾馆等公共场所以及游泳池、浴池、厕所等卫生设施的墙面装饰，既可保护墙面又便于清洗，保持整洁卫生。对于民用住宅装修，用于厨房的墙面装饰，不但清洗方便，还可兼有防火功能。用于卫生间，既可保护墙体，又给人明亮清洁之感。

第二节 墙 地 砖

墙地砖是陶瓷锦砖、地砖及墙面砖的总称，其特点是强度高，耐磨性、耐腐蚀性、耐火性、耐水性均好，容易清洗，不褪色，因此广泛用于墙面与地面的装饰。由于目前陶瓷原料和生产工艺的不断改进，这类砖趋于墙地两用，故统称为墙地砖。

外墙面砖，由半瓷质或瓷质材料制成。分有釉和无釉两类，均饰以各种颜色或图案。釉面一般为单色、无光或弱光泽。具有经久耐用、不褪色、抗冻、抗蚀和依靠雨水自洗清洁的特点。

建筑陶瓷生产工艺是以耐火黏土、长石、石英为坯体主要原料，在1250～1280℃下一次烧成，坯体烧后为白色或有色。目前采用的新工艺是以难熔或易熔的红黏土、页岩黏土、矿渣为主要原料，在辊道窑内于1000～1200℃下一次快速烧成，烧成周期为1～3h，也可在隧道窑内烧成。

地面砖，用半瓷质材料制成，分为有釉和无釉两种，均饰以单色、多色、斑点和各种花纹图案。

目前，地面砖和外墙砖向通用的墙地两用砖（又称彩釉砖、防潮砖）发展，其坯体材质相同，但产品厚度和釉的性能因用途而异。

一、彩色釉面陶瓷墙地砖

彩色釉面陶瓷墙地砖是指适用于建筑物墙面、地面装饰、吸水率大于6%而在10%以下的陶瓷面砖。其主要规格尺寸见表13-3。厚度一般为8～12mm。目前，市场上墙地砖产品的流行趋势也是越来越大，幅面最大的边长可达800～1000mm。

表13-3 彩色釉面陶瓷墙地砖的主要规格 单位：mm×mm

100×100	150×150	200×200	300×300	500×500	600×600
150×75	200×200	200×150	250×150	300×150	300×200
115×60	240×65	130×65	260×65	其他由供需双方自定	

根据国家标准《干压陶瓷砖》（GB/T 4100.4—2006）的规定，其按尺寸偏差不同分为优等品和合格品。瓷质砖的尺寸允许偏差见表13-4。

表13-4 瓷质砖的尺寸允许偏差

允许偏差/%		产品表面面积 S/cm^2				
		$S\leqslant 90$	$90<S\leqslant 190$	$190<S\leqslant 410$	$410<S\leqslant 1600$	$S>1600$
长度和宽度	每块砖(2条边或4条边)的平均尺寸相对于工作尺寸的允许偏差	±1.0	±1.0	±0.75	±0.6	±0.5
	每块砖(2条边或4条边)的平均尺寸相对于10块砖(20条边或40条边)平均尺寸的允许偏差	±0.75	±0.5	±0.5	±0.4	±0.3
厚度	每块砖厚度的平均值相对于工作尺寸厚度的最大允许偏差	±10.0	±10.0	±5.0	±5.0	±5.0

注：抛光砖的平均尺寸相对于工作尺寸的允许偏差为±1.0mm。

砖的外观质量，优等品应至少有95%的砖距0.8m远处垂直观察表面无缺陷；合格品应至少有95%的砖距1m远处垂直观察表面无缺陷。

吸水率应不大于10%。耐热震性应满足经3次热震性试验不出现炸裂或裂纹。

抗冻性能应经抗冻性试验后不出现剥落或裂纹。砖的破坏强度，厚度不小于7.5mm时破坏强度平均值不小于800N；厚度小于7.5mm时破坏强度平均值不小于500N。彩色釉面陶瓷墙地砖的断裂模数（不适于破坏强度不小于3000N的砖）平均值不小于18MPa，单个值不小于16MPa。铺地用的彩色釉面陶瓷墙地砖应进行耐磨性试验，根据耐磨性试验结果分为0级、1级、2级、3级、4级、5级，分别用于不同使用环境。耐化学腐蚀性能应根据面砖的耐酸碱性能各分为AA、A、B、C、D 5个等级（从AA到D，耐酸碱腐蚀能力顺次变差）。其他性能要求与瓷质砖相同。

彩色釉面陶瓷墙地砖广泛应用于各类建筑物的外墙和柱的饰面以及铺设地面，一般用于装饰等级要求较高的工程。其面层的图案和造型多样，故具极强的装饰性和耐久性。墙地砖的选用应考虑其使用部位的不同要求，如用作铺地砖，应重点考虑地砖的强度和耐磨性能；用作外墙砖，尤在严寒地区，除装饰效果外，应首先考虑砖的吸水性和抗冻性。一般来说，吸水率越低，外墙砖的抗冻性能越好，但对粘贴砂浆的性能和施工技术要求则相对要高。

二、无釉陶瓷地砖

无釉陶瓷地砖，简称无釉砖，是专用于铺地用的耐磨无釉面砖。它可分为有釉和无釉两种，应用时以无釉的地砖最为普遍。

由于黏土原料中含有杂质，或人为地掺入着色剂，烧成后无釉地砖可呈红、绿、蓝、黄等多种颜色。无釉陶瓷地砖品种多样，基本分为无光和抛光两种。该类砖具有质坚、耐磨、硬度大、强度高、耐冲击、耐久、吸水率低等优点。

无釉陶瓷地砖按产品的尺寸偏差不同分为优等品和合格品两个等级。

常见产品的规格尺寸见表13-5。除方形、矩形规格外，通常还有六角形、八角形以及叶片状等异型产品。

表13-5　无釉陶瓷地砖的主要规格　　单位：mm×mm

50×50	100×100	150×150	152×152	200×50	300×200
100×50	108×108	150×75	200×100	200×200	300×300

无釉陶瓷地砖的尺寸偏差和表面质量要求同彩色釉面陶瓷墙地砖的规定。

无釉陶瓷地砖的吸水率平均值为3%～6%，单个值不大于6.5%。抗热震性试验经20次不出现炸裂或裂纹。抗冻性能应满足经抗冻性试验后不出现裂纹或剥落。无釉陶瓷地砖的破坏强度，厚度不小于7.5mm时破坏强度平均值不小于1000N；厚度小于7.5mm时破坏强度平均值不小于600N。无釉陶瓷地砖的断裂模数（不适于破坏强度不小于3000N的砖）平均值不小于22MPa，单个值不小于20MPa。耐磨性指标为耐深度磨损体积不大于345mm^3，试验按《陶瓷砖试验方法》（GB/T 3810.6—2006）的规定方法进行。

无釉陶瓷地砖适用于商场、宾馆、饭店、游乐场、会议厅、展览馆等公共设施的室内外地面。小规格的无釉陶瓷地砖常用于公共建筑的大厅和室外广场的地面铺贴，经不同颜色和图案的组合，形成质朴、大方、高雅的风格，同时兼有分区、引导、指向的作用。各种防滑无釉地砖也广泛用于民用住宅的室外平台、浴厕等地面装饰。

第三节　新型墙地砖

一、劈离砖

劈离砖又称劈裂砖，因其成型时为双砖背联坯体，烧成后可劈开分离成两块砖，故称劈离砖。

劈离砖按用途不同，可分为地砖、墙砖、踏步砖、角砖（异型砖）等品种。国际市场的常用规格为：墙砖，240mm×1150mm、240mm×52mm、240mm×71mm、200mm×100mm，劈离后单块厚度为11mm；地砖，200mm×200mm、240mm×240mm、300mm×300mm、200mm（270mm）×75mm，劈离后单块厚度为14mm；踏步砖：115mm×240mm、240mm×52mm，劈离后单块厚度为11mm或12mm。

劈离砖坯体密实，强度高，其抗折强度不低于30MPa；吸水率低，小于6%；表面硬度大，耐磨防滑，耐腐抗冻，冷热性能稳定。砖背面的凹槽纹与黏结砂浆形成楔形结合，可保证铺贴时与基层黏结牢固，不易脱落。

劈离砖适用于各类建筑物的外墙装饰，也适合用楼堂馆所、车站、候车室、餐厅等室内地面的铺设。厚度较大的劈离砖（国外最大厚度为40mm×2）特别适用于公园、广场、停车场、人行道等露天地面的铺设。也可用作游泳池、浴池池底和池岸的贴面材料。

二、仿花岗石墙地砖

仿花岗石墙地砖是目前国际上流行的一种新型高档建筑饰面材料，系全玻化、瓷质无釉墙地砖。其具有天然花岗石的质感和色调，可替代天然花岗石用于建筑装饰工程。

仿花岗石墙地砖玻化程度高、硬度大（莫氏硬度高于6）、吸水率低（小于1%）、抗折强度高（大于27MPa）、耐磨、抗冻、耐污染、耐久。可制成麻面、无光面或抛光面，有红、绿、黄、蓝、棕多种基色。

仿花岗石墙地砖的规格有200mm×200mm、300mm×300mm、400mm×400mm、500mm×500mm等。厚度为8mm、9mm。可用于会议中心、宾馆、饭店、展览馆、图书馆、商场、舞厅、酒吧、车站、飞机场的墙地面装饰。

三、钒钛饰面砖

钒钛饰面砖是一种仿黑色花岗石的陶瓷饰面砖，是利用稀土矿物原料研制的一种高档墙地面装饰板材。与天然黑色花岗石板相比，该饰面板更黑、更硬、更薄、更亮，弥补了天然花岗石在抛光过程中，黑云母容易脱落造成板材表面出现凹坑、光泽度受到影响的缺点。其莫氏硬度、抗压强度、抗弯强度、密度、吸水率均优于天然花岗石。规格有400mm×400mm、500mm×500mm等，厚度为8mm。适用于宾馆、饭店、办公楼等大型建筑的内外墙面、地面的装饰，也可用作台面、铭牌等。

四、金属光泽釉面砖

金属光泽釉面砖是一种板材表面呈现金、银等金属光泽的釉面墙地砖。该类瓷砖在生产过程中，采用了一种新的施釉方法——釉面砖表面热喷涂着色工艺。具体方法是在炽热的釉层表面，喷涂有机或无机金属盐溶液，通过高温热解，在釉表面形成一层金属氧化物薄膜，该薄膜随所用金属离子本身颜色的不同而产生不同的金属光泽。面砖的规格与普通陶瓷墙地砖相同，尤其条形砖的应用较为广泛。

金属光泽釉面砖是一种高档墙体饰面材料，可给人以清新绚丽、金碧辉煌的特殊效果。

适用于高级宾馆、饭店及酒吧、咖啡厅等娱乐场所的内墙饰面，其特有的金属光泽和镜面效果，使人在雍容华贵中享受到浓郁的现代气息。

五、渗花砖

不同于在坯体表面施釉的墙地砖，渗花砖采用焙烧时可渗入到坯体表面以下1～3mm的着色颜料，使砖面呈现各种色彩或图案，然后经磨光或抛光而成。渗花砖属烧结程度较高的瓷质制品，因而强度高、吸水率低。特别是已渗入坯体的色彩图案具有良好的耐磨性，用于铺地，可耐长期磨损而不脱落、褪色。

渗花砖的常用规格有300mm×300mm、400mm×400mm、450mm×450mm、500mm×500mm等，厚度为7～8mm。适用于商业建筑、写字楼、饭店、娱乐场所、车站等人流密集场所的室内外地面及墙面装饰。

六、玻化墙地砖

玻化墙地砖也称全瓷玻化砖或全玻化砖，在《干压陶瓷砖》(GB/T 4100.1—2006) 中称为瓷质砖。它是以优质瓷土为原料，高温焙烧而成的一种不上釉瓷质饰面砖。玻化砖烧结程度很高，坯体致密。虽表面不上釉，但吸水率很低（小于0.5%）。该类墙地砖强度高(厚度不小于7.5mm时破坏强度平均值不小于1300N；厚度小于7.5mm时破坏强度平均值不小于700N)，断裂模数（不适于破坏强度不小于3000N的砖）平均值不小于35MPa，单个值不小于32MPa。耐磨、耐酸碱、不褪色、耐清洗、耐污染。玻化砖有银灰、斑点绿、浅蓝、珍珠白、黄、纯黑等多种色调。调整其着色颜料的比例和制作工艺，可使砖面呈现出不同的纹理和斑点，使其极似天然石材。

玻化砖有抛光和不抛光两种。主要规格有300mm×300mm、400mm×400mm、500mm×500mm等。适用于各类公共设施和商业建筑的室内外墙面、地面的装饰，也适用于民用住宅的室内地面装饰，是一种中高档的饰面材料。

七、陶瓷锦砖

陶瓷锦砖，俗称马赛克，是用于地面或墙面的小块瓷质装修材料。陶瓷锦砖可制成不同颜色、尺寸和形状，并可拼成一个图案单元，粘贴于纸或尼龙网上，以便于施工，并分有釉和无釉两种。陶瓷锦砖的规格较小，直接粘贴困难，故需预先反贴在牛皮纸上（正面与纸相粘），一张产品称为一联。联的边长有284mm、295mm、305mm和325mm 4种。其中，305mm的联长多为常见。一般以耐火黏土、石英和长石为制坯主要原料干压成型，于1250℃左右温度下烧成。也有以泥浆浇筑法成型，用辊道窑、推板窑等连续窑烧成。

陶瓷锦砖质地坚实、吸水率极低（小于0.2%）、耐酸、耐碱、耐火、耐磨、不渗水、易清洗、抗急冷急热。陶瓷锦砖色彩鲜艳，色泽稳定，可拼出风景、动物、花草及各种抽象图案。施工方便，施工时反贴于砂浆基层上，把皮纸润湿，在水泥初凝前把纸撕下，经调整、嵌缝，即可得到连续美观的饰面。因陶瓷锦砖块小，不易踩碎，故特别适宜用于地面的装饰。

陶瓷锦砖适用于洁净车间、门厅、餐厅、厕所、盥洗室、浴室、化验室等处地面和墙面的装饰。也可用作建筑物的外墙饰面，与外墙面砖相比，其具有面层薄、自重轻、造价低、坚固耐用、色泽稳定、可拼图案丰富的特点。

陶瓷锦砖的技术性能执行国家行业标准《陶瓷马赛克》(JC 456—2005)。无釉陶瓷锦砖的吸水率不大于0.2%，有釉陶瓷锦砖的吸水率不大于1.0%。

八、陶瓷壁画

陶瓷壁画为贴于内外墙壁上的艺术陶瓷。用于外墙的由半瓷质或瓷质材料制成，用于内墙的可由精陶材料制成。特点是经久耐用，永不褪色。一般以数十甚至数千块白釉内墙砖拼成，用无机陶瓷颜料手工绘画烧制成画面。还有运用磁州窑特殊装饰工艺，制成特殊风格的花釉画面。20 世纪 80 年代已发展为 1m×1m 的大型陶瓷板，以单块或以多块拼镶制成大小不同的壁画，而目前陶瓷壁画正朝着更大规格的方向发展。

九、彩色瓷粒

彩色瓷粒为散粒状彩色瓷质颗粒，用合成树脂乳液作胶黏剂，形成彩砂涂料，涂敷于外墙面上，施工方便，不易褪色。

十、陶管

用于民房、工业和农田建筑给水排水系统的陶质管道，有施釉和不施釉两种，采用承插方式连接。陶管具有较高的耐酸碱性，管内表面有光滑釉层，不会附生藻类而阻碍液体流通。

陶管一般以难熔黏土或耐火黏土为主要原料，其内表面或内外表面用泥釉或食盐釉。用挤管机硬挤塑成型，坯体含水率低，便于机械化操作。用煤烧明焰隧道窑烧成，烧成温度为 1260℃左右。

十一、琉璃制品

琉璃制品是一种带釉陶瓷，是我国陶瓷宝库中的古老珍品。它以难熔黏土为原料，模塑成各种坯体后，经干燥、素烧、施釉再釉烧而成。琉璃制品质地致密，表面光滑，不易剥釉，不易褪色，色彩绚丽，造型古朴，富有我国传统的民族特色。目前，屋面用琉璃瓦仍被作为高档装饰材料。

琉璃制品主要有琉璃瓦、琉璃兽以及琉璃花窗、栏杆等各种装饰件，还有陈设用的各种工艺品，如琉璃桌、绣墩、花盆、花瓶等；其中琉璃瓦是我国用于古建筑的一种高级屋面材料。琉璃瓦品种繁多，常见的有：筒瓦（盖瓦）；板瓦（底瓦）；滴水——铺在檐口处的一块板瓦，前端下边连着舌形板；勾头——铺在檐口处的一块筒瓦，用圆盖盖住；挡沟——有正挡和斜挡之分；脊——有正脊和翘脊之分；吻——有正吻和合角吻之分；其他还有用于琉璃瓦屋面起装饰作用的各种兽形琉璃饰件。琉璃瓦的色彩艳丽，常用的有金黄、翠绿、宝蓝等色。

建筑琉璃制品由于价格高，自重大，一般用于有民族特色的建筑和纪念性建筑中，另外在园林建筑中，常用于建造亭、台、楼、阁的屋面。

建筑琉璃制品的质量要求包括尺寸允许偏差、外观质量和物理性能。尺寸允许偏差和外观质量要求见《建筑玻璃制品》(GB 9197—1988)，物理性能要求见表 13-6。

表 13-6　建筑琉璃制品的物理性能要求

项　目	优 等 品	一 等 品	合 格 品
吸水率(%)	≤12		
抗冻性	冻融循环 15 次		冻融循环 10 次
	无开裂、剥落、掉角、掉棱、起鼓现象。因特殊要求，冷冻最低温度、循环次数可由供需双方商定		
弯曲破坏荷载/N	≥1177		
抗急冷热性	3 次循环，无开裂、剥落、掉角、掉棱、起鼓现象		
光泽度	平均值≥50 度，根据需要，可由供需双方商定		

第四节　新型建筑卫生陶瓷金饰材料现状

近年来，建筑卫生陶瓷的装饰技术发展很快，正在出现一个缤纷多彩的局面。陶瓷制品装饰的物质条件是各种丰富多彩的颜料与色料，正是新型多品种颜料的不断研制开发，才促进了建筑卫生陶瓷新产品的多姿多彩。将来建筑卫生陶瓷产品的竞争主要是花色品种的竞争，毫无疑问，首当其冲的应该是装饰材料的竞争。

我国建筑卫生陶瓷产品由于装饰技术、色彩与款式落后于国际市场，同样的产品却卖不出好的价位，只能充当中低档商品，价格仅相当于国外的2/3左右。因此，我们必须不断提高装饰技术水平，并应保持清醒与足够的理性认识。尤其在当前国际建筑卫生陶瓷竞争愈演愈烈的形势下，优秀的装饰技术往往是由高科技支撑的，这里主要介绍金饰材料的应用与发展情况。

近年来金饰材料作为建筑陶瓷装饰的新秀脱颖而出，我们从国外建筑卫生陶瓷产品样本中，看到很多产品的例子。由于金色是一种豪华、高贵、富丽的色调，自古以来不但被用于帝王专用的色调，而且也被广泛应用于陶瓷产品的装饰。我国宋代的五大名窑之一——定窑出产产品的口沿大都曾镶有金口，金代磁州窑的红绿彩瓷俑也有大面积的装饰金彩，以显示其尊贵与豪华。现在高档的日用陶瓷上几乎都装饰有金线或金色画面，成为人们喜欢的商品。

当前，金饰材料正在由日用陶瓷产品装饰向建筑卫生陶瓷装饰发展，国际建筑卫生陶瓷产品也越来越多地采用金饰颜料进行装饰，成为一种新流行色与装饰新趋势，而且最有希望成为下一代大范围采用的装饰色料种类之一。如许多建筑卫生陶瓷产品采用金色文饰、图案及边线等，不仅能够表现出产品的华贵感，也使环境形成金碧辉煌的氛围，富有现代的气息。金饰材料的装饰方法已经形成手工彩绘、刻绘花、喷墨印花、转移印花、超高速印花等各种工艺技术方法。

一、金水装饰

在陶瓷行业，金水是采用得最多的色剂。金饰材料也可以印制成金花纸，如同日用陶瓷常用的花纸一样，粘贴在白色制品上，再经过低温彩烤，使金花纸附着在产品上。金饰材料也可以采用喷绘、涂敷等彩绘方法。目前国际上金水产品种类很多。陶瓷用金水金膏品种的含量、黏度通常以客户要求而定。其中金水每瓶装100g，含金量为7%、8%、10%、11%、12%、14%、18%；含金量高的品种有22%、25%、35%等。如日本生产的金饰颜料，所需要的金块由香港进口，金块的纯度达到99.7%以上。经过在本国提纯，达到99.99%的纯度。提纯的工作由东京的田中贵金属工业公司进行，碾磨成高纯度的金及铑粉，经过80目筛，再由金颜料工厂制成金膏与金水。金水产品虽然主要表现为黄金色，但也可以表现出很多丰富的色调种类。如赤金色、青金色、无光金色、白金色、半无光金色、磨光金等。其中，无光金与磨光金为最高级的金色装饰品种，表现为一种高格调的装饰风格。它们含金量范围有的很高，在11%～35%之间。随着底色含金量的增高，金色装饰给人一种厚重感。无光金中含有沉淀物质，故在使用之前要用力摇荡。在烧成后，尚须用湿润的锆砂进行打磨，直至使其呈现黄金色光泽。半无光金含金量在13%以下，它不需要打磨，即可形成无光金色。无光金色由于不反光，故更有耐人寻味的表现力。

二、液态磨金材料

液态磨金采用的是含金量高（16%～22%）的液态金水，在烧烤后形成无光的金色。采用磨光或抛光方法后，可获得亮金层表面。液态磨金材料的配方为金 18%、银 13%、氧化铋 0.5%、树脂 8.5%、溶剂 60%。此装饰材料必须经过充分混合，防止金膜出现不均匀、不致密及色泽差等缺陷。液态磨光金材料最具有真金的装饰效果，可用于高档陶瓷产品的装饰。

三、代金颜料

由于世界上贵金属储量有限，且价格不断上扬，现在国际上越来越多的国家正在开发各种代金颜料。几十年来国内外企业已经能够生产各种代金颜料，虽然不使用含有黄金等贵重金属的材料，但成色效果甚佳，非常适合于各种中低档建筑卫生陶瓷产品的装饰。代金材料装饰方法很多，有喷涂法、电镀法与常规施釉法等。报载德国代金颜料不再采用通常的氮化钛材料（属于复杂的电镀法），而是采用由合成的云母粉色素外加其他溶剂组成。合成云母粉最先由德国的颜料公司开发，然后被推销到世界各地。代金颜料的生产工艺过程如下：沉淀—加热碾磨—煅烧—摇罐研磨（100h 以上）—干式碾磨—经过 150 目筛。色剂的煅烧在烧结窑炉中进行，烧成温度为 750℃；溶剂的烧成温度为 1300℃以上。颜料最终的粉碎细度为 10μm 以下占 95%以上。

四、电光颜料

金饰颜料还有一种重要的品种——电光颜料。电光颜料的彩饰方法与金饰相同，只不过其含金量低。它是以油脂、松节油、苯、樟脑油等材料将电光颜料稀释成 10%～20%，再涂敷或喷彩到陶瓷制品的表面。电光颜料已经形成珠光金红等品种，装饰在产品上后，颜色浓处成绿色，色调薄时，则可变色为绯红、紫、蓝、黄、淡蓝、灰等多种色调，非常美观，有时带有某种金属色感，在光线照耀下闪闪发亮。珠光颜料系统的电光颜料，可常用海绵涂敷方法，能形成竹纹形状，引起色调变化。还有一种珠光电光颜料，使用过浓色调容易脱落，因此需要将其稀释成 20%～30%，方可解决脱落问题。电光颜料的烧成温度通常为 750～800℃。金红及红色电光颜料则需在 780～820℃烧成。

电光颜料表现出一种古典的装饰美感，也很富有现代审美情趣。目前电光颜料已经成为陶瓷界流行的新型装饰材料，形成系列化产品，品种丰富且色彩灿烂夺目，已经突破了过去单纯依靠陶瓷花纸及颜色釉装饰的局限。西方国家在建筑卫生陶瓷产品上已经开始大量采用电光颜料装饰方法，形成的色调众多，有珍珠色、桃红色、金褐色、极光色、杏仁色、奶黄色、枇芭色、竹青色、蓝珍珠色、草绿珍珠色、甘蓝色、紫色、铜色、黑色、灰珍珠色、鼠灰色等上百个品种。目前意大利及西班牙等国已将电光颜料装饰产品或电光颜料色剂打入我国陶瓷市场，由于国内各地企业开发工作滞后，只能暂时将此市场拱手让人。其实我国日用陶瓷产品及美术陶瓷产品早已使用过电光颜料装饰方法，但由于陶瓷行业之间缺少沟通与交流，未能将国内日用陶瓷早有的装饰方法转移嫁接到建筑卫生陶瓷领域。瓷砖与卫生陶瓷产品的金属色彩釉，实际上就是一种电光颜料。现在国际陶瓷界借助于多种金属化合物水溶液使陶瓷制品呈色的技术，如将色料水溶液与稀有金属元素的离子溶液同时装饰在陶瓷釉面，经过彩烧，形成类似各种金属晕彩变化的装饰效果。我国陶瓷色料生产企业应该重视电光颜料类新型色料的研究开发，提高工艺技术水平，做好以国内产品替代进口产品的工作，以尽快增加与提升我国建筑卫生陶瓷产品的新品种与附加值。

五、其他金饰材料

金红是一种高雅的装饰材料，由于采用贵重的黄金生产，因此比较适合于高档陶瓷产品的装饰。目前我国已经能够生产各种金红颜料品种，相信以后也会扩大在建筑卫生陶瓷产品装饰方面的应用。金膏分为两种，一是专用以印制金花纸使用的材料，广泛应用于陶瓷及玻璃的装饰；另外一种是直接在陶瓷产品上转移印花的产品。国外建筑卫生陶瓷企业的生产线上，常配置有印花设备，其中也大量使用金膏装饰材料。金膏在使用前，必须充分搅拌，调节好浓度。

不同的印刷条件对金膏浓度的要求也不同，浓度过大时容易导致丝网网目的堵塞，或在产品上流下拉丝状的色缕，故有时需要以金油加以稀释。金膏印制的墨层应该厚些；赤金与白金印制的墨层应该浅些；无光金及无光银印制时也应该厚一些，才能产生较好的效果。在金饰材料的装饰方面，国外还有可用手绘的金饰材料品种。如用于设计大师制作陶板壁画时使用的金饰材料产品等。当然采用手工金饰材料装饰的瓷砖产品价格肯定很高。我国目前陶瓷用金饰材料，在生产技术、品种质量方面与国外差距还很大。尤其在使用品种上，仅限于日用陶瓷与美术陶瓷。金饰材料在建筑卫生陶瓷装饰方面还远未形成规模与气候。国际上早已形成几大装饰材料公司，如美国的福禄公司（FERRO），英国的布里塞公司（BLYTHY），德国的笛高砂公司（DEGUSSE）等。近年来西班牙和意大利的色料公司也正在积极打入我国市场，报刊上登载出售欧洲各种色料的广告屡见不鲜。这都说明我国陶瓷工业已经纳入世界市场范围，但是装饰材料单靠进口是不行的。今后要发展应该走引进与开发制作相结合的路子。因为单靠产品引进必受制于人，而且每年还要交付昂贵的技术专利使用费，时间久了会是沉重的负担和包袱。因此应该尽快向自主开发方面倾斜，建立起自己独立的装饰核心技术研发体系，满足建筑卫生陶瓷高档产品发展的需要。

第五节　建筑卫生陶瓷企业废气和粉尘污染控制与防治

建筑卫生陶瓷企业废气大致可以分为两大类。第一类为含生产性粉尘为主的工艺废气，一般这类含尘废气温度较低，主要来源为坯料、釉料及色料制备过程中的破碎、筛分、造粒和喷雾干燥等。第二类为含 CO_2、SO_2、NO_x、氟化物、粉尘等为主的高温含尘废气，主要来源为各种陶瓷窑炉及产品烧成设备。

废气和粉尘的特点有以下几个。

（1）废气和粉尘排放点多　建筑墙地砖生产企业更为明显，尤其是采用干法或半干法工艺生产的企业，几乎所有的工艺环节都有废气产生，因而废气排放点多且较为集中。

（2）含尘废气排放量大　采用半干法生产建筑墙地砖的大中型企业，一般来说，每千克合格制品产生的含尘废气量为 110～190m^3，其中低温含粉尘废气占 73%～80%，陶瓷窑炉烧成设备产生的高温含尘废气占 15%～20%。若用煤作燃料，则含煤粉废气对大气环境的污染更为严重。这种废气中不仅含硫量和含尘量很高，而且含煤粉多，林格曼黑度常在 4 级左右，特别是在加煤过程中，黑度可达 5 级。

（3）废气中粉尘颗粒细小　随着建筑卫生陶瓷企业所生产的产品种类和采用工艺的不同，所产生的废气中的粉尘颗粒组成也有差别。总体来说，粉尘粒径大于 10μm 的一般仅占粉尘总量的 20%左右，80%以上的粉尘颗粒小于 10μm。

（4）废气中粉尘的游离 SiO_2 含量高　由于建筑卫生陶瓷企业生产所用原料及粉料的游离 SiO_2 含量较高，因而这些原料在破碎、输送及成型过程中所产生的大量粉尘中游离 SiO_2 的含量也相应较多，危害性较大。

一、建筑卫生陶瓷企业废气和粉尘的控制与防治设备的选择

1. 建筑卫生陶瓷企业收尘设备选择要考虑的问题

在废气和粉尘的控制与防治工程中，收尘器是十分重要的治理设备。选择收尘设备通常

考虑以下5个因素：①需要达到的收尘效率；②设备运行条件（包括含尘气体与粉尘的性质）；③经济性；④占用空间的大小；⑤维修因素等。

2. 建筑卫生陶瓷企业废气和粉尘污染控制与防治常用的设备

建筑卫生陶瓷企业废气和粉尘污染控制与防治常用的设备如下。

(1) 高效旋风收尘器　旋风收尘器是利用离心力从气体中除去粒子的设备。其结构简单，没有运动部件，造价低，维护管理工作量极小。高效的旋风收尘器对于10～20μm的粉尘，除尘效率可在90%左右。旋风收尘器在粉尘气体净化工程中主要用于10μm以上的粉尘，也用作多级除尘器中的第一级除尘器。建筑卫生陶瓷企业常用的高效旋风收尘器有CZT型旋风收尘器、XLP型旋风收尘器、CLT/A型旋风收尘器。

(2) 湿式收尘器　湿式收尘器是利用水来收尘的设备，它有多种不同的构造形式。一般是通过含尘气体与水滴或水膜的接触，使尘粒从气流中分离。湿式收尘器的主要优点是结构简单，投资低，占地面积小，收尘效率高，能同时进行有害气体的净化治理；缺点是冬季洗涤液可能冻结，缺水地区使用有困难，有些湿式收尘器容易被灰尘堵塞。至于含尘废水的收尘治理，在建筑卫生陶瓷企业并不困难，一般可纳入其生产工艺废水处理系统一并净化。建筑卫生陶瓷企业常用的湿式收尘器有CCJ/A型收尘机组、水浴收尘器、加速冲击式除尘器、泡沫收尘器、MT内动多效应湿式收尘器。

(3) 袋式收尘器　建筑卫生陶瓷企业所采用的袋式收尘器属于中、小规格范围，使用较多的袋式收尘器有MC-1型脉冲袋式收尘器、FD型回转反吹扁袋收尘器和机械振打清灰的PL型单机袋式收尘器。

二、建筑卫生陶瓷坯料制备过程中的废气和粉尘污染的控制与防治

坯料制备是建筑卫生陶瓷产品生产中的主要环节，生产性的废气与粉尘有50%～60%是在坯料制备过程中产生的。无论企业规模大还是小，坯料制备均自成一体。每个企业在原料加工过程中都是一个很大的废气和粉尘的污染源。我国建筑卫生陶瓷企业有几千家，其中工艺设备先进、生产过程机械化和连续化、收尘系统完备的大型企业数量不多。为了减少废气和粉尘的污染源，只有在中、小建筑卫生陶瓷企业较集中的地区建立原料加工基地。原料都在专业化工厂集中加工后，袋装供应给各产品生产企业，企业再加工制成半干压成型的粉料、注浆成型的浆料、可塑成型的泥料，以保证原料质量的稳定。

就坯料制备工艺而言，建筑卫生陶瓷企业有干法生产、半干法生产和湿法生产3种工艺过程。各种工艺过程中，硬质原料都需经颚式破碎机粗碎，故均有一定的粉尘废气产生。除此之外，干法和半干法生产都还有大量的粉尘废气产生，改成湿法工艺之后基本消除了粉尘及其废气污染。单就防尘和减少废气量而言，建筑卫生陶瓷工业采用湿法生产工艺最为理想，然而由于干法制粉新工艺的设备投资仅为湿法喷雾干燥制粉的60%，生产成本也约低20%，并且节能效果显著，故国内外的一些陶瓷专家都认为其是发展方向。同时，这种工艺还存在着粉尘污染问题，怎样才能克服新工艺中的这个缺陷以求得经济和环境效益的统一，是需要工艺和环境工程技术人员共同研究的课题。

一个完整的废气和粉尘污染治理系统一般由局部排风罩、气管、收尘设备、风机和阀门组成，如图13-1所示。

根据废气和粉尘治理系统设计的原则，首先应对产生或散发粉尘的部位在不影响生产和操作的情况下进行密闭。为密闭而设置的局部排风罩的形式是多样的，在建筑卫生陶瓷企业的坯料制备过程中，不同设备产生的粉尘情况不同，因而局部排风罩的形式也就不尽相同。为了有效地防止含尘气体外逸，对那些出厂前已经密闭的生产设备，还必须设置排风罩进行抽风，以消除正压，使罩内保持负压。

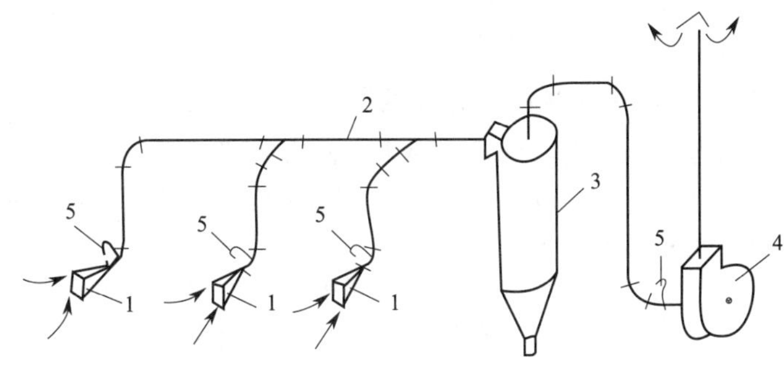

图 13-1　完整的废气和粉尘污染治理系统

1—局部排风罩；2—气管；3—收尘设备；4—风机；5—阀门

水力收尘是一种经济而有效的收尘方法。其一方面由于硬质料的含水量增加，可以减少物料在破碎时产生的粉尘分散飞扬，还可以通过喷雾捕集一部分已经散发到空气中的粉尘；另一方面有益于提高产品质量，因为在此过程中原料得到了冲洗而纯度提高。如某些建筑卫生陶瓷企业的原料二次破碎采用水力收尘器就是较好的例子。

三、建筑卫生陶瓷制品成型工艺过程中的废气和粉尘污染治理技术

由于建筑卫生陶瓷企业以往把对废气和粉尘的控制与防治重点放在坯料制备各原料的加工环节，所以在防尘以保护劳动者身心健康、收尘以减少含尘废气充分调动大气环境污染的治理方面，坯体制备较成型和烧成等工艺过程取得了更多、更好的效果。因此，建筑卫生陶瓷企业中废气与粉尘污染危害并不最严重的成型工艺过程，现在就显得突出了。其采用的治理技术如下。

1. 设置局部排风罩对建筑卫生陶瓷制品成型及喷釉过程中的废气和粉尘进行控制

(1) 手动摩擦压砖机局部排风罩设置形式的改进。

(2) 卫生洁具喷釉柜通风形式的改进。

2. 建筑卫生陶瓷制品成型与喷釉设备废气和粉尘治理系统

(1) 手动摩擦压砖机废气和粉尘治理系统　手动摩擦压砖机收尘系统采用水浴式收尘器的较为多见。一般一台手动摩擦压砖机单独采用一台水浴收尘器，这样可完全实现收尘设备与生产主机的边锁。手动摩擦压砖机成型产生的粉尘一般含有5%左右的水分，尤其成型的产品为建筑外墙砖和地砖时，坯料配方中软质黏土原料比例较大，手动摩擦压砖机收尘系统采用湿式收尘器较为合适。

(2) 自动压砖机废气和粉尘治理系统　在引进的大吨位自动压砖机中，尽管凡是有粉尘产生的部位基本上都设置了抽风罩，但车间工作环境的粉尘浓度仍然超过国家规定标准。大吨位自动压砖机成型要求的坯料含水率低于手动摩擦压砖机，因而也适合使用袋式收尘器。自动压砖机收尘系统采用冲击式收尘器的企业较多。该收尘器占用空间少、阻力低，是一种获得国家专利的新型机械式湿式除尘器。这种收尘器与CCJ/A型冲击式收尘器相比，两者收尘效率接近，每小时耗水量相差不多，但收尘系统的电耗相差甚大。

由于自动压砖机单台产量较高，排尘点较多且抽风量较大，所以单台自动压砖机独立设置收尘系统较为合理。

(3) 卫生洁具喷釉柜废气和粉尘治理系统　因为多数釉料配方中含有一些有毒的化工原料，所以喷釉过程发散的大量雾状釉滴含有一定的毒性，并由于其废气含尘浓度较高，因而在卫生洁具喷釉时，必须将其所产生的有毒含尘废气进行治理。在卫生洁具喷釉柜收尘系统

的设置上，应该是一个喷釉柜单独设置一个收尘系统。这样配置的主要优点是便于不同的釉料分别回收利用。其收尘系统一般采用水浴收尘器。

四、建筑卫生陶瓷制品烧成过程中的废气和粉尘治理技术

烧成过程的废气来自3个方面：第一方面来自出窑时清灰产生的低温含尘废气；第二个方面来自燃料的燃烧产物，即含尘废烟气；第三个方面是来自制品煅烧过程中坯体表面及釉层中挥发出具有一定毒性的高温含尘废气。

卫生洁具入窑前清灰点的收尘系统一般都采用水浴收尘器。对于燃料燃烧时产生的废气治理可以采用煤的气化技术，将煤首先转化在煤气，然后把煤气供给陶瓷窑炉作为燃料，这样可大大减轻陶瓷窑炉排出的废气对大气环境的污染。另外，将烧煤陶瓷窑炉设为烧气窑炉或烧电窑炉更能实现废气最低排放的目的。可以采用袋式收尘器对建筑陶瓷窑炉的废烟气进行治理。

第六节　建筑陶瓷的行业发展

近年来，建筑陶瓷制造从华东和佛山等中高档建陶集中产区向全国迁移；优质建陶企业通过产业迁移加快产业区域布局，同时优质建陶企业的迁移也带动新建陶瓷产区由低档建陶生产向中高档建陶生产提升。全国范围内的建筑陶瓷转移、扩张、重新布局也带动全国建陶产业的发展。

从建筑陶瓷整个行业来看，市场空间仍然很大。虽然建筑陶瓷业在欧美已属“夕阳产业”，但在我国还是“朝阳产业”，还会有很大的发展。美国金融海啸对我国建陶行业有影响，但并没有想象得那么大，也没有那么可怕。我国建陶业已经完全“迈过”这场经济灾难。

思　考　题

1. 常用建筑陶瓷有哪几种？各有何特性？
2. 简述建筑卫生陶瓷金饰材料的种类及应用。
3. 新型墙地砖的种类及应用情况如何？

第十四章　新型建筑装饰玻璃

建筑业是我国国民经济建筑的支柱产业之一，到 2010 年，我国新建住宅达到 150 亿平方米，公共与工业建筑及基础设施建设亦有长足发展。建筑玻璃作为围护、采光、节能、装饰等用途的多功能建筑，应不断发展以满足建筑业提出的新要求。2006 年 11 月 30 日，国家发展和改革委员会、国土资源部、建设部、中国人民银行、国家质量监督检验检疫总局、国家环保总局联合下发的《关于促进平板玻璃工业结构调整的若干意见》，提出“力争实现‘十一五’玻璃工业结构调整目标：平板玻璃总产能控制在 5.5 亿重量箱，其中浮法玻璃比重达到 90%以上；优质浮法与特殊品种比例达到 40%；玻璃深加工率达 40%；品种质量基本满足高档建筑和交通运输业及信息产业的需求……”。

第一节　玻璃在建筑业的应用

一、节能建筑玻璃

面对日见匮乏的自然资源，从可持续发展战略出发，开发新能源与节约能源并重是人类面对的共同课题。国家提出的建筑节能目标是到 2010 年，全国新增建筑的 1/3 达到节能 50%的目标；到 2020 年，全国新增建筑可望全部达到节能 65%的目标。

具有节能作用的建筑玻璃有以下品种。

1. 热反射玻璃

在平板玻璃表面镀覆金属或金属氧化物薄膜，该薄膜具有反射太阳光的功能，主要是反射太阳光中的红外热能，使玻璃能够部分阻挡太阳能进入室内，降低室内空调负荷，是具有节能作用的建筑玻璃品种之一。热反射玻璃还有很好的装饰功能，有几十个颜色品种和不同的反射率指标。

随着热反射玻璃的大量应用，人们开始关注其带来的“光污染”问题。“光污染”包含反射可见光与反射热的两种污染。高反射率的热反射玻璃对可见光的反射可以达到 50%以上，对建筑物周边的环境形成强烈的照射，使居民、行人和驾驶人员感到强光刺眼，造成视觉不安全。热反射会造成邻近建筑和街道温度提高，在建筑玻璃的应用设计时要避免或减轻“光污染”问题。

2. 吸热玻璃

在玻璃制造过程中，原料中加入金属离子，使玻璃具有吸收太阳能的功能，减少进入室内的太阳能，降低室内空调负荷，是节能建筑玻璃的又一品种。吸热玻璃是颜色玻璃的一种，一般有灰色、茶色、蓝色和绿色等品种。

吸热玻璃在吸收太阳光中红外热能的同时，对可见光的吸收阻挡也很严重，一般可见光透过率低于 50%，造成室内采光不足。经过调整玻璃的成分和改进工艺制度，美国 PPG 玻璃公司生产了既能阻挡红外热能、又能较多地透过可见光的超吸热玻璃。超吸热玻璃的技术指标可以达到：可见透过率大于 65%，红外透过率小于 25%，太阳能总透过率小于 40%。超吸热玻璃以铁离子为着色剂，要求二价铁离子含量占总铁量的 40%以上，在熔制工艺控制上有很大难度，我国正在开展研究试验工作。

3. 低辐射玻璃

在平板玻璃表面镀覆特殊的高可见光透过率金属氧化物薄膜，使照射到玻璃上的远红外光被膜层反射，从而降低玻璃的热辐射通过量。这是一种新型的高效节能玻璃，夏季可以降低室外向室内的热辐射，冬季可以减少室内向室外的热量流失。在低辐射玻璃使用时，最好与吸热玻璃组合成中空玻璃，这样可取得最佳的节能效果。

4. 中空玻璃

用两片或两片以上平板玻璃组合而成，玻璃之间留有干燥的空气层或惰性气体层，玻璃边部设有铝条和分子筛并用胶密封。由于存在空气层，使中空玻璃的保温性能较之单片玻璃有极大改善。中空玻璃以其优良的保温性能成为节能玻璃的重要品种。

5. 真空平板玻璃

真空平板玻璃是一种新型保温隔热材料。它将四周封接的两块平板玻璃间的空隙抽成真空，两块平板玻璃的间隙非常小，仅为0.2～0.3mm。其保温隔热性能优于双层中空玻璃。用有低辐射膜制成的真空平板玻璃的传热系数为0.9W/(m^2·K)，而同样材料制造的充氩气双层中空玻璃的传热系数为1.3W/(m^2·K)；隔热性能比间隔为6mm的充氩气双层中空玻璃好；防结霜结露性能好，在室内温度20℃、湿度60%时，单层玻璃室外8℃时就会结霜，真空玻璃在－6℃时也不会结霜；真空平板玻璃还具有耐风压、厚度薄、易安装等优点，具有广阔的发展前景。

6. 光致变色玻璃

光致变色玻璃在阳光照射时，可以随光照强度的变化而改变透过率，阳光较强时玻璃颜色变深，透过率降低，可以阻挡太阳能进入室内。光致变色玻璃已问世多年，但一直没有解决低成本工业化生产问题。最常见的光致变色玻璃是卤化银玻璃，用于眼镜片已有几十年，在仪表、装饰和防护等方面也有应用。用到建筑玻璃领域在技术上没有困难，关键是价格无法接受，玻璃制造业一直在探讨降低成本的办法。

目前，节能玻璃在公共建筑中应用较为普遍，而在民用住宅工程中却极少采用，根本原因是节能玻璃的价格是普通平板玻璃的5～20倍。随着市场经济的发展，节能政策将逐步到位，人们对于节能建筑玻璃的认识也在不断提高，建筑玻璃的节能问题成为每个公民关心的事情。由于节能玻璃有许多品种，每一品种又有各自的特性，在应用中要注意扬长避短，才以取得较好的效果。

二、安全建筑玻璃

随着高层建筑的发展和建筑玻璃的大型化，建筑玻璃造成人身伤害和安全事故的概率迅速增大，在使用建筑玻璃的任何场合都有可能发生直接灾害或间接灾害。高空坠落或由于身体撞击导致的玻璃伤人事故屡有发生。防火、防盗、防弹和防爆问题也使建筑玻璃成为建筑物安全的重点防护部位。

使用安全玻璃不仅能获得安全性的效益，还能提高强度、减小玻璃厚度（如钢化玻璃）、改善隔声性能（如夹层玻璃）、增加防盗功能（如采用夹层玻璃和自动锁紧窗框可免去防盗网）等多方面的效益。

安全玻璃已广泛使用的有钢化玻璃、夹丝玻璃及夹层玻璃。夹层玻璃节能和降低噪声的功能越来越多地被利用。

1. 钢化玻璃

钢化玻璃是平板玻璃的二次深加工产品，平板玻璃经过化学钢化方法或物理钢化方法都能使玻璃的机械强度和热稳定性提高。钢化玻璃一旦被破坏，会碎成无数小块，这些小块无尖棱，不易伤人。

2. 夹丝玻璃

通常采用压延法生产，在玻璃液进入压延辊的同时，将通过化学处理和预热的金属丝（网）嵌入玻璃板中。也可采用浮法工艺生产。夹丝玻璃具有均匀的内应力和较高的抗冲击强度，受外力破裂时，其碎片能黏附在金属丝（网）上，不致脱落伤人。一旦受热破碎，碎片不会落下，且能隔断火焰。

3. 夹层玻璃

目前使用最广的夹层玻璃是含有增塑剂的聚乙烯醇缩丁醛胶片（poly vinyl butyral——PVB）。把 PVB 胶片铺放在玻璃板之间，经预压抽空，并在高压釜内于 100～135℃、0.8～1.8MPa 下经数小时的蒸压，使玻璃与 PVB 胶片牢固地黏结在一起，制成夹层玻璃。夹层玻璃具有很好的隔声性能，抗冲击性能优良，玻璃打破后，仍是一个整体，碎片被牢牢粘在中间层上。中间层材料可采用聚氨酯（PU）薄膜、聚碳酸酯（PC）胶片和涤纶薄膜（PET）。

三、建筑装饰玻璃

现代建筑业的装饰效果可彰显建筑的个性风采，装饰建筑玻璃不仅体现玻璃的透光、透明特性，而且从艺术的角度对建筑进行装饰，营造特殊的环境氛围。

1. 压花玻璃

压花玻璃又称滚花玻璃，是在玻璃硬化前，由刻有花纹的滚筒，在玻璃单面或双面压上深浅不同的各种花纹图案。具有透光不透明性（花纹凹凸不同使光线漫射而失去透视性，透光率降低 60%～70%）和装饰性。一般厚度为 2～6mm，最大加工尺寸为 1600mm×900mm。作为换代产品，可以通过真空镀膜化学热分解法制成具有彩色膜、热吸收膜或热反射膜的压花玻璃。

2. 喷花玻璃

喷花玻璃又称胶花玻璃，是在平板玻璃表面贴上花纹图案，抹上护面层并经喷砂处理而成，其性能和装饰效果与压花玻璃相同，适用于门窗玻璃和采光。一般厚度为 6mm，最大加工尺寸为 2200mm×1000mm。

3. 刻花玻璃

刻花玻璃由平板玻璃经涂漆、雕刻、围蜡、酸蚀而成，色彩丰富。

4. 釉面玻璃

釉面玻璃是以平板玻璃、压延玻璃、磨光玻璃或玻璃砖为基体，在其表面涂敷一层彩色易熔性釉，在熔炉中加热至釉料熔融，使釉层和玻璃牢牢结合在一起，再经退火或钢化等热处理制成具有美丽色彩或图案的装饰材料。釉面玻璃具有良好的化学稳定性（抗酸碱性）、热反射性、不透明、永不褪色和脱落。

5. 镜面玻璃

镜面玻璃是以一级平板玻璃、磨光玻璃、浮法玻璃等无色透明玻璃或着色玻璃（蓝色、茶色）为基体，在其表面通过镀银形成反射率极强的镜面反射玻璃产品。为提高装饰效果，在镀银之前可以对基体玻璃进行彩绘、磨刻、喷砂、化学蚀刻等加工，形成具有各种花纹或精美字画的镜面玻璃，也可将玻璃经热弯加工或磨制形成特殊形态的哈哈镜。

6. 拼花玻璃

拼花玻璃是将各种颜色的玻璃拼接成一定花纹、图案及彩画的装饰玻璃。

7. 水晶玻璃

水晶玻璃又称石英玻璃，是采用玻璃珠在耐火材料模具中制得的一种高级艺术玻璃，表面晶亮，宛如水晶。玻璃珠是以二氧化硅（SiO_2）和其他添加剂为主要原料，经配料后用火焰烧熔结晶而制成。水晶玻璃表面光滑，机械强度高，化学稳定性和耐大气腐蚀性较好。

8. 矿渣微晶玻璃

矿渣微晶玻璃是一种玻璃晶体饰面装饰材料，玻璃中的矿渣微晶只有 10^{-6}mm 大小，与热处理后的未结晶玻璃混合起来，乌黑发亮。

9. 彩色玻璃

彩色玻璃又称颜色玻璃，是通过化学热分解法、真空溅射法、溶胶凝胶法等工艺在玻璃表面形成彩色膜层的玻璃。

10. 镭射玻璃

镭射玻璃又称激光玻璃，以玻璃为基材，经特种工艺处理后，背面可出现全息或其他光栅，在阳光、月光、灯光等任何光源照射下形成物理衍射分光，经金属层反射后会出现色彩变化，且改变光线的入射角度或人的视角可产生不同的色彩和图案，五光十色。

近来国内装饰玻璃市场已到了成熟期，冷加工玻璃生产已达到了鼎盛时期，再在冷玻璃上派生新的产品已经非常困难。再者，随着我国人们物质文化水平的提高，对生活质量的要求也越来越高，个性化的高档消费将是今后市场的一大趋势。像上述的水晶玻璃又称琉璃，是依靠窑炉和模具在860℃左右的高温下加工形成的，国际上把加工温度在600～900℃之间的玻璃制品称为热玻璃，用热玻璃工艺加工的产品包括：餐具、卫浴、玻璃饰砖、灯饰、隔断、屏风、门窗、台面以及公共环境雕塑等，由于是窑炉烧制成型，不加任何有机物，产品不可复制，永不褪色，产品附加值高，很受国际市场欢迎。况且，这种热玻璃艺术在国内近乎是空白，存在着巨大的商业机会，也是玻璃艺术发展的必然趋势。

四、其他建筑玻璃

1. 调光玻璃

调光玻璃可分为光致调光玻璃、电致调光玻璃、热致调光玻璃和液晶调光玻璃。

(1) 光致调光玻璃　光致调光玻璃主要用于眼镜行业，由于技术、成本及人居舒适性等原因，其在建筑应用方面还在研发当中。

(2) 电致调光玻璃　电致变色效应是指在电场或电流作用下，材料对光的透射率和反射率能够产生可逆变化的现象。电致变色材料主要有无机过渡金属氧化物（如 WO_3、NiO、MoO_3、V_2O_5 和 IrO_x 等）和有机物化合物（如紫精类化合物、聚苯胺、镧系酞化氰等）。电致调光玻璃通常由普通玻璃沉积于玻璃上的数层薄膜材料组成，在外力电压作用下，起到着色和褪色的效果。目前，利用最新技术制成了用户控制型电致变色玻璃。德国皮尔金顿弗拉贝格公司为德国累斯顿储蓄银行镶嵌了尺寸为17m(高)×8m(宽)的电致变色玻璃幕墙。

(3) 热致调光玻璃　热致调光玻璃通常是由普通玻璃上镀一层可逆热致变色材料而构成的。新型智能玻璃上覆盖的特殊物质主要是 VO_2、VO_2 是一种具有相变特性的热敏功能材料，当温度达到68℃左右时，VO_2 本身的电子排列就会发生变化，使其从半导体态的锐钛矿相转变为金属态的金红石相。自由电子的导电作用急剧增强，对光的吸收会引起光透过率降低，特别是红外波段的光透过率急剧降低，反射率增大，而当温度下降到68℃以下时，它又会自动提高对红外光的透过率，实现智能控制。在 VO_2 中掺杂其他元素，如钨等，可以有效降低 VO_2 发生相变的临界温度，使其尽量接近室温。

(4) 液体调光玻璃　液晶调光玻璃亦称调光玻璃，是指在两片导电玻璃之间夹一层液晶材料做成的玻璃。在电压作用下，液晶分子的取向变得规整，从而使液晶玻璃的颜色由不透明变为透明。始创于1991年，1996年进入中国大陆市场，近5年来获得突飞猛进的发展。目前，液晶玻璃的生产流程主要为：在两片有机导电薄膜材料之间上液晶材料，做成电子液晶调光膜，再直接把液晶调光膜夹在两片玻璃之间做成电子液晶调光玻璃。产品的应用领域有：相关的电子设备的调光器件，光控元件；安全门电子猫眼，取代传统的安全门电子猫眼元件；家庭、宾馆门窗玻璃，适合浴室普通门窗的应用，美观、大气、保护隐私；银行，与银行安防系统相结合，应用于银行的柜台玻璃、进出通道的设计，提高安全性能；电子液晶调光玻璃可以隔绝98%以上的紫外线，防止展品因光照引起的老化，同时可起到保护展品安全的作用；医院监护室，保护病人的隐私、使病人免受打扰，通电后可看清室内的情况；商场装饰：动感橱窗展示，使商品更富吸引力。

2. 泡沫玻璃

泡沫玻璃是以废玻璃及各种富玻璃相的物质为主要原料，经过粉碎磨细，添加发泡剂、改性剂等材料，均匀混合形成配合料，再将其放置在特定模具中经过熔融、发泡、退火，形成一种内部充满均匀气孔的多孔玻璃材料。其用途非常广泛，可作保温材料用于建筑节能；可作吸声材料用于高架、会议室等减噪工程；可作轻质填充材料用于松软土地，减少沉降；可作轻骨料加入混凝土以减轻其质量；可作保水材料用于绿化工程等。

3. 微晶玻璃

微晶玻璃是由特定组成的基础玻璃在一定温度下控制结晶而得的晶粒细小并均匀分布于玻璃体中的多晶复合材料。建筑微晶玻璃原始玻璃组成基本上属于 $CaO\text{-}MgO\text{-}Al_2O_3\text{-}SiO_2$ 系统，主晶相一般有硅灰石（$CaO \cdot SiO_2$）、钙长石、钙黄长石、透辉石等。因其可利用工业废渣作为主要原料，且生产过程无再次污染，产品无放射性污染，因而被称为绿色建筑材料。

4. 自清洁玻璃

纳米 TiO_2 自清洁玻璃其表面在紫外或日光下具有超亲水性、抗菌性、分解有机物和产生负氧离子能力而带来的环保和节水、节能的优势。TiO_2 具有两个重要特点：光催化性和光致亲水性。利用太阳光中的紫外线激发 TiO_2 薄膜，产生光催化性和光致亲水性，能够使玻璃摆脱有机污渍，减少清洁工作，节省大量的人力、物力成本，并使窗户和室外玻璃幕墙更加清洁明亮，是装饰摩天大楼的新型建筑材料。

五、多功能复合玻璃

新型建筑玻璃材料的每一品种都有各自的特性，在应用中要注意扬长避短，同时复合玻璃的研制使建筑玻璃朝着多功能、人性化的方向发展，其性能优于原有的建筑玻璃品种，使其得到更好的效果。

1. 多功能中空玻璃

(1) 着色中空玻璃　着色中空玻璃集着色玻璃的隔热性和中空玻璃的保温性于一身，隔热性能优于透明中空玻璃，但保温性能和透明中空玻璃相差无几。这种产品尽管节能性不是最好的，但考虑到它的价格适中，因此适合于民用住宅使用。需要注意的是，这种玻璃的吸热性极强，在温差大的地区使用时，应采取措施防止其因局部受热不均而导致的热应力破裂，例如可将其加工成钢化玻璃使用。

(2) 热反射中空玻璃　热反射中空玻璃集镀膜与中空玻璃两种优点于一身，即对太阳直接辐射有所控制，同时也更有效地限制了温差传热损失。它的综合节能效果高于着色中空玻璃15%以上。这种玻璃结构是一种较为理想的配置，适用于我国几乎所有地区。当然，若在极寒冷的地区使用，尽管它能有效阻挡暖气的热损耗，但它同时也会限制进入室内采暖的阳光。

(3) Low-E 中空玻璃　Low-E 中空玻璃具有更低的传热系数、更大的遮阳系数的选择范围，因此其功能已经覆盖了热反射玻璃。Low-E 中空玻璃集节能、防火、隔声、降低噪声等优异性能于一身。在中空玻璃市场上被誉为“世界级新产品”。这种集多种功能于一身的中空玻璃代表着中空玻璃未来的发展趋势。

2. 微晶泡沫玻璃

微晶泡沫玻璃是以碎玻璃、粉煤灰为主要原料，加入发泡剂、成核剂和外加剂等，经粉碎后均匀形成配合料，然后将配合料放到特制的模具中在电炉中加热，经过预热、熔融、发泡、析晶、退火等工艺制成的多孔微晶玻璃材料。

微晶泡沫玻璃是一种性能优越的隔热、吸声、防潮、防火且轻质高强的新型环保建筑材料，它具有机械强度高、热导率小、热工性能稳定、不燃烧、不变形、使用寿命长、工作温度范围大、耐蚀性能强、不具放射性、易加工等优点，同时解决了泡沫玻璃机械强度不高和微晶玻璃造价过高、容重较大的缺点，用它作为装饰和墙体材料可大大降低建筑物的重量，提高建筑物的内在质量，而且其成本较低，强度更高。

3. 多功能夹层玻璃

国外研制成功一种多功能的透明钢化建筑玻璃，这种多功能透明钢化建筑玻璃集防火、耐冲击、防紫外线等多功能于一体。据介绍，它是采用多层复合工艺，在两层玻璃之间夹入可有效遮断紫外线但能透过可见光线的透明聚酯防火薄膜和导电性真空镀膜层而制成的。由于它功能多，特别适用于要求防火的玻璃窗、圆屋顶的玻璃屋门罩、玻璃幕墙、高层建筑用玻璃等。

玻璃的应用正经历着迅速的变化，传统的玻璃材料已不能满足今天的要求。各种节能型、人性化的建筑玻璃受到越来越多的关注。新型建筑玻璃材料虽取得一定的进步，但尚处于研究开发阶段，将继续沿着节能、安全、健康、环保的趋势发展。新型建筑玻璃必有其自身发展的广阔空间。

第二节　钢化玻璃

平板玻璃经过再处理，在玻璃表面形成压应力层，使玻璃具有较高力学强度和热冲击性能，这种方法增强的玻璃称为钢化玻璃，也称强化玻璃。

一、玻璃钢化方法

钢化玻璃分为物理钢化玻璃和化学钢化玻璃。玻璃钢化方法分类见表 14-1。化学钢化玻璃虽然强度很高，但破碎时其碎片与普通玻璃无异，容易对人造成伤害，故一般不作为安全玻璃使用。物理钢化玻璃是将玻璃加热到变形温度（T_g）以上，用冷却介质均匀强制冷却而成。由于玻璃表面的快速冷却，在玻璃表面形成压应力层，玻璃内部形成张应力，因此钢化玻璃的抗冲击强度较普通玻璃高得多，并且在破碎时形成颗粒状的碎片，不会对人造成二次伤害，具有较高的安全性。

表 14-1　玻璃钢化方法分类

钢化类型		说　明
化学钢化法	低温型	在较低温度下用大半径的碱金属离子交换玻璃中的小半径碱金属离子，玻璃表面形成压应力层的方法
	高温型	在较高温度下用小半径碱金属离子交换玻璃中大半径碱金属离子，在玻璃表面生成膨胀系数小的物质，使玻璃表面形成压应力层的方法
	电化学法	采用附加电场，在电场中进行离子交换，以加快离子扩散速度的方法

续表

钢化类型		说明	
物理钢化法	按冷却介质分类	风钢化	采用高压空气作为冷却介质使玻璃增强的方法
		液体钢化	采用油类或水雾等作为冷却介质使玻璃增强的方法
		熔盐钢化	采用易熔盐作为冷却介质使玻璃增强的方法
		固体钢化	采用高导热的固体颗粒作为冷却介质使玻璃增强的方法
	按钢化程度分类	全钢化玻璃、半钢化玻璃、区域钢化玻璃	
	按钢化玻璃形状分类	平钢化玻璃、弯钢化玻璃	
	其他分类	普通钢化玻璃、彩色膜钢化玻璃、釉面钢化玻璃、导电钢化玻璃	

根据用途不同，物理钢化玻璃又可分为建筑钢化玻璃、交通用钢化玻璃、工业用钢化玻璃等。

钢化玻璃除具有与普通玻璃一样良好的光学性能外，还具有很好的机械强度和抗热冲击强度。钢化玻璃的抗冲击强度是普通玻璃的3～5倍，抗弯强度是普通玻璃的2～5倍，钢化玻璃能经受的温度突变范围为220～300℃，普通平板玻璃仅为70～100℃。

钢化玻璃广泛应用于汽车、建筑、航空、电子等领域，尤其在建筑和汽车行业发展最快。资料表明，美国1996年供建筑使用的钢化玻璃已占总产量的38.6%。日本2000年建筑用钢化玻璃236.9万平方米，占当年钢化玻璃总产量的7.2%，占当年钢化玻璃使用量的6.8%。20世纪80～90年代，我国从国外引进了一大批水平辊道式钢化玻璃生产线及少量的吊挂式设备，并于90年代末自行研制成功水平辊道钢化玻璃生产线。目前，我国拥有150多家汽车、建筑及家用钢化玻璃生产企业，各类钢化玻璃生产线300余条，年生产能力约7000万平方米。2001年我国建筑业使用钢化玻璃296.5万平方米，占当年钢化玻璃总产量的8.0%，占当年钢化玻璃总使用量的8.4%（由此可看出我国钢化玻璃的总使用量比总产量少，有少量出口）。2002年产量为5537.9万平方米（其中建筑业用415.1万平方米），2003年产量为6753.1万平方米（其中建筑业用477.4万平方米）。最近几年钢化玻璃的产量，尤其是建筑业钢化玻璃的用量更是迅猛增加。

二、物理钢化玻璃产品

钢化玻璃的产品品种按生产方法不同可分为物理钢化玻璃（通常简称钢化玻璃）和化学钢化玻璃，按玻璃原片和附加材料不同可分为透明钢化玻璃、彩色钢化玻璃、镀膜钢化玻璃、釉面钢化玻璃及丝网印刷钢化玻璃等；按产品的几何形状不同可分为平钢化玻璃、弯钢化玻璃和曲面钢化玻璃。弯钢化玻璃还可细分为浅弯钢化玻璃、深弯钢化玻璃等。曲面钢化玻璃还可细分为双曲面钢化玻璃、S形钢化玻璃等。下面介绍按玻璃表面层应力分布状况或淬冷后玻璃的增强程度不同进行的分类。

1. 全钢化玻璃

玻璃加热到钢化温度后，用相同的冷却强度对整片玻璃进行均匀冷却。由此制得的钢化玻璃，其表面应力分布均匀。当其破碎时，整片玻璃碎成不规则的网状小块。这种产品称为全钢化玻璃，通常简称为钢化玻璃。

有关研究证明，要使钢化玻璃具有稳定的强度，在表面以下大约1/6厚度内产生压缩应最为适宜，比如美国玻璃热处理学会规定压应力层应为厚度的15%。钢化玻璃不能切割，因为当玻璃表面受到损伤，而且损伤深度贯穿压缩应力层达到张应力层的一瞬间，它就会立即全部破碎。钢化玻璃的表面硬度与非钢化制品并无差别。钢化玻璃的边部抗冲击强度极弱，在运输、存放和使用中要尤其注意。

2. 区域钢化玻璃

汽车前挡风玻璃如果采用全钢化玻璃，当其破损时存在着不能确保视野的危险，所以20世纪70年代出现了一种区域钢化玻璃。区域钢化玻璃出现后，在美国和日本等发达国家得到了广泛推广，并制定了相关的法律。

区域钢化玻璃的生产就是将一片玻璃划分为周边和主视区，并使用专门的、冷却强度分布不一的风栅进行冷却处理，专门的风栅会使玻璃周边区的冷却强度加大，主视区冷却强度减小。经这种冷却方法冷却后，玻璃呈现不同的应力分布，即周边的应力小而密，主视区应力大而稀。所以区域钢化玻璃的最大特点是：当玻璃破碎时，周边区碎成不规则的网状小块，而主视区的碎片则较大（规定在半径100mm的圆内允许有3块16～25cm^{2}的碎片）。由此可以看出，区域钢化玻璃在汽车上使用属于安全玻璃，而在建筑上则不属于安全玻璃，所以区域钢化玻璃严禁在建筑上使用。

3. 半钢化玻璃

半钢化玻璃（又称热增强玻璃）是介于普通平板玻璃和钢化玻璃之间的一个品种，它兼有钢化玻璃的部分优点，如强度高于普通玻璃，同时又回避了钢化玻璃平整度差、易自爆、一旦破坏即整体粉碎等不尽如人意的缺点。半钢化玻璃破坏时，沿裂纹源呈放射状径向开裂，一般无切向裂纹扩展，所以破坏后仍能保持整体不坍塌。半钢化低辐射玻璃的影像畸变优于钢化低辐射玻璃。实践证明，厚度3mm以下的玻璃用普通物理钢化法很难做到完全钢化，只能做成半钢化玻璃。当半钢化玻璃破损时，其碎片比钢化玻璃破损碎片要大得多，并且半钢化玻璃并不像钢化玻璃一样易于自爆，所以人们为满足玻璃幕墙及大规格玻璃的使用，开发出一种叫热增强玻璃（半钢化玻璃）的产品。

热增强玻璃（半钢化玻璃）是玻璃在加热炉加热到一定温度后移至冷却室冷却，其机械强度达到未处理玻璃两倍左右即可，表面压应力在24～69MPa之间，而钢化玻璃的表面压应力一般大于69MPa。2003年12月，国家四部委联合发布的《建筑安全玻璃管理规定》中明文规定“单片半钢化玻璃（热增强玻璃）、单片夹丝玻璃不属于安全玻璃”。所以在建筑上使用热增强玻璃时必须加工成夹层玻璃或安全中空玻璃方可使用。半钢化玻璃与普通平板玻璃、钢化玻璃的性能比较见14-2。

表14-2 半钢化玻璃与普通平板玻璃、钢化玻璃的性能比较

玻璃品种	相对厚度/mm	碎片	破坏状态
普通平板玻璃	1	大，有尖角	局部破坏
半钢化玻璃	1.5～2.0	中，少尖角	整体可保持
钢化玻璃	3～5	小，无尖角	整体崩溃

第三节 镀膜玻璃

镀膜玻璃是在玻璃表面涂覆一层金属、合金或金属氧化物薄膜，是玻璃表面的改性产品。由于玻璃的表面镀制了一层薄膜，所以能改变玻璃对太阳辐射的反射率和吸收率，保证可见光的透射率，减少进入室内的太阳能辐射，提高远红外线的反射率，从而减少室内热量的散失；镀膜玻璃在用于装饰时不仅可衬托十分壮观的蓝天白云、映照周围的景物，而且节约空调的能耗和费用。

通过镀膜可以改变的属性有以下几项。

（1）光学性能　包括所有影响透过率、反射率或吸收率的膜层。

（2）电学性能　包括所有改变玻璃的电学性能的膜层。

(3) 力学性能　包括所有改变玻璃破裂路径、提高玻璃强度以及赋予玻璃抵御灰尘和水的能力的膜层。

(4) 化学性能　包括所有阻挡钠离子从玻璃表面扩散进膜层或阻挡玻璃片受到化学侵袭的膜层。

(5) 装饰性能　包括所有改变并提高玻璃光洁度或用于特殊目的的膜层。

有些简单的膜层可以实现几种不同的功能，称为多功能膜。因此，有时通过在平板玻璃上沉积一种膜层可以达到防止多余的阳光辐射、屏蔽电磁波和降低热辐射等多种效果。

建筑用镀膜玻璃需要考虑的主要性能包括以下几项。

(1) 热性能　热性能是指镀膜玻璃或窗玻璃的过滤或控制入射阳光能量的能力，其作用在于控制或冷或热的室外温度（T_o）和期望的室内温度（T_i）之间的温差。

(2) 视觉外观　建筑师努力寻求的视觉外观与特定色彩和反射强度有关。各种颜色仿真系统通过给各个色彩赋值来测量这两个参数，这样颜色的均匀性和可再现性就变得可以测量了。

(3) 耐久性　无论是窗玻璃制造商、个人消费者还是建筑的拥有者，特定产品的寿命都是极为重要的。耐久性包括大量因素，如机械耐久性、抗刮削和耐磨损性、搬运、清洗和清洁。

镀膜玻璃是一类玻璃的总称，按照制造工艺不同划分为在线镀膜玻璃和离线镀膜玻璃。按照功能不同，镀膜玻璃又包括热反射玻璃、低辐射玻璃、减反射玻璃、自清洁玻璃、导电玻璃、吸热玻璃、彩釉玻璃、镭射玻璃和镜面玻璃等。平板玻璃在生产出来之后立即在它的热表面上进行化学反应镀膜的工艺称为在线镀膜。相应地，镀膜独立于平板玻璃生产过程的工艺称为离线镀膜。按膜的成分不同，可分为金属膜（Au、Ag、Cu、Al、Ni、Pt、Ti、Cr等）、合金膜（Cr-Fe、Sn-Cu、Cr-Ni-Fe 等）、氧化物膜（SiO_2、ZnO、TiO_2、ZrO_2、SnO_2膜）、非氧化物无机膜（氟化物、硫化物等）和有机化合物膜（聚硅氧烷、聚氨基甲酸酯等）。按膜的结构不同，有单层膜、双层膜和多层膜。按膜与玻璃的结合情况不同，可分为硬膜和软膜。所谓硬膜是指表面膜与玻璃的结合力比较高，耐磨性和耐划伤性都比较好，镀膜的玻璃可不加保护膜直接使用；软膜是指表面膜与玻璃的结合力比较低，耐磨性和耐划伤性较差，使用时镀膜的玻璃必须加保护膜。

一、热反射镀膜玻璃

热反射镀膜玻璃又称阳光控制镀膜玻璃。

1. 生产工艺

热反射镀膜玻璃的生产方法有热分解法（包括喷涂和浸渍两种方法）和磁控真空溅射法等，都是在玻璃表面涂以金、银、铜、铝、镍、铁等金属、金属氧化薄膜或非金属氧化薄膜；或采用电浮法、离子交换法，向玻璃表面层渗入金属离子以置换玻璃表面层原有的离子而形成热反射膜。

2. 热反射镀膜玻璃的热学和光学性能

热反射镀膜玻璃对太阳辐射具有较高的反射能力，反射率可达 20%～40%，可节省室内空调的能源消耗。同时具有较好的遮阳性能，使室内光线柔和和舒适。热反射镀膜玻璃具有单向透视功能，通常单面镀膜的热反射镀膜玻璃迎光的一面具有镜子特性，背面则可以透视。另外，这种反射层的镜面效果和色调对建筑物的外观装饰效果良好。多数热反射镀膜玻璃的膜层并不很结实，应该尽量避免单片使用，最好是使用热反射镀膜中空玻璃，外层使用热反射镀膜玻璃，膜层朝向内侧，既可以达到节能的效果，又能保护膜层不受损伤。

3. 注意事项

(1) 设计过程　使用热反射玻璃时，一定要按照规范进行防炸裂设计，按设计结果选择玻璃。热反射镀膜玻璃若设计、安装不当，会产生影像畸变，影响外观效果。因此在设计时应采取以下措施：限制玻璃面积，减小玻璃受载后的挠度；适当加大槽口尺寸，为安装时的影像调整留有余地；适当加大玻璃厚度，避免调整后，造成局部变形；慎重选用经钢化的热反射镀膜玻璃，因为钢化后玻璃会变形，造成影像扭曲。

(2) 安装过程　所有安装材料应进行相容性试验，特别是玻璃的膜层与密封胶的相容性；定位块应使用软泡沫材料，不应使用氯丁橡胶，否则会加剧影像扭曲；支撑块应使用氯丁橡胶。

玻璃膜面应朝向室外，否则会降低节能效果。建议最好避免单片使用；安装定位后应进行影像调整；在整个安装过程中应保护膜层的完好，禁止酸性的硅酮胶与玻璃接触；玻璃上若有指印、油污以及其他腐蚀物质，必须用丙酮或易挥发的烃类化合物溶剂清洗，再用水按正常方法清洗。

(3) 使用维护　由于热反射镀膜玻璃具有更高的反射能力，其上面的油污比其他玻璃上的更为明显，因此要更精心地维护。

要做到长寿命和较好的反射效果，至少每两个月清洗一次。如果很脏，先用中性清洁剂清洗，再用清水清洗，不要用硬工具和强力清洁剂，否则会破坏膜层。注意不要让清洁剂粘在玻璃上。

二、减反射玻璃

通过表面镀膜的方法，在普通玻璃表面镀覆一层折射率比玻璃小的薄膜，运用干涉原理，增加透过率，减少反射率，这就是减反射玻璃，也叫增透玻璃。玻璃的镜面反射率取决于玻璃的折射率和入射角。平板玻璃的反射率一般为8%左右，存在眩光刺眼的问题。反射光干扰人的视线，造成视觉的不舒适和环境的不协调。在折射率为 n 的玻璃表面镀以折射率为 $n^{1/2}$、光程差为1/4波长的透明膜层，膜层上、下两面的反射光因干涉而使反射率减小，从而达到减反射的目的。由于可见光是一种复合光，波长有一个范围，所以将反射率降低到零是非常困难的，一般将玻璃的反射率降低到2%～3%即可满足使用要求。

无反射玻璃就是减反射玻璃，在理论上，通过镀覆多层干涉膜就可以做到无反射，但是从技术和经济角度来考虑，存在一定难度。

减反射玻璃一般用在临街店面的橱窗、博物馆的画框、展柜、商店柜台等场合。一般特殊行业（如电视机、计算机显示器、仪表盘、眼镜玻璃等）也使用减反射玻璃。

三、吸热玻璃

吸热玻璃是在无色透明平板玻璃的配合料中加入着色剂，采用浮法、垂直引上法、平拉法等工艺生产出来的能吸收大量红外线辐射而又保持良好的可见光透过率的平板玻璃。

1. 生产工艺

吸热玻璃是一种特殊的颜色玻璃，在色调上有蓝色、绿色、灰色和茶色4种。吸热玻璃分本体着色和表面镀膜两大类。本体着色玻璃是在无色透明平板玻璃的配合料中加入镍、钴、铁、硒等金属着色剂，采用浮法、垂直引上法、平拉法等工艺生产；表面镀膜产品是在玻璃表面喷镀吸热和着色的氧化物薄膜形成吸热玻璃。

2. 吸热玻璃的性能

(1) 吸热玻璃的热学性能　与普通的平板玻璃相比，吸热玻璃具有吸收可见光和红外线的作用。无论是哪一种色调的玻璃，当其厚度为6mm时，均可吸收40%左右的辐射热。在太阳直射的情况下，进入室内的太阳辐射热减少了，从而可以减轻设备的负荷。除了具有隔断太阳辐射热的特性外，在重视建筑物色调的设计上，也多采用这种玻璃。

应该注意的是，吸热玻璃吸热后温度迅速升高，形成热辐射源，比普通平板玻璃更容易炸裂，而且玻璃越厚吸热效果越好，越容易炸裂。在选用时，要避免建筑物阴影投射在玻璃上，防止夏天的雨水直接冲淋；在安装时，应该使用高隔热材料作为支持材料，减少玻璃与边框之间的温度差；在使用时，最好不要安装窗帘，不要在玻璃表面粘贴东西，与桌椅家具保持一定距离，避免空调冷气直接喷吹到玻璃表面上等，都可以降低吸热玻璃炸裂的可能。

（2）吸热玻璃的光学性能

① 吸收太阳的可见光。吸热玻璃比普通玻璃吸收可见光要多得多。如6mm厚的普通玻璃能透过太阳光中78%的可见光，同样厚度的茶色吸热玻璃仅能透过太阳光26%的可见光。这一特点就能使吸热玻璃阻挡太阳热能进入室内，同时使刺目的阳光变得柔和，起到良好的反眩作用。

② 吸收太阳的紫外线。吸热玻璃除了能吸收红外线外，还可以显著减少紫外线的透射，减轻对人体的损害，也可以防止紫外线照射使室内家具、日用电器、商品、档案资料与书籍等褪色或变质。

③ 吸热玻璃具有一定的透明度，透过它仍能清晰地观察室外景物。

3. 吸热玻璃的用途

可用于楼、堂、馆、殿等大型建筑物，既可作为门窗玻璃，又能作为墙体装饰材料，使室内倍显典雅华贵；可用于制作玻璃镜，用浅茶色玻璃制作的玻璃镜古色古香，别具情趣；可用于制作玻璃家具；可用于制作汽车玻璃；可用于制作灯具。

4. 设计、安装和使用时的注意事项

（1）吸热玻璃越厚，颜色就越深，吸热能力就越强。在设计时，应注意不能使玻璃的颜色暗到影响室内外颜色分辨的程度，否则会造成人的不适，甚至影响健康。

（2）使用吸热玻璃，一定要按规范进行防热炸裂设计，按设计结果选择玻璃。吸热玻璃容易发生热炸裂，而且玻璃越厚，吸热能力就越强，发生炸裂的可能性就越大。吸热玻璃的安装结构应该是防热炸裂结构。

（3）吸热玻璃的边部最好进行细磨，减少缺陷含量，因为这种缺陷是造成炸裂的主要原因。在没有条件做到这一点时，现场切割后，一定要进行边部修整。

（4）在使用过程中，注意不要让空调的冷风直接吹向玻璃，同时不要在玻璃上涂刷油漆或标语等，另外不要在靠近玻璃表面处安装窗帘或摆放柜子、家具。

四、彩釉玻璃

在玻璃表面涂覆一层彩色易溶性色釉，在熔烧炉中加热到色釉的熔融温度，使色釉与玻璃表面牢固地黏结在一起，经过退火或者钢化等不同后处理方式，制成釉面玻璃。玻璃基体可以采用普通平板玻璃、压延玻璃、磨光玻璃或者玻璃砖。

1. 生产工艺

釉面玻璃可分为退火釉面玻璃和钢化釉面玻璃两种。退火釉面玻璃力学性能与同规格的平板玻璃相同，可以切裁加工，但是钢化釉面玻璃不能进行切裁加工。

（1）退火釉面玻璃的生产工艺　玻璃切割→洗涤→干燥→涂釉→干燥→化釉→退火→检验→包装入库。

退火釉面玻璃与钢化釉面玻璃的生产工艺稍有不同，涂釉玻璃水平进入机组网格中，并在其中熔化釉料和对玻璃进行退火，与钢化釉面玻璃一样，机组内温度取决于釉的熔化温度，一般为600～650℃。

退火釉面玻璃的特点在于，大面积板材退火后，可进行切割、磨边等后处理。

(2) 钢化釉面玻璃的生产工艺　玻璃切割→磨边钻孔→洗涤干燥→涂釉→干燥→化釉→钢化→检验→包装入库。

玻璃原片按用户要求进行切割、磨边钻孔，然后通过洗涤干燥，准备好的釉的悬浮液以0.25～0.29MPa的压力均匀地喷在玻璃板上（还有丝网印刷和辊筒印刷工艺），形成薄膜。在干燥室内用热空气或辐射热对釉料进行干燥处理。干燥后的玻璃板送入自动控制温度的电炉加热，加热温度在650～700℃之间，当玻璃达到钢化温度后，被送入钢化风栅进行风冷钢化。

2. 釉面玻璃的性能

因为要对玻璃表面涂釉并进行热处理，所以会影响到玻璃的强度。试验结果表明，假定普通退火玻璃的强度为100MPa，退火釉面玻璃、半钢化釉面玻璃和钢化釉面玻璃的强度则分别是58MPa、96MPa、192MPa。退火釉面玻璃和钢化釉面玻璃的性能比较见表14-3。

表14-3　退火釉面玻璃和钢化釉面玻璃的性能比较

性　能	密度/(kg/m^3)	抗弯强度/MPa	抗拉强度/MPa	线膨胀系数/K^{-1}
退火釉面玻璃	2500	44	44	$(90\pm7)\times10^{-7}$
钢化釉面玻璃	2500	245	246	$(90\pm7)\times10^{-7}$

钢化釉面玻璃表面釉的化学稳定性试验结果如下。

375W紫外线灯在距釉面500mm处照射500h，釉面色彩不变。

将试样浸泡在10%的洗涤粉溶液中（pH值为9～10），在80～85℃温度下，试样不失去光泽，色彩无变化。

在室温下将试样放在6%的CH_3COOH溶液中浸泡24h，釉面颜色不变，光泽轻度损伤。

在80～85℃温度下，将试样放在Na_2CO_3溶液中浸泡8h，釉面的光泽消失，但制品的外表不受损伤。

自150℃到室温热震一次，试样不裂，热稳定性好。

3. 用途

釉面玻璃色彩艳丽，色调品种多，而且牢固耐用，可作为商场、饭店、宾馆等的内墙装饰，也可用于围墙、阳台、回廊等外墙的装饰和贴面保护。最经常、最大规模的是用作悬挂板，即幕墙结构实体部分的外饰面层。

五、镭射玻璃

在玻璃表面上复合高稳定性的光学结构材料，并对该光学结构层进行特殊工艺处理，形成全息光栅或者其他图形的几何光栅，在光源照射下产生物理衍射的七彩光。在任何光源的照射下，随着光源入射角的变化和人的视角的不同，所产生的图案和色彩也不同，呈现出五光十色的变换，显得非常华贵、绚丽，给人以梦幻般的感受，装饰效果极其强烈。

以普通平板玻璃为基材制作的镭射玻璃，主要用在墙面、窗户、顶棚等部位的装饰，以钢化玻璃为基材制作的镭射玻璃，主要用于地面装饰。镭射玻璃的性能十分优良，其中镭射玻璃夹层钢化地砖的抗冲击、耐磨、硬度等技术指标均优于大理石，接近花岗石。在正常情况下使用寿命大于50年。主要用于酒店、文化娱乐设施、商店门面、大面积幕墙、柱面等装饰，也可用于民用住宅的顶棚、地面、墙面和封闭阳台的装饰，还可以制作家具、灯饰等。国内生产的镭射玻璃最大尺寸可以达到1000mm×2000mm。镭射玻璃的品种见表14-4。

表 14-4 镭射玻璃的品种

品 种	说 明	用 途
单层镭射玻璃	背面复合 0.5～1.0mm 的铝板	高层建筑外墙装饰
单层无铝箔	背面无复合材料	室内装饰
单层有铝箔	背面复合铝箔	室外装饰
夹层镭射玻璃	多种颜色、半透明、半反射夹层	室外装饰
夹层钢化地砖	多种颜色、半透明、半反射夹层	地面装饰
安全夹层柱面	各种花色图案夹层	圆形柱面装饰

六、镜面玻璃

玻璃镜对直射光线的反射率非常高，一般在 90%以上，且光线的透射率非常低，反射光线明显成像而透射光线不能成像的玻璃被称为镜面玻璃或玻璃镜。玻璃镜有白镜和茶镜两种。

玻璃镜采用高质量无色平板玻璃、茶色玻璃为基材，表面镀银或镀铝制成。玻璃镜的生产方式有两种：一是在线镀膜；二是离线镀膜。无论是在线镀膜还是离线镀膜，均应在镀膜面涂保护漆。

在线镀膜是指在浮法或平拉法平板玻璃生产线上，对玻璃带进行镀膜处理，使玻璃带镀上一层能有规则地反射光线的薄膜，冷端切裁之后，再在玻璃镀有薄膜的一面涂上保护漆，即可以作为建筑装饰玻璃镜使用。

离线镀膜是以浮法玻璃、经磨光的垂直引上玻璃或平拉玻璃为原片，用真空磁控溅射法或化学法镀银或镀铝，再在镀有薄膜的一面涂上保护漆，制成玻璃镜。

玻璃镜面尺寸大，成像清晰逼真，使用寿命长。最大尺寸为 3200mm×2000mm，厚度为 2～10mm。

玻璃镜主要用于室内装饰，除了能满足人们照镜子的功能外，其装饰特性是能放大空间，拓宽视野，使建筑物显得高贵典雅，特别适合于商业性场所和娱乐性场所的墙面、柱面、天花板及造型面的装饰，洗手间、美发厅、家具上也可以使用。

第四节 低辐射玻璃

低辐射玻璃（又称 Low-E）玻璃是在玻璃表面上镀制一层或多层低辐射薄膜以及保护膜，使其对近红外线辐射具有低反射率，对远红外辐射具有高反射率，同时保持良好透光性能的平板玻璃。

20 世纪 80 年代初期，价格低廉、透明的低辐射玻璃膜在窗玻璃上得到应用。这是自 20 世纪 50 年代英国皮尔金顿玻璃有限公司发明浮法玻璃以来，建筑行业认可的发展最快的一项新技术。世界上在线镀膜生产工艺始于 1973 年，英国皮尔金顿玻璃有限公司首家研制开发和生产出一种浮法玻璃在线表面着色的镜面玻璃，它既有良好的隔热效果，又有较高的可见光透过性，不仅是一种理想的采光材料，而且也是现代建筑物装饰、阳光控制、热量调节、能源节约和环境改善的一种新材料。

由于低辐射玻璃具有独特的使用功能，其市场销售量迅速增长。据悉，1990 年全世界销售低辐射玻璃大约 2000m^2，1995 年增加到 3256m^2，2000 年为 11768m^2，2005 年约为 26540m^2。德国、英国等国家的建筑标准中规定窗玻璃必须安装使用低辐射玻璃。

由于离线低辐射玻璃的膜层属于软膜层，仅适用于双层中空玻璃使用，不如在线镀制的硬膜层低辐射玻璃。为此，英国、美国、德国、法国及日本等工业发达国家很快研制成功新型离线镀膜工艺，生产出硬膜层的低辐射玻璃。

低辐射玻璃在我国发展相对较晚，1997 年深圳南坡集团从美国引进了能够生产低辐射玻璃的特大型真空磁控溅射镀膜玻璃生产线，研究生产 Low-E 玻璃。随后，国内多家企业都纷纷研制生产 Low-E 玻璃。2003 年 11 月，“耀华”牌在线 Low-E 玻璃正式面市。

目前国内低辐射玻璃生产线约有 11 条，年产量可达 1300～2500 万平方米。随着新技术的应用和推广，国内低辐射节能玻璃的生产能力还将有所提高。据 2005 年数据统计，2004 年我国建筑面积是 22 亿平方米，使用玻璃数量为 4000 万平方米，其中低辐射镀膜玻璃的使用量为 600 万平方米，和现在已具有的生产能力相比，国内的低辐射镀膜玻璃的利用率只达到了 50%左右。由于设备的造价昂贵，以及整个市场的占有率比较低，造成了低辐射镀膜玻璃的成本相对比较高，这也是导致低辐射镀膜玻璃市场没有完全发展起来的一个重要原因。

一、低辐射玻璃的种类和主要指标

1. 低辐射玻璃的种类

产品按外观质量不同，分为优等品和合格品。

按膜层的遮阳系数不同，分为高透型低辐射玻璃和遮阳型低辐射玻璃。

高透型低辐射玻璃：当遮阳系数 $S_C \geqslant 0.5$ 时，对透过的太阳能衰减较少，这对以采暖为主的北方地区极为适用。冬季太阳能波段的辐射可透过这种低辐射玻璃进入室内，经室内物体吸收后变为低辐射玻璃不能透过的远红外热辐射，并与室内暖气发出的热辐射共同被限制在室内，从而节省暖气的费用。

遮阳型低辐射玻璃：当遮阳系数 $S_C < 0.5$ 时，对透过的太阳能衰减较多，这对以空调制冷的南方地区极为适用。夏季可最大限度地限制太阳能进入室内，并阻挡来自室外的远红外热辐射，从而节省空调的使用费用。

按生产工艺分类不同，分为在线和离线两种。目前，成熟的低辐射玻璃生产技术主要分为离线真空磁控溅射法、在线化学气相沉积法等。按膜的结构不同，可分为单银、双银、阳光控制和改进型单银低辐射玻璃 4 种。

低辐射镀膜玻璃可以进一步加工。根据加工的工艺不同，可以分为钢化低辐射镀膜玻璃、半钢化低辐射镀膜玻璃和普通低辐射镀膜玻璃等。所谓钢化低辐射镀膜玻璃是指在钢化玻璃上镀低辐射膜，半钢化低辐射镀膜玻璃是指在半钢化玻璃表面镀低辐射膜，普通低辐射镀膜玻璃是指在普通平板玻璃表面镀低辐射膜。

2. 低辐射玻璃的主要指标

衡量低辐射玻璃特性的主要指标有：辐射率、可见光透射率、遮阳系数、传热系数、耐磨性、耐酸碱性。其他指标还包括可见光反射率、太阳能透射率、太阳能反射率、紫外线透射率、颜色均匀性、太阳热获得系数等。

二、低辐射玻璃的性能

1. 光学性能

(1) 可见光透过率高、反射率低　低辐射玻璃的可见光透过率一般在 0.8 左右，能让室内保持良好的采光效果。可见光反射率一般在 11%以下，与普通白玻璃相近，低于普通阳光控制膜玻璃的可见光反射率，可避免造成反射光污染。

(2) 紫外线透射率低　许多有机物（如地毯、织物、纸张、艺术品、字画、家具等）暴露在阳光下都会褪色。这是因为阳光的紫外线能量较高，很有可能打破有机物化学键的稳定性，从而导致物品褪色和退化。普通玻璃能阻挡低于 300nm 的紫外线，但 300～380nm 的紫外线能透射进来，而低辐射玻璃可以阻挡55%左右的紫外线透射到室内。

2. 热学性能

(1) 超低辐射率　低辐射镀膜玻璃简称低辐射玻璃或Low-E玻璃，因其所镀的膜层具有极低的表面辐射率而得名。普通玻璃的表面辐射率在0.84左右，低辐射玻璃的表面辐射率都在0.25以下，可以达到良好的保温隔热性能。

(2) 较低的传热系数　*K*值越低，说明玻璃的保温隔热性能越好，在使用时的节能效果越显著。低辐射玻璃的传热系数一般在$1.9W/(m^2 \cdot K)$左右。

(3) 可调节的太阳得热系数SHGC　太阳得热系数也是用来判别节能特性的主要参数之一，玻璃的SHGC值越大，意味着有更多的太阳直射热量进入室内。该值对节能效果的影响与建筑物所处的气候条件有关。在炎热气候条件下，应该减少太阳辐射热量对室内温度的影响，此时需要玻璃具有相对低的SHGC值；在寒冷气候条件下，应充分利用太阳辐射热量来提高室内的温度，此时需要高SHGC的玻璃。低辐射玻璃通过膜层结构的控制，可以根据需要调节玻璃的太阳得热系数，从而使其使用范围更广泛。

*K*值主要衡量的是由于温差而产生的传热过程，SHGC值主要衡量的是由太阳辐射产生的热量传递。实际生活环境中两种影响同时存在，所以在建筑节能设计标准中，是通过限定*K*和SHGC的组合值来使窗户达到规定的节能效果的。

3. 电学性能

低辐射玻璃的表面电阻随膜厚的增加而逐渐减小，同时金属膜的表面电阻与辐射率呈线性关系，表面电阻越大，辐射系数越大。

4. 力学性能

离线低辐射玻璃的膜属于软膜，容易划伤，因此不能单片使用，仅适合用于双层或多层中空玻璃的基片，且在做成真空之前，不宜长期保存和频繁搬动，也不能进行热弯、钢化等再加工。在线低辐射玻璃的膜属于硬膜，膜层的耐磨性好，不易划伤，可进行热弯、钢化、夹层、中空等再加工，并可储存。

5. 化学性能

膜层的抗酸碱性能越好，才能在各种环境下保持长期的稳定性。

三、低辐射玻璃的膜层结构和功能

低辐射玻璃的膜层基本结构如图14-1所示。

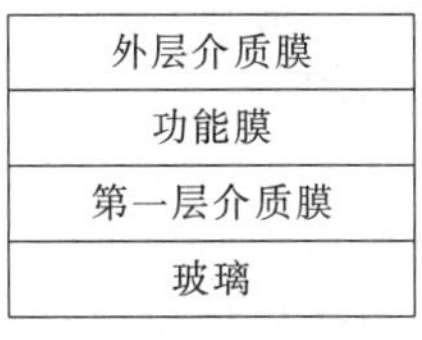

图14-1　膜层基本结构

1. 功能膜

控制整个膜系的表面电阻，决定膜系的辐射率，并直接影响膜系的透射率和反射率。一般采用正电性金属元素（如金、银、铜等）作为该层膜的材料。从生产成本考虑，用银和铜更经济些。由于铜容易氧化而出现“铜斑”，相比之下，银的抗氧化性比铜的略好些，因此，通常用银作为该层功能膜材料。由于银质软，不耐磨，与玻璃的结合力差，因此银膜两侧需加介质膜。

2. 第一层介质膜

一般是金属氧化物膜（TiO_2、SnO_2、ZnO_x等）或类似的绝缘膜，用来提高银与玻璃表面的附着力，同时兼有调节膜系光学性能和颜色的作用。

3. 外层介质膜

外层介质膜也是金属氧化物膜或类似的绝缘膜，它既是减反射膜也是保护膜，在可见光和近红外太阳能光谱中起减反射作用，以提高此波长范围内的太阳能透射率，同时保护银膜，提高膜系的物化性能。另外，在银膜与外层介质膜之间通常加入很薄的一层金属或合金膜（如Ti或NiCr等）作为遮蔽层，其作用是防止银膜被氧化。

根据膜系结构和性能的不同，低辐射玻璃分为单银低辐射玻璃、双银低辐射玻璃、阳光控制低辐射玻璃和改进型低辐射玻璃膜层等基本结构。单银膜系中只有一层银膜，双银膜系中有两层银膜。阳光控制低辐射玻璃指的是在低辐射玻璃性能的基础上加入阳光控制性能，使其既具有低辐射玻璃的性能又具有热反射玻璃的性能。

Low-E 玻璃的生产方法有离线法（主要是磁控溅射法）和在线法（主要是 CVD 法），其产品各有利弊。离线法 Low-E 玻璃的优点是：可做成双 Ag 膜层的 Low-E 玻璃，其辐射率低，国标要求小于 0.15，国内单银 Low-E 玻璃一般为 0.1，双银 Low-E 玻璃一般为 0.05；厚度、颜色变化快，开发新产品较容易等。其缺点是：不能进行二次加工；储存时间受限，必须在很短时间内做成中空玻璃，否则膜层氧化，所以不能单片使用。在线法 Low-E 玻璃的优点是：可以二次加工，以满足不同建筑设计风格；膜层抗氧化性强且耐酸碱、耐磨，可以单片使用。其缺点是：生产技术难度大，必须有优质浮法玻璃生产线；辐射率相对离线法偏高，国标要求小于 0.25。

四、低辐射玻璃的使用

1. 在建筑门窗中的应用

近年来，随着建筑业的不断发展，各地居住建筑中的外窗变化很大，各种材料的飘窗、落地窗等频现于各居住小区，这些窗在美化建筑立面的同时，也带来了大量的能源浪费。尤其是在寒冷地区，随着全球变暖，一些城市夏季也变得十分炎热，外窗面积的增大，不仅带来冬季采暖能耗的急剧增长，也带来夏季降温能耗的大幅上升。合理解决这一问题已成为实现建筑节能的迫切需求。首先，外窗是建筑在冬季产生热损失的主要部位；其次，外窗为房间引进天然光，减少照明用电，在冬季，阳光中的热能还可加热房间，降低供暖负荷；第三，利用外窗可组织自然通风，减少夏季降温能耗。因此，合理设计外窗，充分利用其有利的一面，避免或降低其不利的一面，是实现建筑节能的关键。

众所周知，自然界中的热能主要是太阳直射热和周围环境物体的辐射热。由于太阳的自身温度极高，所以与常温的红外热辐射相比，太阳热辐射强度很大，并且主要集中在 2.5μm 以下的可见光、紫外光和近红外光波段上，总的波长范围大约是在 0.15～4μm 之间(其中约 97%的能量集中在 0.3～2.5μm 的波长上，所以一般将此区域定为太阳光区)。太阳辐射的能量在可见光区占辐射总量的 50%，红外区占 43%，紫外区仅占 7%。在 0.48μm 波长的地方，太阳辐射的能量达到最高值。除此之外，还有大量的远红外热辐射能，其能量分布在波长为 3～40μm 的光区。在室外，远红外线热辐射能是由太阳照射到物体上被物体吸收后再辐射出来的，是夏季来自室外的主要热源之一。在夏季，外窗节能的主题是窗部隔热，应尽量减少通过外窗进入室内的热量。经研究发现，在夏季，通过外窗进入室内的总热量中，太阳辐射得热占大部分，温差传热只占一小部分。拿南向外窗来说，温差传热只占总得热量的 30%左右，其余为太阳辐射得热，而太阳辐射得热又主要来自天空散射和环境反射，直射得热只占一小部分。所以，对于南向外窗的夏季防热，采用降低传热系数的方法收效甚微，而选用 Low-E 低辐射玻璃则可以降低太阳辐射热的透过率，使天然光变为“冷光源”。在室内，远红外线热辐射能是由暖气、被太阳光照射后的家具以及人体等物体产生的，成为室内的主要能源。

Low-E 镀膜玻璃用于建筑物门窗具有以下特点：首先，有良好的保温节能效果。建筑物周围有围护结构，建筑物最易散热的位置是所谓的开口部，即门和窗，其散热量占总散热量的 60%以上，因此建筑节能的重要环节也在于窗。其次，使用 Low-E 镀膜玻璃后窗子不易结露，减少了冬季室内窗附近使人很不舒适的所谓“冷辐射区”。在室内温度 20℃、湿度为 50%时，使用 3 种不同的窗玻璃，结露温度相差很大，见表 14-5。

表 14-5　不同窗玻璃的结露温度

窗玻璃	窗结露温度/℃
3～5mm 玻璃	3～4
3mm＋A6＋3mm 中空玻璃	－7
3mm＋A6＋3mm 低辐射中空玻璃	－24

2. 在建筑玻璃幕墙中的应用

1929 年，世界建筑大师勒·柯布西埃率先提出大片玻璃幕墙的设想，并将其描绘成理想的建筑形式。几十年来人们一直在探索实现大师理想的方法。我国在 20 世纪 80 年代开始出现玻璃幕墙，随后其作为新兴的建筑形式广泛用于公用建筑。

外墙装饰材料经过水泥（涂料）→瓷砖→玻璃幕墙→铝塑板幕墙→石材幕墙与玻璃幕墙共用的态势。幕墙按使用材料不同可分为玻璃幕墙、铝板幕墙、石材幕墙等；按制造工艺不同可分为有框幕墙、隐框幕墙、单元式幕墙和点式幕墙等；按功能不同可分为智能幕墙和光电幕墙等；按作用不同可分为观赏性幕墙和节能性幕墙等。

玻璃幕墙是在传统砖砌和混凝土墙体基础上创生出来的，它比传统墙体轻得多，可以减轻地基和主体结构承重，有利于建筑物向高层发展和节省建筑经费。玻璃幕墙不仅实现了建筑外围结构中墙体与门窗的合二为一，而且把建筑围护结构的使用功能与装饰功能巧妙地融为一体，它所使用的金属框架材料及板材是工厂生产出来的，可以采用多种材料，可以制成各种颜色，具有较强的光泽，加工精度高，质量好，又可制成各种造型，使建筑更具现代感和装饰艺术性，进而美化城市环境，同时又可缩短工地施工周期。玻璃幕墙的这种良好特性，使它一经问世就得到人们的重视和青睐。玻璃幕墙自 20 世纪 80 年代在我国出现以来，经历了有框式→隐框式→单元式→点支式 4 个阶段，逐步向智能型和光电型方向发展。有框式玻璃幕墙就是将玻璃镶嵌在预制好的框架内，其安全系数比较高，但由于显露的框架将玻璃分割成条块而影响观感。隐形式玻璃幕墙是通过粘贴方式将玻璃粘贴在预制好的框架上，粘贴剂为硅酮结构胶。隐框式玻璃幕墙从外部看不到框架，整体效果美观。单元式玻璃幕墙是将幕墙分为若干个单元，这些单元件在工厂内加工制作，然后再将单元件直接挂在楼面的预埋件上，其优点是单元件在工厂内制作有利于保证质量，并且从下向上安装可以与建筑施工同步进行，从而缩短了工程周期，促进了建筑工业化程度。点支式玻璃幕墙是把玻璃四角打孔，用不锈钢爪圆盘内外两边固定，形成玻璃幕墙。对于 10mm 以上的玻璃安装可采用后切式锚栓结构。所谓后切式锚栓结构是无需将玻璃的孔打穿，而是在玻璃背面打 6mm 深的孔，从而避免由于透孔密封不严而造成的外部污染，然后通过特殊的锚栓将玻璃固定在墙面上。一般玻璃幕墙的锚栓由尼龙材料制作。

以上玻璃幕墙多为单层玻璃，普遍具有外观华丽大方、强化外立面效果、具有现代化办公气息、视野开阔、通透性强以及采光景深大的优点。但大多数单层玻璃幕墙具有不能开启、通风不畅、保温性能差、能耗大、日后维修费高的缺点。对于“光污染”的问题，众说纷纭。据国家专业部门测定的结果表明，白色粉刷墙面的反射率为 69％～80％，氟碳喷涂铝合金板的反射率为 73％～87％，釉面瓷砖的反射率为 67％～82％，而镀膜玻璃制作的幕墙其反射率为 10％～30％，由此可见，镀膜玻璃的“光污染”是较低的。

不论是在我国寒冷地区还是炎热地区，采用大面积玻璃幕墙时，都应防止“热桥现象”的产生。由于玻璃幕墙框架大多数都使用金属材料，金属比玻璃的热导率大，当室内外温差大时，热传导就成为影响玻璃幕墙保温隔热性能的一个重要因素。目前，在幕墙制造上除选用热导率比较小的材料制作幕墙框架外，还采用热绝缘橡胶密封条分隔的办法，进行玻璃幕墙框架的建造；此外，人们还专门设计了断桥隔热型材，用来解决玻璃幕墙框架的热传导问题。所谓低辐射玻璃幕墙就是采用低辐射玻璃为原片材料建成的玻璃幕墙。当前建筑节能已成为我国可持续发展战略的一部分，社会对建筑节能的意识逐渐增强，作为建筑围护结构之一的玻璃幕墙，其节能效果的好坏，将直接影响整体建筑物的节能。

3. 低辐射玻璃的维护

低辐射镀膜颜色为干涉色。当薄膜的光学厚度与可见光某波段的波长成一定倍数时，膜层就反射该种颜色的可见光，光学上称为干涉光的颜色，即干涉色。干涉色随薄膜的厚度不同而变化，其中的低辐射、红外高反射层是金属银。由于金属银极易氧化，因此在生产过程中，维持镀膜玻璃膜面不受污染是十分重要的，即使膜面沾上一层很薄且透明的污染膜，玻璃的颜色也会随之改变，同时损害低辐射膜层。万一膜层被污染，应立即用去离子水清洗，玻璃的颜色即可恢复。

镀膜玻璃的膜厚度很小，一般不超过 0.1μm，如果不妥善处置，易被划伤。最常见的划伤发生在开箱后的切割、运输及安装搬动几个环节中。由于离线低辐射镀膜玻璃膜层薄、软，灰尘、砂粒及玻璃切割时的碎屑都可能成为膜划伤的致因物，因此在加工与搬动过程应务必遵守低辐射镀膜玻璃操作要求。

离线低辐射镀膜玻璃必须加工成复合产品使用，这类产品有低辐射中空玻璃、低辐射夹层玻璃等。低辐射镀膜玻璃的膜，不能像热反射镀膜玻璃那样，暴露在空气中使用。复合产品的结构不破坏，低辐射玻璃的光学、热学性能也不会改变。只要在加工中保持膜层洁净与干燥，低辐射镀膜玻璃的寿命与复合产品的寿命相同。生产环节中禁止镀膜玻璃接触到各类强酸、强氧化性气体或液体、强溶解性有机溶剂，以免膜层遭到不应有的破坏。包装时，玻璃之间应喷隔离粉，或使用发泡珍珠棉，玻璃放在塑料薄膜上，内置条袋干燥剂，将塑料薄膜密封严实，并用塑料胶带封口。

第五节 夹层玻璃

夹层玻璃通常由两片或两片以上的玻璃组合而成，在每两片玻璃之间有黏结薄膜（通常是 PVB）将它们紧紧地束缚在一起。这样即使其中的一块玻璃破碎了，碎片仍然会粘在薄膜上，不会脱落伤人，并且玻璃构件也可以保持一定的剩余强度，从而保证了玻璃结构的安全性。夹层玻璃的另一大优点是可以在其黏结薄膜上大做文章，将其功能复合化，以满足各种设计的需要。例如全息分解膜夹层玻璃、带有光电池模块的夹层玻璃和温控或电控夹层玻璃，这些玻璃的出现为建造更加智能、生态的建筑提供了可能。

目前，我国拥有夹层玻璃生产线 200 条，年生产能力为 2500 万平方米。生产工艺主要有使用 PVB 胶片的干法工艺，也有少量的湿法工艺和采用 EN 胶片的真空一步法工艺。但到目前为止，我国夹层玻璃胶片的质量与国外先进水平还存在一定的差距。目前，我国高档夹层玻璃用 PVB 胶片仍依靠进口，据统计，2004 年我国的 PVB 胶片的销量在 5 万吨以上，而且每年以 20%的速度递增。进口量占国内销量的 80%以上，国内 PVB 胶片的产量还不到 1 万吨。因此，尽快提高我国夹层安全玻璃的生产技术水平，形成高质量、规模化生产格局，降低成本，占领市场，刻不容缓。

夹层玻璃的种类很多，按产品的生产方法、用途、外形以及性能的不同，通常可分为以下几大类。

1. 按产品的生产方法分类

按生产方法不同，夹层玻璃可分为胶片法夹层玻璃和灌浆法夹层玻璃两种。其中，胶片法夹层玻璃又可分为高压釜胶片法夹层玻璃和一步法夹层玻璃。

2. 按产品的用途分类

按产品的用途不同，夹层玻璃可分为汽车用夹层玻璃、建筑用夹层玻璃、铁道车辆用夹层玻璃、船舶用夹层玻璃、航空用夹层玻璃以及其他特殊夹层玻璃等。其中，汽车用夹层玻璃按使用部位不同又可分为风挡夹层玻璃和侧窗夹层玻璃；按应用功能不同可分为钢化夹层玻璃、遮阳夹层玻璃、电热夹层玻璃、装有无线电天线的夹层玻璃等；按安全程度不同可分为高抗穿透性夹层玻璃和普通夹层玻璃。

3. 按产品的外形分类

按产品的外形不同，夹层玻璃可分为平夹层玻璃和弯夹层玻璃。其中，弯夹层玻璃又可分为单曲面夹层玻璃、双曲面夹层玻璃或深弯夹层玻璃、浅弯夹层玻璃等。

4. 按产品的性能分类

按夹层玻璃的性能不同可分为防弹夹层玻璃、防盗夹层玻璃、防火夹层玻璃、电加热夹层玻璃、装饰性夹层玻璃、光致变色夹层玻璃、电磁屏蔽夹层玻璃等。

一、普通夹层玻璃

普通夹层玻璃是在两片或多片玻璃之间夹一层或多层有机物薄膜，在一定温度和压力下使它们成为永久的整体，在外力作用下破碎后，由于有机物膜的黏结而几乎无碎片飞溅的安全玻璃产品。它具有较好的安全性、一定的保安作用和隔声性能、过滤紫外线功能、装饰性和一定的阳光控制作用。

夹层中间膜现主要采用 PVB，此中间膜具有与玻璃粘结牢固、稳定性较好、透光率高、长期使用不变质等优点，但 PVB 的储存和使用对环境要求较高，加工成夹层玻璃时，需要一定的经验和知识，否则将严重影响夹层玻璃的产品质量和成品率。

二、高强度夹层玻璃

用夹层法生产的高强度系列玻璃的结构形式一般有以下几种。

1. 以浮法玻璃为基底与 PVB 中间膜相复合

绝大多数安全玻璃的树脂中间膜采用 PVB，其中尤以美国杜邦公司生产的 PVB 为佳。德国的鸿思公司也是世界上 PVB 膜片的主要生产商之一，它供给建筑用和汽车用的安全夹层玻璃所必需的树脂薄膜。

这种结构形式的夹层玻璃耐环境稳定性好，成本低，寿命长且不容易老化。要使其强度提高，一般而言其厚度也要增加，所以其质量大，玻璃在受到弹击时容易产生飞溅物。制作防弹玻璃时，安装过程中要区别方向，一定要将玻璃板较厚的一层安装在受到枪击的一面，较薄的一层朝受保护的一面，这样既可以提高防弹能力，又能减少飞溅物对人体伤害的可能性。

2. PVB 夹层玻璃与聚碳酸酯板相复合

聚碳酸酯的韧性非常好，通常被称为透明钢板，所以在相同厚度下，其强度比单纯玻璃与 PVB 膜片相复合要大，用作防弹玻璃时，其防弹能力有很大提高。

这种形式的防弹玻璃主要有两种：一种是将聚碳酸酯板与夹层玻璃直接黏结在一起，所用的黏结材料一般用聚氨酯膜；另一种是夹层玻璃与聚碳酸酯板之间隔开一段距离，再复合到一起。前者没有中间两个界面的反射，透光率较高。后者由于存在中间隔层，多了两个反射界面，透光率相对较低。

这种防弹玻璃重量轻，受到弹击时无飞溅碎片，安全性好，但抗老化性较差，表面易产生划伤，成本高。在使用时，要将聚碳酸酯板朝向受保护的一面，这样可以消除飞溅。由于聚碳酸酯板较软，易划伤，在擦洗时要用软材料。

3. 以浮法玻璃为基底，上面粘接树脂膜片和耐磨材料

在专利文献中，有时将这种结构称为非对称结构。一种结构是在单片或夹层玻璃上粘接聚氨酯膜片，抗冲击的能力取决于该膜片的厚度，然后再在聚氨酯膜片上覆盖一层防划伤或磨损的塑料膜。另一种结构是在单片玻璃上粘接 PVB 膜片，然后再粘 PET 膜片以防划伤或磨损。在标准温度和湿度条件下，该结构的粘接性与抗冲击性都很好，在相同条件下，其性质要优于第一种结构。但是在低温条件下，PVB 将失去其大部分的力学性能，尤其是抗冲击性能。在高温条件下，PVB 与基片玻璃之间的粘接也会变差。

鉴于上述情况，法国 Saint-Cobain 公司研制出一种新颖的非对称结构，能在温度和湿度变化较大的条件下仍保持良好的粘接性和抗冲击能力。其基本结构是在玻璃基片上先粘接聚氨酯，然后是 PVB 与 PET 膜片。经试验，在达到－20℃时，该结构仍具有良好的性能，其关键是在玻璃与聚氨酯膜片上各涂了一底层以增强两者之间的粘合力。安装时，粘接树脂膜片的一面朝内。

三、防弹夹层玻璃

防弹夹层玻璃是指具有一定防弹能力的夹层玻璃，能够抵御枪弹乃至炮弹射击而不被穿透，最大限度地保护了人身安全。用两层以上的玻璃和中间膜复合起来成为一体的复合玻璃，总厚度一般在 20mm 以上，要求较高的防弹玻璃总厚度可达到 50mm 以上，它一般包括以下三层结构。

(1) 抗冲击层又叫承力层，一般采用厚度大、强度高的玻璃。这样玻璃能改变弹头形状，使其失去继续前进的动力。由于钢化玻璃破坏时是整体破碎，大大降低了对第二颗子弹的防御效果，所以不适合作防弹玻璃的抗冲击层。

(2) 过渡层一般采用有机胶合材料，要求黏结力强，耐光性能好，有延展性和弹性，能吸收部分冲击能，改变弹体的前进速率和方向。

(3) 安全防护层一般采用高强度玻璃或高强度透明有机材料，要求强度高，韧性好，能吸收大部分的冲击能，保证弹体不能穿透该层。

防弹夹层玻璃的防弹原理是玻璃将子弹的冲击动能转化为玻璃的弹性势能和破碎后的表面能，从而达到防弹目的。它具有特别好的安全防范性能，即使刀劈、斧砍、铁锤砸、枪击都不能穿透，能有效地起到防盗、防弹、防爆炸伤人的作用，即使当玻璃受到特别大的冲击而破裂时，外来撞击物或子弹也不会穿透。防弹玻璃的总厚度与防弹效果成正比，越厚防弹性能越好；防弹玻璃结构中的胶片厚度与防弹效果有关，如 1.52mm 胶片防弹效果优于使用 0.76mm 胶片的防弹玻璃；玻璃强度与防弹效果有关，采用钢化玻璃制作的防弹玻璃，其防弹效果优于普通玻璃制作的防弹玻璃。当然，防弹性能还和枪弹类型、玻璃类型、玻璃片数、每片玻璃厚度及中间膜的类型等因素有关。

四、防火夹层玻璃

防火夹层玻璃是由两片玻璃与中间防火胶片层构成的。防火夹层玻璃可以用普通平板玻璃也可以用钢化玻璃，是建筑材料实现安全功能的一个重要部位。对防火玻璃的基本要求是具有隔热、隔烟直至抵抗火焰穿透的能力，以及在高温作用下玻璃不破裂，能保持其完整性。目前国内外市场上常见的防火玻璃大多为灌浆法夹层复合防火玻璃和夹丝防火玻璃。有关防火夹层玻璃的详细内容可参见本章第七节。

五、防紫外线夹层玻璃

室内织物和家具老化褪色是由于许多因素造成的，包括紫外线辐射、可见光照射、氧化作用、潮湿、高温和空气污染等，其中紫外线辐射是造成褪色的主要原因。由于紫外线辐射

波长低于 380nm，辐射能高，它对材料破坏和褪色所起的作用比其他因素大，如 350nm 紫外线的破坏能力是 500nm 的 50 倍。由于 PVB 膜在生产过程中加入了吸收紫外线的添加剂，它能够阻挡太阳光中的紫外线进入室内，可过滤 99.5%的太阳紫外线，该功能有助于保护贵重家具、陈列品或商品免受紫外线的影响而引起褪色。

无色 PVB 胶片厚度达到 38mm 时已可反射 99.6%的紫外光，继续提高无色 PVB 胶片厚度对降低紫外光透光率影响不大。

六、彩色夹层玻璃

PVB 中间膜可以染成各种不同的颜色，用各种各样的热光性能稳定的 PVB 中间膜就可以制成绚丽多彩的彩色夹层玻璃。耐光的彩色 PVB 中间膜可减弱太阳光的透射，从而降低制冷能耗。使用 PVB 中间膜的夹层玻璃可减少太阳眩光造成的失真，能使建筑设计在广阔的范围内获得较好的审美效果。

美国首诺公司推出的以 VANCEVA 为注册商标的彩色中间膜使夹层玻璃拥有更多选择。它由两层 PVB 薄膜组合而成，其中一张有 10 种基本色（有 2 种透光度的红色、黄色、蓝色、茶色和乳白色），共 90 种色调；另一张有 9 种图案式样：大圆点、小圆点、宽条纹、窄条纹、细条纹、方形、点花式、交叉针式、织物花式，也是 90 种变化，将色彩和图案的两层薄膜进行任意组合，即可组成 90×90＝8100 种彩色装饰效果。这种融技术与美观于一体的彩色夹层玻璃为玻璃设计提供了新的选择。VANCEVA 产品在国外推出仅短短几个月时间，便受到世界许多顶尖设计师的青睐。纽约高级宾馆、迈阿密南沙滩影院、芝加哥商品交易中心、拉斯维加斯大峡谷风景区、东京时装店等都使用了该产品。它们用于建筑物的不同部位，加强了装饰效果，给建筑物增添了光彩夺目、富丽堂皇的艺术气氛。这种彩色夹层玻璃既美观大方又有安全性，同时又可以控制太阳射线通过玻璃窗传入室内。

七、节能夹层玻璃

普通平板玻璃透光性很好，这也是它成为窗用材料的必要条件，但太阳光在普通平板玻璃的可见光谱和近红外线部分的透过率都很高，并且普通浮法玻璃的辐射系数很大（$\varepsilon=0.84$），所以窗玻璃的热传递中辐射传热占很大比例。

夹层玻璃的保温隔热性能并没有比普通玻璃有明显改善，但是可以利用夹层玻璃的特点，变换薄膜层材质，以达到保温隔热甚至控制光线的目的。

1. 镀膜夹层玻璃

镀膜夹层玻璃是夹层玻璃与镀膜玻璃的结合。即在两片玻璃之间加入了一层热反射膜或低辐射膜，组成热反射膜夹层玻璃或低辐射膜夹层玻璃。低辐射膜夹层玻璃能透过约 80%的短波太阳光辐射能，进入室内被室内物体所吸收，同时又能将 90%以上的室内物体辐射的红外线长波保留于室内，适用于严寒地区或夏热冬冷地区。热反射膜夹层玻璃在保证安全性的同时，允许有足够的光线进入室内，而又能将大部分太阳能的热量反射回去，从而降低室内空调负荷，适用于夏热冬暖地区。

与普通夹层玻璃不同的是，它需要两层 PVB 中间膜将热反射薄膜夹住。为了充分利用薄膜的红外反射功能，外片应使用透明玻璃而用内片调整色调和透过率。由于薄膜以卷型包装运输和保存，薄膜夹层玻璃具有很大的灵活性和时效性，特别适合于中小玻璃加工企业生产多品种、小批量、高性能的夹层玻璃产品。膜系的高导电性也为屏蔽电磁辐射干扰及信息安全提供了可能性。

夹层玻璃和低辐射玻璃都具有节能功能，但是两者组合成低辐射夹层玻璃时其节能特性将会降低。有资料表明，[6mm Low-E＋12A＋6mm（白玻）]配置的中空玻璃 U 值为

1.93W/(m^2·K)，而同样玻璃组成[6mm Low-E+1.52PVB+6mm(白玻)]的夹层玻璃 U 值为 5.1W/(m^2·K)，低辐射玻璃的低辐射功能被 PVB 胶片的高辐射率相抵冲，只相当于两片普通浮法玻璃组成的夹层玻璃。所以，要想真正实现“低辐射夹层安全玻璃”，就必须使用低辐射率的中间膜片材料，而不是普通的 PVB 胶片。

2. 温控或电控夹层玻璃

温控或电控夹层玻璃具有夹层玻璃的安全性和热光透射的可控性。温控夹层玻璃是通过智能温度仪表，手动调节温度的输出，控制光线的透过率；电控夹层玻璃通过控制电流变化来控制玻璃颜色变化及透光率的变化，减少过多直射阳光的进入，防止眩光。另外采用这两种玻璃可显著降低采暖或制冷的能耗。在炎热的夏季，它可以最大限度地阻挡红外线的进入，降低制冷负荷；在寒冷的冬季，可使红外线充分地透射，因此对降低采暖能耗大有益处，最具有特色的是它可以起到很好的隔声作用。

3. 光电玻璃

光电玻璃本身也是夹层玻璃的一种，是将光电模块代替夹层玻璃中的薄膜层，利用太阳光产生电能，以减少室外热量的进入，也可以减少室内的能量向外辐射和传导，减少夏季冷气的供应和冬天暖气的补充，起到节能的作用。另外，光电玻璃的隔声性能也很优越。它用 EVA 胶片把太阳能光电模块胶合在中间，EVA 胶片的应用有效地降低了室外的噪声量，可以降低约 30dB。同时光电玻璃自身在运行、产生电能的过程中不产生任何噪声。

4. LED 节能装饰照明玻璃

由中国建筑材料科学研究院开发的节能装饰照明玻璃是利用 LED（发光二极管，light emitting diode）的发光特性与夹层玻璃的安全性、可靠性制作的一种新型集照明、装饰为一体的功能玻璃。由于 LED 具有发光效率高、使用寿命长、组态拼接灵活、色彩丰富艳丽以及对户外环境适应能力强等特点，所以组合后的节能装饰照明玻璃有着独特的装饰功能和效果，既美观实用又保持了玻璃透明的特性。节能装饰照明玻璃节能是明显的，用 84 只 LED 制成一片 0.79m^2 的装饰玻璃，其照度相当于 6W 白炽灯的照度，实际使用功率仅 1W，节能近 83.3%。

第六节　中 空 玻 璃

中空玻璃是两片或两片以上的玻璃中间用带有干燥剂的间隔框隔开、周边密封的玻璃制品。

最早的中空玻璃可追溯到 1865 年由美国人 T. D. Sicfson 申请专利开始使用。1934 年，德国最早采用胶接法生产中空玻璃，用于火车窗玻璃。20 世纪 40 年代，美国发明了焊接中空玻璃，并进行工业化生产。随后，美国和欧洲同时发明了熔接法生产中空玻璃。20 世纪 50 年代，日本、英国开始生产中空玻璃。到了 20 世纪 70 年代，世界发生能源危机，西方各工业发达国家强烈意识到节能的重要性，在社会各领域开展了声势浩大的节能运动。此间，中空玻璃作为建筑物的节能材料得到了飞速的发展。世界中空玻璃的使用主要集中在德国、英国、美国、加拿大等国家。

目前，国内已建立两百余条中空玻璃生产线，其中引进国外生产线 70 条，全国总生产能力约 1200 万平方米。20 世纪 90 年代以前，中空玻璃配套用关键密封胶等材料大多依靠进口，随着国内市场对中空玻璃需求的上升，中空玻璃生产机组及配套用密封材料的研制和生产也取得了长足进步。

除了节能外，中空玻璃还具有防霜露作用。由于中空玻璃的保温性能好，内外两层玻璃的温差尽管较大，但由于隔层空气是干燥的，故不会结露。高质量的中空玻璃可保证在室外温度－40℃时不结露。同时中空玻璃具有隔声作用，以降低噪声对人类生活的影响。

一、中空玻璃的节能

中空玻璃具有突出的保温隔热性能，是提高门窗节能水平的重要材料，近些年已经在建筑上得到了极其广泛的应用。

影响中空玻璃节能性能的主要因素有：玻璃、间隔条（框）和气体。在其他条件不变的条件下，采用白玻、空气和冷边的中空玻璃，其节能效果是最差的，而采用低辐射玻璃、内充氩气和暖边的中空玻璃，其节能效果是最高的。

在建筑用中空玻璃诸多的性能指标中，能够用来判别其节能特性的主要有传热系数 *K* 和太阳得热系数 SHGC。*K* 值越低，说明中空玻璃的保温隔热性能越好，在使用时的节能效果越显著。太阳得热系数 SHGC 是指在太阳辐射相同的条件下，太阳辐射能量透过窗玻璃进入室内的量与通过相同尺寸但无玻璃的开口进入室内的太阳热量的比率。玻璃的 SHGC 值增大时，意味着可以有更多的太阳直射热量进入室内，减小时则将更多的太阳直射热量阻挡在室外。SHGC 值对节能效果的影响是与建筑物所处的不同气候条件相联系的，在炎热气候条件下，应该减少太阳辐射热量对室内温度的影响，此时需要玻璃具有相对低的 SHGC 值；在寒冷气候条件下，应充分利用太阳辐射热量来提高室内的温度，此时需要高 SHGC 值的玻璃。在 *K* 值与 SHGC 值之间，前者主要衡量的是由于温度差而产生的传热过程，后者主要衡量的是由太阳辐射产生的热量传递，实际生活环境中两种影响同时存在，所以在各建筑节能设计标准中，主要通过限定 *K* 和 SHGC 的组合条件来使窗户达到规定的节能效果。

目前，中空玻璃的 *K* 值是通过实验室实际测量得出的，SHGC 值是对光谱数据计算得出的。

玻璃的类型和厚度对中空玻璃的节能有影响。组成中空的玻璃类型有白玻、吸热玻璃、阳光控制镀膜玻璃、Low-E 玻璃等。不同颜色类型、不同深浅程度的吸热玻璃，都会使玻璃 SHGC 值和可见光透过率发生很大的改变，但各种颜色系列的吸热玻璃，其辐射率都与普通白玻璃相同。当增加玻璃厚度时，会降低整个中空玻璃系统的传热系数。当玻璃厚度增加时，太阳光穿透玻璃进入室内的能量将会随之而减少，从而导致中空玻璃太阳得热系数的降低。所以，建筑上选用吸热玻璃组成中空玻璃时，应根据建筑物能耗的设计参数，在满足结构要求和透明度要求的前提下，考虑玻璃厚度对室内获得太阳能强度的影响。

阳光控制镀膜玻璃单片或中空使用时，*K* 值与白玻璃相近。而 Low-E 玻璃具有很低的传热系数。由于 Low-E 玻璃具有独特的低辐射特性，所以在组成中空玻璃时，镀膜面放置位置的不同将使中空玻璃产生不同的光学特性。

另外，间隔气体的类型和厚度、间隔条类型、中空玻璃的安装方式以及室外风速都对中空玻璃的节能有影响，这里不再详述。

二、中空玻璃的使用寿命

中空玻璃必须满足两个基本要求：节能和耐久性。如果中空玻璃的节能效果很差，即使耐久性再长，也是低档次的中空玻璃。反之，如果中空玻璃的节能性能好，但耐久性差，也不是人们所追求的。显然，理想的中空玻璃应该同时具有最好的节能效果和最长的耐久性，两者是一个问题的两个方面，缺一不可。

中空玻璃安装在建筑外墙上，将承受振动、风压、日照、雨雪、高低温度及大气压力的交变循环作用，必然使单元件胶黏结缝位移，增大产品内空间气压同大气的压差，加速湿气的渗透。据报道，温差每波动10℃接缝渗透率大约增加一倍；接缝胶层还要经受日光、风雨、冰雪、盐雾及清洗剂等腐蚀介质的侵蚀，促使密封胶层逐渐老化，力学性能下降，出现软化、龟裂、粉化甚至脱胶；密封制造质量如果存在缺胶、气孔、夹杂等缺陷时，也会引起产品功能的过早丧失。

中空玻璃失效的直接原因主要有以下两种。

(1) 中空玻璃密封失效　中空玻璃在使用时，如果出现下列任何一种情况，就可视其密封失败，它们包括空气层内结露（霜），在风压、气候和气压变化条件下中空玻璃不出现挠曲现象，中空玻璃的初始露点经过气候温度和湿度变化后出现显著变化，中空玻璃空气层内的氩气保有率下降等。

(2) 中空玻璃的炸裂　当中空玻璃在安装使用过程由于环境温度的不断变化、日晒以及风压的作用使玻璃发生炸裂。玻璃炸裂后（即使极小的裂缝存在）就会失去其密封性，在间隔层内出现结露、结霜现象，从而丧失使用功能。

三、真空玻璃

真空玻璃是基于真空杜瓦瓶（保温瓶）原理拓展而来的，中间的真空层阻断了传导和对流，具有超保温、防结露和结霜、隔声等功能，是可替代中空玻璃的一种新型绿色环保产品，被列入我国建材行业“十一五”优先发展之列。

真空玻璃采用两片平板玻璃用低熔点玻璃将四边密封起来，其中一片玻璃上有一排排气管，排气管与该片玻璃也用低熔点玻璃密封。两片玻璃板间隙为0.10～2mm，为使玻璃在真空状态下能承受大气压力，两片玻璃板之间放置有微小支撑物，支撑物用金属或非金属材料制成，均匀分布。由于支撑物非常小，不会影响玻璃的透光性。

从以上对真空玻璃的描述可知，尽管真空玻璃的结构与中空玻璃非常相似，但它们之间有两点明显的差别：其一是中空玻璃的中间层是干燥空气或惰性气体，而真空玻璃中间层是真空的；其二是真空玻璃要承受大气压力，因此不能用密封胶来密封，而是用低熔点玻璃将四周密封起来。真空玻璃支撑物材料现已从玻璃发展到合金。制造支撑物的材料可以是不锈钢、碳化钨钢、铬钢、铝合金、镍、钼、钽、陶瓷等。

真空玻璃具有保温隔热性、防结露和结霜性、隔声降噪性、抗风压性和耐久性。

第七节　防火玻璃

近十几年来，随着各类高层建筑、展览馆、奥运场馆、大剧院、歌舞厅等公共建筑的不断涌现，建筑的美观性、实用性、安全性越来越受到人们的关注。特别是近年来，品种繁多的防火玻璃，给建筑领域的安全性和美观性注入了新的血液。随着人们生活水平的提高和建筑业的发展，普通玻璃已不能满足社会的需求，防火玻璃因具有透光性好、强度高、良好的耐火性能，因而被大量应用于幕墙、防火隔墙、防火隔断、防火窗、防火门等方面。防火玻璃以其透明的特性、精致的质感被越来越多的建筑师所喜爱，广泛地应用于各类现代化的高楼大厦、体育场馆、展览中心。

防火玻璃指的是能阻挡和控制热辐射、烟雾及火焰，防止火灾蔓延的透明玻璃。

防火玻璃的分类及其性质在第九章中已有介绍，这里不再赘述。

一、复合防火玻璃的生产工艺

复合防火玻璃的生产方法分为两种类型：夹层法和灌浆法。

1. 夹层法

夹层法又可分为涂层法、浇注法和夹片法三类。涂层法是将防火膨胀凝胶反复涂刷在玻璃板上，然后合片制成防火玻璃。浇注法是将防火玻璃膨胀剂一次浇注在玻璃板上，烘干成型，然后合片制成防火玻璃。夹片法是将防火膨胀剂放在别的基材上形成胶片，然后合片制成防火玻璃。

2. 灌浆法

灌浆法是在两片玻璃之间灌入一层防火玻璃膨胀凝胶，一旦遇到火灾时，受力面玻璃温度逐渐升高，传向中间层的膨胀凝胶，使之体积发生变化，形成无数细小的气泡并起到隔热作用，保护夹层玻璃的背火面玻璃，从而保证夹层玻璃结构的完整性，在一定时间内可以防止火焰的蔓延。

3. 防火层材料

防火层材料的性能直接决定防火玻璃的性能，是制造防火玻璃的关键。因此，它必须具有以下性能：①具有良好的透光性；②具有较强的黏结性；③对玻璃无腐蚀作用；④遇火时能在较低温度下迅速发泡膨胀，并形成足够的厚度，起到防火隔热作用。

防火胶由主料和辅料组成，主料决定了防火胶的基本性质和主要特点。由于有机物的耐火性较差，考虑到使用寿命、成本等因素，一般选用无机物作为主料，包括硅酸钠、硅酸钾、磷酸二氢盐等。硅酸钠（水玻璃）水解形成硅酸，硅酸分子再聚合而成多分子的胶团。在固化、干燥过程中，逐渐失去水分，聚集成凝胶。该过程经历了硅酸单分子→岛状结构→团组结构→无规则网络结构，最后形成类似于玻璃的无定形固体结构。辅料包括固化剂、溶剂、抑制剂、增塑剂、高温稳定剂、发泡剂、难燃剂等。

湿法夹层防火玻璃的浆体分为以下两类。

(1) 有机浆体　有机浆体是指在两片玻璃之间采用注入法形成1.5～2.0mm厚的聚甲基丙烯酸甲酯和异丁酸甲酯聚合物，为了使这种防火玻璃的耐火性能达到A类性能要求，最好在玻璃表面喷涂掺有红外线反射功能的氧化锡膜，可以获得更好的防火效果。一般氧化锡膜的厚度为100～1000mm，应用这种涂层的防火玻璃其耐火性能可达到30min以上。

(2) 无机浆体　无机浆体是指在两片玻璃中间注入水玻璃类型或磷酸盐复合浆体。一般SiO_2/Na_2O物质的量比为3.7～3.9，含水量为20%～35%（质量分数），厚度为1～10mm，并加入7%～20%的甘油，这样可以防止浆体乳浊，抑制中间层碱性物质的活性，减少中间层发泡时泡的移动，如果在这种浆体中加入适量的糖更能减少发泡后的玻璃脱落。

用单纯的水玻璃制备的防火层在防火性、发泡性、塑性、耐老化性及耐高温等方面存在一系列问题，另外，其水解产生的氢氧化钠是强亲水性物质，不利于防火层干燥制备，所以必须对水玻璃进行改性。通常的方法是引入固化剂、溶剂、抑制剂、增塑剂、增强剂、高温稳定剂、发泡剂、难燃剂等。抑制剂是改变主料中氧化钠的活性，一般用两性金属氧化物或多元醇配合使用。形成防火层后，防火层中仍需保留一定水分，以保证防火层的透明性和发泡性。在防火层中引入适量硼酸、聚磷酸、聚磷酸盐、多羟基化合物能提高发泡后的耐高温性、力学强度，并扩大产品的使用范围。

在制作这种玻璃时，将带有干燥水玻璃膜的玻璃板按一定的尺寸切下，将两片同样大小的玻璃板浸在沸水中迅速合片，将水从玻璃板上排出，拉起玻璃板，整个操作应在10s内完成，将两片玻璃合成后可以形成无泡透明的防火夹层玻璃。

二、其他类型的复合防火玻璃

1. 夹丝防火玻璃

夹丝防火玻璃是在两层玻璃中间的有机胶片或无机浆体的夹层中加入金属丝网。这种金属丝网不会影响玻璃的能见度，丝网加入后不仅提高了防火玻璃的整体抗冲击强度，而且能与电加热和安全报警系统相连接，起到多种功能的作用。

用于制造夹丝防火玻璃的主要材料是浮法玻璃、钢化玻璃、PVB导电膜玻璃；有机胶片，如PVB胶片、聚氯乙烯等；无机浆体主要有水合金属盐，如硅酸钠、磷酸盐、铝酸盐，等物质；金属丝通常用不锈钢丝。

2. 空心玻璃砖

空心玻璃砖是由两个半块玻璃砖组合而成的具有中间空腔的玻璃制品，其周边密封，空腔内有干燥空气并存在微负压，具有不燃烧、透光、隔热及防火功能，可以用于高级宾馆、机场、展览场所和大型商场的防火、采光围护结构。

3. 中空防火玻璃

中空防火玻璃的制造方法基本与中空玻璃生产工艺相同。不同的是在选择玻璃基片时，要在接触火焰一面的玻璃片上涂一层水合金属盐，在一定的温度和湿度下干燥后，用来加工中空玻璃。这样可以提高产品整体的耐火能力。根据用户的具体要求，可以生产单腔或多腔的中空防火玻璃。

4. 多功能防弹、防火玻璃

这种玻璃集防火、防弹、报警、隔声等多功能于一身，主要是针对目前社会上的暴力犯罪，为金融、珠宝行、文物收藏等特殊部门而专门研制的。多功能防弹、防火玻璃由多层以上优质的浮法玻璃采用特制的防火凝胶经夹层工艺复合而成。

三、防火玻璃的最新进展

防火玻璃无论是国内还是国外，都是近几年刚刚开发的新产品，特别是灌浆型防火玻璃更是首创。防火玻璃的问世立刻受到了建筑界、消防界以及其他各界的极大重视，是建筑材料防火的一次突破，使一向被人认为一烧就炸的玻璃成了可达到甲级耐火极限的耐火材料，其意义重大，应用前景十分广阔。众所周知，在防火玻璃问世之前，无论是防火门还是防火墙，防火和美观都不能两全，要防火就必须使用不透明的材料制作，否则就达不到耐火等级的要求。自从防火玻璃问世后上述矛盾得到了解决，防火门、防火隔墙可用防火玻璃制作，既美观又防火。例如，我国目前最现代化的广州白云机场国际候机楼一百多平方米的防火隔墙就是如此解决的，外观看上去和普通玻璃相同，十分富丽堂皇。再如深圳电视台、深圳火车站、罗湖口岸、深圳机场、广州东方宾馆、66层的国际大厦、北京的亚运村五洲大酒店、天津的华联商厦和百货大楼等都采用了灌浆法生产的防火玻璃。

随着改革开放的深化，建筑业也得到了迅速发展，高标准的建筑越来越多，防火玻璃作为新型防火材料将大量使用。从目前情况来看，防火玻璃隔墙、大型防火玻璃门、全玻防火门及防火窗等将是发展的重点，特别是防火玻璃隔墙，近几年将有较大发展。针对上述情况，今后防火玻璃将以隔热型为主，低成本生产、超薄化、大块玻璃生产将是改进的方向。

第八节　自清洁玻璃

自清洁玻璃是指普通玻璃经过特殊的物理或化学方法处理后，其表面产生独特的物理特性，从而使玻璃无需通过传统的人工擦洗方法而达到清洁效果的玻璃。它必须具备以下两种功能：①玻璃表面在自然条件下，即在阳光、雨水和空气存在的条件下具有超亲水性或超疏水性，使之在雨水或自来水的冲刷下，可带走玻璃表面的灰尘；②玻璃表面在自然光照射下，具有光催化能力，可以分解吸附在玻璃表面的有机化合物，使之降解为CO_2和水，以便于被雨水和自来水冲走。目前，几乎所有的自清洁玻璃生产厂商和研究者都是从这两点出发来研究和检验玻璃是否具有自清洁功能的。

自清洁玻璃上具有许多优良性能：①能使窗户长期保持清洁，降低清洁频率；②玻璃上的灰尘和污垢大大减少，非常容易清洗；③节省清洗费用；④窗户视野清晰，即使在下雨天也不受影响；⑤具有和普通玻璃一样的中性外观和透明度；⑥大大减少清洁剂的用量，有助于环保。因此，它被广泛应用于建筑物的窗户和院门、温室、阳台、天窗、玻璃幕墙、商店橱窗、建筑物穹顶、电话亭和候车亭等。玻璃幕墙是一种美观新颖的建筑墙体装饰方法，能充分体现建筑师的想象力，展示建筑物的现代风格，发挥玻璃本身的特性，使建筑物显得别具一格。然而在大量使用的玻璃幕墙中存在着耐污性差的问题。尤其在大气含尘量较多、空气污染严重、干旱少雨的北方地区，玻璃幕墙极易蒙尘纳垢，出现色泽不均匀、波纹各异的现象，使得光反射不可控，导致光环境杂乱，破坏城市景观。

由于玻璃幕墙上所黏附的污垢种类不同，结合力和结合方式不同，在幕墙上的沉积时间不同，所以清洗起来有很大不同，这就对幕墙清洗剂提出了一系列的技术要求。玻璃幕墙清洗的难度大，而且大量使用有机溶剂，清洗后易对周围环境造成污染，清洗废液的排放也是难题。因此，开发具有自清洁功能的涂层玻璃成为当前研究的重点。

由中科纳米技术工程中心有限公司自行研制的纳米自清洁玻璃成功应用于国家大剧院的穹顶之上，面积共有 $6000m^2$，这标志着自清洁玻璃实现了产业化生产。这种玻璃有两大创新：一是采用了特殊的溶胶，其具有很高的透明度，并且有 2%的增透效果，克服了透光率降低和光干涉造成的彩虹现象；二是工艺简单，自清洁玻璃的加工工艺只需要在清洗干净的玻璃表面应用普通的喷涂设备，均匀喷涂后即具有自清洁功能，具有成本低、加工简单、质量容易控制等一系列优点。

随着人民生活水平的提高和能源的日益紧张，环保与能源已成为世界关注的热点问题。节能、节水是各个国家在追求工业利润的同时首要关注的问题，而自清洁技术的出现为人们提供了达到节水、节能和降低环境污染的途径。自清洁玻璃在建筑、汽车、照明工程等方面具有重要的应用前景。

自清洁玻璃按材质不同，可分为无机膜材料自清洁玻璃和有机膜材料自清洁玻璃，按亲水性不同，可分为超亲水性自清洁玻璃和超疏水性自清洁玻璃。通常，有机自清洁玻璃都是超疏水的，也有特殊无机结构材料膜的超疏水玻璃。正是由于其超疏水性，使处在玻璃表面的水无法吸附在玻璃表面而变成球状水珠，当水珠在玻璃表面滚动时，将灰尘带走，从而达到清洁玻璃表面的目的。

一、超亲水自清洁玻璃

从材质上看，具有超亲水性的自清洁玻璃一般都是无机材料组成的膜，具体有以下几种。

1. 纳米 TiO_2 自清洁玻璃

纳米 TiO_2 是最早被用于自清洁玻璃的膜材料，也是目前应用最为广泛的自清洁玻璃膜材料。研究表明，这种自清洁玻璃必须在紫外光条件下照射一定时间后，才能使玻璃产生超亲水性，起到自清洁玻璃的作用。但因为紫外光只占太阳光的 5%，所以纯纳米 TiO_2 镀膜玻璃对太阳光的利用率比较低；纳米 TiO_2 光生电子空穴对的复合率比较高，光催化效率较低。

2. 纳米 TiO_2/SiO_2 自清洁玻璃

纳米 TiO_2 自清洁条件之一是亲水，为了改善纳米 TiO_2 的亲水性，人们研究了掺杂 SiO_2 的纳米 TiO_2 自清洁玻璃。掺杂 SiO_2 的纳米 TiO_2 自清洁玻璃具有超亲水性，可提高自清洁玻璃的光催化活性。因此，目前许多自清洁玻璃的生产中都会掺杂一定量的 SiO_2。

3. 过渡金属掺杂纳米 TiO_2 自清洁玻璃

过渡金属掺杂纳米 TiO_2 不仅可以吸收紫外线，也能够吸收可见光，提高对太阳光的吸收能力和 TiO_2 的催化效率。

一些金属离子的掺杂提高了 TiO_2 的催化活性，而也有一些金属离子的掺杂降低了 TiO_2 的催化活性。掺杂金属能否提高 TiO_2 的催化活性，需具备的条件是：①掺杂金属要具有合适的能级，能使电子由导带迅速转移至被吸附物溶液中；②当进行光催化反应时，掺杂金属在 TiO_2 表面应表现出良好的化学稳定性。

4. 稀土金属离子掺杂的纳米 TiO_2 自清洁玻璃

研究表明，Y^{3+}、Ce^{3+}、Ce^{4+} 掺杂 TiO_2，有利于提高纳米 TiO_2 的自清洁光催化能力，将纯纳米 TiO_2 自清洁玻璃对甲苯的光催化降解率从 90.04%分别提高到 91.98%、92.85%和 91.72%，同时提高了纳米 TiO_2 自清洁玻璃的亲水性，并使自清洁玻璃的亲水性从紫外光扩展到可见光。Ce^{3+} 掺杂纳米 TiO_2 自清洁玻璃有增透性，可使普通浮法玻璃的可见光透过率从 86%提高到 88%。

5. 贵金属掺杂的纳米 TiO_2 自清洁玻璃

掺杂贵金属过渡元素也是一个研究热点。贵金属沉积会改变半导体的表面性质，提高光催化剂的光催化活性。用含 $AgNO_3$ 的复合溶胶凝胶法制备的 Ag/TiO_2 薄膜是提高 TiO_2 薄膜光催化效率的一种有效方法。随着溶胶中 $AgNO_3$ 的增加，Ag/TiO_2 薄膜的光催化效率也随之增加，但是当 $AgNO_3$ 过多时，Ag/TiO_2 薄膜的光催化效率反而会下降。

银离子掺杂的纳米 TiO_2 自清洁玻璃已经在实际中开始使用，其功能是利用银离子的掺杂能级改善纳米 TiO_2 自清洁玻璃的光催化效率和超亲水性，同时利用银离子微生物细胞壁和细菌的杀灭作用在玻璃表面进行杀菌和防霉除臭。

6. 非金属元素掺杂的纳米 TiO_2 自清洁玻璃

研究表明，金属离子的掺杂在一定程度上降低了 TiO_2 的能级，提高 TiO_2 在可见光范围的光催化活性，但同时降低了 TiO_2 在紫外光条件下的光催化活性。因此，研究人员开始研究非金属掺杂 TiO_2 部分取代氧，降低 TiO_2 的能级，提高光催化活性，扩展光响应范围。

有人用 N 部分取代 O，发现 TiO_2 在可见光下具有较高的光催化活性。还有人采用化学合成法制备出掺 S 的 TiO_2 薄膜。研究中还发现在锐钛矿型 TiO_2 的晶体中引入 F 后，TiO_2 粉末和薄膜的光催化活性大大提高。

7. 无机-有机杂化自清洁玻璃

通过研究发现，多孔的纳米 TiO_2 薄膜具有良好的光催化效果和超亲水性，但有机物在玻璃表面的强吸附使这种自清洁玻璃在有机物浓度过高的情况下，影响自清洁的效果。因此，进一步开发一种新型的自清洁玻璃是科学家追求的目标。

德国科学家 Dreja 开发出一种无机和有机材料杂化的新型自清洁玻璃，SiO_2 溶胶通过有机硅聚物进行分子自组装形成薄膜，这种膜的表面润湿性良好，水接触角达到 13°，制备方法新颖，但其应用还有待于更深入地研究。

二、超疏水自清洁玻璃

超疏水自清洁玻璃是模拟荷叶的自清洁效果，在玻璃表面镀一层疏水膜制备而成的。这种疏水膜材料可以是起疏水的有机高分子氟化物、硅化物和其他高分子膜，也可以是具有一定粗糙度的无机金属氧化物膜。

1. 有机聚合物疏水自清洁玻璃

德国 Kreihs 和 Malkomens 等研究制备了超憎水高效抗污染自清洁的永久性光学膜，并研究了表面膜结构对表面润湿性、光散射和化学老化等因素的影响。他们在研究中发现如下问题：①在持久性超憎水光学深层膜研发过程中，由于超疏水表面要求一定的粗糙度，因此自清洁膜最严重的缺陷是光散射问题；②表面有机聚合物膜在环境中的表面化学降解使自清洁表面出现老化的问题。如果能够解决上述两个问题，即可改善玻璃的光散射状态，使玻璃光学性能提高并延长自清洁膜的耐老化时间，这种新型的具有超双疏效果的自清洁玻璃将比超亲水自清洁玻璃在自清洁保持方面更为有效。

2. 无机金属氧化物疏水自清洁玻璃

纯无机超双疏自清洁玻璃是指那些具有一定表面粗糙度的纳米级无机材料构成的自清洁玻璃，这类自清洁玻璃主要是依靠表面结构的特殊性达到疏水疏油的功能，如纳米 ZrO_2 膜和一些自组装无机材料构成的表面。通常，这种自清洁玻璃表面也具有光催化效果，并且膜表面结构状态、粗糙度和膜厚度直接影响表面的疏水性和光催化效率。

第九节　微 晶 玻 璃

微晶玻璃又称玻璃陶瓷，是特定组成的基础玻璃，在加热过程中通过控制晶化而制得的一类含有大量微晶及玻璃相的多晶固体材料。

微晶玻璃的结构和性能与陶瓷和玻璃均不相同，其性质由晶相的矿物组成与玻璃相的化学组成以及它们的数量来决定，因而它集中了两者的特点，既具有较低的热膨胀系数和较高的机械强度，又具有显著的耐腐蚀、抗风化能力和良好的抗震性能。与传统玻璃相比，其软化温度、热稳定性、化学稳定性、机械强度、硬度比较高，并具有一些特殊的性能；与陶瓷相比，它的显微结构均匀致密、表面光洁、制品尺寸准确并能生产特大尺寸的制品。它不仅可以替代工业及建筑业的传统材料，而且将开辟全新的应用领域，在国防、航空航天、电子、建筑、化工等领域作为结构材料、功能材料、装饰材料而获得广泛应用。

微晶玻璃最初是由感光玻璃发展而来的，后经美国康宁玻璃公司的努力，发展成为一种装饰材料。在欧美，最先用作建筑材料而进行工业化生产的是矿渣微晶玻璃和岩石微晶玻璃。前苏联于 20 世纪 60 年代中期率先利用工业矿渣作为主要原料，采用压延生产法制成了矿渣微晶玻璃板材；美国于 20 世纪 70 年代初生产出了建筑岩石微晶玻璃装饰板，主要是利用岩石以及其他玻璃原料，采用平板玻璃的成型方法，首先生产出平板，再经过热处理和抛光加工制成微晶玻璃装饰板的国家。日本是最早开发出建筑用微晶玻璃装饰板的国家。此后，又采用熔融烧结法生产出了以硅灰石为主晶相的微晶玻璃。到目前为止，日本仍沿用这一工艺作为建筑用微晶玻璃的主要生产方法。产品色彩柔和、艳丽典雅、结构致密、纹理清晰，生产技术和产品质量都代表了微晶玻璃装饰板的世界先进水平。随后，韩国也生产出了高档微晶玻璃装饰板。

我国对微晶玻璃装饰材料的研制开发较晚，直至 20 世纪 90 年代初才初步形成工业化生产。20 世纪 90 年代初，在借鉴国外发达国家（主要是日本）的先进经验的基础上，我国在微晶玻璃装饰板的生产技术上取得了突破性进展，采用直接烧结法进行微晶玻璃工业化生产的先进技术，成功地解决了以压延法生产微晶玻璃所带来的一系列技术难题。现已成功地掌握了采用粉煤灰、煤矸石、各种尾矿、冶炼炉渣、黄河泥沙、废玻璃等为主要原料生产微晶玻璃装饰板的关键技术。建筑装饰用微晶玻璃的使用量大，经济效益显著，已成为当今世界建筑装饰的新型材料。与天然石材相比，微晶玻璃装饰材料具有优越的物理化学性能和加工成型性能，更灵活的装饰设计和更佳的装饰效果，且成本低廉，为现代建筑群理想的高级内、外墙及地面及立柱装饰材料，可广泛应用于广场、宾馆、商场、娱乐设施、家庭住宅等，是玻璃、陶瓷及高档天然石材的最佳更新换代产品。

一、微晶玻璃的特点

微晶玻璃的特点是结构致密、高强度、耐磨、耐腐蚀、耐风化；外观上纹理清晰、色彩鲜艳、色调均匀一致、光泽柔和晶莹，在室内能增加强烈的透视效果；抗压、抗折、抗冲击、易清洗、防火、防水。与天然花岗岩相比，它主要有以下优点。

1. 丰富多变的颜色

天然石材的颜色花纹变化较大，而微晶玻璃的色泽花纹可根据要求设计，而且具有棕红、大红、橙、黄、绿、蓝、紫、白、灰、黑等基色，可任意组合各种色调。尤其令人瞩目的是可以生产高雅的纯白色板材，这是天然花岗岩所不具有的品种。其研磨抛光板的表面光洁度大于90度，可达镜面效果。微晶玻璃由结晶相和部分玻璃相组成，尽管抛光板的表面光洁度远高于天然石材，但是光线不论由任何角度射入，经由结晶体漫反射，均可形成自然柔和的质感，毫无光污染。

2. 优良的耐候性及耐久性

微晶玻璃的耐酸性和耐碱性都比花岗岩、大理石优良，而本身为无机质材料，即便暴露于风雨及污染空气中，也不会产生变质、褪色、强度低劣等现象。而天然石材因其耐腐蚀性差，经风吹雨打之后，表面的光泽、色彩就会消退。

3. 吸水性低，表面清洁

微晶玻璃的吸水率几近为零，所以水不易渗入，不必担心冻结破坏以及铁锈、混凝土泥浆、灰色污染物渗透到内部，所以没有石材“吐汁”的现象，附着于表面的污物也很容易擦洗干净。

4. 强度大，可轻量化

天然石材机械强度和化学稳定性较差，造成抗风化能力和耐久性较差，而微晶玻璃装饰板的成分与石材相同，均属硅酸盐质，在材料内部结构中生长有硅灰石的主晶相，所以在强度、耐磨度上均优于天然石材。材料厚度可配合施工方法，符合现代建筑物轻巧、坚固的主流。

5. 弯曲成型容易，经济省时

曲面石材是由较厚石材切削而成，耗时、耗材、不经济，而微晶玻璃的软化温度较低，一般在800～900℃之间，可利用这一特性，制造出重量轻、强度大、价格便宜的曲面板。规格可满足用户的任意要求，尺寸准确，铺贴时不显缝。

6. 成本低廉

一些优质天然石材的资源受到限制，蕴藏量有限，价格昂贵。而微晶玻璃可选用化工原料，甚至可用废弃矿渣和砂土为原料，就地取材，成本较低。

7. 绿色无害

在环保上，天然石材具有微量对人体有害的放射性辐射剂量，而微晶玻璃装饰板材无任何种类的放射剂量，保证了环境无放射性污染，有利于保护人类的生态环境。

二、微晶玻璃的生产工艺

微晶玻璃的制备方法根据其所用原材料的种类、特性、对材料的性能要求而变化，主要有熔融法、烧结法、溶胶凝胶法、浮法和压延法等。

1. 熔融法

熔融法是最早也是目前制备微晶玻璃的主要方法。熔融法的主要工艺过程为：将一定量的晶核剂加入到玻璃原料中，充分混合均匀制成玻璃配合料，于1500～1600℃高温下熔制、均化后将玻璃成型，经退火后在一定温度下进行核化和晶化，以获得晶粒细小且结构均匀的微晶玻璃制品。

热处理制度的确定是微晶玻璃生产的技术关键。最佳的成核温度一般介于相当于黏度为 10^{11}～10^{12} 的温度范围之间。作为初步的近似估计，最佳成核温度介于 T_g 和比它高 50℃的温度之间。晶化温度上限应低于主晶相在一个适当的时间内重熔的温度，通常低 25～50℃。热处理过程一般分两个阶段进行，即将退火后的玻璃加热至晶核形成温度 $T_{核}$，并保温一定时间，在玻璃中出现大量稳定的晶核后再升温至晶体生长温度 $T_{晶}$，使玻璃转变为具有亚微米晶甚至纳米晶尺寸的微晶玻璃。

熔融法制备微晶玻璃具有如下优点。①可采用任何一种玻璃的成型方法，如压制、浇注、吹制、拉制，便于生产形状复杂的制品和机械化生产；②制品无气孔，致密度高；③玻璃组成范围宽。其缺点为：①熔制温度过高，通常都在 1400～1600℃之间，能耗大；②热处理制度在现实生产中难于控制操纵；③晶化温度高，时间长，现实生产中难于实现。

熔融法可采用技术成熟的玻璃成型工艺来制备复杂形状的制品，便于机械化生产。由玻璃坯体制备的微晶玻璃在尺寸上变化不大，组成均匀，不存在气孔、空隙等陶瓷中常见的缺陷，因而微晶玻璃不仅性能优良且具有比陶瓷更高的可靠性。

2. 烧结法

烧结法是将熔制玻璃粒料与晶化分两次完成。烧结法是使玻璃粉末产生颗粒黏结，然后经过物质迁移使粉末产生强度并导致致密化和再结晶的过程，烧结的推动力是粉状物料的表面能大于多晶烧结体的晶界能。与普通陶瓷烧结不同，烧结微晶玻璃是将玻璃颗粒进行烧结，在加热、烧结过程中，玻璃本身还发生成核析晶现象。烧结法生产微晶玻璃要求基础玻璃在较低的黏度下具有一定的析晶能力，并且其表面析晶速度不宜太大。其目的是为了使烧结时的致密化和晶化过程发生在不同的温度区域，以减少析晶对致密化的干扰。在微晶玻璃的烧结和结晶过程中，控制适当的表面析晶速率是获得低气孔率微晶玻璃的关键。

烧结法装饰建筑材料微晶玻璃属于 $CaO\text{-}Al_2O_3\text{-}SiO_2$ 系统，具体组成为（质量分数）：55%～65% SiO_2，4%～10% Al_2O_3，2%～10%BaO，10%～25%CaO，2%～10%ZnO，3%～13%(Na_2O+K_2O)，0.5%～1.0%B_2O_3。玻璃配合料在约 1500℃温度的池炉内熔化，熔化好的玻璃液骤冷至约 1000℃，然后投入冷水中淬碎成 3～10mm 的玻璃颗粒。烘干、筛分后按粒级分别进入碎玻璃料仓，然后进入隧道窑进行热处理（核化、晶化、退火）。

它的优点是：①基础玻璃的熔制温度与熔融法相比较，熔融温度低且时间短，因此该法适于需要高温才能熔融的玻璃制备微晶玻璃；②烧结法制得的玻璃更易于晶化，因而有时可以不使用晶核剂；③生产过程易于控制，方便实现机械化、自动化生产，利于建筑陶瓷厂的转型；④产品质量好，成品率高，厚度及规格可变，能生产大尺寸制品。其缺点是：①在实际生产的冷却过程中，不可避免地会在微晶玻璃制品中产生应力，给产品带来一定的缺陷；②内部气孔难以排除，烧结变形大，对产品性能有影响，也影响产品外观质量和成品率。

利用烧结法生产的 $CaO\text{-}Al_2O_3\text{-}SiO_2$ 系统微晶玻璃已受到广大微晶玻璃工作者的青睐，并广泛用作建筑装饰材料。当前烧结法微晶玻璃板材的主要产品缺陷为气孔、翘板和裂纹。

3. 溶胶凝胶法

溶胶凝胶技术是低温合成材料的一种新工艺，其原理是将金属有机或无机化合物作为先驱体，经过水解形成凝胶，再在较低温度下烧结，得到微晶玻璃。与熔融法和烧结法不同，溶胶凝胶法在材料制备的初期就进行控制，材料的均匀性可以达到纳米甚至分子级水平。

该方法的优点是：①其制备温度远低于传统方法，同时可以避免某些组分挥发、侵蚀容器、减少污染；②其组分完全可以按照原始配方和化学计量准确获得；③在分子水平上直接获得均匀的材料；④可扩展组成范围，制备传统方法不能制备的材料。溶胶凝胶法的缺点是生产周期长，成本高，另外，凝胶在烧结中有较大的收缩，制品容易变形。

目前用溶胶凝胶法制备的含氧化锆的微晶玻璃体系有 Al_2O_3-SiO_2、NaO-Al_2O_3-SiO_2、Li_2O-Al_2O_3-(TiO_2)-SiO_2 等。

4. 浮法

浮法生产微晶玻璃平板与浮法玻璃在主要工艺上区别不大，最终结晶材料的容重在 2.8g/cm^3 左右。浮法生产微晶玻璃工艺与普通玻璃工艺相比，原则上区别不大，成型在锡槽中进行，但是困难的是核化和晶化是在锡槽内完成还是在锡槽外完成。如果在锡槽内完成，对锡槽的结构就要进行改造，拉边器材料要相应地配套，温度场的变化要求严格，同时要分区规划，完成在锡槽中的热处理过程。

如果玻璃运行的时间太长，在工业生产中显得不经济；如果太快对锡槽和退火窑的长度相应增加了许多，这样一次投资将特别巨大。因此，要将这种工艺用于生产实践仍有很多问题有待解决。但是，这种工艺从理论和实践上是完全可以用于生产平板微晶玻璃的。

5. 压延法

压延法是将加入晶核剂的玻璃液通过压辊形成一定宽度和厚度的玻璃带，再经过晶化处理而制备微晶玻璃板的方法。其工艺流程为：配料→混合→熔制→压延→热切→晶化→研磨→抛光成品。这种方法生产效率较高，但微晶玻璃装饰板表面没有花纹，另外，由于晶化温度高于玻璃软化温度而容易导致玻璃变形，产品炸裂严重。为防止制品炸裂，要求晶化时间长，能耗大，操作较难控制。

第十节　泡 沫 玻 璃

泡沫玻璃材料的研制立足于废物利用，改善环境，生产过程不产生“三废”。废玻璃占城市垃圾总量的2%～8%，如何对废玻璃进行合理再利用，具有重要的现实意义，而利用废玻璃生产泡沫玻璃是解决这一问题的有效途径。

一、泡沫玻璃的分类

按颜色分：黑色泡沫玻璃、白色泡沫玻璃、彩色泡沫玻璃。泡沫玻璃的颜色主要来自于发泡剂或基础玻璃的颜色。

按气泡分：开孔泡沫玻璃和闭孔泡沫玻璃。闭口气孔多，热导率低，泡沫玻璃隔热性能好；开口气孔多，吸声系数高，泡沫玻璃吸声性能优良。

按用途分：隔热泡沫玻璃、吸声泡沫玻璃、屏蔽泡沫玻璃、清洁泡沫玻璃。

按原料分：钠钙硅泡沫玻璃、熔岩废渣泡沫玻璃、硼硅酸盐泡沫玻璃。

按形状分：板块状泡沫玻璃和颗粒状泡沫玻璃。

按温度分：高温发泡型泡沫玻璃和低温发泡型泡沫玻璃。

二、泡沫玻璃的生产方法

泡沫玻璃采用废玻璃、粉煤灰、云母、珍珠岩、浮石粉、火山灰等为主要原料，并以碳素（炭墨、活性炭、碳化硅）及石灰石为发泡剂，经烧结、发泡、退火制备而成，其品种有白色及各种不同程度的黄色、棕色和纯黑色。目前，世界上泡沫玻璃的生产工艺共有两种方法，即一步法和二步法。一步法是装料后在同一模具和同一窑炉中发泡、退火，由于泡沫玻璃热导率较小和膨胀系数较低，并且因为它是玻璃基质材料，属于脆性材料，在形成泡沫玻璃时，积累较大的机械应力和热应力，若不进行退火，将很容易破损。因此，泡沫玻璃退火难度较大。要求退火精度高，退火过程需要很长时间，并且要求退火温度制度制定合理。采用一步法生产泡沫玻璃将会出现许多问题，比如制品开裂、成品率低、对模具的消耗大、占用较多模具等缺点。由于一步法存在上述种种缺点，二步法成为国际上普遍采用的生产工艺，二步法的特点是泡沫玻璃在发泡窑中进行发泡，随后进行脱模，脱模后的毛坯再送入退火窑中退火，消除泡沫玻璃内部产生的应力，生产出不开裂泡沫玻璃制品。这样就很好地避免了泡沫玻璃退火时，由于模具的收缩给制品带来的机械应力，提高了泡沫玻璃退火的合格率，并且大大减少了对模具的消耗量，降低了生产成本。

二步法制备工艺是在磨细的玻璃粉中加入碳酸钙、碳粉类发泡剂及促进剂，混合均匀后放在模架中，在隧道式烧成窑内加热到750～850℃高温焙烧，使之熔融膨胀而成为泡沫玻璃，然后从模架上取出，送至退火炉中缓慢冷却至常温，最后加工成一定的尺寸。

泡沫玻璃的性能与应用在第十一章有所介绍。

思　考　题

1. 钢化玻璃、镀膜玻璃、低辐射玻璃、夹层玻璃、中空玻璃各有何特点？
2. 玻璃在建筑业的有哪些应用？应用时应注意哪些方面？
3. 防火玻璃、自清洁玻璃应该如何有效地应用？
4. 简述微晶玻璃的生产工艺。

第十五章　新型建筑装饰金属材料

用于土木、建筑工程的金属材料主要有建筑钢材、铸铁、铝合金和铜。其中建筑钢材的使用量最大，主要用作结构材料，其产品形式有型材、板材、管材和线材；不锈钢主要用于厨房设备、卫生洁具和建筑装饰；铝及铝合金重量轻，耐腐蚀性强，装饰性能好，主要用于门窗、室内外装修、装饰、幕墙材料和金属器具；铜的价格较贵，只限于建筑五金、门窗和家具的装饰或金属器件，用量很少。随着建筑向高层、大跨度空间发展，建筑结构体系的转变，幕墙形式增多，以及施工方法逐步向工厂预制构件、现场装配的方式转换，金属框架、构件以及装饰材料的用量将越来越多。

金属材料和其他建筑材料相比具有很多不可比拟的优点：①较高的强度和塑性，能承受较大的荷载和变形，使用性能优异；②金属材料具有独特的光泽、颜色及质感，作为装饰材料有庄重华贵的装饰效果，装饰性能优异；③金属材料有良好的耐磨、耐蚀、抗冻、抗渗等性能，使用耐久性好；④金属材料有良好的可加工性和铸造性，可根据设计要求熔铸成各种制品或轧制成各种型材，制造出形态多样、精度高的制品，足以满足装饰方面；⑤金属材料能较好地满足消防方面的要求。但金属材料也有诸如易锈蚀、切割加工困难、保温性不好等缺点，使用时应加以注意。

以各种金属作为建筑装饰材料，有着源远流长的历史。北京颐和园中的铜亭、山东泰山顶上的铜殿、云南昆明的金殿、武当的“大金顶”、江陵的“小金顶”、西藏布达拉宫金碧辉煌的装饰等都是古代留下来使用金属材料的典范。在现代建筑中，金属材料更是以它独特的性能——耐腐、轻盈、高雅、光辉、质地、力度赢得了建筑师的青睐。从高层建筑的金属铝门窗到围墙、栅栏、阳台、入口、柱面等，金属材料无处不在。金属材料从点缀并延伸到赋予建筑奇特的效果。如果说，世界著名的建筑埃菲尔铁塔是以它的结构特征，创造了举世无双的奇迹，那么法国蓬皮杜文化中心则是金属的技术与艺术有机结合的典范，其创造了现代建筑史上独具一格的艺术佳作。难怪，日本黑川红章把金属材料用于现代建筑装饰上，将它看做是一种技术美学的新潮。金属作为一种广泛应用的装饰材料具有永久的生命力。

第一节　金属材料的结构与一般特性

一、金属材料的结构

金属材料通常是由 10～100μm 的结晶粒子组成的集合体。在结晶粒子的内部，金属原子按照一定的规律在三维方向呈规则排列，其排列规律可以用空间格子描述，称为晶格。不同种类的金属以及处于不同温度下的金属其内部晶格形式不同。常见的结晶形式如图 15-1 所示。

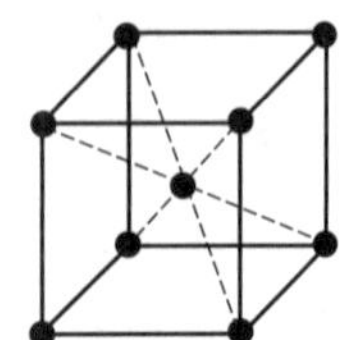
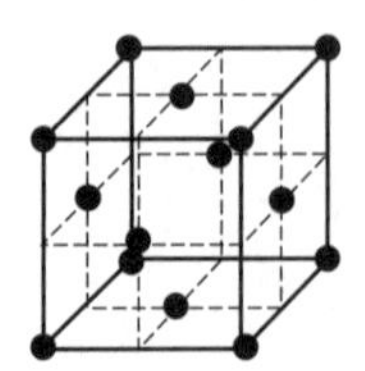
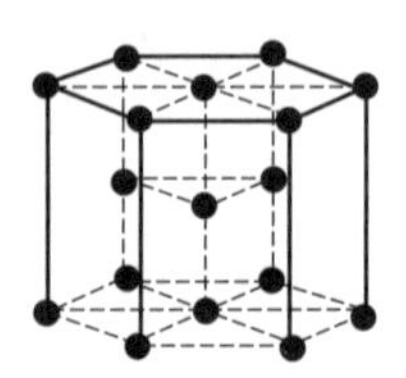

图 15-1　常见的结晶形式

如图 15-1 所示，立方晶格是原子在三维空间等距离排列，立方体的 8 个顶点各存在 1 个原子。面心立方晶格除了顶点处的原子之外，在立方格子的 6 个表面的正中间各存在 1 个原子。例如奥氏体系列的不锈钢、铝、铜、金、银等金属属于面心立方晶格；而体心立方晶格除了顶点处的原子之外，在立方晶格的正中心存在着 1 个原子，常温下的普通钢材、钨等属于体心立方晶格。可见相同体积的晶粒内部，面心立方晶格比体心立方晶格的原子密度大，原子之间的距离较小。因此，不同晶格形式的金属其导热性、导电性、强度等性能存在差异。

同一种类的金属在不同的温度下其晶格排列方式也可能不同，这种现象称为金属的同素异构体。例如普通碳素钢在不同温度下的晶格变化如下。

熔点：1535℃，呈液态；

1535～1390℃：体心立方晶格，称为 δ-Fe；

1390～910℃：面心立方晶格，称为 γ-Fe，伴随着体积收缩；

＜910℃：体心立方晶格，称为 α-Fe，伴随着体积膨胀。

利用金属在不同温度下的同素异构性，可对金属进行热加工处理，以获得不同性质的金属材料。

如果不采取特殊的生产工艺，绝大多数晶体都是由 10～100μm 的晶粒组成的多晶体，晶粒之间的界面称为晶界面。金属材料在宏观上表现为各向同性。金属材料的晶粒越细小，晶界的面积越大，材料受力时的韧性、变形均匀性和抵抗破坏的性能越好。因此，经常通过某种热处理方法将金属材料的内部晶粒细化，可获得韧性好、性能优良的材料。

在工业生产中，为了提高金属材料的机械强度和耐蚀性，或者为了获得某种特殊性能的材料，常常在母体金属元素中添加少量其他元素的原子制成合金材料，这种添加的金属元素称为合金元素。合金元素的原子在母体金属中通常以 3 种状态存在：①侵入型固溶体，较小的合金元素的原子侵入母体元素原子的正常排列格子之间；②置换型固溶体，较大的合金元素的原子置换母体元素的原子，取而代之；③析出物，即合金原子密集在一起析出。建筑上常用的合金金属材料多为固溶与析出形式混合存在。

晶体材料在内部晶核形成及晶体成长过程中由于某种原因可能会使晶体的有序排列遭到破坏，因此绝大多数晶体内部都存在着晶格缺陷。晶格缺陷的形式有点缺陷、线缺陷和面缺陷等，如图 15-2 所示。点缺陷包括空位、间隙原子和置换原子。在晶格的某些节点上失去原子则形成空位，空位为晶体内部原子迁移创造了方便条件；间隙原子是指在正常排列的晶格内部的某个位置余出的原子；置换原子是晶格上排列的正常位置的原子被其他元素的原子所取代。当晶格中存在空位或置换原子较小时，周围的原子就向该点缺陷处靠拢，将周围原子之间的键拉长，因而产生一个拉应力场；当晶格中存在间隙原子或置换原子较大时，则将周围的原子向外推开，因而产生一个压应力场。根据这个原理，将间隙原子或置换原子有意地加入到金属材料结构中，就形成了材料固溶强化的基础。

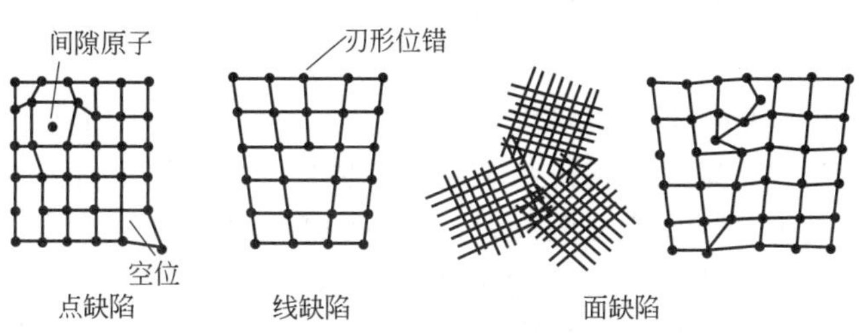

图 15-2　晶格缺陷

线缺陷将造成位错现象，是影响金属机械性能最重要的缺陷形式。首先，位错的存在降低了金属材料的强度，金属在受力变形过程中晶格将沿着与位错垂直的面发生滑移，使金属的强度降低2～3个数量级；其次，位错能提高金属的塑性变形性能，即延性，因为滑移面的存在使金属材料在受力时能产生较大的塑性变形，这个特点使得对金属进行弯曲、锻造等加工成为可能。面缺陷即小角晶界，是指在组成金属的晶粒之间，位相稍有差别的晶界。在晶界上原子排列偏离平衡位置，晶格畸变较大，位错密度较高，原子处于较高的能量状态，活性较大。因此，晶界的存在，使得金属材料呈各向同性，晶界面越多，金属的强度越高，性能均匀性越好。

二、建筑钢材的成分及其对性能的影响

钢材的主要化学成分是铁元素和碳元素，其中碳元素的含量在0.02%～2.0%范围内，如果碳含量大于2.0%则称生铁，生铁坚硬，但呈脆性，不能承受冲击荷载的作用，所以不适合作建筑物的结构材料。钢材根据含碳量的多少分为低碳钢、中碳钢和高碳钢。随着含碳量增加，钢材的强度、硬度增大，但塑性、韧性降低。建筑上常使用低碳钢。为了提高钢材的强度或获得某种特殊的性能，通常在铁-碳合金中有意识地加入其他元素的原子，例如Mn、Si、Ni、Cr等，制成合金钢。按照合金元素的多少，分为高合金钢、中合金钢、低合金钢。建筑上常使用低合金钢。

三、金属材料的一般特性

金属材料内部原子间以金属键结合，所谓金属键是失去外层电子的金属正离子排列成空间点阵，自由电子在正离子点阵间自由运动，正离子与自由电子间的静电引力为结合力，因此金属键没有方向性与饱和性，结合力很强。

金属材料具有较高的强度和韧性，能抵抗冲击荷载的作用；具有导电性和导热性；延展性好，能进行冷弯、冷拉、冷拔或冷轧等加工，制成各种型材、板材和线材，能进行焊接、铆接等加工，做成长大尺寸的构件；金属材料具有光泽的表面，装饰性能良好。但是金属材料容易被腐蚀，耐高温性差，生产成本较高。建筑钢材受拉力作用下会产生应变直至破坏。在不同的阶段具有以下力学特性。

(1) 弹性阶段　金属在受到拉力作用时，首先发生弹性变形，即变形与荷载成正比，变形曲线为直线段。直线的斜率称为弹性模量（E）。在弹性极限（σ_p）内，晶格发生微小变形，当外力去除后变形能够恢复。所以这一阶段产生的变形称为弹性变形。弹性极限和弹性模量的值因金属材料的种类不同而不同，建筑钢材的弹性极限一般为180～200MPa，弹性模量为2.1×10^5MPa。

(2) 屈服阶段　当应力达到某一范围时，晶格将发生变形或沿着位错缺陷产生滑移，则金属材料在宏观上表现为较大的塑性变形。这时的应力称为屈服强度（σ_s）。如果有杂质元素原子存在会妨碍原子的滑移，所以合金材料比单一金属材料开始产生塑性变形时的应力值要高，即弹性极限和屈服极限值高。同时晶界面的存在也会妨碍滑移运动，所以细化晶粒会提高屈服强度。

引起金属材料产生塑性变形的内部原因，其一是在外力的作用下，晶格本身发生了变形；其二是原子发生滑移运动，晶格形状不变，晶格之间的原子位置发生了改变。

(3) 强化阶段　受力超过屈服极限以后，材料的变形随着应力的缓慢增加而逐渐加大。这种应力的加大起因于进行滑移的原子之间的相互作用。无论是晶格变形还是原子间的滑移，都需要力的作用，因此如果加大变形需要更大的力，称之为加工硬化或强化。

(4) 颈缩阶段　当塑性变形达到一定程度，在某一薄弱部位将发生颈缩现象。即加工硬化达到最高点，这时的应力称为极限抗拉强度（σ_b）。接下来变形在颈部位置局部加大，最后导致断裂，这时的整个变形量称为全变形。

第二节　建筑领域的新型金属材料

到目前为止，用于建筑领域的金属材料种类较少，品种比较单一，虽然具有较高的强度和韧性，但是普遍存在着不耐高温、容易腐蚀、导热性较高、低温脆性等缺点。随着建设领域的扩大，人们对建筑物工作环境的要求将更加苛刻，对建筑物的寿命期望值不断提高，对金属材料的强度、耐久性、耐腐蚀性、耐火性、抗低温性以及装饰性能等也提出了更多的要求。除了传统的建筑钢材、铝合金之外，人们正在开发功能更加强大、性能更加优良的金属材料，目前已经取得了以下成果。

一、超高强度钢材

建筑上大量用于承重结构的钢材主要是低碳钢和低合金钢。低碳钢的屈服强度为195～275MPa，极限抗拉强度为315～630MPa；低合金钢的屈服强度为345～420MPa，极限抗拉强度为510～720MPa。虽然与木材、石材、混凝土等其他结构材料相比，钢材的强度较高，但超高层建筑、大跨度桥梁等大型结构物的建造，对钢材的强度提出了更高的要求。所以要求开发高强度钢材和超高强度钢材。

高强度钢材抗拉强度要求达到900～1300MPa，超高强度钢材抗拉强度要求达到1300MPa以上，同时其韧性耐疲劳强度等力学性能也要求有较大幅度提高。目前已经开发出的超高强度钢材按照合金元素的含量分为低合金系、中合金系和高合金系3类。低合金超高强度钢是将马氏体系低合金钢进行低温回火制成，较多地用于航空业，在建筑上主要用作连接五金件等。中合金超高强度钢是添加铬、钼等合金元素，并进行二次回火处理制成，耐热性能优良，可用作建筑上需要耐火的部位；高合金超高强度钢包括9Ni-4Co、马氏体时效硬化钢、析出硬化不锈钢等品种，具有很高的韧性，焊接性能优异，适用于海洋环境和与原子能相关的设施。

二、低屈强比钢

钢材的屈服强度与极限强度的比值（σ_s/σ_b）称为屈强比。该值反映了钢材受力超过屈服极限至破坏所具有的安全储备。屈强比值越小，钢材在受力超过屈服极限工作时的可靠性越大，结构偏于安全。所以对于工程上使用的钢材，不仅希望具有较高的强度极限和屈服强度，而且还希望屈强比值适当降低。但是屈强比过小，钢材的有效利用率较低。用于建筑工程的普通低碳钢的屈强比为0.58～0.63，低合金钢的屈强比为0.65～0.75。

钢材的屈强比值对于结构的抗震性能尤其重要。在设计一个建筑物时，为了实现其抗震安全性，要求在使用期间内，发生中等强度地震时结构不破坏、不产生过大变形，能保证正常使用；而发生概率较小的大型或巨型地震时，能保证结构主体不倒塌，即建筑物的变形在允许范围内，能提供充分的避难时间。而要满足上述小震、中震不破坏，大震、巨震不倒塌的要求，就要求所采用的结构材料首先要具有较高的屈服强度，保证在中等强度地震发生时不产生过大变形和破坏；其次要求材料的屈强比较小，即超过屈服强度到达极限荷载要有一个较充足的过程。

超高强度钢材为了获得很高的强度，碳含量一般较高，内部组织中含有较多的贝氏体和马氏体等硬度、脆性较高的金属组织，所以钢材的焊接性能下降，而且没有明显的屈服点，往往在发生屈服之后很快就到达强度极限，没有明显的塑性变形，因此不利于安全。作为建筑用钢材，希望屈服强度与极限抗拉强度之比（即屈强比）较小，才有利于安全。为了达到这个目的，在超高强度钢材中加入一部分柔软的金属组织，即铁素体，使钢材保持原有超高强度的同时，降低其屈服强度，减小屈强比，并增加钢材的塑性和韧性，提高安全性。

三、新型不锈钢

目前大量使用的不锈钢通常含有 Ni 元素，尽管其称为不锈钢，但这只是与普通的钢材相比较而言。在比较苛刻的环境条件下仍然免不了受到腐蚀而生锈。新型不锈钢不含 Ni 元素，是在 19Cr-20Mo 不锈钢中添加 Nb、Ti、Zr 等稳定性更好的元素，形成高纯度的贝氏体不锈钢，其耐腐蚀性大幅度提高。同时具有耐热性、耐腐蚀性，焊接加工性能也得到改善。一般用于建筑物中的太阳能热水器、耐腐蚀配管等构件。但是在 450℃高温下表现出脆弱性，因此适宜用于 300℃以下的环境中，最近又开发出 Cr 含量更大的新品种不锈钢，可耐 500～700℃高温，用于火力发电厂或建筑物中的耐火覆盖层。

为了提高不锈钢的美观性，可采用高耐久性的含氟树脂等涂料涂刷表面制成涂膜不锈钢，或利用电解着色制成彩色不锈钢，用于建筑物的外装修材料。例如在硫酸铬酸性溶液中电解，可在不锈钢表面形成氧化膜，再利用这层膜的光干涉作用，形成金色、蓝色、黄色、绿色、黑色等各种颜色，这种彩色不锈钢比涂膜不锈钢色调活泼，外观华美，可用于外装修及厨房用品等。

四、高耐蚀性金属及钛合金建筑材料

海洋结构物、临海建筑物中使用的金属材料，要求具有优异的耐腐蚀性。大多数金属材料在海水中很容易被腐蚀，即使是不锈钢也会发生孔蚀现象，镍金属也会受到腐蚀。而金属钛的耐海水腐蚀性特别好。如图 15-3 所示是几种常见金属材料的耐海水腐蚀性，表示在静止的海水中金属材料随时间的延长其厚度的减少速度（单位：mm/年）。由图 15-3 可见，在静止的海水中，普通碳素钢的腐蚀速度最快，奥氏体不锈钢发生孔蚀，而金属钛几乎不被腐蚀。钛金属的耐腐蚀性来自于钛金属表面形成的致密氧化膜。

另一方面，钛金属经氧化处理能形成 TiO_2 膜层，利用光的干涉作用，对应膜层的不同厚度，可以形成各种颜色的彩色钛合金板，其颜色因入射光的波长分布、入射角、氧化物膜层的厚度与折射率、钛金属表面的粗糙程度而呈微妙变化，可以获得涂料涂层所不能比拟的金属光泽。表 15-1 为 TiO_2 膜层厚度与色调的关系。同时彩色钛金属板颜色与光泽的耐蚀性、耐候性也非常优秀。如图 15-4 所示，为彩色铝合金、不锈钢及钛合金板光泽的耐候性。

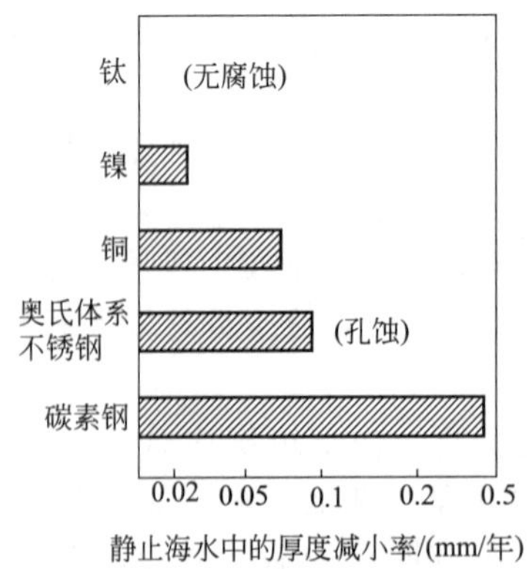

图 15-3 常用金属材料的耐海水腐蚀性

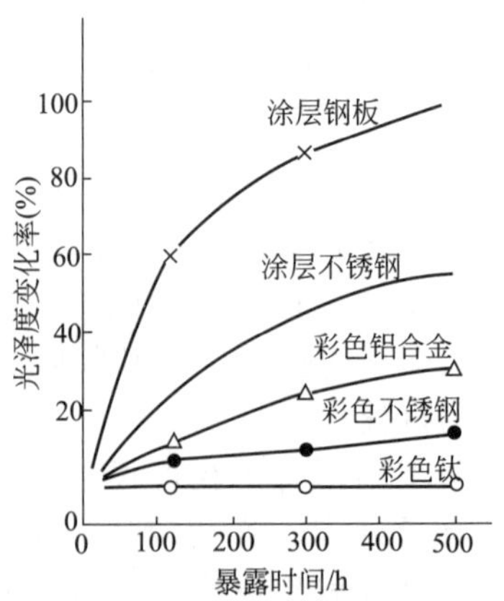

图 15-4 彩色钛合金与其他彩色金属的光泽度耐候性

表 15-1　TiO_2 膜层厚度与色调之间的关系

电压/V	T 膜层厚度/Å	色调	电压/V	T 膜层厚度/Å	色调
0	15	银色	12	270	黄金色
2	25	银色	20	272	紫色偏黄金色
4	105	淡黄金色	24	364	深蓝色
6	132	淡黄金色	30	610	浅蓝色

综上所述，金属钛重量轻，比强度高，耐腐蚀性强，装饰性能好，已经成为宇宙、航空、原子能发电、化学工业以及海水淡化等设施中不可缺少的材料。同时，钛金属热膨胀系数小，焊接性能好，是理想的建筑材料。但是由于其价格高昂，作为普通的建筑材料还没有达到普及使用的程度。最近发达国家在沿海、腐蚀严重的地区已经开始将钛合金应用于建筑物的屋顶及装修板材。

由于腐蚀作用主要从材料的表面开始，为了降低材料的成本，可以考虑内部采用不锈钢或普通碳素钢，表面用钛金属覆盖形成保护层的材料，这样既可以提高构件的耐腐蚀性，又不至于使材料的成本过高。如图 15-5 所示为带保护层的金属材料的制造方法，这几种表面覆盖方法在工业上已经可以实现。

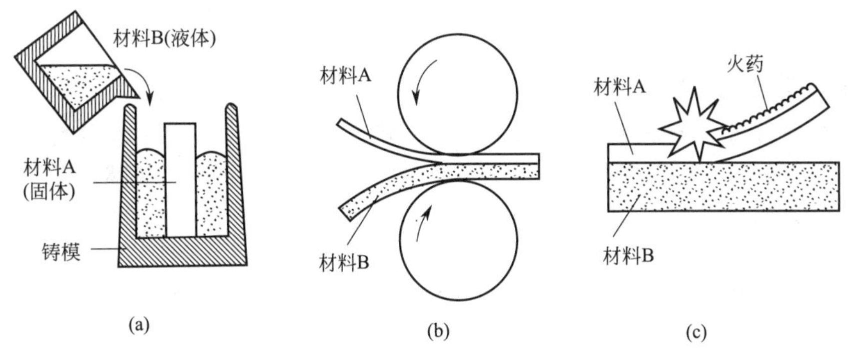

图 15-5　表面保护层金属材料的加工方法

(a) 铸造复合（铸造后用压延等方法以加工成板材或型材）；(b) 压延压层；(c) 爆破压层

(1) 铸造复合　将材料 A 作为芯材料，材料 B 作为覆盖层材料，在液态下铸造成型，然后采用压延等方法加工成板材、型材。

(2) 压延接合　依靠压力将芯材和覆盖层两种材料紧密结合在一起。

(3) 爆破结合　利用爆破产生的热量将基体材料和覆盖层材料黏结在一起。

五、耐火钢

虽然钢材在常温下具有很高的强度，但是耐热性差，随温度升高其强度降低，变形严重。普通建筑钢材的机械强度（包括屈服强度、抗拉强度）在 400℃时将降低为室温下强度的 1/3，在 1000℃时降低为室温下强度的 1/10。随着高层建筑的建设，城市建筑物密度的增大，开发耐火钢材，提高建筑物的防火、耐火性十分必要。

为了提高钢结构建筑物的耐火性，经常是在钢材表面涂刷耐火涂料，或者在钢材表面覆盖耐火材料，例如在钢构件表面喷射 GRC（玻璃纤维混凝土）等。但是这种做法施工时工序繁杂，同时钢材表面被覆盖，难以收到钢结构轻巧、线条清晰、表面光泽等美观效果。所以应开发耐火钢材，使结构体本身具有足够的耐火性，既可提高施工效率，又可将钢结构体直接暴露在外，能取得良好的金属建筑物的艺术效果。

耐火钢是在普通碳素钢中加入钼、钒、铬、铌等合金元素，各种元素的添加量大约为

1%，可使钢材在400℃高温下的强度达到室温强度的2/3。

六、轻质、高比强度金属材料

比强度是指材料的强度与其密度的比值。为减轻高层、超高层建筑物的自重，要求用于主体结构的金属材料具有轻质高强性能，即比强度值要高。单纯的金属材料中，钛的比强度较高，如表15-2所示为常见金属的比强度值。但是如前所述，钛金属成本较高，难以作为结构材料在实际工程中大量使用。所以必须开发成本低、具有高比强度的金属材料。

表15-2 常用金属的比强度

材料	密度	抗拉强度/MPa	比强度/MPa	材料	密度	抗拉强度/MPa	比强度/MPa
纯钛	4.5	480	107	纯铜	8.9	441	50
碳素钢	7.8	520	67	纯铝	2.7	90	53

采用轻金属与碳纤维复合制成的纤维强化金属，具有较高的比强度。这种材料是对强化长纤维纵向加压，使熔融的金属浸渍到纤维材料中，或者采用短纤维与熔融金属进行混合铸造等方法制成。碳纤维的抗拉强度高达2000MPa，如果与铝金属复合，制成纤维强化铝金属，密度大幅度降低，抗拉强度可达到1000MPa左右，比强度值可超过350MPa。这种材料作为结构材料在建筑上应用，还存在着连接组合技术方面的问题，有待于进一步探讨。

七、耐低温金属材料

金属材料在常温下具有很高的强度和韧性，随着温度降低，金属材料的韧性，开始缓慢下降，当温度下降到一定程度时，对于很小的温度变化，金属的韧性突然降低，该温度称为金属材料的临界脆性温度。不同的金属材料其临界脆性温度值不同，临界脆性温度越低，表明该材料的耐低温性能越好。

地球表面自然环境的最低温度为－80～－70℃，而液化天然气的贮藏要在－173℃（100K）左右的温度下进行，超导机器需要在－269.2℃（4.2K）液体氦的温度下工作，如果进行操作所用的容器或设施采用金属材料，就要求金属材料必须具有优异的耐低温性能。飞行于宇宙中的宇宙飞船，受太阳直射一侧的温度可达到100～200℃，而没有受到太阳照射的一侧最低能达到－269℃（4K）左右的超低温度。所以用于宇宙基地等结构体的金属材料必须同时具有耐高温和耐低温的性能，此外宇宙空间各种放射线的作用，使材料受到损伤的危险性也很大，所以性能优异的材料是从事宇宙开发的先决条件。

低温下使用的金属材料，主要考虑其低温脆化性，即随着温度降低其韧性是否明显降低。具有面心立方晶体结构的奥氏体系不锈钢在室温下的冲击韧性值较低，但随着温度降低冲击韧性值基本保持稳定，即在低温下也显示出较好的韧性。表15-3是几种低温用金属材料的温度界限。

表15-3 低温用金属材料的温度界限

使用可能的温度/K	金属材料
240(－33℃)	回火碳素钢
77(液体氮)(－196℃)	9%镍钢
4.2(液体氦)(－269℃)	奥氏体系不锈钢、高锰奥氏体钢、铝合金、铜合金、镍合金

八、金属纤维

为提高混凝土或砂浆材料的抗拉强度，常常在混凝土或砂浆中掺入金属短纤维，制成纤维砂浆或纤维混凝土。目前生产这些金属短纤维的方法是先将金属材料制成钢丝，然后切割成所需尺寸制成短纤维。目前已经开发出采用高频振动法由金属块状材料直接制造短纤维的技术，其生产效率更高。如图 15-6 所示，将圆柱形金属块状原材料夹在振动机器上，使其高速旋转，在端面用高频振动的刃具切削金属块即可实现短纤维的生产。由于金属纤维直径很小，其截面面积很小，在使用中如果腐蚀则全截面将很快锈蚀而失去增强能力，所以应选择耐蚀性好的金属素材作金属纤维。

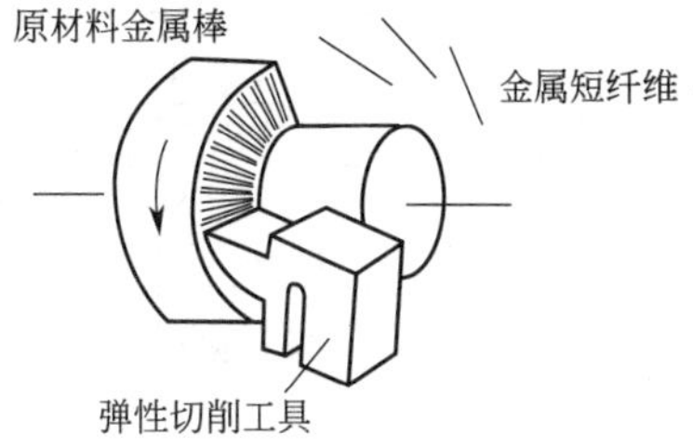

图 15-6　高频振动法生产金属短纤维

此外，采用非晶质合金为素材由熔融状态以 10^4℃/s 的速度急冷凝固可制造非晶质合金纤维。非晶质合金纤维耐蚀性好，抗拉强度高，例如铁-硼系列的非晶质合金纤维，其抗拉强度可达 3500MPa，是理想的强化纤维材料。

九、非磁性金属

大多数金属材料均具有磁性，这种磁性对于普通的建筑物没有什么影响，而对有些结构物却有副作用。例如高智能化的建筑物、核熔炉、磁悬浮铁路系统等容易产生很强的磁场，如果采用普通的具有磁性的金属材料，在磁场作用下产生力的作用，不利于结构体的正常运行。例如磁悬浮轨道交通系统，是在车辆上装载强力超导磁铁，依靠磁力将列车在轨道上浮起，并向前推进，列车时速最高可达 500km/h。用于这种交通系统的轨道路基以及车辆下方的一些设施，如果使用普通钢材等磁性材料，则路基材料将与列车的强力磁性之间产生吸引，抵消一部分使列车上浮的力和水平推进力，因此这些结构物要求采用非磁性的金属材料。目前具有代表性的非磁性金属材料有高锰钢、奥氏体系列不锈钢和钛金属，其中高锰钢分为 12Mn、18Mn、24Mn 几个系列。

第三节　具有特殊功能的金属材料

一、形状记忆合金

金属材料通过特殊的热处理方法，使之具有记忆原来形状的功能，称为形状记忆金属。具有形状记忆功能的金属通常是合金，所以称为形状记忆合金。在实际应用中，通常是在常温、初始形状下用特定的热处理方法，赋予它记忆功能。然后加热至某一温度下，根据使用要求进行塑性加工，改变其初始形状。之后，如果温度再回到初始温度，则该合金材料的形状也将恢复到初始状态。

形状记忆合金最早出现于 1951 年，当时在美国一座大学的研究所里，一个偶然的机会研究人员发现金-镉合金具有记忆形状的功能，但是由于是一种特殊的合金，并未引起人们的足够重视。1963 年美国的海军研究所开发了镍-钛合金，其显著的形状记忆功能令世界瞩目，从此对形状记忆合金材料展开了研究。到 1970 年，包括铜-锌-铝合金在内，人们已开发出十几种具有形状记忆功能的合金材料，然而已经走向实用化的仅有镍-钛合金和铜-锌-铝合金两种。其他合金由于结晶粒子晶界面容易破断，非单结晶不能利用，不适用于工业生产。

1. 形状记忆合金的功能

形状记忆合金有单向记忆型和双向记忆型两种。如图 15-7 所示，将平板状的合金弯曲成直角形状，并加热至某一温度下（例如 130℃左右）进行形状记忆热处理，则该合金将“记住”在这一温度下的形状。然后在常温下对该合金进行塑性加工成平板状，在使用过程

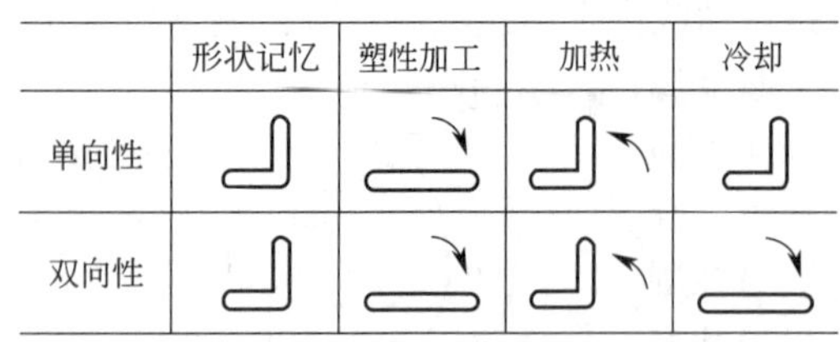

形状记忆
塑性加工
加热
冷却
单向性
双向性

图 15-7 形状记忆合金的功能

中，如果环境温度达到进行形状记忆热处理时的温度，则该合金将恢复成直角形状。之后再冷却至室温条件，如果合金的形状不再改变，仍然保持直角状态，称为单方向性记忆型；如果在常温下合金又恢复成平板形状，称为双向性记忆型。

2. 镍-钛合金的特性

镍-钛合金是到目前为止所开发的最成熟、应用最多的形状记忆合金材料，它具有如下特性。

(1) 形状记忆功能较好 如果塑性应变不超过 7%，形状可完全恢复。

(2) 形状恢复应力较大 可达 600MPa。

(3) 疲劳寿命长 如果塑性应变控制在 2%以内，可重复 10 万次变形恢复过程；如果将塑性应变控制在 0.5%以内，则可承受 100 万次形状恢复过程。

(4) 耐蚀性好 镍-钛合金具有与钛金属及其普通的钛合金相当的耐蚀性，不会发生应力腐蚀破裂。

由于镍-钛合金具有以上优点，到目前为止使用量最多。铜-锌-铝系合金在性能上劣于镍-钛合金。与镍-钛合金相比，铜-锌-铝系合金的最大弱点是疲劳寿命短、反复使用其记忆能力将逐渐衰落；但是铜-锌-铝系合金价格较低，对于形状记忆合金的普及和应用具有重要意义，如果能克服记忆功能衰落的缺点，其需要量将高于镍-钛合金。

3. 形状记忆合金的应用实例

形状记忆合金应用的历史还很短，目前在以下几方面已经走向实用化。

(1) 配管接头 形状记忆合金的最大用途是用作配管的接头，全世界已经有大约 10 万个形状记忆合金配管接头应用在喷气式战斗机的油压系统配管上，并且没有发生过任何漏油事件。形状记忆合金配管接头还用于舰艇内、海底油田送油管的维修工程等方面。

(2) 宇宙开发 形状记忆合金在宇宙开发中也已得到应用，例如用作人造卫星或月球表面的天线。设置在月球表面或卫星上的抛物面天线其形状、尺寸过大，无法装载在运送火箭上，利用合金的记忆功能，降低温度将天线加工成接近球形的形状，当人造卫星进入轨道，或者天线被运送到月球表面之后，利用太阳光热量使其升温，恢复其所记忆的形状。

(3) 医疗器械 单向性形状记忆合金除了用于管道接头和宇宙开发用天线之外，还用于电子联结器、半导体密封部位、各种夹钳、U 形金属件等。例如镍-钛合金在医疗、生物科学方面，可用于注入体内使其发挥机能的材料，如脊柱弯曲症支撑材料，人体内脏注入药液的微型泵以及各种止血钳等。

(4) 自动开启装置 双向性形状记忆合金的应用范围比单向性形状记忆合金的更加广泛。例如汽车发动机达到一定温度时，将冷却扇连接在回转轴上的风扇旋转器，室内温度异常时切断煤气的安全阀开启装置、温室窗的自动开闭器以及各种温度开关等。

(5) 在土木、建筑领域的应用 形状记忆合金在土木、建筑领域内通常用于温室的自动门开启装置、自来水和煤气管道的接头等部位。管道接头的施工环境通常比较恶劣，例如处于地下、水中或墙内等位置。利用形状记忆合金作配管的接头，可以减少现场施工作业量，使配管在现场的连接施工变得省力、简单。这些配管接头采用单向性形状记忆合金，将原材料合金在真空中溶解，先锻造成棒状，然后切削加工成环状，其内径比欲连接的配管外径稍小一些，以保证紧密配合。在工厂内进行形状记忆热处理后，对接头再进行扩大内径的塑性加工，并在环状接头的内表面涂一层密封材料，保证连接效果。通常所设定的形状恢复温度为 200℃，恢复可能应变 3%。

在现场进行配管接头联结的施工过程如图 15-8 所示。先将欲连接的管道端部外表面切削去毛刺，以免伤害接头内表面的密封材料；然后在管道端部作记号，每侧等于接头长度的一半，使接头的中心位于两管接头处；将环状接头套在一侧的配管上，再将另一配管插入接头内，两配管顶头对齐，移动接头与记号对齐；位置对正后采用高频率加热装置，对接头部位加热，使接头部位的温度高于形状恢复温度（一般加热到 300℃），则环状接头恢复到原来的内径，紧紧箍在管道上。之后温度自然下降或采用水冷，接头形状保持不变。最后对接头进行渗漏试验，根据配管的要求，采用 0.3～0.5MPa 的气压，确认连接部是否漏气。为了保证配管能顺利地插入接头内，并且在接头还有充分收缩能力时就与配管相接合，要控制配管外径的尺寸离散性在 2%以内。

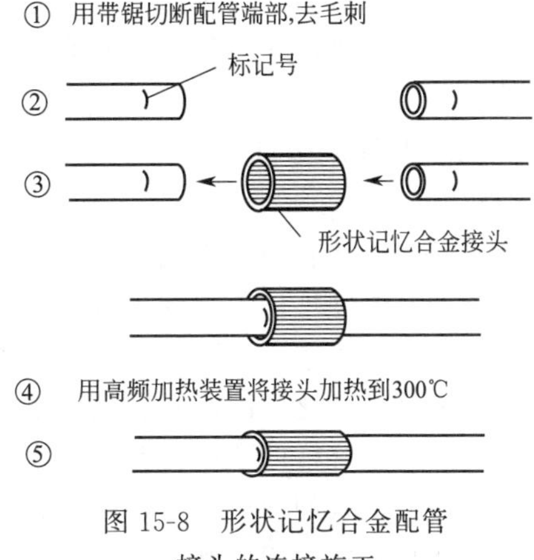

图 15-8　形状记忆合金配管接头的连接施工

有关形状记忆合金材料的研究与应用刚刚起步，还有许多机理、特性以及如何应用等问题没有完全明确，价格较高也是在建筑领域的应用受到限制的一大原因，因此还有待于今后进一步开发和研究。

二、吸氢金属

氢是原子尺寸最小、最容易进出其他金属晶格内部的元素。例如氢能与钛、镧等金属离子结合，以氢化物的形式被牢固地吸收；能够进入铁、镍等金属晶格内部形成固溶体，在合适的条件下又很容易放出氢原子。利用这些金属材料与氢元素的不同反应特性可制得各类合金，并可以使这些合金在低温下吸收氢原子，在高温下放出氢原子。具有吸收、放出氢原子能力的金属材料（或合金）称为吸氢金属或合金。

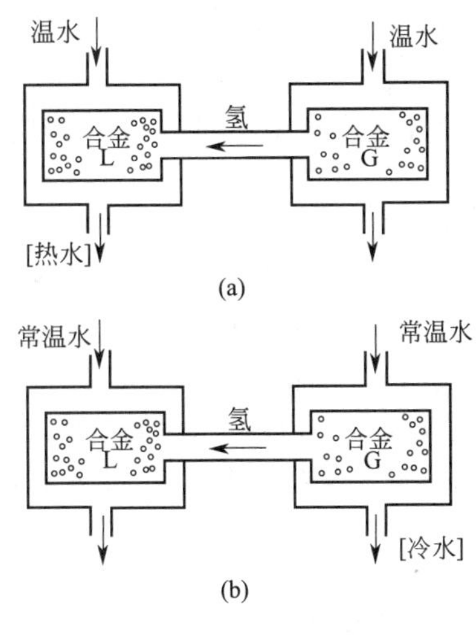

图 15-9　吸氢合金的制冷制热空调机理
(a) 制热机理；(b) 制冷机理

吸氢金属或合金在建筑领域可用于制冷制热空调，其原理如图 15-9 所示。采用两种合金 G 和 L，其中合金 G 在吸收、放出氢时的压力较高，而合金 L 在吸收、放出氢时的压力较低。制热机理如图 15-9(a) 所示，将合金 G 的氢化物用 40℃左右的温水加热，使其放出氢，这时形成的氢气压力比合金 L 吸收氢时的压力高，所以放出的氢被合金 L 吸收。由于 L 合金吸氢反应时伴随着放热，所以流过 L 周围的温水吸收热量变为热水，起到制热效果。相反，制冷机理如图 15-9(b) 所示，使用常温水使合金 L 吸收氢，降低合金 G 一侧的氢气压力，使合金 G 氢化物放出氢，由于 G 放出氢的过程吸收热量，所以流经合金 G 周围的常温水变为冷水，起到制冷效果。

对于能够供应常温水和温水的建筑物，这种制冷制热空调从理论上来讲是可能实现的。

但是在实际使用中，为了使放出的氢返回到原来的金属中去，需要外部付出能量，同时要设置连续运转系统，工程复杂，目前还未达到实用阶段，仅仅作为一种探讨，但仍是十分可贵的。

三、非晶质金属

1. 非晶质金属的概念

一般的金属材料其内部质点在空间按照一定规律整齐地排列成空间格子，即形成晶体结构，因此在宏观性能上表现为具有较高的强度，是电和热的良导体。而非晶质金属是将高温下熔融状态的液态金属在瞬间冻结，内部质点没有充足的时间形成晶核并按规则排列，在很短时间内就被固化。因此非晶质金属的内部质点在空间的排列是无序的，具有与玻璃体相似的内部结构。这样的金属材料称为非晶质金属。

非晶质金属的内部不存在晶界、错位、空位等结晶缺陷，与普通的金属相比，导电性较小，因此具有优异的耐腐蚀性。利用这一特性，将非晶质金属加工成薄膜材料用于防腐覆盖层，其加工方法也比普通的金属容易得多，现在已经能够生产出宽幅的板状材料。非晶质金属的出现，不仅改变了传统的金属材料结晶构造的概念，在宏观性能方面与结晶的金属材料相比具有许多优良的特性，并且可能使金属材料的加工制造过程大幅简化，是一种很有发展前途的新型材料。

2. 加工制造方法

非晶质金属材料可制成线材或薄板，用于建筑构件或其他领域。其加工方法主要有以下4种方式。

（1）离心力法　制作细线，将熔融的合金液体由细喷嘴中喷射到回转的液体中，可形成直径100μm左右的非晶质金属丝。

（2）单轮法　制作细线或薄板，将液体金属从容器端部的细喷嘴或狭缝喷嘴处喷出，在快速回转的冷却板上急冷形成薄板。单轮法可生产宽10～15cm、长度达几百米长的薄板。

（3）双轮法　将熔融状态的金属喷射在高速旋转的两片轮之间，如同压延加工一样，在两片轮之间冷却形成薄板，但双轮法不能生产太宽的薄板。

（4）涡空法　制造金属微粉，采用导热性较低的转轮，可制作直径约为100μm直径的球状金属微粉。

以上非晶质金属制品的加工方法，均需进行急冷处理，冷却速度根据不同的工艺方法而有所不同。阴极真空喷镀法为10^7～10^9℃/s，液体急冷法为10^5～10^6℃/s。

通过上述方法，可由液态金属直接制造出金属线材或板材，与普通的金属材料相比，省去了溶解-铸造-压延、拉拔-热处理等复杂的工序，不仅可以节省生产成本，而且降低能耗。液态金属材料通常采用两种以上组成的合金，比单一成分金属材料的加工制造更为容易，所以通常称为非晶质合金。合金的成分对于非晶质合金制品的结构安定性及其性能起着决定性作用，目前所开发的非晶质合金有铁-磷、铁-硼等金属-半金属系列，以及铜-锆、铁-锆、钛-镍等金属系列，大多数金属元素都可以作为合金元素，并实现非晶质化。

3. 非晶质合金的特性

非晶质合金可做成厚度为30μm的薄膜，具有与不锈钢类似的光泽，外观上与普通金属相似，但其性能与普通金属存在很大差别，主要表现在以下几个方面。

（1）具有较高的硬度和强度　非晶质合金的布氏硬度大约为1000，是普通碳素钢的100倍；抗拉强度可达到300MPa以上，而普通的碳素钢抗拉强度大约为240MPa。

（2）具有优异的耐腐蚀性　将铬含量为8%的非晶质合金放入食盐水中，几乎不被腐蚀，这种优异的耐腐蚀性主要来自于非晶质合金表面生成的保护膜。在酸性、碱性溶液中，非晶质合金也表现出比不锈钢更加优良的耐蚀性，在这些腐蚀性介质中不锈钢难以避免地会发生孔蚀和缝隙腐蚀，而非晶质合金却不会发生这些腐蚀现象。通过试验可知，随着盐酸浓度的增加，不锈钢被腐蚀的速度迅速增大，而非晶质金属几乎不被腐蚀。

(3) 对于磁性具有敏感性 非晶质合金具有良好的磁性。普通的金属在结晶粒子之间可能存在着一些杂质微粒，会使磁性降低，并且晶粒在聚集时容易按特定的方向排列也会使磁场偏向。而非晶质合金中的原子排列方向是不规则的，所以磁场的方向也不固定，无论在哪个方向上即使施加一个很弱的磁场，都会马上有所反应。

(4) 电阻值高 非晶质合金的内部没有整齐排列的晶格，自由电子的穿行不如普通金属那样顺利。因此其导电性差，具有较高的电阻值。

非晶质金属的缺点是不能焊接，板材厚度有限，结构性能具有温度不稳定性，当温度达到某一界限时会发生再结晶。为了确保性能稳定性和结构安全性，必须研制结晶化温度较高的非晶质合金。

四、装饰性金属表面膜

金属表面膜用于建筑物的装饰在古代已有先例，如日本古都京都的金阁寺，建于1397年，建筑物共有3层。二层、三层在底漆上铺纯金箔，屋顶金凤凰，总耗金量大约20kg，堪称金属饰面建筑的典型代表。但是金箔毕竟价格昂贵，不可能普遍用于建筑物的装饰。采用金属饰面的建筑物多数采用铜板，利用铜在大气中被氧化而自然形成的绿白色铜锈来增加装饰效果。此外，还有铝、钛等金属材料也常用于建筑饰面。目前用于建筑物装饰性金属表面膜的加工技术主要有以下几种。

1. 电化学方法形成氧化膜

在金属表面利用电化学方法人工形成氧化膜获得装饰效果，这种方法广泛用于铝和钛金属。例如，对钛金属进行电化学氧化处理时，通过控制电压，可在表面形成金色、银色、蓝色、紫色等不同颜色的钛金属氧化膜，作为屋顶装饰材料。

2. 不锈钢的铬镍处理

以不锈钢为基体材料，将不锈钢浸泡在铬酸、镍酸和硫酸的混合液中，在表面形成铬、镍氧化物，控制氧化膜的组成与厚度，可获得不同颜色，例如金色、红色等。

3. 离子电镀法

离子电镀法的原理如图15-10所示，将金属蒸发，同时导入氮气或氧气，使金属与气体在等离子状态下反应，形成金属的氮化物或氧化物，覆盖在基体金属表面。根据不同的气体与金属组合，可得到不同色调特征的表面层，例如，氮化钛为金色，铝的氧化物为紫色，铌的氧化物为绿色，氧化硅薄膜接近透明，且具有很高的耐蚀性，将其与着色覆盖膜重叠可同时赋予装饰性和耐蚀性。在建筑领域这些装饰性覆盖膜施于钢板表面，可用于建筑物的内装修。

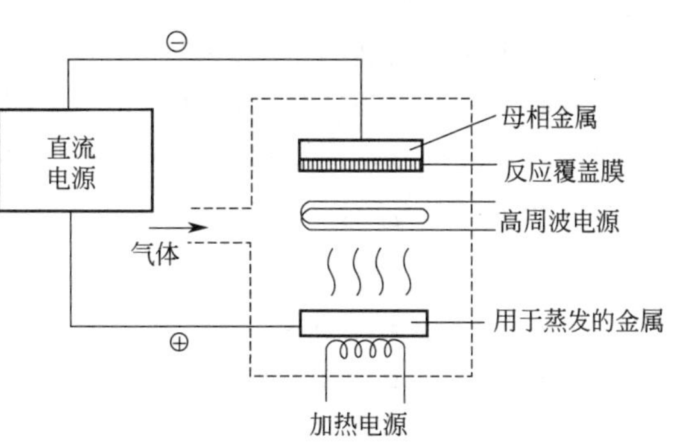

图15-10 离子电镀法原理

4. 镜面不锈钢饰面板

对不锈钢薄板表面进行特殊的抛光处理，使板面光亮如镜，反射率、变形率与高级镜面相差无几，且具有耐火、防潮、不变形、不破碎、安装方便等优点，但应防止硬物划伤。

5. 彩色涂层钢板

在热轧钢板、镀锌钢板表面涂 0.4～0.5mm 厚的软质或半硬质聚氯乙烯塑料薄膜制成的板材，具有耐热、耐腐蚀性能，并可根据需要选择不同的颜色，可用作建筑物的墙板、屋顶等。

第四节 新型铝金属材料

金属铝及铝合金材料在工业、建筑、航空以及生活用品等许多领域具有广泛的应用。铝合金材料具有重量轻、强度高、延展性好，耐腐蚀性好、表面有光泽、装饰性能好等优点，在建筑领域大量用作建筑物的门窗、外墙幕墙材料及室内装修，是 20 世纪后半期开始大量应用的新型建筑材料。目前主要有以下几种新型铝质材料。

一、超塑性铝合金

普通铝合金结晶粒子的粒径大约为 20μm 以上，铝合金材料的最大拉伸变形能力为 50%左右。如果将结晶粒子进一步细化，使晶粒的粒径达到 20μm 以下，并以很低的速度在某个温度范围内使材料变形，依靠晶粒界面之间的滑移，可使铝合金的拉伸率达到 50%以上，实现超塑性。具有超塑性的铝合金材料可进行各种复杂形状的加工，以获得所需形状的建筑构件。

对铝合金进行晶粒细化时，通常要添加铬及锆等合金元素，通过热力学处理获得超塑性铝合金材料，这种材料最初主要用作飞机上、汽车上形状复杂的部件等，从 20 世纪 80 年代开始应用于建筑领域，利用铝合金的超塑性特点加工形状复杂的内外装修板材。用超塑性铝合金制成压型板、天花扣板，以铝或铝合金为原料，经辊压冷加工而成，具有重量轻、强度高、刚度好、耐腐蚀、经久耐用等优良性能。由于超塑性铝合金的内部晶粒极为微细，在室温下具有很高的强度，其抗拉强度可达到 500MPa 以上，同时具有优异的塑性变形性能，因此可以制造出形状复杂、轻质高强的建筑构件。

二、蜂窝式芯材板

蜂窝式芯材板是利用超薄的铝箔作为芯材，制作六角形蜂窝集合体，上、下表面用铝板将芯材夹起来所形成的蜂窝式板材。它不仅结构上受力合理，而且采用铝质金属使板材更加具有轻质高强的特点，用于建筑板材及汽车上的部件，使用量在逐渐增加。

三、铝质复合材料

将铝质金属与其他材料复合，可以制造具有某种特殊功能的材料。例如在两片铝板之间夹入制振树脂形成具有三明治结构的铝质复合制振板材，振动损失系数高，具有良好的制振特性。与单质铝板相比，制振铝板的振动损失系数高 100 多倍，用于机器外罩、间隔装置有明显的减振作用。还有在两块薄铝板之间夹入树脂等高分子泡沫材料或纤维石膏制成的复合板材，轻质、美观，且具有良好的保温性能，可用作建筑物的门板及内装修板材等。

四、耐腐蚀性装饰材料

金属铝具有较高的化学活性，在大气中很容易与氧结合形成致密、很薄的氧化铝薄膜，这层氧化铝表面薄膜具有保护内部的铝金属不再继续受到腐蚀的作用，所以铝及铝合金材料的耐腐蚀性较强。但是这种在大气环境中自然形成的氧化铝保护膜比较薄，对金属的保护作用有限，为了进一步提高铝质金属的耐腐蚀性，人们又开发了阳极氧化保护膜处理技术，人工形成更加坚厚的氧化保护膜，称为阳极氧化铝保护膜。

阳极氧化铝保护膜的形成方法是将铝质金属制品浸泡在电解液中（通常为酸性溶液），以铝质金属板为阳极通入电流（采用直流、交流或交直流均可），在铝质金属表面形成氧化膜。通过改变电解液的组成和温度、电流密度及铝合金的成分等因素，可以获得不同成分的氧化膜，得到金色、银色、黑色等不同的表面颜色，赋予铝合金板材优良的装饰性。目前这种铝合金板材大量用于高层建筑的幕墙材料。

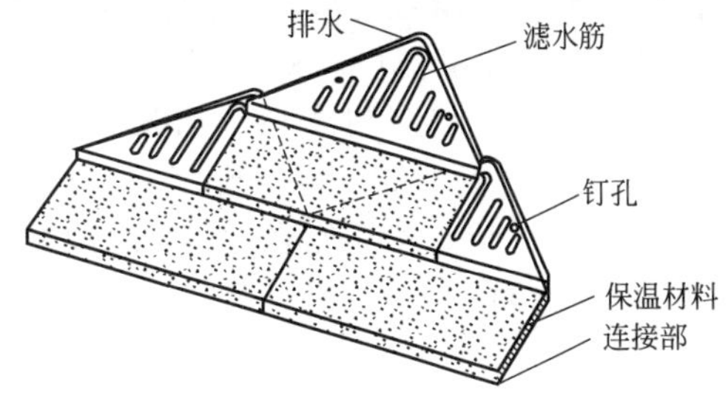

图 15-11　使用铝质涂层板的屋顶材料结构

除阳极氧化成膜技术之处，目前还有在铝合金板上采用合成树脂涂料，进行喷漆、喷塑、热镀等加工方法制造而成的铝质层板，通称彩色铝板。常用的合成树脂涂料有丙烯类、乙烯类、聚酯类和含氟树脂等。这种板材具有良好的防腐功能和装饰效果，常用于建筑物的屋顶。如图 15-11 所示为铝质涂层板的屋顶材料结构，为了改善屋顶工程的施工性和板材的耐久性，将铝质涂层板做成五角形状，使屋顶的水密性、隔声性、保温性等得到很大提高。

铝质涂层材料不仅用于屋顶，还大量用作建筑物的窗框材料，在铝质涂层板材表面加工成凹凸不平的花纹或云雾状，以获得良好的装饰效果。

金属材料重量轻而强度高，具有良好的塑性和韧性，尺寸精度好，现代加工工艺已经很发达，有利于建筑构件工厂生产。但是从未来建筑业的发展趋势来看，应尽量减少材料的使用量，缩短施工工期，使构件生产规格化，同时使其利于循环利用，金属材料均优于混凝土材料。所以，应不断开发新型的、符合可持续发展原则的金属材料，并将其应用于建筑工程中。

第五节　铜及铜合金装饰材料

铜是我国历史上使用较早、用途较广的一种有色金属。在古建筑装饰中，铜材是一种高档的装饰材料，多用于宫廷、寺庙、纪念性建筑以及商店招牌等。在现代建筑中，铜仍是高级装饰材料，用于高级宾馆、商厦装饰可使建筑物显得光彩耀目、富丽堂皇。

一、铜的特性与应用

铜属于有色重金属，密度为 $8.92g/cm^3$。纯铜由于表面氧化生成的氧化铜薄膜呈紫红色，故常称为紫铜。纯铜具有较高的导电性、导热性、耐蚀性及良好的延展性、塑性，可碾压成极薄的板（紫铜片），拉成很细的丝（铜线材），它既是一种古老的建筑材料，又是一种良好的导电材料。

在现代建筑装饰中，铜材仍是一种集古朴和华贵于一身的高级装饰材料，可用于宾馆、饭店、机关等建筑中的楼梯扶手、栏杆、防滑条。有的西方建筑用铜包柱，可使建筑物光彩照人、美观雅致、光亮耐久，并烘托出华丽、高雅的氛围。除此之外，还可用于制作外墙板、执手、把手、门锁、纱窗。在卫生器具、五金配件方面，铜材也有着广泛的应用。

二、铜合金的特性与应用

纯铜由于强度不高，不宜制作结构材料，由于纯铜的价格贵，工程中更广泛使用的是铜合金（即在铜中掺入锌、锡等元素形成的铜合金）。铜合金既保持了铜的良好塑性和高抗蚀性，又改善了纯铜的强度、硬度等机械性能。常用的铜合金有黄铜（铜锌合金）、青铜（铜锡合金）等。

1．黄铜

以铜、锌为主要合金元素的铜合金称为黄铜。黄铜分为普通黄铜和特殊黄铜。铜中只加入锌元素时，称为普通黄铜。普通黄铜不仅具有良好的力学性能、耐腐蚀性能和工艺性能，而且价格也比纯铜便宜。为了进一步改善普通黄铜的力学性能和提高耐腐蚀性能，可再加入Pb、Mn、Sn、Al等合金元素而配成特殊黄铜。如加入铅可改善普通黄铜的切削加工性和提高耐磨性；加入铝可提高其强度、硬度、耐腐蚀性能等。普通黄铜的牌号用“H”（黄字的汉语拼音字首）加数字来表示，数字代表平均含铜量，含锌量不标出，如H62；特殊黄铜则在“H”之后标注主加元素的化学符号，并在其后表明铜及合金元素含量的百分数，如HPb59～1；如果是铸造黄铜，牌号还应加“Z”字母，如ZHAl67～2.5。

2．青铜

以铜和锡作为主要成分的合金称为青铜。青铜具有良好的强度、硬度、耐蚀性和铸造性。青铜的牌号以字母“Q”（青字的汉语拼音字首）表示，后面第一个是主加元素符号，之后是除了铜以外的各元素的百分含量，如QSn4～3。如果是铸造的青铜，牌号中还应加“Z”字母，如ZQAl9～4等。

铜合金经挤制或压制可形成不同横断面形状的型材，有空心型材和实心型材。铜合金型也具有铝合金型材类似的优点，可用于门窗的制作。以铜合金型材作骨架，以吸热玻璃、热反射玻璃、中空玻璃等为立面形成的玻璃幕墙，一改传统外墙的单一面貌，可使建筑物乃至城市生辉。另外，利用铜合金板材制成铜合金压型板应用于建筑物外墙装饰，同样可使建筑物金碧辉煌、光亮耐久。

铜合金装饰制品的另一特点是其具有金色感，常替代稀有的、价值昂贵的金在建筑装饰中作为点缀使用。

现代建筑装饰中，显耀的厅门配以铜质的把手、门锁、执手，变幻莫测的螺旋式楼梯扶手栏杆选用铜质管材，踏步上附有铜质防滑条，浴缸龙头、坐便器开关、淋浴器配件，各种灯具、家具采用的制作精致、色泽光亮的铜合金，这些无疑会在原有豪华、高贵的氛围中增添装饰的艺术性，使其装饰效果得以淋漓尽致的发挥。

铜合金的另一应用是铜粉（俗称“金粉”），是一种由铜合金制成的金色颜料。其主要成分为铜及少量的锌、铝、锡等金属。常用于调制装饰涂料，可代替“贴金”。

第六节　金属的腐蚀与防护

金属的腐蚀是指其表面与周围介质发生化学反应而遭到的破坏。金属材料若遭到腐蚀，将使受力面积减小，而且由于产生局部锈坑，可能造成应力集中，促使结构提前破坏。尤其是在有反复荷载作用的情况下，将产生腐蚀疲劳现象，使疲劳强度大为降低，出现脆性断裂。在钢筋混凝土中的钢筋发生锈蚀时，由于锈蚀产物体积增大，在混凝土内部将产生膨胀应力，严重时会导致混凝土保护层开裂，降低钢筋混凝土构件的承载能力。

根据腐蚀作用的机理不同，金属的腐蚀可分为化学腐蚀和电化学腐蚀两种。

一、化学腐蚀

化学腐蚀是指金属直接与周围介质发生化学反应而产生的腐蚀。这种腐蚀多数是由于氧化作用导致的。在金属的氧化过程中，首先生成的氧化物薄膜的性质将控制进一步氧化的速率。当氧化物膜很致密时，则只能依靠离子穿过氧化物膜来产生进一步的氧化，由此只能生成很薄的氧化物薄膜。反之，若首先生成的氧化物层是疏松多孔的，则不能阻止进一步的氧化。

几乎没有什么金属能在较大温度范围内具有明显的抗氧化能力，但铬和铝却是个例外。铬在开始阶段很容易被氧化，但氧化生成的非常薄的铬氧化物层具有极慢的增长速率，并能对进一步的氧化给予很好的防护。铬对氧的亲和力能力很大，在含铬约12%以上的合金中优先发生铬的氧化，生成富铬氧化物层，并阻止合金内部的进一步氧化。因此，铬是不锈钢不可缺少的组分。铝与铬相似，在开始阶段易于氧化，生成很薄的氧化铝保护层，阻止金属内部的进一步氧化。

二、电化学腐蚀

电化学腐蚀是指电极电位不同的金属与电解质溶液接触形成微电池，产生电流而引起的腐蚀。要形成微电池，必须有电极电位较负的金属作为阳极，电极电位较正的金属作为阴极，以及液体电解质作为导电介质。在电化学腐蚀中，阳极金属被腐蚀，以离子形式进入溶液；在阴极则生成氢氧根离子或放出氢气。腐蚀电池的形成具有多种形式，不同种类的金属相接触、合金中不同的相、同一金属中结构的差异以及电解质溶液条件的改变等都可能形成腐蚀电池。因此，电化学腐蚀给钢结构、钢筋混凝土结构带来的危害是比较严重的。在实际工程中，通常采取以下技术措施来避免钢材的电化学腐蚀。

(1) 防止形成电化学微电池　当钢管与黄铜紧固件连接时会形成腐蚀电池，使钢管被腐蚀。通过中间介入塑料配件使钢管与黄铜绝缘，可以避免腐蚀电池的形成，减小危害程度。或者，使阳极的面积远大于阴极的面积。例如，可以使用铜铆钉来紧固钢板。由于铜铆钉的面积很小，只能产生有限的阴极反应，相应地限制了钢板的阳极腐蚀反应速度。反之，如果用钢铆钉来连接铜板，小面积的钢材阳极所输出的大量电子能及时被大面积的铜阴极所吸收，钢铆钉将以很快的速度被腐蚀。此外，防止形成腐蚀电池的重要环节是在装配或连接材料之间尽量避免出现缝隙，零件连接处应避免形成水的通道，采用焊接形式比机械连接对防止电化学腐蚀更为有利，而且钢筋混凝土中的混凝土也要尽量减少缺陷。

(2) 采取隔绝保护措施　最常用的方法是在金属表面涂刷油漆、搪瓷、镀锌或铬等保护层，使金属与环境介质隔绝。涂料的耐久性不好，每隔数年就要重新涂刷一遍。金属镀层在钢材表面的保护效能，取决于镀层金属与钢材之间电极电位的相对值及其抗腐蚀能力。锌可以在表面形成一层不溶的碱式碳酸盐，因此具有良好的抗大气腐蚀能力。锌相对于钢材为阳极，当镀锌钢板表面的镀锌层被划伤而露出钢材时，因为钢材阴极的面积很小，镀锌层以极慢的速率被腐蚀，而钢材仍然受到保护。铬相对于钢材为阴极，当镀铬钢板（俗称为克罗米）表面的镀铬层被划伤时，将会促进钢的腐蚀。近年来，出现了一种在薄钢板表面涂覆一层彩色有机涂层的彩色涂层钢板，具有较好的抗大气腐蚀能力。

(3) 使用缓蚀剂　某些化学物质加入到电解质溶液中，会优先移向阳极或阴极表面，阻碍电化学腐蚀反应的进行。亚硝酸钠就是一种常用的缓蚀剂，当它加入到钢筋混凝土中时，可大大延缓钢筋的锈蚀。一些有机物质也具有同样的效能。

(4) 阴极保护　将起阳极作用的金属电极与结构构件连接起来，则这种起到阳极作用的金属将被腐蚀，而使构件得到保护。例如，锌和镁可作为阴极而被保护，而附加阳极则被腐蚀。

一般混凝土中钢筋的防锈措施是提高混凝土的密实度、保证混凝土保护层的厚度和限制混凝土中氯盐外加剂的掺量或使用防锈剂等。预应力混凝土所用钢筋由于含碳量较高，又多经过冷加工处理，因而对锈蚀破坏较为敏感，特别是高强度热处理钢筋，容易产生应力腐蚀现象。因此，重要的预应力混凝土承重结构规定不能掺用氯盐类外加剂。

思 考 题

1. 建筑领域的新型金属材料有哪几种？
2. 形状记忆合金可应用在哪些方面？
3. 有哪些新型铝金属材料？
4. 简述铜合金装饰材料的应用。

第十六章　新型建筑材料与纳米材料

发展基于纳米技术和纳米改性的建筑材料，只是改善一些加工工艺和环境条件，使其更加精细化，可导致现有建筑材料发生质的变化，通过挖掘潜力、改善建筑材料制造的硬件及技术途径等手段可使建筑材料的质量、作用效果、使用时间、耐候性能、功能特征等得到制造商和使用者的认可。以纳米技术和纳米粒子为基础改性的建筑材料，不仅能较好地弥补原有建筑的某些功能缺陷，而且能较好地突出原来建筑材料的功能特征，对于全面提高我国建筑材料功能及质量有重要意义。材料与人们的衣食住行有紧密联系。在建筑材料中引入纳米技术，说明我国材料科学发展已渗透到各个领域，是保证我国建筑材料可持续发展的重要基础。

在纳米改性建筑材料中，纳米技术是系统中最重要的核心技术，尽管我国建筑材料已有上千年历史，但现代建筑设施需要高新技术和方法生产出来的产品，经过多年的努力，通过产、学、研联合攻关，已开发出各种纳米改性涂料、纳米抗菌、自洁净地砖、纳米改性陶瓷、纳米改性玻璃和纳米家用电器、纳米阻燃塑料等多种产品并深入人心，这些标志着我国建筑材料行业与国际水平的差距越来越小，高新技术已迈向工业化。

第一节　纳米改性涂料

纳米改性涂料是在涂料中加入功能性纳米材料，不仅使涂料的传统性能有很大改善，而且赋予涂料许多新的特性和性能。纳米涂料在常规的力学性能（如附着力、耐刷洗性、抗冲击性、柔韧性等方面）会得到提高，还有可能提高涂料的耐老化、耐腐蚀、抗辐射性能。此外，纳米涂料还可能呈现出某些特殊功能，如自清洁、变色、抗静电、隐身吸波、阻燃等性能。

一、纳米改性涂料的研究进展

随着我国经济的快速增长，建筑业已成为我国的支柱产业之一，人民生活水平的提高对建筑行业提出了更高的要求，而建筑涂料又在其中扮演着重要角色。建筑涂料作为涂料工业的两大支柱之一，一直在快速发展，建筑涂料在工业发达国家是消费比例最大的一类涂料，占涂料总产量的50%左右。建筑涂料在我国涂料生产中也占有越来越重要的地位，许多地方政府相继出台了建筑外墙限用瓷砖、马赛克等的规定，提倡使用建筑涂料，更为建筑涂料的发展提供了动力。随着社会的发展、技术的进步及人民生活水平的提高，人们对建筑涂料提出了更高的要求，如高耐久性、高装饰性、低污染化、抗菌防污等，这些都对现代建筑涂层材料和工艺提出了挑战，开发和应用高质量的建筑涂料及其涂装技术已成为当今许多学科的研究热点。

纳米涂层材料是近几年纳米材料在国际上研究的热点之一。纳米材料和纳米技术的异军突起，成为当今新材料研究领域中最富有活力、对未来经济和社会发展有着重要影响的研究对象。同时伴随着研究的深入，纳米科技已经渗透到很多领域，为改造传统产业、提高科技含量提出了新的机遇。纳米科技应用于涂料中是两者的完美结合，为开发新型涂料开辟了一条新的途径。

1. 纳米改性涂料的发展概况

20 世纪 90 年代，国内外开展了大量纳米涂料的研究开发工作，具有各种特殊性能的纳米涂料产品陆续上市，如美国用 80nm 的 $BaTiO_3$ 作介电绝缘涂层，用 40nm 的 Fe_3O_4 作磁性涂层，用 80nm 的 Y_2O_3 作红外屏蔽涂层等。日本等国家已有部分纳米二氧化钛的化妆品问世，可以有效地遮蔽紫外线。建筑涂层除要求具有较高的装饰性外，还要求有良好的耐久性，包括抗紫外线、抗空气污染、抗菌防霉等性能。利用纳米材料特殊的抗紫外线、抗老化、高强度和韧性及抗菌防污功能等，开发和制备新型、性能优异的建筑涂料，具有广阔的应用和发展前景。

国外研究纳米涂料最成功的例子是军用隐身涂料，如隐身海军舰艇、隐身装甲车、水雷、坦克、雷达、通信装置、隐身工程、机器人、作战服、照明弹等技术装备。另外，美国用纳米 TiO_2、SiO_2、Cr_2O_3 等与树脂复合制成了静电屏蔽涂料，用纳米钛酸钡与树脂复合制成了高介电绝缘涂料及磁性涂料等，并都已进入产业化阶段。国外已成功开发了耐刮伤、耐紫外线及耐化学腐蚀的透明汽车面漆有机/无机杂化树脂基涂料（杂化相尺寸为纳米级），并已应用于多种汽车。

此外，美国 Du Pont 公司还推出添加有纳米银粒子的抗菌涂料。德国 Nano Chem Sysem 公司，开发了可用于混凝土、石材、陶瓷、木材、玻璃等表面的涂层材料。据称，该涂层应用了纳米技术，能降低被涂饰表面的表面张力，从而达到抗污、防雾、易清洗的目的。该公司还推出了自清洁型外墙涂料硅纳米结构改性的丙烯酸酯涂料。

我国纳米涂料的研究比国外晚，但发展快。如北京建筑材料科学院下属的纳美科技责任公司，已生产纳米涂料供应市场。上海复旦大学成立了国家教育部先进涂料工程研究中心，专门研究纳米涂料。武汉材料保护研究所也有一个小组正在研究纳米涂料。我国科学技术部已批准在天津开发区建立国内首家国家纳米技术产业化基地。其产业化的方向是半导体材料、生物制剂、医药靶向制剂、环保柴油、催化材料、计算机耗材等高技术产业。另外，国内有些涂料公司也开始生产纳米涂料。浙江上虞正奇化工有限公司研制并生产纳米级的透明氧化铁颜料，呈典型针状微粒结构，用于生产高档颜料和高品质涂料的纳米材料；浙江丽水金池亚纳米材料有限公司研究和生产的 MOD 纳米高性能无机抗菌粉，也有很强的杀菌功能，杀菌率高达 99%，可用于医院等专门场所的涂料。上海天邦公司将 MFS 350 纳米银抗菌材料应用于涂料中，生产出具有长久抗菌功能的涂料。

纳米原材料的开发和纳米技术研究已经列入我国“863”计划。中国科学院在知识创新试点过程中，将纳米材料的研究和开发列为首批 20 个重大项目之一，并投入两千多万元资金。目前国内已经有十多条纳米材料的技术生产线，如北京建筑材料科学研究总院、浙江省舟山明日纳米材料有限公司、泰兴纳米材料厂等。经我国科学技术部批准，天津国家纳米技术产业化基地已于 2001 在天津经济开发区成立。

2. 纳米改性涂料的综合性能

纳米粒子的加入赋予涂料许多特殊的前所未有的优良性能，如强大的表面结合能，与聚合物复合后所具有的强黏结性，复杂使用环境下的尺寸稳定性，优良的热稳定性，对高分子材料的增强、增韧作用，对紫外线和红外线的吸收作用等优异性能，并将大大提高高分子基建筑材料的施工性能和使用性能。纳米改性涂料的性能特点概括如下。

（1）提高涂料与建筑物表面的黏结强度。纳米材料能使涂料组分分子间、涂料与建筑物表面产生强大而持久的界面作用力，从而使涂料与建筑物表面的黏结强度得到大幅度提高。这是纳米材料强大的表面效应。

（2）增加涂料的韧性和延展性，提高涂料的机械强度。由于纳米粒子的作用，高分子链间的相互作用得到极大的强化，原子在外力作用变形的条件下容易迁移，从而使涂料的韧性和强度得到很大提高，同时由于分子间具有很强的相互作用，涂膜层的机械强度也得到很大提高。

(3) 提高涂料的抗紫外线能力和耐候性，增加涂料的使用年限。如对紫外线有强吸收能力的纳米 TiO_2 的使用就可起到这种作用。这是因为这一类纳米材料的特殊的光学性质使之具有很强的紫外线吸收能力，大大降低了紫外线对高分子材料分子链的攻击，大大减少了活性自由基的产生，保护了高分子链不被紫外线所降解。

(4) 提高涂料的耐热性，使涂膜层在日光曝晒下也不起皮、不开裂，提高涂料的耐雨水冲刷能力，改善涂料涂膜层色泽。由于纳米粒子尺寸小于可见光波长，它本身对可见光不形成障碍，但它所带来的强相互作用会使涂层表面更加紧密，使色泽更加细腻鲜亮。

(5) 降低涂料涂膜层粗糙度，同时赋予涂膜层一定的自清洁能力，使涂膜层经常保持清洁并易于清洗。利用纳米 TiO_2、纳米 ZnO 等的光催化作用可以分解涂料表面沾染的污物，对纳米材料进行表面改性，使其具有超双疏或超双亲的特性，也可以提高涂层的抗污性和防腐性。

(6) 赋予涂料微裂痕自修复功能。由于纳米粒子在受到应力作用时可在高分子链间产生微小移动，从而使应力从应力集中点分散开，当应力分散后，高分子柔性链将自动复原而使微裂痕自动修复，以此提高涂膜层对环境的耐受能力和使用寿命，赋予涂料抗菌作用。如纳米载体的使用，就能充分发挥纳米银的抗菌、灭菌作用。

(7) 改善涂料流动性，使施工更加便利。这是由于分子间相互作用的改变而产生的。提高涂料的表面硬度和耐磨性，从而提高涂膜层耐冲刷、耐风沙侵蚀能力，提高涂膜层耐候性。这是因为相关纳米材料晶粒尺寸已小至打开位错源的应力变得比它本身的屈服应力还大之故。

(8) 减少涂料的单位面积用料量。由于涂膜层质量的提高和施工条件的改善，能够较容易地涂刷出薄而均匀、质量优良的涂膜层，省料、省时、省工。减少涂料施工时的成膜时间。由于纳米材料能够在很大程度上改善组分流动性并缩短成膜固化时间，减少了施工用时，同时提高了涂膜层的质量，降低了成膜过程对环境条件的要求。这对施工方和用户都是有利的。减少了涂料的溶剂使用量和挥发量，有利于施工的安全和环境，符合世界发展趋势。

(9) 提高涂料的透明性。纳米粒子的粒径远小于可见光的波长，对可见光具有透过作用，从而保证纳米改性涂层具有较高的透明性。

(10) 提高涂料的防辐射能力。某些粒径小于 100nm 的纳米材料对 α 射线、射线有吸收和散射作用，用于内墙涂料中可起到防氡气的作用。

二、不同功能的纳米改性涂料

纳米改性涂料不仅大大提高了传统涂料的性能，而且也赋予了涂料许多新的功能，比如抗菌、自清洁、抗静电、隐身、净化大气、高透明度等。因此，主要按功能对纳米改性涂料进行分类，并提出了主要的纳米功能组分。

1. 纳米抗菌涂料

纳米抗菌材料已被广泛应用于纤维、塑料、陶瓷和电器中，用于杀灭大肠杆菌、金黄色葡萄球菌等各种细菌和病毒。内墙涂料和用于各种仪器、家具表面的涂料，由于人手经常接触，会有大量的细菌和病毒驻留在其表面，很容易造成交叉感染，因此，极有必要发展纳米改性抗菌涂料。具有良好抗菌性能的纳米材料主要是指纳米 TiO_2、纳米 ZnO 以及纳米载银材料。

(1) 纳米 TiO_2　纳米 TiO_2 具有较高的光催化性，是一种光催化半导体抗菌剂。纳米

TiO_2 的主要特点是：只需微弱的紫外线照射，例如荧光灯、阴天的太阳光、灭菌灯等就可激发反应；TiO_2 仅起到催化作用，自身不消耗，理论上可永久性使用，对环境无二次污染；·OH 自由基具有 402.8MJ/mol 反应能，高于有机化合物中各类化学键能，因此可将各中有机物分解为无害的 CO_2 及水，这样既能杀灭微生物，也能分解微生物赖以生存繁衍的有机营养物，达到抗菌目的；TiO_2 对人体安全无害。

(2) 纳米 ZnO　纳米 ZnO 在太阳光、尤其在紫外线照射下，在水和空气中，能自行分解出自由移动的带负电的电子，同时留下带正电的空穴。这种空穴可以激活空气中的氧变为活性氧，有极强的化学活性，能与多种有机物发生氧化反应（包括细菌内的有机物），从而把大多数病菌杀死。西北大学曾进行过纳米 ZnO 的定量杀菌试验，在 5min 内纳米 ZnO 的浓度为 1%时，金黄色葡萄球菌的杀菌率为 98.86%，大肠杆菌的杀菌率为 99.93%。将一定量的纳米 ZnO·$Ca(OH)_2$·$AgNO_3$ 等加入 25%的磷酸盐溶液中，经混合、干燥、粉碎等再制成涂料涂于电话机、微机等，有很好的抗菌性能。纳米 ZnO 的抗菌机理与纳米 TiO_2 的相同。

(3) 纳米载银材料　银的化学结构决定了银具有较高的催化能力，高氧化态银的还原势极高，足以使其周围空间产生原子氧，原子氧具有强氧化性故可以灭菌；Ag^+ 可以强烈地吸收细菌体中蛋白酶上的巯基（—SH）并迅速与其结合在一起，使蛋白酶丧失活性，导致细菌死亡。当细菌被 Ag^+ 杀灭后，Ag^+ 又由细菌尸体中游离出来，再与其他细菌接触，周而复始地进行上述过程，这也就是银杀菌持久性的原因。据测定，水中含 Ag^+ 为 0.05mg/L 时，就能完全杀灭水中的大肠细菌，并能保持长达 90 天不繁衍出新的菌群。舟山明日纳米材料有限公司研制的 MF S350 型纳米复合银系抗菌粉是以纳米 SiO_{2-x} 作为载体，比表面积为 $700m^2/g$，有表面多微孔结构和较强的吸附能力，将银离子均匀地设计进纳米 SiO_{2-x} 表面的微孔中并实施稳定，使其应用在其他材料中能缓慢地释放而达到长久抗菌和抗霉的作用。

2. 纳米改性防水涂料

特殊纳米界面涂料具有优异的防腐蚀和自清洁功能，是一种非常重要的涂料品种，特别在金属防腐蚀方面具有重要意义。

据统计，世界上每年因腐蚀而报废的钢铁制品的质量，大约相当于钢铁产量的 1/3，其中约占年产量 10%的钢铁变成无用的铁锈，这对资源和能源都是一种巨大的损失。因此如何运用科学技术，经济而安全地防止、控制或减轻钢铁材料的腐蚀，对于我国的经济建设和发展，具有重大意义。

纳米疏水涂料不仅自身应具有良好的黏结性、耐腐蚀性，同时又要具有较高的致密性及抗离子渗透性，可以有效地解决涂料和基体的腐蚀问题。纳米疏水材料主要包括纳米 TiO_2 和纳米 ZnO。

利用纳为涂料可制成含 TiO_2 的亲水亲油涂层或含阵列碳纳米管膜的超双疏（疏水、疏油）涂层，从而改进表面的界面性能。光的照射可引起 TiO_2 表面在纳米区域形成亲水性及亲油性两相共存的二元协同纳米界面结构。这样在宏观的 TiO_2 表面将表现出奇妙的超双亲性。涂有 TiO_2 的表面因为其超亲水性，使油污不易附着，即使有所附着，也是和外层水膜结合，在外部风力、水淋及自重作用下能自动与涂层水膜结合，从而达到防污及自清洁的目的。用于内外墙乳胶漆，可极大地改善墙面的清洁度。

纳米 TiO_2 特殊界面涂料的制备工艺主要是溶胶-凝胶法和直接涂覆法。溶胶-凝胶法的制备工艺是：先制成 TiO_2 溶胶，涂覆在玻璃或陶瓷表面上后，在 500℃以上温度进行热处理，生成有光活性的 TiO_2 薄膜，通过工艺条件的改变可控制 TiO_2 的晶型与粒径大小。20

世纪90年代，日本Toto公司、Takenaka公司已经在陶瓷等建筑材料产品上涂覆TiO_2薄膜来达到表面的自清洁作用，它的用途极其广泛，可以保证玻璃清洁、防止墙面有油腻的印迹、减少医院墙面的细菌数，甚至可用于污水处理。直接涂覆法的制备工艺是：把气相法生成的纳米TiO_2粒子分散在含β-二酮和偶联剂的有机溶剂中，再加上烷氧基硅烷制成TiO_2自清洁涂料。

另外，纳米改性聚四氟乙烯涂料也是很有前景的一种纳米界面涂料。含氟、含硅的有机物一般都具有不同的疏水性，而公认疏水性最好的是聚四氟乙烯。PTFE具有优良的耐热、耐酸、耐碱、耐盐性，有“塑料王”之美誉，被认为是未来最有前途的涂料。如果涂层具有疏水性则会大大提高涂层的抗离子扩散性和渗透性，PTFE虽然具有较好的疏水性，但它的高温流动性很差，所以单独用作涂料时形成的涂膜针孔较多，而且与基体的结合力很差，必须将它与纳米颗粒和别的有机物结合使用。另外，含氟的表面活性剂由于耐高温性能好，将其加入涂料形成涂层后也可以起到疏水的作用。

3. 纳米光催化环保涂料

环境有害气体可分为两个方面：室内有害气体和大气污染气体。室内有害气体主要有装饰材料等放出的甲醛及生活环境中产生的甲硫醇、硫化氢、氨气等，这些气体浓度在百万分之几时即能使人产生不适感。大气污染气体主要是指由汽车尾气与工业废气等带来的氮氧化物和硫氧化物。

TiO_2通过光催化作用可将吸附于表面的这些物质分解氧化，从而使空气中这些物质的浓度降低，减轻或消除环境下人的不适感。利用纳米TiO_2的光催化作用还可将这些气体氧化，形成蒸气压低的硝酸和硫酸，这些硝酸和硫酸可在降雨过程中除去，从而达到降低大气污染的目的。我国学者邱星林等发现，采用有机硅树脂与纳米TiO_2复合而成的光催化涂料在太阳光照射条件下，可有效地降解大气中的NO_x，反应如下。

$$TiO_2 + hv \longrightarrow e^- + h^+$$

$$O_2 + e^- \longrightarrow O_2^-$$

$$O_2 + \cdot OH \longrightarrow HNO_3$$

$$NO + HO_2 \longrightarrow HNO_3$$

上面是TiO_2纳米光催化NO_x的机理。

4. 耐老化纳米涂料

提高外墙涂料的耐候性是外墙涂料的发展方向。纳米级颜填料使涂料在耐候性方面能够大幅度提高。纳米级颜填料粒子能够吸收紫外线，起到紫外线吸收剂的作用，增强涂料的耐老化性能。纳米ZnO、SiO_2、TiO_2、Fe_2O_3、$CaCO_3$等微粒都具有大颗粒所不具备的特殊光学性能，普遍存在“蓝移”现象。添加到涂料中，能对涂料形成屏蔽作用，从而达到抗紫外线老化的目的。

将纳米TiO_2应用于涂料，制成特殊的防紫外线产品——纳米涂层，可提高与基体的附着力，耐候性好，具有防降解、防变色等功能，达到表面装饰的目的。

纳米SiO_2是无定形的白色粉末，测试表明纳米SiO_2具有紫外线吸收、红外线反射的光学特性，对波长为400nm以内的紫外线吸收率可达到70%以上，对于波长为80nm以外的红外线反射也可达到70%。由于其分子结构中存在大量的不饱和残键和不同状态的羟基，分子结构呈三维硅石结构，这种结构可与树脂的某些基团发生键合作用，大大改善材料的热稳定性和化学稳定性，又由于其表面配位不足，表现出极强的活性，可以对颜料等色素粒子起到吸附作用，大大降低紫外线照射而造成色素的衰减，从而减少涂膜的“粉化”现象。

5. 纳米隐身涂料

纳米隐身涂料对红外和电磁波的隐身原理是：纳米微粒尺寸远小于红外及雷达波长，对这种波的透过率比常规材料要强得多，大大减小波的反射率，使得红外探测器和雷达接收到的反射信号变得很微弱，从而达到隐身作用；纳米微粒材料的比表面积比常规材料大得多，使得红外探测器及雷达得到的反射信号强度大大降低，因此很难发现被探测目标，起到隐身作用。

将纳米 Fe_3O_4、NiO_2、MoO_2 与纳米级的铁、镍、钴及其合金粉与有机涂料复合可制取军用隐身涂料。因为这些纳米粒子有极强的电磁波吸收性。与目前的隐身材料相比，吸收电磁波的频带更宽，涂刷的厚度更薄。

纳米 ZnO 等金属氧化物由于重量轻、厚度薄、颜色浅、吸波能力强等优点，而成为吸波涂料研究的热点之一。法国研制出一种宽频微波吸收涂层，这种吸收涂层由胶黏剂和纳米级微粉填充材料组成。这种由多层薄膜叠合而成的结构具有很好的磁导率，在 50MHz～50GMHz 内具有良好的吸波性能。美国研制出的超黑粉纳米吸波材料，对雷达波的吸收率大于 99%。此外，金属超细粉 Al、Co、Ti、Cr、Nd、Mo、188 不锈钢以及 Ni 包覆 Al 粉也属于这一类，它同有机高分子胶黏剂结合成薄膜，在我国已有小规模应用。

6. 纳米抗静电涂料

一些精密仪器、电器、仪表、油罐在使用或运输中，易引起静电荷的积累，造成仪表的精确度降低、损坏甚至酿成事故。虽然在这些设备中常涂以抗静电涂料，但传统的抗静电剂主要是石墨粉、炭黑、金属粉末等，颜色的种类有限，限制了其在装饰要求高的仪器设备等方面的应用。

利用纳米 TiO_2、Cr_2O_3、Fe_2O_3、ZnO 等具有半导体性质的粉体作为颜料加入涂料中，可制成导电型抗静电涂料，在电子仪器、家用电器、家具方面有着广泛的用途。美国、日本等国家的研究人员用纳米级的 TiO_2、SnO_2、CrO_3 等与树脂复合作为静电屏蔽涂层，发现这种涂料的静电屏蔽性能大于常规的树脂与炭黑制备的涂料，同时可根据氧化物的类型来改变涂料的颜色。

7. 纳米透明耐磨涂料

Nanophase Technologies 公司将自己的纳米材料产品 Nanotek Al_2O_3 与透明清漆混合，制得的涂料能大大提高涂层的硬度、耐划伤性及耐磨性，比传统的涂料耐磨性提高 2～4 倍。涂膜性能如此大的提高主要由于纳米 Al_2O_3 材料是非常硬的圆球物质，纳米尺寸的颗粒比传统的涂料添加剂更能使涂覆的表面均一。耐磨涂料可以制成水性或溶剂型，含有纳米的透明涂料可广泛应用于透明塑料、高刨光的金属表面及木材和其他平板材料的表面，提高耐磨性和使用寿命。另外，利用纳米粒子表面改性技术，还可生产已分散好的、直接用于涂料的纳米填料浆液。

美国有公司已生产出一种透明超耐磨纳米涂料，这种涂料是把有机改性的纳米瓷土加入到聚合物树脂中制得的。据称，这种涂料的耐磨性是传统耐磨涂料的 4 倍，具有隔热功能和优异的耐化学腐蚀性能，可用于头盔的护目镜、飞机座舱盖和玻璃、轿车玻璃和建筑物玻璃等的保护涂层，所采用的填料是经过化学改性的黏土粒子。通过对比应用试验表明，未涂覆涂料的聚碳酸酯（PC）经过 500 次的循环测试，耐磨性降为原来的 10%；涂覆传统耐磨涂料的 PC，经过 500 次的循环测试后，耐磨性下降了 90%，而涂覆这种透明超耐磨纳米涂料的聚碳酸酯经过 500 次的循环测试后，耐磨性只下降了 10%。因此，美国海军正在计划采用这种涂料涂装高级保护目镜。

SDC Coating 公司基于先进的硅涂料技术，开发了高性能的涂料。它是直接将纳米 SiO_2

或纳米金属氧化物溶胶用于耐磨透明涂料 Silvue 系列产品。这种涂料可防紫外线和防雾化，已成功用于汽车、飞机、建筑物等的玻璃窗及其他透明度和耐磨性要求高、环境苛刻的场所。

德国 INM 公司开发了用于光学镜片的透明涂料。在涂料中添加纳米陶瓷粉，涂料具有一定的弹性，同时又提供了在许多方面可与玻璃相媲美的耐刮伤性。某公司还提供了 NYACOLR 氧化锡溶胶用于玻璃的耐磨涂层。据美国、欧洲国家、日本的一些专利介绍，利用纳米 SiO_2 等或其复合材料进行表面改性，分散于聚合物树脂基体中制备透明耐磨涂料。其中，以纳料 SiO_2、TiO_2、ZrO_2、Al_2O_3 或硅溶胶进行表面改性使其易于分散在聚合物树脂中，制造透明耐磨涂料的报道最多。研究纳米改性的透明耐磨涂料，使其国产化，不仅可以填补国内的空白，而且可以获得惊人的社会及经济效益。

8. 纳米阻燃涂料

我国学者唐毅等用纳米级的 SiC(75～150nm)、ZrO_2(100nm)、Al_2O_3(100nm)、SiO_2(10nm) 等粉末加入 FM650 普通涂料中，制成了发电站用高温耐磨涂料，涂层的结合强度提高到 10.43MPa，并具有良好的耐热震性能。纳米 Sb_2O_3 是一种极好的阻燃涂料。

目前用于涂料的纳米粒子主要分 4 类：①纳米氧化物，如 TiO_2、Fe_2O_3、ZnO、SiO_2、Cr_2O_3 等；②纳米金属粉末，如纳米 Al、Co、Ti、Cr、Nd、Mo；③纳米无机盐类，如 $CaCO_3$；④纳米黏土。

不同的纳米材料赋予纳米涂料不同的功能，而具体到每一种纳米材料，由于其化学、物理性质的差异，对涂料加工、使用性能则呈现出各种差别。有的纳米材料在提高了涂料抗老化性能的同时，又牺牲了其他性能，因此必须权衡考虑各种纳米材料的利弊，从而根据对纳米涂料的要求选择最佳的纳米材料及组合配比。

三、纳米 SiO_2 对涂料性能的影响

1. 纳米 SiO_2 的性能特点

纳米 SiO_2 的团聚体是无定性的白色粉末，表面分子状态呈三维网状结构，这种结构赋予涂料以优良的触变性和分散的稳定性。纳米 SiO_2 具有极强的紫外线吸收、红外线反射特性，能提高涂料的抗老化性能。如果对 SiO_2 表面进行改性处理，可使纳米 SiO_2 粒子表面具有亲水基团和亲油基团，这种特性改善了纳米 SiO_2 粒子原来的润湿特性。

在建筑内外墙涂料中添加少量的纳米 SiO_2 后，涂料的抗紫外线老化性能可由原来的 250h 提高到 600h 以上；耐擦洗性由 1000 次提高到 10000 次以上；而且干燥时间大幅度缩短，其悬浮稳定性、触变性差，粗糙度较高等问题也得到了很好的解决。添加纳米 SiO_2 的内外墙涂料的开罐性能明显改善，涂料不分层、防流挂、施工性良好，尤其是抗污性大大提高，具有优良的附着力和自清洁能力。纳米 SiO_2 在内外墙涂料中的添加量一般为 0.1%～1%，最多不大于 5%。

2. 纳米 SiO_2 的含量对涂料附着力的影响

以聚氨酯涂料为例，如图 16-1 所示，纳米 SiO_2 可以明显增强涂料和基体间的附着力。在 SiO_2 的含量为 2%左右时附着力达到最大值，比未添加纳米 SiO_2 提高了约 150%。随着 SiO_2 含量的进一步提高，附着力又呈下降趋势。

3. 纳米 SiO_2 含量对聚氨酯涂膜的拉伸强度和断裂伸长率的影响

如图 16-2 所示，纳米 SiO_2 增加时，拉伸强度和断裂伸长率增加，但当纳米 SiO_2 进一步增加时，拉伸强度和断裂伸长率下降，与 Petrovic 等观察到的结论相符合。对涂漠耐磨性进行测试，发现涂膜的耐磨性也随着纳米 SiO_2 含量的增大先提高后下降。纳米 SiO_2 对涂

料力学性能的影响基本都存在一个最大值，其中原因有待进一步探讨。

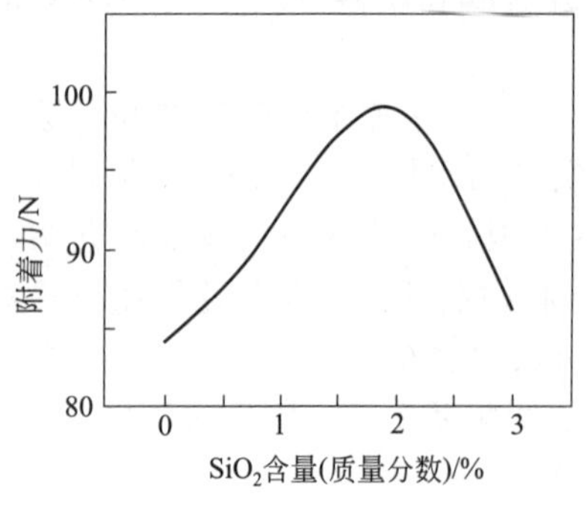

图 16-1 纳米 SiO_2 含量对聚氨酯涂膜附着力的影响

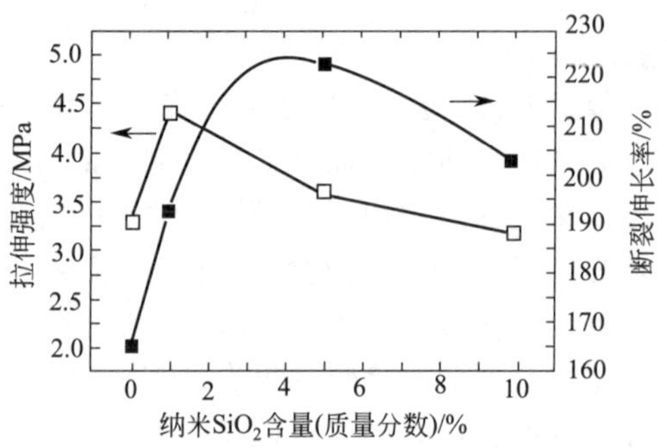

图 16-2 纳米 SiO_2 不同含量下的拉伸强度和断裂伸长率

4. 纳米 SiO_2 含量对纳米 SiO_2 改性聚氨酯涂料抗老化性能的影响

纳米 SiO_2 具有极强的紫外线屏蔽性，对 UVA 屏蔽率达到 88%，对 UVB 屏蔽率为 85%，对短波（UVC）屏蔽率仍为 70%～80%，所以在涂料中能起屏蔽作用，达到抗紫外线老化和抗热老化的目的。根据图 16-3 可以看出，纳米 SiO_2 添加到聚氨酯涂料中具有良好的抗老化效果。

5. 分散剂种类对抗紫外线性能的影响

根据图 16-4 可以看出，使用不同的分散剂对 SiO_2 改性涂料的抗老化性能有很大影响。不同分散剂的分散能力不同，因而纳米 SiO_2 的团聚程度也不同。团聚越少的纳米 SiO_2 改性涂料具有更好的抗老化效果。因此，纳米 SiO_2 能否均匀分散是影响其抗老化效果的一个重要因素。

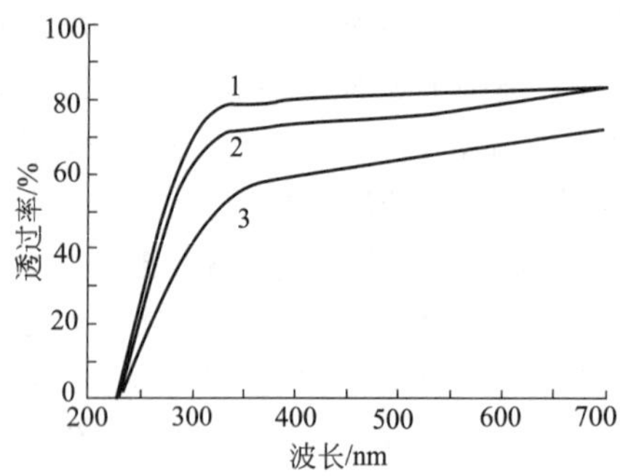

图 16-3 聚氨酯/纳米 SiO_2 复合涂膜紫外-可见光透过率

1—无 SiO_2；2—1%SiO_2；3—5%SiO_2

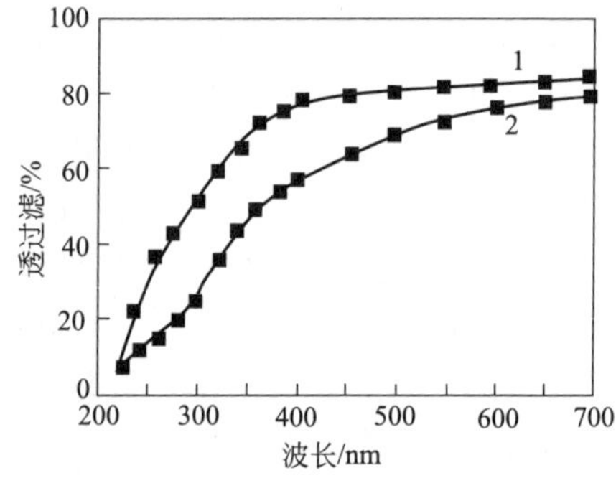

图 16-4 纳米 SiO_2 水分散体在不同分散剂下的紫外-可见光透过率测定

1—分散剂 a；2—分散剂 b

四、纳米 TiO_2 对涂料性能的影响

1. 纳米 TiO_2 的特性和用途

与常规材料相比，纳米 TiO_2 具有以下几个独特的性能：①比表面积大；②磁性强；③光吸收性好，且吸收紫外线的能力强；④表面活性大；⑤热导性好；⑥分散性好，所制悬浮液稳定等。由于纳米 TiO_2 具有许多优异的性能，因此在涂料领域具有广阔的应用前景。

纳米 TiO_2 有两种晶型：一种是锐钛矿型；另一种是金红石型。两者的分子结构相同，但性质有较大差距。一般而言，锐钛型晶相比金红石型晶相具有更高的光催化活性，原因在于：①金红石型晶相带隙能小，其较宽的导带阻碍了氧的还原反应，且金红石型晶相表面羟基化程度低；②锐钛型晶格内的缺陷和位错网较多，利于产生氧空位俘获电子；锐钛型晶面与一些降解有机物具有对称结构，能有效吸附有机物。锐钛型由于其光活性太大而不能用于外用涂料。而金红石型 TiO_2 因其较高的紫外线屏蔽性和耐候性备受用户青睐。相反，将纳米 TiO_2 用于内墙涂料中的抗菌填料时，以使用锐钛型 TiO_2 为好。

纳米 TiO_2 具有许多优异的性能，不仅具有优异的颜料特性——高遮盖力、高消色力、高光泽度、高白度和强耐候性外，还具有特殊的力学、光、电、磁功能；更具有高透明性、紫外线吸收能力以及光催化活性、随角异色效应，特别是随着环境污染的日益严重，TiO_2 因高效的光催化降解污染物的能力而成为当前最为活跃的研究热点之一。而其独特的颜色效应、光催化作用及紫外线屏蔽等功能，在汽车工业、防晒化妆品、废水处理、杀菌、环保等方面一经面世就备受青睐。

纳米 TiO_2 广泛用于医院和家庭内墙涂饰，如美国已用于医院手术室瓷砖的防菌涂层。采用聚硅氧烷、锐钛型纳米 TiO_2、填料和溶剂复合制成的大气环保涂料，能使大气中的 NO_x 转化为硝酸，可以用于公路、桥梁、广告牌、建筑物的表面或专门用于需要净化的装置。纳米 TiO_2 对紫外线的屏蔽可用于需要防紫外线的场所，如涂覆在阳伞的布料上，制成防紫外线的阳伞。也可制成超声吸波的隐身涂料，用于隐形飞机、军舰等。纳米 TiO_2 是具有半导体性质的粒子，加入到树脂中形成涂层有很好的静电屏蔽作用，可涂覆在家用电器上。在这些涂料中，纳米 TiO_2 的粒径一般是 10～50nm，添加量控制在 1.0%以下。

2. 纳米 TiO_2 对涂料耐候性的影响

建筑涂料尤其是外墙涂料的应用环境比较恶劣，紫外线、热能、微生物、水、空气中污染物等都能引起涂料中聚合物的老化，而其中又以紫外线老化破坏性最大。因此，提高涂料耐候性的关键是如何降低紫外线对涂料的降解。

纳米 TiO_2 是一种很好的无机紫外线屏蔽剂，它对紫外线的屏蔽主要是吸收和散射。纳米 TiO_2 比普通 TiO_2 屏蔽紫外线的能力要好得多。纳米 TiO_2 对紫外线的屏蔽效果可以通过如下试验得到验证。

将纳米 TiO_2 加入以自制的去离子水中，配成固含量为 0.04%的悬浮液，超声波分散 10min，用 UV751 型紫外-可见分光光度计测试各波段紫外线透过率。试验结果表明，去离子水的紫外线透过率达 100%；而含有纳米 TiO_2 悬浮液的紫外线透过率几乎是零。显然，纳米 TiO_2 粉体对紫外线有很好的屏蔽能力。

使用变色差法测定纳米 TiO_2 改性丙烯酸涂料的抗老化效果。方法如下：将纳米 TiO_2 紫外线屏蔽剂按不同量添加到丙烯酸涂料中，制成试验样品，样板尺寸为 80mm×30mm，进行 500h 人工老化试验（试验条件：放入碘镓灯晒版机连续照射，样板距紫外灯 400mm)。用 WSC-S 测色色差计测试老化前后的颜色变化，发现随纳米 TiO_2 添加量的增加，变色差 ΔE 减小。当添加量为 3%时，出现较小值。添加量继续增加则 ΔE 变化很小。因此纳米 TiO_2 添加量以 2.5%～3.0%为宜。

3. 纳米 TiO_2 对涂料耐污染性的影响

锐钛型纳米 TiO_2 具有较高的光催化氧化能力，其禁带宽度为 3.2eV，相当于波长为 387nm 紫外线的能量，在紫外线作用下，其价带上的电子被激发到导带，而在价带上产生空穴，自由电子-空穴对可使氧活化，产生活性氧自由基和·OH 自由基，具有很高的反应活性，可使有机物、氮氧化物及硫氧化物等降解。

在纳米 TiO_2 表面，钛原子和钛原子间通过桥氧相连，这种结构是疏水性的，在光照条件下，一部分桥氧脱离形成氧空位。此时，水吸附在氧空位中，成为化学吸附水（表面羟基），在其表面形成均匀分布的纳米尺度的亲水微区。当停止光照射时，化学吸附的羟基被空气中的氧取代，又重回到疏水状态。

4. 纳米 TiO_2 对大气的净化作用

甲醛是自建筑物装修材料散发到室内空气中的主要污染物之一，它既是一种致癌物，也是一种在很低浓度就能引发过敏症状的刺激剂。此外，NO 和 SO_2 也是两种主要的室外空气污染物。

利用纳米 TiO_2 涂料进行固-气多相光催化从空气中清除挥发性有机化合物质（VOC）已引起人们的广泛关注，该类涂料能用于清除空气中的气味和污染物，并能同时用于杀菌和消毒。光催化反应通常在常温、常压下进行，小分子烃类化合物的最终氧化产物一般是对人体无害的 CO_2 和 H_2O。在 TiO_2 光催化过程中的光致空穴有较强的氧化能力。各类有毒有机物以及其他有毒物质（如致病菌），几乎都能被氧化清除。在典型室内环境中的紫外线也适合于降解极低浓度的污染物，这意味着太阳辐射可用来净化室内外空气。

在太阳光和室内自然光条件下，纳米 TiO_2 改性涂料的降解率分别如图 16-5 和图 16-6 所示。从图 16-5 可以看出，在太阳光条件下，纳米 TiO_2 改性的涂料具有非常好的降解效果。对不同浓度的 NO 的降解率接近 100%。从图 16-6 可以看出，当 NO_x 浓度小于 0.1mg/m^3 时，其降解率较高，达到 80%以上，随着 NO_x 浓度的增大，其降解率逐渐降低。由此可以看出，即使在室内很弱的自然光紫外线作用下，TiO_2 光催化涂料对低浓度的 NO_x 氧化降解效果也很好，这表明该涂料可用于室内空气净化。

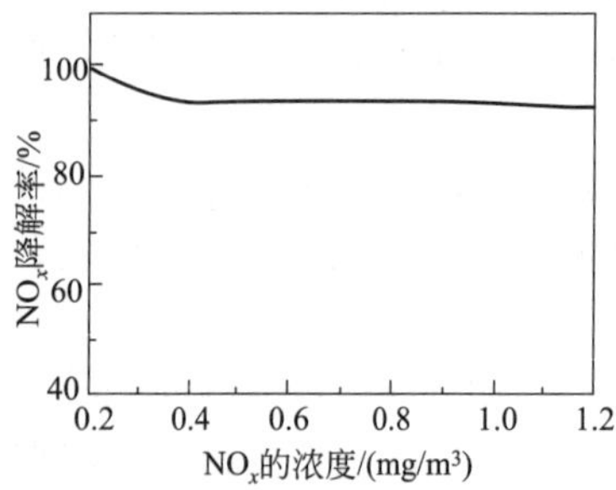

图 16-5 太阳光下光催化涂料对 NO_x 的降解效果（气流量为 500mL/min，相对湿度 80%）

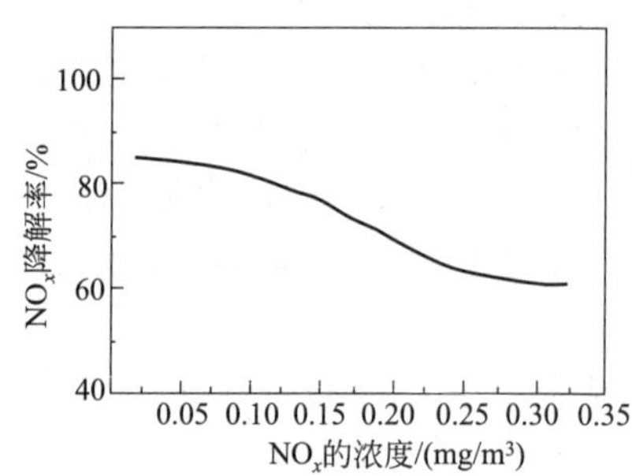

图 16-6 室内自然光下光催化涂料对 NO_x 的降解效果（气流量为 500mL/min，相对湿度 80%）

5. 纳米 TiO_2 的随角异色效应

纳米 TiO_2 的光学效应随粒径的改变而变化，尤其是纳米金红石型 TiO_2 具有随光的照射角度变色的效应，因时 TiO_2 还具有吸收紫外线的效应。产生随角异色效应的原因是因为含纳米 TiO_2 的金属闪光涂料，当入射光碰到纳米 TiO_2 粒子时，因粒径小，蓝色光会发生较强散射，结果除掉蓝色光的绿色光和红色光（呈黄相）被铝片反射成为正反射光。也就是说，散射光为蓝相强的光，反射光为黄相强的光（金色），随观察角的不同可见不同色相。

当纳米 TiO_2 与铝粉颜料或云母颜料混合用于涂料中，其涂层具有随角异色性，从不同角度观察其反射光可看到不同的颜色。产生这种现象的原因是：纳米 TiO_2 本身有透明性，又可对可见光进行一定程度的遮盖，透射光在铝粉表面反射与纳米 TiO_2 本身表面反射产生了不同的视觉效果。在这种涂料体系中，纳米 TiO_2 与铝粉颜料之比为1∶1或2∶1，其含量可达1%～2%（质量分数），涂料的最高颜基比为1∶5，颜料总含量小于35%（质量分数）。基料可分为水性或油性。目前有国外公司已能生产多种含纳米 TiO_2 的金属闪光面漆。

6. 纳米 TiO_2 对涂料加工性能的影响

纳米 TiO_2 改性能够显著提高涂料的流动性和流平性，使涂料的加工性能有较大提高。由试验可知，随着纳米 TiO_2 用量的增加，聚乙烯粉末涂料的熔体流动速率逐渐变大，其用量为0.5%时达到峰值，然后逐渐降低。这主要是因为试验中采用单螺杆挤出机，其剪切作用有限。当纳米 TiO_2 用量小于1%时，分散性较好，流动性提高较多；但其用量继续提高后，分散性受到一定的影响，流动性有所降低。试验表明纳米 TiO_2 用量为0.5%时，聚乙烯粉末涂料的熔体流动速率明显变大，熔融黏度降低，流动性显著增强，其加工性能也得到改善。此时，基料的熔体流动速率由原来的18g/10min提高到44g/10min，提高了144%。由于纳米 TiO_2 的粒径小，易被树脂包覆，以及表面严重的配位不足，呈现出极强的活性，使其易与高分子链发生键合作用，提高了分子间的键合力，同是尚有一部分纳米颗粒仍然分布在高分子链的空隙中，与普通钛白粉比较，呈现出很高的流动性，从而使涂膜具有良好的流动性。

7. 纳米 TiO_2 对涂料力学性能的影响

随着纳米 TiO_2 用量的提高，聚乙烯粉末涂料的屈服强度、拉伸强度和断裂伸长率逐渐增大，其中断裂伸长率的增大幅度最大，纳米 TiO_2 用量为0.5%时达到峰值，然后逐渐降低。纳米 TiO_2 用量为0.5%时，3种性能均达到最大值，即屈服强度达到11.7MPa，提高17%，拉伸强度达到12.0MPa，提高17%，断裂伸长率达到504%，提高367%。加入纳米 TiO_2 后，可以极大地减小聚乙烯粉末涂料中颜填料与成膜物之间的自由体积，改善涂层的机械强度，减少毛细管作用而提高涂层的屏蔽作用；纳米 TiO_2 表面不仅具有蓄能作用，而且与高分子链之间有较强的范德瓦耳斯力作用，可以改变高分子链之间的作用力，且纳米 TiO_2 可与高分子链之间发生化学作用，从而使底材的力学性能得到改善，起到既增强又增韧的目的。

8. 纳米 TiO_2 改性外墙乳胶漆的制备

可以用纳米 TiO_2 取代部分的金红石型钛白粉制备纳米改性乳胶涂料。使用微胶囊技术对涂料中的颜填料和助剂表面包覆一层膜材料，使其形成微胶囊，可以提高乳胶漆的稳定性和提高耐候性、分散性以及化学稳定性。

加入纳米材料的外墙乳胶涂料配方见表16-1。

表16-1 加入纳米材料的外墙乳胶涂料配方

原料名称	质量分数/%	原料名称	质量分数/%
纯丙乳液	30.0～45.0	消泡剂	0.3～0.6
金红石型钛白粉	20.0～30.0	增稠剂	0.5～1.0
乳液	5.0～10.0	纳米 TiO_2	0.3～1.0
填料	5.0～10.0	pH调节剂	适量
润湿剂	0.3～0.7	其他助剂	适量
分散剂	0.2～0.4	水	加至100.0

纳米改性乳胶涂料的生产工艺如图16-7所示。先将微胶囊成膜材料溶解于水中，再加入颜填料、分散剂、消泡剂，用高速分散机进行分散，形成微胶囊结构，最后加入乳液和其

他助剂，充分分散后得到产品。

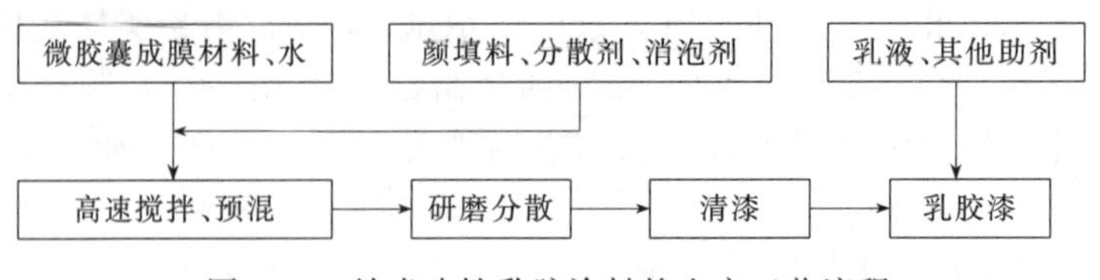

图 16-7 纳米改性乳胶涂料的生产工艺流程

纳米改性涂料的人工老化时间超过了 1000h，在实际使用中耐候性可达 13 年之久，而且是无溶剂的环保型超耐候性涂料，是高层建筑物理想的外墙涂料。

9. 纳米 TiO_2 涂料的发展前景

目前纳米 TiO_2 在涂料中的应用仍处于初级阶段，许多关键问题尚有待于深入研究。欲使纳米 TiO_2 在涂料中获得广泛的应用，必须注意以下几个关键问题。

(1) 开展纳米 TiO_2 涂料的研究应与环保涂料的发展方向结合起来。目前环保涂料主要有 4 大方向：高固体分涂料、水性涂料、紫外光固化涂料及粉末涂料。

(2) 正确选择纳米 TiO_2 的型号、添加量等。纳米材料型号不同，生产厂家和生产方式不同，产生的纳米粒子表面性质也会不同，加上纳米涂料的制备方法多种多样，所以纳米涂料研究开发应与纳米材料的制造密切联系。纳米材料在涂料中应该有一个最佳用量的比例。适量的纳米材料在涂膜中与基料之间良好的界面结合能起到增强作用，增加涂层的刚性，提高涂层的耐磨性及耐划伤性。

(3) 纳米 TiO_2 在涂料中的分散与稳定问题。目前，纳米 TiO_2 的分散可以使用现行的涂料生产设备（如砂磨机、球磨机、三辊机、胶体磨、高速分散机等），即微米技术所使用的分散设备。而微米到纳米是一个质的飞跃，材料的性能发生了重大变化，因此对微米技术所采用的涂料用分散设备也应该进行相应的改进，或重新研制或从国外引进。另外，超声波分散也是一种经常使用的方法，分散时最重要的不是暂时的均匀分散，而是长期分散，防止纳米粒子在涂料液中的沉降、絮凝。为了使表面活性很大的纳米微粒在涂料中稳定存在并且均匀分散，常对 TiO_2 进行有机和无机改性来提高其分散稳定性。只有真正解决了纳米 TiO_2 的分散稳定问题，其在涂料改性中才能得到真正和广泛的应用。

(4) 对纳米 TiO_2 在涂料中的特性及对涂料的作用进行深入研究。传统的材料研究方法和测试方法远远不能满足纳米改性涂料的测试要求，必须建立新的检测方法。而当前纳米材料的测试仪器（如纳米级粒度测定仪等）还未普及，纳米材料在涂料中的分散状态如何，是否达到预期的效果，目前还没有较为简便的方法来测定。涂料的触变性是体现其微观结构的现象，当涂料的微观粒子构成相对不变时其触变性也相对不变。因此有人根据这个原理，采用流变仪测定分散体的触变性来判断纳米粒子在涂料中的分散状况，这是一个有益的尝试。

(5) 纳米涂料施工工艺的研究。纳米材料具有一系列特殊的性质，传统的施工方法并不完全适用于纳米技术改性涂料的施工，尤其不适用于纳米丝材料或纳米层状材料改性涂料的施工。对于纳米薄膜涂层，纳米涂料的施工过程就是材料的制造过程，其工艺对材料的形成具有重大影响。在我国，需逐步建立起一套新的严格的纳米涂料评价体系（包括纳米粒子相、特殊功能等），规范市场秩序，为纳米涂料的健康发展提供空间。与纳米技术在其他行业中的应用相比，纳米涂料最有可能在短期内实现工业化应用，应继续加大研究开发投入，抓住时机，提高我国涂料工业档次，以赶超世界涂料技术水平。

五、纳米 ZnO 对涂料性能的影响

1. 纳米 ZnO 的特性

纳米 ZnO 也是优良的抗老化剂之一，可以明显地提高涂料的抗老化性能。吸收紫外线能力强，无论是对长波（UVA）还是对中波（UVB），都有屏蔽作用，因此可作为涂料的抗老化剂。据日本专利报道，近藤刚等利用纳米 ZnO 作为添加剂研制成功了紫外线屏蔽玻璃用涂层。美国 Foster Products 公司使用纳米级的 ZnO（1～80nm），以羟乙基纤维素（HEC）为增稠剂并加入其他助剂与水充分分散后，再与丙烯酸乳液搅拌混合，制成了抗紫外老化的水性涂料。另外，美国的 Elementis 公司利用该公司所生产的粒径为 80nm 左右的纳米 ZnO（商品名 TZO），与一定的溶剂、树脂、助剂及有机抗紫外线剂，复合配制成抗紫外线的预混合物，可作为涂料和塑料配方的一部分。结果表明，当粒径足够小时，ZnO 可在分散体中呈透明的状态，而且通过无机和有机抗紫外线剂的协同作用，效果比使用单一的无机 ZnO 抗紫外线剂好得多。

2. 纳米 ZnO 的抗老化性能

纳米 ZnO 具有一般的 ZnO 无法比拟的新性能和新用途，能使涂层具有屏蔽紫外线、吸收红外线以及杀菌防毒的作用，通常与其他的纳米材料配合使用于内外墙涂料中，可涂覆汽车、轮船、导弹等装备之上，也是汽车闪光漆、汽车玻璃变色漆的原料。涂覆于阳伞和太阳帽上均有防辐射之功效。纳米 ZnO 在水和空气中能自行分解出自由移动的电子（e^-）和留下带正电的空穴（h^+），这种空穴能将空气中的氧激活为活性氧，以与多种有机物发生氧化反应（包括细菌内的有机物），从而把大多数病菌和病毒杀死。西北工业大学曾进行过纳米 ZnO 的定量杀菌试验，当纳米 ZnO 的浓度为 1%时，5min 内对金黄色葡萄球菌的杀菌率为 98.86%，对大肠杆菌的杀菌率为 99.93%，因此它又是一种极好的杀菌涂料。另外，纳米 ZnO 还具有增稠的作用，有助于提高颜料分散的稳定性。

纳米 ZnO 的水分散体对波长小于 37nm 的紫外线具有很强的屏蔽作用，与纳米 SiO_2 类似，分散剂对纳米 ZnO 的抗老化性能也有明显影响。

纳米 ZnO 杂化纯丙乳液基本配方见表 16-2。

表 16-2　纳米 ZnO 杂化纯丙乳液基本配方

原材料名称	原材料规格	质量分数/%
丙烯酸	聚合级	5～7
丙烯酸丁酯	聚合级	12～16
甲基丙烯酸甲酯	聚合级	20～25
过硫酸钾	分析纯	0.1～0.12
十二烷基苯磺酸钠	分析纯	4～6
纳米 ZnO	比表面积大于 $10m^2/g$	1.5～5.0
去离子水	化学纯	45～62

3. 纳米 ZnO 改性纯丙乳液外墙涂料的制备

为确保 ZnO 在涂料中的粒径为纳米级，必须对纳米 ZnO 进行表面改性。杂化乳液用纳米 ZnO 的表面改性方法为：按比例将表面活性剂加入到去离子水中，开动搅拌器后加入纳米 ZnO 材料，然后高速分散处理 20min，随后用超声波仪处理 20min，备用。

纳米 ZnO 杂化乳液的合成方法按设计配方将乳化剂、引发剂、去离子水加入反应烧瓶中，搅拌下升温至 70～75℃，然后在 2～3h 内连续加入单体混合物和引发剂；聚合反应开始后按比例连续同步加入经过表面改性的纳米 ZnO。滴加完毕后，保温 3～4h，冷却、氨中

和、过滤、出料。

六、其他纳米改性涂料

1. 纳米黏土在涂料中的应用

黏土是一类 2∶1 型层状硅酸盐矿石，可以看做是一维的纳米材料，黏土的比表面积非常大，高达 700～800m^2/g。黏土在复合材料中的应用极其广泛，通过不同的复合方式，可形成常规复合材料、插层复合材料和剥离复合材料，可大幅度提高材料的力学性能和热力学性能。如果黏土通过改性分散于树脂中制成涂料，能提高涂料的柔韧性、抗冲击性和对水的阻隔性，并且黏土的片状结构还可使涂层光学性能发生变化，从而得到新型的涂料。另外，由于黏土特殊的片状结构，还可用来制成阻燃涂料，用黏土代替阻燃剂并改进阻燃涂层的阻燃机理。

煅烧高岭土因具有白度高和光散射性能好等特点，在涂料工业中已获得广泛的应用。由于获取含铁量低的优质高岭土越来越困难，故目前不得不采用水洗-漂白工艺来提纯。这种水洗-漂白工艺对生态环境和水资源破坏较大。纳米硅酸铝是一种合成高岭土，由于其纯度高，悬浮稳定性、光散射性及其他性能俱佳，是一种优质的水性涂料，该产品一经问世便受到业内人士的青睐。

纳米硅酸铝的制备工艺如下；采用偏铝酸钠（铝土矿的碱溶出物）与酸性硅溶胶（泡花碱的酸化脱纳产物）经中和、沉淀、干燥后得到结晶硅酸铝，再加入矿化剂，经 1200℃高温煅烧后得到无水硅酸铝，最后加入助磨剂经超细粉碎、分级而得到该产品。

纳米硅酸铝改性涂料的配方与性能见表 16-3。

表 16-3 纳米硅酸铝改性涂料的配方与性能

配比与性能	配方 1	配方 2	配方 3	配方 4	配方 5
钛白粉/%	60	40	40	50	40
碳酸钙/%	40	60	—	—	20
硅酸铝/%	—	—	60	50	40
储存性	搅拌后均匀	搅拌后均匀	均匀	均匀	搅拌后均匀
遮盖力/(g/m^2)	250	320	260	250	270
涂膜外观	平整	平整	光洁平整	光洁平整	光洁平整
亮度对比率/%	92	78	90	92	88
耐洗刷性(内墙)/次	800	800	800	700	600

从表 16-3 分析可知，减少钛白粉用量而增大碳酸钙用量，涂料的遮盖力和亮度均大幅度下降。用硅酸铝替代碳酸钙，并减少钛白粉用量，可提高涂料的悬浮性和耐洗刷性，而其遮盖力和亮度变化不大。因此，在不降低涂料性能的前提下，选用廉价的硅酸铝可减少钛白粉的用量而大幅度降低涂料成本。在实际应用中，仍可添加适量碳酸钙而进一步降低涂料成本 15%～25%。

2. 掺加锑二氧化锡纳米涂料

对于建筑物的大面积窗口及透明顶棚、汽车窗口等场合，太阳光的热辐射会增加空调的使用率，浪费能源，传统的解决方案是使用金属镀膜热反射玻璃和各种热反射贴膜等产品来达到隔热降温的目的。但是这些产品也存在一些问题，其在可见光区的不透明性和高反射率限制了它的应用范围。

纳米材料的出现为透明隔热问题的解决提供了新的途径。掺加锑二氧化锡（ATO）是一种 n 型半导体氧化物，经研究证实，纳米 ATO 制成的膜有很高的红外屏蔽效果和良好的可见光区透过率。将纳米级的 ATO 应用于涂料制得隔热性能良好的透明涂料，并在此基础上做了系列研究。

试验原料：甲苯二异氰酸酯（TDI）、聚己二酸丁二醇酯、聚碳酸己二醇酯、二羟甲基丙酸（DMPA）、甲基丙烯酸甲酯（MMA）、丙烯酸 β-乙羟酯（HEA）、三乙胺（TEA）、偶氮二异丁腈（AIBN）、纳米 ATO 湿浆（固含量 14.5%）、水性助剂。

聚氨酯（PU）的合成如下：①将丙烯酸 β-乙羟酯在 120℃条件下真空脱水 2h 后备用；②将聚酯多元醇和二羟甲基丙酸加入三颈瓶中，于 120～130℃温度下真空脱水 2h，降温后加入 TDI，通氮，不高于 80℃反应至达到理论 NCO 的含量，加入计量的 HEA，继续反应约 2h 得到预聚体，加入三乙胺中和；③将中和的预聚体缓慢加入去离子水中分散得到初分散液；④在初分散液中加入 MMA 和 AIBN，在 60℃条件下进行自由基聚合 4h，得到丙烯酸酯改性聚氨酯水分散液。纳米 ATO 透明隔热涂料见表 16-4。

表 16-4　纳米 ATO 透明隔热涂料

原料名称	规格	质量分数/%
聚氨酯	自制，固含量 36.8%	72.51～81.47
ATO 湿浆	固含量 14.5%	17.57～26.07
增稠剂	—	变量
流平剂	—	变量

由试验可知，选用水性聚氨酯作为成膜剂，纳米 ATO 作为填料可制得性能良好的纳米透明隔热涂料。当颜料体积分数（PVC）为 1.8%时所制得的纳米 ATO 透明隔热涂料所得涂层（30μm）其可见光透射率可达 86.2%，其近红外区（800～2500nm）光的屏蔽率可达 61.3%。少量的纳米 ATO 的加入使得涂料获得了很好的隔热性能，其隔热效果与昂贵的国外同类产品的隔热效果相当。制得透明隔热涂料可广泛应用于建筑玻璃、汽车前挡风玻璃等，具有很好的应用前景。

3. 纳米 $CaCO_3$ 在涂料中的应用

$CaCO_3$ 作为填料广泛应用于内外墙涂料中。纳米 $CaCO_3$ 是一种优质的填充剂和白色颜料，而且具有资源丰富、色泽好、品位高的特点，将其应用于内外墙涂料中，可赋予涂料良好的触变性和流平性，同时可提高涂料的机械强度和硬度。

纳米 $CaCO_3$ 自问世以来，由于其具有的优良特性，赋予了产品某些特殊性能，如补强性、透明性、触变性和流平性等，是一种新型高档功能性填充材料，在橡胶、塑料、油墨、涂料、造纸等诸多工业领域中具有广阔的应用前景。在涂料中的应用研究表明，纳米 $CaCO_3$ 填充涂料其柔韧性、硬度、流平性及光泽均有较大幅度提高。利用其存在的“蓝移”现象，将其添加到胶乳中，也能对涂料形成屏蔽作用，达到抗紫外线老化和防热老化的目的，增加了涂料的隔热性。

4. 纳米水性乳液

纳米水性乳液是一种特殊的纳米改性涂料。乳液中分散相的粒度为 10～100nm，其表面张力极低，有极好的流平性、流变性、润湿性与渗透性，表现出超常规特性。目前，已经有单位研制出新型的纳米水性聚氨酯乳液并实现工业化生产。纳米水性乳液不同于传统的聚氨酯乳液，它不是简单的添加型乳液，需要通过一定的化学反应才能得到，这样生产出的涂料稳定性好，抗老化、耐化学侵蚀、耐磨、抗静电性能良好。

七、纳米涂料的发展展望

纳米涂料是纳米材料的一个重要应用领域，人们进行了多种纳米粉体在涂料中的应用研究，今后应在以下几方面加强研究。

(1) 利用纳米材料改进涂层的基本性能，如研究纳米 $CaCO_3$、SiO_2、滑石粉、硅酸铝、铁系颜料等传统无机盐填料的纳米微粒对涂膜光泽、耐擦洗性、耐磨性、柔韧性、抗冲击性、硬度、附着力、耐候性、抗老化性、阻透性、增效性、增稠性、遮盖力、耐温性的影响，进一步提高涂层的化学与物理性能。

(2) 利用纳米材料赋予涂层新的特殊性能，如研究 TiO_2 等纳米粒子对涂层吸光性、吸波性、静电屏蔽性、抗老化性、防腐、防滑等性能的影响，拓展涂料的使用范围。

(3) 研究纳米粒子在涂料中的分散与稳定性，探索纳米粒子与树脂界面的相互作用机理和相互混合机理，为纳米涂料生产与研究提供理论支持。

(4) 研究纳米粒子互配以及纳米粒子与非纳米粒子混合问题和纳米涂料中纳米颜料的测试方法及标准化的完善。总之，随着纳米技术在建筑材料、电子、信息、生命科学等各个领域的发展，纳米涂料也将进一步取得突破并降低生产成本，同时逐渐进入生活、工业用途等领域。

(5) 纳米材料在涂料中的作用机理、纳米材料的分布状态以及纳米材料与其他成分的配合对涂料的性能影响极大，因此有必要加强这些方面的研究。

涂料是工业产品的配套工业，其应用范围相当广泛。可以说，任何一种工业产品都离不开涂料。21 世纪是信息工业的时代，因此涂料又有了新的应用领域。例如，电激发光元件，是以荧光体材料夹在两个电极之间，当加上交（直）流偏压电场时，其荧光体电子受冲击而以能量转移方式发送的元件。它有无机电发光元件和有机电发光元件的区别。这种元件具有冷光、不发热且无紫外线伤害、耗电少、防水且抗湿度、防振、抗冲击、光色种类多、发光均匀及其强度可调节和使用寿命长等优点，可用于计算机、家用电器、设备、仪表等液晶背光以及汽车、交通、建筑、广告等标志显示和多彩、全彩显示器等方面，该电激发光元件的绝缘层就需要涂料且今后用量巨大，所以是涂料一个很好的开发领域和发展方向。

第二节 纳米改性陶瓷

陶瓷、金属和高分子材料合称为三大工程材料，而陶瓷材料具有耐高温、耐腐蚀、耐磨等独特性能，因而在工程材料中占有重要地位，并被认为是有军事前景、能为未来提供重大综合效益的技术领域。

纳米技术首先在特种陶瓷中取得突破。近年来对纳米复相陶瓷的研究表明，在微米级基体中添加纳米分散相复合，可以使陶瓷的断裂强度和断裂韧性大大提高（2～4 倍）。纳米颗粒增强的机理主要在于：人们添加的纳米颗粒属于无机刚性粒子，具有很高的强度和模量。一方面，纳米粒子的添加，抑制了主晶相晶粒的长大，而根据脆性材料强度的基本理论，晶粒变小导致材料强度提高；另一方面，会诱发大量微裂纹，纳米粒子还会诱使裂纹偏转，从而发挥多重增韧效果。在陶瓷基体中分散第二相纳米颗粒，可使材料的强度和韧性有很大提高，耐高温性能也将明显提高。

一、纳米改性建筑陶瓷的发展概况

日本等国家首先将纳米技术用于抗菌自洁净陶瓷，并取得了明显的突破。为了防止医院的细菌交叉感染，日本东陶公司研制成功了一种能够自动杀菌的瓷砖和陶瓷便器、脸盆。它们可以帮助医院病人尤其是刚做完手术者免受细菌感染。这种建筑卫生陶瓷表面有一层对人体无害，但对细菌和病毒有致命作用的涂层，对医院中的大部分病毒、细菌均特别有效，在灯光下 1h 内对金黄色葡萄球菌的细菌杀菌率达 99%，在黑暗中 3h 也能达到同样的效果。这种陶瓷涂层除杀死病菌外，还具有除去异味的功能。这层含有二氧化钛涂层的膜依靠强紫外线发挥光催化作用，易分解细菌及病毒的有机物，经反复擦洗仍可发挥作用。另外，该公司还成功开发了一种集装饰与净化功能于一体的自洁净内墙砖。日本东京大学还研制成功了一种具有二氧化钛涂层的自洁净瓷砖，医院、厨房、卫生间等处用上这种自洁净瓷砖后，可使这些地方经常保持清洁。这种产品的特点是瓷砖上的二氧化钛涂层，当受到紫外线照射后，会产生破坏有机物的活性氧，它能在数小时内，把覆盖在表层的油泥、污垢清理掉，而且还能杀菌除臭，即使不溶水的有机物，也能用水清洗干净，易保持瓷砖的清洁。另外，日本的明海制陶集团还研制成功了新型的具有抗菌功能的餐具，它是将含有抗菌剂的阴离子结合于其表面烧制而成。经日本食品研究中心检测，该抗菌餐具能阻止金黄色葡萄球菌、大肠杆菌的繁殖，24h内能杀灭99.5%的细菌。在抗菌瓷砖和卫生陶瓷的开发中，他们采用了两项新技术：一项是将光催化剂二氧化钛烧制在瓷砖和卫生陶瓷表面的技术；另一项目是将银、铜等金属化合物高密度地固定在光催化剂上的光还原镀层技术。其中，光还原镀层技术是为了在光照不到的暗处也能有高抗菌性的技术。在光催化剂上，再喷镀（喷涂）具有抗菌效果的化合物银或铜等金属离子水，利用光催化剂的还原能力高密度地还原和固定。如果光催化剂薄膜技术和光还原镀层技术同时应用，不用说打开一般室内所使用的日光灯时，就是无光时，这些瓷砖和卫生陶瓷也具有很高的抗菌除污性能。他们用少量甲基硫醇气体做试验，发现在日光灯照射下有明显的除臭效果。

韩国的塞拉米克公司研制成功了抗菌瓷砖。它是将能起光催化剂作用的二氧化钛和具有抗菌作用的银、铜离子适当配比，加入到陶瓷原料和釉料中。二氧化钛即使在弱光照射下，也能产生强大的氧化力，使细菌、霉菌等有机物分解，使之变成无毒气体。银、铜等离子既具有独立的净化功能，又能和二氧化钛发挥相互补充的抗菌作用。经试验表明，这种瓷砖对大肠杆菌、绿脓杆菌、金黄色葡萄球菌具有明显的杀灭功能。这种抗菌陶瓷是用于医院、厨房、卫生间、游泳池的理想材料，具有良好的市场前景。该公司已将这种抗菌陶瓷申请专利，产品也投放市场并有部分出口。

由于抗菌陶瓷的优异性能，国内陶瓷行业的科技人员也非常重视抗菌陶瓷的研究。中国建筑材料科学研究院高技术陶瓷研究所已经成功开发了光催化陶瓷制品。该产品除具有抗菌、除臭、防霉等功能外，还可产生红外辐射，可促使其他生物体的血液微循环和新陈代谢。经有关权威部门检测，其产品的抗菌性、防霉性、分解及除臭功能的各项指标均达到标准。该产品表面光洁，有如镜面装饰效果。该所开发的第三代抗菌保健材料是将稀土元素激活原理应用于抗菌保健材料，使其表面活性自由基数量增大，产生保健、抗菌和净化空气3大功效。经卫生部北京生物制品研究所等单位检测，该产品对金黄色葡萄球菌和大肠杆菌的9h杀菌率均达到100%。这种釉面砖用于室内，可有效杀死室内细菌，辐射红外线可改善循环，用于医院或幼儿园内，可避免细菌交叉感染，用于卫生间还可以分解、净化空气，达到自洁净的目的。其制造成本比前两代产品要低得多。因此，此种材料具有广阔的市场前景。

目前国外抗菌陶瓷材料在发达国家已经投放市场。我国在自洁净陶瓷的研究和开发方面也已取得了明显进展，各地的陶瓷工作者都在竞相开发。其中，中国建筑材料科学研究院已经研制了活化水抗菌瓶、水杯及光催化抗菌面砖等新产品，这种花瓶和水杯经测定，证明其4h内对细菌繁殖体的杀菌率为75%，对霉菌12h的杀菌率在95%以上。国内虽然有成果报道，但尚属初步开发阶段，而且技术和性能都有待进一步提高，而在抗菌和自洁净建筑陶瓷领域，尚未取得实质性进展。

自洁净陶瓷由于其载体的不同又可以进行以下分类。①沸石类功能材料；②硅胶类功能材料；③磷酸钙类功能材料；④磷酸锆类功能材料；⑤硅酸钙类功能材料；⑥二氧化钛类功能材料。

自洁净功能陶瓷的制作，首先必须有基体（陶瓷）、载体和自洁净功能材料。其中载体不仅仅是前述几种，也可以用溶胶-凝胶法或其他化学反应方法制成载体薄膜，再把杀菌自洁净功能材料涂覆在其上，然后在较低的温度下进行烤制（300～400℃）。有文献认为，载膜的厚度应小于0.01mm，烤制后应以结合较为牢固为前提。也有人将自洁净功能材料和载体合二为一，先将载体进行处理制成溶液，然后将自洁净功能材料加入搅拌，最后用蒸涂、浸渍等工艺进行与陶瓷表面的结合。显然，以上方法都是把自洁净功能材料涂覆在陶瓷制品的表面，这样自洁净功能材料的自洁净作用发挥得较好，但有可能结合得不是很牢固。因此，有人也研究了将自洁净功能材料加入釉中，这种加入釉中的方法显然简单方便，但是自洁净作用要丧失许多。当然，许多研究者仍然希望通过研究使这种制作方法更加有效。

纳米技术经过近年来的发展，基本已经进入应用阶段，目前国内外部分厂家研制的抗菌陶瓷、自洁净陶瓷，就是纳米技术在陶瓷行业的应用。传统陶瓷固有的问题是脆性，这一特性是全世界范围内难以解决的重大难题，到目前为止，除欧洲之外，其他国家（包括我国在内）均研究很少。纳米增强陶瓷，既要提高陶瓷的强度，同时还要有很高的硬度和耐磨性，除此之外，还要有一定的韧性，使其不易被摔碎，此研究中的主要技术难题，一是陶瓷原料的微米/纳米化；二是如何大批量低成本合成纳米增强粉。

二、纳米建筑陶瓷中纳米原料的制备

传统的陶瓷原料加工，是采用大颗粒粉碎之后经球磨直接使用，粒度控制范围很宽，因此陶瓷颗粒间的结构不紧密，导致了陶瓷韧性和强度都不能满足实际使用需要。随着纳米技术的出现，粒径超细后比表面积增大，材料的表面性能、结构性能以及其他诸多性能都将得到根本改变。如果将这一技术应用于陶瓷制备，将给陶瓷成型加工技术与使用带来翻天覆地的革命。

没有大批量的微米/纳米陶瓷粉作保证，微米/纳米陶瓷就无法实现工业化生产，纳米高强陶瓷、纳米自洁净陶瓷等一系列高技术陶瓷只能停留在实验室。因此，由普通陶瓷原料制备微米/纳米陶瓷粉以及纳米增强粉的制备及产业化研究具有极其重要的意义。此研究的目的是研究大批量、低成本微米/纳米陶瓷粉的制备工艺。

1. 纳米陶瓷原料的合成方法

该研究主要从以下两个方面制备微米/纳米陶瓷粉，即粉碎法和化学合成法。陶瓷的主要原料全部经过加工成为纳米陶瓷粉，在陶瓷原料中进一步添加增强、增韧剂，这些原料都是以陶瓷矿物为基本原料，通过化学法来合成的，这样既避免使用以高纯度原料制备的纳米粉末，同时又解决了高纯度纳米粉价格昂贵、难以用于传统陶瓷行业的问题，这就是大规模降低高强度、高耐磨、高韧性日用和建筑卫生陶瓷的生产成本，以达到现实工业化生产的可能性。

使用粉碎法实现微米/纳米陶瓷粉的合成，是我国学者刘吉平等的最新研究成果。它是将目前粉末制备技术相结合并进一步改进工艺，实现了陶瓷原料的微米及纳米化。经过一整套粉碎法制备陶瓷原料的新工艺，所有陶瓷原料经加工后的 d_{100} 都小于 0.5μm。研究者对陶瓷原料进行分类处理，对陶瓷原料的化学组成和性状实行在线控制，保证了陶瓷原料化学成分和粉末粒度范围的相对稳定性，实现了陶瓷粉料的质量控制和标准化，解决了由于陶瓷原料组成和尺寸范围不断波动带来的陶瓷制品质量不稳定的问题，解决了生产高档陶瓷中非常棘手的而又关键的问题，为制备高强度、高韧性、高档次的陶瓷奠定了坚实基础。

以化学法合成纳米陶瓷粉，采用基础陶瓷原料作为原料，极大降低了纳米陶瓷粉的制造成本。纳米陶瓷粉应用于传统陶瓷中，将极大提高陶瓷的力学性能，并有可能使陶瓷墙地砖摔不碎，实现传统陶瓷产业的革命。应用于传统陶瓷，最重要的是使纳米粉的粒度全部在100nm以下。因为传统陶瓷的其他原料纯度低，即使100%纯度的纳米粉也将被稀释成较低纯度。若研究人员制备的纳米粉的纯度为95%，得粉率为理论值的80%左右，此时的成本较低，将大大提高陶瓷墙地砖的附加值，会产生很大的经济效益。若要制备纯度为99.9%的高纯度纳米粉，成本将显著提高。但是由于建筑陶瓷其他原料的相对低纯度，使用95%纯度的纳米粉同使用99.9%高纯度纳米粉的使用效果比较，并没有明显差异。因此，上述方法是完全可行的，目前进行中小批量的供应，在短期内是能实现的。关键是解决制粉的生产量问题。另外，陶瓷原料在深加工的过程中，得到了充分利用。根据其组成，可制备纳米Al_2O_3、纳米SiO_2、纳米ZrO_2等，这些粉体在电子、造纸、纺织和特种陶瓷等诸多领域有广泛的应用前景。

2. 粉碎法制备微米/纳米陶瓷原料

制备优质的微米/纳米粉是制备高韧纳米陶瓷的关键问题之一。对传统陶瓷的制粉工艺进行改造后，工艺步骤如下所示。

原料→拣选→粗碎→中碎→微米级粉碎→微米/纳米粉碎分级

利用射流装置，能够将陶瓷原料粒度制备成10～500nm。根据使用的不同，可再进行分级回收。在研究中，科研人员利用射流装置对紫木节、长石、石英、煤矸石、瓷石等陶瓷原料进行了微米/纳米化粉碎研究。结果表明，对每一种原料，只要控制每一步工艺的入口和出口条件，就可以实现d_{100}全部不大于0.5μm，实现陶瓷原料的完全亚微米化，这种微米/纳米粉制造的瓷砖将是目前世界上强度等力学性能较好的瓷砖，其强度和耐磨性会比目前市场上销售的微粉砖高出许多。

其中，软质黏土经微米/纳米化后其径向宽度达到10～20nm，已经成为纳米粉体。煤矸石的粒度范围为50～300nm，长石、瓷石、石英的粒度都不大于400nm。

3. 紫木节的微米/纳米制粉工艺研究

制备纳米级紫木节的制粉工艺如下。

原料→拣选→粗碎→中碎→微米/纳米级粉碎分级

紫木节属软质黏土，其微观结构为片状。未经粉碎时，层间距非常小，使用电镜难以分辨相邻的片层，因此尽管片层属纳米级，未经微米/纳米化处理的紫木节没有纳米粉体的性能。

经过如上工艺，透射电镜图显示所有的片层被打开，片层的厚度为10～20nm，片层之间呈软团聚状态，在后续高速混料工艺中，可以分开而与其他原料混匀，保持纳米级的分散性。而传统工艺制得的纳米粉最大粒径约为5μm，质量平均粒径为0.64μm。

4. 煤矸石的微米/纳米制粉工艺研究

制备纳米级煤矸石的制粉工艺如下。

原料→拣选→粗碎→中碎→微米/纳米级粉碎分级

该工艺制得的煤矸石的粒度为50～300nm，平均粒度为150nm。传统工艺制得的煤矸石粒径的平均粒度为600nm。根据激光颗粒分布测量仪的测试结果，传统工艺制得的煤矸石的质量平均粒径为2.07μm，面积平均粒径为0.88μm。经微米/纳米化处理后，粒度分布范围也明显变窄，这有利于提高陶瓷制品的强度和致密度。

5. 长石的微米/纳米制粉工艺研究

制备纳米级长石的制粉工艺如下。

原料→拣选→粗碎→中碎→微米/纳米级粉碎分级

其中，由于长石的硬度比紫木节和煤矸石高，因此在微米/纳米粉碎分级阶段，需要多进行一次处理。

该工艺制得的长石的粒度为 50～400nm，平均粒度为 200nm。传统工艺制得的长石粒径平均粒度为 0.9μm。经微米/纳米化处理后，粒度分布范围也明显变窄，这有利于提高陶瓷制品的强度和致密度。

6. 由普通陶瓷原料制备纳米 Al_2O_3

(1) 陶瓷原料制备前驱物的工艺　陶瓷原料制备前驱物的工艺如图 16-8 所示。

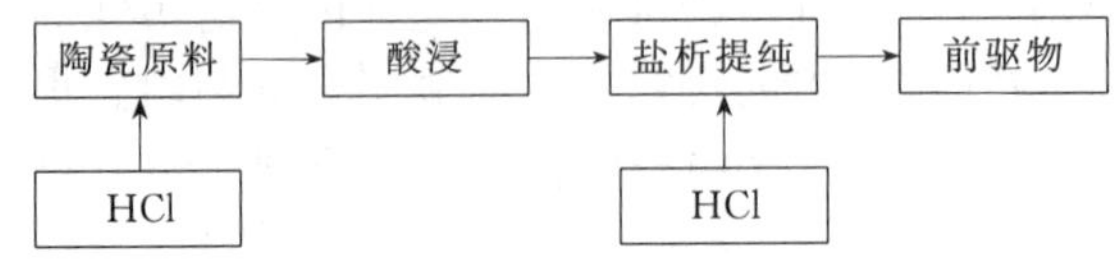

图 16-8　陶瓷原料制备前驱物的工艺

(2) 由前驱物制备纳米粉工艺　称取一定量前驱物于反应容器，加入蒸馏水稀释至适量，然后继续加入 0.5%～3%（质量分数）的高分子分散剂。称取适量沉淀剂于另一容器，并加蒸馏水稀释至适量。

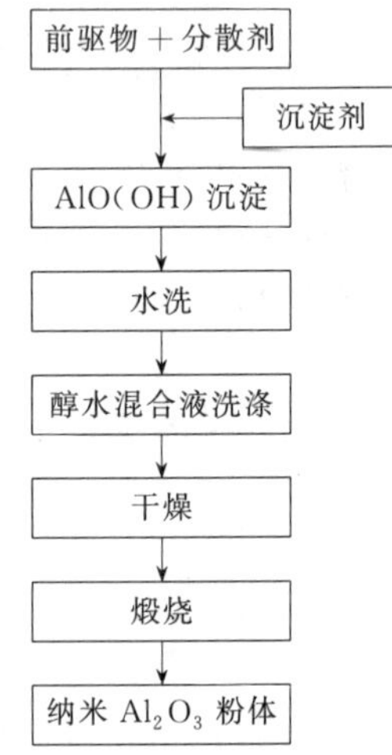

图 16-9　沉淀法制备 Al_2O_3 粉体的工艺流程

将前驱物溶液加热到 60～85℃，然后强烈搅拌并滴加沉淀剂溶液。滴完后，在反应温度下陈化 3～12h，然后用蒸馏水洗涤直到检不出氯离子，然后采用醇水混合液继续洗涤沉淀 2～3 次，并在 100℃左右温度下烘干。最后在 500～1300℃温度下煅烧，得到纳米 Al_2O_3 粉体。

纳米粉体粒径和貌形采用 TEM 电镜进行分析。将制得的纳米 Al_2O_3 粉体，用无水乙醇为分散介质，超声波分散 10min 后，在微栅上制备 TEM 样品。

沉淀法制备纳米的工艺流程如图 16-9 所示。

(3) 沉淀 pH 对纳米 Al_2O_3 性能的影响　在沉淀剂溶液中分别加入不同量的 $NH_3 \cdot H_2O$，从而改变沉淀物的 pH 值。没有添加时，沉淀物的 pH 值为 7.0，Al_2O_3 粉体粒度为 7～8nm；而添加了适量 $NH_3 \cdot H_2O$ 使得沉淀的 pH 值约为 9.0 后，制得粉体的粒径为 5～6nm。原因可能是在 γ-AlO(OH) 沉淀生成过程中由于酸度和沉淀剂的不同，会引起不同的中间反应，从而改变 γ-AlO(OH) 沉淀生成动力学，两种情况制备的颗粒形态相似，都呈球形。

(4) 溶液浓度对纳米 Al_2O_3 颗粒性能的影响　硫酸铝溶液对纳米 Al_2O_3 颗粒大小的影响如图 16-10 所示。当硫酸铝溶液的浓度不大于 0.6mol/L 时，纳米 Al_2O_3 颗粒的尺寸为 5～6nm，随着其浓度进一步增大，粒径有所扩大。随着硫酸铝溶液浓度的增大，反应加速向生成氢氧化铝的方向扩大。而且氢氧化铝晶核碰撞的概率增加，导致纳米 Al_2O_3 粒径有所增大。在硫酸铝浓度不高于 0.6mol/L 时，上述效应尚没有发挥主导作用，因此颗粒粒径基本保持不变。

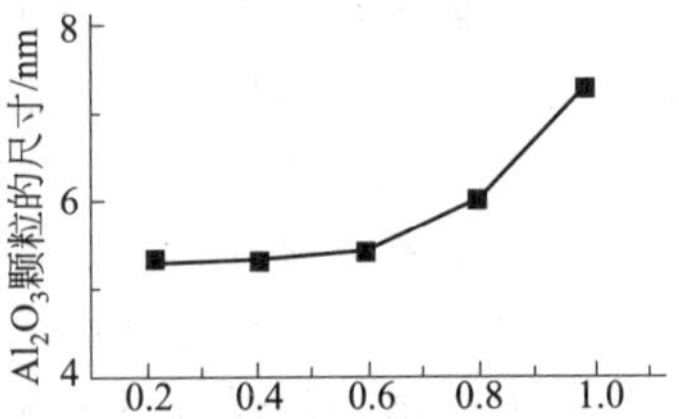

图 16-10　纳米 Al_2O_3 颗粒尺寸与硫酸铝溶液浓度的关系

[沉淀物的 pH 值 9，分散剂添加量为 1%（质量分数），800℃温度下煅烧 2h]

（5）煅烧温度对纳米 Al_2O_3 颗粒性能的影响　煅烧温度对纳米 Al_2O_3 颗粒性能的影响如图 16-11 所示。在不高于 800℃的温度下煅烧时，得到纳米 Al_2O_3 颗粒的尺寸均为 5～6nm。分散剂通过化学或物理作用牢固连接在纳米颗粒的表面，从而将纳米颗粒分隔开，使纳米颗粒形成软团聚，在高温下煅烧时，分散剂分子发生分解，从而得到粒度均匀、无团聚的纳米粉体。煅烧温度为 1100℃时，纳米颗粒的粒度约为 8nm。纳米颗粒的粒度随煅烧温度的提高增加得很慢。

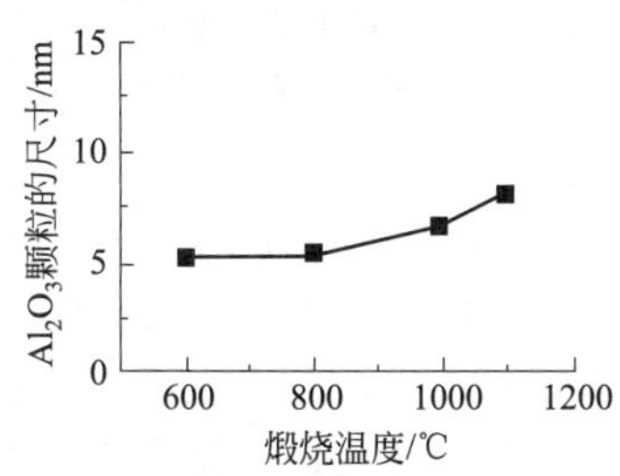

图 16-11　纳米 Al_2O_3 颗粒尺寸与煅烧温度的关系

［沉淀物的 pH 值为 9，$AB_1$1 添加量为 1%（质量分数），煅烧时间均为 2h］

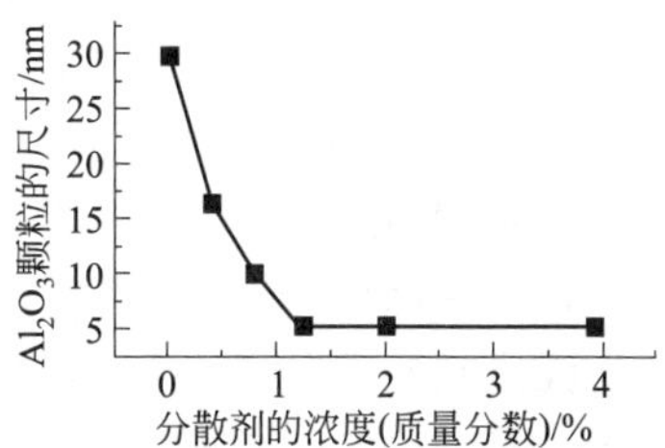

图 16-12　Al_2O_3 颗粒尺寸与分散剂添加量的关系

［沉淀物的 pH 值为 9，分散剂添加量为 1%（质量分数），煅烧时间均为 2h］

（6）分散剂添加量对 Al_2O_3 颗粒性能的影响　Al_2O_3 颗粒粒径与高分子分散剂添加量的关系如图 16-12 所示。不使用分散剂时，Al_2O_3 颗粒平均粒径为 30nm，随着分散剂添加量的增大，颗粒平均粒径逐渐减小，当分散剂添加量达到 1.2%（质量分数量）时，Al_2O_3 平均粒径达到 5～6nm，随后继续增加分散剂添加量对 Al_2O_3 粒径没有明显影响。

纳米 Al_2O_3 在制备过程中必须经过煅烧阶段。使用不同的分散剂和反应条件，$Al(OH)_3$ 分解过程中晶粒长大的速率不同，因此最终得到的纳米 Al_2O_3 颗粒的粒径也不同。煅烧过程中分散剂对 Al_2O_3 晶粒长大的影响机理是制备超细纳米 Al_2O_3 的重要因素。

该工艺采用盐酸浸取煤矸石，在浸取的氯化铝溶液中通入氯化氢气体，制得高纯结晶氯化铝，经处理得到前驱物。前驱物制成溶液后，加入分散剂分散，然后沉淀，干燥煅烧即可制得纳米级 α-Al_2O_3。在 800℃温度下煅烧得到的纳米 Al_2O_3 颗粒具有最小的粒度，为 5～6nm。

7. 纳米银盐抗菌剂的制备

抗菌剂的制备工艺主要是将纳米稀土化合物粉末和纳米 TiO_2 其中的一种或两种，与载银磷酸锆或磷酸钙以及溶剂水在高速搅拌机中混合 30min 左右，然后干燥，超细粉碎，制得试验用抗菌剂。

载银抗菌剂的制备工艺是先制备纳米银盐，然后用沉淀法在其表面包覆载体磷酸钙或磷酸锆。

三、纳米改性陶瓷的制备

1. 高强、高韧纳米墙地砖的制备

（1）工艺流程　高强、高韧纳米墙地砖的制造流程如图 16-13 所示。

图 16-13　高强、高韧纳米墙地砖的制造流程

（2）原料的微纳米化　原料的微纳米化工艺有两种：颚式破碎机→射流粉碎；颚式破碎机→振动磨→射流粉碎。

经试验，采取不同的粉碎工艺，对最终的粒度及其级配有较大影响。经过振动磨后再进入射流粉碎机效果较好，粒度分布比较集中，粒度范围不超过 2μm，而未经振动磨，如原料粒度在 6 目筛下，进入射流粉碎机后粒度分布较宽，最大粒径为 5μm，效果较差，因此基础原料粉碎采取第二种工艺路线。长石未经振动磨处理，2.0μm 以下的颗粒只占 77.27%；而经过振动磨后 2.0μm 以下的颗粒比例高达 99.53%。

(3) 烧成制度的确定　为了寻找最佳的烧成温度，将试样分别在 1120℃、1130℃、1140℃和 1150℃下烧结，烧结时间为 20min。对样品进行了抗折强度和致密度测试。试验结果表明，最佳烧结温度为 1140℃；温度太高，陶瓷会变形；温度偏低，没有完全致密化。

(4) 纳米高强、高韧墙地砖的性能　试验结果表明，纳米粉可以提高陶瓷的强度和耐磨性，随着含量的增大，陶瓷强度逐渐增大。当其添加量达到 6%左右时，抗折强度大于 150MPa，耐磨性等级为 5 级，可以达到指标要求。与传统墙地砖相比，纳米高强、高韧墙地砖的抗折强度提高了约 4 倍，耐磨性由 3 级提高到最高等级 5 级，其性能高于目前所有的墙地砖，无论是室内还是室外，无论是广场还是道路，都可以广泛使用（见表 16-5）。

表 16-5　纳米改性陶瓷的性能

编号	抗折强度/MPa	耐磨性	吸水率/%	编号	抗折强度/MPa	耐磨性	吸水率/%
1	51	3 级	0.32	5	185	5 级	未测出
2	73	4 级	未测出	6	196	5 级	未测出
3	106	4 级	未测出	7	200	5 级	未测出
4	167	5 级	未测出				

2. 纳米抗菌陶瓷的制备

纳米材料虽然正在发展之中，但已在许多领域和某些产品中首先得到应用，如纳米材料用于摩擦抛光膏、防火材料、磁带、太阳镜等；其中纳米材料抗菌陶瓷釉也是重要的一类应用。我国先后将纳米技术的研究列入“863”、“973”等科研计划，并确定其为“高度重视并大力发展的九大关键技术之一”。在纳米抗菌剂方面，已有国家超细粉末研究中心、上海泰谷科技有限公司、浙江金地亚公司等研制出了非溶出性、安全性高、抗菌永久性、不挥发、耐热可达 1250℃以上高温、分散性好、属于环保型的抗菌剂，并与数家工厂联合开发了抗菌建筑卫生制品。

(1) 银盐的抗菌效果研究　试验中先制成坯体，素烧，施底釉和面釉，釉烧温度选择 950℃和 1050℃，保温时间为 20min。

采用如下工艺进行中试。

生坯→素烧→施底釉→釉烧→施抗菌自洁净釉→釉烧

由于纳米粒子具有一系列特殊的性质，如粒径小、比表面积大、表面有大量的悬空键和不饱和键等，这使得纳米微粒具有很高的表面活性，表面含有许多纳米级介孔结构。利用这种多微孔的结构特征，采用特殊的化学手段和阴阳离子置换法，将 Ag^+ 置换进纳米磷酸锆载体的微孔中，制成纳米载银抗菌剂。用这种方法烧制的陶瓷，可以根据使用条件的不同来控制 Ag^+ 的溶出速率，以达到最好的杀菌效果。而且，纳米载体巨大的比表面积为抗菌剂和细菌的充分接触创造了良好的条件，提高了杀菌的效率。纳米载体除具有表面效应、界面效应以外，还有量子尺寸效应、小尺寸效应、宏观量子隧道效应等，所以纳米级抗菌陶瓷的杀菌效果更好。

(2) 稀土化合物对银盐抗菌效果的影响　据报道，稀土化合物对银盐的抗菌效果有激活作用。研究人员通过试验比较了 3 种稀土元素的多种化合物，结果发现稀土元素 Sm、Yb 等元素的氧化物和磷酸盐对银系抗菌剂具有很好的活性作用，使其抗菌效果明显增强，釉面更为明亮、平整、光滑。

试验表明，稀土化合物的加入能提高 TiO_2 抗菌自洁净剂的效果。在 TiO_2 光催化杀菌剂中，如果 TiO_2 用量过大，会产生着色效果，影响陶瓷制品的白度，而且由于纳米颗粒比较松软，容易产生不致密现象而出现表面粗糙度较高的情况。因此，单独使用光催化杀菌剂，仍存在问题，需要和其他类型的抗菌剂进行复合，才能达到广谱高效的抗菌效果。

四、对纳米改性建筑陶瓷的展望

纳米陶瓷材料是现代物理和先进技术结合的产物，它将成为 21 世纪最重要的高新技术之一。纳米陶瓷的研究与发展，必将引起陶瓷工业的变革，引起陶瓷学理论上的发展乃至新的理论体系的建立，从而使纳米陶瓷材料具有更佳的性能，使其在工程领域乃至日常生活中得到更广泛的应用。

纳米载银抗菌陶瓷是一种新型的功能陶瓷，技术含量高，它在保持了原有陶瓷的使用功能和装饰效果之外，又增加了抗菌消毒、化学降解的功能。随着人民生活水平的提高及环保意识的增强，传统建筑材料与环境功能材料的一体化，将是 21 世纪建筑材料的主要研究方向和发展目标。它的应用领域将日益扩大，市场前景将十分广阔。

建筑卫生陶瓷是广泛应用于家庭和公共场所的陶瓷产品。它与日用陶瓷一样，是与每一个人的健康密切相关的产品，特别是卫生间、厨房、医院病房、游泳池、浴室等人们活动频繁，易滋长、传播各类病菌的地方。随着人类物质生活水平、文明程度的普遍提高以及人类自我保护意识的增强，人们希望营造一个尽可能减少病菌环境的愿望越来越迫切。因此，人类在“进口”和“出口”上加强防范，普遍使用抗菌日用陶瓷和建筑卫生陶瓷，防止“病从口入”和减少排泄物的污染、公共场所的交叉感染的要求也越来越强烈，这就是抗菌建筑卫生陶瓷发展前景广阔的根本原因和社会基础。可以预言，抗菌建筑卫生陶瓷制品将会被更多的人所青睐，纳米型抗菌剂将在陶瓷行业得到广泛应用，抗菌建筑卫生陶瓷产品的普及将为期不远。

第三节　纳米改性水泥

水泥是大众建材，用量大，人们还未充分重视使用纳米技术对其进行改性。其实，水泥硬化浆体（水泥石）是由众多的纳米级粒子（水化硅酸钙凝胶）和众多的纳米级孔与毛细孔（结构缺陷）以及尺寸较大的结晶型水化产物（大晶体对强度和韧性都不太有利）所组成的。借鉴当今纳米技术在陶瓷和聚合物领域内的研究和应用成果，应用纳米技术对水泥进行改进研究，可望进一步改善水泥的微观结构，以显著提高其物理力学性能和耐久性。但纳米改性水泥的研究工作才刚刚起步。

将纳米材料用于水泥，由于纳米粒子的高度反应活性，可以加快水泥固化速率，纳米粒子的粒径小，因而可以占据许多孔隙，使水泥的结合强度明显提高。对于专用水泥和特种水泥，比如防酸碱腐蚀水泥、耐剥落性水泥，都会由于纳米材料的加入而明显提高其相应的性能。总之，将纳米技术用于水泥，可使水泥的性能大大提高，并可望制备强度等级非常高的水泥，以满足特种需要。

普通水泥本身的颗粒粒径通常在 7～200μm 之间，但其约为 70%的水化产物——水化硅酸钙凝胶（CSH 凝胶）尺寸通常在纳米级范围。经测试，该凝胶的比表面积约为 180m^2/g，可推算得到凝胶的平均粒径为 10nm。

水泥硬化浆体实际上是以水化硅酸钙为主凝聚而成的初级纳米材料。然而，这类所谓的纳米级材料其微观结构是粗糙的。对于 $W/C=0.3$～0.5 的普通水泥硬化浆体，其总孔隙率在15%～30%之间，其中可再分为两级：①纳米尺度（10^{-9}m）的水化硅酸钙凝胶孔；②由存在于水化物之间的气泡、裂缝所组成的毛细孔，其尺寸范围则在100nm至几毫米之间。而且，其纳米级的水化硅酸钙凝胶之间较少有化学键合，较少有通过第三者化学键合而形成较好的网络结构。而通过添加纳米材料，可以与水化产物产生更多的化学键合，并形成新的网络结构。

一、纳米材料在水泥中的应用概述

1. 纳米材料在水泥中的研究进展

由于20世纪60年代德国和日本对高效减水剂的发明，以及硅灰在混凝土中的应用，水泥混凝土的强度可以稳定地达到100MPa以上，91d强度达到145MPa的混凝土已经用于美国西雅图的Two Union广场大厦。目前的高强高性能混凝土的应用已成为一种比较成熟的技术。人们把高效减水剂和矿物掺合料称为混凝土中的第四、第五组分。为了提高混凝土技术和充分利用纳米材料的纳米效应，人们自然想到纳米粉体在混凝土中的应用。

20世纪80年代初出现了新型的聚合物水泥基复合材料无宏观缺陷水泥硬化浆体（MDF），并由此产生了第一条水泥弹簧。MDF是通过水溶性聚合物与水泥加上少量水经强烈搅拌后制得的，水泥硬化浆体的总孔隙率降至1%左右。由于空间的限制，晶体无法长大，因而避免了断裂沿着较弱的界面或从解离面穿过，从而显著提高了抗折强度。其理论抗折强度可达到150MPa。

其他具有超高力学性能的水泥基复合材料有超细颗粒均匀分布致密体系DSP，其抗压强度可达到270MPa。还有一种具有高延性的新型水泥基复合材料——活性微粒混凝土RPC，其抗压强度可达到200～800MPa。

如果在这类材料中引入纳米颗粒，纳米矿粉不但可以填充水泥浆体间的微细孔隙，改善这类材料的堆积效果，还可以发挥纳米粒子的表面效应和小尺寸效应。因为当粒子的尺寸减小到纳米级时引起表面原子数的迅速增加，而且纳米粒子的比表面积和表面能都迅速增加，其化学活性和催化活性等与普通粒子相比发生了很大变化，导致纳米矿粉与水化产物大量键合并以纳米矿粉为晶核，在其颗粒表面形成水化硅酸钙凝胶相，把松散的水化硅凝胶变成以纳米矿粉为核心的网状结构，从而提高了水泥基复合材料的强度和其他力学性能。

2. 水泥改性中使用的纳米材料

(1) 纳米矿粉SiO_2改性水泥　随着纳米矿粉SiO_2的掺入，$Ca(OH)_2$更多地在纳米SiO_2表面形成键合，并生成CSH凝胶，起到了降低$Ca(OH)_2$含量和细化$Ca(OH)_2$晶体的作用。同时，CSH凝胶以纳米SiO_2为核心形成刺猬状结构，纳米SiO_2起到CSH凝胶网络结点的作用。

(2) 纳米矿粉$CaCO_3$改性水泥　随着纳米矿粉$CaCO_3$的掺入，CSH凝胶可在矿粉$CaCO_3$表面形成键合，钙矾石也可在$CaCO_3$表面生成，均可形成以纳米$CaCO_3$为核心的刺猬结构。

(3) 纳米矿粉Al_2O_3或Fe_2O_3改性水泥　随着纳米矿粉Al_2O_3或Fe_2O_3的掺入，钙矾石可在纳米Al_2O_3或Fe_2O_3表面生成，$Ca(OH)_2$也可在纳米Al_2O_3或Fe_2O_3表面形成水化铝酸钙或水化铁酸钙等产物。

总之，这类纳米矿粉表面能高，表面缺陷多，易于与水泥石中的水化产物产生化学键合，CHS凝胶可在纳米SiO_2和纳米$CaCO_3$表面形成键合；钙矾石可在纳米Al_2O_3、Fe_2O_3和$CaCO_3$表面生成；$Ca(OH)_2$更多地在纳米SiO_2表面形成键合，并生成CSH凝胶。更重要的是在水泥硬化浆体原有网络结构的基础上又建立了一个新的网络，它以纳米矿粉为网络的结点，键合更多纳米级的CSH凝胶，并键合成三维网络结构，可大大提高水泥硬化浆体的物理力学性能和耐久性。同时，纳米矿粉还能有效地填充大小为10～100nm的微孔。由于这类纳米矿粉多数是晶态的，它们的掺入提高了水泥石中的晶胶比，可降低水泥石的徐变。为了降低成本，还需研制专用于该领域的纳米级SiO_2、$CaCO_3$、Al_2O_3和Fe_2O_3等溶胶，并用此溶胶直接制备纳米复合水泥结构材料。

(4) 纳米ZrO_2粉体改性水泥　在水泥中掺入适量的纳米ZrO_2粉体，其在水化过程中能够产生纳米诱导水化反应，从而形成发育良好的水化产物；同时，这些粉体还具有填隙和黏结作用，使水化物的结构密实，孔隙率减小，抗压强度和抗渗性得到提高。纳米ZrO_2粉体在复合水泥中的增强作用与其预烧温度有关。预烧温度高，增强作用明显；1200℃下预烧的纳米ZrO_2粉体存在多晶相和多形态晶体，当其掺加量为3%时，能够显著改善水化产物的微观结构，提高水泥石密实度和抗压强度。

(5) 碳纳米管改性水泥　碳纳米管是日本科学家在1991年发现的一种碳纳米晶体纤维材料，它被看做是由层状结构石墨片卷成的无缝空心管。碳纳米管作为一维纳米材料，质量小，六边形结构连接完美。碳纳米管具有许多异常但十分优异的力学、电磁学和化学性能。在力学方面，碳纳米管的强度和韧性极高，弹性模量也极高（$E=1\sim8$TPa)，与金刚石的模量几乎相同，为已知的最高材料模量，约为钢的5倍；其弹性应变可达5%，最高12%，约为钢的60倍，而密度只有钢的几分之一。碳纳米管无论是强度还是韧性，都远远优于任何纤维。将碳纳米管作为复合材料增强体，预计可表现出良好的强度、弹性、抗疲劳性及各向同性。目前，碳纳米管已广泛用于增强聚合物、金属和陶瓷。

由于碳纤维和碳纳米管在水泥砂浆中均能起桥连作用，因此碳纤维和碳纳米管均能提高水泥砂浆的抗折强度。由于碳纳米管的掺入显著降低砂浆的孔隙率，改善砂浆的孔隙结构，并且碳纳米管与水泥石黏结紧密，因此碳纳米管的掺入能显著提高水泥砂浆的抗压强度和抗折强度。碳纤维的掺入显著增加了水泥砂浆的孔隙率和大孔的含量，由于碳纤维和水泥石界面疏松多孔，碳纤维的掺入显著降低了水泥砂浆的抗压强度。

(6) 纳米黏土地改性水泥　纳米黏土材料主要成分为SiO_2和Al_2O_3，晶片平均厚度在20～50nm之间，晶片平均直径在300～500nm之间，比表面积为$32m^2/g$。当在水泥混凝土中掺入占水泥质量0.75%的该纳米黏土材料后，在相同流动度条件下，可减少水泥净浆和混凝土用水量10%左右。在混凝土中掺入该纳米黏土材料后，可提高混凝土3d、7d、28d抗压强度的20%、15%、10%，并可改善混凝土抗渗和抗冻性能。

由于该纳米黏土材料的减水、填充和晶核作用，加快了水泥水化速度和提高了水泥水化程度，明显改善了水泥石的孔结构和密实性，从而使水泥混凝土抗压强度和耐久性得到了提高。

二、纳米SiO_2改性水泥的研究

1. 纳米SiO_2改性水泥的发展现状

在普通硅酸盐水泥硬化浆体中，氢氧化钙晶体随着硅酸三钙和硅酸二钙的水化而产生并结晶出来。在1d、7d、28d、和360d龄期经推算分别有3%～6%、9%～12%、14%～17%和17%～25%的氢氧化钙存在。氢氧化钙赋予水泥硬化浆体碱性（pH在12～13之间）提高了水泥混凝土在空气中的抗碳化能力，并能有效地保护钢筋免受锈蚀。它使以黏性体水化硅酸钙凝胶为主的水泥硬化浆体中的弹性体（结晶体）比例增加，即提高了晶胶比，同时氢氧化钙还存在于水化硅酸钙凝胶层间并与之结合，从而使得水泥硬化浆体的强度有所提高，徐变下降。但其不利因素也很多，氢氧化钙使水泥混凝土的抗水性和抗化学腐蚀能力降低。它易在水泥硬化浆体和骨料界面处厚度约为20μm的范围内以粗大的晶粒存在，并具有一定

的取向性，从而降低了界面的黏结强度。为了制得高强混凝土，必须改善界面结构，以增加界面的黏结力。从1970年至今，已有许多研究者对硅粉改善界面结构、细化界面氢氧化钙晶粒和降低界面氢氧化钙的取向程度进行了研究，并取得了较好成果。但其仍有一定的局限性。

关于混凝土的高效活性矿物掺料已有较多的研究成果，并已经应用于工程实际。活性矿物掺料中含有大量活性二氧化硅及活性氧化铝，在水泥水化中生成强度高、稳定性强的低碱性水化硅酸钙，改善了水化胶凝物质。超细矿物掺料能填充于水泥颗粒之间，使水泥石致密，并能改善界面结构和性能。有研究表明，与掺入硅粉的水泥浆体相比，掺入纳米 SiO_2 的浆体具有流动性变小和凝结时间缩短的现象。掺入纳米 SiO_2 能显著地提高水泥硬化浆体的早期强度，能更有效、更迅速地吸收界面上富集的氢氧化钙，能更有效、更大幅度地降低界面氢氧化钙的取向程度。这些结果均有利于界面结构的改善和界面物理力学性能的提高。

有研究人员在配制高强混凝土时，在原有掺和料（矿渣和粉煤灰）的基础上，分别再掺入纳米 SiO_2 和硅粉，以比较掺入纳米 SiO_2 和掺入硅粉高强混凝土在性能上的差别。同时，研究了纳米 SiO_2 和硅粉与界面中氢氧化钙的反应程度，以比较两者在改善界面结构上的差异。掺入纳米 SiO_2 的目的是为了增加更细一级的掺合料数量，这无疑有助于混凝土界面在早期就得到改善。结果表明，掺入1%～3%纳米 SiO_2，能显著提高混凝土的抗折强度，提高混凝土早期抗压强度和劈裂、抗拉强度。掺入3%纳米 SiO_2 的混凝土，与掺入10%硅粉的混凝土相比，其抗折强度提高4%～6%，而与不掺入硅粉的混凝土相比，其抗折强度提高31%～57%。在相同掺加量为3%的条件下，与硅粉比较，纳米 SiO_2 能更有效地吸收水泥硬化浆体/大理石界面中所富集的氢氧化钙，更有效地细化界面中的氢氧化钙晶粒，从而起到改善界面的积极作用。

另外，试验表明纳米 SiO_2 的水化反应速率明显比普通硅酸盐水泥要快。这是由于纳米 SiO_2 所特有的“表面效应”——尺寸小，表面能高，位于表面的原子占相当大的比例。随着粒径减小，由于比表面积急剧增加导致表面原子数量迅速增加，这些表面原子具有很高的活性，极不稳定，表现为反应速率更快。因此，在利用纳米 SiO_2 配制水泥时，应注意其对凝结时间的影响，可以通过掺加调节凝结时间的外加剂来调整。

2. 低温稻壳灰制 SiO_2 改性水泥的性能

稻壳含有约含20%无定形的 SiO_2（蛋白石或硅胶），这是一种有价值的矿物。自然界中的 SiO_2 大多数呈结晶状态存在，无定形 SiO_2 很少。水稻将土壤中稀薄的无定形 SiO_2，如蛋白石 $SiO_2 \cdot nH_2O$ 等，通过生物矿化的方式富集在稻壳中，等于为人类提取了大量非晶态的 SiO_2。稻壳通过生物矿化方式富集的非晶态 SiO_2，以纳米颗粒的形态存在。在大于600℃下将稻壳进行控制焚烧，所得的低温稻壳灰90%以上为 SiO_2，并且这种 SiO_2 保持在稻壳中的存在状态不变——SiO_2 为无定形状态，以约50nm大小的颗粒为基本粒子，松散黏聚并形成大量纳米尺度空隙。这种具有纳米结构的生物 SiO_2，可以廉价制得，它的比表面积巨大，具有超高的火山灰活性，对水泥混凝土具有强烈的增强改性作用，是一种顶级混凝土矿物掺合料。水泥混凝土行业所需的矿物掺合料数量十分巨大。从物料平衡的角度来看，在控制条件下焚烧稻壳（控制条件是为了保证稻壳灰有较高的火山灰活性和燃烧过程不产生污染），将得到的低温稻壳灰用于水泥混凝土行业十分合适。

低温稻壳灰内部的薄板、薄片均由许多细微的米粒状颗粒聚集而成，颗粒之间存在大量的空隙。采用TEM对低温稻壳灰的显微结构进行研究，发现低温稻壳灰粉末大部分为尺寸在1μm以上的块状颗粒，同时还发现有大量堆聚在一起的极细小的饭粒状粒子，这些粒子的大小在50nm左右，而且低温稻壳灰的块状颗粒由饭粒状粒子松散粘聚而成。饭粒状粒子是构成低温稻壳灰的基本粒子，由于它的颗粒大小在纳米材料的尺度范畴（0.1～100nm），称为纳米 SiO_2 凝胶粒子。凝胶粒子粒度如此之小（约 50nm），以致其表面原子数占总原子数的比例较高。这对低温稻壳灰的化学活性非常有利。

在固定水灰比时，低温稻壳灰对高强和超高强混凝土有较强的增强作用。这种增强效果介于粉尘状硅灰和造粒硅灰之间，远胜于其他掺和料。

三、纳米 ZrO_2 改性水泥

目前，纳米 ZrO_2 粉体主要应用在高性能陶瓷中。由于该粉体具有纳米颗粒效应和相变特性，故可使陶瓷的致密度提高和微裂纹扩展受阻，力学强度显著增强，断裂韧性上升124.5%。运用这个原理，20 世纪 80 年代末，英国布拉福大学 Mcolm 研究小组曾将用凝胶沉淀法制成的纳米 ZrO_2 粉体掺入到水泥基材料中，使水泥石断裂韧性提高 4 倍，断裂强度上升到 44MPa。虽然纳米 ZrO_2 粉体在水化过程中不能形成水化物，但它具有的纳米特性能够明显改善水泥石的微观结构。上述这些研究是期望能够利用纳米科学技术来探求更高性能（如高耐久性、高强等）的胶凝材料和掺入超细粉体材料的高性能混凝土。尽管纳米 ZrO_2 粉体价格较贵，但是如果由此能够获取高价值的产品和使纳米材料应用于传统建筑材料产业，提高建筑材料产品的高科技含量，那么这样做显然是“物有所值”。

1. 试样制备与测试

采用低温强碱合成法制备纳米 ZrO_2 粉体，按化学反应式计算氢氧化钠和氯氧化锆所需的质量，为了保证反应充分进行，氢氧化钠略过量，用浓硝酸处理反应沉淀物，并严格控制 pH，抽真空过滤沉淀物并洗净、烘干（60℃）。把沉淀物放在不同温度下预烧，即获得 3 种晶型的纳米 ZrO_2 粉体。

水泥采用广西华宏水泥股份有限公司生产的强度等级为 42.5 的普通水泥。纳米 ZrO_2 粉体用水充分搅拌分散后加入到水泥中，水灰比（质量比）为 0.25，采用小试体（2cm×2cm×2cm）净浆成型，按国标《水泥胶砂强度检验方法（ISOI 法）》（GB/T 17671—1999）要求养护和破型，测定抗压强度。用密度法和砂浆法分别测定试样的气孔率和抗渗性。

2. 纳米 ZrO_2 粉体特征

纳米 ZrO_2 粉体的 TEM 测定结果显示，尽管在室温下有晶核形成，但该粉体还是以无定形形式存在的，且大部分颗粒形状不规则。随着预烧温度升高，粉末颗粒粒径增大，颗粒生长趋于完整，500℃预烧的颗粒形态以方形为主，1200℃预烧的颗粒形态以圆形为主。500℃下预烧的纳米 ZrO_2 粉体粒径最小的为 2nm，最大的为 67nm，平均 21nm；1200℃下预烧的纳米 ZrO_2 粉体粒径最小的为 3nm，最大的为 83nm，平均 24nm。

当纳米 ZrO_2 粉体掺加量≤4%时，复合水泥抗压强度（无论是早期还是后期）基本都比纯水泥抗压强度有所提高；1200℃预烧的 ZrO_2 粉体在适当掺加量下是较为理想的水泥增强剂，掺入后可使早期抗压强度最大增加到 37.2 MPa（3% ZrO_2），后期抗压强度最大增加到 73.9MPa（5% ZrO_2）。

通过对纯水泥试样和掺入 2%并于 1200℃预烧的纳米 ZrO_2 粉体复合水泥试样水化 3d 的 SEM 图分析比较可知，加入 2%的纳米 ZrO_2 粉体，其水化物晶体生长很完整，数量较多，针状和条状的纤维非常“茂盛”，并且联结成网络层。形成这样完整的水化物体系，原因正是由于纳米 ZrO_2 粉体的表面作用产生了效应。由于其颗粒尺寸细小，表面原子数增多而颗粒原子数减少，引起原子配位不足，使表面原子具有很高的活性，很容易诱导水泥颗粒中的 Ca^{+}、Si^{4+}、Al^{3+}、Fe^{3+} 等离子与水化合而形成较多的水化物，这就是纳米诱导水化

效应。

从以上初步探讨中可以看到，纳米 ZrO_2 粉体对水泥材料具有增强作用，相应的纳米 ZrO_2 粉体复合水泥具有很大的发展潜力，而更多的研究工作还有待进一步深入进行。

四、碳纳米管改性水泥

低含量的碳纳米管水泥复合材料具有良好的抗压强度和抗折强度。用扫描电镜对碳纳米管水泥复合材料以及碳纤维改性水泥复合材料的微观结构进行分析，结果表明，复合材料中碳纳米管表面被水泥水化物包裹，同时碳纳米管水泥砂浆的结构密实。碳纤维表面光滑，在碳纤维与水泥石之间存在明显裂缝。孔隙率测试结果表明，碳纳米管的掺入改善了材料的孔结构。

原料：古榕牌 52.5 级普通硅酸盐水泥；沥青基碳纤维，长度为 6mm；用深圳纳米港公司提供的多壁碳纳米管；甲基纤维素为市售的化学纯试剂，其掺加量为水泥质量的 0.4%；化学纯试剂，市售的消泡剂掺加量为水泥质量的 0.2%；外加剂选用天津产 UNF5 高效减水剂，其减水率为 21.0%；砂为新标准砂。

碳纤维水泥砂浆的制备工艺：先将甲基纤维素溶于水，然后加入短切碳纤维搅拌 2min，使之分散均匀。水泥、砂先慢速搅拌 1min，再加入搅拌均匀的碳纤维混合水溶液、消泡剂，再快速搅拌 5min。

碳纳米管砂浆的制备工艺：水泥、碳纲米管快速搅拌 5min，加入砂快速搅拌 2min，再加入消泡剂快速搅拌 3min。

当水灰比相同时，将掺入碳纳米管和碳纤维水泥砂浆的力学性能相比较可知，同种水胶比条件下，掺入碳纳米管 0.5%（质量分数，下同）的水泥砂浆的抗压强度和抗折强度比空白水泥砂浆分别提高了 11.6%和 20.0%，掺碳纤维 0.5%的砂浆的抗折强度也显著提高，与空白水泥砂浆相比提高了 21.7%，但抗压强度与空白砂浆相比降低了 9.1%。

由于羧酸化的碳纳米管能与水泥水化物反应，使得碳纳米管与水泥石界面的作用力主要是化学作用力，此界面性能较好，碳纳米管表面覆盖着一层水泥水化物。碳纤维与水泥水化物之间的作用力主要是范德瓦耳斯力，因此界面性能较差。对于复合材料而言，界面性能对材料的性能特别是力学性能起决定作用，因此碳纳米管能改善水泥砂浆的力学性能（包括抗压强度和抗折强度）。其次孔隙率和孔结构也影响材料的性能，孔隙率越大，大孔径孔越多，材料的性能尤其是抗压性能越差。碳纳米管水泥复合材料的孔隙率和大孔径孔的含量较低，因而其抗压性能好；而碳纤维水泥复合材料的孔隙率和大孔径的含量较多，因此其抗压强度低。

五、纳米 TiO_2 改性吸波水泥

自第二次世界大战以来，吸波材料在军事上起到了非常重要的作用。在民用方面（如微波暗室、电子器件、计算机中心和电视广播等）吸波材料也有广泛用途。在军事领域，由于隐身技术的快速发展，吸波材料的研究与开发已成为当今材料学科研究的热点之一。目前，有关吸波材料的研究基本上都集中在运动军事目标方面，即用吸波材料制成的涂料涂覆在运动目标的表层以达到干扰雷达探测的目的，而有关非运动目标（如军事掩体、机场、雷达站、大型建筑物等）吸波材料的研究却很少报道，国外仅有研究碳纤维、钢纤维之类的屏蔽材料用于水泥和混凝土中，其屏蔽的电磁波频率几乎都在几十赫兹到 1～2GHz 内。研究的吸波材料主要有铁氧体吸波剂、陶瓷吸波剂、纤维类吸波剂及炭黑、石墨等吸波剂，有关纳米吸波材料的研究却鲜见报道。通过试验探讨在 8～18GHz 频率范围内把普通吸波材料与纳米吸波材料加入到水泥中制成水泥基复合材料的吸波性能，以及纳米吸波材料的用量、制备

工艺和材料厚度对水泥基复合材料吸波性能的影响。

1. 原料和方法

原料：42.5 级普通硅酸盐水泥、羰基铁粉、氧化镍、纳米 TiO_2、分散剂和水。

为使吸波材料能均匀分散在水泥中，将羰基铁粉和氧化镍粉体与一定计量的水泥一起球磨，然后将该混合料与水混合成型。用超声波分散法制备纳米 TiO_2 吸波材料的悬浮液，再将其与水泥混合制得水泥基复合吸波材料。

2. 试样制备

试验用的水灰比（质量比，下同）为 0.34，把掺有吸波材料的混合料搅拌 3min，然后倒入截面为 180mm×180mm、厚度分别为 10mm 和 15mm 的钢模中制样，填满模具后置于振动台上振动 1min，然后刮平试样表面，再把试样与钢模一起放置养护室内（室内温度约为 20℃）养护 24h，拆模后把试样置于养护室养护 28d，取出试样进行反射性能测试。

用反射弓测试法测定其吸波性能，测量频率范围为 8～18GHz，测试单位为北京航空材料研究院。

3. 不同吸波材料对水泥基复合材料吸波性能的影响

试验测定了水泥净浆和掺有羰基铁粉、氧化镍及纳米 TiO_2 吸波材料试样的反射率，结果如图 16-14 所示。由图 16-14 可看出，在 8～18GHz 频率范围内，未加吸波材料的水泥净浆试样 1 的反射率最大，而掺有纳米 TiO_2 试样 4 的反射率明显比掺有羰基铁粉试样 2 和氧化镍试样 3 的反射率要小，说明掺有纳米 TiO_2 的试样对雷达波的吸收性能最好。以上可能是由于纳米 TiO_2 是一种禁带宽的 *n* 型半导体。当电磁波照射时，能生成电子-空穴对而形成导电网络，使复合材料的导电性增加，从而增强了吸波能力。同时，由于纳米材料的量子尺寸效应使纳米 TiO_2 粒子的电子能级发生分裂，分裂的能级间隔有些正处于微波的能量范围内，导致新的吸波通道产生，其吸波性能也得到增强。因此，试验中最后选择了纳米作为吸波材料。

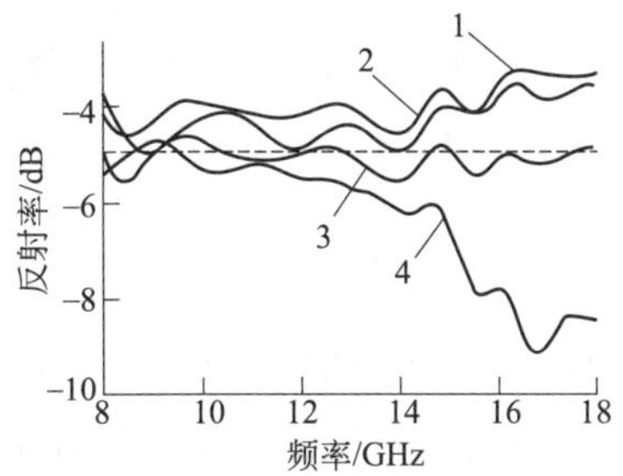

图 16-14　不同的吸波材料与试样反射率的关系

1—水泥净浆；2—掺羰基铁粉；3—掺氧化镍；4—掺纳米 TiO_2

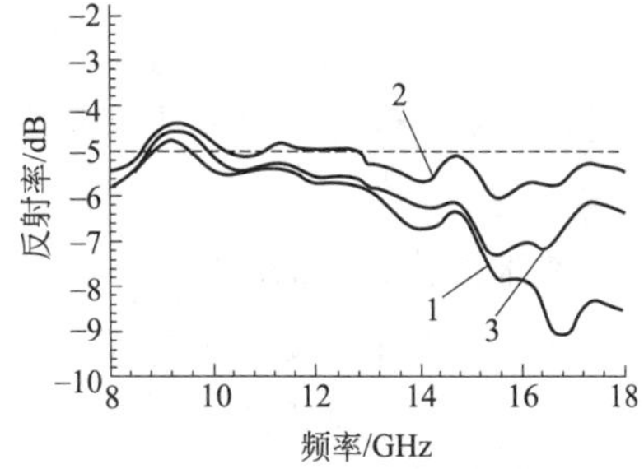

图 16-15　纳米 TiO_2 在水泥中分散方式与试样反射率的关系

1—超声波分散；2—与水泥干混；3—与水泥混磨

4. 纳米 TiO_2 分散方式对水泥基复合材料吸波性能的影响

纳米 TiO_2 吸波材料在水泥中的分散均匀性及其纳米效应直接影响到复合材料的吸波性能。试验测定了纳米 TiO_2 吸波材料分别采用超声波分散、与水泥干混及与水泥混磨所制得试样的反射率，结果如图 16-15 所示。从图 16-15 中可知，纳米 TiO_2 吸波材料与水泥干混制得的试样 2 的反射率最大，其吸波性能最差，其次是与水泥混磨制得的试样 3，而用超声波分散制得的试样 1 的反射率最小，其吸波性能最好。超声波分散纳米 TiO_2 不仅使其与水泥混合均匀，更重要的是能把纳米 TiO_2 中团聚的粒子打开，使更多的粒子处在纳米级范围内，充分发挥了纳米 TiO_2 的纳米效应，导致其吸波性能明显优于其他两种方式制得的试样。

5. 纳米 TiO_2 的用量对水泥基复合材料吸波性能的影响

增加纳米 TiO_2 吸波材料在水泥中的用量，分别测得试样的反射率，结果如图 16-16 所示。

由图 16-16 可知，在 8～18GHz 频率范围内，掺有 5%纳米 TiO_2 的试样 2 的反射率最小，表明其吸波性能最佳，在该频率范围内反射率均小于－7dB。在 16.24GHz 时，其反射率达 16.34dB，反射率小于－10dB 的带宽达到 4.5GHz，在大于 18GHz 频率内，反射率小于－10dB 的带宽也应有一段；当其掺加量（质量分数，下同）增加到 7%时，试样 3 的反射率反而增大。试样 3 的反射率增大的原因有以下几个。

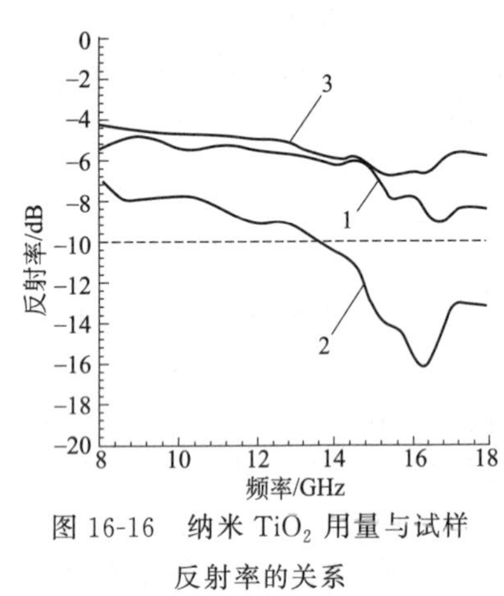

图 16-16 纳米 TiO_2 用量与试样反射率的关系

1—样品 4 对电磁波的反射率；2—5%纳米 TiO_2；3—7%纳米 TiO_2

(1) 纳米 TiO_2 的分散应在一定浓度下进行，随着其用量的增加，分散时浓度变大，超声波分散效果降低且有部分纳米 TiO_2 团聚，导致在与水泥混合时均匀性变差，吸波性能反而下降。

(2) 纳米 TiO_2 用量在 5%时，其在水泥中就已形成较好的导电网络，当用量增加后，超声波分散效果下降，纳米 TiO_2 存在部分团聚，在与水泥混合后混合料的均匀性与流动性较差，试样内部存在较大孔洞结构，破坏了其导电网络，使其吸波性能降低。

在掺有等量的羰基铁粉、氧化镍及纳米 TiO_2 吸波材料的水泥基复合材料中，掺有纳米 TiO_2 的水泥基复合材料的吸波性能明显优于其他两种。在 8～18GHz 频率范围内，水泥基复合材料试样反射率均小于－7dB。在 16.24GHz 时，其反射率达－16.34dB，反射率小于－10dB 的带宽达 4.5GHz，并向 18～26GHz 频率内延伸。该水泥基复合材料可以用于军事掩体、机场、雷达站及大型建筑物等非运动固定目标，为非运动军事目标干扰雷达探测和大型建筑物的电磁波防护提供了一种新方法。

六、纳米黏土改性水泥

纳米材料在水泥混凝土中的应用前景也十分广泛。国内有学者研究了纳米 SiO_2 对水泥基材料的影响，但未见用纳米黏土材料作外加剂的研究。仲晓林等用纳米黏土材料作为外加剂掺入到水泥混凝土中，研究纳米材料对水泥净浆流动性、混凝土力学、抗渗和抗冻等性能的影响。研究结果表明以下几方面结论。

(1) 在相同水胶比（W/B）时，用纳米材料等量取代水泥，水泥净浆流动度开始时随着纳米材料掺加量的增加而增大，当纳米材料掺加量超过 0.75%时，流动度随纳米材料掺加量的增加而下降；而在纳米材料掺加量超过 3.0%时，水泥净浆流动度低于空白样。因此，对于水泥净浆流动度来说，该纳米材料存在一个最佳掺加量，即当掺加量为 0.75%时，水泥净浆流动度最大（168mm）。

(2) 当纳米材料的掺加量较小时（0.5%和 0.75%），水泥净浆的水胶比（W/B）较小(0.49 和 0.46)；纳米材料掺加量大于 0.75%时，水泥净浆的水胶比（W/B）随着纳米材料掺加量的增加逐渐增加；当纳米材料掺加量为 3.0%时，水泥净浆的水胶比（W/B）与空白样相近。

(3) 混凝土中掺入 0.75%的纳米材料后混凝土的密实性提高，使得混凝土微孔隙含量大大下降，掺 0.75%纳米材料混凝土的抗渗能力明显好于空白样。

(4) 混凝土中掺入 0.75%的纳米材料，经 25 次冻融循环后混凝土的强度损失率为 3.2%，质量损失率为 2.1%，而空白样强度损失率为 8.6%，质量损失率为 6.8%，说明掺入 0.75%的纳米材料可以明显地改善混凝土的抗冻性能。

七、纳米纤维-微粉复合水泥

在自然界和工业中存在大量颗粒堆积现象。颗粒堆积的密实度和空隙率对水泥、陶瓷等材料的性能有重要影响。作为颗粒堆积物的一种，水泥基材料硬化后的浆体是多相、不均匀的分散体系，是由水泥、掺合料、集料及水组成的。因而，颗粒堆积物的密实程度，形成空隙的大小、多少便决定了该种堆积方式下材料的性能。所以可以依据微粒级配模型（grain grading mathematical model)、设计纳米纤维（nanofiber，NR 粉）及微粉（硅灰、粉煤灰）复合水泥基材料，研究不同密度度下的材料性能。水泥基材料内部包含一级界面和二级界面。通过对高性能混凝土的研究，发现在其受力破坏后，断裂面往往穿过集料，因而水泥基材料中二级界面的影响不容忽视。

冯奇等依据二级界面（ secondary interface）理论，研究纳米纤维-微粉复合水泥基材料的二级界面显微结构。他们将纳米纤维矿物材料及微粉矿物材料应用于水泥基材料中，依据微粒级配模型，设计密实度不同的水泥砂浆，分别为球形颗粒堆积体系和纳米纤维增强堆积两种，依据二级界面理论研究两种体系的性能及界面显微结构。研究表明，纳米纤维矿物材料能够改善体系的颗粒级配，增加体系密实度，能够改善界面及硬化浆体内部的显微结构，提高水泥基材料的均匀性，大幅度提高其耐磨硬度和抗弯强度。

采用 NR 粉纳米纤维矿物材料能够进一步改善复合微粒水泥基材料的颗粒级配，增加体系密实度和均匀性，减少体系内部的应力集中现象。改善颗粒级配，增加体系密实度，能够改善砂与硬化浆体之间界面处及硬化浆体内部的显微结构，提高水泥基材料的均匀性。改善颗粒级配，增加体系密实度，可大幅度提高纳米材料纤维及微粉复合水泥基材料的耐磨硬度及高纳米纤维及微粉复合水泥基材料的耐磨硬度及抗弯性能，并由微粒级配模型计算得出的体系密实度可预知耐磨硬度及抗弯强度的优劣。提出了纳米纤维及微粉复合水泥基材料的球形颗粒之间及球形颗粒与纳米纤维之间界面结构的理想模型。

八、纳米水泥的发展展望

虽然纳米矿粉的掺加量一般为水泥质量的 1%～3%时就有明显的效果，但由于加工纳米矿粉的成本很高，例如，纳米 $CaCO_3$ 约为 5 元/kg，纳米 SiO_2 约为 60 元/kg，这在一定程度上限制了纳米矿粉在水泥材料中的使用（即使是制备高性能的制品）。这就需要探索研制纳米级 SiO_2、$CaCO_3$、Al_2O_3 和 Fe_2O_3 等溶胶的方法，并由拌和水带入此溶胶直接制备纳米复合水泥结构材料。随着纳米技术的突飞猛进，相信其加工成本将大幅度降低，纳米矿粉将成为超高性能混凝土的重要组成部分。纳米矿粉必须充分均匀地分散到水泥浆或混凝土拌和物中，才能有效地发挥纳米粉的潜在能力，但要做到均匀地分散是比较困难的。较有效的方法是在高速混样器中进行干混或制成溶胶由拌和水带入，直接制备纳米复合水泥结构材料。

21 世纪我国还要兴建大量的水利、高速公路、各类建筑物等工程，这些工程均离不开混凝土，要想建筑物安全地使用并延长其使用寿命，必须研制高性能的水泥混凝土材料。美国混凝土协会 ACI2000 委员会曾设想，今后美国常用混凝土的强度将为 135MPa。如果需要，在技术上可使混凝土强度达到 400MPa，将能建造出高度为 600～900m 的超高层建筑，以及跨度达500～600m的桥梁。未来对混凝土的需求必然大大超过今天的规模。采用纳米技术改善水泥硬化浆体的结构，可望在纳米矿粉-超细矿粉-高效减水剂-水溶性聚合物-水泥系统中，制得性能优异的、高性能的水泥硬化浆体-纳米复合水泥结构材料，并广泛应用于高性能或超高性能的水泥基涂料、砂浆和混凝土材料。在不远的将来，继超细矿粉（第6组分）之后，纳米矿粉将有可能成为超高性能混凝土材料的又一重要组分。

第四节 纳米改性玻璃

玻璃是一种重要的建筑材料，广泛应用于建筑、汽车、飞机、显示器等多种领域。根据生产工艺的不同，玻璃可分为引上法平板玻璃、平拉法平板玻璃和浮法玻璃。对玻璃的要求除基本的封闭和采光玻璃外，可归类为5大类要求，即节能、安全、高强、装饰、环保。这5大类玻璃新功能可以分述如下。

（1）节省能源 提高保温功能，减少室内冷暖空调的负荷，如中空玻璃、真空玻璃；减少太阳光中红外热能对室内的辐射，降低夏季室内空调的负荷，如吸热玻璃和热反射玻璃；夏季反射室外的红外辐射，冬季反射室内的红外辐射，降低空调负荷，如低辐射玻璃。

（2）提高建筑玻璃安全性 玻璃是典型的脆性材料，碎裂时会形成许多尖锐的碎片，这些碎片极易对人体造成伤害。为防止这些伤害有两种安全措施：一是减小碎片的颗粒并使之没有尖锐的棱角，如钢化玻璃；二是使碎片仍粘结为整体，避免飞散溅落，如夹层玻璃和夹丝夹网玻璃。除对建筑玻璃防止人身伤害的安全功能要求外，对防止火焰扩散的功能要求，还要求阻断火路防止空气流动，这也是一种安全功能，如防火夹层玻璃和夹丝夹网玻璃。此外，还有防盗玻璃、防弹玻璃、防爆玻璃也都是安全玻璃的特殊功能品种。

（3）提高强度的功能要求 玻璃表面富集缺陷和裂纹，极易扩展造成灾难性破坏。提高玻璃强度对于减轻自重、降低破坏概率、提高抗风压和耐地震能力都有积极的意义。常用的玻璃增强方法是在玻璃表面形成残余压应力，充分利用脆性材料抗压强度远高于抗拉强度的特点，如钢化玻璃和半钢化玻璃，可以使普遍平板玻璃的强度提高2～5倍。还有一种做法是在玻璃表面贴膜，贴膜玻璃除有提高强度和增加安全性的作用外，如果贴的是吸热膜或反射膜，还有一定的节能作用。

（4）装饰功能 可以从3个方面来评价建筑物的装饰功能。通过大面积采用玻璃幕墙，在建筑物立面显示出街景的映像有良好的装饰效果，如热反射玻璃、吸热玻璃、彩色夹层玻璃、彩釉玻璃和贴膜玻璃；建筑玻璃自身可以有图案或几何图形或各种景物或随机图形，可以使建筑立面有丰富的变化，如彩釉玻璃、贴膜玻璃和微晶玻璃等。

（5）环境保护功能 建筑玻璃的环保功能可谓多种多样，有防止噪声干扰的隔声功能，如夹层玻璃和中空玻璃都具有衰减噪声的特点；有防止紫外线透射的功能，如防紫外夹层玻璃；有防止产生眩光的减反射玻璃，对光污染有较好的效果，如无反射磨砂玻璃和减反射膜玻璃；有防止电磁波干扰和防止信息泄漏特殊功能的建筑玻璃，如电磁屏蔽玻璃。

一、玻璃制品的种类及用途

玻璃根据其功能的不同可分为许多品种，并应用于建筑、光学窗口等多种领域，主要的玻璃品种有低辐射玻璃、高强度玻璃、吸热玻璃、夹层玻璃、防弹玻璃、玻璃大理石、镀膜玻璃、有机玻璃、电磁屏蔽玻璃、自洁净玻璃、导电玻璃（加热玻璃或热聚）、防紫外玻璃（文物、图书保护）、调光玻璃、抗菌玻璃、消声玻璃等。现介绍其中几种。

1. 节能玻璃

节能玻璃是建筑玻璃的主要发展方向之一。建筑物的开口部位是能量散失的最薄弱处，北方采暖的热量流失和南方空调的电力消耗形成了很大的能源支出。采暖和空调电力支出已成为消费者每年一项重要的开支之一。因此，根据国家环保节能政策的推出，发展节能玻璃已经成为玻璃发展的趋势。

节能玻璃的品种主要是热反射玻璃和吸热玻璃。热反射玻璃对太阳光中的红外线有很高的反射率，进入室内红外线的减少，可以大幅度降低夏季室内空调的负荷。热反射玻璃的制造工艺主要包括热分解金属膜法和真空磁控溅射法。热分解金属膜法又分为喷涂法与浸渍法。喷涂法是在玻璃制造过程中喷涂膜层，然后经过退火处理，在玻璃表面形成金属氧化物膜。浸渍法是将玻璃浸入金属醇盐溶液中，然后再将黏附有溶液的玻璃送入电炉中烧熔。

吸热玻璃实质上是颜色玻璃的一部分，着色材料过渡金属和稀土金属离子具有吸收红外线的性能，从而阻挡红外线进入室内，起到降低空调负荷的作用，具有节能的效果。

2. 高强度玻璃

玻璃在破坏后，碎片对人体极易造成伤害。解决这个问题的途径主要有两种：一是采用夹层玻璃；二是采用高强度的玻璃。夹层玻璃的中间层采用树脂材料，常用树脂材料包括PVB、甲基丙烯酸甲酯、有机硅和聚氨酯等。夹层玻璃在外力的作用下可能破碎，但碎片仍然黏附在中间层胶片上，因此没有碎片飞溅，对人体具有优良的安全保护作用。

防弹玻璃也是夹层玻璃的一种，它由多层玻璃和胶片叠合而成，总厚度一般在20mm以上，要求较高的防弹玻璃总厚度可达到50mm以上。防弹玻璃主要有两个判断标准：一是子弹不得贯穿；二是背面玻璃不能掉渣。

夹层玻璃中的夹层可以是普通夹层、防火夹层、多层复合、防紫外线夹层，彩色胶片夹层、高强夹层、屏蔽夹层、节能夹层等。

夹层玻璃的制造工艺分为胶片法和灌浆法两大类。胶片法又分辊压法和预真空法，灌浆法又称热聚合法和光聚合法。胶片法具有工艺简单、成品率高、产品质量好的优点而被广泛采用。

另一种高强玻璃即增加玻璃基体本身的强韧性。其中一类是钢化和半钢化玻璃，是对普通玻璃进行钢化处理，在对玻璃加热后淬冷，由非均匀收缩形成表面压应力，从而将玻璃的强度提高2～5倍。另外，一类是玻璃原料中添加纳米材料，在不影响玻璃透明度的情况下，大幅度提高玻璃的强度和韧性。

3. 微晶玻璃

微晶玻璃是将玻璃在一定条件下加热，使玻璃中析出微晶，形成类似陶瓷的多晶体。玻璃大理石的表面与大理石相仿，即是一种微晶玻璃。其制造工艺是先将玻璃粉末烧结为整体，再加热成流体，之后晶体析出生长。玻璃大理石的强度、耐磨性、耐腐蚀性均优于大理石。

4. 有机玻璃

有机玻璃是塑料的一种，因其像玻璃一样透明，因而得名。有机玻璃主要是指聚丙烯酸酯塑料和聚碳酸酯塑料。聚丙烯酸酯塑料，静态强度与玻璃相似，韧性远高于玻璃，抗冲击性能好，弹性模量低，热变形温度仅为100℃左右。

聚碳酸酯塑料是一种韧性较好的有机玻璃，其冲击强度比聚丙烯酸酯高一个数量级，工程上称之为“打不碎”的玻璃。

5. 导电玻璃

导电玻璃可以是夹层玻璃，也可以是块体的玻璃材料，夹层玻璃的夹层可以铺上导电的银丝网，或通过在胶片中加入导电的纳米材料。也可以直接在玻璃制备中加入导电的纳米材料等，使玻璃具有导电功能。此种玻璃既可以防止静电，还可以起到报警作用。

6. 新功能玻璃品种

随着纳米技术的出现，一些新功能的玻璃相继出现，包括自洁净玻璃、防老化玻璃、抗菌玻璃等。总之，随着技术的进步，玻璃将向高性能、多功能化的方向发展。

调光玻璃通过电流变化，可在透明和不透明之间变化，适用于会议室、客厅和有保密或隐私要求的场所。调光玻璃是通过改变液晶材料的排列有序性达到光透过效果的。防紫外玻璃可用于文物、图书等的保护。电磁屏蔽玻璃的实现办法较多地采用镀膜金属或金属氧化物薄膜，膜层可以是导体或半导体。电磁屏蔽玻璃可用于计算机房、演播室、工业控制系统、军事单位、外交部门等保密单位。导电玻璃可用于有特殊要求的玻璃，如液晶调光玻璃、太阳能电池极、电加热玻璃、防盗玻璃和电磁屏蔽玻璃等。

现代玻璃制品仍存在许多不足，而纳米材料则赋予玻璃不少新的特性，如提高透明度、耐划伤性（耐磨性）、强韧性、非线性效应、易清洁性、抗菌性、隔热保温性、彩色和变色效应、抗静电效应、防辐射性、抗热震性等。

二、纳米改性玻璃的制备

1. 纳米改性普通玻璃

微晶玻璃的制备方法很多。最早的微晶玻璃是用熔融法制备的，此种方法可沿用任何一种玻璃的形成方法，如压延、压制、吹制、拉制、浇铸等。此外，溶胶-凝胶法、强韧化技术、烧结法等工艺都是当今微晶玻璃制备方法的研究热点。

传统的熔融法制备微晶玻璃存在一定的局限性，如玻璃熔制温度有限，热处理时间长，而烧结法则能克服这些缺点。烧结法制备微晶玻璃不需要经过玻璃形成阶段，对于结晶困难的成分，利用粉体的表面晶化倾向，通过烧结工艺可显著提高制品的晶化程度。因此，烧结法适用于极高温熔制的玻璃，以及难以形成玻璃的微晶玻璃的制备，如高温微晶陶瓷。

用该法制备的微晶玻璃中可存在含量较高的莫来石、尖晶石等耐高温晶相。此外，烧结法制得的玻璃经过水处理后，颗粒细小，比表面积增加，易于晶化，可以不使用晶核剂。因此这种方法为微晶玻璃新材料的制备开发了新天地，它对异型、复杂形状的产品制造尤其适用。用烧结法制备的硅灰石型建筑材料已商品化。烧结法制备的微晶玻璃集中在 Li_2O-Al_2O_3-SiO_2、MgO-Al_2O_3-SiO_2 等系统，如主晶相为硅灰石的微晶玻璃装饰材料。利用烧结法生产的 CaO-Al_2O_3-SiO_2 系统微晶玻璃受到广大微晶玻璃工作者的青睐，并广泛用于建筑装饰材料。

烧结法制备微晶玻璃的工艺为：原料准备→配合料混合→入窑熔化→出窑后进入水装置→水料研磨→料烘干脱水→排料成型→烧结和晶化处理→弯曲成型→冷加工。

在选择原料时，首先要考虑它的纯度。对微晶玻璃来说，则应选择纯度较高的原料，因为有些类型的杂质，即使是少量，也能影响玻璃的晶化特性。如铅硅玻璃的加入，明显促进堇青石微晶玻璃粉体烧结致密化，烧结样品的介电常数也会增加。

微晶玻璃材料的性能取决于主晶相的类型以及结晶相的微观结构。硅灰石是典型的链状结构，具有较强的强度和耐磨性以及较好的耐侵蚀性。

原料经过充分混合后，投入保持在熔化温度的熔窑中，根据玻璃的组成，熔化温度可以在 1250～1600℃范围内。玻璃熔窑的高温应该能保证剧烈的化学反应的进行。碱金属碳酸盐和二氧化硅反应放出二氧化碳，碱土金属碳酸盐进行分解，其氧化物和含硅的熔体化合形成硅酸盐。由于气体的逸出，熔体产生强烈的搅动，有利于玻璃熔体的均化。最后是澄清过程，也就是把气泡从熔体中排出去。澄清后的玻璃冷却到成型温度，它可能比熔制温度低几百摄氏度。此外，要使玻璃尽可能达到一个均匀的温度，以使它具有均匀一致的黏度。

将玻璃引入流动的水中冷却成 1～7mm 大小的颗粒，烘干筛分后以一定级配装在耐火材料模框内送进隧道窑进行热处理。

玻璃颗粒装入模框后，放入高温炉，以 300℃/h 的升温速率从室温升至 850～950℃，保温 2h，以形成生长微晶的晶核，然后升温到 1080～1130℃，保温一定时间，使表面摊平并晶化。热处理后的样品随炉自然冷却至室温，然后脱模，表面研磨 1mm 以上。

烧结法对异型、复杂形状的微晶玻璃产品的制造尤其适用。制备的微晶玻璃集中了多种优良性能，如力学强度高、耐磨、耐腐蚀、抗氧化性好、电学性质优良、热膨胀系数可调、热稳定性好等，不仅适用于代替传统材料以获得更好的经济效益和改善工作条件，而且在机械工业、电子电力工业、建筑装饰、航空、生物医学、化学工业、核工业等许多领域中都得到了广泛的应用。

2. 纳米改性半导体微晶玻璃

(1) 纳米改性半导体玻璃的研发进展　非线性光学玻璃是一类具有很高应用价值的功能材料。当激光照射到某些介质上（如某些无机晶体），可观察到出射光的相位、频率、振幅或其他一些传播特性均已改变，且这种变化的程度与入射光强度相关，这就是非线性光学（NLO）现象。对非线性光学现象、非线性光学器件、非线性光学理论的研究以及对非线性光学材料的研制，在理论和应用上都有十分重要的意义。因此，各种非线性光学材料的研制已成为跨世纪的前沿研究领域，在以光子代替电子进行信息处理、集成、通信等方面起着重要作用，在光调制器、全光开关、光子记录等方面的实用化具有广阔的前景。非线性光学材料有多种，包括无机晶体、有机晶体、液晶、半导体颗粒簇、有机金属配合物、聚合物、有机及无机复合物及多层材料等。早期 NLO 材料以无机晶体为主，如 $LiNbO_3$、$LiTiO_3$ 等。但由于高质量的单晶难以培养和生长，价格昂贵，不易植入电子设备中，无法满足迅速发展的光通信、光信号处理所需的高容量、高速度、高频宽以及多功能、易加工等一系列性质要求，在实际应用中受到极大的限制。自 1983 年 Jain 和 Lind 首次发表含有 CdS_xSe_{1-x} 纳米级微晶的玻璃具有较高的非线性光学效应以来，这一类型的材料已引起人们的关注和重视。PbS、GaSe、CdTe（Se）等掺杂的微晶玻璃及其非线性光学特性已得到广泛研究，并且微晶的尺寸已从微米级降到纳米级，成为新型纳米材料的一个重要组成部分。

半导体微晶非线性光学玻璃可根据构成微晶的元素属性分为 3 类：Ⅱ～Ⅳ族（$CdSe_xS_{1-x}$、ZnS 等）微晶掺杂玻璃；Ⅰ～Ⅶ族（CuCl、CuBr、CuI 等）微晶掺杂玻璃；其他半导体化合物（PbS、Bi_2S_3、Sb_2S_3 等）微晶掺杂玻璃。

具有 χ（3）（三次非线性特征）的玻璃材料具有下列特点：容易制备和成型；没有严格的组成且结构是随机的，因此可以容易地加入其他功能物质；有很高的透光性及其他光学性质，对于化学、热等外界因素是稳定的。含有半导体纳米级微晶玻璃材料是吸收型三次非线性光学材料，由于具有三次元的量子关闭效应，所以可以期望这类材料显示出比半导体超晶格材料更大的非线性极化率。德国的肖特公司、日本的保谷公司已研制出 χ（3）为 10^{-9}～10^{-8}esu 的半导体纳米级微晶玻璃材料。

(2) 纳米改性半导体玻璃的制备方法　纳米微晶掺杂的半导体非线性光学玻璃的制备方法有分子束外延技术（MBE）、射频磁控溅射技术、溶胶-凝胶法、微乳液法、水热合成法、溶剂蒸发法、沉淀法等。这些制备方法各有其独特优异之处，但大多数方法都存在着工艺复杂、条件苛刻、成本过高等因素，而溶胶-凝胶法因其试验手段为低温合成，所得产品纯度高，均匀性好，在制备非线性光学玻璃上的应用前景较好。其技术路线如图 16-17 所示。

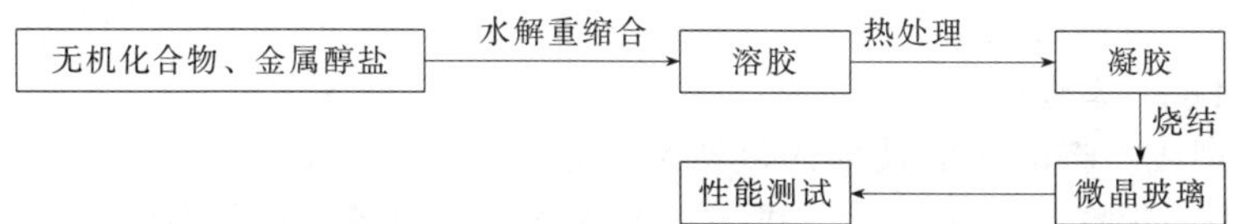

图 16-17　纳米改性半导体纳米微晶玻璃

(3) 纳米微晶玻璃的表征方法 作为材料的微晶玻璃通常需对其特征温度、密度、显微硬度、红外透过性能、化学稳定性能和力学性能等进行测试，以满足应用所需。差示扫描式量热法（DSC）是测定微晶玻璃特征温度的较常用的有效方法。将样品两面磨成平行面，并抛光成镜面，可用红外光谱（IR）测定其红外透射光谱。玻璃的显微硬度用显微硬度仪测定，通常每个样品测定10次以上，取平均值。热膨胀系数用卧式膨胀仪测定。微晶玻璃的化学稳定性主要是指玻璃耐各种化学试剂的能力，通常根据微晶玻璃的使用环境而模拟测定。力学性质是指玻璃的抗冲击、拉伸、切割和耐机械加工的能力，有关测试方法均已形成标准。

3. 纳米自洁净玻璃

近年来，随着建筑物不断高层化和广泛使用玻璃幕墙及环境污染源的增加，建筑物玻璃的清洁变成了十分耗时而又危险的工作。锐钛型 TiO_2 是一种白色、无毒、价廉的化学原料，当光照时，可氧化水和空气中的有机化学物质，具有抗菌能力。近年来，随着建筑材料行业的发展，一类表面结合 TiO_2 材料，在光照条件下，具有抗菌、分解油污和有害气体，具有表面自洁净功能的光催建筑材料也随之发展起来。TiO_2 作为光催化剂可广泛用于环境改良、有机化合物改性、自洁净材料等方面。在 TiO_2 表面掺入金属（如 Pb、Pr、Cu、Au、Ag 等）研究是目前的一个热点。

将 TiO_2 与玻璃相结合，利用 TiO_2 光催化活性，不仅能够保持原始玻璃的功能，而且因 TiO_2 的光催化作用，它几乎可以降解所有有机物质，在水或风力的作用下使污垢自动脱离。它还可以氧化去除大气中的氮氧化物和硫化物等有害气体，并且具有杀菌、除臭功能。光催化剂 TiO_2 是玻璃自洁净过程的关键物质，影响 TiO_2 薄膜的各种因素都会直接或间接地影响到玻璃的自洁净功能。TiO_2 薄膜禁带比较宽（$E_F=3.2eV$），电子-空穴对极易复合，这使得纯 TiO_2 对光能的利用率不高，从而不利于光催化降解。可采用如下方法提高其光催化效率，如半导体掺杂、表面的螯合衍生、表面沉积贵重金属等。

自洁净玻璃自身有消除污染的功能，可免除高层建筑擦洗玻璃的麻烦，已成为国内外众多厂家竞相开发的产品。

目前制备自洁净玻璃的方法主要是溶胶-凝胶法。

(1) 纳米自洁净玻璃的制备工艺

① 玻璃的清洗。玻璃基片在存放时，由于各种物理和化学作用，表面容易受到污染，如不清洗干净，就会影响 TiO_2 基薄膜涂层的质量和结合强度，使涂层易于剥离。因此，镀膜前需对其表面进行清洗。在试制过程中，选用中性合成洗涤剂、酸洗液和纯水为液体清洗介质，使用玻璃清洗干燥机进行洗涤，洗涤后的玻璃经蒸汽加热干燥备用。为防止人手油脂黏附在玻璃表面上造成二次污染，试制过程中均应戴手套操作。

② 镀膜溶液。镀膜溶液由3部分组成，即成膜剂、溶剂和催化剂。按照试制前设计的 TiO_2 基薄膜溶胶的组成配方，在液体搅拌机内，先准确计量加入钛醇盐和乙醇，充分搅拌制备钛醇盐-乙醇溶液；再将准确计量的有机胺盐加入搅拌机内搅拌混合，以延缓钛醇盐的水解，防止局部 TiO_2 沉淀析出；最后加入符合设计配比要求并准确计量配制的乙醇-水溶液。对其进行30～40min搅拌后，获得稳定、均匀、清澈透明的黄色溶液。将上述的溶胶输送入浸镀池内，使用移动式手工操作小型搅拌器对其进行5～10min的搅拌并静置2～3h，即可用于制备 TiO_2 基薄膜。

③ 镀膜的形成。将洁净的玻璃用液压装置以2～20mm/min的速率，匀速由上而下垂直浸入浸镀池中，静置1～2min后，再匀速垂直向上提拉基片；随着玻璃板不断向上运动，远离玻璃板的外层镀液，受重力作用，不断向下流回浸镀池；随玻璃基板向上的镀液层，由

于聚合反应和溶剂的蒸发作用，黏度迅速增大，溶胶不断向凝胶转化，至提拉基片结束，得到一定厚度的 TiO_2 凝胶膜。

④ 镀膜的干燥。经过溶胶的胶凝过程而沉积到玻璃表面的凝胶膜，内部还含有溶剂，将其在大于等于 80℃的环境中干燥 20～30min，使凝胶膜在玻璃表面附着牢固。

⑤ 镀膜的热处理。将彻底干燥后的凝胶膜基片装入小车，送入晶化热处理炉内进行热处理。热处理在自动控温的热风炉内进行，升温速率保持在 7～10℃/min 之间，保温温度在 500～550℃的范围内，保温时间为 1h，降温冷却后得到 TiO_2 基薄膜自洁净玻璃。

(2) 性能测试

① 耐酸碱性。将待测样片分别放入 0.2mol/L H_2SO_4、0.2mol/L NaOH 溶液中，室温下浸泡 48h 后，目测膜层无变化，通过扫描电镜（SEM）观察，试样表面无脱落。表明薄膜具有良好的化学稳定性。

② 膜层附着力。用利刃将 100mm×50mm 试样的膜层划成若干小格后，把透明胶带用手指压实在膜面上，沿几乎与膜面平行的方向牵引透明胶带一端，快速牵引，目测膜层无脱落。表明膜层附着力好。

③ 亲水性。将水分别滴在玻璃表面和 TiO_2 基薄膜表面上，目测水滴在玻璃上不能很好铺展，在 TiO_2 基薄膜表面上可自由铺展；用加热显微镜测得水在 TiO_2 基薄膜表面的润湿角小于 5°（水与普通玻璃表面的润湿角约为 45°）。表明表面膜层亲水性好。

④ 光催化性。将油脂分别涂在普通玻璃表面和 TiO_2 基薄膜表面上，在太阳光下放置 6h，目测普通玻璃表面上的油脂大部分仍以液体存在，TiO_2 基薄膜表面上只有薄薄的一层斑痕。将甲基紫的乙醇溶液分别滴在普通玻璃表面和 TiO_2 基薄膜表面上，并在有甲基紫的地方滴 1 滴过氧化氢水溶液，在光照下目测 TiO_2 基薄膜表面上甲基紫褪色快。表明 TiO_2 基薄膜光催化活性高。

⑤ 透光率。用紫外-可见分光光度计测量 TiO_2 基薄膜 200～800nm 波长范围的透光率大于或等于 65％。

⑥ 晶型。用 X 射线衍射分析测量 TiO_2 基薄膜的晶型为锐钛型。

⑦ 膜厚。用扫描电镜（SEM）测量 TiO_2 基薄膜的厚度在 0.16～0.46μm 之间。

由 SEM 可知纳米自洁净玻璃的微观结构。TiO_2 涂层由均匀一致的 TiO_2 纳米颗粒组成，其颗粒大小为 50～100nm，TiO_2 颗粒与颗粒之间存在大量纳米孔，其孔径一般为几纳米。

纳米 TiO_2 玻璃的自洁净机理为：薄膜表面含有化学吸附水，附在化学吸附水上的微量有机物经日光照射后可分解成 CO_2、H_2O 和无机物，这样玻璃表面的无机物很容易被雨水冲洗掉而使玻璃表面保持洁净。当然，薄膜表面含有的化学吸附水，会通过范德瓦耳斯力和氢键作用再吸附一层物理吸附水，这层物理吸附水可阻止污染物与玻璃表面接触，污物漂浮在水面上，很容易被雨水冲洗掉，从而使玻璃表面较长时间保持清洁并易于清洗。

4. 红外反射玻璃

用纳米 SiO_2 和纳米 TiO_2 微粒制成的红外反射膜在 500～800nm 波长之间有较好的透光性，这个波长范围恰恰位于可见光范围，并且在 750～800nm 波长范围内透射比可达 80％左右，但对波长为 1250～1800nm 的红外线却具有极强的反射能力，因此这种薄膜材料在灯泡工业上有很好的应用前景。高压钠灯以及用于拍照、摄影的碘弧灯都要求照明，但其电能的 60％都转化为红外线。这表明有相当多的电能转化为热能被散失掉，仅有一少部分转化为光能来照明。而用这种纳米材料制成的薄膜涂于玻璃灯罩的内壁，不但可见光透射性能好且具有很强的红外反射能力，既提高了发光效率、增加了照明度，又解决了灯管因发热影响使用寿命的难题。

5. 紫外吸收玻璃

经研究发现，Al_2O_3 纳米粉体对 250nm 以下的紫外线有很强的吸收能力。利用这一特性，在荧光灯管制备时把纳米 Al_2O_3 粉掺入到稀土荧光粉中，不仅能吸收掉有害的紫外线，而且可不降低荧光粉的效率，这不仅能降低荧光灯管中紫外线泄漏对人体的危害，还能够消除短波紫外线对灯管寿命的影响。另外，采用有效手段，将这种纳米材料在玻璃基片上成膜，制备新型的纳米复合防紫外线减反射镀膜玻璃，能有效地隔离紫外线，减少紫外线对人体的侵害，也可广泛地用于大面积显示器、计算机保护屏，从而抑制反射和防眩光，降低使用者的视觉疲劳。

6. 节能玻璃

采用常压热 CVD 法以 Si_2H_4 和 C_2H_4 为原料气体制得的硅及碳化硅纳米复合膜，由大量 5nm 大小的硅晶粒和少量的碳化硅晶粒组成，晶态含量在 50%左右，其中纳米硅晶粒含量为 90%。由于薄膜呈较好的纳米镶嵌结构，具有较高的可见光吸收系数和合适的可见光反射比的特点，可把这种新型的硅及碳化硅纳米复合膜沉积到浮法玻璃基板上，利用锡槽提供连续新鲜的玻璃表面及 N_2 和 H_2 的保护条件，开发出新型的节能镀膜玻璃，实现纳米复合薄膜的产业化。

7. 纳米改性透明有机玻璃

有机玻璃（聚甲基丙烯酸甲酯，PMMA）的最大优点是透明性好、耐光、耐候、强度高，因此被广泛应用于制标牌、透明隔墙、安全玻璃、灯具等，它更是航空航天工业中应用最广的透明材料。但其耐热性不够好，使用温度低，耐热温度仅为 110℃，质脆，抗冲击性能也仍待提高。目前，已经有很多种化学、物理方法来改性有机玻璃，这些方法在很大程度上弥补了有机玻璃的某个缺陷，但却不可避免地影响了其透明性。纳米技术为改性有机玻璃提供了新方法。利用聚甲基丙烯酸甲酯本体原位复合技术，添加新型助剂，在确保有机玻璃透明性不下降或只有极少下降的前提上，使其综合性能有明显提高。

PMMA 又称有机玻璃，是透明性最好的聚合物材料之一，具有优良的耐候性、电绝缘性和极好的装饰效果。与无机玻璃相比，有机玻璃重量轻，加工适应性好，容易做成各种形状和色彩的透明制品，但有机玻璃的硬度低，不耐刮擦，在使用过程中表面极易被擦伤，造成表面起雾，使材料的透明度下降，装饰效果劣化。与抗冲击性能好的透明聚合物材料聚碳酸酯（PC）相比，PMMA 的价格低，有成本优势，但冲击强度低，故在许多方面的应用受到限制。为了提高 PMMA 的韧性，可以采用各种增韧的方法，如采用交联单体的共聚及外加增塑剂、聚合物核-壳结构粒子的共混、超微细 Al_2O_3 的增韧以及互穿网络等。近年来有很多有关纳米粒子增强、增韧聚合物的研究报道。学者黄承亚等用不同聚合方法合成聚丙烯酸丁酯（PBA）增韧有机玻璃，研究了 PBA 增韧 PMMA 的力学性能和断面形貌，探讨了用 PBA 纳米粒子簇增韧透明 PMMA 的新方法和增韧机理。

8. 纳米聚丙烯酸丁酯改性有机玻璃

利用聚丙烯酸丁酯（PBA）纳米粒子簇增韧 PMMA，能够在提高 PMMA 韧性的同时保持其透光性，含有 0.5%（质量分数）e-PBA 的 PMMA，拉伸强度保持率可达到 95%，冲击强度可提高 38%。b-PBA 以纳米粒子簇形式分散在 PMMA 基体中，在受到外力作用时，簇状的橡胶粒子会产生较大变形，生成大量的以 PBA 粒子为中心呈辐射状的微裂纹；试样的冲击断面花纹呈龟背状，这些微裂纹在断裂的过程中吸收大量的冲击能量，从而使 PMMA 的韧性提高。

9. 纳米 Al_2O_3 改性有机玻璃

加入 Al_2O_3 类无机纳米粒子，在保证涂层透明的同时，可以大幅度提高涂层的耐磨性。选择合适的纳米材料与合适的高分子材料复合来获得高耐磨、高透明性的涂料，使其应用于家具、地板、树脂镜片及其他需要提供耐磨性和透明性的领域具有十分重要的价值。

目前，透明耐磨纳米复合涂料的制备主要使用以下 3 种方法：溶胶-凝胶法、聚合物基体原位聚合法、直接混合法。其中，将纳米粉体直接分散在聚合物基体中制备复合涂料的方法最为常用。Nanophase Technologies 公司将自己的纳米材料产品——纳米 Al_2O_3 与透明清漆混合，制得的涂料能大大提高涂层的硬度、耐划伤性和耐磨性。这种透明涂料可广泛应用于透明塑料、高抛光的金属表面、木材和其他平板材料的表面，以提高耐磨性和使用寿命。美国 Trion Systems 公司生产的透明耐磨纳米涂料，这种透明耐磨纳米涂料是把有机改性的纳米陶瓷土加入到聚合物树脂基料中制得的，可作为头盔的护目镜、飞机座舱盖、轿车玻璃和建筑物玻璃的保护涂层。德国 INM 公司开发了用于光学镜片的透明涂料，在涂料中添加纳米陶瓷粉，使涂料具有一定的弹性，同时又提供了在许多方面可与玻璃相媲美的耐刮伤性。德国的 BASF 公司公布了含表面活性微粒的耐刮擦透明涂料的制备方法，该方法主要是对无机纳米粒子进行表面处理，使其与胶黏剂具有反应活性，固化时与胶黏剂以化学键相连，形成有机、无机复合纳米网络体系。

10. 纳米改性微孔玻璃

纳米级微孔 SiO_2 玻璃块体材料是很好的存储功能性信息材料的基体。微孔中掺杂不同性能的分子或离子后，可制得具有特殊功能的纳米级结构材料。纳米级微孔 SiO_2 玻璃粉是一种可用于微孔反应器、微晶存储器、功能性分子吸附剂以及化学、生物分离基质、催化剂载体等的新型材料。在这些应用中，孔径分布及其结构、比表面积以及表面形态等参数各有不同的要求，因此研制适用于某一特殊需要的纳米级微孔 SiO_2 玻璃粉末将为上述领域开辟广阔的前景，也为新型的纳米级结构材料的研制提供了有益的经验。

以金属醇盐为原料的溶胶-凝胶法经水解、缩合，由溶胶转变成三维网络结构的凝胶，再在较低温度下烧结成固体材料，为纳米级微孔 SiO_2 玻璃的制备提供了与传统的高温熔融充气法不同的途径，此法在研制过程的开始阶段即可在分子尺度上调控材料的结构及微孔大小。然而，在纳米级微孔 SiO_2 块体材料的研制中，湿凝胶的干燥和干凝胶的进一步烧结转化成块体材料期间，收缩现象严重，往往因体系中水和醇的蒸发速率不适当以及凝胶中孔的结构及分布不均匀，导致各方向毛细收缩应力不均匀而产生龟裂。尽管许多研究者在解决这个问题方面进行了长期探索，但目前仍未能有较大的突破。微孔的结构及分布范围受多种因素的影响，如反应体系的组成、反应物浓度、pH 大小、添加化学助剂以及陈化、热处理的温度等。

已知克服这一难点的较好方法是采用超临界低温干燥，或在溶胶中加入控制干燥化学助剂（DCCA），前者消除液体表面张力，使凝胶干燥时不收缩，产生大孔（≥50nm），形成气凝胶；后者则使微孔较为均匀，通过调控液体蒸发速率，即控制干燥速率，使干燥时各方向的毛细收缩阶段可用 DCCA 调控金属醇盐的水解和缩合反应速率使之利于小孔的生成。针对龟裂这一技术难点，人们致力于几纳米的小孔/微孔 SiO_2 玻璃的研制，采用添加化学助剂的方法，在基于对纳米级微孔 SiO_2 玻璃粉末研制体系的性能认知，以及 L. L. Hench 等在不同体系中分别使用甲酰胺、甘油、草酸等研究工作的基础上，选择性能优良的酸催化体系，用草酸作 DCCA，正硅酸乙酯（TEOS）为原料来进行研制。

三、纳米改性玻璃的发展方向

根据玻璃中纳米粒子的大小不同，纳米玻璃的研究内容分为以下 3 个研究层次。

（1）原子、分子级结构控制技术（1nm 左右）　通过组成控制和引入结构缺陷等，控制局部配位场，发现新的光、电功能。

(2) 超微粒子结构控制技术（1nm 至数十纳米） 利用气相法、溶液法等加工技术和超短脉冲激光、超高压、附加高电压等外来能源，对超微粒子、分相和结晶、气孔的周期排列进行控制，创造超高亮度发光体、环境激素分离元件、光集成元件等基础材料。

(3) 高次结构控制技术（数十纳米以上） 利用无机、有机复合析出各向异性的晶体和控制其界面状态等，进行高次异型结构、周期规则结构形成技术的研究，进一步研究可能用于太阳能电池、运输机械、OA（办公自动化）器械等的超轻质、高强度玻璃基板材料。

纳米玻璃的研究应该涉及以上提到的 3 个研究层次，向多功能化方向发展，如自洁玻璃、抗辐射玻璃、产生特殊色彩效果的玻璃、节能玻璃、光学窗口玻璃等。应该加强光学基本原理的研究，通过特殊的纳米材料和特殊的结构设计，得到高性能的纳米改性玻璃。纳米技术的发展现在已逐渐深入，纳米自组装和分子、原子层次的设计，如今都可以实现，人们对分子、原子的操纵和调控手段日益丰富，已具备将理论设计变成试验产品的能力。因此，具有更好性能的纳米改性玻璃必将逐步进入消费市场。

第五节 纳米改性塑料

利用纳米粒子的特性对高分子材料进行改性，可以得到具有特殊性能的高分子材料或使高分子材料的性能更加优异，同时也拓宽了高分子的应用领域。

聚合物基纳米复合材料的发展水平仍处于实验室研究或专利阶段，工业化项目不多。目前研究最多的主要是 PA6、PA66，并有商业化产品。到 2004 年，世界纳米复合材料发展的主要是 PA 纳米复合材料，其次是 PP 和 PET，PC 和 TPU 则还未有商业化产品。有关纳米材料在高性能工程塑料、高性能树脂基体中的研究报道还较少。

塑料纳米复合材料的合成方法有插层复合法、原位聚合法、共混法、分子复合材料形成法和其他合成法。其中，插层复合法是当前研究最活跃、也是最有工业化前景的方法。在插层复合法中，聚合物/层状无机纳米复合材料由于插层技术的突破而获得迅速发展，部分研究成果已开始进入产业化，因有极大的产业化应用前景而备受关注。熔融共混法与普通的聚合物共混改性相似，易于实现工业化生产，发展较快。

一、纳米改性塑料的制备方法

纳米塑料有着单一材料所不具备的可变结构参数（复合度、联结型、对称性、标度、周期性等）。改变这些参数可以在很宽的范围内大幅度地改变纳米塑料的物性，而且纳米塑料的各组元间存在协同作用而产生多种复合效应，所以纳米材料的性能不仅与纳米粒子的结构性能有关，还与纳米粒子的聚集结构和其协同性能、聚合物基体的结构性能、粒子与基体的界面结构性能及加工复合工艺等有关。纳米粒子具有巨大的表面活性能，粒子之间极易团聚，会失去纳米粒子应有的特殊性能。因此，如何将纳米材料掺入树脂原料中并保持其纳米尺寸，发挥纳米塑料的各组元间存在的协同作用，获得“目标性能”，成为纳米塑料研究的关键所在。

纳米复合塑料的制备方法主要有 6 大类：溶胶-凝胶法技术、插层技术、共混技术、在位分散聚合技术、LB 制膜技术、分子组装技术（MSA）。其中前 3 种是纳米复合塑料制备的常用方法。溶胶-凝胶法可在低温条件下进行，反应条件温和，能够掺入大剂量无机物和有机物，制备出的材料纯度高、均匀度好、易加工成型。但是，存在的最大问题是在凝胶干燥过程中，由于溶剂、小分子和水的挥发可能导致材料收缩脆裂。另外，前驱物价格昂贵且大部分共溶剂毒性较大，不宜工业化生产。插层复合法是当前研究最多、也是最有希望工业化的方法，此法仅限于具有纳米级片层结构的无机物（如黏土、云母、V_2O_5 层状金属盐类等），可让聚合物嵌入夹层，形成嵌入纳米塑料或层离纳米塑料。共混法是将纳米粒子直接分散到聚合物的一种方法，其工艺简单，操作方便。但是由于纳米粒子存在很大的界面自由能，粒子极易自发团聚，利用常规的共混方法不能消除无机纳米粒子与聚合物基体之间的高界面能差。因此，分散打开纳米粒子团聚体，控制粒子微区相尺寸及粒径分布是成败的关键。

1. 插层复合法

1987 年，日本丰田中央研究院首次用插层聚合的方法将 ε-己内酰胺在十二烷基氨基酸蒙脱土中插层制备尼龙 6/黏土纳米复合材料。1991 年，日本丰田与宇部兴产联合推出了基于上述纳米塑料的 TSOP 材料，用于汽车零部件及包装。插层复合法是将单体或聚合物插进经插层剂处理后的层状无机物（如蒙脱土等）片层之间，进而破坏无机物的片层结构，使其剥离成厚为 1nm、宽为 100nm 左右的基本单元，并均匀分散于聚合物基体中，以实现聚合物与无机层状材料在纳米尺度上的复合。

按照纳米插层复合的过程不同，插层复合法又可分为以下两类。

（1）插层聚合法，即先将合适的聚合物单体分散、插层进入层状无机材料片层中，然后引发单体原位聚合，使无机物片层与聚合物基体以纳米尺度进行复合。利用这一原理目前已制备得到了 PA6、POE、PS/无机层状纳米复合材料，其中最典型的例子是己内酰胺插层于硅酸盐黏土的层间，聚合形成纳米尼龙。

（2）聚合物插层法，即将聚合物溶液或熔体与层状硅酸盐混合，利用力学或热力学作用使层状硅酸盐剥离成纳米尺度的片层并均匀分散在聚合物基体中形成纳米复合材料。利用这一方法已制备了环氧树脂、PS、PP、HDPE/无机层状纳米复合材料，其中典型的例子是将 PS 熔融直接插层制备的纳米聚苯乙烯。但对于已得到广泛使用的聚丙烯，由于其主链上不含有极性基团和可反应性官能团，因此具有高极性表面的蒙脱土很难以纳米尺度均匀分散在其中，有关聚丙烯插层方面的研究报道也相对较少，而且一些改进的方法也因成本较高而无法进一步进行工业开发。

2. 溶胶-凝胶法

溶胶-凝胶法是纳米制备中应用最早的一种方法。1985 年，Wikes 等开始尝试利用该法制备聚合物/无机纳米复合材料，并很快取得了显著成果。其具体方法是将烷氧基金属或金属盐等前驱物在一定条件下溶于水或有机溶剂中形成均质溶液，溶质发生水解反应生成纳米级粒子并形成溶胶，然后经溶剂挥发或加热等处理使溶胶转化成凝胶，制成纳米复合材料。如四乙氧基硅烷（TEOS）在一些聚合物熔体中可发生溶胶-凝胶反应，形成良好分散于聚合物基体中粒径约 10nm 的 SiO_2 粒子。朱子康等通过四乙氧基硅烷在聚酰胺酸（PPA）的 N-甲基-2-吡咯烷酮（NMP）溶液中进行溶胶-凝胶反应，得到了 PI/SiO_2 纳米复合材料。

Mizutani 等研究了 TEOS 在熔融 PP 挤出过程中的溶胶-凝胶反应，由于 TEOS 与熔融 PP 有相容性，即使熔体冷却 TEOS 也能稳定存在于 PP 相中，同时硬脂酸钙［$Ca(St)_2$］也能与 PP 相容，因此在挤出过程中，TEOS、$Ca(St)_2$、PP 可以形成均相。在第二次挤出的同时，滴加水与 TEOS 发生水解反应，由于熔融 PP 的黏度较高，TEOS 的扩散能力很小，只能形成纳米 SiO_2 分散于 PP 基体中，从而制得了 PP/SiO_2 纳米复合材料。

3. 直接分散法

直接分散法又称为共混法，是制备纳米塑料最直接的方法。但是由于纳米粒子存在很大的界面自由能，粒子极易发生团聚，利用传统的共混方法不能消除无机纳米粒子与聚合物基体之间的高界面能差。因此，要将无机纳米粒子直接分散于有机基质中制备聚合物纳米复合材料，必须通过必要的化学预分散和物理机械分散的方法，以打开纳米粒子团聚体，再将其均匀分散到聚合物基体材料中，并与基体材料有良好的亲和性。

（1）溶液共混　首先将聚合物基体溶解于适当的溶剂中制成溶液或乳液，然后加入无机纳米粒子，利用超声波分散或其他方法将纳米粒子均匀分散在溶液或乳液中。如研究人员将环氧树脂溶于丙酮后加入经偶联剂处理过的纳米 TiO_2 搅拌均匀，再加入 40%的聚酰胺后固化制得了环氧树脂/TiO_2 纳米复合材料。

（2）熔融共混　将表面处理过的无机纳米粒子与聚合物混合后在密炼机、双螺杆挤出机等混炼机上熔融共混，使无机纳米粒子均匀分散于聚合物基体中，达到对聚合物改性的目的。该方法的优点是与普通的聚合物共混改性相似，易于实现工业化生产。但是研究表明，熔融共混制备聚合物纳米复合材料时，纳米粒子的分散对材料性能的影响要超过纳米粒子含量的影响程度。由于纳米粒子比表面积大，表面能极大，因此极易发生团聚，失去纳米粒子的特殊性质。因此，对纳米粒子表面进行改性，适当降低纳米粒子的引力位能或增大粒子的排斥位能，均有助于减弱它的团聚能力，有利于它在聚合物中的分散。对纳米粒子表面进行改性通常有表面吸附包覆改性和表面化学改性两大类。

4. 原位分散聚合法

为了更好地发挥纳米粒子的特殊性能，近年来人们在上述 3 种方法的基础上又推出了原位分散聚合法。该方法结合了插层复合与直接分散共混方法的优点，适应了各种聚合物及不同无机纳米粒子，工业化前景非常广阔。其主要原理是通过特殊的物理或化学手段将无机纳米粒子以纳米尺度均匀分散于聚合物单体中，形成稳定的分散体系，在适当条件下引发单体聚合物/无机纳米复合材料，如 PS/Al_2O_3、PI/AIN、EVA/SiO_2、聚吡咯（聚苯胺）/SiO_2、PMMA/SiO_2 等。可以利用羟乙基甲基丙烯酸（HEMA）使 SiO_2 纳米粒子功能化，再与 HEMA 单体在悬浮体系中聚合，得到了 Poly（HEMA）/SiO_2 纳米复合材料。有研究人员将纳米 SiO_2 进行表面处理之后，分散于 MMA 单体中形成胶体，在适当条件下引发聚合，制成了 PMMA/SiO_2 纳米复合材料。由原位分散聚合法制备的聚合物/无机纳米复合材料的填充粒子分散均匀，粒子的纳米特性完好无损，同时原位填充过程中只经过一次聚合成型，无需热加工，避免了由此产生的聚合物降解，保证了基体各种性能的稳定。

由于纳米粒子具有许多常规材料所没有的特殊性质，如小尺寸效应、表面与界面效应、量子尺寸效应、宏观量子隧道效应、特殊的光学吸收效应、电化学性质以及低密度、低流动速率、高吸气性、高混合性、弱压缩性等，因而当纳米粒子以纳米尺度均匀分散于聚合物基体中之后，将能大大改进和提高材料的性能，同时还能赋予基体材料其他新的性能，如增强，增韧性能，耐磨性能，电性能，阻透性能，透明性能，抗菌性能，抗老化性能及防紫外线性能。

几种重要的纳米改性塑料如下。

（1）聚乙烯纳米塑料　通过对高密度聚乙烯和超高分子量聚乙烯用纳米插层改性的方法，得到具有良好加工性能，优异耐磨性、耐高压、耐冲击性和阻隔性的系列 NMPE 合金材料，克服了普通 PE 刚性差、不耐高温的缺点，可生产高耐磨管材和板材、强阻隔性中空容器、薄膜和高耐压供水管材等。它能用普通挤出成型方法连续生产管材和异型材，是理想的塑钢等管材的替代产品。

（2）聚丙烯（PP）纳米塑料　PP 纳米复合材料的出现为实现 PP 的增强、增韧改性提供了一条重要的新途径。将纳米级的填料通过共混、插层等手段均匀地分散到 PP 基体中，可获得优异综合性能的 PP 纳米复合材料，使 PP 材料增强、增韧，阻隔性、阻燃性、热变形温度和耐老化性都得到提高。根据所添加的填料种类可将PP纳米复合材料分成两大类：一类是PP/层状硅酸盐纳米复合材料。其中的填料包括蒙脱土、海泡石、云母、滑石、绿土、高岭土等，制备这类纳米复合材料应采用插层复合法，包括原位插层聚合法、聚合物溶液插层法、聚合物熔体直接插层法和溶胶-凝胶法4种，其中聚合物熔体直接插层法具有操作简单、可用传统的方法加工、易于工业化、没有溶剂等添加物、不存在环境污染等优点，故目前研究较多，有较大的发展前途。另一类是PP/无机刚性粒子纳米复合材料。其中的填料包括$CaCO_3$、SiO_2、Al_2O_3、SiC、Si_3N_4等。目前，制备PP/无机刚性粒子纳米复合材料基本上是采用熔融共混的方法，在双螺杆挤出机中依靠剪切力的作用将纳米级无机刚性粒子分散到PP基体中，得到PP纳米复合材料。从研究的情况来看，PP/层状硅酸盐纳米复合材料的研究要比PP/无机刚性粒子纳米复合材料多得多，其广度和深度都是后者无法比拟的，是PP纳米复合材料发展的一个重点方向。

(3) PA6纳米塑料　PA6纳米复合材料首先是由日本丰田汽车公司和宇部兴产公司于1990年合作开发成功的，它是PA6/蒙脱土复合材料，已有112kt/a工业化生产装置。PA6/层状硅酸盐纳米复合材料的密度与非增强PA6相同，外观没有差异，但性能优异。其产品具有如下特点：①结晶速率比普通PA6快，能够得到非常细小的晶体；②抗蠕变性能好；③具有非常好的阻隔性能；④可以回收再利用，而且经过去10次回收再利用，性能基本不变；⑤密度低、强度高、刚性好、耐热性好；⑥高温状态下（易吸湿）物理性能不变；⑦优异的成型加工性能，成型制品不产生塌坑、溢边等缺陷，目前主要用于注射成型制品，取代聚苯醚等塑料，生产汽车引擎、燃烧管等零部件。

(4) 尼龙66纳米塑料　日本昭和电工公司采用啮合挤出机工业化生产PA66纳米复合材料，并制备了不含卤素和磷的阻燃牌号Systemer FE 30600和30602，其阻燃性分别达到UL94 V20级和UL94 V22级。日本油墨化学工业公司在1998年完成了PA66/锂蒙脱土纳米复合材料的开发。纳米尼龙复合新材料具有高刚性和伸长率，在增加刚性的同时不影响材料的脆性，主要用于生产医药和电子工业用的薄壁制品和导管。中国科学院化学所利用插层聚合复合、熔融插层复合等方法研制成功了PA66/蒙脱土纳米复合材料。

(5) 尼龙1010纳米塑料　通过单体插层聚合方法已制得尼龙王1010/蒙脱土纳米复合材料，测试了不同蒙脱土含量的尼龙1010/蒙脱土纳米复合材料的力学性能，当蒙脱土含量为6%时（与纯尼龙1010的性能对比），拉伸强度提高30%，杨氏模量提高80%，缺口悬臂梁冲击强度提高40%，断裂伸长率有所下降。

二、纳米阻燃塑料

严格的防火安全标准和塑料市场的扩大使阻燃剂的消耗量正在日益增长，而环保方面的限制在阻燃领域则成为一个越来越需要重视的问题。当前，含有卤素阻燃剂及三氧化二锑的材料和制品正被用于电子/电气行业。因为含卤素阻燃材料热裂解时产生二噁英，国外厂商正陆续开发出一些无卤素阻燃工程塑料，它们重点用于制造电子、电气及办公自动化设备器件。据业内人士估计，在上述领域内，随着阻燃材料用量的增长，阻燃剂今后将逐渐转向于无卤素系统。该层状硅酸盐（PA6/LS）纳米复合材料尚处于研制阶段。

1. 阻燃聚碳酸酯

日本NEC公司开发的聚硅氧烷阻燃PC，是最新的无卤素阻燃树脂之一。这类硅系阻燃PC的性能可与传统溴系阻燃剂阻燃的同类产品媲美，其加工性能也可与常规阻燃PC相比，且价格并不比常规的阻燃PC高。特别是硅系阻燃PC的冲击强度几乎为溴系阻燃PC的4倍，而与未阻燃PC相近。另外，聚硅氧烷阻燃剂还是冲击能吸收剂。众所周知，在PC中加入无机添加剂时，通常会降低PC的冲击强度和热变形温度。

由于有机硅阻燃剂能在 PC 树脂中完全分散，所以百分之几的用量即可赋予 PC UL94 V20 阻燃级。当阻燃 PC 被引燃时，聚硅氧烷迁移至 PC 表面，并形成保护层，使下层 PC 不致继续燃烧。目前，阻燃塑料的回收正越来越为人们所重视。硅系阻燃 PC 的第一个用途是制造薄壁晶体管液晶显示器，这种器件所用的材料要求具有较高的强度及阻燃性。阻燃 PC 合金的一个主要用途是制造原电池的电池壳。这种电池在充电时，其外壳要求能承受高温和有较高的冲击强度。

2. PA6/LS 纳米复合材料

聚合物/无机物纳米复合材料是 20 世纪 90 年代初兴起的一种新型材料。它是以特殊工艺（常用的为插层复合法）将纳米级（至少有一维尺寸小于 100nm）无机物分散于聚合物基材（连续相）中形成的，其结构有插层型及剥离型两种。当其中无机物组分质量分数仅为 2%～5%时，由于纳米材料极大的比表面积而产生的一系列效应，使它具有常规聚合物/填料复合材料无法比拟的优点，如密度低，机械强度高，吸气性、透气率低等。更加可贵的是，这类材料的耐热性及阻燃性也大为提高。例如，目前研究得最多、最具工业前景的聚合物/LS 纳米复合材料，LS 质量分数只需 2%～5%，以锥形量热计测得释热速率（HRR）及质量损失速率（MLR）比聚合物基材分别降低 50%～70%和 30%～50%，这种降低幅度可与以卤素/锑系统阻燃的高聚物（UL94 V20 级）相比。与含添加型阻燃剂的常规阻燃材料不同，这种材料兼具阻燃性及其他优点（聚合物基材的原有物理力学性能不仅不恶化且有所改善），有可能成为新一代阻燃高分子材料。它们的出现开辟了阻燃高分子材料的新途径，被国外文献誉为阻燃技术的革命。

3. 膨胀型无卤素阻燃聚丙烯

近年来，无论是作为日常消费品用材料，还是工业用材料（特别是在电子/电气工业中），聚丙烯（PP）正受到人们极大的重视。在西欧，PP 市场的扩大主要是由于它可用来代替以前使用的 ABS、PA 或 PC/ABS 等工程塑料。因为 PP 的性能价格比较低，采用 PP 可降低材料研制/设计费用，减少材料品种。特别是以无卤素阻燃 PP 及无卤素阻燃增强 PP 来代替用于制造某些电子元器件的阻燃 ABS 或阻燃 ABS/PC 共混体，在这方面很具有潜力，能获得高效且价廉的效果。

最近德国 Clariant 公司推出了一种特别适用于 PP 及增强 PP 的无卤素阻燃系统，它们是以聚磷酸铵为基体，添加有含氮协效剂，并采用特殊工艺制得的高效膨胀型 P/N 系阻燃剂，以其阻燃的 PP 及增强 PP（含玻璃纤维），在某些应用上可代替工程塑料，且具有下述诸多优点。

（1）加工性能好　含 Exolot AP 阻燃剂 PP，其熔体指数或旋流长度均高于其他阻燃 PP，可等于甚至略高于未阻燃 PP 均聚物，因而允许采用较宽的加工温度范围（可达 250℃）和较柔性的加工条件，可提高混配挤出速率和缩短注射循环周期，特别是有利于以注塑工艺制造较复杂的部件。

（2）烟及有害气体生成量小　由于 Exolot AP 阻燃剂的反应模式是在受高热或火焰作用下形成保护性膨胀泡沫层，故在火灾早期的生烟量很少，因而可提供足够的时间疏散人员和财产。

（3）力学性能优异　当以 Exolot AP 阻燃 PP 时，由于它的阻燃效率高，故用量较低时即可使材料具有电子/电气工业所要求的 UL94 V20 阻燃级，因而对材料的力学性能影响较小。对于含玻璃纤维的 PP，适用的阻燃剂是 Exolot AP751。以质量分数 30%的 AP751 处理含质量分数 20%玻璃纤维的 PP，可得到 UL94 V20 阻燃级的材料。与未阻燃含玻璃纤维 PP 均聚物相比，含玻璃纤维 PP/Exolot AP751 的杨氏弹性模量和拉伸屈服强度分别提高了约25%和30%，冲击强度几乎不变。

(4) 密度低　以 Exolot AP750 阻燃的 UL94 V20 级 PP 的密度为 $1g/cm^3$，仅比未阻燃 PP 高约 10%；而以溴系或氯系阻燃剂处理的 UL94 V20 级 PP，其密度一般高达 $1.3\sim1.4g/cm^3$。即使其他无卤素阻燃剂（如氢氧化铝、氢氧化镁、膨胀型石墨及其协效剂等）阻燃的 PP，其密度也因阻燃剂含量高，而比未阻燃 PP 高出 30%～40%。

(5) 耐光性好　一些常用于 PP 的卤素阻燃剂，不仅自身的光稳定性差，且对光稳定剂常显示出对抗作用。例如，卤素阻燃剂就显著恶化受阻胺（HALS）的抗紫外线功能，因此难以制得同时具有优良阻燃剂和光稳定性的 PP，这就限制了卤素阻燃 PP 在室外制品中的应用。但是，HALS 与 AP750 的相容性就好得多，两者可以同时用于 PP。与卤素阻燃 PP 相比，含 AP750 及 HALS 的 PP，光稳定性抗脆性显著提高。在光照射下明显发黄的时间，对含水量 Exolot AP750 的 PP 大于 2500h，而含脂环族氯系阻燃剂或含邻苯二甲酰亚胺类溴系阻燃剂的 PP 则仅分别为 800h 或 60h。

(6) 利于再生　从环保和经济的角度考虑，材料应当回收，并能重新加工和应用，且再生材料性能不应明显恶化。

三、纳米 SiO_2 改性塑料

纳米 SiO_2 为无定形白色粉末，是一种无毒、无味、无污染的无机非金属材料。纳米 SiO_2 具有很高的活性，同时产生许多特别的性质（诸如光学屏蔽），使其显示出卓越的功能和性能。填充改性是增强、增韧聚合物的强度的一种重要方法。纳米 SiO_2 改性聚合物的方法有原位聚合法、溶胶凝胶法和共混法 3 种。

目前，关于纳米 SiO_2 在塑料中的应用主要表现在以下几个方面：增韧、增强作用；改善塑料的抗老化性；塑料功能化；通用塑料工程法。得到应用的有几种典型的纳米 SiO_2 改性塑料有：纳米 SiO_2-环氧树脂材料、纳米 SiO_2-聚氨酯（PU）涂膜、纳米 SiO_2-聚烯烃材料、纳米 SiO_2/聚碳酸酯材料。

四、纳米透明塑料

光学透明材料可分为光学玻璃、光学晶体和光学透明高分子材料（或光学塑料）3 大类。光学塑料主要应用在以下几个领域：①作为建筑、装饰材料用于透明屋顶、门窗玻璃、室内外装满、灯具及广告；②飞机和汽车等用风挡及窗玻璃；③作为透镜、棱镜、反射镜、复制衍射光栅等光学元件，用于照相机、望远镜、复印机等光学器件上；④制作眼镜片和软性与硬性隐形眼镜；⑤与光电子技术相结合，用于光盘基板和光纤等。

五、插层复合纳米塑料

插层复合纳米塑料具有如下特点：①加入量很小（3%～5%质量分数）即可使聚合物的强度、刚度、韧性及阻隔性获得明显提高，材料的密度小；②材料的耐热性及尺寸稳定性好；③可以在二维方向得到良好的增强作用；④不同的层状纳米材料还可赋予复合物不同的功能特性。

插层复合纳米塑料的主要性能有：①高强度和耐热性；②高阻隔及自熄灭性，一些纳米塑料还具有阻燃自熄灭性能；③优良的加工性，纳米塑料熔体强度高，结晶速率快，黏度低，因此注塑、挤出和吹塑的加工性能优良。

典型插层复合纳米塑料有尼龙 6 纳米塑料（NPA6）、PET 纳米塑料（NPET）、超高分子量聚乙烯/黏土纳米复合材料。

六、建筑管材用纳米塑料

建筑管材用纳米塑料主要有：①纳米碳酸钙强化 PVC 树脂及其管材。它的强度高、韧

性好，而且在加工过程中，纳米强化 PVC 树脂熔体的最大扭矩和平均扭矩都有较大幅度下降，挤出机的电流可下降10%左右，对设备寿命和能耗均有好处。纳米碳酸钙强化 PVC 树脂可使塑料管道、异型材料等制品在保证相同力学性能条件下薄壁化，同时尺寸稳定性，硬度、刚度等性能得到提高，综合成本减少。②聚合物/层状硅酸盐纳米复合材料及其管材。它是一类纳米强化的建筑用塑料管材。插层复合技术能够实现聚合物基体与无机物分散相在纳米尺度上的复合，所得的纳米塑料能够将无机物的刚性、尺寸稳定性和热稳定性与聚合物的韧性、可加工性及介电性完美地结合起来。

在纳米塑料管材的功能化方面，目前主要有纳米技术和塑料管材抗菌、纳米技术和塑料管材阻燃以及纳米技术和塑料管材防老化。

七、纳米泡沫塑料

纳米泡沫塑料是指纳米复合材料泡沫塑料和泡孔尺寸为纳米级的泡沫塑料。对泡沫塑料进行纳米填料的填充，并将纳米泡沫塑料制成具有纳米泡孔的泡沫塑料，是实现泡沫塑料高性能化和功能化的有效途径。纳米填充泡沫塑料是纳米泡沫塑料的主要形式。由于某些纳米填料本身具有如导电、自洁净、吸波等功能，用这些纳米填料填充能实现泡沫塑料一定的功能。

纳米填料加入到聚合物中的方法主要有原位聚合法、插层复合法、直接混合法。纳米泡沫塑料中纳米粒子的加入方法基本也是上述 3 种。

第六节　纳米改性防水材料

现代化建筑对防水和密封技术提出了越来越高的要求，纳米防水技术的发展将为之提供重要的技术保障。同时，以新材料、新技术为先导，发展绿色防水材料，保护环境，保护生态，是世界建筑防水材料发展的趋势，也是我国防水材料发展的趋势。

一、纳米膨润土改性防水材料

用膨润土防水的优点有：良好的自保水性、能永久发挥其防水能力、施工简单、工期短、对人体无害、容易检测和确认以及容易维修和补修、补强。

纳米膨润土防水产品主要有膨润土防水毯、防水板、密封剂、密封条等。纳米防水毯是将钠膨润土填充在聚丙烯织物和无纺布之间，将上层的非织物纤维通过针压的方法将膨润土夹在下层的织物上而制成的。膨润土防水板是将钠膨润土和土工布（HDPE）压缩成型而制成的，具有双重防水性能，施工简便，应用范围更广泛。膨润土改性丙烯酸喷膜防水材料，有更好的保水性和较大的对环境相对湿度的适应范围。蒙脱土纳米复合防水涂料的力学性能很好。

二、纳米聚氨酯防水涂料

纳米聚氨酯防水涂料有良好的悬浮性、触变性、抗老化性及较高的黏结强度。主要品种有纳米聚氨酯防水涂料、纳米沥青聚氨酯防水涂料、双组分纳米聚醚型聚氨酯防水涂料、羟丁型聚氨酯防水涂料等。

三、纳米粉煤灰改性防水涂料

由于粉煤灰的价格低，因此纳米粉煤灰改性防水涂料的附加值较高，有明显的价格优势。

用粉煤灰、漂珠、废聚苯乙烯泡沫塑料等废弃物和高科技产品纳米材料配合使用，优势互补，可实现防水涂料高性能、低成本的生产运作，并可形成既有共性、又各有特点的系列产品。为粉煤灰、漂珠高附加值的开发利用开辟了新的道路。

四、水泥基纳米防水复合材料

水泥混凝土外加剂是一种细化的纳米材料，它的诞生使混凝土有了质的飞跃。纳米外加剂在防水领域中的应用有喷射混凝土领域、灌注浆领域、动水堵漏、核电站的三废处置等。

五、纳米粒子改性水乳胶

纳米 ZnO 粒子、纳米 TiO_2 粒子具有较强的屏蔽紫外线的功能，应用于乳胶中，覆盖引起防水涂料老化的 320～340nm 范围波长的紫外线，能较好地提高防水涂料的光老化性能。

六、三元乙丙橡胶（EPDM）基防水材料

以纳米 $CaCO_3$ 等为配合剂，通过调整配方，能得到物理力学性能稳定、老化性能优异的 EPDM 橡胶基防水材料。随着纳米 $CaCO_3$ 添加量的增加，拉伸强度逐步上升，断裂伸长率基本保持稳定。

七、其他防水材料

纳米改性防水材料可以用于多种不同用途的防水材料，从而提升传统防水材料的综合性能，如普通型防水涂料、高弹性防水涂料、保温隔热防水涂料、彩色防水涂料、反光型降温防水涂料等。

第七节　纳米改性隔热保温材料

根据纳米孔绝热保温原理，一种好的隔热保温材料，首先要求材料本身的固有绝热性能好，其次必须充分利用热传递的基本原理，设计具有良好隔热性能的材料。通过研究不同尺寸和形状的增强剂及多孔结构对材料传热性能的影响，能够较大地提升传统隔热材料的性能。比如，利用有机高分子材料固有的绝热性能，再利用纳米孔成型技术将其制成纳米泡沫材料，必将大大提高原有绝热保温材料的绝热保温性能，这将成为今后研制新型高效绝热保温材料的新思路、新方法。

一、纳米隔热涂料

在制作隔热膜时一般采用高纯氧化锡铟（ITO）纳米复合粉末制成 ITO 靶材，然后在基体上成膜。ITO 粉体具有优良的光电性能，在红外区的反射率可达 80%。若能用 ITO 粉体制成透明隔热涂料，用于玻璃等基材，将有良好的市场前景和推广价值。

美国已开发了具有红外反射性能的半导体纳米材料 ITO，并将其分散在水中制成纳米浆料。日本将纳米 ITO 粉体用于制备水型或溶剂型红外阻隔涂料。

二、聚酰亚胺泡沫绝热保温材料

聚酰亚胺泡沫材料是聚酰亚胺树脂经发泡而成的泡沫材料。聚酰亚胺泡沫绝热保温材料与其他同类材料相比，具有以下特点：良好的绝热保温效果；良好的阻燃性、抗明火、不发烟、不产生有害气体；密度小；具有柔性和回弹性；易于安装、维护；耐高、低温；环境友好，不含卤素和消耗臭氧物质。

美国船用绝热保温材料已基本由纤维材料改用聚酰亚胺泡沫材料，美国等西方发达国家，无论是在水面舰艇还是在潜艇上，都已广泛采用聚酰亚胺泡沫绝热保温材料。

三、硅质纳米孔超级绝热保温材料

纳米孔绝热保温材料和真空绝热保温材料被公认为两种超级绝热材料。美国等国家对硅质纳米孔绝热材料的制备工艺进行了改进，避开高温、高压的超临界制作工艺，采用常压复

合工艺获得成功，使硅质纳米孔绝热保温材料走出航空、航天领域，应用到包括船舶在内的其他工业领域。国内目前采用的A260级陶瓷棉耐火分隔材料，厚度达40mm，密度为$70kg/m^3$。若采用硅质纳米孔绝热保温材料，厚度将减至12mm，而单位面积质量也由$6.8kg/m^2$降至$2.88kg/m^2$。

四、聚合物互穿网络酚醛型绝热保温材料

聚合物互穿网络酚醛型绝热保温材料韧性好、耐温高、综合性能好，能满足船体对材料的要求，它必将在船舶绝热保温方面得到推广应用。从纳米孔绝热保温原理来看，倘若利用有机高分子材料固有的绝热性能，再利用纳米孔成型技术将其制成纳米孔泡沫材料，必将大大提高原有绝热保温材料的绝热保温性能，这是今后研制新型高效率船舶绝热保温材料的新思路、新方法。

另外，还有诸如多孔纳米保温隔热材料、空心微珠改性复合隔热材料、低辐射保温玻璃、纤维型纳米隔热材料等。

第八节　纳米电器材料在建筑和家居中的应用

纳米技术和纳米材料的不断发展，使电器材料逐渐向智能化、多功能化、高性能和环保的方向发展。随着纳米材料制备和加工技术的进步，纳米电子电路将可能取代微电子电路，使电器的处理速度和显示效果发生质变，高性能和低辐射的电器将不断涌现。纳米技术包括纳米抗菌技术、导电塑料、透明耐磨涂层、纳米防辐射材料，它们不但提高了家用电器的性能，而且大大改善了家用电器的外观，使家用电器在提高使用性能的同时，也不断满足人们的审美需求。另外，节能材料也是电器材料的重点研究方向之一。全球各国都面临着能源短缺的问题，因此电器的节能技术不但成为社会的需要，也成为消费者选择电器材料的重要指标之一，这些技术的进步都与纳米材料有较大关系。

一、纳米电器产业化最新进展

1. 纳米电器涂层

纳米材料的出现有望彻底解决电器辐射对人体的伤害。纳米粒子的粒度小，可以实现手机信号的高保真和高清晰，提高信号抗干扰能力，同时大大降低电磁波辐射。具有优异的抗辐射性能的纳米材料主要包括TiO_2、Cr_2O_3、Fe_2O_3、ZnO等具有半导体性质的粉体。作为颜料加入到涂料中，纳米ZnO等金属氧化物由于重量轻、厚度薄、颜色浅、吸波能力强等优点，而成为吸波涂料研究的热点之一。

2. 稀土纳米投影屏的制备

将稀土纳米氧化物均匀涂在投影屏上，取得了奇异的效果：投影屏视场角度增大，在接近180°观察荧屏时，仍然清晰且亮度不减，颜色鲜艳。纳米玻璃的应用，使得LCD的蓝色背光液晶显示屏更加清晰、洁净，增强了美感。

3. 显示器用碳纳米枪和线圈

碳纳米枪是场致效应显示器（FED）的“心脏”，它反射出的电子能在荧光屏上显示出图像。其方法是：在铟和锡氧化物基板上涂覆一层铁膜后，置入电炉中，向电炉中输入乙炔和氦，再用700℃的温度加热，结果就在铁膜上形成了碳纳米线圈。用它作电子枪施加电压后，发出的电流密度可达$10mA/cm^2$，与碳纳米管相同。它将成为一种制造成本低、耗电少的显示器新技术。

4. 纳米电子元件

2001年，美国和欧洲有5个独立研究小组，分别利用碳纳米管、纳米线和单一分子，制造出了分子晶体管和分子逻辑电路。美国IBM公司用碳纳米管制造出了第一批碳纳米管晶体管，发明了利用电子的波性而不是常规导线实现传递信息的导线；美国朗讯贝尔实验室则用一个单一的有机分子制造出了世界上最小的纳米晶体管。纳米电子技术因此而一跃成为受人注目的前沿领域。

5. 纳米存储设备

短波长的纳米读取头被广泛应用于CD-ROM和DVD的产品中。目前，高档读取头的生产技术和专利主要由日本掌握。在蓝光读取头方面，中国台湾已经研究得非常深入，但目前还没进入到产业化阶段。存储数码照片信息所用的磁盘，如所用磁粉为纳米材料，则存储密度可以更大。

6. 纳米抗菌材料

抗菌空调、冰箱、空气净化器可强力杀菌酶、杀菌，杀菌率达到99.2%，能杀灭空气中的多种细菌，使室内空气清新，从而保护人们的健康。采用纳米二氧化钛解毒时，可有效过滤空气异味。

7. 纳米透明耐磨材料

深圳雷地科技公司采用拥有自主知识产权的金刚石膜新材料独立研制成一种高强度、不磨损、透光良好的玻璃手机视窗并申请了专利。耐磨抗裂，即使用刀子在屏幕上任意割划，也不会留下痕迹。由于这一成果使手机视窗产生由树脂材料到纳米材料的革命性发展，我国科学与技术部已将其列入国家重点新产品计划中。

二、家用电器中的纳米功能塑料

家用电器用的塑料多是一些具有特殊功能的塑料，如抗菌塑料、阻燃塑料、导电塑料、磁性塑料、增韧、增强塑料以及为了适应环保要求的生物降解塑料。

高效的纳米抗菌塑料主要用于电冰箱的门把水、门衬、抽屉等零部件和洗衣机的抗菌不锈钢筒、抗菌洗涤水泵、抗菌波轮等零部件。此外，还广泛应用于空调、电话、热水器、微波炉、电饭锅等。增韧、增强塑料主要用于电冰箱门密封条、洗衣机内筒以及各种家用电器的外壳和底座等。

阻燃塑料在家用电器上的应用极为广泛，如电熨斗、微波炉、电视、各种照明器具以及所有电器的插头和插座等。导电塑料主要用于家用电器的壳体，以屏蔽或反射家用电器产生的对人体有害的电磁波，以及用于空调的除尘。磁性塑料的发展较快，大量用于微型精密电机的转子和定子的零部件、电冰箱门封磁条及电视、收录机、录像机、电话、扬声器等家用电器的零部件。

三、纳米电源材料

纳米电源材料有锂离子电池负极材料、碳负极材料、金属电极材料、碳纳米管负极材料等。单纯地应用碳纳米管作为负极材料受到一定的限制，必须对其进行一系列的改性处理。

近几年，由于纳米新材料技术的发展，一系列充满应用前景的纳米负极材料被制备出来，如 V_2O_5 纳米棒、TiO_2 纳米棒、纳米结构的 Co_2O_3 材料等一些金属氧化物。纳米材料在锂离子电池中的应用越来越为人们所重视。将碳纳米管引入锂离子电池开发新型电池材料，必将大有市场潜力。把碳纳米管同储锂容量高的金属、金属氧化物或非金属制备成碳纳米管复合电极材料，将是今后人们研究的重点。

四、抗电磁辐射材料

利用纳米粉体吸收峰的共振频率随量子尺寸变化的性质，可通过改变量子尺寸来控制吸收边的位移，制造具有一定频宽的新型微波吸收材料。电磁辐射已成为新的环境污染，利用与军用类似的吸波材料对人体进行屏蔽保护是最有效的防护方法。

目前有纳米铁防辐射材料，它是利用纳米铁粉的吸波特性，制作出的一种新型结构吸波材料——纳米铁/环氧树脂复合材料。

五、碳纳米管在纳米电器中的应用

碳纳米管应用最有作为的领域是纳米电子器件，它可作为器件的功能材料，也可以作为导电的纳米线。将单壁碳纳米管竖直组装在晶态金属膜表面，除用于测量其电学特性，制作SPM的针尖外，还有其他重要的应用，如：①电子显微镜的相干电子源，②高效场发射电子源，③极高分辨率的显示器件。

在电器微型化的进程中，一方面电子器件从电子管、晶体管、集成电路到碳纳米管；另一方面电路从放大电路、负反馈放大电路到优化反应反馈放大电路。利用隧道效应显微技术，对单个分子或原子进行操作，可获得具有超级优化特性的碳纳米管优化电压并联反馈放大电路。碳纳米管优化电压并联反馈放大电路，势必成为未来微型电器中起放大作用的基本电路。

思 考 题

1. 纳米 TiO_2、SiO_2、ZnO 对涂料性能的影响如何？
2. 纳米改性陶瓷的制备方法是什么？
3. 简述纳米技术在水泥中的应用情况。
4. 试述纳米改性玻璃的制备和发展方向。
5. 建筑用纳米改性塑料有几种？
6. 纳米电器材料在建筑和家居中有何应用？

第十七章　建筑材料试验

建筑材料试验是重要的实践性学习环节，其学习目的有三：一是熟悉建筑材料的技术要求，能够对常用建筑材料进行质量检验和评定；二是通过具体材料的性能测试，进一步了解材料的基本性状，验证和丰富建筑材料的理论知识；三是培养学生的基本试验技能和严谨的科学态度，提高分析问题和解决问题的能力。

材料的质量指标和试验结果是有条件的、相对的，是与取样、试验方法、测量精度和数据处理密切相关的。在进行建筑材料试验过程中，材料的取样、试验操作和数据处理，都应严格按照现行的有关标准和规范进行，以保证试样的代表性、试验条件稳定一致以及测试技术和计算机结果的正确性。试验数据和计算结果都有一定的精度要求，对试验数据应按照数值修约规则进行修约。

第一节　建筑材料基本性质试验

一、密度试验

密度是材料在密实状态下单位体积的质量。本试验可以用水泥或烧结普通砖为代表举例说明，进行密度测定。

1. 主要仪器

主要仪器包括：李氏瓶（如图 18-1 所示）；天平（称量 1000g，感量 0.01g）；烘箱；筛子（孔径 0.20mm）；温度计等。

2. 试验步骤

(1) 水泥试样直接采用粉体，烧结黏土砖取样后将其破碎、磨细后，全部通过 0.2mm 孔筛，再放入烘箱中，在不超过 110℃ 的温度下，烘至恒重，取出后置干燥器中冷却至室温备用。

(2) 将无水煤油注入如图 17-1 所示的李氏瓶到凸颈下 0～1mL 刻度线范围内。用滤纸将瓶颈内液面上部内壁吸附的煤油仔细擦净。

(3) 将注有煤油的李氏瓶放入恒温水槽内，使刻度线以下部分浸入水中，水温控制在 (20±0.5)℃，恒温 30min 后读出液面的初体积 V_1（以弯液面下部切线为准），精确到 0.05mL。

(4) 从恒温水槽中取出李氏瓶，擦干外表面，放于物理天平上，称得初始质量 m_1。

(5) 用小匙将物料徐徐装入李氏瓶中，下料速度不得超过瓶内液体浸没物料的速度，以免阻塞。如有阻塞，应将瓶微倾且摇动，使物料下沉后再继续添加，直至液面上升接近 20mL 的刻度时为止。

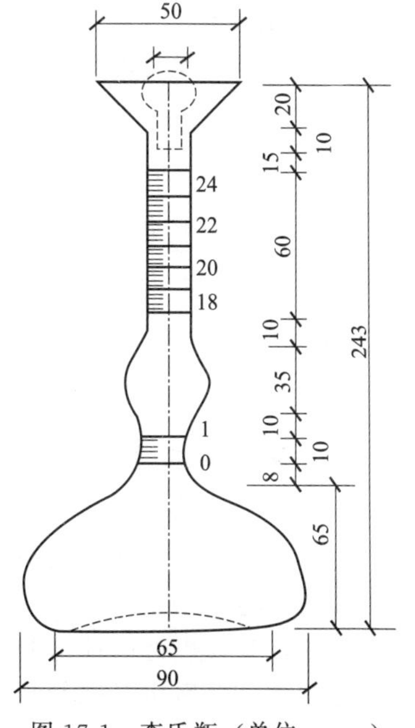

图 17-1　李氏瓶（单位：mm）

(6) 排除瓶中气泡。以左手指捏住瓶颈上部，右手指托着瓶底，左右摆动或转动，使其中气泡上浮，每 3～5s 观察一次，直至无气泡上升为止。同时将瓶倾斜缓缓转动，以便使瓶内煤油将黏附在瓶颈内壁上的物料洗入煤油中。

(7) 将瓶于天平上称出加入物料后的质量 m_2，再将瓶放入恒温水槽中，在相同水温下恒温 30min 读出第二次体积读数 V_2。

3. 结果计算

(1) 按下式计算试样密度 ρ（精确至 0.01g/cm^3）

$$\rho=\frac{m_2-m_1}{V_2-V_1} \tag{17-1}$$

式中 ρ——材料的密度，g/cm^3；

m_1——李氏瓶水的质量，g；

m_2——李氏瓶水和物料的质量，g；

V_1——初始体积读数，mL；

V_2——最终体积读数，mL。

(2) 以两次试验结果的平均值作为密度的测定结果。两次试验结果的差值不得大于 0.02g/cm^3，否则应重新取样进行试验。

二、表观密度试验

表观密度又称体积密度，是指材料包含自身孔隙在内的单位体积的质量。以烧结普通砖为试件，进行表观密度测定。

1. 主要仪器

主要仪器包括：案秤（称量 6kg，感量 50g）；直尺（精度为 1mm）；烘箱；当试件较小时，应选用精度为 0.1mm 的游标卡尺和感量为 0.1g 的天平。

2. 试验步骤

(1) 将每组 5 个试件放入 (105±5)℃的烘箱中烘至恒重，取出冷却至室温称重 m (g)；

(2) 用直尺量出试件的各方向尺寸，并计算出其体积 V（cm^3）。对于六面体试件，测量尺寸时，长、宽、高各方向上须测量 3 处，取其平均值得 a、b、c，则 $V=abc$（cm^3）。

3. 结果计算

(1) 材料的表观密度 ρ_0 按下式计算（精确至 10kg/m^3）

$$\rho_0=\frac{m}{V}\times 1000\ (\mathrm{kg/m^3}) \tag{17-2}$$

(2) 表观密度以 5 个试件试验结果的平均值表示，计算精确至 10kg/m^3。

三、孔隙率计算

将已测得的烧结普通砖的密度与表观密度代入下式，可计算得出普通砖的孔隙率 P_0（精确至 1%）

$$P_0=\frac{\rho-\rho_0}{\rho}\times 100\% \tag{17-3}$$

四、吸水率试验

1. 主要仪器设备

主要仪器设备包括：天平；游标卡尺；烘箱等。

2. 试验步骤

(1) 取有代表性试件（如石材）每组 3 块，将试件置于烘箱中，以不超过 110℃的温度烘干至恒重，然后再以感量为 0.1g 的天平称其质量 m_0 (g)。

(2) 将试件放在金属盆或玻璃盆中，在盆底可放些垫条（如玻璃管（杆）等）使试底面与盆底不致紧贴，使水能够自由进入试件内。

（3）加水至试件高度的1/3处，过24h后再加水至高度的2/3处；再过24h加满水，并再放置24h。这样逐次加水能使试件孔隙中的空气逐渐逸出。

（4）取出试件，擦去表面水分，称其质量m_1(g)，用排水法测出试件的体积V_0(cm^3)。为检查试件吸水是否饱和，可将试件再浸入水中至高度的3/4处，24h后重新称量，两次质量之差不超过1%。

3. 试验结果计算

（1）按式(17-4)、式(17-5)计算吸水率W(%)（精确至0.1%）

质量吸水率
$$W_m=\frac{m_1-m_0}{m_0}\times100\% \tag{17-4}$$

体积吸水率
$$W_m=\frac{m_1-m_0}{V_0}\times\frac{1}{\rho_w}\times100\% \tag{17-5}$$

（2）取3个试样的吸水率计算其平均值（精确至0.1%）。

第二节　水泥试验

一、水泥取样方法及试验条件规定

（1）取样方法，以同一水泥厂、同品种、同强度等级、同期到达的水泥进行取样和编号，一般以不超过100t为一个取样单位。取样应具有代表性，可连续取、也可在20个以上不同部位抽取等量的样品，总量不少于12kg。

（2）取得的试样应充分搅拌均匀，分成两份，其中一份密封保存3个月。试验前，将水泥通过0.9mm的方孔筛，并记录筛余百分率及筛余物情况。

（3）试验用水必须是洁净的淡水。

（4）实验室温度应为17～25℃，相对湿度大于50%；养护温度为（20±2)℃，相对湿度应大于95%；养护池水温为（20±1)℃。

（5）水泥试样、标准砂、拌和水及仪器用具温度应与实验室温度相同。

二、水泥细度检验

水泥细度检验分水筛法和负压筛法两种。当两种方法检验结果有争议时，以负压筛法为准。硅酸盐水泥细度用比表面积表示，其他品种水泥细度用0.080m标准筛筛余百分率表示。

1. 水筛法

（1）主要仪器设备

① 水筛及筛座，水筛采用边长为0.080m的方孔铜丝筛网制成，筛框内径125mm，高80mm。

② 喷头，直径55mm，面上均匀分布90个孔，孔径0.5～0.7mm，喷头安装高度离筛网35～37mm为宜。

③ 天平（称量为100g，感量为0.05g)、烘箱等。

（2）试验步骤

① 称取已通过0.9mm方孔筛的试样50g，倒入水筛内，即用洁净的自来水冲至大部分细粉通过，再将筛子置于筛座上，用水压0.03～0.07MPa的喷头连续冲洗3min。

② 将筛余冲到筛的一边，用少量的水将其全部冲移至蒸发皿内，沉淀后将水倒出。

③ 将蒸发皿在烘箱中烘干至恒重，称量试样的筛余质量，精确至0.1g。

(3) 结果计算　以筛余质量克数乘以 2，即得筛余百分数。

2. 负压筛法

(1) 主要仪器设备

① 负压筛。同样采用边长 0.080mm 的方孔筛网制成，并附有透明的筛盖，筛盖与筛口应有良好的密封性。

② 负压筛析仪。由筛座、负压源及收尘器组成。

(2) 试验步骤

① 检查负压筛析仪系统，调压至 4000～6000Pa 范围内。

② 称取过筛的水泥试样 25g，置于洁净的负压筛中，盖上筛盖并放在筛座上。

③ 启动并连续筛析 2min，在此期间如有试样黏附于筛盖，可轻轻敲击使试样落下。

④ 筛毕取下，用天平称量筛余物的质量（g），精确至 0.1g。

(3) 结果计算　以筛余量的质量克数乘以 4，即得筛余百分数。

三、水泥标准稠度用水量

水泥标准稠度用水量试验有标准法和代用法两种方法。当两种方法测定结果有争议时，以标准法为准。

1. 仪器设备与试验环境条件

(1) 水泥净浆搅拌机。

(2) 维卡仪，如图 17-2 所示。

(3) 标准法试验用试杆，有效长度为（50±1)mm，由直径为 ϕ(10±0.05)mm 的圆柱形耐腐蚀金属制成。滑动部分总质量为（300±1)g。

(4) 标准法试验用试模，如图 17-3 所示。试模由耐腐蚀、有足够硬度的金属制成。试模为深度（40±0.2)mm、顶部内径 ϕ(65±0.5)mm、底部内径 ϕ(75±0.5)mm 的截顶圆锥体。每只试模配备一个大于试模、厚度大于或等于 2.5mm 的平板玻璃底板。

(5) 代用法试验所用试锥、试模如图 17-4 所示。

(6) 实验室温度为（20±2)℃，相对温度应不低于 50%；水泥试样、拌和水、仪器和用具的温度应与实验室一致。

(7) 湿气养护箱的温度为（20±1)℃，相对温度不低于 90%。

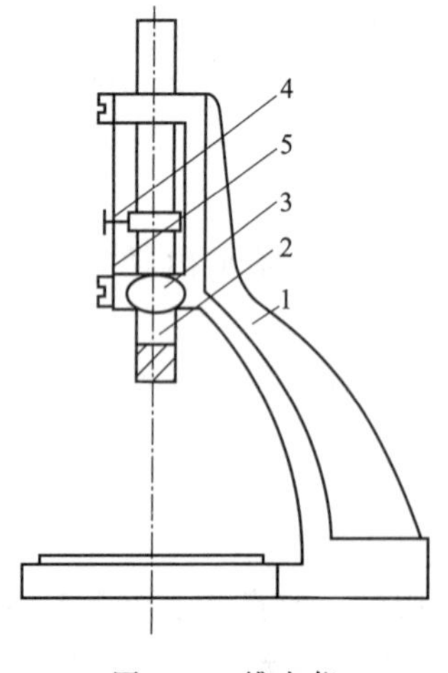

图 17-2　维卡仪

1—铁座；2—金属圆棒；3—松紧螺钉；4—指针；5—标尺寸

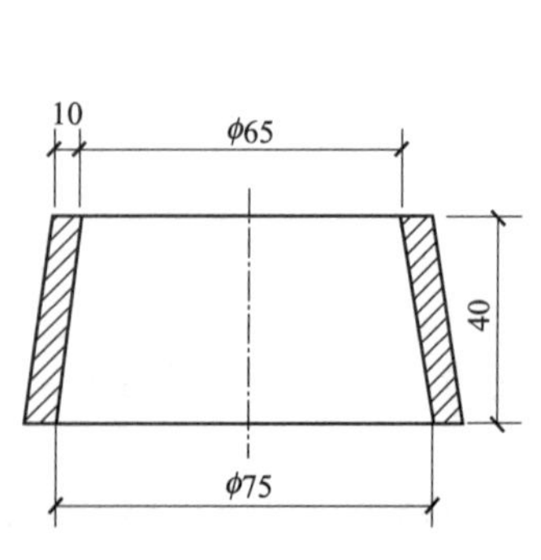

图 17-3　金属试模

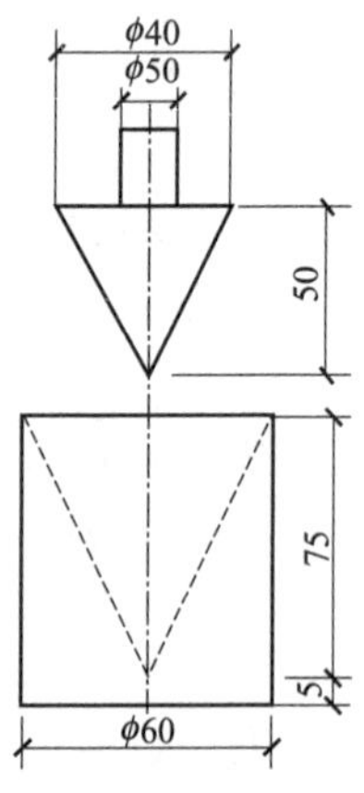

图 17-4　试锥和锥模

2. 试验步骤（标准法）

(1) 试验前检查仪器设备 将测定标准稠度用试杆连接在维卡仪上，与试杆连接的滑动杆表面应光滑，能靠重力自由下落，不得有紧涩和晃动现象；调整试杆至下端接触玻璃板时将指针对准零点；搅拌机运行正常。

(2) 制备水泥浆 将水泥净浆搅拌机的搅拌锅和搅拌叶片先用湿布擦净。称取水泥500g，根据试验量取适量水（一般通用水泥的标准稠度用水量范围为26%～30%）。

先将拌和水倒入搅拌锅内，在5～10s内小心地将称好的500g水泥加入水中，防止水和水泥溅出；拌和时，先将锅放在搅拌机的锅座上，升至搅拌位置，启动搅拌机，低速搅拌2min，暂停15s，同时将叶片和锅壁上的水泥浆刮入锅中间，再高速搅拌2min停机。

(3) 测定沉入深度 拌和结束后立即将拌制好的水泥净浆装入已置于玻璃底板上的试模中，用小刀插捣轻轻振动数次，刮去多余的净浆；抹平后迅速将试模和底板移到维卡仪上，并将其中心定在试杆下，降低试杆直至与水泥净浆表面接触，拧紧螺钉1～2s后，突然放松，使试杆垂直自由地沉入水泥净浆中。在试杆停止沉入或释放试杆30s时记录试杆距底板之间的距离。提升起试杆后，立即擦净；整个操作应在搅拌后1.5min内完成。

(4) 计算水泥的标准稠度用水量 P（%） 以试杆沉入净浆距底板(6±1)mm的水泥净浆为标准稠度水泥浆，其拌和水量为该水泥的标准稠度用水量（P），按水泥质量的百分数计。如果试杆沉入深度不满足上述要求，调整水量，重新进行试验。

3. 试验步骤（代用法）

(1) 试验前检查仪器设备，维卡仪的金属棒能自由滑动，搅拌机运行正常。

(2) 称量水泥和水 采用代用法测定水泥标准稠度用水量可用调整水量和固定水量两种方法的任一种方法来测定。称取水泥400g，采用调整水量方法时先按经验初步确定拌和水量，采用固定水量方法时量取拌和水142.5mL。

(3) 制备水泥净浆并装模 水泥浆的拌制方法同前。拌制好的水泥净浆立即装入如图17-4所示的锥模中，用小刀插捣，轻轻振动数次，刮去多余的净浆。

(4) 测定试锥下沉深度 抹平的试模迅速放到试锥下面固定的位置上，调整试锥使下端顶点对准净浆表面时，将指针对零或记录初始读数。拧紧螺钉1～2s后，突然放松，让试锥垂直、自由地沉入水泥净浆中。到试锥停止下沉或释放试锥30s时记录试锥下沉深度 S(mm)。整个操作应在搅拌后1.5min内完成。

(5) 计算标准稠度用水量 P（%） 采用调整水量方法测定时，以试锥下沉深度(28±2)mm时的净浆为标准稠度净浆，其拌和水量为该水泥的标准稠度用水量（P），按水泥质量的百分数计。如下沉深度超出范围需另称水泥试样，调整水量，重新试验，直至试锥下沉深度达到(28±2)mm范围为止。

采用固定水量法测定时，按下式计算水泥的标准稠度用水量

$$P=33.4-0.185S \tag{17-6}$$

式中 P——水泥的标准稠度用水量，%；

S——试锥下沉深度，mm。

当试锥下沉深度小于13mm时，应改用调整水量法测定。

四、凝结时间

1. 仪器设备与试验环境条件

(1) 水泥净浆搅拌机。

(2) 维卡仪如图17-2所示。

(3) 初凝用试针如图17-5所示。有效长度为(50±1)mm，直径为 ϕ(13±0.05)mm。

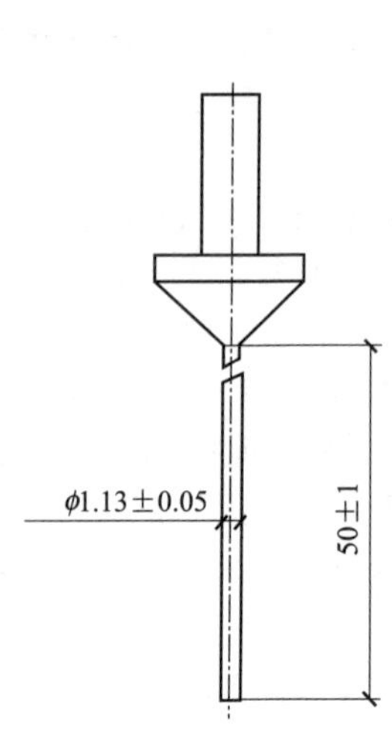

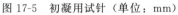

图 17-5 初凝用试针（单位：mm）

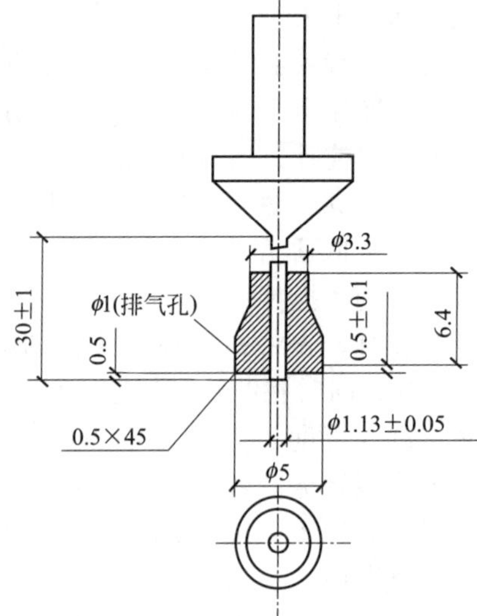

图 17-6 终凝用试针（单位：mm）

（4）终凝用试针，有效长度为（30±1）mm，细部构造如图 17-6 所示。

（5）盛水泥浆的金属试模及玻璃板，如图 17-3 所示。

（6）初凝时间测定用立式试模侧视图，如图 17-7 所示。

（7）终凝时间测定用反转试模前视图，如图 17-8 所示。

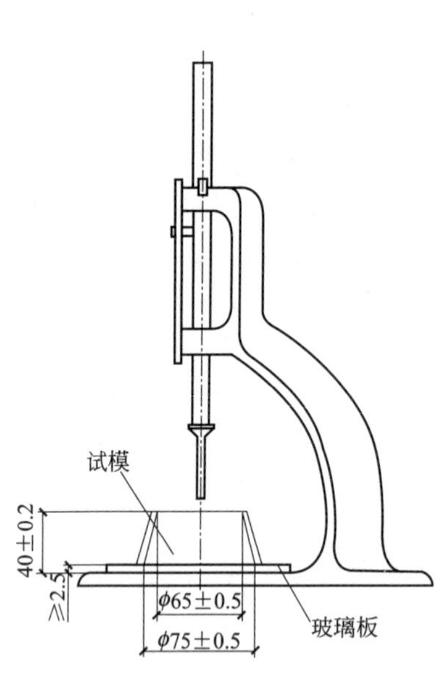

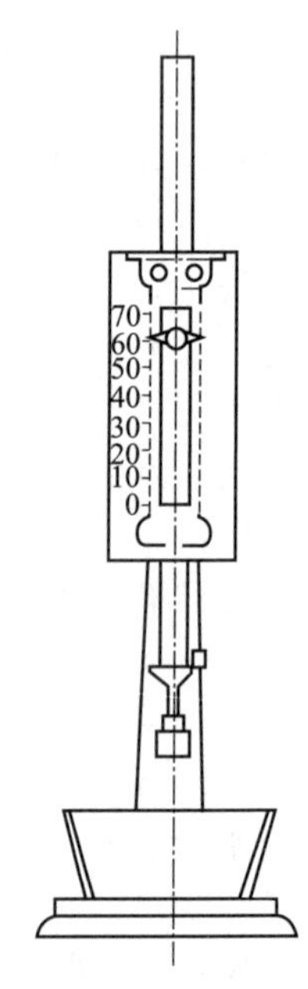

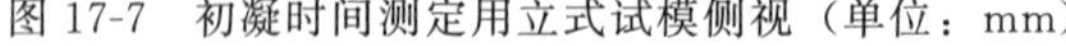

图 17-7 初凝时间测定用立式试模侧视（单位：mm）

图 17-8 终凝时间测定用反转试模前视

（8）试验环境条件同水泥标准稠度用水量试验。

2. 试验步骤

（1）测定前准备工作　检查维卡仪滑动部分表面光滑，能靠重力自由下落，不得有紧涩和晃动现象；调整初凝时间试针下端接触玻璃板时将指针对准零点；搅拌机运行正常。

（2）制备试件　制备标准稠度水泥浆，水泥浆搅拌步骤同标准稠度用水量试验。将制备好的水泥浆一次装满试模，振动数次并刮平，连同试模一起立即放入湿气养护箱中。记录拌制浆时以水泥全部加入水中的时间作为凝结时间的起始时间。

（3）测定初凝时间　试件在湿气养护箱中养护至加水后 30min 时进行第一次测定。从湿气养护箱中取出试模放到试针下，调整试针顶点与水泥净浆表面接触。拧紧螺钉 1～2s 后，突然放松，使试针垂直、自由地沉入水泥净浆。观察试针停止下沉或释放试针 30s 时指针的读数。当试针下沉距底板（4±1）mm 时，为水泥浆达到初凝状态；由水泥全部加入水中至初凝状态的时间为水泥的初凝时间，用“min”表示。

（4）测定终凝时间　为了准确观测试针沉入的状况，在终凝试针上安装了一个环形附件。在完成初凝时间测定后，立即将试模连同浆体以平移的方式从玻璃板取下，翻转 180°，直径大端向上、小端向下放在玻璃板上，如图 17-8 所示。再放入湿气养护箱中继续养护，临近终凝时间时每隔 15min 测定一次。

调整终凝时间试针接触水泥浆表面时，将指针对准零点。当试针沉入水泥浆试体中 0.5mm 时，即环形附件开始不能在试体上留下痕迹时，为水泥达到终凝状态，由水泥全部加入水中至终凝状态的时间为水泥的终凝时间，用“min”表示。

测定时应注意，在最初测定的操作时应轻轻扶持金属柱，使其徐徐下降，以防试针撞弯，但结果以自由下落为准；在整个测试过程中试针沉入的位置至少要距试模内壁 10mm。临近初凝时，每隔 15min 测定一次，临近终凝时每隔 15min 测定一次，到达初凝或终凝时应立即重复测一次，当两次结论相同时才能定为到达初凝或终凝状态。每次测定不能让试针落入原针孔，每次测试完毕须将试针擦净并将试模放回湿气养护箱内，整个测试过程要防止试模受振。

五、安定性试验（标准法）

1. 仪器设备与试验环境条件

（1）水泥净浆搅拌机。

（2）沸煮箱　有效容积约为 410mm×240mm×310mm，篦板的结构应不影响试验结果，篦板与加热器之间的距离大于 50mm。箱的内层由不易锈蚀的金属材料制成，能在 (30±5)min 内将箱内的试验用水由室温升至沸腾状态并保持 3h 以上，整个试验过程中无需补充水量。

（3）雷氏夹　由铜质材料制成，其结构如图 17-9 所示。当一根指针的根部先悬挂在一根金属丝或尼龙丝上，另一根指针的根部再挂上 300g 质量的砝码时，两根指针针尖之间距离的增加应在（17.5±2.5）mm 范围内，即 $2x=(17.5\pm2.5)$mm（见图 17-10），当去掉砝码后针尖的距离能恢复至砝码前的状态。

（4）试验环境条件同水泥标准稠度用水量试验。

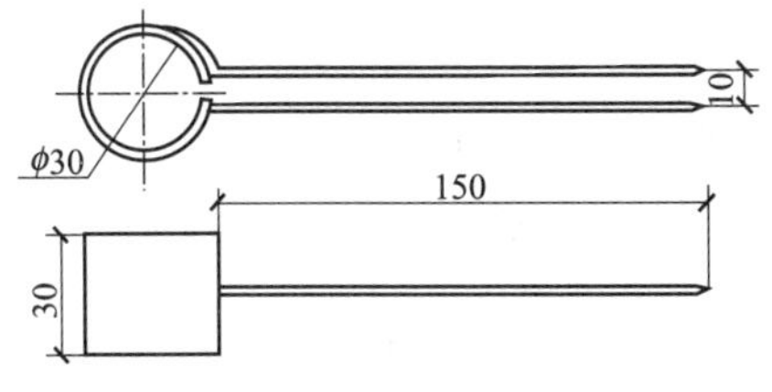

图 17-9　雷氏夹（单位：mm）

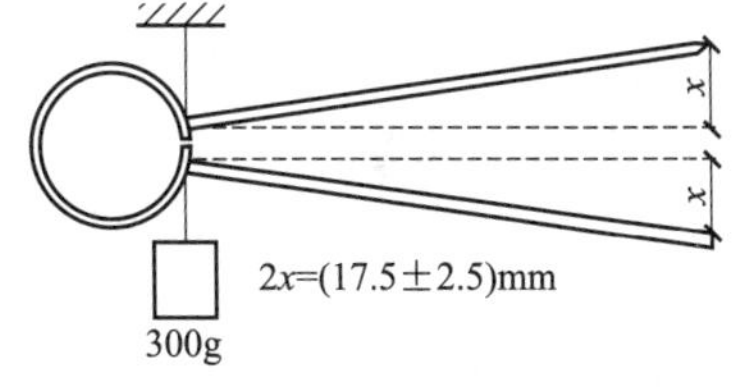

图 17-10　雷氏夹校正图

2. 试验步骤

（1）测定前准备工作　每个试样需成型两个试件，每个雷氏夹需配备质量为 75～85g 的玻璃板两块，凡与水泥净浆接触的玻璃板和雷氏夹内表面都要稍稍涂上一层油。

（2）雷氏夹试件的成型　将预先准备好的雷氏夹放在已稍擦油的玻璃板上，并立即将已制好的标准稠度水泥净浆一次装满雷氏夹。装浆时一只手轻轻扶持雷氏夹，另一只手用宽约10mm的小刀插捣数次，然后抹平，盖上稍涂油的玻璃板，接着立即将试件移至湿气养护箱内养护（24±2)h。

（3）沸煮

① 调整好沸煮箱内的水量，保证在整个沸煮过程中水位一直超过试件，无需中途添补试验用水，同时又能保证在（30±5)min内升温至沸腾。

②从玻璃板上取下雷氏夹试件，先测量雷氏夹指针尖端间的距离（A），精确到0.5mm。然后将试件放入沸煮箱中的试件架上，指针朝上，在（30±5)min内加热至沸并恒沸3h±5min。

（4）结果判别　沸煮结束后，立即放掉沸煮箱中的热水，打开箱盖，待箱体冷却至室温时取出试件。测量沸煮后试件的雷氏指针尖端的距离（C），准确至0.5mm。当两个试件煮后指针尖端处所增加的距离（$C-A$）的平均值不大于5.0mm时，即认为该水泥安定性合格，否则为不合格。当两个试件（$C-A$）的值相差超过4.0mm时，应用同一样品立即重做一次试验。

六、安定性试验（代用法）

1. 测定前准备

主要仪器设备和试验环境条件与标准法相同，不用雷氏夹，每个样品需准备两块约100mm×100mm的玻璃板，凡与水泥浆接触的玻璃板都要稍稍涂上一层油。

2. 试饼成型方法

将拌制好的标准稠度水泥净浆取出一部分分成两等份，使之成球形，放在预先准备好的玻璃板上，轻轻振动玻璃板并用湿布擦过的小刀从边缘向中央抹，做成直径70～80mm、中心厚约10mm、边缘渐薄、表面光滑的试饼，然后将试饼连同玻璃板一起放入湿气养护箱内养护（24±2)h。

3. 沸煮并检验定定性

从玻璃板上取下养护好的水泥浆试饼，在试饼无缺陷的情况下将试饼放入沸煮箱水中的篦板上，然后在（30±5)min内加热至沸并恒沸3h±5min。

4. 安定性判别

沸煮结束后，立即放掉沸煮箱中的水，打开箱盖，待箱体冷却至室温。取出试件，目测如果试饼表面未发现裂缝，用钢直尺检查试饼与玻璃板的接触面，没有弯曲现象，则该水泥的安定性为不合格。

七、水泥胶砂强度试验（ISO法）

1. 仪器设备与试验环境条件

（1）行星式砂浆搅拌机，应符合《行星式水泥胶砂搅拌机》（JC/T 681—2005）要求。

（2）振实台，应符合《水泥胶砂试体成型振实台》（JC/T 682—2005）要求。

（3）抗折强度试验机，应符合《水泥胶砂电动抗折试验机》（JC/T 724—2005）要求。

（4）抗压强度试验机，在较大的4/5量程范围内使用时记录的荷载应有±1%精度，并具有按（2400±200)N/s速率的加荷能力，应有一个能指示试件破坏时荷载并把它保持到试验机卸载以后的指示器，可以用表盘里的峰值指针或显示器来实现。

（5）抗压强度试验机用夹具，应符合《40mm×40mm水泥抗压夹具》（JC/T 683—2005）的要求，受压面积为40mm×40mm。

（6）试模，由3个水平的模槽组成，如图17-11所示，可同时成型3条截面为40mm×

40mm、长160mm的菱形试体，试模的材质和制造尺寸应符合《水泥胶砂试模》(JC/T 726—2005) 的要求。

(7) 成型室温度为 (20±2)℃，相对温度应不低于50%；水泥试样、拌和水、仪器和用具的温度应与实验室一致。

(8) 试体带模养护的养护箱或雾室温度保持在 (20±1)℃之间，相对温度不低于90%；试体养护池水温度应在 (20±1)℃范围内。

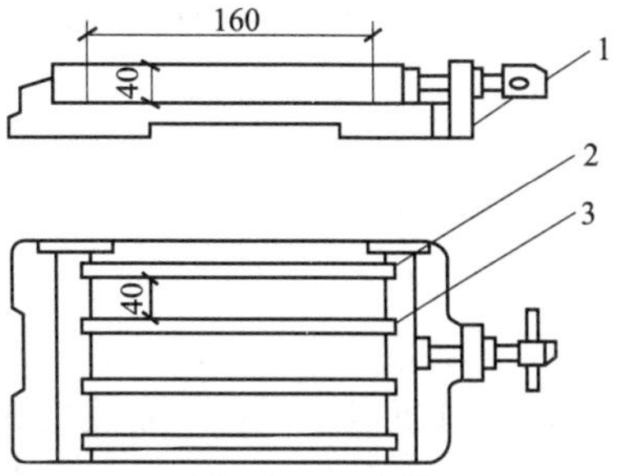

图 17-11 试模

1—底模；2—侧板；3—挡板

2. 试验用原材料及砂浆配比

(1) 水泥 当试验用水泥从取样至试验开始在实验室内放置24h以上时，应把水泥储存在基本装满和气密的容器里，容器应不与水泥起反应。

(2) 标准砂 采用中国ISO标准砂，每袋标准砂质量为 (1350±5)g。

(3) 胶砂配合比 胶砂的质量配合比应为一份水泥、三份标准砂和半份水 (水灰比为0.5)。一锅胶砂成型3条试体，每锅所需各材料量及称量误差允许范围如表17-1所示。

表 17-1 每锅胶砂所需各材料量及称量误差允许范围

水泥/g	标准砂/g	水/mL
450±2	1350±5	225±1

3. 试验步骤

(1) 称量各材料 按表17-1所列各材料用量及称量分别称取水泥、标准砂和水。

(2) 搅拌 先使搅拌机处于待工作状态，然后按以下的程序进行操作：把水加入锅里，再加入水泥，把锅放在固定架上，上升至固定位置；然后立即开动机器，低速搅拌30s后，在第二个30s开始的同时均匀地将砂子加入。当各级砂子分装时，从最粗粒级开始，依次将所需的每级砂量加完。把机器转至高速再搅拌30s，停拌1.5min。在第一个15s内用一胶皮刮具将叶片和锅壁上的胶砂刮入锅内，再在高速下继续搅拌1min。

(3) 制备试件 胶砂搅拌好后立即成型。将空试模和模套 (见图17-11) 固定在振实台上，用一个适当的勺子直接从搅拌锅里将胶砂分两层装入试模。装第一层时，每个槽里约放300g胶砂，用大播料器垂直架在模套顶部沿每个模槽来回一次将料层播平，接着振实60次。再装入第二层胶砂，用小播料器播平，再振实60次。移走模套，从振实台上取下试模，用一金属直尺以近似90°的角度架在试模模顶的一端，然后沿试模长度方向以横向锯割动并慢慢向另一端移动，一次将超过试模部分的胶砂刮去，并用同一直尺近乎水平地将试体表面抹平。

在试模上作标记或加字条标明试件编号和试件相对于振实台的位置。

(4) 试件的养护

① 脱模前的处理和养护。去掉留在模子四周的胶砂。立即将做好标记的试模放入雾室或湿箱的水平架子上养护，湿气应能与试模各边接触。一直养护到规定的脱模时间时取出脱模。脱模前，用防水墨汁颜料笔对试体进行编号。两个龄期以上的试体，在编号时应将同一试模中的3条试体分在两个以上的龄期内。

② 脱模。脱模应非常小心，需要测定24h龄期强度的试件，应在成型试验前20min内脱模。对于24h以上龄期的试件，应在成型后20～24h之间脱模。

③ 水中养护。将做好编号的试件立即水平或竖直地放在 (20±1)℃水中养护，水平放置时刮平面应朝上。试件之间应保持一定间距，试件之间应间隔或试体上表面的水深不得小于5mm。养护至规定龄期取出进行强度试验。

试件的龄期从水泥加水搅拌开始试验时算起，各龄期强度试验在下列时间里进行：

(24～24)h±15min；

(48～48)h±30min；

(72～72)h±45min；

(7～7)d±2h；

大于或等于 (28～28)d±8h。

(5) 抗折强度试验　用规定的设备以中心加荷法测定抗折强度。在折断后的棱柱体上进行抗压试验，受压面是试体成型时的两个侧面，尺寸为 40mm×40mm。

将试体一个侧面放在试验机支撑圆柱上，试体长轴垂直于支撑圆柱，通过加荷圆柱以 (50±10)N/s 的速率均匀地将荷载垂直地加在棱柱体相对侧面上直至折断，记录破坏荷 F_f，按式(17-7) 计算抗折强度值 R_f（精确至 0.1MPa）

$$R_f=\frac{1.5F_fL}{B^3} \tag{17-7}$$

式中　R_f——抗折强度，MPa；

F_f——折断时施加于棱柱体中部的荷载，N；

L——支撑圆柱之间的距离，mm；

B——棱柱体正方形截面的边长，mm。

(6) 抗压强度试验　用规定的设备在半截棱柱体的侧面上进行。半截棱柱体中心与压力机压板受压中心之差应在±0.5mm 内，棱柱体露在压板外的部分约有 10mm。在整个加荷过程中，以 (2400±200)N/s 的速率均匀地加荷直至破坏，记录破坏荷载 F_c，按式(17-8) 计算抗压强度值 R_c（精确至 0.1MPa）

$$R_c=\frac{F_c}{A} \tag{17-8}$$

式中　R_c——抗压强度，MPa；

F_c——破坏时的最大荷载，N；

A——受压面积（$40mm\times40mm=1600mm^2$），mm^2。

4. 试验结果评定

(1) 抗折强度　以一组 3 个棱柱体试件的抗折强度平均值作为试验结果，精确至 0.1MPa。当 3 个强度值中有超出平均值±10%的强度值时，应剔除该值后再取平均值作为抗折强度试验结果。

(2) 抗压强度　以一组 3 个棱柱体折断后 6 个试件的抗压强度测定值的算术平均值作为试验结果，精确至 0.1MPa。如 6 个测定值中有一个超出平均值的±10%，应剔除该值，再以剩下 5 个测定值的平均值作为抗压强度试验结果。如果这 5 个测定值中再有超过它们平均值±10%的强度值时，则该组试验结果作废。

(3) 确定水泥强度等级　根据不同品种水泥，按照规定龄期的抗折、抗压强度确定水泥的强度等级。

第三节　混凝土用砂、石试验

一、取样方法

1. 按原材料堆放或运输方式取样

(1) 在料堆上取样时，取样部位应均匀分布，取样前先将取样部位表层铲除，然后从不同部位抽取大致等量的砂子 8 份、石子 15 份组成一组样品。

(2) 在皮带运输机上抽样时，应用接料器在皮带运输机尾的出料处定时抽取大致等量的砂子 4 份、石子 8 份组成一组样品。

(3) 在火车、汽车、货船上取样时，从不同部位和深度抽取大致等量的砂子 8 份、石子 16 份组成一组样品。

2. 四份法缩取试样

将取回的砂（或石子）试样拌匀后摊成厚度约 20cm 的圆饼，在其上画十字线，分成大致相等的 4 份，除去其对角线的两份，将其余两份按同样的方法再继续进行，直至缩分后的材料量略多于试验所需的数量为止。

二、砂的表观密度

1. 主要仪器设备

主要仪器设备包括：天平（称量 1000g，感量 1g）、容量瓶（500mL）、烘箱、干燥器、料勺、烧杯、温度计等。

2. 试验步骤

(1) 称取烘干试样 300g（m_0），装入盛有半瓶冷开水的容量瓶中，摇动容量瓶，使试样充分搅动，排除气泡。塞紧瓶塞，静置 24h。

(2) 打开瓶塞，用滴管添水使水面与瓶颈 500mL 刻线平齐。塞紧瓶塞。擦干瓶外水分，称其质量 m_1 (g)。

(3) 倒出瓶中的水和试样，清洗瓶内外，再装入与上项水温相差不超过 2℃的冷开水至瓶颈 500mL 刻度线。塞紧瓶塞，擦干瓶外水分，称其质量 m_2 (g)。

3. 结果计算

(1) 按式(17-9) 计算砂的表观密度 ρ_0（精确至 0.01g/cm^3）

$$\rho_0=\frac{m_0}{m_0+m_0-m_1}\times\rho_w \tag{17-9}$$

式中　ρ_w——水的密度，取 1g/cm^3。

(2) 以两次试验结果的算术平均值作为砂的表观密度，如两次结果之差大于 0.02g/cm^3 时，应重新取样进行试验。

三、砂的堆积密度与空隙率

1. 主要仪器设备

(1) 天平：称量 10kg，感量 1g。

(2) 容量筒：圆柱形金属筒，内径 108mm，净高 109mm，筒壁厚 2mm，容积为 1L。

(3) 方孔筛：孔径为 4.75mm 筛一只。

(4) 垫棒：直径 10mm、长 500mm 的圆钢。

(5) 烘箱、漏斗或料勺、直尺、浅盘、毛刷等。

2. 试验步骤

(1) 将经过缩分、烘干后的砂试样用 4.75mm 孔径的筛子过筛，然后分成大致相等的两份，每份约 1.5L。

(2) 松散堆积密度。取试样一份，用漏斗或料勺将试样从容量筒中心上方 50mm 处徐徐倒入，让试样以自由落体落下，当容量筒上部试样呈锥体，且容量筒四周溢满时停止加料。然后用直尺沿筒口中心线向两边刮平（试验过程中防止触动容量筒），称出试样和容量筒的总质量 G_1（精确至 1g）。

(3) 紧密堆积密度。取试样一份分两次装入容量筒。装完第一层后，在筒底垫放垫棒，将筒按住，左右交替振击地面各25次。然后装入第二层，并用同样方法填实（但筒底所垫垫棒方向与第一层时的方向垂直）后，再加试样至筒口，然后用直尺沿筒口中心线向两边刮平，称出试样和容量筒的总质量 G_1（精确至1g）。

3. 结果计算与评定

(1) 砂的松散堆积密度或紧密堆积密度按式(17-10) 计算（精确至 $10kg/m^3$）

$$\rho_1=\frac{G_1-G_2}{V} \tag{17-10}$$

式中 ρ_1——砂的松散堆积密度或紧密堆积密度，kg/m^3；

G_1——试样和容量筒的总质量，g；

G_2——容量筒的质量，g；

V——容量筒的容积，L。

(2) 砂的空隙率 P_0 按式(17-11) 计算（精确至1%）

$$P_0=(1-\frac{\rho_1}{\rho_0})\times 100\% \tag{17-11}$$

式中 P_0——砂的空隙率,%；

ρ_1——砂的松散堆积密度或紧密堆积密度，kg/m^3；

ρ_0——砂的表观密度，kg/m^3。

(3) 堆积密度取两次试验结果的算术平均值，精确至 $10kg/m^3$；空隙率取两次试验结果的算术平均值（精确至1%）。

四、砂的颗粒级配

1. 主要仪器设备

(1) 方孔筛一套：孔径为150μm、300μm、600μm、1.18mm、2.36mm、4.75mm及9.50mm的筛各一只，并附有筛底和筛盖。

(2) 天平：称量1000g，感量1g。

(3) 摇筛机。

(4) 烘箱、浅盘、毛刷等。

2. 试验步骤

(1) 按规定取样，并将试样缩分至大约1100g，放在烘箱中于（105±5)℃下烘至恒重，冷却至室温。筛除大于9.50mm的颗粒（并算出其筛余百分率)，然后分为大致相等的两份备用。

(2) 准确称取试样500g，精确至1g，将试样倒入按孔径大小从上到下组合的套筛（附筛底）上，进行筛分。

(3) 将套筛置于摇筛机上并固紧，摇筛10min；取下套筛，按筛孔大小顺序再逐个用手筛，筛至每分钟通过量小于试样总量的0.1%为止。通过的砂样并入下一号筛中，并和下一号筛中的试样一起过筛，按此顺序进行，直至各号筛全部筛完为止。

(4) 称出各号筛的筛余量，精确至1g。如每号筛的筛余量与筛底剩余量之和同原试样质量之差超过1%时，须重新试验。

3. 结果计算与评定

(1) 计算分计筛余百分率。各号筛的筛余量除以试样总重量（精确至0.1%）。

(2) 计算累计筛余百分率。该号筛的筛余百分率加上该号筛以上各筛分计筛余百分率之和（精确至0.1%）。

（3）按式(17-12)计算砂的细度模数 M_x（精确至0.01）

$$M_x=\frac{(A_2+A_3+A_4+A_5+A_6)-5A_1}{100-A_1} \tag{17-12}$$

式中　M_x——细度模数；

A_1，A_2，…，A_6——4.75mm、2.36mm、1.18mm、600μm、300μm、150μm 筛的累计筛余百分率。

（4）根据各筛的累计筛余百分率，评定该试样的颗粒级配。

（5）累计筛余百分率取两次试验结果的算术平均值，精确至1%。细度模数取两次试验结果的平均值（精确至0.1）；如两次试验的细度模数之差超过0.20时，须重新试验。

五、石子颗粒级配试验

1. 主要仪器设备

（1）方孔筛一套。孔径为4.75mm、9.50mm、16.0mm、19.0mm、26.5mm、31.5mm、37.5mm、53.0mm、63.0mm、75.0mm及90.0mm的筛各一只，并附有筛底和筛盖（筛框内径为300mm）。

（2）台秤。称量10kg，感量1g。

（3）摇筛机。

（4）烘箱、浅盘、毛刷等。

2. 试验步骤

（1）按规定取样，并将试样缩分至略大于表17-2规定的数量，烘干或风干后备用。

表17-2　石子颗粒级配试验时所需试样数量

最大粒径/mm	9.5	16.0	19.0	26.5	31.5	37.5	63.0	75.0
最少试样质量/kg	1.9	3.2	3.8	5.0	6.3	7.5	12.6	16.0

（2）按表17-2规定的数量准确称取试样一份（精确至1g）。将试样倒入按孔径大小从上到下组合的套筛（附筛底）上，然后进行筛分。

（3）将套筛置于摇筛机上，摇筛10min；取下套筛，按筛孔大小顺序再逐个用手筛，筛至每分钟通过量小于试样总量的0.1%为止。通过的颗粒并入下一号筛中，并和下一号筛中的试样一起过筛，按此顺序进行，直至各号筛全部筛完为止。

（4）称出各号筛余量（精确至1g）。如每号筛的筛余量与筛底剩余量之和同原试样质量之差超过1%时，须重新试验。

3. 结果计算与评定

（1）计算分计筛余百分率。各号筛的筛余量与试样总质量之比（精确至0.1%）。

（2）计算累计筛余百分率。该号筛的筛余百分率加上该号筛以上各筛分计筛余百分率之和（精确至0.1%）。

（3）根据各筛上累计筛余百分率，评定该试样的颗粒级配。

六、石子的表观密度试验（液体相对密度天平法）

1. 主要仪器设备

（1）台秤：称量5kg，感量5g，其型号及尺寸应能允许在壁上悬挂盛试样的吊篮，并能将吊篮在水中称量。

（2）吊篮：直径和高度均为150mm，由孔径为1～2mm的筛网或钻有2～3mm孔洞的耐锈蚀金属板制成。

（3）方孔筛：孔径为 4.75mm 的筛一只。

（4）盛水容器：有溢流孔。

（5）烘箱、温度计、毛巾、搪瓷盘、刷子等。

2. 试验步骤

（1）按规定取样，并缩分至略大于表 17-3 中规定的数量，风干后筛除小于 4.75mm 的颗粒，然后洗刷干净，分为大致相等的两份备用。

表 17-3 石子表观密度试验所需试样数量

最大粒径/mm	小于 26.5	31.5	37.5	63.0	75.0
最少试样质量/kg	2.0	3.0	4.0	6.0	6.0

（2）取试样一份装入吊篮，并浸入盛水的容器中，液面至少高出试样表面 50mm。浸水 24h 后，移放到称量用盛水的容器中，并用上下升降吊篮的方法排除气泡，升降高度为 30～50mm。

（3）测定水温后，准确称出吊篮及试样在水中的质量（精确至 5g）。称量时盛水容器中水面的高度由容器的溢流孔控制。

（4）提起吊篮，将试样倒入浅盘，放在烘箱内烘干至恒重，待冷却至室温后，称出试样质量（精确至 5g）。

（5）称出吊篮在同样温度水中的质量（精确至 5g）。称量时盛水容器中水面的高度仍由容器的溢流孔来控制。

3. 结果计算与评定

（1）石子的表观密度按式(17-13）计算（精确至 $10kg/m^3$）

$$\rho_0=\frac{G_0}{G_0+G_2-G_1}\times\rho_w \tag{17-13}$$

式中 ρ_0——表观密度，kg/m^3；

G_0——烘干后试样的质量，g；

G_1——吊篮及试样在水中的质量，g；

G_2——吊篮在水中的质量，g；

ρ_w——水的密度，$1000kg/m^3$。

（2）表观密度取两次试验结果的算术平均值，两次试验结果之差大于 $20kg/m^3$，须重新试验。对颗粒材质不均匀的试样，如两次试验结果之差超过 $20kg/m^3$，可取 4 次试验结果的算术平均值。

七、石子的表观密度试验（广口瓶法）

1. 主要仪器设备

（1）天平：称量 2kg，感量 1g。

（2）广口瓶：1000mL，磨口，并带玻璃片。

（3）方孔筛：孔径为 4.75mm 的筛一只。

（4）烘箱、温度计、毛巾、搪瓷盘、刷子等。

2. 试验步骤

（1）按规定取样，并缩分至略大于表 17-3 中规定的数量，风干后筛除小于 4.75mm 的颗粒，然后洗刷干净，分为大致相等的两份备用。

（2）将试样浸水饱和，然后装入广口瓶中，装试样时广口瓶应倾斜放置。注入饮用水，用玻璃片覆盖瓶口，以上、下、左、右摇晃的方法排除气泡。

(3) 气泡排尽后，向瓶中添加饮用水，至水面凸出瓶口边缘，然后用玻璃片沿瓶口迅速滑行，使其紧贴瓶口水面并盖好。擦干瓶外水分，称出试样、水、瓶和玻璃片的总质量，精确至 1g。

(4) 将瓶中的试样倒入浅盘中，放在 (105±5)℃的烘箱中烘至恒重，取出冷却至室温，称出试样质量，精确至 1g。

(5) 将瓶洗净并重新注入饮用水，用玻璃片紧贴瓶口水面滑行并盖好，擦干瓶外水分后，称出水、瓶和玻璃片的总质量，精确至 1g。

3. 结果计算与评定

(1) 石子的表观密度按式(17-14) 计算（精确至 $10kg/m^3$）

$$\rho_0=\frac{G_0}{G_0+G_1-G_2}\times\rho_w \tag{17-14}$$

式中　ρ_0——表观密度，kg/m^3；

G_0——烘干后试样的质量，g；

G_1——试样、水、瓶和玻璃片的总质量，g；

G_2——水、瓶和玻璃片的总质量，g；

ρ_w——水的密度，$1000kg/m^3$。

(2) 表观密度取两次试验结果的算术平均值，两次试验结果之差大于 $20kg/m^3$，须重新试验。对颗粒材质不均匀的试样，如两次试验结果之差超过 $20kg/m^3$，可取 4 次试验结果的算术平均值。

八、石子堆积密度与空隙率

1. 主要仪器设备

(1) 台秤：称量 10kg，感量 10g。

(2) 磅秤：称量 50kg 或 100kg，感量 50g。

(3) 容量筒：容积分为 10L（石子最大粒径 $D_{max}\leqslant$26.5mm)、20L（D_{max} 为 31.5mm、37.5mm)、30L（D_{max} 为 53.0mm、63.0mm 或 75.0mm) 3 种，根据石子试样的最大粒径选取。

(4) 垫棒：直径 16mm、长 600mm 的圆钢。

(5) 直尺、小铲等。

2. 试验步骤

(1) 按规定取样，烘干或风干后，拌匀并把试样分为大致相等的两份备用。

(2) 松散堆积密度。取试样一份，用小铲将试样从容量筒口中心上方 50mm 处徐徐倒入，让试样以自由落体落下，当容量筒上部试样呈堆体，且容量筒四周溢满时，即停止加料。除去凸出容量筒口表面的颗粒，并以适当的颗粒填入凹陷部分，使表面稍凸起部分和凹陷部分的体积大致相等（试验过程中应防止触动容量筒），称出试样和容量筒的总质量，精确至 10g。

(3) 紧密堆积密度。取试样一份分三次装入容量筒。装完第一层后，在筒底垫放垫棒，将筒按住，左右交替振击地面各 25 次。再装入第二层，第二层装满后用同样方法颠实（但筒底所垫垫棒的方向与第一层时的方向垂直)，然后装入第三层，如上颠实。试样装填完毕，再加试样至筒口，用钢尺沿筒口边缘刮去高出的试样，并以适当的颗粒填入凹陷部分，使表面稍凸起部分和凹陷部分的体积大致相等，称出试样和容量筒的总质量，精确至 10g。

3. 结果计算与评定

(1) 石子的松散堆积密度或紧密堆积密度按式(17-15) 计算（精确至 $10kg/m^3$）

$$\rho_1=\frac{G_1-G_2}{V} \tag{17-15}$$

式中 ρ_1——石子的松散堆积密度或紧密堆积密度，kg/m^3；

G_1——试样和容量筒的总质量，g；

G_2——容量筒的质量，g；

V——容量筒的容积，L。

（2）空隙率 P_0 按式(17-16）计算（精确至 1%）

$$P_0=(1-\frac{\rho_1}{\rho_0})\times 100\% \tag{17-16}$$

式中 P_0——砂的空隙率，%；

ρ_1——石子的松散堆积密度或紧密堆积密度，kg/m^3；

ρ_0——石子的表观密度，kg/m^3。

（3）堆积密度取两次试验结果的算术平均值（精确至 $10kg/m^3$）；空隙率取两次试验结果的算术平均值（精确至 1%）。

第四节 混凝土拌和物性能试验

一、混凝土实验室拌和方法

1. 一般规定

拌制混凝土的原材料应符合技术要求，并与实际工程材料相同，在拌和前材料的温度应与实验室温度相同，宜保持在（20±5)℃之间；水泥如有结块，应用 64 孔/cm^2 筛后方可使用。称取材料以质量计，称量精度：砂、石骨料为±0.5%，水泥、掺合料、水和外加剂为±0.3%；砂、石骨料以干燥状态为基准。

2. 主要仪器设备

（1）混凝土搅拌机：容量 30～100L，转速 18～22r/min。

（2）台秤：称量 50kg，感量 50g。

（3）天平：称量 5kg，感量 1g。

（4）量筒、拌铲、钢制拌板、盛器等。

3. 试验步骤

（1）人工拌和

① 称料。按所定配合比称取各材料用量。

② 干拌。将拌板、拌铲等接触混凝土拌和物的用具用湿抹布润湿，将称好的砂倒在钢制拌板上，然后加水泥，用铲自拌板一端翻拌至另一端，拌至颜色均匀，再加入石子翻拌混合均匀。

③ 加水并拌和。将干混合料堆成堆，在中间作一凹槽，将已称量好的水倒入凹槽中一半左右，仔细翻拌，注意不要使水流出。然后再加入剩余的水，继续翻拌，其间每翻拌一次，用拌铲在拌和物上铲切一次，直至拌和均匀为止。

④ 拌和时间。拌和时力求动作敏捷，拌和时间自加水时起，应符合下列规定：拌和物体积为 30L 时拌 4～5min，为 30～50L 时拌 5～9min，为 51～75L 时拌 9～12min。

（2）机械搅拌

① 称料。按所定配合比称取各材料用量。

② 预拌。用按配合比称量的水泥、砂及水组成的砂浆及少量石子在搅拌机中预拌一次，

使水泥砂浆部分黏附在搅拌机的内壁和叶片上，倒出预拌混合料后刮去多余砂浆，以避免影响正式搅拌时的配合比。

③ 搅拌。依次向搅拌机内加入石子、砂和水泥，开动搅拌机干拌均匀后，再将水徐徐加入，全部加料时间不超过 2min，加完水后再继续搅拌 2min。

④ 将拌和物自搅拌机卸出，倾倒在钢板上，再经人工拌和 2～3 次，即可做拌和物的各项性能试验或成型试件。从加水时起，全部操作必须在 30min 内完成。

二、混凝土拌和物稠度试验

混凝土拌和稠度试验分坍落度法和维勃稠度法两种。前者适用于坍落度值不小于 10min 的塑性和流动性混凝土拌和物的稠度测定，后者适用于维勃稠度在 5～30s 之间的干硬性混凝土拌和物的稠度测定。要求骨料最大粒径均不得大于 40mm。

1. 坍落度试验

(1) 主要仪器设备

①坍落度筒。截头圆锥形，由薄钢板或其他金属板制成，形状和尺寸见图 17-12。

② 捣棒（端部应磨圆）、装料漏斗、小铁铲、钢直尺、镘刀等。

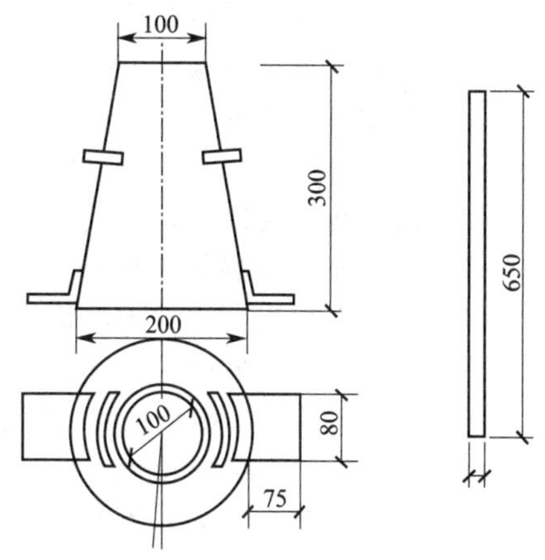

图 17-12　坍落度筒及捣棒（单位：mm）

(2) 试验步骤

① 首先用湿布润湿坍落度筒及其他用具，将坍落度筒置于钢板上，漏斗置于坍落度筒顶部并用双脚踩住踏板。

② 用铁铲将拌好的混凝土拌和物分 3 层装入筒内，每层高度约为筒高的 1/3。每层用捣棒沿螺旋方向由边缘向中心插捣 25 次。插捣底层时应贯穿整个深度，插捣其他两层时捣棒应插至下一层的表面。

③ 插捣完毕后，除去漏斗，用镘刀刮去多余拌和物并抹平，清除筒四周拌和物，在 5～10s 内垂直平稳地提起坍落度筒随即量测筒高与坍落后的混凝凝土试体最高点之间的高度差，即为坍落度值。

④ 从开始装料到坍落度筒提起整个过程应在 2.5min 完成。当坍落度筒提起后，混凝土试体发生崩坍或一边剪坏现象，则应重新取样测定坍落度，如第二次仍出现这种现象，则表明该拌和物的和易性不好。

⑤ 在测定坍落度过程中，应注意观察其黏聚性和保水性。

(3) 试验结果

① 稠度。以坍落度表示（单位：mm），精确到 5mm。

② 黏聚性。以捣棒轻敲混凝土锥体侧面，如锥体逐渐下沉，则表示黏聚性良好；如锥体倒坍、崩裂或离析，表示黏聚性不好。

③ 保水性。提起坍落度筒后如果底部有较多稀浆析出，骨料外露，表示保水性不好；如无稀浆或少量稀浆析出，表示保水性良好。

2. 维勃稠度试验

(1) 主要仪器设备

① 维勃稠度仪，其振动频率为 (50±3)Hz，装有空容器时台面振幅应为 (0.5±0.1)mm。

② 秒表。

③ 其他与坍落度试验相同。

(2) 试验步骤

① 将维勃稠度仪放置在坚实水平的基面上。用湿布将容器、坍落度筒、喂料斗内壁及其他用具擦湿。就位后将测杆、喂料斗和容器调整在同一轴线上，然后拧紧固定螺钉。

② 将混凝土拌和物经喂料斗分 3 层装入坍落度筒，装料与捣实方法同坍落度试验。

③ 将喂料斗转离，垂直平稳地提起坍落度筒，应注意不使混凝土试体产生横向扭动。

④ 将圆盘转到混凝土试体上方，放松测杆螺钉，降下透明圆盘，使其轻轻地接触到混凝土试体顶面，拧紧定位螺钉。

⑤ 开启振动台，同时用秒计时，当振至透明圆盘的底面被水泥浆布满的瞬间关闭振动台，并停表计时。

(3) 试验结果　由秒表读出的时间（单位：s）即为该混凝土拌和物的维勃稠度值。

三、混凝土拌和物表观密度试验

1. 主要仪器设备

(1) 容量筒　骨料最大粒径不大于 40mm 时，容量筒为 5L；当粒径大于 40mm 时，容量筒内径与高均应大于骨料最大粒径 4 倍。

(2) 台秤　称量 50kg，感量 50g。

(3) 振动台　频率为 (300±200)次/min，空载振幅为 (0.5±0.1)mm。

2. 试验步骤

(1) 润湿容量筒内壁，称其质量，精确至 50g。

(2) 将拌制好的混凝土拌和物装入容量筒并使其密实，当拌和物坍落度不大于 70mm 时，可用振动台振实；当拌和物坍落度大于 70mm 时，用捣棒捣实。

(3) 用振动台振实时，将拌和物一次装满，振动时随时准备添料，振至表面出现水泥浆、没有气泡向上冒为止；用捣棒捣实时，混凝土分两层装入，每层插捣 25 次（对 5L 容量筒），每一层插捣完后可把捣棒垫在筒底，用双手扶筒左、右交替颠击 15 次，使拌和物布满插孔。

(4) 用镘刀将多余的料浆刮去并抹平，擦净筒外壁，称出拌和物与筒的总质量 m_2（单位：kg)。

3. 结果计算

按式(17-17) 计算混凝土拌和物的表观密度 ρ_{oc}（精确至 10kg/m^3）

$$\rho_{oc}=\frac{m_2-m_1}{V}\times 1000 \tag{17-17}$$

式中 ρ_{oc}——混凝土拌和物的表观密度，kg/m^3；

V——容量筒的容积，L；

m_1——容量筒的质量，kg；

m_2——拌和物与容量筒的总质量，kg。

第五节　混凝土力学性能试验

一、主要仪器设备

(1) 压力试验机：精度不低于±2%，试验时由试件最大荷载选择压力机量程，使试件破坏时的荷载位于全量程的 20%～80%范围以内。

(2) 振动台：振动频率为 (50±3)Hz，空载振幅约为 0.5mm。

(3) 搅拌机、试模、捣棒、镘刀等。

二、试件制作与养护

1. 一般规定

制作混凝土强度试件时应符合下列规定。

(1) 成型前，认真检查试模尺寸符合有关规定，试模内表面应涂一薄层矿物油或其他不与混凝土发生反应的脱模剂。

(2) 取样或实验室拌制的混凝土应在拌制后尽量短的时间内立即成型，一般不宜超过 2.5h。

(3) 根据混凝土拌和物的稠度确定成型方法。坍落度不大于 70mm 的混凝土宜用振动台振实；坍落度大于 70mm 的混凝土宜用捣棒人工捣实；检验现浇混凝土或预制构件质量的混凝土，试件成型方法宜与实际施工采用的方法相同。

2. 试件的制作

(1) 将拌和好的混凝土拌和物至少再用铁锹来回拌和 3 次。

(2) 用振动台振实制作试件应按下述方法进行：将混凝土拌和物一次装入试模，装料时应用抹刀沿各试模壁插捣，并使混凝土拌和物高出试模口；试模应附着或固定在符合规定的振动台上，振动时不容许有任何跳动，振动应持续到表面出浆为止，且应避免过振。

(3) 用人工插捣棒制作试件应按下述方法进行：混凝土拌和物应分两层装入模内，每层装料厚度大致相等；插捣应按螺旋方向从边缘向中心均匀进行。在插捣底层混凝土时，捣棒应达到试模底部；插捣上层时，捣棒应贯穿上层后插入下层 20～30mm；插捣时捣棒应保持垂直，不得倾斜。然后应用抹刀沿试模内壁插拔数次；在 10000m^2 截面积内每层插捣次数不得少于 12 次；插捣后应用橡皮锤轻轻敲击试模四周，直至插捣棒留下的空洞消失为止。

(4) 刮除试模上口多余的混凝土，在混凝土临近初凝时，用抹刀抹平。

3. 试件的养护

(1) 试件成型后应立即用不透水的薄膜覆盖表面，以防止水分蒸发。

(2) 采用标准养护的试件，应在温度为 (20±5)℃的环境中静置一昼夜，然后编号、拆模。拆模后立即放入温度为 (20±2)℃、相对湿度为 95%以上的标准养护室中养护，或在温度为 (20±2)℃的不流动的 $Ca(OH)_2$ 饱和溶液中养护。标准养护室内的试件应放在支架上，彼此间隔 10～20mm，试件表面应保持潮湿，并应避免水直接冲淋试件。

(3) 同条件养护的试件的拆模时间可与实际构件的拆模时间相同，拆模后，试件仍需保持同条件养护。

(4) 标准养护龄期为 28d（从搅拌加水开始时计时），非标准养护龄期一般为 1d、3d、7d、60d、90d 和 180d。

三、抗压强度试验

1. 试验步骤

(1) 试件自养护室取出后随即擦干并测量其尺寸（精确至 1mm），据此计算试件的受压面积 $A(mm^2)$。

(2) 将试件安放在试验机承压板中心，试件的承压面与成型面垂直。开动试验机，当上压板与试件接近时，调整球座，使接触均衡。

(3) 加荷应连续而均匀，加荷速度为：混凝土强度等级低于 C30 时，取 0.3～0.5MPa/s；高于 C30 且小于 C60 时，取 0.3～0.8MPa/s；混凝土强度等级大于 C60 时，取 0.80～1.0MPa/s。当试件接近破坏、开始迅速变形时，停止调整试验机油门，直至试件破坏。记录破坏荷载 P(N)。

2. 试验结果计算

(1) 按式(17-18) 计算混凝土立方体试件的抗压强度 f_{cc} (精确至 0.1MPa)

$$f_{cc}=\frac{F}{A} \tag{17-18}$$

式中 f_{cc}——混凝土立方体试件抗压强度测定值，MPa；

F——破坏荷载，N；

A——试件承压面面积，mm^2。

(2) 以 3 个试件强度测定值的算术平均值作为该组试件的抗压强度值（精确至 0.1MPa）。3 个测定值中的最大值或最小值中如有一个与中间值的差值超过中间值的 15%时，则把最大和最小值一并舍去，取中间值作为该组试件的抗压强度值；如最大、最小测定值与中间值之差均超过中间值的 15%，则该组试件的试验结果无效。

(3) 立方体抗压强度试验的标准试件尺寸为 150mm×150mm×150mm。混凝土强度等级小于 C60 时，用非标准试件测得的强度值均应乘以尺寸换算系数，其值为采用 200mm×200mm×200mm 的试件时为 1.05；采用 100mm×100mm×100mm 的试件时为 0.95。当混凝土强度等级大于等于 C60 时，宜采用标准试件；使用非标准试件时，尺寸换算系数通过试验确定。

(4) 混凝土的强度等级。混凝土强度等级应按立方体抗压强度标准值来划分。共分为 C7.5、C10、…、C60 等 12 个强度等级。混凝土立方体抗压强度标准值系指对标准方法制作和养护的边长为 150mm 的立方体试件，在 28d 龄期用标准试验方法测得的具有 95%保证率的混凝土抗压强度值。

四、轴心抗压强度试验

轴心抗压强度试验方法适用于测定棱柱体混凝土试件的轴心抗压强度。

1. 试验步骤

(1) 试件从养护地点取出后应及时进行试验，用干毛巾将试件表面与上、下承压板面擦净。

(2) 将试件直立放置在试验机的下压板或钢垫板上，并使试件轴心与下压板中心对准。

(3) 开动试验机，当上压板与试件或钢垫板接近时，调整球座，使接触均衡。

(4) 应连续均匀地加荷，不得有冲击。试件接近破坏、开始急剧变形时，应停止调整试验机油门，直至破坏。然后记录破坏荷载。

2. 试验结果计算

混凝土试件轴心抗压强度应按式(17-19) 计算（精确至 0.1MPa）

$$f_{cp}=\frac{F}{A} \tag{17-19}$$

式中 f_{cp}——混凝土轴心抗压强度，MPa；

F——试件破坏时荷载，N；

A——试件承压面面积，mm^2。

五、劈裂抗拉强度试验

本方法适用于测定混凝立方体试件的劈裂抗拉强度。

1. 试验步骤

(1) 试件从养护地点取出应及时进行试验，用干毛巾将试件表面与上、下承压板面擦拭干净。

(2) 将试件放在试验机下压板的中心位置，劈裂面应与试件成型时的顶面垂直；在上、下压板与试件之间垫以圆弧形垫块及垫条各一条，垫块与垫条应与试件上、下面的中心线对准并与成型时的顶面垂直，如图 17-13 所示。为了保证上、下垫块和垫条对准及提高试验效率，可以把垫条及试件安装在定位架上使用。

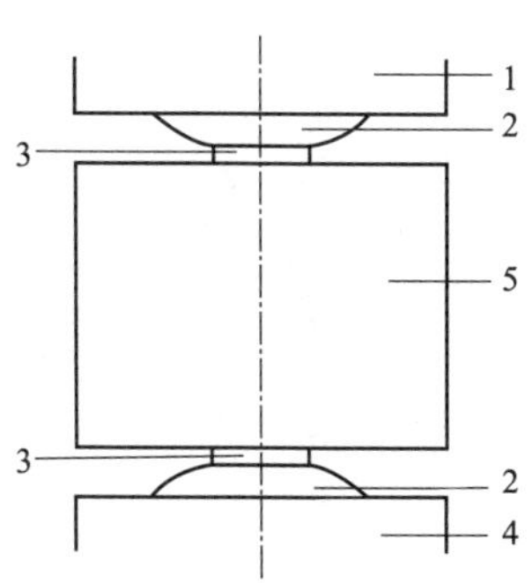

图 17-13　混凝土劈裂抗拉强度试验装置

1、4—压力机上、下压板；2—垫条；3—垫层；5—试件

(3) 开动试验机，当上压板与试件接近时，调整球座，使接触均衡。加荷应连续均匀，加荷速度应为：当混凝土强度等级小于 C30 时，取 0.02～0.05MPa/s；当混凝土强度等级大于等于 C30 且小于 C60 时，取 0.05～0.08MPa/s ；当混凝土强度等级大于等于 C60 时，取 0.08～0.10MPa/s。至试件接近破坏时，应停止调整试验机油门，直至试件破坏，然后记录破坏荷载。

2. 试验结果计算

混凝土劈裂抗拉强度应按式(17-20) 计算（精确至 0.01MPa）

$$f_{ts}=\frac{2F}{\pi A}=0.637\frac{F}{A} \tag{17-20}$$

式中　f_{ts}——混凝土劈裂抗拉强度，MPa；

F——破坏荷载，N；

A——试件劈裂面面积，mm^2。

3. 确定劈裂抗拉强度值的规定

(1) 3 个试件测定值的算术平均值作为该组件的劈裂抗拉强度值（精确至 0.01MPa）。

(2) 3 个测值中的最大值或最小值如有一个与中间值的差值超过中间值的 15%时，则最大及最小值一并舍除，取中间值作为该组试件的劈裂抗拉强度值。

(3) 如有两个测值与中间值的差均超过中间值的 15%，则该组试件的试验结果无效。

(4) 采用 100mm×100mm×100mm 非标准试件测得的劈裂抗拉强度值，应乘以尺寸换算系数 0.85；当混凝土强度等级大于等于 C60 时，宜采用标准试件；使用非标准试件时，尺寸换算系数应由试验确定。

第六节　建筑砂浆试验

一、砂浆拌和物取样及试样拌和方法

(1) 建筑砂浆试验用料应根据不同要求，可从同一盘搅拌或同一车运送的砂浆中取出；实验室取样时，可以从拌和的砂浆中取出，所取试样数量应多于试验用料 1～2 倍。

(2) 实验室拌制砂浆进行试验时，试验材料应与现场用料一致，并应提前运入室内，使砂风干；拌和时室温应为 (25±5)℃；水泥若有结块应充分混合均匀，并通过孔径 0.9mm 的筛。砂子应采用孔径 5mm 的筛过筛。材料称量精度要求：水泥、水、外加剂等为±0.5%，石灰膏等为±1%。

(3) 砂浆的拌和。在建筑工程中，大量应用混合砂浆，其试样拌和方法为：按计算配合比，采用风干砂，配备 5L 砂浆用的水泥和砂，以质量配合比计。先将称好的水泥和砂倒入拌锅中干拌均匀（约拌 1.5min)，然后用拌铲在中间作一凹槽，将称好的石灰膏倒入凹槽中，并倒入适量的水，将石灰膏调稀，然后再与水泥和砂共同拌和，继续逐次加水搅拌，直至拌和物色泽一致、和易性凭经验观察符合要求时，即可进行稠度试验，一般需拌和 5min。

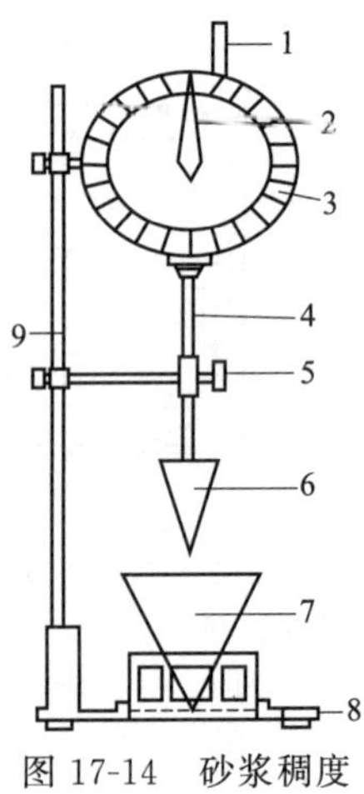

图 17-14 砂浆稠度测定仪

1—齿条测杆；2—指针；3—刻度盘；4—滑杆；5—固定螺钉；6—圆锥体；7—圆锥筒；8—底座；9—支架

二、砂浆稠度试验

1. 主要仪器设备

(1) 砂浆稠度测定仪，见图 17-14。标准圆锥和杆总质量为 300g，圆锥体高度为 145mm，底部直径为 75mm，圆锥筒高度为 180mm，底口直径为 75mm。

(2) 拌和锅、拌铲、捣棒、量筒、秒表等。

2. 试验步骤

(1) 将拌和好的砂浆立即做稠度试验，一次装入圆锥筒内，装至距离口约 10mm 处，用捣棒插捣 25 次，并将容器轻轻敲击 5～6 次。

(2) 将盛有砂浆的圆锥筒移至砂浆稠度测定仪底座上，放松固定螺钉并放下圆锥体，对准容器的中心并使锥尖正好接触到砂浆表面时拧紧固定螺钉。将指针调至刻度盘零点，然后突然放松固定螺钉，使圆锥体自由沉入砂浆中，并同时按下秒表，经 10s 后读出下沉的深度，即为砂浆稠度值（精确至 1mm）。

(3) 圆锥筒内的砂浆，只允许测定一次稠度，重复测定时应重新取样测定。如测定的稠度值不符合要求，可酌情加水或石灰膏，经重新拌和后再测，直至稠度满足要求为止。但自拌和加水时算起，不得超过 30min。

3. 试验结果计算

取两次测定结果的平均值作为该砂浆的稠度值（精确至 1mm）。如两次测定值之差大于 20mm，应重新配料测定。

三、砂浆分层度试验

1. 主要仪器设备

砂浆分层度仪为圆筒形，其内径为 150mm，上节（无底）高 200mm，下节（带底）净高 100mm，用金属制成。其他仪器同砂浆稠度试验。

2. 试验步骤

(1) 将拌和好的砂浆，立即分两层装入分层度仪中，每层用捣棒插捣 25 次，最后抹平，移至稠度仪上，测定其稠度 K_1。

(2) 静置 30min 后，除去上节 200mm 砂浆，将剩下的 100mm 砂浆重新拌和后测定其稠度 K_2。

(3) 两次测定的稠度值之差 (K_1-K_2)，即为砂浆的分层度值（精确至 1mm）。

3. 试验结果计算

取两次测定值的平均值，作为所测砂浆的分层度值。两次测定值之差若大于 20mm，应重做试验。

四、砂浆抗压强度试验

1. 主要仪器设备

(1) 试模，或无底的立方体金属模，内壁边长为 70.7mm，每组两个三联模。

(2) 压力机（50～100kN）、捣棒（直径 100mm，长 310mm）、镘刀等。

2. 试验步骤

(1) 用于多孔基面的砂浆，采用无底试模，下垫砖块，砖面上铺一层湿纸，允许砂浆中部分水被砖面吸收；用于较密实基面的砂浆，应采用带底的试模，以防水分流失。

(2) 采用无底试模时，将试模内壁涂一薄层机油，置于铺有湿纸的砖上（砖含水率不大于20%，吸水率不小于10%）。一次装满砂浆，并使其高出模口，用捣棒插捣25次，静置15～30min后，刮去多余的砂浆并抹平。

(3) 采用带底试模时，砂浆应分两层装入，每层厚约4cm，并用捣棒将每层插捣12次，面层捣完后，在试模相邻两个侧面，用腻子刮刀沿模内壁插捣6次，然后抹平。

(4) 试件成型后，经(24±2)h室温养护后即可编号、脱模。并按下列规定继续进行养护。

① 在空气中硬化的砂浆（如混合砂浆），养护温度为(20±3)℃，相对湿度在60%～80%之间。

② 在潮湿环境中硬化的砂浆（如水泥砂浆），养护温度为(20±3)℃，相对湿度在90%以上。

③ 养护期间，试件彼此间隔不小于10mm。

(5) 试件于养护28d后测定其抗压强度，试验前擦净试块表面，测量试件尺寸（精确至1mm），并计算受压面积A。

(6) 以试件的侧面作为受压面：将试件置于压力机下承压板的中心位置，开动压力机进行加荷，加荷速度为0.5～1.5kN/s（强度高于5MPa时取高限，反之取低限），直至破坏，记录破坏荷载P。

3. 试验结果计算

按式(17-21) 计算试件的抗压强度f_{mu}（精确至0.1MPa）

$$f_{mu}=\frac{P}{A} \tag{17-21}$$

以6个试件测定值的算术平均值作为该组试件的抗压强度值，精确至0.1MPa。当6个试件中的最大值或最小值与平均值之差超过20%时，以中间4个试件的平均值作为该组件的抗压强度值。

第七节　砌墙砖试验

砌墙砖试验适用于烧结砖和非烧结砖。烧结砖包括烧结普通砖、烧结多孔砖以及烧结空心砖和空心砌块（以下简称空心砖）：非烧结砖包括蒸压灰砂砖、粉煤灰砖、炉渣砖和碳化砖等。

一、尺寸测量

1. 量具

砖用卡尺如图17-15所示，分度值为0.5mm。

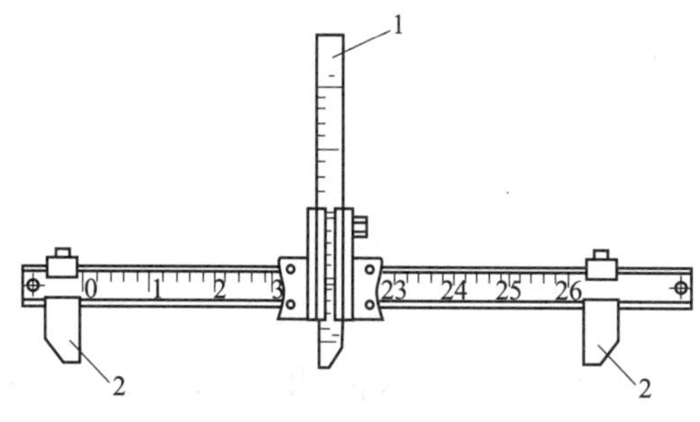

图17-15　砖用卡尺

1—垂直尺；2—支脚

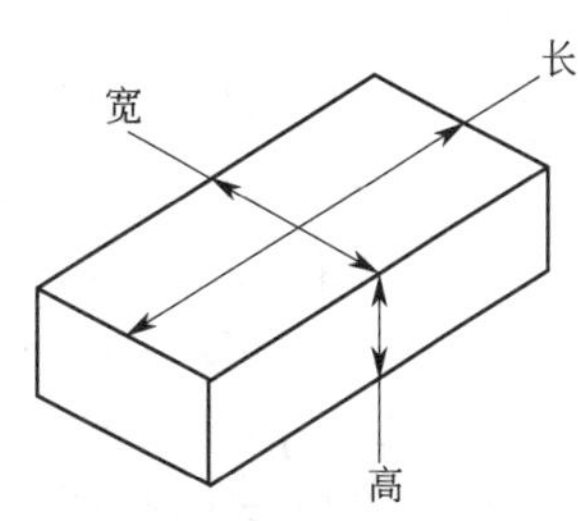

图17-16　尺寸量法

2. 测量方法

长度、宽度均应在砖的两个大面的中间处分别测量两个尺寸；高度应在两个条面的中间处分别测量两个尺寸，如图 17-16 所示。当被测处有缺损或凸出时，可在其旁边测量，但应选择不利的一侧。

3. 结果评定

结果分别以长度、高度和宽度的最大偏差值表示，不足 1mm 者按 1mm 计。

二、抗折强度和抗压强度试验

1. 仪器设备

(1) 材料试验机。试验机的示值相对误差不应大于±1%，其下加压板应为球绞支座，预期最大破坏荷载应在量程的 20%～80%之间。

(2) 抗折夹具。抗折试验的加荷形式为三点加荷，其上压辊和下支辊的曲率半径均为 15mm，下支辊应有一个为铰接固定。

(3) 抗压试件制备平台。试件制备平台必须平整水平，可用金属或其他材料制作。

(4) 水平尺，规格为 250～300mm。

(5) 钢直尺，分度值为 1mm。

2. 抗折强度（荷重）试验

(1) 试样

① 试样数量。烧结砖和蒸压灰砂砖为 5 块，其他砖为 10 块。

② 蒸压灰砂砖应放在温度为 (20±5)℃的水中浸泡 24h 后取出，用湿布拭去其表面水分进行抗折强度试验。

③ 粉煤灰砖和炉渣砖在养护结束后 24～36h 内进行试验。

④ 烧结砖不需浸水及其他处理，直接进行试验。

(2) 试验步骤

① 按规定测量试样的宽度和高度尺寸各两个，分别取其算术平均值（精确至 1mm)。

② 调整抗折夹具下支辊的跨距为砖规格长度减去 40mm，但规格长度为 190mm 的砖，其跨距为 160mm。

③ 将试样大面平放在下支辊上，试样两端面与下支辊的距离应相同，当试样有裂缝或凹陷时，应使有裂缝或凹陷的大面朝下，以 50～150N/s 的速度均匀加荷，直至试样断裂，记录最大破坏荷载值 P/(单位：N)。

(3) 试验结果计算与评定

① 每块试样的抗折强度 R_C 按式(17-22) 计算（精确至 0.1MPa)

$$R_C=\frac{3PL}{2BH^2} \tag{17-22}$$

式中 R_C——抗折强度，MPa；

P——最大破坏荷载，N；

L——跨距，mm；

B——试样宽度，mm；

H——试样高度，mm。

② 试验结果以试样抗折强度或抗折荷重的算术平均值和单块最小值表示（精确至 0.1MPa 或 0.1k/N)。

3. 抗压强度试验

(1) 试样

① 试样数量。烧结普通砖、烧结多孔砖和蒸压灰砂砖为 5 块，其他砖为 10 块（空心砖大面和条面抗压各 5 块）。

② 非烧结砖也可用抗折强度试验后的试样作为抗压强度试样。

（2）试件制备

① 烧结普通砖。将试样切断或锯成两个半截砖，断开的半截砖不得小于 100mm，如图 17-17 所示。如果不足 100mm，应另取备用试样补足。在试样制备平台上，将已断开的半截砖放入室温的净水中浸 10～20min 后取出，并以断口相反方向叠放，两者中间抹以厚度不超过 5mm 的用 32.5 级或 42.5 级普通硅酸盐水泥调制成稠度适宜的水泥净浆黏结，上、下两面用厚度不超过 3mm 的同种水泥浆抹平。制成的试件上、下两面须相互平行，并垂直于侧面，如图 17-18 所示。

② 多孔砖、空心砖。多孔砖以单块整砖沿竖孔方向加压，空心砖以单块整砖沿大面和条面方向分别加压。试件制作采用坐浆法操作。即将玻璃板置于试件制备平台上，其上铺一张湿的垫纸，纸上铺一层厚度不超过 5mm 的用 32.5 级或 42.5 级普通硅酸盐水泥制成稠度适宜的水泥净浆粘结，再将在水中浸泡 10～20min 的试样平稳地将压面坐放在水泥浆上，在另一受压面上稍加压力，使整个水泥层与砖受压面相互黏结，砖的侧面应垂直于玻璃板。待水泥浆适当凝固后，连同玻璃板翻放在另一铺纸放浆的玻璃板上，再进行坐浆，用水平尺校正好玻璃板的水平面。

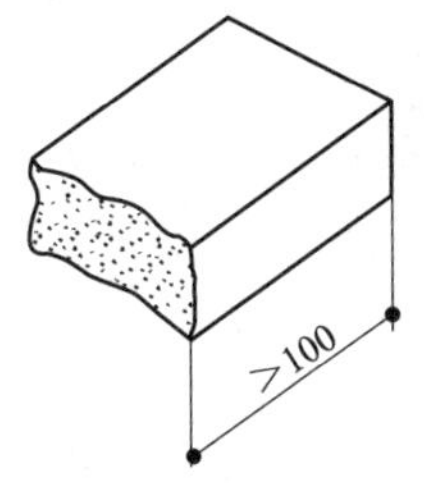

图 17-17　半截砖长

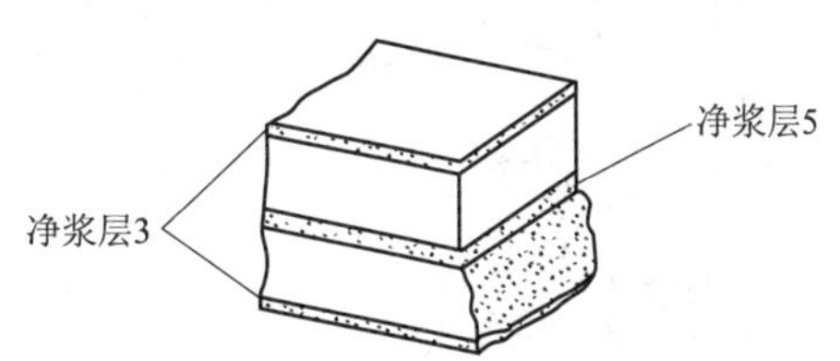

图 17-18　抗压试件

③ 非烧结砖。将同一块试样的两半截砖的断口相反叠放，叠合部分不得小于 100mm，如图 17-19 所示，即为抗压强度试件。如果不足 100mm 时，则应剔除另取备用试样补足。

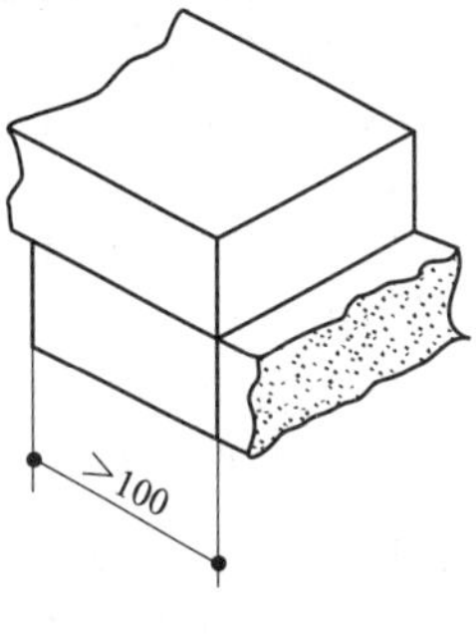

图 17-19　非烧结砖

（3）试件养护

① 制成的抹面试件应置于不低于 10℃的不通风室内养护 3d，再进行试验；

② 非烧结砖试件，无需养护，直接进行试验。

（4）试验步骤

① 测量每个试件连接面或受压面的长度尺寸各两个，分别取其平均值，精确至 1mm。

② 试件平放在加压板的中央，垂直于受压面加荷，应均匀平衡，不得发生冲击或振动。加荷速度以 2～6kN/s 为宜，直至试件破坏为止，记录最大破坏荷载 P。

（5）结果计算与评定

①每块试样的抗压强度 R_P 按式(17-23) 计算（精确至 0.1MPa）

$$R_P=\frac{P}{LB} \tag{17-23}$$

式中 R_P——抗压强度，MPa；

P——最大破坏荷载，N；

L——受压面（连接面）的长度，mm；

B——受压面（连接面）的宽度，mm。

② 试验结果以试样抗压强度的算术平均值和单块最小值表示（精确至 0.1MPa）。

第八节 石油沥青试验

一、取样方法

从同一批出厂、相同类别、牌号的沥青（桶装、袋装或箱装）中取样，取样位置应在样品表面以下及距容器内壁至少 5cm 处。当沥青为块状固体时，用干净的工具将其敲碎后取样；当沥青为半固体时，则用干净的工具切割取样。取样质量为 1～1.5kg。

二、针入度测定

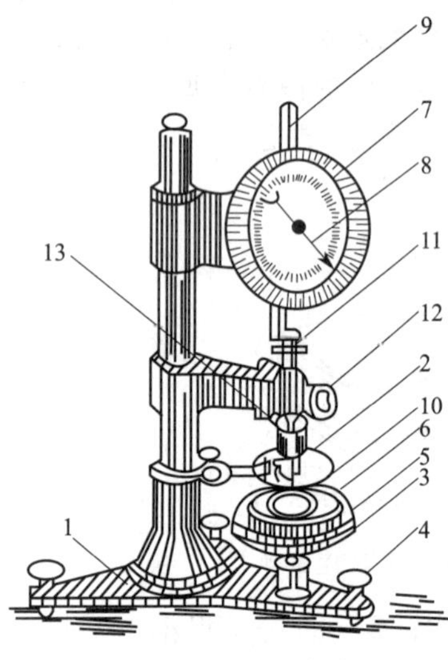

图 17-20 针入度计

1—底座；2—小镜；3—圆形平台；4—调平螺钉；5—保温皿；6—试样；7—刻度盘；8—指针；9—活杆；10—标准针；11—连杆；12—按钮；13—砝码

1. 主要仪器设备

（1）针入度计（如图 17-20 所示）。

（2）标准针。由经硬化回火的不锈钢制成，洛氏硬度为 54～60。针与箍的组件质量应为（2.5±0.05)g，连杆、针与砝码共重（100±0.05)g。

（3）恒温水浴、试样皿、温度计、秒表等。

2. 试验步骤

（1）制备试样。将沥青加热至 120～180℃温度下脱水，用筛过滤，注入盛样皿内，注入深度应比预计针入度大 10mm，置于 15～30℃的空气中冷却 1～2h，冷却时应防止灰尘落入。然后将盛样皿移入规定温度的恒温水浴中，恒温 1～2h。水面应高出试样表面 25mm 以上。

（2）调节针入度计使之水平，检查指针、连杆和轨道，确认无水和其他杂物，无明显摩擦，装好标准针，放好砝码。

（3）从恒温水浴中取出试样皿，放入水温为（25±0.1)℃的平底保温皿中，试样表面以上的水层高度应不小于 10mm。将平底保温皿置于针入度计的平台上。

（4）慢慢放下指针连杆，使针尖刚好与试样表面接触时固定。拉下活杆，使之与指针连杆顶端相接触，调节指针或刻度盘使指针指向零。然后用手紧压按钮，同时启动秒表，使标准针自由下落穿入沥青试样，经 5s 后，停压按钮，使指针停止下沉。

（5）再拉下活杆使之与标准指针连杆顶端接触，这时刻度盘指针所指的读数或与初始值之差即为试样的针入度值。

（6）同一试样重复测定至少 3 次，每次测定前都应检查并调节保温皿内水温，使其保持在（25±0.1)℃，每次测定后都应将标准针取下，用浸有溶剂（甲苯或松节油等）的布或棉花擦净，再用干布或棉布擦干。各测点之间及测点与试样皿内壁的距离不应小于 10mm。

3. 试验结果评定

取 3 次针入度测定值的平均值作为该试样的针入度（1/10mm），结果取整数值，3 次针入度测定值相差不应大于表 17-4 中所列的数值。

表 17-4　石油沥青针入度测定值的最大允许差值

针入度	0～49	50～149	15～249	250～350
最大差值(1/10mm)	2	4	6	10

三、延度测定

1. 主要仪器设备

(1) 延度测定仪。由长方形水槽和传动装置组成，由丝杆带动滑板以 (50±5)mm/min 的速度拉伸试样，滑板上的指针在标尺上显示移动距离（见图 17-21)。

(2) 延度“8”字试模：由两个端模和两个侧模组成（见图 17-22)。

(3) 其他仪器同针入度试验。

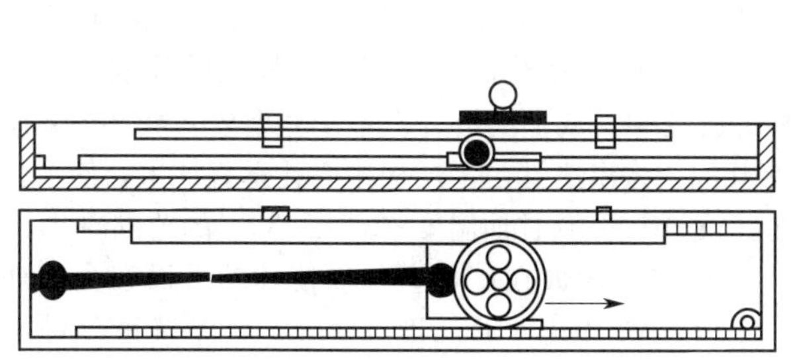

图 17-21　延度测定仪

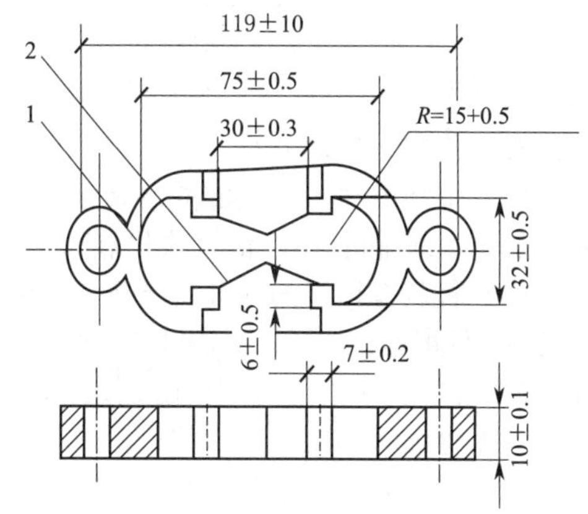

图 17-22　延度“8”字试模

1—端模；2—侧模

2. 试验步骤

(1) 制备试样。将隔离剂（甘油：滑石粉=2：1）均匀地涂于金属（或玻璃）底板和两侧模的内侧面（端模勿涂），将模具组装在底板上。将加热熔化并脱水的沥青经过过滤后，以细流状缓慢自试模一端至另一端注入，经往返几次注满，并略高出试模，然后在 15～30℃环境中冷却 30min 后，放入 (25±0.1)℃温度的水浴中，保持 30min 再取出，用热刀将高出模具的沥青刮去，试样表面应平整、光滑，最后移入 (25±0.1)℃水浴中恒温 1～1.5h。

(2) 检查延度测定仪滑板的移动速度是否符合要求，调节水槽中水位（水面高于试样表面不小于 25mm）及水温为 (25±0.5)℃。

(3) 从恒温水浴中取出试件，去掉底板与测模，将其两端模孔分别套在水槽内滑板及横端板的金属小柱上，再检查水温，并保持在 (25±0.5)℃。

(4) 将滑板指针对零，开动延度测定仪，观察沥青拉伸情况。测定时若发现沥青细丝浮于水面或沉入槽底时，则应分别向水中加乙醇或食盐水，以调整水的密度与试样密度相近为止，然后再继续进行测定。

(5) 当试件拉断时，立即读出指针所指标尺上的读数，即为试样的延度，以厘米 (cm) 表示。

3. 试验结果

取平行测定的 3 个试件延度的平均值作为该试样的延度值。若 3 个测定值与其平均值之差不都在其平均值的 5%以内，但其中两个较高值在平均值的 5%以内，则弃去最低值，取两个较高值的算术平均值作为测定结果。

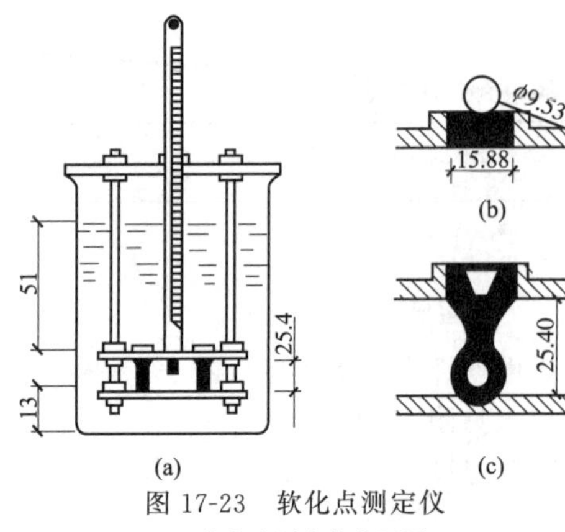

图 17-23 软化点测定仪
(a) 软化点测定仪装置图；
(b)、(c) 试验前后钢球位置图

四、软化点测定

1. 主要仪器设备

(1) 软化点测定仪（环法与球法），包括800mL烧杯、测定架、试样环、套环、钢环、温度计等，如图 17-23 所示。

(2) 电炉或其他可调温的加热器、金属板或玻璃板、筛等。

2. 试验步骤

(1) 制备试样。将黄铜环置于涂有隔离剂的金属板或玻璃板上，将已加热熔化、脱水且过滤后的沥青试样注入黄铜环内至略高出环面为止（若估计软化点在 100℃以上时，应将黄铜环与金属板预热至 80～100℃）。将试样在 15～30℃的空气中冷却 30min 后，用热刀刮去高出环面的沥青，使之与环面齐平。

(2) 烧杯内注入新煮沸并冷却至约 5℃的蒸馏水（估计软化点不高于 80℃的试样）或注入预热至 32℃的甘油（估计软化点高于 80℃的试样），使液面略低于连接杆上的深度标记。

(3) 将装有试样的铜环置于环架上层板的圆孔中，放上套环，把整个环架放入烧杯内，调整液面至深度标记，环架上任何部分均不得有气泡。将温度计由上层板中心孔垂直插入，使水银环与铜环下面齐平，恒温 15min。水温保持在 (5±0.5)℃ [甘油温度 (32±1)℃] 的范围内。

(4) 将烧杯移至放有石棉网的电炉上，然后将钢球放在试样上（须使环的平面在全部加热时间内完全处于水平状态），立即加热，使烧杯内水或甘油温度在 3min 后保持每分钟上升 (5±0.5)℃，否则重做。

(5) 观察试样受热软化情况，当其软化下沉至与环架下层板面接触（即 25.4mm）时，记下此时的温度，即为试样的软化点（精确至 0.5℃）。

3. 试验结果

取平行测定的两个试样软化点的算术平均值作为测定结果。

五、试验结果评定

(1) 石油沥青按针入度来划分其牌号，而每个牌号还应保证相应的延度和软化点。若后者某个指标不满足要求，应予以注明。

(2) 石油沥青按其牌号不同，可分为道路石油沥青、建筑石油沥青、防水防潮石油沥青和普通石油沥青。由上述试验结果按照标准规定确定该石油沥青的牌号与类别。

第九节 建筑装饰材料性能试验

一、采用标准

(1)《陶瓷砖》(GB/T 4100—2006)

(2)《陶瓷砖试验方法》(GB/T 38103—2006) 第 3 部分：吸水率、显气孔率、表观相对密度和容重的测定。

(3)《陶瓷砖试验方法》(GB/T 3810.4—2006) 第 4 部分：断裂模数和破坏强度的测定。

二、试验目的

通过釉面内墙砖的吸水率和弯曲强度测试，熟悉有关建筑材料的技术性质。

三、组批与抽样规则

1. 组批

以同品种、同规格、同色号、同等级的 1000～2000m^2 为一批，供需双方也可商定批的大小。

2. 抽样

以随机抽样的方法抽取满足规定要求数量的样本。非破坏性试验项目的试样，可用于其他项目检验。

3. 抽样数量

吸水度：5 块；弯曲强度：10 块。

四、吸水率试验

吸水率试验方法有真空法和煮沸法两种。本试验仅介绍煮沸法。

（一）仪器设备

（1）电热恒温干燥箱，0～300℃。

（2）电炉，0～3000W。

（3）煮沸容器。

（4）干燥器。

（5）天平，感量 0.01g 和 0.001g 各一台。

（6）蒸馏水。

（二）试验步骤

（1）取 5 块试样，过大时可进行切割，切割后的小块全部作为试样。

（2）将试样擦净，在电热恒温干燥箱内于 105～110℃ 温度范围内烘至恒重，即两次连续称量之差小于 0.5%（一般 24h 内连续烘一次即可）。

（3）将试样放置在干燥器中冷却至室温。

（4）用天平称量干燥试样的质量，陶瓷锦砖称量精确至 0.001g，其他陶瓷砖精确至 0.01g。

（5）将恒重的试样竖放在盛有蒸馏水的煮沸容器内，使试样互不接触，试验过程中保持水面高出试样 50mm。

（6）陶瓷砖在原蒸馏水中浸泡 4h 后加热蒸馏水至沸，并保持 2h，然后停止加热。陶瓷锦砖煮沸 4h 后在原蒸馏水中浸泡 1h。

（7）取出试样，用拧干的湿毛巾擦去试样表面的附着水，然后分别称量每块试样的质量。

（三）结果处理与评定

试样的吸水率按式(17-24) 计算，即

$$W=[(m_1-m)/m]\times100\% \tag{17-24}$$

式中　W——试样吸水率,%；

m_1——经水饱和后的试样质量，g；

m——干燥试样的质量，g。

以 5 个试样吸水率的算术平均值作为试验结果。

五、弯曲强度试验

（一）仪器设备

（1）烘箱：能在 (110±5)℃下保温。

(2) 弯曲强度试验机：相对误差不大于1%，能够等速加荷。试样支座由两根直径为20mm的金属棒构成，其中一根可以绕中心轻微地上、下摆动，另一根可以绕它的轴心稍作旋转。压头是一直径为20mm金属棒，也可以绕中心上、下轻微地摆动，如图17-24所示。

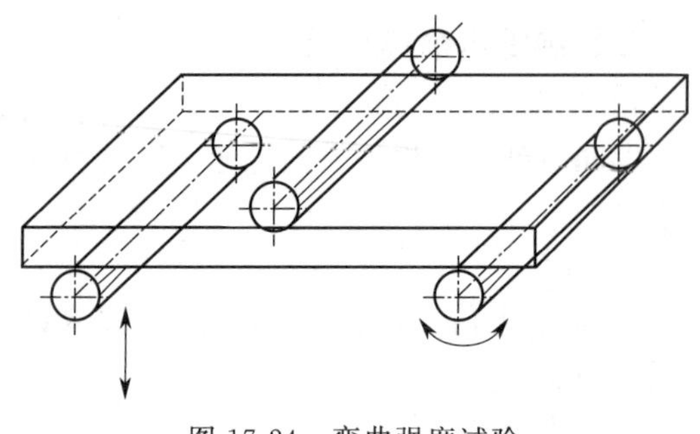
图 17-24 弯曲强度试验

(3) 游标尺寸：精度为0.2mm。

(4) 秒表：精度为0.1s。

(5) 干燥器。

(二) 试验步骤

(1) 试样准备，试样为最大边长不大于300mm的矩形砖。最大边长大于300mm时需切割，切割后的砖应尽可能大，且中心与原砖中心重合。

(2) 将样品置入(110±5)℃的烘箱内烘干1h，然后放入干燥器中冷却至室温。

(3) 将试样放在支座上，釉面或正面朝上，调整支座金属棒间距使金属棒中心以外砖的长度为(10±2)mm，并使压头位于支座的正中。对于长方形陶瓷砖，应使长边垂直支座的金属棒放置。

(4) 校正试验机零点，开动机器，压头接触试样时不得冲击，以平均(1±0.2)MPa/s的速度均匀加荷，直至破坏，记录破坏荷载。若试样不在中间区域(压头在试样上的垂直投影区)断裂，应舍去该试样重测一块。

(三) 结果处理

弯曲强度以式(17-25)计算，即

$$\sigma_b=\frac{3FL}{2bl^2} \tag{17-25}$$

式中 σ_b——试样的弯曲强度，MPa；

F——试样断裂时的最大荷载，N；

L——试样跨距，mm；

b——试样宽度，mm；

l——试样断裂面上的最小厚度，mm。

以10个有效数据的算术平均值作为所测试样的弯曲强度值。

第十节 建筑防水材料性能试验

一、采用标准

《三元丁橡胶防水卷材》(JC/T 645—1996)。

二、试验目的

通过三元丁橡胶防水卷材的不透水性和拉伸试验，熟悉建筑防水卷材的有关技术性质。

三、组批、抽样与试验取样、状态调节

1. 组批与抽样

以同规格、同等级的卷材300卷各一批，不足300卷时也可作为一个批次计，从每批产品中任取3卷进行检验。

2. 试验取样

从被检测厚度的卷材切取 0.5m 的样品置于规定的条件下进行状态调节，然后按图 17-25 与表 17-5 切取所需要的试样。

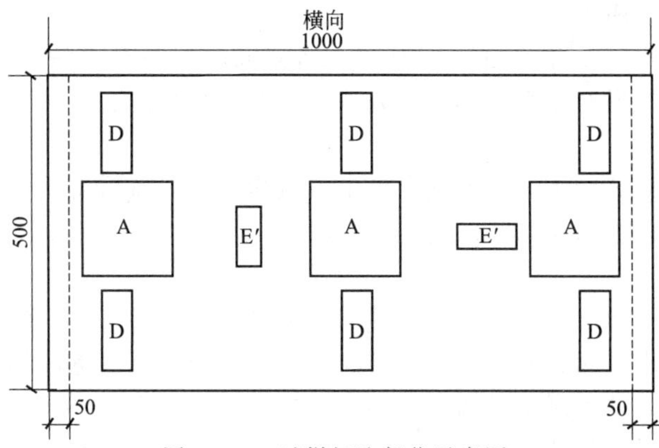

图 17-25　试样切取部位示意图

表 17-5　试件尺寸和数量

试验项目	试件部位	试件尺寸/mm	数量
不透水性	A	150×150	3
纵向拉伸强度、伸长率	D	按相关标准的要求裁刀	6

3. 状态调节

温度：(23±2)℃。

相对湿度：45%～55%。

试验前卷材应进行状态调节，调节时间不少于 16h，剪裁检验时不少于 96h。

四、不透水性试验

（一）仪器设备

（1）不透水仪：具有 3 个透水盘的不透水仪，主要由液压系统、测试管路系统、夹紧装置和透水盘等部分组成。透水盘底内径为 92mm，透水盘金属压盖见图 17-26。压力表测量范围为 0～0.6MPa，精度为 2.5 级。其测试原理见图 17-27。

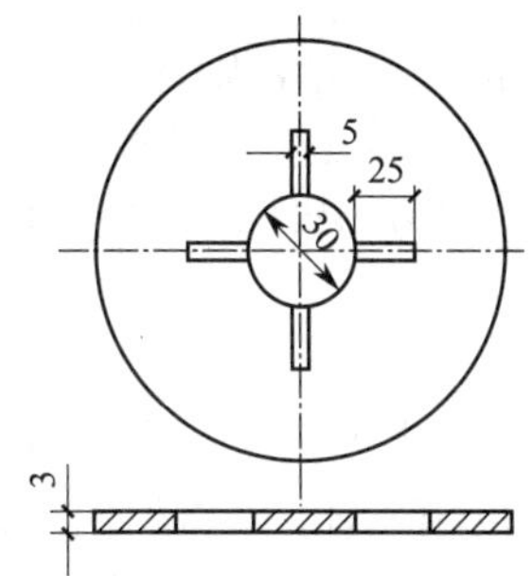

图 17-26　槽盘（单位：mm）

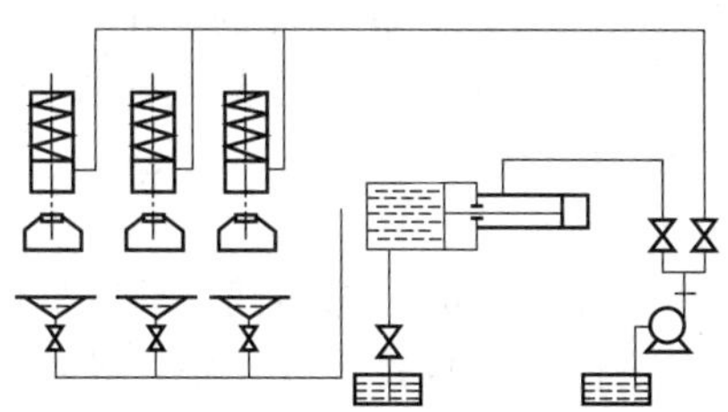

图 17-27　不透水仪测试原理图

（2）定时钟（或带有定时器的油毡不透水测试仪）。

（二）试验步骤

1. 试验准备

（1）水箱充分　将洁净水注满水箱，水温（20±5)℃。

（2）放松夹脚　启动油泵，在油压的作用下，夹脚活塞带动夹脚上升。

（3）水缸充水　先将水缸内空气排净，然后水缸活塞将水由水箱吸入水缸，完成水缸充水过程。

(4) 试座充水　当水缸充满水后，由水缸同时向3个试座充水，3个试座充满水并已接近溢出状态时，关闭试座进水阀门。

(5) 水缸二次充水　由于水缸容积有限，当完成向试座充水后，水缸内储存水已近断绝，需通过水箱向水缸再次充水，其操作方法与一次充水相同。

2. 安装试件

将裁好的3块试样分别置于3个透水盘中，盖紧槽盘，然后将试件压紧在试座上。如产生压力影响结果，可向水箱泄水，以达到减压目的。

3. 压力保持

打开试座进水阀，通过水缸向装好试件的透水盘底座继续充水，当压力表指向指定压力时，停止加压，关闭进水阀和油泵，同时开动定时钟，随时观察试件是否存在渗水现象，并记录开始渗水时间。在规定测试时间出现其中一块或两块试件有渗漏时，必须立即关闭控制相应试座的进水阀，以保证其他试件能继续测试。

4. 卸压

当测试达到规定时间即可卸压取样，启动油泵，夹脚上升后即可取出试件，关闭油泵。

(三) 结果处理

3个试件均无渗漏现象则可评定为不透水。

五、纵向拉伸强度和纵向断裂延伸率试验

(一) 仪器设备

1. 拉力试验机应符合《橡胶塑料拉力试验机技术条件》(HG 2369—1992) 的规定，其测力精度应为B级。

对于非标准温度下的试验，拉力试验机应配备一个合适的恒温箱。高于或低于正常温度的试验，应符合相关标准的要求。

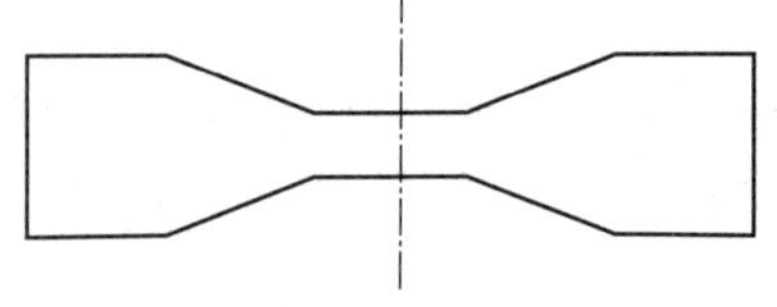

图17-28　试样形状

2. 测厚计、裁刀和裁片机。

(二) 试样

1. 试样的形状为哑铃状（见图17-28）

2. 哑铃状试样的标记

如果使用无接触变形测量装置，则应用适当的打标器，按表17-5的要求，在试样的狭小平行部分，打上两条平行的标线。每条标线（如图17-28所示）应与试样中心等距且与试样长轴方向垂直。试样在进行标记时，不应发生变形。

(三) 试验步骤

1. 试样的测量

用测厚计在试样的中部和试验长度的两端测量其厚度。取3个测量值的中位数计算横截面面积。在任何一个哑铃状试样中，狭小平行部分的3个厚度值均不应超过中位数的2%。若两组试样进行对比，每组厚度的中位数不应超出两组厚度中位数的7.5%。取裁刀狭小平行部分刀刃间距离作为试样的宽度，并按相关标准的规定进行测量，精确到0.05mm。

2. 拉伸

将试样匀称地置于上、下夹持器上，并使拉力均匀分布到横截面上。根据试样需要，可安装一个变形测定装置，开动试验机，在整个试验过程中，连续监测试验长度和力的变化，按试验项目的要求进行记录和计算并精确到±2%。

对于试样，夹持器移动速度应为 (500±50)mm/min。如果试样在狭小平行部分之外发生断裂，则该试验结果应予以舍弃，并应另取试样重新试验。

（四）结果处理与评定

（1）纵向拉伸强度按式(17-26）计算，即

$$\sigma_s=\frac{F_m}{Wt} \tag{17-26}$$

式中　σ_s——拉伸强度，MPa；

F_m——记录的最大力，N；

W——裁刀狭小平行部分的宽度，mm；

t——试样长度部分的厚度，mm。

以 6 个试件试验结果的算术平均值作为测定结果。

（2）纵向断裂伸长率按式(17-27）计算，即

$$E_b=\frac{L_b-L_0}{L_0}\times 100\% \tag{17-27}$$

式中　E_b——断裂伸长率,%；

L_b——试样断裂时的标距，mm；

L_0——试样的初始标距，mm。

以 6 个试样试验结果的算术平均值作为测定结果。

思　考　题

1. 实验过程为减少实试误差，应注意哪些方面？
2. 实验结束后，请写下你的实验体会和建议。

参 考 文 献

[1] 张君，阎培渝，覃维祖. 建筑材料 [M]. 北京：清华大学出版社，2008.

[2] 钱晓倩，詹树林，金南国. 建筑材料 [M]. 北京：中国建筑工业出版社，2009.

[3] 李亚杰，方坤河. 建筑材料 [M]. 北京：中国水利水电出版社，2009.

[4] 马保国，刘军. 建筑功能材料 [M]. 武汉：武汉理工大学出版社，2004.

[5] 钱晓倩，等. 建筑工程材料 [M]. 杭州：浙江大学出版社，2009.

[6] 葛勇，张宝生. 建筑材料 [M]. 北京：中国建材工业出版社，2001.

[7] 严捍东，钱晓倩. 新型建筑材料教程 [M]. 北京：中国建材工业出版社，2005.

[8] 阎培渝，杨静. 建筑材料 [M]. 北京：中国水利水电出版社，知识产权出版社，2008.

[9] 林克辉. 新型建筑材料及应用 [M]. 广州：华南理工大学出版社，2006.

[10] 杨静. 建筑材料 [M]. 北京：中国水利水电出版社，2004.

[11] 杨静. 建筑材料与人居环境 [M]. 北京：清华大学出版社，2001.

[12] 王立久. 建筑材料学 [M]. 北京：中国电力出版社，2008.

[13] 孙武斌，邬宏. 建筑材料 [M]. 北京：清华大学出版社，北京交通大学出版社，2009.

[14] 吴清仁，吴善淦编. 生态建材与环保 [M]. 北京：化学工业出版社，2003.

[15] 中国建筑材料科学研究院. 绿色建材与建材绿色化 [M]. 北京：化学工业出版社，2003.

[16] 张雄，张永娟. 现代建筑功能材料 [M]. 北京：化学工业出版社，2009.

[17] 姜继圣，张云莲，王洪芳. 新型建筑材料 [M]. 北京：化学工业出版社，2009.

[18] 邹惟前，邹菁. 利用固体废物生产新型建筑材料——配方、生产技术、应用 [M]. 北京：化学工业出版社，2004.

[19] 杨修春，李伟捷. 新型建筑玻璃 [M]. 北京：中国电力出版社，2009.

[20] 王立久. 新型建筑工程材料及应用 [M]. 北京：中国电力出版社，2008.

[21] 刘吉平，张艾飞. 建筑材料与纳米技术 [M]. 北京：化学工业出版社，2007.